Verkehrspädagogik
in der
Fahrschulaus-
und -weiterbildung

Mit Dank an
Dr. Bernhard F. Reiter
für die Begleitung, Beratung und Mitarbeit
an Konzeptionierung und Lektorat
dieses Werkes

25 000
LEBEN RETTEN
Europäische Charta
für die Straßenverkehrssicherheit

ISBN 978-3-7812-2023-2

Siegfriedstraße 28, 53179 Bonn
Telefon 02 28/9 54 53-0 · Internet www.kirschbaum.de

Lektorat: Bettina Lübke, Jan Klebert, Bonn
Satz und Lithographie: www.mom-digital.de
Druck: johnen-druck GmbH & Co. KG, Industriegebiet Bornwiese, 54470 Bernkastel-Kues
Titelbild: © YinYang – iStockphoto LP
November 2018 · Best.-Nr. 2023

Verkehrspädagogik in der Fahrschulaus- und -weiterbildung

Günter Kölzer (Hrsg.)
Kai Schäder (Hrsg.)
Ulrich Wibbeke (Hrsg.)

Bianca Bredow
Tomas Ciura
Claudia Happe
Olaf Methner
Martina Ochel-Brinkschröder
Mathias Rüdel
Sven Tengeler
Elke Urner

KIRSCHBAUM VERLAG BONN

Vorwort

Wer sich für den Beruf des Fahrlehrers entscheidet, begibt sich auf eines der interessantesten Gebiete der Erwachsenenbildung. Schon der Theorieunterricht an sich mit Schülern unterschiedlicher Vorbildung, mit vielfältigen Kompetenzen und aus allen Milieus der Gesellschaft ist eine spannende Aufgabe. Die praktische Ausbildung von Fahranfängern im Realverkehr ist dann noch einmal eine besondere Herausforderung, der sich Fahrlehrer jeden Tag stellen. Sie leisten damit einen erheblichen Beitrag zur Verkehrssicherheit.

Die Fahrlehreraus- und -weiterbildung wurde mit der Reform des Fahrlehrergesetzes zum 1. Januar 2018 grundlegend weiterentwickelt. Was ein Fahrlehrer beherrschen muss, wird erstmalig in Kompetenzbereichen beschrieben. Dabei wird zunächst unterschieden zwischen dem „fachlichen Professionswissen" und dem „pädagogisch-psychologischen und verkehrspädagogischen Professionswissen". Dem „fachlichen Professionswissen" sind die Kompetenzbereiche „Verkehrsverhalten", „Recht" und „Technik" zugeordnet. Daneben tritt das „pädagogisch-psychologische und verkehrspädagogische Professionswissen", das die Kompetenzbereiche „Unterrichten, Aus- und Weiterbilden", „Erziehen" und „Beurteilen" umfasst. Der Anteil der psychologischen und pädagogischen – oder bildungswissenschaftlichen – Inhalte ist gegenüber dem alten Recht noch einmal angestiegen, von 33,6 % auf über 51 %.

Daraus aber abzuleiten, dass angehende Fahrlehrer künftig kaum mehr etwas über Technik und Verkehrsrecht wissen müssen, ist ein Trugschluss. Dass diese Bereiche auch weiterhin ein zentraler Bestandteil des Fachwissens sein werden, verrät schon ein Blick auf den Lehrplan. Es ist nicht zu befürchten, dass der Fahrlehrer der Zukunft die StVO nicht mehr gründlich kennen und vermitteln kann. Auch künftig wird niemand mit erheblichen Defiziten im fachlichen Professionswissen in der Fahrlehrerprüfung oder der pädagogisch erweiterten Fahrschulüberwachung bestehen können. Freilich muss die konkrete Erfahrung in der Praxis zeigen, wo Schwerpunkte weiter ausbalanciert werden müssen. Die Reform trägt der Tatsache Rechnung, dass der Beruf des Fahrlehrers ein Lehrberuf ist. Das gilt auch für die Fahrschulüberwachung. Sie wurde nun – erstmalig – hinsichtlich der pädagogischen Anforderungen einheitlich geregelt.

Dabei lassen sich im Fahrschulauto oder während des Theorieunterrichts täglich spannende und – für den Laien – überraschende Erfahrungen sammeln. So kann es sein, dass ein Fahrlehrer seinen Fahrschüler in der Prüfung förmlich nicht wiedererkennt; Letzterer macht Fehler, die vorher undenkbar schienen. Prüfungsangst? Nervosität? Zufall?

In einer anderen Situation fährt ein Schüler – scheinbar sehend – in einer Kurve geradeaus, sodass der Fahrlehrer eingreifen muss. Was ist hier geschehen? Eine banale Unaufmerksamkeit – oder steckt mehr dahinter? Im theoretischen Unterricht erlebt ein erfahrener Fahrlehrer eine hitzige Diskussion zwischen Fahrschülern – er kann sie nur mit Mühe beruhigen.

Fahrlehrer müssen also wissen, wie Informationsaufnahme, -verarbeitung und richtiges Reagieren beim Fahren funktionieren. Der Einfluss von Emotionen und Einstellungen muss bekannt sein.

Das vorliegende Werk richtet sich daher ebenso an angehende Fahrlehrer wie an erfahrene Kollegen. Der Fahrlehreranwärter soll eine Einführung in das pädagogisch-psychologische Handwerkszeug für seinen Beruf erhalten und die vielen Chancen und Betätigungsfelder, die sich ihm damit eröffnen, überblicken. Der erfahrene Kollege, der sich auf die Fahrschulüberwachung vorbereiten will, findet die wichtigsten Informationen und praktische Beispiele zur Umsetzung der Anforderungen. Nicht selten wird Letzterer dabei feststellen *„Das mache ich doch eigentlich* *schon!"*. An anderen Stellen wird er vielleicht neue Anregungen erhalten und seine didaktischen Entscheidungen überdenken. Beiden, dem Neuling und dem Routinier, möchte das vorliegende Werk sicheres Wissen, Orientierung und neue Impulse für die tägliche Arbeit liefern.

Unsere Gesellschaft ist nicht statisch; sie wird bunter, multikultureller und gleichzeitig individueller. Fahrschüler sehen sich zunehmend weniger als Teil einer Schülergruppe und mehr als Kunden mit spezifischen Möglichkeiten und Erwartungshaltungen. Letztere werden von Kunden immer deutlicher – um nicht zu sagen sehr deutlich – geäußert. Themen wie Überbehütung und der Umgang mit schwierigen Schülern und ihren Eltern nehmen an Bedeutung zu. Auch hier gibt dieses Buch Hilfestellung.

Nicht jedem, der das Mindestalter bald erreichen wird, erscheint der Erwerb der Fahrerlaubnis als vorrangiges Ziel. Heutzutage wird die Fahrerlaubnis der Klasse B – vor allem im Bereich von Groß-/Universitätsstädten – nicht selten später erworben als noch vor einigen Jahren. Das bedeutet aber kein generelles Desinteresse am Selbstfahren. Der Erwerb der Fahrerlaubnis tritt allerdings als Ziel in immer stärkere Konkurrenz zu anderen Zielen und Formen der Mobilität (Stichwort Multimodalität).

Und dennoch bleibt der Führerschein auch künftig für die meisten unverzichtbar – selbst wenn er später erworben oder aus eher pragmatischen Erwägungen heraus angestrebt werden sollte als früher. Schon diese wenigen Bemerkungen lassen erkennen, dass sich einiges am Umfeld der Fahrschulen in Deutschland geändert hat. Das Arbeitsumfeld ist vielfältiger geworden. All dies hat erheblichen Einfluss auf die pädagogische Arbeit in den Fahrschulen hierzulande.

Die Autorinnen und Autoren dieses Werkes sind allesamt erfahrene Praktiker/-innen aus verschiedenen Fachrichtungen. Als Fahrlehrer, Bildungs- und Kulturwissenschaftler, Psychologen und Juristen wollen wir die pädagogisch-psychologischen Anforderungen des Fahrlehrerrechts für die tägliche Praxis handhabbar machen. Praxisbeispiele, Hintergrundinformationen und Übungsaufgaben sind unsere wichtigsten Werkzeuge. Diese Werkzeuge haben sich – auch dies ist eine Besonderheit dieses Buches – bereits in der Praxis der Fahrlehrerausbildung und -prüfung als erfolgversprechend erwiesen.

Die wenigen vergleichbaren Werke zum Thema „Fahrschulpädagogik" enden hier. Wir haben uns dagegen für einen anderen Ansatz entschieden. Denn nach Bestehen der Fahrlehrerprüfung Klasse BE (also dem Erwerb der Grundfahrlehrerlaubnis) geht es ja eigentlich erst richtig los! Die pädagogisch erweiterte Fahrschulüberwachung wurde bereits angesprochen. Fahrlehrer entscheiden sich fast immer dazu, ihre eigenen Kompetenzen noch weiter auszubauen und weitere Angebote in das Portfolio ihrer Fahrschule aufzunehmen. Klar ist, dass die Ausbildung von Motorradschülern, von angehenden Lkw- und Busfahrern sowie die Arbeit in der Berufskraftfahreraus- und -weiterbildung besondere pädagogische Herausforderungen sind. Die neue Fahrlehrerausbildung hat deswegen die bildungswissenschaftlichen Anteile auch gerade in den Erweiterungsklassen gestärkt. Folgerichtig können die Leserinnen und Leser eines solchen Werks zur Fahrschulpädagogik auch erwarten, dass auf diese Besonderheiten eingegangen wird.

Aber auch der Aufbau eines modernen Fahrschulangebots findet Berücksichtigung. Die Ausbildung, Beratung und Hilfe von so unterschiedlichen Zielgruppen wie Menschen mit Mobilitätseinschränkungen, ältere Kraftfahrer und Kunden mit Fahr- und Prüfungsängsten werden immer wichtiger. Eine weitere interessante Tätigkeit ist das Angebot für auffällige Kraftfahrer. Es versteht sich von selbst, dass bei allen der genannten pädagogischen Situationen viel Fingerspitzengefühl erforderlich ist. Doch dies allein reicht nicht. Sicheres Wissen um die pädagogisch-psychologischen Tatsachen führt zu Professionalität und bewahrt vor – unverantwortbarem – Herumprobieren.

Weitere Aspekte treten hinzu. So wird das Fahren der Zukunft digital und vernetzt sein. Fahrerassistenzsysteme werden uns immer mehr Fahraufgaben abnehmen. Der Automatisierungsgrad wird steigen, auch wenn das vollautomatisierte Fahren in der Breite noch lange auf sich warten lassen wird. Damit sind Fragen des Datenschutzes und auch ethische Aspekte verbunden. Daraus ergibt sich eben nicht, dass der Fahrlehrer überflüssig sein wird. Richtig ist aber, dass sich seine Rolle verändern und er mehr und mehr zum Mobilitätsfachmann und -berater werden wird.

Auch diese Inhalte sind zum Teil schon Gegenstand der neuen Fahrlehrerausbildung und -prüfung. Aus diesem Grunde und insbesondere, weil wir den Blick in die Zukunft richten wollen, haben diese Inhalte Eingang in dieses Werk gefunden.

Zu guter Letzt noch ein Hinweis zur sprachlichen Gestaltung des Werkes. Aus Gründen der besseren Lesbarkeit haben wir auf die gleichzeitige Verwendung männlicher und weiblicher Sprachformen verzichtet. Sämtliche Personenbezeichnungen gelten gleichermaßen für beiderlei Geschlecht.

Die Herausgeber

Inhaltsverzeichnis

Kapitel 2
Die Planung von theoretischem Unterricht

Kapitel 3
Die Planung von praktischem Unterricht

Kapitel 4
Menschen mit Mobilitätseinschränkungen – Führerscheinausbildung für Menschen mit Behinderungen

Teil III
Fahrschulpädagogik für neue Betätigungsfelder – zusätzliche Angebote und besondere Zielgruppen

Kapitel 1
Schulung Fahrerassistenzsysteme – teilautomatisiertes Fahren für Fahrerlaubnisinhaber

Kapitel 2
Fahrtraining im Nutzfahrzeugbereich

Kapitel 3
Fahrschüler mit Fahrängsten

Kapitel 4
Mobilitätscoaching – Ältere Kraftfahrer

Teil IV
Die Aufsichtsbehörde in der pädagogisch erweiterten Fahrschulüberwachung

Kapitel 1
Gesetzliche Grundlagen, Befugnisse und Konsequenzen nach neuem Fahrlehrerrecht

Kapitel 4

Elektronische LernstandsBeurteilung (eLBe) – Einsatzmöglichkeiten und Chancen für Fahrlehrer

Abkürzungsverzeichnis

aaSoP	amtlich anerkannter Sachverständiger oder Prüfer für den Kraftfahrzeugverkehr
ADAC	Allgemeiner Deutscher Automobil-Club
ADHS	Aufmerksamkeitsdefizit-Hyperaktivitätsstörung
ADK	Ausbildungsdiagrammkarte
ADR	Europäisches Übereinkommen über die internationale Beförderung gefährlicher Güter auf der Straße
ADS	Aufmerksamkeitsdefizit-Syndrom
arge tp 21	siehe TÜV | DEKRA arge tp 21
ASF	Aufbauseminar für Fahranfänger
AZAV	Akkreditierungs- und Zulassungsverordnung Arbeitsförderung
BA	Bundesagentur für Arbeit
BAF	Besondere Ausbildungsfahrten
BASt	Bundesanstalt für Straßenwesen
B-DKS	Bundes-Durchschnittskostensätze
BDSG	Bundesdatenschutzgesetz
BfDI	Die Bundesbeauftragte für den Datenschutz und die Informationsfreiheit
BfF	Begutachtungsstelle für Fahreignung
BGB	Bürgerliches Gesetzbuch
BGS	Bildungsgutschein
BKF	Berufskraftfahrer
BMVI	Bundesministerium für Verkehr und digitale Infrastruktur
BvF	Bundesvereinigung der Fahrlehrerverbände e. V.
DEKRA	Deutscher Kraftfahrzeug-Überwachungs-Verein e. V.
DSGVO	Datenschutz-Grundverordnung
DVR	Deutscher Verkehrssicherheitsrat
DVW	Deutsche Verkehrswacht
eLBe	elektronische LernstandsBeurteilung
EWR	Europäischer Wirtschaftsraum
FahrlAusbVO	Fahrlehrer-Ausbildungsverordnung
FahrlG	Fahrlehrergesetz
FahrlGDV	Durchführungsverordnung zum Fahrlehrergesetz
FahrschAusbO	Fahrschüler-Ausbildungsordnung
FAKT	Fahrschüler-Abschluss-Kontroll-Test
FAS	Fahrerassistenzsysteme
FEG	Fahreignungsgutachten
FES	Fahreignungsseminar
FeV	Fahrerlaubnis-Verordnung
FIDD	Förderinstitut für Deutsch und bei Dyskalkulie
FVB	Fahrverhaltensbeobachtung
FZV	Fahrzeug-Zulassungsverordnung
GbV	Gefahrgutbeauftragtenverordnung
GdB	Grad der Behinderung
GebOSt	Gebührenordnung für Maßnahmen im Straßenverkehr

IFK	Institut für angewandte Familien-, Kindheits- und Jugendforschung
ifmo	Institut für Mobilitätsforschung
IHK	Industrie- und Handelskammer
KBA	Kraftfahrt-Bundesamt
KOM	Kraftomnibus
LaSi	Ladungssicherung
Lkw	Lastkraftwagen
LRS	Lese-Rechtschreib-Schwäche
PQFÜ	Pädagogisch qualifizierte Fahrschulüberwachung
PRT	PrüfungsReifeTest
QMS	Qualitätsmanagementsystem
SGB	Sozialgesetzbuch
SHP	Sicherheitsprogramme
StVG	Straßenverkehrsgesetz
StVO	Straßenverkehrs-Ordnung
StVZO	Straßenverkehrs-Zulassungs-Ordnung
SVA	Straßenverkehrsamt
TP	Technische Prüfstelle für den Kraftfahrzeugverkehr
TÜV	Technischer Überwachungsverein
TÜV | DEKRA arge tp 21	Arbeitsgemeinschaft für den Kraftfahrzeugverkehr GbR

Teil I

Fahrschulpädagogik im Grundgeschäft mit Klasse B

Kapitel 1
Grundlagen der Fahrschulpädagogik

1 Wie funktioniert das Fahren?

Günter Kölzer

1.1 Informationsaufnahme – Denkprozesse – Reaktionen

Wie funktioniert eigentlich das Fahren? Die meisten Menschen glauben, darauf eine schnelle Antwort zu haben: Muss man nicht einfach nur handeln, die „Maschine Kraftfahrzeug“ sicher von A nach B bewegen können, dabei Regeln beachten und Gefahren vermeiden können? Das ist sicher alles soweit richtig – doch wer tiefer in die Thematik einsteigt, gerät schnell in Erklärungsnot, welche Komponenten wie zusammenwirken. Ein einheitliches, in allen Disziplinen gleichermaßen akzeptiertes Handlungsmodell liegt (noch) nicht vor. Es fängt schon bei grundlegenden Begriffen an, z. B. damit, was eigentlich mit dem Begriff „Handeln“ gemeint ist. Juristen verstehen darunter *„[...] nur ein Verhalten, das der Bewusstseinskontrolle und Willenslenkung unterliegt; ein unwillkürliches Verhalten scheidet aus.“*[1] Dementsprechend fallen weder Bewegungen, die durch Gewalt erzwungen oder in Bewusstlosigkeit ausgeführt wurden, noch reine Körperreflexe unter den Begriff „Handlung“. Manche Reaktionen sind allerdings durch Erfahrung und Lernen eingeübte Automatismen. Diese gehören ausdrücklich zum Handeln. Das bedeutet wiederum: *„Information, Entschluss und Ausführung einschließlich der dabei mitwirkenden Automatismen sind jedoch als gleichsam rascheste willentliche Handlungen bewusstseinskontrolliert und deshalb Handlungen im Rechtssinn.“*[2]

Es gibt bereits gute verkehrspsychologische Modelle, welche die wesentlichsten Aspekte der Frage, wie das Autofahren funktioniert, berücksichtigen und die auch für die Arbeit in der Fahrschule nutzbar gemacht werden können. Zwei davon werden im Folgenden behandelt.

1.1.1 Der psycho-physische Funktionskreis nach Benedikt von Hebenstreit

Der Münchner Verkehrspsychologe Benedikt von Hebenstreit hat ein einflussreiches Modell entwickelt, dass das Fahren als einen seelisch-körperlichen (psycho-physischen) Regelkreis beschreibt. Damit das Fahren funktioniert, müssen drei Komponenten zusammenarbeiten:

1. **Informationen müssen über die Sinne aufgenommen werden.**
2. **Diese Informationen müssen im Gehirn richtig verarbeitet werden.**
3. **Schließlich führen die Muskeln die erforderlichen Handlungen aus.**

---

1 Hentschel, P., König, P. & Dauer, J. (2017). Straßenverkehrsrecht. 44. Auflage. München: C. H. Beck, S. 17, Randnr. 83 ff.

2 a. a. O.

Dabei spielen die **Verkehrserfahrung** und das **Hintergrundwissen** des Fahrers, seine **Persönlichkeitsstruktur** sowie sein **momentanes körperliches Befinden** eine wichtige Rolle.

Beispiel:

- Ein Kraftfahrer fährt eine Straße entlang, auf der plötzlich ein stehendes Hindernis (z. B. ein geparktes Fahrzeug) auftaucht. Damit er nicht mit diesem kollidiert, müssen nun alle Komponenten des gerade beschriebenen Funktionskreises richtig zusammenarbeiten:
  1. Der Fahrer muss das stehende Fahrzeug über seine Sinnesorgane (hier: die Augen) rechtzeitig erfassen.
  2. Sein Gehirn muss diese Sinnesreize nun richtig deuten und über die erforderliche Reaktion entscheiden. Dies kann bewusst geschehen oder auch „vorbewusst", aufgrund von spontanen Reflexen oder gespeicherten Verhaltensmustern, also ohne bewusste Verarbeitung.
  3. Nun müssen die Muskeln die Befehle des Gehirns ausführen, indem gebremst, geschaltet, gelenkt oder evtl. angehalten wird.

Es reicht dabei nicht aus, dass die Reaktionen bloß stattfinden – entscheidend ist auch, dass sie schnell, präzise und in der richtigen Reihenfolge ausgeführt werden. Die Koordination trägt zum Gelingen bei.

Hieraus ergeben sich einige wichtige Konsequenzen:

- Wer noch ungeübt im Umgang mit Kraftfahrzeugen ist, bei dem arbeiten die Komponenten des Funktionskreises noch nicht so routiniert und reibungslos zusammen wie bei Fahrern mit jahrelanger Erfahrung.
- Die Persönlichkeitsmerkmale des Fahrers wie zum Beispiel seine Risikobereitschaft beeinflussen seine Entscheidungen und seine Emotionen in erheblicher Weise.
- Wer müde, krank, abgelenkt oder unter dem Einfluss von Alkohol, Medikamenten oder Drogen fährt, fährt mit eingeschränktem Funktionskreis. Dabei sind alle drei Komponenten betroffen.

Hinweise zur Umsetzung im Unterricht

Der Funktionskreis Kraftfahren, wie er hier vorgestellt wurde, kann sowohl im theoretischen Unterricht als auch in den Fahrstunden eingesetzt werden.

- **Im Theorieunterricht** können die persönlichen Voraussetzungen für die Teilnahme am Straßenverkehr und die Wirkung von Alkohol, Drogen und Medikamenten auf die Fahrsicherheit anhand dieses Modells gut erarbeitet werden. Auch der Einfluss von Emotionen, Einstellungen und Fahrerrollen lässt sich damit aufzeigen. So könnten im Rahmen einer Gruppenarbeit zunächst die Ausfallerscheinungen durch Alkohol im Straßenverkehr zusammengetragen und auf Kärtchen geschrieben werden. Im Anschluss daran werden diese Kärtchen auf ein Flipchart gehängt, das den Funktionskreis Kraftfahren zeigt (vgl. *Bild 1.1*). Die Schüler werden dann gebeten, die Ausfallerscheinungen dort aufzuhängen, wo sie negativ wirken (der Tunnelblick durch Alkohol stört z. B. die Informationsaufnahme – das entsprechende Kärtchen wird dort angebracht). Als Fazit ließe sich abschließend festhalten: Alkohol stört den gesamten Funktionskreis und hat deswegen im Straßenverkehr nichts zu suchen.

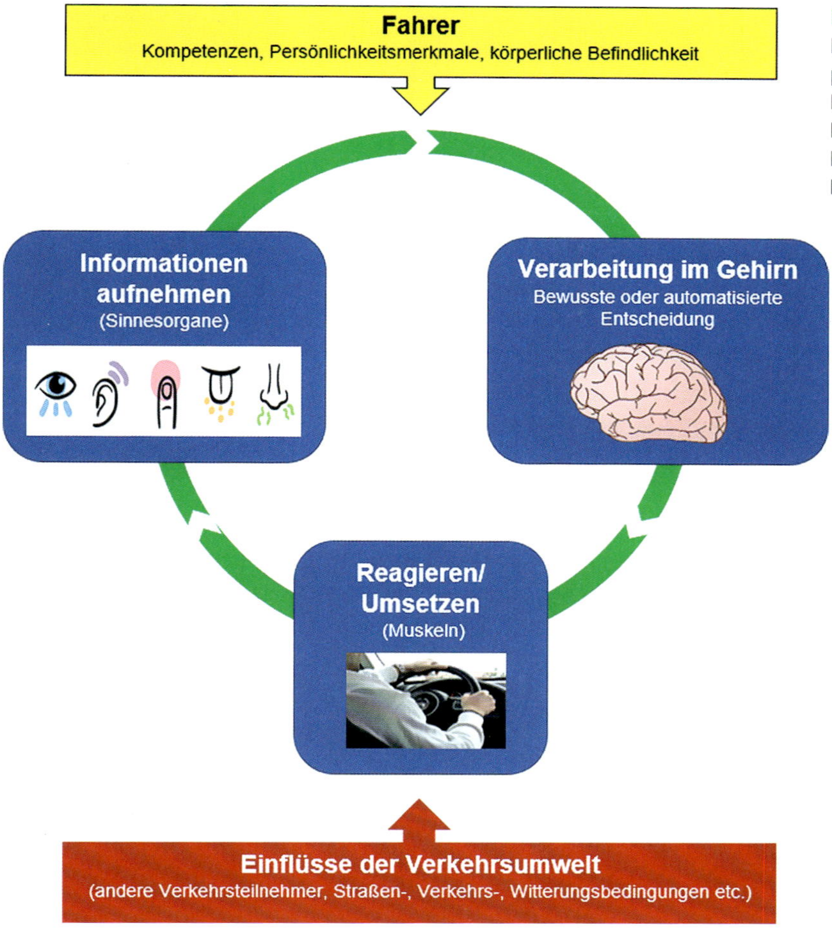

Bild 1.1
Der psycho-physische Funktionskreis Kraftfahren nach Benedikt von Hebenstreit

Quelle:
Bilder: Pixabay
Grafik: Kolzer

- **Im praktischen Unterricht** kann der Funktionskreis als Diagnoseinstrument verwendet werden. Übersieht ein Schüler z. B. eine Rechts-vor-Links-Situation, so kann (bei stehendem Fahrzeug) eine Aufarbeitung anhand des Funktionskreises erfolgen. Der Fahrlehrer fragt den Schüler, warum er nicht reagiert hat. Wurde die Information nicht aufgenommen? Wurde sie nicht richtig verarbeitet (z. B. falsche Beurteilung der Vorfahrtslage oder der Gedanke *„Das schaffe ich noch!"*)? Oder lag es an einer falschen Reaktion (z. B. Bremspedal nicht schnell genug gefunden)? Je nach Ergebnis des Gesprächs können die Defizite dann zielgerichtet wegtrainiert werden.

1.1.2 Das Handlungsmodell nach Wolfgang Barthelmess[3]

Ein weiteres Handlungsmodell des Fahrens hat der Regensburger Verkehrspsychologe Wolfgang Barthelmess vorgestellt. Er hat neuere Erkenntnisse der Hirn-

3 Barthelmess, W. (2012). Wie Autofahren funktioniert – Ein Handlungsmodell. Neue Zeitschrift für Verkehrsrecht 9, 420–424.

forschung einbezogen und versteht den Straßenverkehr als *„eine zu erlernende und erlernbare Umwelt“*[4]. Das Modell besteht aus vier Stufen, die aufeinander aufbauen. Die Überschriften der folgenden Stufen 1 bis 4 sind wörtlich der Arbeit von Barthelmess entnommen.

1. **Verkehr als gelernte Umwelt**

Als Menschen in modernen Industriegesellschaften wachsen wir nicht nur mit dem Straßenverkehr auf. Wir lernen auch von klein auf, uns in ihm immer selbstständiger zu bewegen. Als Fußgänger, Fahrradfahrer, Beifahrer und nicht zuletzt als Beobachter des Verhaltens anderer Verkehrsteilnehmer lernen wir eine Menge im und über den Straßenverkehr. Dabei sammeln wir Erfahrungen – angenehme wie unangenehme. Wir lernen, Verkehrssituationen einzuschätzen, und erkennen Regeln im scheinbaren Chaos.

Beispiel:

- Wir sehen, dass ein Fußgänger auf eine Bushaltestelle zuläuft und erwarten, dass er die rote Fußgängerampel vermutlich missachten wird. Deswegen halten wir Abstand und sind bremsbereit. Tatsächlich sprintet der Fußgänger dann über die Straße. Wir denken: *„Habe ich es mir doch gedacht.“*
- Aus der Situation lernen wir, dass wir an bestimmten Stellen, wo mit Fußgängern zu rechnen ist, besonders aufmerksam sein müssen. Vielleicht ziehen wir auch den Schluss, dass Ablenkung und Eile gefährlich sein können und dass bestimmte Fehler häufig auftreten.

Je mehr Situationen wir im Straßenverkehr meistern und bewusst analysieren, desto mehr Erfahrung gewinnen wir. Dadurch fällt uns die Vorausschau leichter und wir können uns besser auf andere einstellen. Die Fähigkeit, wichtige Informationen aus dem – scheinbaren – Chaos herauszufiltern, wird dadurch verbessert.

2. **Situationen und Arbeitsgedächtnis**

Unser Arbeitsgedächtnis leistet eine Menge. Informationen, die gerade wichtig sind, werden in ihm für kurze Zeit gespeichert. Es übernimmt eine Art Scharnierfunktion zwischen dem Informationsinput aus dem sensorischen Register und dem Abgleich mit dem Langzeitgedächtnis. Hier wird auch die **Aufmerksamkeit** gelenkt. In allen Lebenssituationen – und natürlich insbesondere im Straßenverkehr – müssen Menschen aufmerksam sein und (plötzliche) Veränderungen wahrnehmen, um auf sie reagieren zu können. Denn: *„Er* [der Kraftfahrer] *kann alles Gleichbleibende gelassen und mit halbem Interesse hinnehmen, wenn es ihm gelingt, relevante Veränderungen frühzeitig herauszufiltern.“*[5] Die Aufmerksamkeit muss dann geweckt sein, wenn sich etwas ändert, z. B. wenn wir einen anderen Kraftfahrer, der uns gegenüber die Vorfahrt beachten muss, auf die Kreuzung zufahren sehen, die wir gerade passieren möchten. Erkennen wir, dass er die Vorfahrt beachten wird, dann lässt unsere Aufmerksamkeit wieder nach. Ist die Situation vollends klar, wenden wir uns wieder ganz anderen Inhalten zu. Damit ist eng verbunden, dass wir den Anfang einer Situation

4 a. a. O., S. 421.
5 Barthelmess, a. a. O., S. 422.

wahrnehmen und uns überlegen, wie es weitergehen, was als nächstes passieren könnte.

Man spricht in diesem Zusammenhang auch von einem „Aktivierungszirkel" (nach Heckhausen): Eine Unklarheit über den weiteren Verlauf einer Situation erzeugt eine Aktivierung der Aufmerksamkeit, die sich nach Klärung der Unklarheit wieder löst.[6] Dies wird oft sogar als angenehm empfunden.

Die Konsequenzen für das Fahren sind vielfältig:

- Wir möchten gefordert werden und die darauffolgende Entspannung erleben.
- Monotonie verringert die Aufmerksamkeit und kann dazu führen, dass wir wichtige Informationen/Veränderungen in Situationen nicht bzw. nicht rechtzeitig wahrnehmen.
- Unser Arbeitsgedächtnis möchte aktiv sein.
- Es ist noch nicht klar, wie Aspekte der zunehmenden Automatisierung des Fahrens – z. B. wenn der Fahrer erst auf Aufforderung des Systems die Fahraufgabe wieder übernehmen muss – hier hineinpassen. Hierzu sei auf Teil III, Kapitel 1 „Schulung Fahrassistenzsysteme, teilautomatisiertes Fahren für FE-Inhaber" verwiesen.

3. **Erkennen der Verkehrslage**

Wer eine Verkehrssituation bewältigen will, muss diese zunächst einmal erkennen und analysieren. Wenn wir fahren, dann haben wir stets Erfahrungen und Vorstellungen mit im Gepäck: von der Fahrstrecke ebenso wie von bekannten Situationen, denen wir unterwegs begegnen. Wir sind schließlich schon oft an Kreuzungen mit Ampelregelung, an Schulen und Seniorenheimen vorbeigefahren oder haben die Autobahn benutzt. Dabei haben wir Erfahrungen gesammelt, die dazu führen, dass wir in ähnlichen Situationen bestimmte Erwartungen haben. Weil wir schon beobachtet haben, dass sich Kinder und Jugendliche oft nicht verkehrsgerecht verhalten, rechnen wir damit, dass in der Nähe von Schulen Kinder unvermittelt auftauchen und auf die Straße treten können. Wenn wir diese wichtigen Erfahrungen aktivieren, wenn wir in eine solche Verkehrssituation geraten, dann sind wir „voraktiviert". Das Fehlverhalten schwächerer Verkehrsteilnehmer überrascht uns weniger, da wir damit gerechnet und uns vorbereitet haben – psychisch (*„Es kann sein, dass ich gleich plötzlich bremsen muss."*) und ggf. auch physisch (Brems-, Kupplungsbereitschaft usw.). Das bedeutet: Wir erkennen im scheinbar unübersichtlichen Straßenverkehr Muster und Strukturen, was uns wiederum die Deutung erleichtert und eine schnellere Reaktion ermöglicht. Je mehr Erfahrung wir haben, desto leichter fällt uns dies. Je schneller und sicherer wir die Erfahrung aus unserem Langzeitgedächtnis abrufen können, desto besser. Dies kann und muss durch Übung stabilisiert und ausgebaut werden. Ein Umlernen ist grundsätzlich möglich.

4. **Gewohnheiten und bewusste Kontrolle**

Autofahren wird aber auch von unseren Einstellungen, Werthaltungen und Motiven beeinflusst. Unsere Gewohnheiten spielen dabei eine große Rolle, aber auch, wie hoch unser persönliches Sicherheitsbedürfnis ausgeprägt ist. Das

---

6 Vgl. die Beschreibung bei Barthelmess, a. a. O.

bedeutet, dass alle Emotionen, die mit dem Fahren im Zusammenhang stehen, darin einfließen. Gleichzeitig müssen konkrete Fahraufgaben (z. B. das Durchfahren einer Kurve) bewältigt werden. Zwischen der Fahraufgabe, die aktuell zu bewältigen ist, und diesen Gewohnheiten muss unser Frontalhirn nun ein Gleichgewicht herstellen. Es übernimmt die *„Hemmung des reflexhaften bzw. triebhaften Verhaltens“*[7]. Das ist aber gerade für junge Fahranfänger nicht einfach, denn einerseits fehlt ihnen die Fahrerfahrung und andererseits sind sie in einer Umbruchphase, in ihrer Persönlichkeit vielfach noch nicht gefestigt und anfällig für emotionale Einflüsse.

Dieses vierstufige Handlungsmodell macht verständlich, wie die Informationsverarbeitung beim Fahren vonstattengeht. Darüber hinaus wird deutlich, wie Verkehrssituationen analysiert werden (müssen). Diese Situationen sind aber immer eingebunden in den Kontext der bisherigen Erfahrungen eines Kraftfahrers zu betrachten.

Hinweise zur Umsetzung im Unterricht

Im theoretischen wie im praktischen Unterricht sollte versucht werden, das vorliegende Handlungsmodell nutzbar zu machen. Es bietet sich an, hier verstärkt mit Fragen zu arbeiten, um die Schüler zu aktivieren und zum Nachdenken anzuregen. Wie kann die Umsetzung nun konkret geschehen?

- Zunächst ist es wichtig, die Vorerfahrungen der Fahrschüler aktiv in den Unterricht einzubeziehen. Was wissen diese schon von der Verkehrsumwelt und welche Erfahrungen haben sie bereits in dieser gemacht?
- Die Förderung der Aufmerksamkeit in Verkehrssituationen sollte schon im Theorieunterricht geübt werden. Dies könnte z. B. dadurch geschehen, dass eine Filmsequenz mit einer sich im weiteren Verlauf immer gefährlicher entwickelnden Verkehrssituation gezeigt und an einer Stelle angehalten wird, in der sich die Gefahr erst ansatzweise anbahnt. Die Schüler sollen beantworten, ob sie etwas Ungewöhnliches, eine (wenn auch scheinbar noch unbedeutende) Veränderung der Situation wahrgenommen haben. Dann wird der Rest des Films gezeigt. Im praktischen Unterricht sollten entstehende Verkehrssituationen früh thematisiert werden (*„Siehst du da vorne den Fußgänger? Was könnte er tun?“*).
- Daran anknüpfend muss thematisiert werden, was als nächstes zu tun ist. Die „Voraktivierung“ (das Wahrnehmen des Fußgängers und die Überlegungen, was geschehen könnte) müssen nun dazu führen, dass sich der Schüler auch schon auf eine eventuell erforderliche Reaktion durch z. B. Kupplungs- und Bremsbereitschaft (Füße über die Pedale) vorbereitet.
- Schließlich ist es wichtig, am Bereich der Gewohnheiten und ihrer bewussten Kontrolle anzusetzen. Hier könnte im Theorieunterricht die Frage erörtert werden, wie es den Schülern schon jetzt gelingt, in verschiedenen Lebenssituationen einen kühlen Kopf zu bewahren, obwohl sie emotional stark beansprucht sind. Denn dies müssen sie im Straßenverkehr ebenso leisten können. Anschließend sollten Möglichkeiten gesammelt werden, was man tun kann, um auch im Straßenverkehr kontrolliert richtig und nicht trieb- oder reflexhaft falsch zu handeln.

---

7 Spitzer, M. (2006). Lernen. Gehirnforschung und die Schule des Lebens. 4. Auflage. München/Zürich: Spektrum Akademischer Verlag, 231; zit. nach Barthelmess, a. a. O., 423.

1.2 Wahrnehmung, Aufmerksamkeit und Orientierungsreaktion

Die folgende alltägliche Situation steht beispielhaft für das, was unsere Sinne, speziell unsere Augen, und unser Gehirn im Zusammenspiel leisten:

- Ein Autofahrer fährt bei Dunkelheit eine Straße entlang. Er bemerkt am Fahrbahnrad vor ihm, dass sich etwas bewegt. Er sieht genauer hin und erkennt schließlich einen Fahrradfahrer, der – unbeleuchtet – auf die Fahrbahn eingebogen ist.

Erste Hinweise zu den Begriffen „Wahrnehmung" und „Aufmerksamkeit" wurden bereits im Abschnitt 1.1 „Informationsaufnahme – Denkprozesse – Reaktionen" gegeben. Nachfolgend werden diese näher erläutert und es wird gezeigt, wie genau sie mit dem Fahren in Verbindung stehen.

1.2.1 Visuelle Wahrnehmung

Hierbei geht es um die Informationsaufnahme und -verarbeitung, die mit den Augen beginnt. Wenn wir etwas sehen, gelangt zunächst Licht durch Hornhaut und Pupille in unser Auge. Das eigentliche Bild entsteht auf der Netzhaut (dem hinteren Teil des Auges) durch Millionen von Fotorezeptoren (lichtempfindliche Zellen). Diese Bilder werden nun – als Nervenimpulse – über den Sehnerv an das Gehirn weitergeleitet. Hier gelangen sie wiederum an unterschiedliche Stellen: In der Großhirnrinde werden sie bewusst, im Kleinhirn unbewusst verarbeitet. Diese (extrem vereinfachte) Darstellung des Sehens muss aber noch weiter vertieft werden, damit Schlussfolgerungen für die Fahrschulausbildung gezogen werden können.

Das eingangs genannte Beispiel des Autofahrers, der bei Dunkelheit den Radfahrer erkennt, verdeutlicht, dass die visuelle Wahrnehmung aus dem Zusammenspiel von Augen und Gehirn entsteht. Man könnte auch sagen: Wir sehen mit den Augen, erkennen aber mit dem Gehirn. Der Autofahrer hat zunächst etwas bemerkt, was vorher für ihn nicht da war. Das Gehirn gab den Augen den „Suchauftrag", nachzusehen, was es sein könnte. Dabei wurde im Langzeitgedächtnis nach einem Muster gesucht, das auf die Reize passt, die über das Auge zum Gehirn gelangt waren. Und tatsächlich: Das Objekt wurde als Radfahrer identifiziert. Man sieht deutlich, wie unsere Vorerfahrungen, Sehgewohnheiten und unsere Aufmerksamkeit Einfluss auf den Wahrnehmungsprozess nehmen. Nun wird erst recht deutlich, welche Auswirkungen das Handlungsmodell von Barthelmess (vgl. Abschnitt 1.1 „Informationsaufnahme – Denkprozesse – Reaktionen") in diesem Zusammenhang hat. Man könnte auch sagen: Wir sehen nur, was wir gelernt haben zu sehen. Insofern ist die Fahrschule auch in weiten Teilen eine „Sehschule". Es ist aber nicht so, dass wir alles, was wir vor Augen haben, auch bewusst wahrnehmen. Was wir wahrnehmen, ist nicht immer gleich scharf.

In der sogenannten Sehgrube (Fovea) auf der Netzhaut sehen wir scharf. Man spricht von **zentralem Sehen**. Was außerhalb dieses Bereiches ist, nehmen wir nicht mehr scharf und auch nicht farbig auf. Dies bezeichnet man als **peripheres Sehen**. Erst wenn wir den Blick den entsprechenden Objekten zuwenden, gelangen sie in unseren Schärfebereich.

Darüber hinaus gibt es einen **blinden Fleck** auf der Netzhaut, an dem sich keine Lichtrezeptoren befinden. Hier befindet sich die Sehnervenpapille, wo der Sehnerv das Auge verlässt. Fällt das Bild genau in diesen Bereich, sehen wir nichts davon. Sie können den blinden Fleck in dem folgenden Selbstversuch erfahren:

O X

Experiment: Halten Sie Sich das linke Auge zu und fixieren Sie das O. Nun werden Sie feststellen, dass das X verschwindet. Dabei ist der Abstand zwischen dem Blatt und Ihrem Auge entscheidend. Beträgt der Abstand ungefähr das Dreifache des Abstands zwischen dem O und dem X, verschwindet das letztere. Fixieren Sie nun das X und verdecken das rechte Auge, verschwindet das O.

Das bedeutet: Vor allem im Straßenverkehr lieber noch einmal hinschauen! Ein zweiter Blick hat schon manches Leben gerettet.

Bei Dunkelheit und Nebel fällt es uns schwer, Farben und Kontraste zu erkennen. Diese heben sich dann nicht mehr wie sonst vom Hintergrund ab. Dadurch können wir nur noch Geschwindigkeiten und Abstände richtig beurteilen. Unsere Augen müssen sich zudem auf wechselnde Lichtverhältnisse einstellen. Je nach Lichteinfall weiten sich die Pupillen oder ziehen sich zusammen. Im Theorieunterricht (Grundstoffthema 11 des Rahmenplans „Verhalten in besonderen Situationen") sowie im praktischen Unterricht bei den Fahrten bei Dämmerung und Dunkelheit muss dies thematisiert und das richtige Verhalten (Blickorientierung, Verhalten bei Blendung, Reduzierung der Geschwindigkeit usw.) trainiert werden.

Das Sehen liefert beim Autofahren viele wichtige Informationen. Dennoch gilt: Erst wenn wir alle Sinne (Hören, Tasten usw.) mit einbeziehen, ergibt sich ein Gesamteindruck der Situation. Dies können im Übrigen viele Fahrsimulatoren, die heutzutage in manchen Fahrschulen eingesetzt werden, (noch) nicht leisten. Wir haben uns hier auf die visuelle Wahrnehmung konzentriert und an ihr exemplarisch das Zusammenspiel von Sinnesorganen und Gehirn vorgeführt.

1.2.2 Aufmerksamkeit, Konzentration und Orientierungsreaktion

Was versteht man eigentlich unter „Aufmerksamkeit" und „Konzentration"? Nach Heilig ist Aufmerksamkeit *„der Grad der Aktiviertheit, der Wachheit und der Orientierung der Sinnestätigkeit auf Gegenstände, Personen, Gespräche usw. – bzw. auf das Verkehrsgeschehen"*[8]. Konzentration definiert er demnach als *„höchste(n) Grad der Aufmerksamkeit"* [9].

Aufmerksamkeit

Wenn wir aufmerksam sind, dann sind wir „wach" und setzen unsere Sinne breit gestreut ein. Wir sind also aktiviert. So muss man z. B., wenn man durch ein Wohngebiet fährt, seinen Blick streifen lassen, um die Verkehrsumwelt nach relevanten Informationen förmlich „abzuscannen": Von den Verkehrszeichen zum Fahrbahnrand, in die Lücken zwischen geparkten Fahrzeugen (Kinder? Weitere Verkehrsteilnehmer?) usw.

8 Heilig, B. (2013). Der Fahrlehrer als Verkehrspädagoge. 6. Auflage. München: Heinrich Vogel, S. 28.
9 Ebd.

Dabei ist das richtige Maß an Aktiviertheit wichtig: Wer müde oder träge ist oder sich mit den Gedanken woanders befindet, kann nicht aufmerksam fahren. Aber auch ein Zuviel an Aktiviertheit durch Stress, (Fahr-, Prüfungs- o. a.) Ängste, durch Euphorie und andere starke Emotionen gehen zulasten von Aufmerksamkeit und Konzentration.

Konzentration

Konzentration bedeutet, in noch höherem Maße als reine Aufmerksamkeit, auf eine Sache, eine (Fahr-)Handlung oder auf einen Gedanken ausgerichtet bzw. fokussiert zu sein. Dabei werden alle momentan irrelevanten Reize und Gedanken ausgeblendet; man ist im besten Fall ganz bei der Sache. Wir werden sehen, dass es sich dabei – genau genommen – immer nur um eine Sache handeln kann. Auch wenn wir ein anderes Phänomen aus dem Alltag kennen:

Das Cocktailparty-Phänomen

Stellen wir uns die folgende Situation vor: Wir befinden uns auf einer Party, die Anwesenden stehen zusammen in verschiedenen Gruppen und unterhalten sich lebhaft. Obwohl wir im Stimmengewirr stehen, gelingt es uns meist, dem Gespräch mit unseren Gesprächspartnern zu folgen. Dabei blenden wir die anderen Gespräche im Hintergrund aus. Übrigens: Wenn wir uns auf ein Gespräch konzentrieren und im Gespräch einer anderen Personengruppe (auf die wir uns nicht konzentrieren) unser Name fällt, dann sind wir plötzlich hellwach. Unseren Namen haben wir deshalb verstanden (obwohl wir das andere Gespräch nicht bewusst verfolgt haben), weil dieser in unserem Gehirn eine hohe Voraktivierung besitzt. Es ist tatsächlich bis zu einem gewissen Level möglich, auf zwei Sinneskanälen gleichzeitig bewusst Informationen aufzunehmen und zu verarbeiten. Nimmt dies jedoch überhand, können wir uns nicht mehr richtig konzentrieren. Dann müssen Störquellen minimiert werden. Ein Beispiel: Wenn die Unterhaltung zwischen Fahrlehrer und Fahrerlaubnisprüfer den Prüfling stören sollte, dann sollte er dies dem Prüfer sagen. Viele Prüfer weisen darauf auch vor der Prüfungsfahrt hin.

Multitasking

Dies darf aber nicht zu der folgenden Fehlinterpretation führen: Viele Menschen glauben, dass so etwas wie Multitasking beim Autofahren möglich wäre. Sie meinen, die Erfahrung gemacht zu haben, ganz gut mehrere Handlungen gleichzeitig ausführen zu können (*„Man kann doch schließlich Radio hören und gleichzeitig Autofahren!“*). Schon dieses Beispiel zeigt, dass hier unzulässigerweise bestimmte Aspekte vermischt werden. Denn einerseits kann das Radiohören bereits zur Ablenkung führen (z. B. wenn eine spannende Sendung aufmerksam verfolgt wird). Andererseits handelt es sich hierbei um eine Wahrnehmung – die Abfolge von komplexen Entscheidungen ist hier nicht gemeint. Manche Verkehrsteilnehmer gehen z. B. davon aus, dass es sogar möglich wäre, während des Fahrens „mal eben“ eine SMS zu lesen oder zu schreiben. Ganz abgesehen davon, dass dieser gefährliche Irrtum schon rechnerisch widerlegbar ist (wer bei 100 km/h „nur“ drei Sekunden auf sein Mobiltelefon schaut, fährt ca. 90 m im Blindflug), sprechen auch Forschungsergebnisse eine klare Sprache: Multitasking beim Autofahren ist ein Mythos! Der Berliner Psychologe und

Neurowissenschaftler Prof. Dr. Torsten Schubert hat sich über Jahre mit dem Phänomen beschäftigt und kommt zu folgendem Ergebnis:

„Es ist zwar möglich, beispielsweise gleichzeitig den Verkehr zu beobachten und dabei Geräusche wahrzunehmen, aber nur, weil es sich dabei um Wahrnehmungen handelt. Sobald die Aufgaben, die wir ausführen, eine Entscheidung oder eine Reaktion erfordern, funktioniert ‚Multitasking' nicht. Denn: Entscheidungen können im menschlichen Gehirn nur nacheinander erfolgen."[10]

Es ist wichtig, angehenden und auch erfahrenen Fahrern zu vermitteln, dass wir Handlungen und Entscheidungen in Wirklichkeit nur nacheinander (und nicht parallel) ausführen können. Wir müssen uns klarmachen, dass Aufmerksamkeit und Konzentration immer begrenzt sind und Ressourcen verbrauchen, die an anderer Stelle fehlen. Umso wichtiger ist es, mit diesen Ressourcen richtig hauszuhalten und sie sinnvoll (im Sinne der Verkehrssicherheit) zu verteilen. Wir müssen lernen, Störquellen zu reduzieren oder ganz abzustellen, um im Straßenverkehr aufmerksam und konzentriert zu bleiben.

Orientierungsreaktion

Wird die Situation jedoch schwieriger, dann muss es gelingen, sich sofort auf die eine wichtige Information zu konzentrieren und alles andere auszublenden: Deswegen unterbrechen wir unser Gespräch mit dem Beifahrer oft, wenn eine schwierige Aufgabe zu lösen ist (Ausweichen). Man spricht auch von „Orientierungsreaktion" (*„War da etwas?"*), wenn uns in unserer Routine etwas Neues, Ungewohntes, vielleicht Gefährliches begegnet. So lange dieses „Umschalten" gut funktioniert, ist die Gefahr beherrschbar. Wir sehen nun, wie die unter Abschnitt 1.1 „Informationsaufnahme – Denkprozesse – Reaktionen" dargestellten Modelle von Hebenstreit und Barthelmess unser Verhalten erklären können. Bei alledem spielt die aktuelle psychische und physische Verfassung eine große Rolle.

Umsetzung im Unterricht

Die Thematik Aufmerksamkeit/Ablenkung ist für den Fahrschulunterricht von großer Bedeutung. Es reicht nicht aus, sein Fahrzeug gut „im Griff" zu haben, in enge Parklücken hineinzukommen und über Erfahrung zu verfügen, wenn man häufig abgelenkt fährt. Der Bezug zur Lebenswelt der Fahrschüler ist dabei leicht herzustellen:

- Die steigende Zahl von Unfällen durch Handynutzung im Straßenverkehr ist – leider – allgegenwärtig.
- Ablenkungen durch die Bedienung des Radios/Bordcomputers/Navigationsgerätes sind ebenfalls an der Tagesordnung.
- Die Bedienung moderner Fahrerassistenzsysteme kann zum Problem werden, wenn diese in ihrer Funktion und Bedienung zu wenig bekannt sind und während der Fahrt „erkundet" werden.
- Die „klassischen Ablenkungen" aus vordigitaler Zeit (Gespräche mit dem Beifahrer, Ablenkung durch eine spannende Sendung im Radio, Orientierung

---

10 Multitasking ist ein Mythos. Warum wir uns beim Autofahren nur auf die Straße konzentrieren sollten. Interview mit Prof. Dr. Torsten Schubert vom 2.6.2016 (https://www.runtervomgas.de/impulse/artikel/multitasking-ist-ein-mythos.html).

in unbekannten Gegenden, Emotionen und vieles mehr) bleiben natürlich aktuell – sie müssen auch heute noch besprochen werden.
- Ein besonderes Themenfeld ist die Monotonie auf langen (Autobahn-) Strecken, die dem Fahrer scheinbar wenig abverlangt. Besonders auch im Nutzfahrzeugbereich ist hierauf einzugehen.

Grundsätzlich können hier viele Alltagserfahrungen der Fahrschüler erwartet werden: Jeder war schon einmal abgelenkt und hat dadurch einen Fehler begangen. Auch die Beobachtungen als Mitfahrer bei Freunden und Verwandten bieten viel Stoff für interessante Unterrichtseinheiten (persönliche Voraussetzungen/Risikofaktor Mensch). Nicht selten können die Schüler selbst von mancher gefährlichen Situation durch mangelhafte Aufmerksamkeit/Konzentration berichten. Es bietet sich an, methodisch vielfältig vorzugehen und diese Erkenntnisse in der praktischen Ausbildung bewusst aufzugreifen und zu vertiefen.

1.3 Emotionen

Elke Urner

Emotionen sind ein grundsätzlicher Bestandteil unseres menschlichen Daseins. Sie üben eine große Macht auf uns und unser Verhalten aus. Gelegentlich nehmen sie uns völlig ein, manchmal handelt es sich nur um den Anflug eines aufkommenden Gefühls. Emotionen prägen unser Denken und bestimmen mit, ob und wie wir etwas tun. Sie sind die Triebkraft unseres Handelns. Hätte der Mensch keine Emotionen, würde er nur funktionieren wie ein Computer. Aber gerade im Kontakt mit anderen Menschen, im Fahrschulbereich und anschließend als aktiv fahrender Verkehrsteilnehmer darf der Mensch eben nicht nur funktionieren.

Emotionen dominieren unseren Alltag, sie fließen unbewusst in die Bewertung einer jeden Situation ein und ermöglichen und erleichtern gleichzeitig die Kommunikation mit anderen Menschen. Emotionen werden benötigt, um in dem Gesagten und dem Gesehenen die Bedeutung zu erkennen. Anhand der erkannten Bedeutung entscheiden wir, wie wir weiter handeln werden und was uns wichtig ist oder nicht. Emotionen helfen uns, uns im Alltag zu orientieren. Viele Entscheidungen treffen wir aus dem Bauch heraus. Selbst wenn wir rational abwägen und die Vernunft entscheiden lassen wollen, ist es häufig dieser erste Impuls, der uns zu der einen oder anderen Entscheidung leitet.

Umgangssprachlich werden Emotionen und Gefühle im gleichen Sinne gebraucht. Zwischen ihnen gibt es jedoch einen Unterschied: Ein Gefühl ist eine langfristige Empfindung in unserem Körper wie Wärme, Kälte, Frieden usw., die wir tief im Inneren unseres Körpers über einen längeren Zeitraum empfinden. Emotionen sind kurz andauernde, nach außen sichtbare Verhaltensweisen wie Lachen, Weinen, Schreien usw. und werden durch Gefühle erst ausgelöst. Wir empfinden sie intensiv, aber nur für einen kurzen Zeitraum.

Eine einheitliche wissenschaftliche Definition von Emotionen gibt es bisher nicht, heutzutage stützt sich die Wissenschaft auf die Beschreibung der Phänomene von Emotionen. Die einen sagen, Emotionen seien ein Reizreaktionsmuster,

d. h., wir sehen etwas und dies löst bei uns eine körperliche Reaktion wie Angstschweiß, Herzklopfen, Bauchkribbeln aus, was wiederum eine Emotion wie Lächeln, Zusammenziehen der Augen o. Ä. hervorruft.

Andere sagen, Emotionen seien eine neurophysiologische Reaktion, die nur in unserem Gehirn stattfindet und die wir nicht beeinflussen können. Das heißt, wir nehmen einen Impuls von außen auf und unser Gehirn reagiert automatisch darauf – ohne dass wir diese Reaktion ändern, abschwächen oder unterdrücken können.

Wieder andere erklären, dass Emotionen ein soziales Konstrukt darstellen. Das heißt, wir empfinden abhängig von unserem sozialen Umfeld und Erlernten bestimmte Emotionen.

Der Anthropologe und Psychologe Paul Ekman stellte die These auf, dass Emotionen genetisch bedingt sind. Demnach verfügt jeder Mensch über sieben Basisemotionen, die von allen Menschen in gleicher Weise erkannt und ausgedrückt werden. Diese sind: Wut, Ekel, Verachtung, Freude, Furcht, Traurigkeit und Überraschung. Tatsächlich konnten diese sieben Basisemotionen und ihr entsprechender körperlicher Ausdruck weltweit als gleich anerkannt und diese These bestätigt werden.[11] Auslösung und Ausprägung der Emotionen sind hingegen individuell und kulturell unterschiedlich.

Emotionen sind subjektive Erlebnisse und bilden häufig einen Gegenpol zur Kognition. Wie Menschen fühlen, hängt entscheidend von der Umwelt ab, in der sie leben bzw. aufgewachsen sind.

Jeder Mensch wird als positives und kooperatives Lebewesen geboren. Aber schon sehr früh erlernen selbst Kleinkinder Emotionen ihrer Umwelt und beginnen, sich in ihrem Handeln zu unterscheiden. Dies zeigte eine wissenschaftliche Untersuchung an sechsmonatigen Kleinkindern durch Prof. Dr. Gerald Hüther, dessen Ergebnisse er unter anderem in seinem Vortrag „Glücksgefühle" in der Denkwerkstatt Zukunft 2014 vortrug. Den Kindern wurden drei unterschiedliche kleine Filmsequenzen gezeigt. In der ersten Sequenz versuchte ein gelbes Männchen einen Berg hinauf zu klettern. Es war für das gelbe Männchen zwar sehr schwierig, aber es schaffte es doch, den Berg zu erklimmen. In der zweiten Sequenz versuchte das gelbe Männchen erneut den Berg zu erklimmen, wurde dieses Mal aber von einem grünen Männchen unterstützt, das es von hinten anschob. In der dritten Sequenz kletterte das gelbe Männchen erneut den Berg hinauf, wurde aber am Gipfel ankommend von einem roten Männchen wieder hinunter geschubst.

Nach dem Betrachten dieser drei Sequenzen wurde den Kleinkindern ein gelbes, ein grünes und ein rotes Männchen zum Spielen angeboten. Im Alter von sechs Monaten griffen die Kinder einheitlich nach dem grünen Männchen, aber im Alter von neun Monaten war die Anzahl der Kleinkinder, die sich sofort das rote Männchen griffen, schon sehr viel größer. Das zeigt, dass sich Kinder selbst in diesem Alter bestimmte Verhaltens- und Reaktionsweisen bei Erwachsenen abschauen – so auch deren Emotionen.

---

11 Ekman, P. (1975). Universals and Cultural Differences in Facial Expressions of Emotion. In J. Cole (Hrsg.), Nebraska Symposium on Motivation 1971. Bd. 19. Lincoln: University of Nebraska Press.

1.3.1 Definition

Nach vielen weiteren wissenschaftlichen Untersuchungen und unterschiedlichen Modellen werden in der aktuellen Fachliteratur Emotionen folgendermaßen definiert:

„Emotionen sind mehrdimensionale Konstrukte, die aus affektiven, physiologischen, kognitiven, expressiven und motivationalen Komponenten bestehen."[12]

Was bedeutet diese Definition? Im Zentrum einer Emotion steht natürlich das **affektive Erleben**, ohne das eine Emotion gar nicht erst möglich ist. Dieses affektive Erleben ist in seiner Ausprägung und seiner damit verbundenen Bewertung, Verarbeitung und möglichen Veränderung abhängig davon, ob es sich um eine momentane Empfindung oder um eine habituelle Empfindung handelt. Mit der habituellen Empfindung ist die persönliche Neigung einer jeden Person gemeint. Es gibt Menschen, die ängstlicher sind als andere, oder Menschen, die eine grundsätzlich positive Lebens- und Gefühlseinstellung haben. Die momentane Empfindung resultiert aus Situationen oder Begegnungen, die uns nur für einen Moment in eine besondere Emotionslage bringt, z. B. Angst vor einem Objekt oder Freude durch das Bestehen einer Prüfung. Dies sollte jeder Pädagoge bei der Voranalyse, bei der Bewertung und im Umgang mit seinen Schülern differenziert berücksichtigen. Es ist ein deutlicher Unterschied, ob ein Schüler in einer speziellen Situation Angst empfindet oder grundsätzlich ein ängstlicher Fahrschüler ist.

Das affektive Erleben, unabhängig von den unterschiedlichen Faktoren, löst grundsätzlich eine körperliche, d. h. **physiologische Komponente** aus. Dies kann sich in Form von verändertem Herzrhythmus, Kribbeln im Bauch, Gänsehaut, Erweiterung der Pupillen, Änderung der Muskelanspannung oder Atmung usw. zeigen.

Nicht nur in unserem Körper wird eine Veränderung in Gang gesetzt, auch in unserem Gehirn laufen physiologische Prozesse ab. Je nach Situation kann unser Angstzentrum, die Amygdala, auf Deutsch Mandelkern, angeregt werden. Das löst körperliche Angstsymptome aus wie Herzklopfen, verstärktes Atmen usw. – wir empfinden Angst.

Andererseits kann auch der Frontalbereich unseres Gehirns erregt werden, der für die Freisetzung des körpereigenen Glückshormons Dopamin bei Glück, Freude und positiver Überraschung zuständig ist. Dann versorgt sich unser Körper selbst mit Glückshormonen, und wir empfinden Glück und Freude.

Erleben wir nun ein Gefühl und eine daraus resultierende körperliche Veränderung, drängen sich uns unweigerlich bestimmte Gedanken auf. Hier kommt die **kognitive Komponente** ins Spiel. So entstehen bei Angst unweigerlich Gedanken des Versagens oder bei Freude Gedanken des Erfolgs.

Automatisch folgt jetzt die sogenannte **expressive Komponente**, bei der je nach Gefühl bestimmte Gesichtsausdrücke oder Körperhaltungen eingenommen werden. Dies macht unsere gezeigte bzw. gefühlte Emotion für Interaktionspartner und andere sichtbar. Manchmal verstehen wir daher allein anhand von Körpersprache, ganz ohne Worte.

---

12 Vgl. Görtz, T. (2017). Emotion, Motivation und selbstreguliertes Lernen. Paderborn: Verlag Ferdinand Schöningh.

Diesen Prozessen direkt folgend ist die **motivationale Komponente** ein weiterer Bestandteil unserer Emotionen. Emotionen lösen bei uns ein bestimmtes Verhalten aus. In dem Begriff Motivation steckt das lateinische Verb „movere (dt.: bewegen). Die Emotionen, ob gefühlt oder gesehen, bewegen uns und bestimmen nun unser weiteres Handeln.

Hierin wird der evolutionspsychologische Sinn von Emotionen begründet: Sie dienen dem Überleben. Empfindet man vor einem Vorgesetztem oder seinem Lehrer Respekt oder Angst, so wird man sich ihm gegenüber eher zurückhaltend verhalten und häufig sogar versuchen, eine Begegnung und einen Konflikt zu vermeiden. Empfindet man eine positive Emotion, z. B. wenn ein selbstständig gefahrenes Fahrmanöver geglückt ist, wird man hingegen regelrecht aufgekratzt, probiert auch einmal etwas Neues und Schwierigeres aus. Eine solche Situation versucht ein Fahrschüler nach Möglichkeit bewusst wieder herbeizuführen.

Emotionen sind also keine genetischen Programme, die automatisch reagieren, sondern komplexe Verhaltensmuster, die sich im Laufe der Evolution und Gesellschaftsform entwickelt haben. Das bedeutet, wir erlernen sie innerhalb unseres sozialen Umfeldes. Zudem sind Emotionen zu Beginn unseres Lebens nicht komplett, sondern werden durch unsere alltäglichen Erfahrungen ständig erweitert und verfeinert. Nichts, was wir erleben, erleben wir ohne Emotionen. Somit hat im Umkehrschluss alles, was wir erleben, einen Einfluss auf unsere Emotionen. Jede Erfahrung, alles, was wir lernen, wird im Gehirn mit dem entsprechenden Gefühl verknüpft, welches wir in dieser Situation empfinden. Je intensiver das Gefühl, desto deutlicher bleibt es in unserem Gedächtnis. Das Erlebte wird zur Lebenserfahrung.

1.3.2 Emotionen als Bewertungssystem

Unsere erlernten Emotionen bilden unser **Bewertungssystem**. Je mehr ein Mensch erlebt und je größer sein Erfahrungsschatz ist, desto differenzierter ist sein emotionales Bewertungssystem.

Nun haben sich unsere heutigen Fahrschüler in Lernverhalten, Wertvorstellungen, Respekt, Empathieverhalten und wertschätzender Interaktion mit anderen Menschen so sehr verändert, dass dem Fahrlehrer als Pädagogen eine sehr wichtige Rolle zukommt. Diese Veränderung erfolgte leider nicht immer zum Positiven. Immer mehr Beschwerden werden laut, dass die heutige Jugend weniger Respekt, Mitgefühl, Anstand usw. zeigt als noch vor 20 Jahren. Verschiedene Firmen, Institutionen, Schulen und selbst die IHK beklagen eine fehlende emotionale Entwicklung der heutigen Schüler und Auszubildenden, die Ausmaße bis hin zur Ausbildungsunfähigkeit annehmen kann.

Schauen wir einmal konkret, was die heutigen Jugendlichen bis zu ihrem Alter von 18 Jahren erlebt, gelernt und gespeichert haben: Jugendliche verbringen durchschnittlich 13 000 Stunden in der Schule, dagegen 25 000 Stunden vor dem Fernseher. In dieser Zeit sehen sie 40 000 Morde und 200 000 Gewalttaten.[13] Das hat eine große Wirkung auf ihr Bewertungssystem, vor allem durch

13 Vgl. Spitzer, M. (2012). Digitale Demenz. Wie wir uns und unsere Kinder um den Verstand bringen. München: Droemer Verlag.

die Art und Weise, wie die Gewalttaten und Morde vor- bzw. aufgeführt werden. Zu 4 % werden gewaltfreie Konfliktlösungen angeboten; bei mehr als 50 % wird gezeigt, dass Gewalt nicht schmerzhaft ist, meist wird bei der Gewalt gelacht oder es werden nur geringe schmerzhafte Emotionen gezeigt. Mehr als 70 % der Gewalttäter kommen ungeschoren davon.[14]

Was ist nun die logische Schlussfolgerung des Gehirns und der darin gespeicherten Emotionen dieser jungen Menschen? Es gibt viel Gewalt, keine Alternative dazu, sie tut auch nicht weh und zum größten Teil kommt man ungeschoren davon.

Ein einziger Tatort gibt natürlich noch keinen Anlass zu einer solchen Schlussfolgerung und schafft auch noch kein verändertes Wertesystem. Aber drei Stunden täglicher Fernsehkonsum mit insgesamt 200 000 Gewalttaten zeigen nach wissenschaftlichen Untersuchungen schon einen deutlichen Zusammenhang zum Verhalten bzw. Aufbau des Regelwerks im Gehirn. Potenziert wird dieses Erleben noch durch die Vielzahl von Schlacht-, Strategie- und Gewaltspielen auf allen möglichen Konsolen und im Internet.

Hinzu kommen die sozialen Medien wie Facebook oder Twitter, in denen jeder seine Befindlichkeiten, Meinungen und Interessen äußern darf, ohne sich mit der Wirkung für das anonyme Gegenüber und den möglichen Konsequenzen seines Verhaltens oder seiner Äußerungen auseinandersetzen zu müssen. Es stellt sich die Frage, wie bei dieser Art der Interaktion eine gesunde emotionale Entwicklung stattfinden soll, begonnen mit der Entwicklung der Fähigkeit, die Emotionen anderer zu erkennen und die eigenen zu verfeinern. Diese Schüler zu einem partnerschaftlichen, verantwortungsbewussten und empathischen Verkehrsteilnehmer auszubilden, stellt den Fahrlehrer vor eine große Herausforderung.

Die Fahrschüler kommen mit einem (durch ihr bisher erlerntes und aufgebautes Bewertungssystem durch Eltern und soziales Umfeld) geprägten Bewertungssystem und angeborenen sowie geprägten Emotionen in die Fahrschule. Nicht umsonst ist die Ausbildung des affektiven Bereichs der schwierigste Teil der Fahrschulausbildung. Viele sagen sogar, man habe darauf den geringsten Einfluss. Dennoch gibt es eine reelle Chance, diesen Bereich nicht nur zu beeinflussen, sondern ihn positiv zu verändern, z. B. mithilfe folgender Techniken: Schaffen einer Beziehung, Modellverhalten, Schaffen einer entsprechenden Lernsituation, Aufzeigen und Begründen des richtigen Verhaltens, Aufzeigen der Bedeutung für den anderen Verkehrsteilnehmer, Übungen, um sich in die Rolle des Gegenübers zu versetzen, und Aufzeigen der Auswirkungen des eigenen Verhaltens.

Das Erleben und Verhalten bei sich selbst und bei anderen positiv zu beeinflussen, ist das wichtigste Ziel im pädagogischen Kontext. Um Einfluss darauf nehmen zu können, ist es wichtig zu wissen, wodurch ein bestimmtes Verhalten und dessen psychisches Erleben, also die Emotion, hervorgerufen wird.

Es ist selbst für die Wissenschaft nicht einfach, diese Frage zu beantworten. So kann es z. B. sein, dass ein und dieselbe Person in einer von außen betrachtet ähnlichen Situation nicht immer die gleiche Emotion zeigt. So könnte ein Fahr-

14 Hier und im Folgenden berufe ich mich auf Aussagen von Manfred Spitzer aus seinem Vortrag „Auswirkungen digitaler Medien auf kognitive Entwicklung“ (Leipzig, 2017).

schüler in einer Prüfungssituation einmal mit großer Angst reagieren, in einer anderen dagegen völlig ruhig. Andererseits können zwei verschiedene Personen auf ein und dieselbe Situation ganz unterschiedlich reagieren. Ein Fahrschüler ärgert sich sehr, dass er die Einparkübung nicht richtig umsetzen konnte, ein anderer reagiert in der gleichen Situation dagegen völlig gelassen.

Es gibt nur wenige allgemeine Situationen oder Ereignisse, in denen alle Menschen mit den gleichen Emotionen reagieren. Zum Beispiel haben viele mehr oder weniger Angst davor, beim Arzt eine Spritze zu bekommen oder vor einer größeren Gruppe von fremden Zuhörern eine Aufgabe lösen zu müssen.

1.3.3 Appraisals

So kam die Wissenschaft zu dem Ergebnis, dass es nicht die Situationen selbst sind, die Emotionen in uns hervorrufen, sondern vielmehr die Interpretation der Situation dazu führt, dass wir eine bestimmte Emotion erleben.

Diese Interpretationen werden fachbegrifflich **Appraisals** genannt. Definiert werden sie folgendermaßen: *„Appraisals sind kognitive Bewertungsprozesse von Situationen, Tätigkeiten oder der eigenen Person. Unterschiedliche Konstellationen von Appraisals rufen unterschiedliche Emotionen hervor.“*[15]

Daran lassen sich nun die zuvor beschriebenen Phänomene besser erklären. Der Schüler in einer Prüfungssituation kann die eine Prüfungssituation als bedrohlich empfunden haben, weil er sich nicht ausreichend darauf vorbereitet hatte. Seine Tätigkeit und somit seine Person als Prüfling bewertet er als schlecht bzw. unzureichend, das Gefühl der Angst ist die natürliche Folge. Glaubt er jedoch in der anderen Prüfung, durch ein besseres Lernverhalten die Prüfungssituation subjektiv besser unter Kontrolle zu haben, bewertet er seine Tätigkeit und seine Person positiver und es entwickelt sich eher eine positive Emotion und keine Angst.

In der zweiten Variante befand sich der Schüler, der sich über die missglückte Einparkübung ärgerte, kurz vor der Fahrerlaubnisprüfung, die er unbedingt bestehen wollte. Er bewertete die Situation sehr hoch, sein Verhalten dagegen als sehr schlecht. Dies führte ihn zu dem Gefühl des Ärgerns. Der andere Schüler war sich möglicherweise im Klaren darüber, dass er an diesem Tag in einer nicht so guten Verfassung war und die Einparkübung am nächsten Tag besser meistern würde. Er bewertete die Situation nicht so hoch und erlebte somit das „Nicht-Bewältigen“ nicht als Versagen.

Auch die dritte Variante, in der es übereinstimmende Situationen und Ereignisse gibt, in denen vergleichsweise identische Interpretationen hervorgerufen und somit gleiche Emotionen wachgerufen werden (z. B. empfinden die meisten eine Nervösität vor einer Prüfung), lässt sich anhand der Appraisals bestätigen. Hierzu zählen beispielsweise Situationen, in denen ein Eingriff in die körperliche Unversehrtheit oder negative Bewertungen durch andere Personen drohen.

Da es jedoch eine unbegrenzte Anzahl von Interpretationsmöglichkeiten von Situationen gibt, konnten führende Appraisal-Theoretiker wie Moors, Ellsworth,

---

15 Vgl. Görtz, T. (2017). Emotion, Motivation und selbstreguliertes Lernen. Paderborn: Verlag Ferdinand Schöningh.

Scherer & Frijda[16] durch eine Vielzahl von Untersuchungen herauskristallisieren, dass die Beantwortung folgender Fragen die wichtigsten Appraisals darstellen:

- Ist die Situation für mich angenehm oder unangenehm?
- Wie persönlich bedeutsam ist diese Situation für mich?
- Habe ich selbst, eine andere Person oder die Umstände die Situation verursacht?
- Verfüge ich über die Möglichkeit, die Situation zu verändern?
- Wie wahrscheinlich ist/war das Eintreten der Situation?

Je nachdem, wie diese Fragen beantwortet werden, werden unterschiedliche Emotionen hervorgerufen.

Dazu ein Beispiel: Ein Fahrschüler möchte unbedingt seine Fahrerlaubnisprüfung bestehen. Diese Situation ist für ihn persönlich relevant. Verläuft die Prüfung positiv, empfindet der Fahrschüler seinem Fahrlehrer gegenüber Dankbarkeit aufgrund der guten Ausbildung und Vorbereitung. Fällt er hingegen durch, weil er eine Rechts-vor-Links-Situation übersehen hat, entsteht Ärger. Das persönlich Bedeutsame ist ins Negative gerutscht, was aber vermeidbar gewesen wäre. Angst entsteht, wenn die theoretische Prüfung ansteht und der Schüler sich zu wenig darauf vorbereitet hat. Das persönlich Bedeutsame wird mit gewisser Wahrscheinlichkeit negativ enden und der Schüler hat nur geringe Möglichkeiten, dies jetzt noch zu verändern.

Wie nun diese Fragen, also die auslösenden Appraisals, beantwortet werden, ist durch die individuelle Überzeugung und Wahrnehmung jedes Einzelnen geprägt. Ist ein Fahrschüler von seinen praktischen Fähigkeiten überzeugt, wird er die praktische Fahrprüfung eher als bewältigbar beurteilen. Hat er jedoch motorische Schwierigkeiten und ist sich unsicher, wird jede Fahrstunde immer von einem ängstlichen Gefühl begleitet sein. Hinsichtlich der theoretischen Prüfung empfindet jeder Schüler anders über die Anzahl der Fehlerpunkte, mit denen er die theoretische Prüfung besteht. Für den einen gilt „bestanden ist bestanden", ein anderer hat bden Ehrgeiz, diese mit null Fehlerpunkten zu meistern.

Ein großer Anteil der Bewertungsausprägung und damit verbundenen Emotion liegt in der jeweiligen Person, in ihren persönlichen Überzeugungen und der Wahrnehmung der Situation begründet. Diese Situationen können aber auch durch Signale aus der Situation selbst heraus verändert, manchmal sogar vollständig neu interpretiert werden. Und hier kann der Fahrlehrer auf die Emotion einwirken.

Nehmen wir als Beispiel dazu das Absolvieren der Autobahnfahrt. Für die meisten Fahrschüler ist die Fahrt auf Bundesautobahnen mit einer ängstlichen Emotion behaftet, denn sie würden die zuvor bereits aufgeführten Fragen wohl folgendermaßen beantworten:

- Ist die Situation für mich angenehm oder unangenehm? – Für den Fahrschüler ist diese neue und unbekannte Situation erst einmal unangenehm.

16 Moors, A., Ellsworth, P. C., Scherer, K. R. & Frijda, N. H. (2013). Appraisal Theories of Emotion: State of the Art and Future Development. Emotion Review 5 (2), S. 119–124.

- Wie persönlich bedeutsam ist diese Situation für mich? – Sie wird als sehr bedeutend interpretiert, da ohne die Bewältigung dieser Fahraufgabe eine Fahrerlaubnisprüfung nicht bestanden werden kann.
- Habe ich selbst, eine andere Person oder die Umstände die Situation verursacht? – Verursacher dieser entscheidenden Situation ist der Fahrlehrer, der TÜV und das Gesetz. Der Fahrschüler fühlt sich unter Druck gesetzt.
- Verfüge ich über die Möglichkeit, die Situation zu verändern? – Auch diese Frage muss der Fahrschüler verneinen. Zum einen kann er diese Aufgabe nicht auslassen, zum anderen hat er aber auch keine Sicherheit bezüglich seiner Kompetenzen, diese Aufgabe bewältigen zu können.
- Wie wahrscheinlich ist das Eintreten der Situation? – Dass die Situation kommt, ist sicher und dass der Fahrschüler Fehler machen wird, sich unsicher und ängstlich fühlt, ist höchst wahrscheinlich.

1.3.4 Emotionen in der Fahrschulpraxis

Die vorgenannten Antworten sind keine guten Voraussetzungen für eine positive Emotion hinsichtlich dieser Fahrstunde auf der Autobahn, auch wenn der Fahrschüler im Vorgespräch die Frage nach dem heutigen Befinden mit „gut" beantwortet hat.

Nun hat der Fahrlehrer die Möglichkeit, seinem Fahrschüler zu jeder dieser Fragen einen neuen, mit einer positiven Emotion belegten Denkansatz anzubieten:

- Ist die Situation für mich angenehm oder unangenehm?
  Wenn er Emotionen seines Fahrschülers wahrnimmt, die darauf hindeuten, dass die Fahrstunde für diesen unangenehm ist, dann versichert er ihm seine bisher erlernten Kompetenzen und die Tatsache, dass er als Fahrlehrer jederzeit da ist, ihn anleiten, ein falsches Verhalten stets korrigieren und somit nichts Schlimmes eintreten kann.
- Wie persönlich bedeutsam ist diese Situation für mich?
  Die Bedeutsamkeit der Situation wird relativiert, wenn der Fahrlehrer dem Fahrschüler erklärt, dass dieser viele andere Situationen durch mehrfaches Üben mittlerweile kompetent ausführen kann und er somit auch diese Situation erst durch Einüben sicher beherrschen wird. Der Anspruch an den sofortigen Erfolg und die Bedeutsamkeit dieser ersten Stunde auf der Bundesautobahn relativieren sich.
- Habe ich selbst, eine andere Person oder die Umstände die Situation verursacht?
  Selbstverständlich versucht jeder eine schwierige Situation zu vermeiden. Der Fahrlehrer macht seinem Fahrschüler deutlich, wie wichtig es für diesen ist, die Bundesautobahnen selber meistern zu können, da er vielleicht mit seinen Freunden bald an die See oder nach Holland fahren möchte. Dazu möchte er bestimmt nicht Stunden auf der Landstraße verbringen, sondern zügig ans Ziel kommen. Er bietet ihm bestimmte Anreize, um die jeweilige Situation bewusst bewältigen zu können.
- Verfüge ich über die Möglichkeit, die Situation zu verändern?
  Ja, der Fahrschüler kann sie verändern, indem er seiner und der Kompetenz des Fahrlehrers vertraut und während der Fahrt spürt, dass er die Situation bewältigen kann und nach und nach seine Ängste verliert. Im Vorgespräch

wird genau besprochen, wie sich der Fahrschüler beim Einfädeln, Befahren der Bundesautobahn, Überholen, der Spiegelbeobachtung und dem Ausfahren verhalten soll. Manchmal helfen noch einmal Trockenübungen zum Schulterblick und zu Schaltvorgängen. Dies macht den Fahrschüler sicherer.

- Wie wahrscheinlich ist/war das Eintreten der Situation?
  Der Fahrlehrer versichert seinem Fahrschüler, dass er mit ihm erst dann diese Übungsfahrt starte, wenn er ihm zutraue, diese Situation auch bewältigen zu können. Er zeigt ihm auf, welche Situationen auf ihn zukommen können und welche er bisher schon richtig und gut bewältigen konnte. Er versichert ihm, dass er ihn sicher anleiten und begleiten wird, sodass keine gravierenden Fehler auftreten werden und er nach der Fahrt erkennen wird, dass er selbst diese unbekannte Situation mit allen seinen bisherigen Fähigkeiten bewältigen kann.

Schon beim Lesen dieser Anregungen wird die positive Emotion, die hier vermittelt werden und dem ängstlichen Gefühl entgegenwirken soll, spürbar. Wer diese Fragen auch für andere Situationen modifiziert, wird bei seinen Fahrschülern eine Änderung in der Denkweise und dadurch auch im Verhalten herbeiführen können. Hierbei sind Kreativität und Geduld gefragt. Durch nachhaltige und beständige Rückmeldungen kann der Fahrlehrer auch auf die generellen Überzeugungen seiner Schüler einwirken und somit Einfluss auf deren emotionales Erleben nehmen.

Der Fahrlehrer stellt für seine Schüler eine wichtige Autoritätsperson dar, die er in Form seiner Überzeugung, Authentizität und Fachkompetenz in verbaler, aber auch nonverbaler Rückmeldung an seine Schüler weitergibt. Dadurch prägt er seine Schüler stärker, als er vielleicht annimmt.

Diese Neuprägung sollte der Fahrlehrer auch im theoretischen Unterricht umsetzen. Er sollte seinen Fahrschülern direkt zu Beginn des Theorieunterrichts deutlich machen, wie wichtig es für sie ist, zuzuhören. Er sollte begründen, warum gerade das Thema „Persönliche Voraussetzungen“, „Risikofaktor Mensch“, aber auch „Rechtliche Rahmenbedingungen“ wichtig für sie sind, am besten anhand von Beispielsituationen aus dem Leben der Schüler, z. B.: Ein Fahrschüler bekommt von seinen Eltern ein Auto zur bestandenen Fahrprüfung geschenkt und will dieses schnellstmöglich anmelden. Oder die Fahrschüler stehen mit ihren Freunden vor der Disco und die letzte Bahn ist weg. Einer erklärt sich bereit zu fahren, aber auch er hat getrunken, was nun? Daraus ergibt sich eine schöne Dilemmadiskussion. Und wie steht es um ihre persönlichen Voraussetzungen, wenn die Schüler z. B. nach einem langen und schlaflosen Festival am Sonntagabend wieder nach Hause fahren wollen?

Durch eine kurze Begründung und das Herstellen eines Bezugs zur Lebenswirklichkeit der Schüler weckt der Fahrlehrer ihr Interesse und hat sie sofort positiv auf seiner Seite. Sein Unterricht wird umgehend als wichtig und spannend bewertet. Und durch positive Gefühle nehmen Schüler Lerninhalte viel intensiver auf, speichern sie besser ab und können sie leichter wieder abrufen.

In diesem Zusammenhang wird ein weiterer wichtiger Faktor deutlich: Es ist nicht nur wichtig, eine momentane positive Emotion bei seinen Fahrschülern zu erzeugen, um ihre Lern- und Leistungsbereitschaft sowie ihren Lernerfolg zu verbessern. Sie sollten darüber hinaus zu einer komplexeren und positiven subjektiven Kontrollüberzeugung geführt werden. Diese übergeordnete subjektive Kontrollfähigkeit befähigt die Schüler nicht nur in quantitativer Hinsicht, also in niedriger oder hoher Kontrollfähigkeit, sondern auch in qualitativer Hinsicht, nämlich in der Lokalisierung der Verursachung einer Situation, auf Erfolg und Misserfolg Einfluss zu nehmen. Diese Kontrollfähigkeit hat einen deutlichen Einfluss auf die Bewertung der Situation und somit wieder auf die damit aufkommende Emotion und folgende Handlung.

Was bedeutet das genau? Die subjektive Kontrolle bezieht sich darauf, inwieweit die Fahrschüler glauben, eine Situation und ihre Konsequenzen im Griff bzw. unter Kontrolle zu haben. Dies kann sich auf gerade stattfindende oder kommende Situationen beziehen. So werde ich z. B., wenn ich mich anstrenge und lerne, die theoretische Prüfung bestehen; oder ich werde, wenn ich die Verkehrsbeobachtung ruhig und sicher durchführe, einen Fußgänger oder Radfahrer nicht übersehen; die Lichtzeichenanlage ist noch grün, ich kann den vorrangigen Verkehr also in Ruhe passieren lassen und dann zügig die Kreuzung räumen. Hier sind die Kontrollerwartungen und positiven Kausalerwartungen hoch. Im Falle einer niedrigen Kontrollerwartung entstehen Gedanken wie *„Die Frage verstehe ich nicht“, „Ich kann die Aufgabe nicht richtig lösen“* oder *„Ich kenne die Kennzeichen einer Rechts-vor-Links-Regelung nicht, ich werde sie nicht erkennen und mich nicht verkehrsgerecht verhalten können“*. In diesem Sinne wird von einer **quantitativen Kontrollerwartung** gesprochen.

Viel wichtiger in Bezug auf verantwortungsbewusstes Fahren ist die **qualitative Kontrollerwartung**. Sie bestimmt die Bewertung und Bestimmung der Verursachung einer Situation, eines Erfolgs oder Misserfolgs. Beispielsweise könnte eine negative qualitative Bewertung dahingehend lauten: *„Ich habe mich nicht ausreichend vorbereitet, also bin ich durch die Prüfung gefallen“* oder *„Ich habe den Schulterblick wieder vergessen, also habe ich den Fußgänger und Radfahrer in Gefahr gebracht“*. Eine positive qualitative Bewertung könnte dagegen lauten: *„Ich bin mit mäßiger Geschwindigkeit an die Rechts-vor-Links-Situation herangefahren und konnte somit dem vorrangigen Verkehr den Vorrang gewähren“*.

Der Fahrlehrer kann durch die Gestaltung seines Unterrichts und durch seine Instruktionen maßgeblich Einfluss auf die generalisierte Kontrollbewertung und somit auf die Entstehung von Emotionen nehmen. Bei einer klar strukturierten und verständlichen Stoff- und Aufgabenpräsentation steigt die Wahrscheinlichkeit, dass die Inhalte verstanden und gelernt werden. Dies trägt in der Folge dazu bei, dass Schüler positive subjektive Kompetenzüberzeugungen entwickeln und sich den ihnen gestellten Leistungsanforderungen gewachsen fühlen. Auch die Persönlichkeit des Fahrlehrers nimmt maßgeblich Einfluss auf die Emotionen seiner Schüler.

Wenn also ein Lehrer im praktischen oder theoretischen Unterricht verärgert, genervt oder mit wenig Lust auftritt und seinem Ärger sogar Luft macht, werden auch seine Schüler gereizt und wenig motiviert sein. Empfindet und äußert ein Lehrer hingegen echte Freude an seinem Unterricht und Neugier auf die Lösung einer Aufgabe, kann dieser positive Funke auf seine Schüler überspringen.

Auch die vom Fahrlehrer gezeigte Bewältigung eigener Emotionen wird von den Schülern beobachtet. Wie geht dieser mit Frustration oder Misserfolgen, Ärger und Anfeindungen von außen konstruktiv um?

So sollte der Fahrlehrer seinen Ärger ruhig äußern, aber gleichzeitig artikulieren, wie er mit diesem Ärger umgeht und wie er es schafft, sich wieder auf den Unterricht zu konzentrieren oder mit Nervosität umzugehen. Vor dem Unterricht sollte sich der Fahrlehrer selbst in eine positive Stimmung versetzen, indem er an etwas Angenehmes denkt oder sich ausmalt, dass die Stunde gut laufen wird. Auch seinen positiven Emotionen sollte er Ausdruck verleihen und Humor in seinen Unterricht einfließen lassen.

Scheinbare Misserfolge sollte der Fahrlehrer hinsichtlich ihrer möglichen Dienlichkeit für sein Ziel hinterfragen. Oft sind „dumme“ Nachfragen kein Zeichen dafür, dass ein Schüler nicht zugehört hat, sondern sie können für den Fahrlehrer ein Hinweis sein, noch einmal nach Alternativerklärungen zu suchen.

Ein günstiges emotionales Lernklima ist somit für Lehrkraft und Schüler gleichermaßen anzustreben.

2 Allgemeines zu Unterricht, Lernen und Gedächtnis

Günter Kölzer

2.1 Was ist guter Unterricht?

Kriterien für einen guten (Fahrschul-)Unterricht zu definieren, ist nicht einfach. Man kann sich ausgiebig darüber streiten, was guter oder schlechter Unterricht ist. Vermutlich haben wir alle – Lehrer oder nicht – diesbezüglich die unterschiedlichsten Vorstellungen und Erwartungen. Die Forschung hat versucht, hierauf wissenschaftlich möglichst gut gesicherte Antworten zu finden. Die Formulierung von Bildungsstandards hat seit den frühen 2000er-Jahren Einzug in die didaktische Diskussion gehalten. Auslöser war der viel zitierte „PISA-Schock". Für die Aus- und Weiterbildung von Lehrern hat der Oldenburger Bildungswissenschaftler Hilbert Meyer ein praxistaugliches Lehrbuch unter der Fragestellung „Was ist guter Unterricht?" (mittlerweile in 10. Auflage) veröffentlicht.[17] Nach Meyer ist erfolgreicher Unterricht vor allem durch folgende zehn Merkmale gekennzeichnet, die hier wörtlich wiedergegeben werden:[18]

***„Zehn Merkmale guten Unterrichts** (Kriterienmatrix)*

***Klare Strukturierung des Unterrichts** (Prozess-, Ziel- und Inhaltsklarheit; Rollenklarheit, Absprache von Regeln, Ritualen und Freiräumen)*

***Hoher Anteil echter Lernzeit** (durch gutes Zeitmanagement, Pünktlichkeit; Auslagerung von Organisationskram; Rhythmisierung des Tagesablaufs)*

***Lernförderliches Klima** (durch gegenseitigen Respekt, verlässlich eingehaltene Regeln, Verantwortungsübernahme, Gerechtigkeit und Fürsorge)*

***Inhaltliche Klarheit** (durch Verständlichkeit der Aufgabenstellung, Monitoring des Lernverlaufs, Plausibilität des thematischen Gangs, Klarheit und Verbindlichkeit der Ergebnissicherung)*

***Sinnstiftendes Kommunizieren** (durch Planungsbeteiligung, Gesprächskultur, Schülerkonferenzen, Lerntagebücher und Schülerfeedback)*

***Methodenvielfalt** (Reichtum an Inszenierungstechniken; Vielfalt der Handlungsmuster; Variabilität der Verlaufsformen und Ausbalancierung der methodischen Großformen)*

***Individuelles Fördern** (durch Freiräume, Geduld und Zeit; durch innere Differenzierung und Integration; durch individuelle Lernstandsanalysen und abgestimmte Förderpläne; besondere Förderung von Schülern aus Risikogruppen)*

***Intelligentes Üben** (durch Bewusstmachen von Lernstrategien, Passgenauigkeit der Übungsaufgaben, methodische Variation und Anwendungsbezüge)*

***Transparente Leistungserwartungen** (durch ein an den Richtlinien oder Bildungsstandards orientiertes, dem Leistungsvermögen der Schülerinnen und Schüler entsprechendes Lernangebot und zügige förderorientierte Rückmeldungen zum Lernfortschritt)*

***Vorbereitete Umgebung** (durch gute Ordnung, funktionale Einrichtung und brauchbares Lernwerkzeug)."*

17 Meyer, H. (2014). Was ist guter Unterricht?, 10. Auflage. Berlin: Cornelsen Scriptor.
18 Meyer, S. 17 f.

Gelten solche Merkmale bzw. Kriterien auch für die Fahrschule? Schließlich ist zu bedenken, dass die Lernsituation in einer allgemeinbildenden Schule in vielen Bereichen große Unterschiede gegenüber denjenigen in der Fahrschule aufweist. Man denke nur an die Schulpflicht hier und das Kunden-Dienstleister-Verhältnis dort. Und dennoch: Die Beachtung der hier zitierten Merkmale kann – so die Erfahrung der Autoren – das Lernen in der Fahrschule ganz wesentlich fördern.

Aus der Schulpädagogik kommend, sind die entsprechenden Konzepte demgemäß mittlerweile in der Fahrschulpädagogik angekommen. Hierzu ist die im Auftrag der BASt von Brünken, Leutner und Sturzbecher 2015 vorgelegte Studie zur Weiterentwicklung der Fahrlehrerausbildung in Deutschland aufschlussreich.[19]

Qualitätskriterien und weiterführende Gedanken unter der Fragestellung „Was ist guter Fahrschulunterricht?“ hat Heilig bereits vor einigen Jahren formuliert.[20] In pädagogischen Lehrbüchern für Fahrlehrer finden sich darüber hinaus seit jeher Unterrichtsprinzipien, verstanden als Grundsätze und Richtlinien für die Planung, Durchführung und Beurteilung von Unterricht.[21] Für die Gestaltung des praktischen Unterrichts liegen mittlerweile Curriculare Leitfäden für alle Klassen vor. Diese liefern schlüssige Ausbildungskonzepte und Hinweise zu ihrer praktischen Umsetzung in der Pkw-, Anhänger-, Kraftrad- und Busausbildung. Sie dürfen als Standard zur Planung von praktischem Fahrunterricht gelten. Eine kompetenzorientierte Ausgestaltung und Anpassung der Lehrpläne steht jedoch noch aus. Gleichwohl muss der Fahrlehrer die dort enthaltenen Ziele und Inhalte weiter ausdifferenzieren, auf seinen Ausbildungsort (Stichwort: regionale Besonderheiten) und seine Schüler anpassen und weiterentwickeln.

Die folgende Darstellung der Qualitätskriterien für die Fahrschulausbildung erläutert die Kriterien nach Anlage 2 zu § 3 Abs. 1 Fahrlehrer-Ausbildungsverordnung (FahrlAusbVO) und wendet sie auf beispielhafte Lernsituationen in der Fahrschule an. Nach einer inhaltlichen Beschreibung des jeweiligen Kriteriums folgen mehrere Anwendungsbeispiele aus der Fahrschule. Diese Beispiele sind als Hinweise, ob ein Kriterium erfüllt ist, anzusehen. Keinesfalls dürfen sie als starrer oder gar abschließender Katalog betrachtet werden.

2.1.1 Qualitätskriterien für die Fahrschulausbildung

Die Qualitätskriterien für die Fahrschulausbildung wurden in der neuen FahrlAusbVO in der Anlage 2 zu § 3 Abs. 1 zum 1.1.2018 erstmalig geregelt. Es werden zwölf Qualitätskriterien für den theoretischen und sieben für den praktischen Unterricht definiert. Diese sind hilfreiche Anhaltspunkte für eine gute Fahrschulausbildung, jedoch beschreiben sie lediglich einen Mindeststandard. Auf die schon älteren – aber immer noch unverzichtbaren – Unterrichtsprinzipien wird dann später in diesem Kapitel eingegangen.

---

19 Brünken, R., Leutner, D. & Sturzbecher, D. (2015). Weiterentwicklung der Fahrlehrerausbildung in Deutschland. Gutachten im Auftrag der BASt, hier insbesondere S. 14.

20 Heilig, B. (Hrsg.) (2013). Der Fahrlehrer als Verkehrspädagoge, 6. Auflage. München: Verlag Heinrich Vogel, S. 444–446.

21 Klammer, P. (2010). Das Praxis-Handbuch Fachschulpädagogik. Fahrschulunterricht erfolgreich gestalten, 2. Auflage. Hannover: Degener Verlag, S. 132.

Die Qualitätskriterien sind naturgemäß recht allgemein formuliert. Sie sind so zu definieren und anhand von Beispielen aus der Praxis zu beschreiben, dass sie beobachtbar werden. Doch nicht immer sind alle Kriterien beobachtbar. So kann es beispielsweise sein, dass eine Situation, in der Binnendifferenzierung erforderlich wäre, nicht eintritt, da sich die Schüler auf einem ähnlichen Wissensstand befinden. Für solche Fälle sollte in Beobachtungsbögen eine Rubrik „nicht beobachtet" vorhanden sein. Demgegenüber ist eine solche Binnendifferenzierung im praktischen Unterricht – der ja ausschließlich als Einzelunterricht durchgeführt wird – stets als gegeben anzusehen.

Es ist deutlich hervorzuheben, dass diese Kriterien nicht – oder zumindest nicht in erster Linie – als Instrumente für eine (mögliche) spätere Sanktionierung durch die Behörde anzusehen sind. Sie beschreiben pädagogische Qualitätsstandards, die stets in der Praxis weiterentwickelt werden müssen. Viele Einsatzmöglichkeiten und Vorteile sind denkbar:

- In der Fahrlehrerausbildung können Lehrkräfte in Fahrlehrerausbildungsstätten und Ausbildungsfahrlehrer ihre angehenden Kollegen nach einheitlichen Standards beobachten und ein gut begründetes Feedback geben. Es werden hierbei dieselben Kriterien zugrunde gelegt wie später in den Lehrproben-Prüfungen.
- Auch erfahrene Fahrlehrer können davon profitieren, wenn ein erfahrener Kollege von Zeit zu Zeit an ihrem Unterricht teilnimmt: Wechselseitiges Hospitieren, kollegiales Feedback und Supervision innerhalb des eigenen Betriebs auf der Basis einheitlicher Standards können die Ausbildungsqualität weiter steigern. Damit kann man sich nicht nur gut auf eine anstehende Pädagogisch erweiterte Fahrschulüberwachung vorbereiten, sondern auch aus der Rolle des unterrichtenden Einzelkämpfers, der kaum fachliches Feedback erhält, ausbrechen. Die weitere Verbesserung der Ausbildungsqualität stellt gleichzeitig einen Wettbewerbsvorteil dar.
- In der Fahrlehrerprüfung und in der Fahrschulüberwachung gelten einheitliche Kriterien, was Subjektivität vermindert und die Chancengleichheit aller Geprüften/Überwachten erhöhen kann.
- Das wichtigste Argument und eine starke Motivation sollten darin bestehen, dass damit ein weiterer Schritt zur Erhöhung der Verkehrssicherheit unternommen wird. Hinsichtlich der Wirksamkeit sind jedoch zukünftig wissenschaftliche Begleituntersuchungen erforderlich.

2.1.2 Qualitätskriterien für den theoretischen Unterricht

1. **Strukturierung der Unterrichtseinheit**

Hiermit ist die Klarheit über Ziele, Inhalte, die Abläufe des Unterrichts, Regeln und Rollen gemeint. Lehrperson und Schüler müssen sich über diese Punkte im Klaren sein. Ebenso muss ein roter Faden für die Schüler erkennbar sein. Die Inhalte sollten also logisch und nachvollziehbar gegliedert werden. Besonders wichtige Inhalte werden erkennbar von Zusatz-/Detailinformationen abgegrenzt. Die Einteilung des Stoffs in überschaubare Einheiten hilft, mögliche Überforderungen zu vermeiden, und dient der Motivation. Ein guter Unterrichtsaufbau hilft dem Schüler, sein Wissen systematisch zu speichern und zu ordnen. Er kommt nicht durcheinander und kann besser auf das Gelernte zurückgreifen.

Anwendungsbeispiele:

- Der Fahrlehrer gliedert seinen Unterricht in Einleitung, Hauptteil und Schluss und leitet zum nächsten Abschnitt über.
- Der Fahrlehrer verschafft den Schülern zu Beginn der Unterrichtsstunde einen Überblick über die heute anstehenden Inhalte und Lernziele.
- Die Inhalte werden sachlich sinnvoll gegliedert, z. B. Vorbereitung der Autobahnfahrt – Einfahren – Befahren – Besondere Situationen (Stau) – Pausen – Verlassen der Autobahn.
- Wichtige Ergebnisse werden gesichert und visualisiert.
- Regeln der Zusammenarbeit im Unterricht sind bekannt und werden eingefordert (und meistens eingehalten).

2. **Motivierung der Fahrschüler und Praxisbezug**

Die Fahrschüler sollen für das Thema Interesse entwickeln. Dies erleichtert die Informationsaufnahme und -speicherung und wirkt sich insgesamt positiv auf die Unterrichtsatmosphäre aus. Eine Grundvoraussetzung dafür ist eine konstruktiv-freundliche Unterrichtsatmosphäre, da die Beziehungsebene in Kommunikationsprozessen die Inhaltsebene meist überlagert. Motivation wird erleichtert, wenn der praktische und der persönliche Nutzen für den Schüler deutlich werden, an die Lebenswirklichkeit angeknüpft wird und Medien und Methoden motivierend wirken. Hier reicht es nicht aus, Wissen zu vermitteln (kognitive Ebene). Es müssen darüber hinaus Einstellungen, Werthaltungen und Verhaltensbereitschaften aufgebaut werden (affektiv-emotionale Ebene).

Anwendungsbeispiele:

- Der Fahrlehrer erfragt und berücksichtigt die Interessen der Fahrschüler.
- Er wählt lebensnahe Beispiele und knüpft an Vorerfahrungen an.
- Der Bezug zur Praxis wird hergestellt – der Nutzen und die Sinnhaftigkeit des richtigen Verhaltens werden erarbeitet.
- Die Schüler werden gelobt und im richtigen Verhalten bestärkt.
- Es werden motivierende, aktivierende Methoden gewählt.
- Die Unterrichtsatmosphäre ist (soweit vonseiten der Schüler mitgetragen) sachlich-freundlich und konstruktiv.

3. **Fachliche Vermittlung der Lehr-/Lerninhalte**

Die Inhalte des Unterrichts müssen sachlich richtig, verständlich und anschaulich vermittelt werden (§ 3 Abs. 1 Fahrschüler-Ausbildungsordnung – FahrschAusbO). Hier muss der Lehrer hohe Maßstäbe an sich selbst anlegen! Der Fahrlehrer muss sicher im Stoff stehen und Wichtiges von weniger Wichtigem unterscheiden können.

Von zentraler Bedeutung ist die Berücksichtigung der Unterrichtsprinzipien „Verständlichkeit“ und „Anschaulichkeit“ (siehe Abschnitt 2.2.1 „Prinzip der Anschaulichkeit“). Hierzu müssen geeignete Beispiele gewählt sowie Methoden und Medien zielgerichtet eingesetzt werden. Es ist wichtiger, dass die Schüler die Inhalte verstehen und akzeptieren, als dass sie nur eine Fülle von Stoff bewältigen. Deswegen kann die exemplarische Vertiefung wichtiger sein als die inhaltliche Vollständigkeit (vgl. hierzu § 3 Abs. 1 FahrschAusbO).

Die Inhalte sollen motivierend und lebendig vermittelt werden. Zum Verständnis trägt es bei, vom „Allgemeinen zum Besonderen“, „Vom Einfachen zum Komplexen“ und „Vom Bekannten zum Unbekannten“ vorzugehen.

Anwendungsbeispiele:

- Der Fahrlehrer überblickt die Inhalte und kann sie in die Gesamtausbildung und ihre Ziele einordnen.
- Der Fahrlehrer vermittelt die Inhalte sachlich korrekt und auf dem aktuellen Stand.
- Die Unterrichtsprinzipien werden richtig angewandt – dabei wird von den Bedürfnissen der Schüler ausgegangen.
- Die Beispiele und Methoden, die Fragestellungen und der Schwierigkeitsgrad sind auf die Schüler abgestimmt.
- Es werden geeignete Hilfestellungen gegeben (z. B. Erklärungen, Modelle, Wiederholungen usw.).
- Der Unterrichtende ist selbst motiviert und ihm gelingt es (soweit schülerseitig möglich), zu motivieren.
- Didaktische Reduktion und exemplarische Vertiefung werden sinnvoll angewandt.

4. **Binnendifferenzierung**

Die Lernvoraussetzungen von Fahrschülern sind höchst unterschiedlich. Fahrlehrer haben hierauf angemessen zu reagieren. Dazu sind die Stärken und Schwächen der Schüler angemessen zu berücksichtigen, Lerntempo, Methoden und Medien sind anzupassen und Ziele darauf abzustimmen. Auch das Vorwissen und die Interessen der Schüler sind hierunter zu nennen. Ausführliche Hinweise hierzu finden sich im Kapitel 2, Abschnitt 1 „Bedingungsanalyse“.

Anwendungsbeispiele:

- Der Fahrlehrer passt seinen Unterricht den Kompetenzen der Schüler an und reagiert – wenn nötig spontan – auf erkennbare Über- oder Unterforderungen der Schüler.
- Die Leistungsmöglichkeiten werden richtig eingeschätzt.
- Schüler mit Vorwissen/-erfahrungen werden aktiv eingebunden.
- Auf die Bedürfnisse Schwächerer wird eingegangen; sie werden wertgeschätzt und eingebunden.
- Lerngruppen werden auch im Hinblick auf die Leistungsmöglichkeiten der Schüler zusammengesetzt (Stärkere sollen Schwächere unterstützen).
- Stärkere Schüler erhalten eine vertiefende Übungsaufgabe, Schwächere eine Wiederholungsaufgabe.

5. **Angemessenes Reagieren auf Beiträge der Schüler**

Die Mitarbeit der Schüler muss angemessen gewürdigt werden. Ihre Beiträge sollen für den Fortgang des Unterrichts sinnvoll genutzt werden. Auch falsche Antworten werden konstruktiv behandelt: Fehler gehören zum Lernprozess und können den Lernfortschritt sogar befördern. Das Feedback muss dabei zielgerichtet, lösungsorientiert und möglichst zeitnah erfolgen.

Anwendungsbeispiele:

- Der Fahrlehrer bewertet die Beiträge der Teilnehmer.

- Er gibt Feedback und betont/bekräftigt/lobt richtige Beiträge.
- Er geht konstruktiv und wertschätzend mit den Schülern um.
- Falsche Antworten werden elegant aufgegriffen und so korrigiert, dass der Schüler motiviert bleibt.
- Er verhindert, dass Schüler sich gegenseitig abwerten.
- Er gibt Lösungsvorschläge bei Fehlern.

6. **Tempo der Vermittlung der Lehr-/Lerninhalte**

Das Lerntempo muss an den Kompetenzen und Bedürfnissen der Schüler ausgerichtet werden. Es kann also nicht um das „Durchpauken“ von möglichst vielen Inhalten in kurzer Zeit gehen. Die Ausbildung ist so zu gestalten, dass die Lernziele der Ausbildung erreicht werden. Dazu wird je nach Schüler/Lerngruppe unterschiedlich viel Zeit erforderlich sein. Ein gutes Zeitmanagement mit Zeitpuffern soll erkennbar sein.

Anwendungsbeispiele:

- Die Ziele und Inhalte der Lerneinheit sollen innerhalb des vorgegebenen Zeitrahmens erreichbar/vermittelbar sein.
- Abweichungen aus besonderen Gründen (z. B. ein Thema berührt/interessiert die Schüler besonders; bestimmte Inhalte sind für die Lerngruppe besonders schwierig – deswegen sind weitere Erklärungen/Übungen erforderlich) sind zulässig.
- Die Schüler werden hinsichtlich des Lerntempos nicht überfordert.
- Die Gliederung des Unterrichts ist zeitökonomisch.

7. **Festigung**

Erlerntes Wissen muss gefestigt werden, damit es nicht vergessen wird. Zur Festigung zentraler Inhalte ist es wichtig, Wiederholungen und Übungen einzuplanen. Die Schüler müssen über die Wichtigkeit der Inhalte informiert werden.

Der Fahrlehrer ist in der Lage, Schüler bei der Festigung der Inhalte zu unterstützen. So kann er beispielsweise Merkhilfen und Verknüpfungen mit bekannten Inhalten herstellen. Er kann Hinweise geben, wie Schüler ihr Lernen optimieren können.

Anwendungsbeispiele:

- Nach der Vorstellung der Faustformeln für Brems-, Reaktions- und Anhalteweg übt der Fahrlehrer die Handhabung der Formeln anhand einer Ausgangsgeschwindigkeit von 30 und 50 km/h. Die Unterschiede im Hinblick auf die Restgeschwindigkeit nutzt er als Argument für Tempo 30-Zonen.
- Im Anschluss daran gibt er den Schülern den Auftrag, diese Faustformeln auf 100 und 130 km/h anzuwenden (Partnerarbeit).
- Er betont die Relevanz der Formel für das Verständnis von Geschwindigkeit und Anhalteweg und stellt Verknüpfungen zum Thema Abstand her.
- Er betont, dass neu eingeübte Inhalte besonders schnell vergessen werden (Vergessenskurve nach Ebbinghaus) und bald nach dem Neulernen wiederholt werden müssen.
- Er baut einem Schüler eine Eselsbrücke als Merkhilfe für die Gründe für schwarzen Abgasrauch.

8. **Visualisierung der Lehr-/Lerninhalte durch Medien**

Medien sind Hilfsmittel, um Inhalte zu verdeutlichen und Lernziele zu erreichen. Sie werden bewusst und zielgerichtet ausgewählt und eingesetzt (§ 4 Abs. 1 FahrschAusbO) und müssen auf die Schüler zugeschnitten sein. Medien sollen das Lernen erleichtern und keine zusätzliche Hürde darstellen. Medien können Unterricht nur unterstützen – jedoch nicht ersetzen (ein Film über das Thema „Autobahnen" reicht nicht, um dieses ausreichend darzustellen).

Selbst gestaltete Medien sollen gelegentlich ebenso zum Einsatz kommen wie von Fachverlagen gestaltete Produkte. Es soll eine Medienvielfalt erkennbar sein. Vor einer übertriebenen Medienvielfalt ohne Nutzen für das Lernen ist aus pädagogischer Sicht ausdrücklich zu warnen.

Idealerweise werden auch Medien eingesetzt, die zum Ausprobieren/Handeln anregen (z. B. Modelle, Aufbau eines Warndreiecks).

Gut gestaltete und richtig eingesetzte Medien dienen auch der didaktischen Reduktion (Vereinfachung von Inhalten zum besseren Verständnis).

Der Fahrlehrer muss in der Lage sein, Medien professionell zu handhaben und bei Ausfall eines Mediums den Unterricht mit den verbliebenen Medien weiterzuführen.

Das Thema „Unterrichtsmedien" – ein wichtiger Faktor bei der Unterrichtsplanung und -durchführung – wird in Kapitel 2, Abschnitt 2.4 ausführlich behandelt.

Anwendungsbeispiele:

- Der Fahrlehrer kann begründen, warum er einen Videoclip aus dem PC-Programm für geeignet hält, um einen bestimmten Inhalt zu vermitteln.
- Der Fahrlehrer entscheidet sich, anstelle von vorbereiteten Bildern aus dem Lehrprogramm eigene Fotos zum Thema „Rechts vor Links" zu zeigen.
- Der Fahrlehrer hat ein Arbeitsblatt zum Thema „Rechtliche Rahmenbedingungen" selbst gestaltet und setzt es zur Lernzielkontrolle ein.
- Der Fahrlehrer beherrscht den Umgang mit dem interaktiven Whiteboard souverän und kann verschiedene Gestaltungsmerkmale (Farben/Formen) darin integrieren.
- Der Fahrlehrer wechselt spontan das Medium vom Film zum Flipchart, um beispielsweise auf die Nachfrage eines Schülers hin eine schwierige Vorfahrsituation nochmals zu verdeutlichen.
- Der Fahrlehrer setzt ein Modell (Reifen) ein und bittet die Schüler, die Profiltiefe zu messen: Anschließend sollen sie anhand des Lehrbuchs prüfen, ob der Reifen noch verwendet werden könnte.
- Der Fahrlehrer bittet die Schüler, Fotos von einem abgesenkten Bordstein zu machen, um diese dann im nächsten Unterricht gemeinsam zu besprechen (Methode „Lernen vorbereiten").

9. **Qualität der Lehrvorträge**

Lehrvorträge dienen der strukturierten und zeitökonomischen Vermittlung zentraler Inhalte und sollen eine klare Orientierung innerhalb des Themas gewährleisten. Sie sollen jedoch nicht überwiegend eingesetzt werden, weil sie die

Unterschiede zwischen den Schülern nicht berücksichtigen können und die Behaltensleistung geringer ist als bei aktivierenderen Methoden/Sozialformen. Vorträge müssen

- klar strukturiert,
- lebendig und
- anschaulich vermittelt werden.
- Beispiele sollen geschickt gewählt und auf die Schüler zugeschnitten werden.
- Die nonverbale Kommunikation wird sinnvoll eingesetzt.
- Medien werden zur Unterstützung eingesetzt.

Anwendungsbeispiele:

- Der Fahrlehrer vermittelt zu Beginn des Vortrages einen Überblick über die Problemstellung, um die es geht, und gibt einen Überblick über die kommenden Inhalte.
- Er achtet auf gute Überleitungen und fasst wichtige Inhalte zusammen.
- Der rote Faden bleibt für die Schüler stets erkennbar.
- Am Ende werden die wichtigsten Ergebnisse zusammengefasst und in größere Zusammenhänge eingeordnet.
- Die Beispiele müssen treffend sein und die Inhalte begreifbar machen.
- Auf nonverbale Äußerungen der Schüler (z. B. Bekunden von Interesse/Desinteresse, Unverständnis) reagiert der Fahrlehrer spontan und angemessen.
- Die Medien dienen der Unterstützung des Vortrages, ohne ihn zu überlagern.

10. **Organisation von Erfahrungsberichten**

Die Fahrschüler sollen dazu angeregt werden, eigene Erfahrungen zu berichten. Lernen in der Fahrschule ist Anschlusslernen an bisherige Lernerfahrungen. Das Vorwissen, welches aus bewussten und unbewussten Lernprozessen herrühren kann, beeinflusst Lehr-/Lernprozesse erheblich. Sie können das Lernen entweder fördern oder hemmen. Außerdem hat die Möglichkeit, Erfahrungen einzubringen, erhebliche Vorteile im Hinblick auf Motivation und Akzeptanz der Wichtigkeit der Inhalte. Deswegen müssen Vorerfahrungen offengelegt und aktiv in die Unterrichtsgestaltung einbezogen werden.

Anwendungsbeispiele:

- Der Fahrlehrer erfragt immer wieder die Vorerfahrungen, welche die Schüler als Fußgänger, Radfahrer, Beifahrer oder als motorisierte Verkehrsteilnehmer in anderen Klassen oder mit dem Mofa gesammelt haben.
- Diese Vorerfahrungen werden zu konkreten Situationen abgefragt (z. B. „*Wie fühlst Du dich als Fahrradfahrerin, wenn ein Pkw dicht an dir vorbeifährt?*“) und zum Perspektivwechsel verwendet („*Was würde ein Fahrradfahrer wohl dazu sagen, wenn du als Pkw-Fahrerin …?*“).
- Die Erfahrungen aus diesen Berichten werden für den Unterricht genutzt, indem z. B. weitere Lernschritte danach ausgerichtet werden (z. B. Auswahl von Beispielen).

11. **Organisation von Diskussionen**

Die ausdrückliche Erwähnung von Fragen und Diskussionen in der FahrschAusbO unterstreicht, dass neben frontalen auch handlungsorientiertere Methoden verlangt werden. Diskussionen sollen an geeigneter Stelle eingeplant werden. Dies ist insbesondere sinnvoll, wenn affektive Lernziele (Einstellungen, Werthaltungen) erreicht werden sollen. Diskussionen sollen aktiv angeregt (oder – wenn sie sich spontan ergeben und zielgerichtet sind – zugelassen) und richtig geleitet werden. Der Fahrlehrer achtet auf das Zeitmanagement und den Zielbezug. Die Ergebnisse werden zusammengefasst und für den weiteren Unterricht nutzbar gemacht. Der Fahrlehrer schafft eine Atmosphäre, in der Diskussionen und unterschiedliche Meinungen erwünscht sind.

Anwendungsbeispiele:

- Der Fahrlehrer leitet die Diskussion mit einer kontroversen These oder Frage ein, z. B.: *„Mehr Verkehrssicherheit wagen! – Generelles Tempo 30 innerorts?"*
- Dilemmadiskussionen werden angestoßen: *„Diesel oder Benziner? – Heute noch eine Frage?"*
- Der Fahrlehrer ergreift im Verlauf der Diskussion nicht selbst Partei, sondern fordert die Schüler auf, ihre Meinung zu äußern.
- Er hinterfragt, spitzt zu, gibt Impulse: *„Was würde geschehen, wenn wir das, was ihr vorgeschlagen habt, zur Regel machen würden?"*
- Er fasst zusammen, fordert zum Fazit auf, konfrontiert Meinungen mit widersprüchlichen Aussagen: *„Eben habt ihr gesagt ..., nun aber ..."*
- Die Diskussion wird zu einem Schlussstatement geführt: *„Was haben wir herausgefunden?"*

12. **Durchführung von Lernkontrollen**

Zur Ergebnissicherung der im Unterricht erarbeiteten Inhalte sind Lern(ziel-)kontrollen durchzuführen (§ 4 Abs. 1 FahrschAusbO). Wichtige Ergebnisse sollen in angemessener Weise festgehalten werden.

Die Form dieser Lernkontrollen ist nicht festgelegt und unterliegt weitgehend der pädagogischen Freiheit der Lehrperson, jedoch darf das Ausfüllen von Testbögen (auch in elektronischer Form) nach Art der Prüfungsbögen nicht Bestandteil des Unterrichts sein (vgl. ebd.). Weitere Hinweise zu diesem Thema finden sich in Teil I, Kapitel 2, Abschnitt 2.1 „Lehr-Lernziele – warum Inhalte gelernt werden sollen".

Anwendungsbeispiele:

Lernzielkontrollen werden in geeigneter Weise durchgeführt:

- Abfragen
- Zusammenfassen/Erläutern lassen
- Demonstrieren lassen
- Übungsaufgaben lösen lassen (auch in der Gruppe)
- Arbeitsblätter
- Quizformate
- Lernspiele
- u. v. m.

Die Ergebnisse der Lernzielkontrollen werden gemeinsam oder zur nächsten Stunde ausgewertet und den Schülern in angemessener Weise präsentiert. Dabei wird niemand bloßgestellt. Rückmeldungen zur Leistung der Schüler werden gegeben. Richtige Ansätze werden gelobt, Verbesserungspotenzial wird aufgezeigt und Lernhilfen werden gegeben.

2.1.3 Qualitätskriterien für den praktischen Unterricht

Die Gestaltung des praktischen Unterrichts wird in Kapitel 3 beschrieben. Nachfolgend werden die Qualitätskriterien für die Fahrausbildung dargestellt und anhand praktischer Anwendungsbeispiele erläutert.

1. **Strukturierung der Übungsstunde**

Eine Fahrstunde soll sinnvoll gegliedert sein. Auch wenn einige Faktoren je nach Situation variiert werden können bzw. müssen, so ist doch meist der folgende Grundrhythmus angezeigt:

- Vorbesprechung
- Durchführung der Fahrstunde
- Üben von neuem Inhalt
- evtl. Zwischenbesprechung
- Vertiefen von neuem Inhalt
- Lernzielkontrolle
- Wiederholung von bekanntem Inhalt
- Nachbesprechung
- Dokumentation mit Ausbildungsdiagrammkarte.

Unverzichtbar sind Vor- und Nachbesprechung, Üben und Überprüfen neuer und/oder bekannter Inhalte, Lernzielkontrolle und Dokumentation der Ergebnisse. Es kann sein, dass manche Stunden eher der Vertiefung bereits bekannter Inhalte dienen. Manches, das noch nicht richtig „sitzt", muss eingeübt werden (z. B. Fehler bei der Lenkradhaltung und -führung), bevor weitergegangen werden kann. Zum Ende der Ausbildung hin – in der Reife- und Teststufe – wird meist weniger Neues erarbeitet (obwohl auch hier Varianten und Sonderfälle ihren Platz haben); vielmehr werden Prüfungssimulationen und das selbstständige Fahren im Vordergrund stehen. Gezielte Übungen und Korrekturen schließen sich an. Zeitliche, räumliche und pädagogische Überlegungen (z. B. angemessenes Reagieren auf Überforderung des Schülers) können Abweichungen vom Grundrhythmus der Stunde erfordern, dürfen aber andererseits nicht zur Beliebigkeit führen. Der Fahrschüler soll über die Gliederung der Stunde informiert werden.

Wichtig ist, dass auf die folgenden Punkte geachtet wird:

- Rhythmus der Stunde (Wechsel zwischen Phasen höherer und niedrigerer Beanspruchung),
- Vermeiden von Überforderungen (besonders wichtig in der Motorradausbildung!),
- Fördern der realistischen Selbsteinschätzung des Schülers,
- bei Überforderung evtl. Zielkorrektur (ein Schritt zurück), im Extremfall Abbruch der Stunde.
- Die Dokumentation über eine Ausbildungsdiagrammkarte (aus dem Curricularen Leitfaden der BVF für die entsprechende Klasse oder auch eine selbst gestaltete) ist erforderlich und wird zu verlangen sein.
- Die praktische Ausbildung soll (wo immer möglich) mit der theoretischen verzahnt werden. Umgekehrt soll auch im Theorieunterricht auf die praktische Ausbildung Bezug genommen werden. Dieses Vorgehen vertieft das

Verständnis der Zusammenhänge und trägt stark zur Akzeptanz der Lehr-/Lerninhalte bei.

Anwendungsbeispiele:

- Der Fahrlehrer erfragt vor Beginn der Stunde die Befindlichkeit des Schülers, um das Anforderungsniveau darauf ausrichten zu können („*Wie geht es dir heute? Wie war dein Tag?*“), knüpft an die letzte Fahrstunde an, benennt die Lernziele („*Ich möchte, dass du heute das Verhalten in Rechts-vor-Links-Situationen kennenlernst und zum Ende hin einige schwierige davon ohne meine Hilfe meistern kannst.*“) und Lerninhalte („*Es geht also heute um Vorfahrtsituationen und die Wiederholung des Einparkens*“).
- Das Wissen aus dem theoretischen Unterricht wird aktiv eingebunden und eingefordert.
- Der neue Inhalt wird – nach einer „Warm-up“-Phase – geübt (zunächst mit Erklärungen und Fragen unter Anleitungen des Fahrlehrers). Meist werden die Teile der neu zu erlernenden Handlungskette Schritt für Schritt angeleitet.
- Sollte die neue Fahraufgabe mit Hilfestellung gut funktionieren, so sollten die Anleitungen des Fahrlehrers nun schrittweise zurückgenommen werden (je nach Schüler unterschiedlich; Prinzip der abnehmenden Hilfe).
- Bei Überforderung oder noch bevor kritische Situationen entstehen, greift der Fahrlehrer jedoch wieder unterstützend ein.
- Der Fahrlehrer gibt dem Schüler die Gelegenheit, einige Situationen ohne Hilfestellung zu lösen, und stellt Verständnisfragen: *„Warum hast du dich hier entschieden, zu warten?“* – *„Was würde geschehen, wenn wir hier den zweiten Gang nehmen würden?“*
- Die Nachbesprechung knüpft an die Vorbesprechung an: Die aktuelle Befindlichkeit wird erfragt und an die Lernziele der Stunde erinnert. Der Schüler wird gefragt, wie er seine Leistung einschätzt. Danach erhält er das Feedback des Fahrlehrers (Selbst-/Fremdeinschätzung nutzen).
- Der Schüler wird ermutigt; ggf. werden Lernhilfen gegeben: *„Schau zu Hause noch einmal ins Lehrbuch. Dort findest du weitere hilfreiche Tipps.“*
- Die Ergebnisse werden in der Ausbildungsdiagrammkarte gemeinsam mit dem Schüler dokumentiert.
- Es schließt sich ein kurzer Ausblick auf die nächste Stunde und eventuell eine Hausaufgabe an, z. B. in Form eines Beobachtungsauftrags.

2. **Orientierung am Ausbildungsstand des Fahrschülers**

Die Ausbildung muss systematisch erfolgen, denn viele Lehr-/Lerninhalte setzen das vorherige Erlernen anderer Inhalte voraus. Deswegen hat sich eine Stufenausbildung bewährt (vgl. Curriculare Leitfäden in den Klassen B, BE und A).

Die Ziele und Inhalte der Fahrstunde müssen sich an

- dem aktuellen Lernstand,
- der bisherigen Entwicklung,
- der aktuellen Belastungsfähigkeit und Stressresistenz,
- dem Vorwissen,
- der Auffassungs-, Konzentrations- und Umsetzungsfähigkeit

des Schülers orientieren.

Über- und Unterforderungen sind zu vermeiden. Dies alles schlägt sich vor allem nieder in

- der Streckenwahl,
- der Wahl der Lernziele und -inhalte,
- den eingesetzten Methoden (vgl. den folgenden Punkt 3),
- der Menge und Tiefe der Hilfestellung seitens der Lehrperson.

Anwendungsbeispiele:

- Der Fahrlehrer nutzt die Informationen aus der Vorbesprechung (vgl. den vorhergehenden Punkt 1) aktiv für die Auswahl der Lehr-/Lernziele und die Streckenwahl der heutigen Fahrstunde. Da der Schüler angibt, heute eine Abiturklausur geschrieben zu haben, entscheidet der Fahrlehrer sich, das Anforderungsniveau heute im unteren mittleren Bereich anzusiedeln.
- Die Lehr-/Lernziele werden innerhalb des Ausbildungsverlaufs realistisch gewählt. Beispielsweise macht eine Fahrstunde mit dem Schwerpunkt „Vorfahrtsituationen" erst dann Sinn, wenn die Fahrzeugbedienung so weit automatisiert ist, dass der Schüler seine Aufmerksamkeit nicht mehr überwiegend auf das Handling des Fahrzeugs verwenden muss. Auf die Streckenwahl wird so weit Rücksicht genommen, wie es örtlich möglich ist.
- Bei Überforderung werden die Ziele für die heutige Stunde nach unten korrigiert – ggf. werden einzelne Teilschritte noch einmal wiederholt. Eine Zwischenbesprechung (bei stehendem Fahrzeug) soll als „Verschnaufpause" dienen und zum lösungsorientierten Gespräch mit dem Fahrschüler genutzt werden. Es kann auch erforderlich sein, statt des eigentlich geplanten Inhalts bereits Bekanntes zu wiederholen. In Extremfällen muss die Stunde abgebrochen werden.

3. **Qualität des Methodeneinsatzes**

Methoden werden sinnvoll ausgewählt und auf den Fahrschüler zugeschnitten. Methodenvielfalt (in der Praxis weniger als in der Theorie) und spontane Methodenwechsel – sofern erforderlich – sind beobachtbar. Beispiele für wichtige Methoden/Techniken im praktischen Unterricht sind: Demonstrieren/Vormachen, Veranschaulichen, Modellverhalten, Erklären, Erzählen, Anweisungen, Fragen, Impulse, Bekräftigung, Appelle/Ermahnungen, Kritisieren, Korrigieren, Erproben/Entdecken, Üben/Wiederholen, Kommentierendes Fahren, Selbsteinschätzung des Fahrschülers, Lernvorbereitung.

Anwendungsbeispiele:

- Der Fahrlehrer erklärt die Bestandteile der Handlungskette „Abbiegen nach links" bei stehendem Fahrzeug und verwendet dazu ggf. eine Skizze.
- Dann leitet er den Schüler Schritt für Schritt an.
- Wenn der Schüler die Anweisungen des Fahrlehrers gut umsetzen kann, soll er in einem nächsten Schritt das Gelernte nun selbstständig anwenden und dabei die erforderlichen Handlungsschritte laut vorsagen, bevor er sie ausführt (Kommentierendes Fahren).
- Ein bereits geübter Inhalt wird wiederholt.
- Gute Leistungen werden bekräftigt und gelobt.
- Fehler werden freundlich-konstruktiv und zeitnah korrigiert.
- Die Beurteilungskriterien werden dem Schüler vermittelt und begründet.

4. **Qualität verbaler Anweisungen**

Vor allem in der praktischen Fahrschulausbildung ist Sprache ein zentrales Werkzeug. Während der Fahrstunde sind rechtzeitige, möglichst präzise und richtige Anweisungen (lebens-)wichtig. In der Motorradausbildung sind sie das einzige Mittel, Schüler vor schwerem Schaden zu bewahren, denn hier fehlt die Möglichkeit, im Notfall physisch einzugreifen.

Fahrlehrer müssen über besonders ausgefeilte Sprachmuster verfügen und bereit sein, diese laufend weiterzuentwickeln. Der Schüler muss diese schnell und richtig deuten können (und nicht erst „um die Ecke denken" müssen) und noch Zeit haben, darauf zu reagieren. Die Sprachmuster müssen an die Situation und den Schüler angepasst sein. Sie sollen deswegen positiv formuliert sein. Das bedeutet, der Fahrlehrer sagt genau, was der Schüler tun soll, und nicht, was er nicht tun soll.

Ist die Vermutung begründet, dass zwischen Fahrlehrer und Fahrschüler Missverständnisse entstehen, sollten Erklärungen gegeben werden und ein Austausch darüber stattfinden, wie etwas konkret gemeint ist (Metakommunikation).

Die Grundregeln der Kommunikation (wie die fünf Axiome der Kommunikation oder das Vier-Ohren-Modell, siehe Abschnitt 6.2 und 6.3 in diesem Kapitel) werden beachtet. Grundsätzlich gilt im Auto: So viel wie nötig, so wenig wie möglich! Lange, ausgreifende Erklärungen während der Fahrt können leicht zur Überforderung führen. Sind längere Erklärungen erforderlich, so sollten diese möglichst im stehenden Fahrzeug erfolgen. Die Erklärungen gehören mit zur Fahrstunde.

Ein Profi muss auch erkennen, wann verbale Erklärungen an ihre Grenzen stoßen und wann Visualisierungen und andere Methoden (z. B. Vormachen, Zeigen) zielführender sind (siehe den vorangegangenen Punkt 3).

Anwendungsbeispiele:

- Der Fahrlehrer macht die Richtungsangaben (z. B. zum Abbiegen) rechtzeitig, sodass der Fahrschüler die erforderlichen Handlungsschritte einleiten kann.
- Sprachmuster sind präzise und möglichst unmissverständlich gestaltet: *„Bitte noch einen halben Meter weiter links fahren"* statt *„Bitte weiter nach links"*.
- Sprachmuster werden – soweit möglich – positiv formuliert: *„Die Kupplung noch festhalten"* statt *„Nicht die Kupplung fliegen lassen"* oder *„Im rechten Fahrstreifen bleiben!"* statt *„Nicht nach links wechseln!"*.
- Missverständnisse (auf der Inhalts- oder Beziehungsebene) erkennt der Fahrlehrer und setzt dann die Metakommunikation gezielt ein, z. B.: *„Wenn ich von ‚Schrittgeschwindigkeit' spreche, meine ich maximal 4–7 km/h."* – *„Heute werde ich dir, wenn möglich, etwas weniger Anleitungen geben. Das ist kein Desinteresse. Ich möchte einmal in die Rolle des Prüfers schlüpfen. Im Anschluss daran besprechen wir die Ergebnisse dieser ‚Testfahrt'."*
- Ich- und Du-Botschaften werden richtig eingesetzt.
- Der Fahrlehrer lässt seinen Schüler einparken und erklärt ihm die Fahrlinie, die in einer schwierigen Abbiegesituation gleich im Anschluss angefahren werden soll. Seine verbalen Erklärungen ergänzt er mit einer Skizze. Dabei erläutert er noch einmal den Begriff „Rechtsfahrgebot".

5. **Fachliche Korrektheit der Lehr-/Lerninhalte und Orientierung am Ausbildungsplan des Fahrlehrers**

Die vermittelten Inhalte müssen sachlich richtig dargestellt werden. Der Fahrlehrer muss immer auf dem aktuellen Stand sein, denn Fahrschüler müssen gerade hier auf sein fachliches Urteil vertrauen können. Auf häufige Fehler und Missverständnisse wird hingewiesen. Die Erfahrung zeigt, dass sich hier und dort gewisse „regionale Besonderheiten" herausgebildet haben, die dem geltenden Recht widersprechen (*„Das machen wir schon immer so ..."*). Dies ist im Sinne der Verkehrssicherheit und der einzuhaltenden Regeln – insbesondere denen der StVO – nicht akzeptabel. Die FahrschAusbO und die Prüfungsrichtlinie sind rechtlich verbindliche Vorgaben, aus denen ein konkretes Curriculum entwickelt werden muss. Nur so ist eine planmäßige Ausbildung sichergestellt. Die Curricularen Leitfäden bieten gute (wenngleich nicht rechtsverbindliche) Konzepte. Ihr Standard sollte nicht unterschritten werden.

Anwendungsbeispiele:

- Der Fahrlehrer vermittelt nur sachlich Zutreffendes und verzahnt die Lehr-/Lerninhalte mit dem theoretischen Unterricht, z. B.: *„In der Theorie haben wir über die ‚Sichtlinie' gesprochen. An der nächsten Kreuzung ist es recht unübersichtlich, da musst du wissen, wo zu warten ist."*
- Neuerungen werden, soweit möglich, vorgestellt, z. B.: *„Früher galt eine andere Regelung – sie hat sich nicht bewährt. Deswegen hat man die StVO entsprechend angepasst. Da vorne kannst du sehen, was gemeint ist."*
- Der Fahrlehrer weist auf typische Missverständnisse hin, z. B.: *„Radfahrer müssen nicht unter allen Umständen den Radweg benutzen. Dieser hier rechts ist nicht mehr zumutbar. Deswegen macht der Radfahrer vor uns auf der Fahrbahn alles richtig."*
- Die Fahrstunde orientiert sich an einem Curriculum. Dem Schüler wird sein aktueller Lernstand innerhalb des Curriculums erklärt, z. B.: *„Heute haben wir die Leistungsstufe abgeschlossen. In der nächsten Stunde beginnen wir mit den besonderen Ausbildungsfahrten. Wir starten mit der Überlandfahrt."*

6. **Schaffung einer guten Ausbildungsatmosphäre**

Als ein wesentliches Merkmal der Kundenzufriedenheit in Fahrschulen halten Fahrschüler den Aspekt „Freundlichkeit des Fahrlehrers" mit 71 % für sehr wichtig, 27 % für wichtig.[22] Die Faktoren „Geduld und Einfühlungsvermögen" (75 % sehr wichtig, 24 % wichtig) sowie „Erfahrung und fachliche Kompetenz" (80 % sehr wichtig, 19 % wichtig) belegten ebenfalls Spitzenplätze. Diese Ergebnisse zeigen, dass Fahrschülern fachliche und soziale Kompetenzen des Fahrlehrers gleich wichtig sind.

Die FahrschAusbO ist also auf der Höhe der Zeit, wenn sie von Fahrlehrern verlangt, dass sie ihren Schülern gegenüber *„sachlich, aufgeschlossen und geduldig"* auftreten sollen (§ 3 Abs. 2 FahrschAusbO).

Aus lernpsychologischer Sicht ist das Lernen unter Angst und unangemessen hohem Stress nicht günstig, da im Extremfall die Lerninhalte selbst angstbesetzt

22 TÜV Rheinland Group (Hrsg.) (2006). Erfolgsfaktoren von Fahrschulen aus Sicht ihrer Kunden. Was Fahrschülern bei der Auswahl ihrer Fahrschule wichtig ist. Ergebnisse einer Internet-Befragung von Fahrschülern in Berlin. Impuls-Studie im Auftrag der TÜV Rheinland Group.

werden können. Zwar muss ein Schüler lernen, auch schwierige Situationen zu meistern und dabei unangenehme Emotionen auszuhalten, doch sollte dies in einer freundlichen und konstruktiven Atmosphäre geschehen.

Die wichtigsten Merkmale im Hinblick auf eine gute Ausbildungsatmosphäre sind demnach:

- ein geduldiges, freundliches und konstruktives Auftreten der Lehrperson
- Respekt
- Lob, Bekräftigung und Ermutigung, die in einem gesunden Verhältnis zu Kritik, Tadel und Ermahnungen stehen
- kein Anschreien oder „Niedermachen“ von Schülern; Zynismus verbietet sich ebenso
- kein Abwerten der Person; kritisiert werden soll die Leistung, nicht die Person
- Empathie
- Motivierung und Unterstützung (gerade in schwierigen Ausbildungsphasen)
- eine gute Fehlerkultur: Fehler gehören zum Lernen, sie werden konstruktiv genutzt; andererseits wird aber auch auf mögliche negative Konsequenzen von Fahrfehlern (vgl. § 1 Abs. 2 Nr. 3 und 4 FahrschAusbO) hingewiesen.
- Konfliktsituationen werden professionell gelöst; dabei wird mit der richtigen Verteilung von Ich- und Du-Botschaften gearbeitet.

Anwendungsbeispiele:

- Der Fahrlehrer bringt seinen Schülern Respekt und Wertschätzung entgegen, kritisiert aber – wo erforderlich – Fehlverhalten und kritische Einstellungen in Bezug auf die Verkehrssicherheit.
- Bei Fahrfehlern reagiert er ruhig und sachlich. Fehler werden klar benannt, z. B.: *„Man weiß, woran man bei dir ist.“* Ihr Entstehen wird analysiert und Lösungsmöglichkeiten werden klar benannt (und im Anschluss eingeübt).
- Auch bei Wiederholungsfehlern bleibt der Fahrlehrer gelassen; nötigenfalls fordert er mehr Anstrengung und Konzentration ein, reagiert aber auch mit seiner Methoden- und Medienwahl darauf, z. B. indem er Wiederholungen oder weitere Übungen einschiebt.
- Schülern, die an sich selbst zweifeln, macht er Mut, vermittelt ihnen reale Erfolgserlebnisse und betont auch ihre guten Leistungen.
- Geraten Schüler unter Stress, wirkt der Fahrlehrer beruhigend auf sie ein.
- Fahrlehrer kennen die vielfältigen Belastungsfaktoren (außerhalb der Fahrschule), die auf Schüler einwirken können. Sie haben dafür ein offenes Ohr, können sich aber auch professionell abgrenzen; sie kennen Adressen (z. B. von Behörden, Ärzten, Therapeuten) und können im Extremfall auf Hilfsangebote hinweisen; sie versuchen allerdings nicht, laienhaft und selbst als Therapeuten o. Ä. tätig zu werden.

7. **Angemessenes Reagieren auf Fahrfehler**

Ein Fahrlehrer reagiert rechtzeitig und adäquat auf Fahrfehler, indem er

- verbal korrigiert, Anweisungen gibt oder
- im Notfall physisch eingreift,
- möglichst sofort Feedback gibt,
- Lösungsmöglichkeiten sucht,

- die Schüler in die Analyse der Fehlerentstehung und bei der Suche nach Lösungen einbezieht,
- Schüler nicht anschreit oder gar niedermacht. Mögliche – gravierende – Folgen müssen aber mit Ernsthaftigkeit verdeutlicht werden.

Anwendungsbeispiele:

- Der Fahrlehrer setzt sich einen Punkt, bis zu dem er die Reaktion dem Schüler überlässt. Reagiert der Schüler nicht, greift er verbal ein. Ab einem weiteren Punkt greift er physisch ein. Diese Punkte sind richtig gewählt (auch im Hinblick auf die Verkehrssicherheit).
- Der Fahrlehrer lässt seinen Schüler anhalten, nachdem dieser nicht auf eine Rechts-vor-Links-Einmündung reagiert hat. Er erfragt, wie der Schüler dies erlebt und woran es gelegen hat.
- Kleinere Fehler werden während der Fahrt angesprochen und Tipps zur Verbesserung gegeben.
- Nachdem der Fahrlehrer in einer potenziell gefährlichen Situation eingreifen musste (z.B. Fehler beim Fahrstreifenwechsel), lässt er anhalten. Er fragt: 1. *„Was ist gerade geschehen?“* 2. *„Was hätte passieren können?“* 3. *„Welche Folgen hätte das haben können?“* 4. *„Wie hättest du das verhindern können?“*

Nach dieser Übersicht über die Qualitätskriterien für den theoretischen und praktischen Fahrschulunterricht seien noch die folgenden Bemerkungen angebracht:

Da Unterricht immer nur begrenzt planbar ist und von vielen Faktoren abhängt, auf die auch die erfahrenste Lehrperson nicht immer Einfluss hat, verbietet es sich, diese Kriterien zu überschätzen und kleinlich auszulegen. Hinzu kommt, dass Überwachungssituationen (und andere Prüfungen) für die Überprüften stets mit einer gewissen Anspannung – wenn nicht Stress – verbunden und solche Überprüfungen zunächst einmal Momentaufnahmen sind. Richtig verstanden bieten sie aber dem guten Fahrlehrer Bestätigung und Anregung; dem (noch) nicht ganz so guten Fahrlehrer helfen sie bei der Aufdeckung von Defiziten und zeigen ihm Möglichkeiten zur Weiterentwicklung auf. Der mittelmäßige Fahrlehrer wird gezwungen, sich zu verbessern – auch hier steht aber der Gedanke der fachlichen Unterstützung und der Hilfe zur Verbesserung der Ausbildungsqualität im Vordergrund. Schlechte Lehrer werden dagegen mit der Tatsache konfrontiert, dass bei ihnen einiges grundverkehrt läuft. Werden die erkannten Mängel nicht abgestellt, so ist aus Sicht der Verkehrssicherheit Handlungsbedarf seitens der zuständigen Aufsichtsbehörde geboten.

2.2 Unterrichtsprinzipien

Unterrichtsprinzipien (auch „Didaktische Prinzipien“ oder „Pädagogische Prinzipien“) sind allgemeine Grundsätze für die Planung, Durchführung und die anschließende Auswertung von Unterricht. Sie beanspruchen Gültigkeit für jeden Unterricht in allen Fächern und Disziplinen, egal ob es sich um schulische oder außerschulische Bildungsmaßnahmen handelt. Auch der Fahrschulunterricht muss – soll er erfolgreich sein – diese Grundsätze beachten. Deswegen spielen Unterrichtsprinzipien (ebenso wie bei Lehramtskandidaten an Schulen) auch in der Fahrlehrerprüfung eine wichtige Rolle: Ihre Kenntnis und ihre konkrete Umsetzung wird regelmäßig in der Fachkundeprüfung und in der theoretischen wie praktischen Lehrprobe verlangt.

Vergleicht man die didaktische Literatur, so fällt auf, dass es eine Vielzahl solcher Grundsätze gibt, die empirisch unterschiedlich gut belegt sind und die berücksichtigt werden wollen. Das bedeutet aber nicht, dass in jeder Unterrichtssituation immer gleichzeitig alle Prinzipien zum Tragen kommen können oder sollen. Vieles ist situations- und schülerabhängig (z. B. arbeitet nicht jeder Schüler gerne oder gleich erfolgreich eigenverantwortlich an einer Aufgabe). Richtig verstanden sind Unterrichtsprinzipien aber wichtige Orientierungspunkte und pädagogische Chancen, Lehren und Lernen erfolgreicher zu gestalten.

Die wichtigsten dieser Grundsätze, die für die tägliche Arbeit in der Fahrschule eine Rolle spielen, werden im Folgenden dargestellt.

2.2.1 Prinzip der Anschaulichkeit

„Alles soll, wo immer möglich, den Sinnen vorgeführt werden, was sichtbar dem Gesicht, was hörbar dem Gehör, was riechbar dem Geruch, was schmeckbar dem Geschmack, was fühlbar dem Tastsinn. Und wenn etwas durch verschiedene Sinne aufgenommen werden kann, soll es den verschiedenen zugleich vorgesetzt werden."

Diese – modern anmutenden – Forderungen stammen von Johann Amos Comenius (1592–1670), einem Urvater der modernen Didaktik.[23] Er wandte sich gegen einen allzu verkopften, von der realen Lebenswelt abgekoppelten Unterricht. Anschaulichkeit ist heute, im Zeitalter der Digitalisierung, genauso wichtig wie eh und je. Zu Comenius' Zeiten hatte der sich immer weiter verbreitende Buchdruck den Zugang zu Wissen revolutioniert. Das Internet und die sich stetig erweiternden Möglichkeiten, Informationen zu gewinnen, stehen dieser Revolution in nichts nach. Und gerade deswegen muss die Forderung nach Anschaulichkeit, direkter, persönlicher und unmittelbarer Begegnung mit den Unterrichtsgegenständen heute umso ernster genommen werden.

Medien und Anschaulichkeit sind jedoch keine Gegensätze, auch wenn im Zweifelsfall die direkte Erfahrung mehr Eindruck hinterlässt als eine abstrakte Beschreibung: Im Lkw-Unterricht kann und muss darüber gesprochen werden, dass Druckluftbremsanlagen häufig mit 12 bar Luftdruck arbeiten. Es macht aber nicht wenig Eindruck, das Zischen der Anlage und den Luftdruck von vielleicht 5 bar einmal auf der Hand zu spüren (am Modell). Medien und Abstraktionen sind dort erforderlich, wo direkte Anschauung nicht möglich ist (z. B. die Abläufe im menschlichen Auge bei Blendung), sie zu gefährlich wäre (z. B. Schleudern in der Kurve) oder sie sich aus ethischen Gründen verbietet (z. B. Verletzungsmuster bei Verkehrsunfällen).

Sinnvoll eingesetzt, können Medien die Anschaulichkeit erhöhen: Sie sollen dazu beitragen, einem Schüler eine bildhafte Vorstellung von Zusammenhängen und Prinzipien zu geben. Es ist also immer zu entscheiden, ob die direkte

---

23 Comenius, J. A. (2007). Große Didaktik: Die vollständige Kunst, alle Menschen alles zu lehren. 10. Auflage, hrsg. von Andreas Flitner. Stuttgart: Klett-Cotta Verlag, S. 136.

Anschauung möglich und sinnvoll ist oder ob Anschaulichkeit in der konkreten Unterrichtssituation eher über gut ausgewählte und eingesetzte Medien erreicht werden kann. Eine abstrakte Erklärung des Vertrauensgrundsatzes bringt in der Regel weniger, als einige wenige Bilder mit typischen Verkehrssituationen, wo der Vertrauensgrundsatz einprägsam dargestellt wird.

Gerade im praktischen Unterricht der Fahrschule bietet sich eine Vielzahl von Möglichkeiten, direkte und unmittelbare Einsichten in abstrakte Zusammenhänge zu gewinnen – sie müssen nur genutzt werden. Dies kann beispielsweise geschehen, indem

- der Fahrlehrer mehrere Fahrschüler zeitgleich je ein Warndreieck aufbauen lässt, dabei die Zeit von anderen Schülern messen lässt und mit ihnen darüber spricht, wie viel Meter Fahrzeuge, die sich der noch nicht abgesicherten Unfallstelle nähern, in dieser Zeit zurücklegen;
- im Rahmen einer Fahrstunde in einem verkehrsberuhigten Bereich geparkt wird und Fahrlehrer und Fahrschüler zwischen geparkten Fahrzeugen in die Hocke gehen, auf die Fahrbahn sehen und somit den Blickwinkel eines Kindes einnehmen. Im Anschluss daran soll der Fahrschüler beschreiben, welche baulichen Maßnahmen (z. B. Fahrbahnverengungen, Aufpflasterungen) getroffen wurden, um Fußgänger zu schützen. Damit soll der Sinn von verkehrsberuhigenden Maßnahmen verdeutlicht und die Bereitschaft erhöht werden, besonders auf schwächere Verkehrsteilnehmer Rücksicht zu nehmen;
- einem Schüler, der sich das Fahrverhalten des Autos nicht gut vorstellen kann, aufgegeben wird, einmal bewusst in die falsche Richtung zu lenken und zu beobachten, wie sich das Fahrzeug verhält (entdeckendes Lernen). Dann wird gemeinsam nach der Begründung gesucht und das richtige Verhalten aufgebaut. Dabei können Skizzen eingesetzt werden oder der Fahrlehrer demonstriert die richtige Ausführung der Übung einmal, während der Schüler zusieht.

Bei der Anschaulichkeit geht es also darum, dass der Schüler einen ganzheitlichen Eindruck und ein inneres Bild von dem behandelten Unterrichtsgegenstand gewinnt. Wenn möglich soll dieses Lernen unter der Beteiligung möglichst vieler Sinne entstehen.

2.2.2 Prinzip der Vorbildwirkung

„Ich kenne das Lied. Ich kenne auch die Herren Verfasser. Sie tranken heimlich Wein und predigten öffentlich Wasser.“ Mit diesen kurzen Zeilen urteilte der Dichter Heinrich Heine einmal über Menschen, die seiner Ansicht nach ein vorbildhaftes Verhalten von anderen verlangten, während sie es selbst damit nicht allzu genau nahmen. Und tatsächlich: Wir alle würden uns vermutlich in einer vergleichbaren Situation ärgern. So ist es auch in der (Fahr-)Schule.

Das Vorbild der Lehrperson ist von entscheidender Bedeutung. Ob Schüler ihren Lehrer als glaubwürdig ansehen, hängt stark von seinem persönlichen Verhalten – beruflich wie privat – ab. Wer als Fahrlehrer selbst verantwortungsvoll, gewandt und partnerschaftlich fährt, kann dies auch mit gutem Gewissen von seinen Schülern verlangen. Wer dagegen einer Privatmoral anhängt und sich selbst als Verkehrssünder hervortut (das beginnt nicht erst bei der Handynutzung am Steuer!), der kann nicht glaubhaft für Verkehrssicherheit werben. Hinzu kommt, dass sich Zweifel an der Glaubwürdigkeit der Lehrperson auch negativ auf die von den Schülern zu lernenden Inhalte auswirken. Positiv gewendet, führt vorbildhaftes Verhalten des Lehrers nicht nur zu mehr Glaubwürdigkeit und Respekt, es bietet auch – als Modellverhalten – die Möglichkeit, Schüler von der Praxistauglichkeit von richtigem Verhalten im Straßenverkehr zu überzeugen. Die Rolle des Lehrers als Modell dafür kann wohl kaum überschätzt werden und sollte im Selbstverständnis des Lehrers einen festen Platz einnehmen.

2.2.3 Prinzip der Strukturierung

Damit zielgerichtetes Lernen möglich ist, braucht Unterricht den vielzitierten „roten Faden". Eine gute Strukturierung erleichtert nicht nur das klare Verständnis der Inhalte, sondern auch das Erinnern. Der Lernstoff muss sinnvoll gegliedert werden. Auch die FahrschAusbO verlangt dies, denn in § 4 Abs. 1 heißt es dort ausdrücklich: *„Der theoretische Unterricht hat sich an den im Rahmenplan (Anlagen 1 und 2) aufgeführten Inhalten zu orientieren und ist systematisch nach Lektionen aufzubauen."* Der Fahrlehrer hat nun die Aufgabe, innerhalb der Rahmenplanthemen eine sinnvolle Struktur zu erarbeiten. Möglichkeiten dazu gibt es viele:

- **Chronologisch.** Hier werden Inhalte/Abläufe nach ihrem zeitlichen Verlauf gegliedert. Beispiele: Das Verhalten beim Befahren von Kurven wird in Phasen eingeteilt: Was ist zu tun 1. vor der Kurve, 2. in der Kurve, 3. beim Ausfahren aus der Kurve? Eine solche Aufteilung macht Sinn, denn die Handlungsabläufe müssen im realen Leben auch in dieser Reihenfolge abgearbeitet werden.
  Ein weiteres Beispiel wäre das Verhalten nach einem Verkehrsunfall, insbesondere wenn es um die Einhaltung der sog. Rettungskette geht. Hier ist das richtige Handeln in der richtigen Reihenfolge z. T. überlebenswichtig.
- **Thematisch.** Bei einigen Themen bietet es sich demgegenüber an, nach inhaltlichen Gesichtspunkten zu gliedern. Manche Inhalte bauen aufeinander auf (ich muss zuerst den Begriff „zulässige Gesamtmasse" kennen und kann erst danach auf die Fahrerlaubnisklassen im Detail eingehen), andere nicht (es ist nicht unbedingt relevant, ob beim Thema „Rechtliche Rahmenbedingungen" zuerst auf Versicherungen und dann auf die Fahrerlaubnisklassen eingegangen wird oder umgekehrt).
- **Hierarchisch.** Manche Themen beinhalten ein Oben und ein Unten. Dies schlägt sich auch in der Gliederung nieder. Beispiel: Das Thema „Vorfahrt und Verkehrsregelungen" enthält viele Inhalte, die logisch aufeinander aufbauen. Hier macht es Sinn, zunächst die Grundregel „Rechts vor Links" zu erarbeiten, im Anschluss daran auf vorfahrtregelnde Verkehrszeichen, dann auf Lichtzeichen und schließlich auf die Regelung durch Polizeibeamte einzugehen. Da die Vorfahrt hierarchisch aufgebaut ist, höhere Regelungen also niedrigere aufheben (so gehen die Zeichen und Weisungen der Polizeibeamten den übrigen Regelungen vor), bietet sich hier eine solche Gliederung an. Erst müssen also die Grundlagen gelegt werden, bevor „draufgesattelt" wird.
- **Vom Bekannten zum Unbekannten.** Oft genug wird dieser Grundsatz als eigenes Unterrichtsprinzip betrachtet. Hier wird er (aus pragmatischen

Gründen) unter das Prinzip der Strukturierung gefasst. Lernen ist – zumal in der Fahrschule – meist Anknüpfen an Vorerfahrungen. Als Fußgänger, Beifahrer, Radfahrer oder auch beim Führen von Fahrzeugen anderer Fahrerlaubnisklassen haben die Schüler bereits Lernerfahrungen im Straßenverkehr gesammelt. Aber auch im Alltagsleben macht jeder Erfahrungen, die zum Unterricht in der Fahrschule beitragen können, wie z. B. Vorerfahrungen mit der Gangschaltung am Fahrrad. Drehmoment und Drehzahl lassen sich anschaulich machen, wenn auf diese Vorerfahrungen der Schüler bewusst eingegangen wird. Ausgehend davon werden die Erkenntnisse dann auf das Schalten beim Autofahren übertragen. Um die Schüler abholen zu können, wo sie stehen, muss der Fahrlehrer mit ihnen ins Gespräch kommen und laufend aktiv nach Anknüpfungspunkten suchen.

- **Vom Leichten zum Schweren.** Zweifellos sind nicht alle Inhalte sofort verständlich. Manche Begriffe und Konzepte, wie z. B. der Begriff „Fahrerlaubnis" (im Unterschied zum Begriff „Führerschein") müssen zunächst langsam angebahnt und aufgebaut werden. Der Fahrlehrer könnte mit alltäglichen Beispielen beginnen: Was geschieht, wenn jemand bei einer Verkehrskontrolle ohne gültige Fahrerlaubnis angetroffen wird? Was geschieht, wenn er „nur" seinen Führerschein versehentlich nicht mitführt? Im nächsten Schritt könnte der – rechtlich erhebliche – Unterschied zwischen den beiden Begriffen erarbeitet werden. Darauf aufbauend wäre es dann möglich, „Straftat" und „Ordnungswidrigkeit" gegeneinander abzugrenzen.
- **Vom Einfachen zum Komplexen.** Aus lernpsychologischer Sicht ist es sinnvoll, zunächst mit einfacheren Inhalten zu beginnen, bevor umfangreichere in Angriff genommen werden. Soll ein Schüler das Abbiegen erlernen, so beginnen erfahrene Fahrlehrer mit einfachen Abbiegesituationen (z. B. im Wohngebiet, bei geringer Geschwindigkeit) und steigern nach und nach die Komplexität, bis der Fahrschüler in der Lage ist, das Abbiegen auch beim mehrstreifigen Fahren und bei höherer Verkehrsdichte (möglichst unter Einbeziehung von parallel verlaufenden Sonderwegen oder Schienen der Straßenbahn) selbstständig durchzuführen. Im Theorieunterricht sollen die Schüler zunächst den Reaktionsweg, dann den Bremsweg und schließlich den Anhalteweg (der sich bekanntlich aus den beiden vorherigen zusammensetzt) berechnen lernen.
- **Vom Allgemeinen zum Besonderen.** Wichtig für Lernprozesse und die Beurteilung der gelernten Inhalte ist es aus Sicht der Schüler auch, klar zwischen Basiswissen, Zusatzwissen und Ausnahmen zu unterscheiden. So gut wie immer geht es darum, zunächst Grundlagen zu legen und erst im Anschluss daran die Ausnahmen zu lernen: Zunächst sollten Schüler also erlernen, an welchen Stellen die Regelung „Rechts vor Links" gilt, bevor auf die Ausnahmen hiervon eingegangen werden kann. Bei dem Thema „Verhalten nach Verkehrsunfällen" ist es zwar wichtig, auch auf die Problematik der Unfallflucht und der unterlassenen Hilfeleistung einzugehen (immerhin handelt es sich hierbei um Straftatbestände!). Es wäre aber falsch, damit zu beginnen. Das Fehlverhalten soll nicht als Regelfall erscheinen! Auch wenn der subjektive Eindruck oft anders ist: Die allermeisten Verkehrsteilnehmer verhalten sich regelgerecht!

Diese Grundsätze sind durch viele Erfahrungen von Praktikern gedeckt. Richtig angewendet, kann eine gute Gliederung und Struktur zum Gelingen der Unterrichtsstunde entscheidend beitragen. Die Themen des Rahmenplans und die Inhalte der praktischen Ausbildung sollen sinnvoll miteinander verknüpft und aufeinander bezogen werden.

Hinzu kommt, dass eine gute Aufteilung der Inhalte den Lernstoff nicht als Berg von Fakten erscheinen lässt, was auch Auswirkungen auf die Motivation haben kann.

2.2.4 Prinzip der abnehmenden Hilfe

Der Fahrlehrer arbeitet im Verlauf der Fahrausbildung kontinuierlich daran, dass sein Schüler immer unabhängiger von ihm wird. Bei dem Prinzip der abnehmenden Hilfe geht es also darum, den Lernenden zunächst Grundlagenwissen zu verschaffen („Scaffolding"). Die Hilfe der Lehrperson wird in dem Maße zurückgenommen, wie der Lernende in der Lage ist, die Aufgabe (oder Teile von ihr) selbstständig zu bewältigen. Fahrschüler müssen lernen, eigene Entscheidungen zu treffen. In der Fahrerlaubnisprüfung und später, nach dem Erwerb der Fahrerlaubnis, sind sie schließlich auch auf sich allein gestellt. Wer Schülern bis zum Ende der Ausbildung alle Schritte vorsagt und sie nicht zur Selbstständigkeit führt, wird diesem Anspruch nicht gerecht. Hinzu kommt, dass sich ein verzerrtes Bild von der wirklichen Leistungsentwicklung des Schülers ergibt.

So wird der Fahrlehrer vom Ausbilder und Trainer zum Begleiter und Prüfer. Dies gilt auch auf der Ebene der konkreten Aufgaben: Schüler lernen zunächst wesentliche Inhalte, dann werden diese gemeinsam mit der Lehrperson eingeübt und anschließend ohne deren Hilfe trainiert. Im Anschluss daran werden offene Fragen geklärt.

2.2.5 Prinzip der Wiederholung und Variation

Neu erlernte Handlungsweisen und Fähigkeiten müssen eingeübt werden, damit sie gefestigt werden. Der Erfolg ist in dieser Hinsicht auch von der Häufigkeit und der Qualität der Übungen abhängig. Was wir neu lernen, vergessen wir in den ersten Tagen nach dem Lernen am ehesten, danach vergessen wir pro Zeiteinheit weniger.[24] Es ist sinnvoller, die Übungseinheiten zu verteilen, als massiert zu üben, oder, wie der Schweizer Lernpsychologe Hans Aebli (1923–1990) einmal formulierte: *„Jeder Praktiker weiß, dass es besser ist an 6 Tagen je 10 Minuten zu üben als an einem Tag 60 Minuten."*[25] Es ist deswegen auch nicht effektiv oder nachhaltig, kurz vor einer Prüfung viel in kurzer Zeit lernen zu wollen.

Wissen und Zusammenhänge werden wiederholt, damit sie auch in Zukunft sicher abgerufen werden können. Beim Üben und Wiederholen spielen Motivation sowie eine angenehme und möglichst störungsfreie Lernumgebung eine große Rolle. Wichtig ist, dass beim Üben und Wiederholen variiert wird. Es geht also nicht darum, immer nur die gleichen Abläufe und Inhalte gleichsam „gebetsmühlenartig" und ohne tieferes Verständnis zu trainieren. Wenn eine gute Grundlage besteht, sollen die Übungen im Schwierigkeitsgrad gesteigert und verändert werden. Es soll also nicht allein das seitliche Einparken am rechten

24 Vgl. Aebli, H. (1977). Grundformen des Lehrens. Eine Allgemeine Didaktik auf kognitionspsychologischer Grundlage, 10. Auflage. Stuttgart: Klett-Cotta-Verlag, S. 246.

25 Ebd., S. 242.

Fahrbahnrand, sondern auch das am linken Rand (z. B. in Einbahnstraßen) geübt werden. Auch enge Straßen, in denen beim Einlenken in die Parklücke nicht mit vollem Lenkeinschlag eingefahren werden kann (Ausschwenken), sollen im fortgeschrittenen Stadium der Ausbildung als Lernorte ausgewählt werden. Abwechslung schafft dann Sicherheit im Beherrschen des Gelernten.

2.2.6 Prinzip der Selbsttätigkeit (auch: Prinzip der Aktivierung, Handlungsorientierung)

„Hilf mir, es selbst zu tun!“ Diese Forderung der italienischen Ärztin und Reformpädagogin Maria Montessori (1870–1952) beschreibt, dass es Ziel von Erziehung, von Bildung und Ausbildung sein muss, Lernende zum selbstständigen Handeln zu befähigen. Menschen lernen nicht allein dadurch, dass ihnen Lehrer Wissen vermitteln und sie dieses Wissen passiv aufnehmen. Ganz im Gegenteil: Lernen ist häufig dann am effektivsten, wenn die Schüler die Gelegenheit haben, durch eigenes Handeln Wissen, Fähigkeiten und Fertigkeiten zu erwerben. Der amerikanische Philosoph und Pädagoge John Dewey (1859–1952) brachte dieses Denken (welches nicht nur er vertrat) auf die berühmte Formel „Learning by Doing“. Das entdeckende Lernen, das selbstständige Ausprobieren und der aktive Umgang mit den Inhalten sollte auch in der Fahrschule – wo möglich und sinnvoll – gefördert werden. Handlungsorientierte, aktivierende Methoden, wie Diskussionen, Moderationen, Gruppen- oder Partnerarbeiten, Lernen an Stationen usw., sind hierzu besonders geeignet. Die Arbeitsergebnisse der Schüler müssen gewürdigt und für den weiteren Unterricht nutzbar gemacht werden. Anregungen hierzu finden sich in Kapitel 2, Abschnitt 2.3 „Sozialformen, Methoden und Techniken – mit wem und wie gelernt wird“.

2.2.7 Prinzip der Motivierung

Motivation ist ein grundlegendes Thema in Lernprozessen und darüber hinaus. Unterricht muss demnach motivierend sein, wenn Schüler dazu veranlasst werden sollen, sich überhaupt auf ein Unterrichtsthema einzulassen. Damit bei ihnen die Bereitschaft entstehen kann, Inhalte aus der Fahrstunde aufzunehmen, zu verarbeiten, zu speichern und sich später demgemäß zu verhalten, müssen Fahrlehrer für ihre Inhalte und Ziele werben. Es muss herausgestellt werden, warum diese Inhalte wichtig für den Schüler sind, welche Vorteile er hat, wenn er sich richtig verhält, und welche Folgen Fehlverhalten haben kann. Dabei ist die Schülerorientierung (siehe den nachfolgenden Abschnitt 2.2.10) wichtig. Motivierende Methoden und Medien, Spaß und Humor können hierbei helfen. Lob und echte Erfolgserlebnisse wirken motivierend, übertriebener Tadel und kleinliche Kritik um des Kritisierens willen wirken hier eher schädlich.

Ganz wichtig: Nur wer selbst motiviert ist, kann andere motivieren. Insofern ist auch die Fähigkeit des Fahrlehrers, sich immer wieder selbst zu motivieren, einzubeziehen.

Der Abschnitt 2.3 in diesem Kapitel befasst sich vertiefend mit den Grundzügen der Motivation in der Fahrschule.

2.2.8 Prinzip der Erfolgssicherung und -kontrolle

„Erfolgssicherung" bedeutet, dass Ergebnisse des Unterrichts, wichtige Informationen und neue Erkenntnisse festgehalten werden, damit sie behalten werden können. Nicht alles von dem, was wir lernen, behalten wir auch. Damit die Informationen im Langzeitgedächtnis verankert werden, muss mit ihnen gearbeitet werden; das Wissen soll Anwendung finden. Gründliches Üben und Wiederholen (vgl. beispielsweise den vorhergehenden Abschnitt 2.2.5) gehören dazu. Wichtige Ergebnisse des Unterrichts können auch gesichert werden, indem sie auf einem Flipchart festgehalten und dieses im Fahrschulraum gut sichtbar aufgehangen wird. Auch Handyfotos, die die Schüler im Unterricht aufnehmen, können sinnvoll sein (sofern keine datenschutzrechtlichen Grundsätze verletzt werden).

Unter „Erfolgskontrolle" hingegen versteht man, dass die Schüler ein Feedback in Bezug auf ihren Lernfortschritt erhalten. Übungsaufgaben und Lernzielkontrollen geben Schüler und Fahrlehrer ein möglichst objektives und individuelles Bild darüber, ob und in welchem Maß die Lernziele erreicht worden sind. Lernzielkontrollen gehören somit zum Pflichtprogramm jeder Unterrichtseinheit in Theorie und Praxis.

Die Gestaltung von Lernzielkontrollen wird in Kapitel 2, Abschnitt 2.1.4 „Ergebnissicherung und Lernzielkontrollen" beschrieben.

2.2.9 Prinzip der Passung

Unterricht wird für Schüler gemacht. Ihre Lernvoraussetzungen, zu denen nicht zuletzt auch ihre körperlichen und geistigen Fähigkeiten, ihr Vorwissen und ihre Interessen gehören, sind bei der Planung und Durchführung des Unterrichts zu beachten, wenn dieser gelingen soll. Insbesondere die Ziele, Inhalte, Methoden und Medien müssen zu den Schülern passen. Über- und Unterforderungen sollten vermieden werden, dazu kann Binnendifferenzierung (z. B. durch einen Wechsel der Sozialform) ein wichtiges Werkzeug sein. Das Lerntempo und der Schwierigkeitsgrad, die Frage, ob und wie viel Hilfestellung im Einzelfall erforderlich ist, sind hier ebenfalls zu nennen.

Hinweise zur Analyse der Vorbedingungen von Unterricht, zu den Lernvoraussetzungen der Schüler sowie zur Auswirkung auf die Unterrichtsplanung sind in Kapitel 2 „Die Planung von theoretischem Unterricht" zu finden.

2.2.10 Prinzip der Schülerorientierung

Kaum vom zuvor beschriebenen Prinzip der Passung zu trennen ist die Schülerorientierung (auch Adressatenorientierung). Dieser Grundsatz geht auch von den Voraussetzungen der Schüler aus und enthält dieselbe Forderung, nämlich Unterricht auf den/die einzelnen Schüler zuzuschneiden. Nicht selten liest man den Satz, man solle *„die Schüler dort abholen, wo sie stehen"*. Damit ist gemeint, die Ausgangslage, das Vorwissen und die Meinungen, Interessen und Emotionen aktiv herauszufiltern und angemessene Beispiele, Lernwege und Methoden für den/die gerade unterrichteten Lernenden auszuwählen. Wo möglich, sollen die Schüler darüber mitentscheiden. Innerhalb eines Themas können die Schüler beispielsweise aufgefordert werden, aus verschiedenen Übungsaufgaben und Beispielen die für sie interessantesten und wichtigsten auszuwählen. Sind diese lebensnah und für die Schüler erkennbar relevant und praxistauglich, dann fördert dies die Motivation. Eng verknüpft mit diesen Überlegungen ist das Konzept der Handlungsorientierung, denn ein Unterricht, der die Schüler aktiviert, ist gleichzeitig auch ein schülerorientierter Unterricht.

2.2.11 Prinzip der Zielorientierung

Die Inhalte der Fahrschülerausbildung sind Mittel zum Zweck – sie dienen dazu, dass bestimmte Lernziele erreicht werden. Die FahrschAusbO benennt im § 1 verpflichtende Lernziele. Daran hat sich die Ausbildung zu orientieren. Inhalte werden also nicht durchgenommen, weil sie subjektiv als wichtig erscheinen (so ließe sich vieles begründen), und schon gar nicht, weil es darum geht, die Unterrichtszeit thematisch irgendwie auszufüllen. Vielmehr geht es darum, sicheres, verantwortungsvolles und umweltbewusstes Verhalten zu fördern und die Fahrerlaubnisprüfung zu bestehen. Es gilt also stets zu fragen: Was müssen meine Schüler von diesen Inhalten kennen, beherrschen und akzeptieren, damit sie ein solches Verhalten im Straßenverkehr zeigen?

Wer Ziele hat, weiß, in welche Richtung er seinen Unterricht führen muss. Ohne Ziele sind die Ergebnisse zufällig und oft genug unzusammenhängend. Ziele strukturieren den Unterricht. Werden die Grundsätze der Schülerorientierung und der Passung beachtet, so helfen sie, Über- und Unterforderung zu vermeiden.

Lernziele sollen möglichst konkret und so überprüfbar wie möglich formuliert werden. Zu Beginn einer Unterrichtseinheit müssen die Schüler darüber aufgeklärt werden, welche Ziele sie heute erreichen sollen und woran sie erkennen können, dass sie diese erreicht haben. Im Rahmen von Lernzielkontrollen wird überprüft, inwiefern sie erreicht wurden. Im Anschluss daran kann weiterer Förder- oder auch nur Wiederholungsbedarf ermittelt werden (Prinzip der Erfolgssicherung und -kontrolle). Dass dabei häufig auch noch vorhandene Wissenslücken auftreten, ist normal. Vor der Prüfung kann noch gegengesteuert werden – schlecht wäre, wenn gravierende Lücken erst im Verlauf der Prüfung oder (noch schlimmer) beim eigenverantwortlichen Fahren nach Fahrerlaubniserwerb sichtbar würden. Zum Ende der Unterrichtseinheit soll ein Rückblick auf die eingangs formulierten Ziele gegeben werden. Gemeinsam mit den Schülern wird darüber gesprochen, wie diese heute verwirklicht werden konnten.

Das Thema „Lernziele“ wird in Kapitel 2, Abschnitt 2.1 beschrieben.

In den vorhergehenden Abschnitten wurden Qualitätskriterien und Unterrichtsprinzipien vorgestellt und erläutert. Unterricht ist natürlich noch viel mehr. Mit diesem Rüstzeug an Grundsätzen, die sich aus der Praxis des Lehrens und Lernens entwickelt haben, und deren Wirksamkeit sich längst erwiesen hat, lassen sich die nächsten Schritte der Planung und Durchführung von Unterricht in Angriff nehmen.

2.3 Motivation in der Fahrschule

Elke Urner

Werden heutzutage Pädagogen jeglicher Fachrichtung nach der Motivation ihrer Schüler befragt, herrscht die einhellige Meinung, dass die heutige Jugend sehr schwer oder oftmals gar zu nicht zu motivieren ist. Junge Menschen verbringen lieber mehr Zeit vor ihren Konsolen oder mit ihren Freunden, statt sich an den Schreibtisch oder an die App zum Üben der Theoriebögen zu setzen. Diese Annahme beschreibt klassisch unmotivierte Fahrschüler.

Psychologisch betrachtet ist jeder Mensch zu jeder Zeit motiviert, aber eben nicht immer zu dem, was gerade von ihm oder in der Situation von ihm verlangt wird. Der Fahrschüler hat sich in diesem Fall für die Konsole oder Freunde entschieden. Hier liegen die Schwerpunkte seiner Motivation und nicht im Lernen der theoretischen Fragen.

Was aber treibt uns an, lässt uns den inneren Schweinehund überwinden – und zwar in die richtige und geforderte Richtung? Dazu und wie sich die Motivation von Schülern beeinflussen und stärken lässt, liefern viele neue wissenschaftliche Untersuchungen Ergebnisse und Tipps.

Eine Motivation zu erkennen ist ebenso schwierig wie das Erkennen von Emotionen. Man kann sie ebenfalls nicht sehen, sondern nur anhand von Indikatoren im Verhalten, Denken und emotionalen Erleben erschließen.

Nach modernem Verständnis lässt sich Motivation folgendermaßen definieren: Motivation ist ein psychischer Prozess, der die Initiierung, Steuerung, Aufrechterhaltung und Evaluation zielgerichteten Handelns leistet.

Egal was und wie lange wir eine Tätigkeit vollbringen, unsere Motivation kommt im gesamten Handlungsverlauf zum Tragen: angefangen von Planung über Bewertung und Ausführung bis hin zu rückblickender Bewertung. Die aktuelle Motivation ist abhängig sowohl von den Merkmalen der Person selbst als auch von den Merkmalen der spezifischen Situation. Das heißt, wir können nicht in jeder Situation und für alle Dinge gleich motiviert sein.

Ein weiterer zentraler Punkt unserer Motivation sind unsere kognitiven Prozesse. Das wären beispielsweise die gesetzten Ziele als gedankliche Vorwegnahme wünschenswerter Zustände, die durch eigenes Handeln erreicht werden können und durch eine positive Einschätzung der eigenen Fähigkeiten weiter positiv beeinflusst werden.

Auch soziale Prozesse beeinflussen unsere Motivation. Beispielsweise laufen soziale Vergleichsprozesse ab, wenn jemand bei anderen Personen einen möglichst positiven Eindruck der eigenen Person hinterlassen will oder wenn sich Freunde schon bei der Fahrschule angemeldet haben und bereits die ersten Fahrstunden absolvieren.

2.3.1 Das Rubikon-Modell der Handlungsphasen

Das wichtigste Modell, das dem modernen Verständnis der Motivation gerecht wird, ist das **Rubikon-Modell der Handlungsphasen** (*Bild 1.2*) nach Heck-

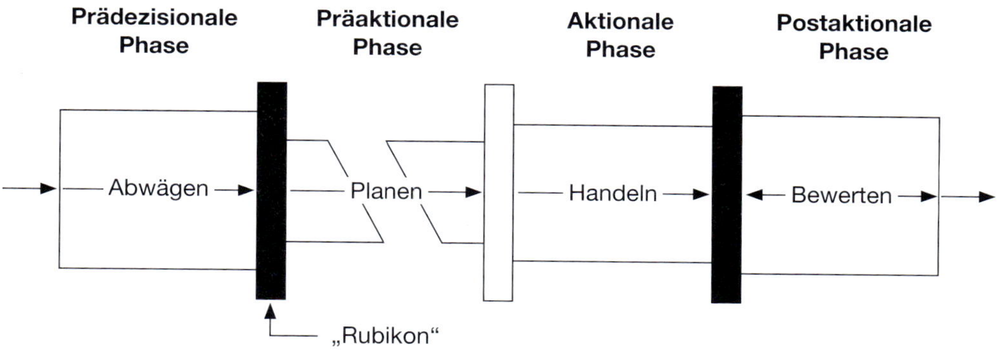

Bild 1.2 Rubikon-Modell der Handlungsphasen

hausen.[26] Dieses Modell unterteilt menschliches Handeln in vier chronologisch aufbauende Phasen:

In der ersten Phase steht das **Abwägen**. Hier werden Bewertungen getroffen: Wie bedeutsam das Erreichen eines erwünschten bzw. das Vermeiden eines unerwünschten Zustands ist und die Erwartungen, ob das Gewünschte herbeigeführt bzw. das Befürchtete vermieden werden kann. Erscheint einer Person eine Handlung in keiner Weise attraktiv oder nimmt sie an, dass sie diese auch unter Einsatz größter Anstrengung nicht umsetzen kann, wird sie nicht für deren Umsetzung zu motivieren sein. Resultiert aus dem Abwägen aber eine ausreichend positive Bilanz, wird ein Handlungsziel gebildet.

In der zweiten Phase folgt die **Planung**. Hier steht die Realisierung des gesetzten Handlungsziels im Vordergrund. Dazu zählt die Planung der Handlungsdurchführung, das Herbeiführen oder Abwarten einer günstigen Gelegenheit zum Handlungsbeginn und die Abschirmung gegenüber anderen konkurrierenden Zielen.

In der dritten Phase, der **Handlungsphase**, kommt es dann zum Handlungsbeginn auf dem Weg zum gesetzten Ziel. In dieser Phase erhält die Kontrollfähigkeit der Person eine große Bedeutung, denn sie reguliert die Intensität der Anstrengung und die Ausdauer der Handlung. Auf der anderen Seite müssen störende Einflüsse abgeschirmt werden. Kommt es in dieser Phase nicht zu einem Wechsel hin zu einer alternativen Handlung oder gar zu einem Abbruch, wird sich zu einem bestimmten Zeitpunkt das Erreichen des Ziels einstellen.

Danach kommt es zur letzten Phase, der **Bewertungsphase**. Nun werden der Handlungsverlauf und das Ergebnis überprüft und gewertet und Schlussfolgerungen für das zukünftige Handeln gezogen, insbesondere hinsichtlich der Analyse der Ursachen des Erfolgs oder Misserfolgs.

Angewandt auf einen Fahrschüler ließen sich diese vier Phasen folgendermaßen beschreiben:

- Der Fahrschüler wägt ab, ob es wichtig ist, die Prüfungsfragen zu üben. Die Fahrerlaubnis ist ihm wichtig und bezüglich seiner bisherigen Erfahrung in der

26 Heckhausen, H. & Gollwitzer, P. M. (1987). Thought Contents and Cognitive Functioning in Motivational versus Volitional States of Mind. Motivation and Emotion 11 (2),101–120.

Schule kann er seine Kompetenz und Kontrollfähigkeit positiv einschätzen. Lernen hat bei ihm immer zu einem Erfolgserlebnis geführt.

- Er schätzt die Situation sowie seine Handlungskompetenz hoch ein und kommt zur zweiten Phase.
- Nun plant der Fahrschüler konkret, wann und wie lange er am Tag auf seiner App die Prüfungsfragen üben sollte. Er überlegt sich, eine besondere Situation, z. B. die längere Busfahrt zur Schule, dazu zu nutzen.
- In der Handlungsphase kommt er nun zum Üben mit der Fahrschul-App im Bus. Er lernt immer mehr, sich auch von seinen Kollegen oder Ähnlichem nicht ablenken zu lassen, und erfährt eine stetige Leistungsverbesserung.
- Zum Ende gelingt dem Fahrschüler die theoretische Prüfung beim TÜV. Daher bewertet er sein Verhalten rückblickend als Erfolg und wird diese positive Erfahrung auf weitere Situationen übertragen.

Dies ist der Idealzustand, der zum Glück auch in den Fahrschulen anzutreffen ist. Aber nicht immer läuft es so unproblematisch ab. Oft ist der Fahrlehrer gefragt, die Motivation seines Fahrschülers zu initiieren und zu steigern.

2.3.2 Intrinsische und extrinsische Motivation

Nachfolgend werden die einzelnen Komponenten der subjektiven Bewertung, der Erwartungskomponente, der Motive und Bedürfnisse, der Ziele, des Fähigkeitsselbstkonzepts und der Ursachenerklärung genauer betrachtet, um dann zur Möglichkeit der Motivationsinitiierung und -steigerung zu kommen.

Wie eine Tätigkeit und deren Ergebnis von der jeweiligen Person subjektiv bewertet wird, unterscheidet sich zumeist in der Art seiner Motivation. Es gibt zwei bedeutsame Unterscheidungen: die intrinsische und die extrinsische Motivation.

Die **intrinsische Motivation** kennzeichnet die Bereitschaft, eine Handlung auszuführen, weil die Ausführung an sich schon befriedigend oder belohnend ist. Entweder wird die Tätigkeit als solche positiv erlebt oder das Thema wird an sich als interessant wahrgenommen. So könnte ein Fahrschüler schon zu einer praktischen Fahrstunde motiviert sein, weil er das Fahren an sich als positiv erlebt und nicht das Ableisten von Stunden bis zur praktischen Prüfung im Kopf hat. Oder er engagiert sich im Unterricht intensiv bei dem Thema „Risikofaktor Mensch“, weil für ihn das Thema selbst sehr interessant ist.

Die **extrinsische Motivation** kennzeichnet sich dadurch, dass der Wert nicht in der Handlung selbst, sondern in deren Folgen besteht. So lernt ein Fahrschüler Fragebögen, weil er unbedingt die theoretische Prüfung in der nächsten Woche bestehen möchte. Oder er absolviert die Nachtfahrten, weil sie zum Ausbildungsplan gehören und erst bei Ableistung aller Pflichtstunden eine Anmeldung zur praktischen Fahrprüfung möglich ist.

Ob die Motivation eines Fahrschülers nun intrinsischer oder extrinsischer Natur ist, muss nicht unbedingt unterschieden werden. Beide Formen schließen sich gegenseitig nicht aus, oft besteht die Motivation aus beiden Komponenten: Fahrschüler können sowohl den Gegenstand einer Lernhandlung, wie die praktische Fahrstunde an sich, interessant finden, als auch die damit verbundene Kompetenzerweiterung als nützlich für die spätere Fahrerlaubnisprüfung erachten.

Die **Erfolgserwartung** bezeichnet die subjektive Einschätzung der Fahrschüler darüber, mit welcher Wahrscheinlichkeit ein Erfolg bei der Bearbeitung der Aufgaben eintritt. Es lassen sich drei bedeutsame Erwartungstypen unterscheiden: die Handlungs-Ergebnis-Erwartung, die Situations-Ergebnis-Erwartung und die Ergebnis-Folgen-Erwartung.

Bei der **Handlungs-Ergebnis-Erwartung** nimmt der Fahrschüler an, dass er mit Wahrscheinlichkeit das Ergebnis durch eigenes Handeln herbeiführen kann. Das heißt, durch unermüdliches Üben ist das Bestehen der Fahrerlaubnisprüfung höchst wahrscheinlich.

Bei der **Situations-Ergebnis-Erwartung** nimmt der Fahrschüler an, dass die Situation die Wahrscheinlichkeit eines Ergebnisses herbeiführt, unabhängig von seinem Handeln. Das heißt, dass er weniger auf die praktische Fahrprüfung vorbereitet und dadurch nervös ist, die Prüfung aber besteht, weil der Prüfer besonders nett und leger ist. Auf den theoretischen Unterricht übertragen bedeutet das: Auch wenn sich ein Fahrschüler in der Gruppenarbeit nicht engagiert, übernehmen die anderen Fahrschüler seinen Teil der Arbeit und das Ergebnis der Gruppenarbeit fällt dennoch gut aus.

Bei der **Ergebnis-Folgen-Erwartung** weiß der Fahrschüler um die Folgen eines Ergebnisses, z. B.: *„Wenn ich die Fahrerlaubnis erhalte, werden mir meine Eltern Geld für ein eigenes Auto dazugeben.“*

Als besonders bedeutsam ist die Handlungs-Ergebnis-Erwartung zu erachten, da die Erwartung, dass eigenes Lern- und Leistungshandeln zu Lernzuwächsen und positiven Leistungsergebnissen führt, immer einen günstigen Effekt auf die Qualität von Lernprozessen und Leistungen hat.

2.3.3 Motivationen und Motive

Wie schon bei dem Thema Emotionen (siehe Teil I, Kapitel 1, Abschnitt 1.3) erwähnt, tragen die individuellen Grundstimmungen und Grundmotive ausschlaggebend zur aktuellen Motivation bei.

Als Motive werden zeitlich überdauernde und individuell unterschiedliche Vorlieben für bestimmte Verhaltensweisen und ein mit diesen Verhaltensweisen einhergehender subjektiver Anreiz, insbesondere das Erleben emotionaler Befriedigung, bezeichnet.

Motive gehören also zu jeder Persönlichkeit dazu. Motive sind etwas anderes als eine aktuelle Motivation. Sie liegen jeder Person zugrunde und bestimmen auch eine gewisse Ausrichtung ihrer allgemeinen und aktuellen Motivation. Als zentrale Motive haben sich das Leistungsmotiv, das Anschlussmotiv und das Machtmotiv herauskristallisiert.

Beim **Leistungsmotiv** ist die Person bestrebt, schwierige Aufgaben zu meistern. Sie misst sich an Leistungsstandards, findet Freude an der Überwindung von Schwierigkeiten, an Konkurrenz und am Übertreffen von anderen Personen. Sie zeigt Hoffnung auf Erfolg und Furcht vor Misserfolg.

Beim **Anschlussmotiv** ist die Person bestrebt, Nähe zu anderen zu finden, Bekanntschaften zu schließen und Beziehungen einzugehen. Sie zeigt Bestrebungen zur Kooperation, erwidert Sympathien, pflegt Freundschaften, Loyalität und Liebe. Sie zeigt Hoffnung auf Anschluss und Furcht vor Zurückweisung.

Beim **Machtmotiv** ist die Person bestrebt, die Kontrolle über ihre soziale und gegenständliche Umwelt zu erlangen und sie zu beeinflussen. Das Führen anderer steht im Vordergrund. Sie zeigt Hoffnung auf, aber auch Furcht vor Kontrolle.

Unsere Grundmotive richten unsere Aufmerksamkeit auf das Erreichen erwünschter Zustände und Handlungen sowie das Vermeiden unerwünschter Zustände und Handlungen aus. Mit diesen unterschiedlichen Ausrichtungen gehen natürlich unterschiedliche Handlungen und Konsequenzen einher. Das hat auch für den Fahrlehrer Konsequenzen für die Ausbildung. Unterrichtet er eher einen leistungsmotivierten Fahrschüler oder einen, dessen Motive eher Kooperation und Beziehungspflege sind?

Mit diesen Grundmotiven ist das Grundbedürfnis einer jeden Person fest verknüpft. Wie bei der Motivation, die einerseits bewusst auf das Erreichen von Erfolg durch eigenes Handeln und andererseits nur auf die Vermeidung von Misserfolgen ausgerichtet sein kann, so unterscheiden sich auch die Bedürfnisse.

Manche Personen zeigen höhere Bedürfnisse, die auf die eigene Entwicklung ausgerichtet sind, z. B. Selbstverwirklichung (eigenes Potenzial ausschöpfen, Verstehen, Autonomie), Wertschätzung (Selbstwert, Kompetenz, Anerkennung) und Bindung (Zusammengehörigkeit, Bindung, Liebe, Akzeptanz). Andere Personen zeigen niedrigere Bedürfnisse, die auf die Defizitreduktion ausgerichtet sind, wie Sicherheit (Schutz, Angstfreiheit, Ordnung) und physiologische Bedürfnisse (Hunger, Durst usw.) (vgl. auch die Maslowsche Bedürfnishierarchie).

Die Hierarchie und Wertigkeit dieser Bedürfnisse unterliegen der individuellen Unterschiedlichkeit von Personen, können aber auch von Situation zu Situation variieren. So kann ein Fahrschüler über das Lernen der Theorieprüfbögen das Essen völlig vergessen, wohingegen ein anderer Schüler erst den Streit mit einem Freund beilegen muss, bevor er sich auf die Aufgaben der kommenden Fahrstunde konzentrieren kann.

Durch viele wissenschaftliche Untersuchungen[27] konnten – unabhängig von diesen persönlichen Unterschieden – drei grundlegende Bedürfnisse herauskristallisiert werden, die erfüllt sein müssen, damit intrinsische Motivation und Interesse erst entstehen können:

1. Bedürfnis nach Autonomie
2. Bedürfnis nach Kompetenzerleben
3. Bedürfnis nach sozialer Eingebundenheit.

Mittlerweile zeigt eine Reihe von Studienergebnissen, dass Unterricht dann motivationsfördernd ist, wenn diese drei Bedürfnisse bei den Schülern befriedigt sind.

Diese Bedürfnisse sind im praktischen Bereich sehr leicht zu erfüllen. Bei jeder weiterführenden Fahrstunde und deren Aufgaben kommt der Fahrschüler immer

27 Hier wäre vor allem zu nennen: Ryan, R. M. & Deci, E. L. (1985). Intrinsic motivation and self-determination in human behavior. New York: Plenum.

mehr dazu, das Auto und die Fahraufgaben sicher alleine zu bewältigen. Er merkt selbst, dass er immer mehr Kompetenzen entwickelt, autonom handeln kann und ein fester und sicherer Teilnehmer des gesamten Verkehrs wird.

Wie lassen sich die Bedürfnisse nun im theoretischen Unterricht befriedigen? Zunächst benötigen die Fahrschüler ausreichend Material und Aufgaben, die sie selbstständig oder in einer Gruppenarbeit lösen sollen. Bei der anschließenden Vorstellung ihrer Ergebnisse erleben sie, dass sie vom Fahrlehrer gelobt werden und dieser nur noch wenig hinzufügen oder korrigieren muss. Durch die Zusammenarbeit, den gegenseitigen Meinungsaustausch und das Einbringen von Lösungen empfinden die Fahrschüler eine feste soziale Eingebundenheit in die Gruppe und die Zugehörigkeit zur Fahrschule.

2.3.4 Ziele und Zielorientierung

Als eine weitere Bedingung der Motivation haben Ziele und Zielorientierung ein großes Gewicht. Sie sind die gedankliche Vorwegnahme von Handlungsfolgen und gewünschten Ergebnissen und können bewusst oder auch unbewusst gedacht werden.

Ziele erfüllen in unserem psychischen System gleich mehrere Funktionen:

- Sie veranlassen zu Handlungen, die auf das Ergebnis ausgerichtet sind. Sie geben dem Handeln also eine Richtung und einen Anschub.
- Sie strukturieren den Einsatz von Wissen, Fähigkeiten und Fertigkeiten.
- Sie stellen einen Maßstab zur Kontrolle des Handlungsfortschritts dar, d. h., anhand des Soll-Zustands kann der Ist-Zustand besser eingeordnet und weiteres Handeln beurteilt und angelegt werden.
- Sie liefern zudem einen Bewertungsmaßstab, bei dem nach Abschluss der Handlung beurteilt werden kann, ob diese erfolgreich war oder nicht.

Ziele spielen beim selbstregulierenden Lernen eine zentrale Rolle. Sie bilden das Fundament für die Planung, den Beginn, die Überwachung und das Beurteilen von Lernhandlungen und ggf. die Veränderung von Lernstrategien.

Ziele können auf alle denkbaren Handlungsfolgen ausgerichtet sein. Wir verfolgen viele inhaltlich verschiedene Ziele, z. B. soziale Ziele, wie soziale Kontakte aufzubauen und zu pflegen, Leistungsziele, wie gestellten Anforderungen gerecht zu werden, und affektive Ziele, wie Langeweile und Misserfolge zu vermeiden.

Neben den übergeordneten, abstrakten Zielen sind in unserem kognitiven System konkretere Ziele, meist in erhöhter Zahl, enthalten, z. B. bei der nächsten Fahrstunde den Schulterblick nicht mehr zu vergessen oder den richtigen Gang zu wählen.

Zur Hilfestellung für die Fahrschüler und einen erfolgreichen Unterricht wäre die Beachtung und Setzung der Ziele in folgender Hinsicht praktisch:

- Ziele sollten spezifisch sein, d. h., der Fahrlehrer sollte sicher und konkret zeigen können, wann ein Ziel erreicht ist. Für den Schüler ist das Ziel geeigneter, in der nächsten Theoriestunde die Lernerfolgskontrolle ohne Fehler zu bestehen, als so wenig Fehler wie möglich bei der Bearbeitung der theoretischen Vorprüfung zu machen.

- Ziele sollten sich auf einen begrenzten zeitlichen Rahmen beziehen und terminiert sein. Das übergeordnete Ziel, die Fahrerlaubnis zu erreichen, kann natürlich motivieren. Eine größere Wirkung wird aber erreicht, wenn bei der theoretischen Vorprüfung zwei Prüfbögen schon ohne Fehler bestanden werden.
- Ziele sollten zwar individuell anspruchsvoll und herausfordernd, gleichzeitig jedoch realistisch sein. Sie sollten nicht zu leicht, aber auch nicht zu schwer erreichbar sein. In diesem Schwierigkeitsbereich bestehen die besten Chancen für eine optimale Leistungs- und Kompetenzentwicklung. Der Fahrschüler sollte beispielsweise in der kommenden praktischen Fahrstunde jede Rechts-vor-Links-Situation erkennen können, aber nicht alle gleich richtig meistern können.

Ein weiterer Bestandteil der Motivation ist das Interesse. Interesse ist eine besondere Beziehung einer Person zu einem Gegenstand (Auto), zu abstrakten Objektbereichen (das Beherrschen eines Fahrzeuges) oder zu Tätigkeitsbereichen (erfolgreiches Meistern unterschiedlicher Fahrmanöver).

Das Besondere dieser Beziehung ist der damit erlebte positive Zustand wie Freude. Auch während der Beschäftigung mit dem Objekt des Interesses empfindet die Person Freude und somit eine hohe subjektive Wertschätzung gegenüber diesem Objekt sowie der damit verbundenen Handlungsaufgabe. Die Handlung und das Objekt erhalten eine persönliche Bedeutsamkeit mit dem ausgeprägten Ziel, das Wissen über den Gegenstand und die damit verbundene Fertigkeit zu erweitern.

Die Wichtigkeit dieses Faktors und die daraus entstehende Motivation verstehen sich von selbst. Wir können dies an uns selbst feststellen. Interessiert uns eine Sache, sind wir sofort mit allen Sinnen dabei und wägen nichts zur Vermeidung der damit verbundenen Handlung ab oder müssen Strategien und Fähigkeiten entwickeln, um einer Ablenkung standzuhalten.

Problematisch wird es mit Objekten oder Inhalten, die nicht in unserem Interesse stehen. Häufig sind das Themen wie „Technische Bedingungen“ oder „Fahren mit Solokraftfahrzeugen und Zügen“. Um die Wertig- und Wichtigkeit dieser Themen zu vermitteln, sollte der Fahrlehrer kreativ werden und versuchen, das Interesse seiner Schüler aus ihrem Alltagsleben heraus zu wecken. Er kann deutlich machen, dass es Situationen geben wird, wie z. B. den Umzug in die erste eigene Wohnung oder den Transport des Pferdes einer Freundin in die Tierklinik, die von großem Interesse und Wichtigkeit für die Fahrschüler sein können.

2.3.5 Fähigkeitsselbstkonzept

Jeder Mensch verfügt über ein mehr oder minder realistisches Wissen über seine eigenen Fähig- und Fertigkeiten, ein sogenanntes Selbstkonzept, welches die Motivation entscheidend beeinflusst.

Bei der Bewertung und Planung, ob eine Handlung überhaupt begonnen werden soll, spielt das Fähigkeitsselbstkonzept eine grundlegende Rolle. Die Überlegung, ob eine Handlung oder Aufgabe erfolgreich durchgeführt bzw. bearbeitet werden kann oder nicht, hängt maßgeblich von der Einschätzung ab, ob die wahrgenommenen Schwierigkeiten in einem guten Verhältnis zu den eigenen Fähigkeiten stehen.

Ist ein Fahrschüler davon überzeugt, ein Fahrmanöver bewältigen zu können, ist seine Motivation, die gestellte Aufgabe zu fahren, sehr viel höher als die eines Fahrschülers, der sich unsicher fühlt. Unterrichtet der Fahrlehrer nach den pädagogischen Unterrichtsprinzipien „vom Leichten zum Schweren", „vom Einfachen zum Besonderen" usw., wird sein Fahrschüler in seinem Selbstkonzept immer sicherer. Auch die Rückmeldungen vonseiten des Fahrlehrers, was der Fahrschüler bisher gelernt hat und welche Fahrmanöver von ihm bisher gut gemeistert wurden, werden sein Selbstkonzept stärken, ihm Mut machen und zur Motivation der Erweiterung seiner Fähigkeiten führen.

Das Hauptaugenmerk der Ausbildung liegt also deutlich in der Entwicklung von realistischen Kompetenzen.

Neben der Annahme der guten oder weniger guten eigenen Fähigkeiten spielt aber auch das Wissen über die Veränderbarkeit der eigenen Fähigkeiten beim Fahrschüler eine große Rolle. So gibt es Fahrschüler, die dem Fahrlehrer gegenüber argumentieren, sie könnten sich noch so sehr anstrengen und üben, die Prüfung würden sie ohnehin nicht bestehen. Dieser Mechanismus ist häufig ein Schutzfaktor gegen Misserfolge. Einerseits wird die möglicherweise zu hoch eingeschätzte eigene Fähigkeit nicht bedroht, zum anderen erlöst es den Fahrschüler von weiteren Übungen und Leistungsanforderungen, die er bewältigen soll.

Verhilft der Fahrlehrer seinem Schüler zu einem realistischen Fähigkeitsselbstkonzept, z. B. durch eine Aufgabenwahl entsprechend seines Ausbildungsstands und durch sachliche Rückmeldungen beim Nachgespräch, hat dieser die Chance, sein Selbstkonzept zu verändern. Er lernt seine Stärken kennen, aber auch seine Schwächen. Er erfährt, dass er seine Fähigkeiten durch viele und andersartige Lernstrategien weiterentwickeln kann.

So wird sich ihm eine Tür zur Motivation und dem damit verbundenen Handlungserfolg öffnen, von dem er geglaubt hatte, diesen nie erzielen zu können.

2.3.6 Attribution

Der letzte Bestandteil der Motivation ist die Ursachenerklärung oder sogenannte Attribution. Attributionen sind Ursachen, die wir zur Erklärung von Ereignissen, Handlungen und Erlebnissen in verschiedenen Lebensbereichen heranziehen.

Diese Ursachen müssen nicht immer realistisch sein, sie unterliegen vielmehr der subjektiven Ursachenzuschreibung, die unterschiedlich ausgeprägt sein kann. Meist wird ein Erfolg den eigenen Handlungskompetenzen zugeschrieben, wenn das Selbstfähigkeitsselbstkonzept hoch ist. Ist es dagegen niedriger, wird der Erfolg den glücklichen Umständen zugeschrieben. Ein Misserfolg hingegen kann auf eine schlechte Handlungskompetenz oder ungerechte Prüfer zurückgeführt werden.

Es sind also nicht die objektiven Gegebenheiten, die relevant für das Erleben, nachfolgende Motivationen und das Handeln sind, sondern die subjektiven Interpretationen.

Ohne es bewusst zu wollen, denken wir sofort über Ursachen nach. Bewusst tun wir dies, wenn es sich um bedeutsame, negativ bewertete, unerwartete oder überraschende Ereignisse handelt.

Die erkannte Ursache entscheidet jedoch als solche nicht über unser Selbstkonzept oder unsere Motivation. Es ist eher die Wirkung des Verständnisses der Ursache, die unsere weitere Motivation leitet.

Liegt die Ursache in unserer Person oder in unserer Leistungsfähigkeit? Wenn ja, kann sie verändert und verbessert werden. Ist das Ergebnis einer Handlung stabil, auch in allen zukünftigen vergleichbaren Situationen? Dann ist eine Veränderung nicht möglich. Die Motivation, erneut zu handeln, bleibt aus, da ein Misserfolg höchst wahrscheinlich ist.

Kann die handelnde Person den Ursachenfaktor ändern, also durch eigenes Handeln kontrollieren? Liegt z. B. eine Prüfungsangst vor, kann diese durch gezielte Handlungen und Strategien kontrolliert werden und somit ein Handlungserfolg erzielt werden. Hier ist Motivation durch Kontrolle möglich.

So ist es auch für den Fahrlehrer wichtig und von Wert, die Ursachen eines Erfolgs oder Misserfolgs mit seinem Fahrschüler gemeinsam zu erarbeiten. Wo lagen die Ursachen seines Handelns und welche Konsequenzen ergeben sich daraus? Meldet der Fahrlehrer die Ursachen der Handlung zurück, erhält sein Fahrschüler auch die Möglichkeit, seine subjektiven Interpretationen zu objektivieren und zu einer Neubewertung der Ursachen zu gelangen. Dies führt zu einem besseren Selbstkonzept, einer besseren Einschätzung des eigenen Wertes und der Situation sowie einer veränderten Anpassung der Erwartung. All das führt den Fahrschüler zu einer veränderten Bereitschaft des Handelns, zu einer neuen Motivation.

2.3.7 Praktische Handlungsempfehlungen für den Fahrschulunterricht

Aus all diesen Bestandteilen, die eine Motivation begründen, folgt, dass dem Fahrlehrer umfangreiche Handlungsbereiche für die Motivierung seiner Schüler zur Verfügung stehen, in denen er folgendermaßen agieren kann:

- Der Fahrlehrer stellt einen Alltagsbezug zum aktuellen Lernstoff her. Er erzählt vor jedem Beginn seines theoretischen Unterrichts, warum es für die Fahrschüler wichtig ist, gerade diese Lektion zu hören. Er bringt ein Beispiel zu dieser Lektion aus dem Leben seiner Schüler. So ist das Thema „Verkehrseinrichtungen" besonders wichtig, weil seine Schüler bestimmt bald mit ihren Freunden an die Ostsee fahren wollen und die Befahrung des Elbtunnels durch bestimmte Verkehrseinrichtungen geregelt wird. Oder das Thema „Ruhender Verkehr" ist wichtig, wenn die Schüler kurz anhalten wollen, um ihre Freunde aufzunehmen. Wo dürfen sie anhalten, wo nicht? Allein durch diese Bedeutsamkeit schafft er bei seinen Schülern eine Motivation.
- Alle Lernaktivitäten begründet der Fahrlehrer ausführlich. Versteht der Schüler den Grund einer Fahranweisung, kann er den Wert für sein Handeln erkennen und integrieren und ist motiviert, dies beim nächsten Mal autonom anzuwenden.
- Der Fahrlehrer stellt praktische Anwendungsmöglichkeiten und weitere Alltagsbezüge her. Er erhöht den emotionalen Gehalt des Lernstoffs, denn

positive Emotionen fördern die Motivation, Leistungsbereitschaft und die Lern- und Behaltensfähigkeit.

- Der Fahrlehrer verbindet den Lernstoff mit den Interessen seiner Schüler und gestaltet seinen Unterricht abwechslungsreich hinsichtlich der Methoden und Medien. Selbst alltagsrelevante Lerninhalte werden durch einseitiges Vortragen oder permanentes Anklicken von Bildern auf dem Beamer schnell langweilig.
- Der Fahrlehrer lässt seine Schüler viel selber erarbeiten. Dies erfüllt ihr Bedürfnis nach Autonomie und schafft das Erleben der Selbstkompetenz. Zudem werden selbst erarbeitete Lerninhalte besser erinnert.
- Er verwendet individuell herausfordernde Aufgaben, die mit Anstrengung zu bewältigen sind. Dies ist eher im praktischen Unterricht möglich.
- Er strukturiert die Lernaktivitäten in Teilschritte und Teilziele, an denen seine Schüler ihren eigenen Fortschritt erkennen können.
- Je nach Ausbildungsstand überträgt er die Verantwortung für das Fahren des Fahrzeuges auf seinen Fahrschüler. Auch hier stärkt er dessen Bedürfnis nach Autonomie und Selbstkompetenz.
- Er erkennt die Leistungen seiner Schüler durch sachgerechtes Lob an. Er vermittelt ihnen seine Überzeugung, dass Anstrengung zur Verbesserung ihrer Kompetenzen führt.
- In Fehlern sieht er Lernchancen seiner Schüler und keine Anzeichen einer mangelnden Kompetenz.
- Er gestaltet seinen Unterricht so, dass Lernziele im Vordergrund stehen und Leistungsziele in den Hintergrund treten.

Die Motivierung seiner Schüler wird für den Fahrlehrer eine wichtige Daueraufgabe sein. Bei der Beachtung und Förderung aller einzelnen Bestandteile der Motivation in Kombination mit seiner Begeisterung für den Beruf und seiner Kreativität wird er seine Fahrschüler in jeder Situation motivieren können.

3 Gesellschaftlicher Wandel und Führerscheinausbildung

Kai Schäder

3.1 Wertewandel

Normen und Werte in der Gesellschaft unterliegen einem steten Wandel. Dieser Wandel ist für den Einzelnen schwer sichtbar. Außerdem vollzieht er sich oftmals über lange Zeiträume. Solche Veränderungen in der Gesellschaft abzubilden, ist besonders für die Fahrschulbranche wichtig, die auf eine jahrzehntelange Tradition in der Bundesrepublik Deutschland zurückblickt und diese Veränderungen von Normen und Werten begleitet. Denn Fahrlehrer arbeiten mit Menschen aus allen Milieus und Altersklassen der Gesellschaft zusammen und bekommen gesellschaftliche Veränderungen oft hautnah im Berufsalltag mit. Ein exemplarisches, mit gesellschaftlichem Wandel insgesamt verknüpftes Fahrschul-Phänomen ist die steigende Zahl an Übungsfahrstunden, die die Fahrschüler vor allem in Großstädten im Durchschnitt bis zum Bestehen der abschließenden praktischen Prüfung benötigen. Dafür gibt es unterschiedliche Gründe: Mittlerweile bilden Fahrschulen Fahrschüler unterschiedlichen Alters, mit verschiedenen Vorerfahrungen, kulturellen Hintergründen, sozialen Einstellungen und Wertehaltungen aus. Der frühere Prototyp des siebzehnjährigen, zielstrebigen Schülers ist in vielen Ausbildungsstätten zur Minderheit geworden und auch in dieser Altersklasse selbst hat sich ein Wertewandel in Bezug auf Mobilität vollzogen. Gerade bei jungen Fahrschülern ist festzustellen, dass der Erwerb des Führerscheins nicht selbstverständlich auf Platz eins ihrer Interessen stehen muss. Galt der Führerschein in der zweiten Hälfte des zwanzigsten Jahrhunderts als Statussymbol und stand für Attribute wie Freiheit und Unabhängigkeit, findet seit einigen Jahren auf dem Feld der Mobilitätsforschung ein Umdenken in den Köpfen statt. Soziale Medien und Netzwerke (Facebook & Co.), aber auch veränderte Lebensumstände in den Bereichen Schule und Ausbildung verändern die Bedürfnisse der Fahrschüler nachhaltig.

Im Folgenden werden potenzielle Fahrschüler unter dem Aspekt eines gesellschaftlichen Wertewandels im Kontext Mobilität genauer betrachtet. Hierbei werden drei zentrale Fragestellungen verfolgt:

1. Wie äußert sich ein verändertes Mobilitätsverhalten bei jungen Erwachsenen?
2. Was sind die Gründe für ein solches verändertes Verhalten?
3. Was bedeutet dies im Besonderen für Fahrlehrer als Berufseinsteiger bzw. für Fahrlehrer im Allgemeinen?

1. **Wie äußert sich ein verändertes Mobilitätsverhalten bei jungen Erwachsenen?**

Zunächst sollten die beiden folgenden Beispiele aufmerksam durchgelesen werden:

Beispiel 1:

- Zum vereinbarten Zeitpunkt wartet Stefanie (18) vor der Fahrschule auf ihren Fahrlehrer. Dabei ist ihr Blick wie immer stets auf das Display ihres Smartphones gerichtet. Geschickt tippt sie mit den Fingern ihrer beiden Hände Nachricht auf Nachricht ein und schickt sie an ihr soziales Netzwerk. Als sie in das Schulungsfahrzeug einsteigt, muss sie ihrer Community noch schnell mitteilen, dass sie jetzt für die nächsten neunzig Minuten nicht zu erreichen ist. Nach Ablauf ihrer Doppelstunde übernimmt der nächste Fahrschüler das Lenkrad und Stefanie freut sich auf der Rückbank des Wagens, nach Hause gefahren zu werden. Die Zeit nutzt sie, um eingegangene Nachrichten zu lesen und zu beantworten.

Beispiel 2:

- Jens (19) hat gerade die letzten Abiturprüfungen hinter sich und soll, so haben es seine Eltern geplant, zum nächsten Semesterbeginn ein technisches Studium in seiner Stadt anfangen. Die freie Zeit zwischen Schulabschluss und Beginn des Studiums soll Jens nutzen, um noch schnell den Führerschein zu machen. Dies sei sinnvoll für seine Zukunft, so argumentieren die Eltern. Besondere Lust auf den Besuch in der Fahrschule hat Jens nicht. Auch ist er nicht von der Nützlichkeit einer Fahrerlaubnis überzeugt. Schließlich kann er sich prima zu Fuß oder mit dem öffentlichen Personennahverkehr fortbewegen. Wenn er studiert, kann er ein Semesterticket kostengünstig nutzen. In der Bahn hat er auch mehr Zeit für die Nutzung digitaler Angebote und den Austausch mit seinen Freunden mithilfe sozialer Netzwerke. Warum also einen Führerschein machen?

Diese beiden Fallbeispiele stehen exemplarisch für eine Verschiebung der Wertigkeit einer Fahrerlaubnisklasse bei jungen Erwachsenen. Für Stefanie bedeutet die Fahrstunde eher ein Randphänomen ihres Alltags. Der Kontakt mit anderen im digitalen Raum bedeutet ihr mehr. Anders als Stefanie sieht Jens die Sache aus einer rationalen Perspektive. Für seine Lebenssituation braucht er keine Fahrerlaubnis, da er andere Verkehrsmittel bevorzugt.

Seit den 1990er-Jahren untersucht das Institut für Mobilitätsforschung (Ifmo)[28] das Mobilitätsverhalten von jungen Erwachsenen in Deutschland und in weiteren Industrieländern. Dabei zeigt sich, dass junge Erwachsene (18–34) nach der Jahrtausendwende weniger Wege mit dem Auto und mehr Wege zu Fuß, mit dem Fahrrad oder dem öffentlichen Nahverkehr durchführen. Bei der untersuchten Gruppe handelt es sich um junge Erwachsene, die Zugang zu einem Fahrzeug hätten. Es lässt sich demnach feststellen, dass junge Erwachsene, obwohl sie Autofahren könnten, seit der Jahrtausendwende weniger das Auto und dafür mehr andere Verkehrsmittel nutzen. Damit wird ihr Mobilitätsverhalten „multimodal". Das bedeutet, dass junge Erwachsene immer häufiger verschiedene Verkehrsmittel während eines Tages gebrauchen. Hierbei stellt das Auto also nur noch einen Teilaspekt von Mobilität dar. Nutzen junge Erwachsene während nur eines Weges, zum Beispiel der Fahrt zur Arbeit oder Universität, verschiedene Verkehrsmittel, spricht man auch von „intermodalem" Mobilitätsverhalten. Die Ergebnisse der Studie des Ifmo werden durch weitere Studien untermauert, die zu ähnlichen Ergebnissen kommen.[29]

28 Institut für Mobilitätsforschung – Ifmo (2011). Mobilität junger Menschen im Wandel – Multimodaler und Weiblicher. München.

29 Zu nennen sind hier: Kuhnimhof, T., Buehler, R. & Dargay, J. (2011). A New Generation: Travel Trends among Young Germans and Britons. Transportation Research Record: Journal of the Transportation Research Board, 2230, 58–67; Schonduwe, R., Boch, B. & Deibel, I. (2012). Alles wie immer, nur irgendwie anders? Trends und Thesen zu veränderten Mobilitätsmustern junger Menschen. InnoZ-Baustein 10.

2. **Was sind die Gründe für ein verändertes Verhalten?**

Immer häufiger finden sich junge Erwachsene in Lebenssituationen wieder, in denen sie nicht auf ein Fahrzeug angewiesen sind. Der Trend zum Studium hält weiter an. Universitäten befinden sich zumeist in Ballungsräumen, was einen Zuzug von jungen Menschen aus den ländlichen Regionen in die Städte befördert. Dort gibt es ein reichhaltiges Angebot an Alternativen zum Auto, besonders im Nahverkehr. Ebenso gibt es im Fernverkehr viele günstige Angebote für junge Erwachsene, sei es durch die Bahn oder Alternativen wie Fahrgemeinschaften. Das Internet bietet hier eine Fülle von Portalen, um sich kostengünstig auf weiten Strecken zu bewegen. Auch spielen sozioökonomische Faktoren eine wichtige Rolle. Die Zeitspanne für eine Ausbildung wird häufig immer länger. Danach erwarten Absolventen durchaus zeitlich begrenzte Beschäftigungsverhältnisse oder auch Arbeitslosigkeit. Dies hat zur Folge, dass der Kauf eines eigenen Autos immer öfter weiter in die Zukunft verlagert wird. Dazu kommt eine feststellbare Entemotionalisierung von Automobilität. War in der Generation von Großeltern und Eltern das Auto noch ein Symbol für Status und Lebenswohlstand, orientieren sich junge Erwachsene heute viel eher an digitalen Angeboten und Technologien. Zwar ist es noch wichtig, ein Fahrzeug fahren zu können, doch der reine Besitz eines Autos wird für junge Erwachsene zweitrangig.[30]

3. **Was bedeutet dies im Besonderen für Fahrlehrer als Berufseinsteiger bzw. für Fahrlehrer im Allgemeinen?**

Festzuhalten ist, dass sich durch ein verändertes Mobilitätsverhalten ebenfalls die Wertigkeit des Führerscheins verändert. Gesellschaftlich ist der Führerschein stark anerkannt, doch dass hierfür eine Ausbildung zu durchlaufen ist, die Zeit, Motivation und auch Geld voraussetzt, wollen Fahrschüler immer weniger in Kauf nehmen. Erschwerend kommt hinzu, dass diese mittlerweile einen Alltag mit vielen unterschiedlichen Aktivitäten bewältigen müssen. Neben der Schule werden zum Beispiel Sport- und Musikangebote und der Nachhilfesektor als ergänzende Förderung in Anspruch genommen. Wo bleibt da noch Zeit für den Führerschein? So kommen regelmäßig Fahrschüler in die Fahrschule, die keine Bereitschaft haben, sich die Fahrerlaubnis zu erarbeiten, oder die aufgrund ihres Alltags einfach überfordert sind. An dieser Stelle ist der Fahrlehrer gefragt, seine Fahrschüler zu motivieren und Lust aufs Autofahren zu vermitteln.

Durch gesellschaftliche Veränderungen im Mobilitätsverhalten, veränderte Lebenssituationen junger Erwachsener und einer entemotionalisierten Pkw-Mobilität fällt es vielen Fahrschülern schwer, mit einer geringen Fahrstundenzahl auszukommen. Besonders in Ballungsräumen ist mit einer Fahrstundenanzahl, wie sie Eltern und Großeltern vielleicht einmal benötigt haben, nicht mehr auszukommen.

3.2 Interkulturalität

Gesellschaftlicher Wandel spiegelt sich nicht nur in dem zuvor beschriebenen Phänomen der veränderten Werthaltung der jüngeren Generation wider. Um

30 Bratzel, S. (2011): Entemotionalisierung der Automobilität bei der jungen Generation? Neuere empirische Studien zum Auto im Wandel in Deutschland. Der Kfz-Sachverständige 6/2011 (November) 6. Jahrgang, 20–21.

erfolgreich in der Fahrschulbranche arbeiten zu können, muss man sich auch für die soziokulturellen Veränderungen der Gesellschaft beziehungsweise der Kundschaft sensibilisieren. Die Bundesrepublik Deutschland ist Einwanderungsland. Viele Menschen aus der ganzen Welt kommen nach Deutschland, um hier zu leben und zu arbeiten. Daraus ergeben sich ebenfalls veränderte Rahmenbedingungen für den Arbeitsalltag eines Fahrlehrers. Die Bevölkerung in Deutschland wird – Schlagwort demografischer Wandel – nicht nur immer älter und weniger, sondern auch bunter[31]. Dies bedeutet eine wachsende Verschiedenheit (Diversität) der Bevölkerung. Bereits heute hat mehr als ein Fünftel der gesamten Bevölkerung in Deutschland einen Migrationshintergrund. Bei den Kindern im Vorschulalter liegt der Anteil bereits bei einem Drittel. Aufgrund von Geburtenraten und weiterer Zuwanderung werden sich diese Anteile noch erhöhen. Ganz konkret heißt das für die Fahrschulen, dass die Befürchtung, aufgrund des demografischen Wandels könnten irgendwann die Fahrschüler ausgehen, unbegründet ist. Zuwanderung bringt neue Kundenkreise, was auch den Arbeitsalltag in der Fahrschule ein Stück weit bunter macht. Um für diesen bestmöglich gewappnet zu sein, sollen an dieser Stelle Fahrschulkunden aus interkultureller Perspektive betrachtet werden.

In Kapitel 2, Abschnitt 1.2 „Lehrvoraussetzungen des Fahrlehrers“ werden unterschiedliche Kompetenzen erläutert, über die Fahrlehrer verfügen sollten. Doch neben der dort behandelten pädagogischen Handlungskompetenz, die sich differenzieren lässt in Fach-, Methoden-, Sozial- und Selbstkompetenz, soll an dieser Stelle der Kompetenzbegriff weiter ausdifferenziert werden. So setzt die erfolgreiche Arbeit als Fahrlehrer eine weitere Kompetenz voraus, welche sich in der Nähe der Sozialkompetenz verorten lässt: die **Interkulturelle Kompetenz**. Doch bevor die Aufgaben und Herausforderungen des Fahrlehrers auf diesem Gebiet genauer betrachtet werden, folgen zunächst zwei Fallbeispiele:

Beispiel 1:

- Herr Zhang (28) aus der Volksrepublik China hat sein technisches Studium in Deutschland abgeschlossen. Nun ist er auf der Suche nach einer Anstellung in einem deutschen Unternehmen. Um seine Chancen am Arbeitsmarkt zu erhöhen, möchte er die deutsche Fahrerlaubnis erwerben. Viel Geld und Zeit hat er nicht, aber, so glaubt er, werde es bei ihm auch sicher schnell gehen, da er ja bereits in China Auto gefahren ist. Eine chinesische Fahrerlaubnis besitzt er nicht, da er mehrfach bei der Fahrprüfung durchgefallen ist. Also meldet er sich in einer Fahrschule an.

Beispiel 2:

- Herr Nabil (42) stammt aus Tunesien und war dort Vertreter für Arzneimittel. Das Autofahren hat er sich selber beigebracht. In Deutschland hat er derzeit nur eine Arbeit als Fahrradkurier. Auch er will seine Chancen auf einen besseren Job mit einer Fahrerlaubnis erhöhen. Für die Führerscheinausbildung hat er Geld für fünf Fahrstunden gespart. Er bittet seinen Fahrlehrer, ihm schnell

31 Unter dem Begriff „bunter“ wird die zunehmende Vielfalt der Gesellschaft – auch der Fahrschulkundschaft – verstanden.

alles zu zeigen, was er für die Prüfung braucht, und ihn in den praktischen Stunden auch nur auf den „Prüfungsstrecken" fahren zu lassen.

Beispiel 3:

- Frau Azadi (39) ist mit ihrem Ehemann und den beiden kleinen Kindern aus dem Libanon nach Deutschland gekommen. Sie selbst ist Hausfrau und hat bisher keinerlei Erfahrung mit dem deutschen Straßenverkehr. Einen Sprachkurs konnte sie aus Zeitgründen noch nicht belegen. Da es aber für die Familie leichter wäre, wenn sie die Kinder morgens und nachmittags mit dem Auto zum Kindergarten bringen und von dort wider abholen könnte, beschließt ihr Ehemann, sie in einer Fahrschule anzumelden.

Bereits diese ersten Beispiele potenzieller Kunden verdeutlichen, wie vielfältig und bunt der Arbeitsalltag eines Fahrlehrers sein kann.

Was ist nun bezüglich dieser Buntheit wichtig für den Fahrschulbetrieb und die Ausbildungstätigkeit? Zum einen ist festzuhalten, dass viele Menschen, die nach Deutschland kommen und hier eine Fahrerlaubnis anstreben, ältere Erwachsene sind (ab 34 Jahre). Der Fahrlehrer hat es also nicht mit 17- oder 18-jährigen Fahrschülern zu tun. Viele dieser Menschen haben in ihrem Herkunftsland unterschiedliche Erfahrungen im Hinblick auf den Straßenverkehr gesammelt. Nicht selten sind sie Inhaber einer ausländischen Fahrerlaubnis, welche in der Bundesrepublik nicht dauerhaft anerkannt wird. Alle diese Menschen besitzen höchst unterschiedliche Kenntnisse der deutschen Sprache. Auch wird der Fahrlehrer teilweise auf für ihn fremd erscheinende Normen und Verhaltensweisen treffen – bezüglich des Mobilitätsverhaltens, aber auch hinsichtlich des alltäglichen Umgangs miteinander. Er sollte aufmerksam dafür sein, dass es in den folgenden Bereichen unterschiedliche Vorstellungen geben kann, die durch Sozialisation erworben wurden und ggf. sowohl vom Fahrlehrer als auch von den Fahrschülern zunächst nicht hinterfragt werden:

- Beziehung zwischen Lehrer und Schüler
- Beziehung zwischen Frauen und Männern
- Beziehung zwischen älteren und jüngeren Personen
- die Vorgehensweise, über Probleme zu sprechen
- die Vorgehensweise, wie Wissen angeeignet wird
- die Vorstellung von Fahrsicherheit und Normenerfüllung
- die Vorstellung über Pünktlichkeit und Verlässlichkeit in Bezug auf Fahrstundentermine
- das zu erreichende Niveau der Kompetenzen und Anforderungen, welche für eine erfolgreiche Führerscheinprüfung unerlässlich sind.

Betrachtet man diese Aspekte in ihrer Gesamtheit, lässt sich bezüglich der Frage, was interkulturelles Arbeiten bedeutet, nun festhalten: *„Interkulturelle Arbeit nimmt diese Pluralität mit ihren Differenzen und Differenzierungen auf und begegnet ihnen mit einer Haltung der Anerkennung."*[32] Dieses Zitat drückt

---

32 Auernheimer, G. (2003). Interkulturelle Bildungsarbeit mit Erwachsenen. In Institut für Internationale Zusammenarbeit des DVV e. V. (Hrsg.), Neue Ansätze in der entwicklungspolitischen Bildung – Globales und interkulturelles Lernen in der Erwachsenenbildung. Bonn, S. 19–30.

aus, was für die Arbeit als Fahrlehrer wichtig sein wird: Auf die Verschiedenheit der Kunden einzugehen und sie bestmöglich auszubilden.

In der Praxis bedeutet dies zunächst einmal, festzustellen, welche Kundengruppen in die Fahrschule kommen. Gibt es bereits diesbezügliche Herausforderungen, auf die man sich einstellen kann? Der Frankfurter Professor für Migrationsstudien und interkulturelle Kommunikation, Stefan Gaitanides, hat sich mit dem Thema „Stolpersteine" für Personen mit Migrationshintergrund befasst, welche auch für Fahrlehrer relevant sind. Wie zuvor bereits erwähnt, bedeutet natürlich die fehlende Kenntnis der deutschen Sprache eine große Schwierigkeit.

Hinzu kommen persönliche Diskriminierungserfahrungen und/oder strukturelle Diskriminierungen. Hinderlich sind ebenso ein fehlender Zugang zu Informationen über vorhandene Angebote und Hilfestellungen beim Führerscheinerwerb sowie Fehleinschätzungen von Zuständigkeiten und bürokratischen Arbeitsweisen. Auf kultureller Ebene lassen sich besonders prägende Interpretationsmuster auf der Beziehungsebene von Schüler und Lehrer festhalten, die eine Ausbildung behindern können. Auch sind emotionale Situationen, in denen sich Stolz, Zurückhaltung, Skepsis oder Leidensbereitschaft zeigen, richtig zu interpretieren. All diesen Aspekten gerecht zu werden, erfordert nicht nur langjährige Berufserfahrung, sondern ebenso die zuvor angesprochene interkulturelle Kompetenz. Die wichtigen Attribute hierfür lauten Empathie, Toleranz, eigene Offenheit, Anpassungsfähigkeit und ein hohes Maß an Anerkennung für die Verschiedenheit der Menschen, mit denen man zusammenarbeitet. Fahrlehrer befinden sich dabei täglich an einer Schnittstelle der Kulturen, womit ihnen ein Anteil der gesamtgesellschaftlichen Aufgabe der Integration zufällt.

4 Fahrlehrer und Fahrschüler

4.1 Soziale Wahrnehmung

Claudia Happe

Ein wesentliches Merkmal des Fahrlehrerberufs ist der Kontakt zu vielen verschiedenen Menschen. Manche Kontakte sind eher kurz, z. B. weil es um ein Angebot für eine Fahrerlaubnisausbildung geht. Zu manchen Fahrschülern baut sich jedoch auch eine intensivere und damit tiefer gehende Beziehung auf, weil die Ausbildung mit der abschließenden Fahrerlaubnisaushändigung sehr umfangreich und lang geworden ist. Dazwischen gibt es vielfältige Formen von Begegnungen und Kontakten. Allen gemeinsam ist die gegenseitige Wahrnehmung einschließlich daraus resultierender Schlussfolgerungen und Annahmen über den jeweils anderen. Gleichzeitig fließt in diesen sozialen Wahrnehmungsprozess auch immer die eigene Persönlichkeit mit Annahmen, Werten und Normen über sich selbst ein, welche die Kommunikation auf verbaler und nonverbaler Ebene und das gegenseitige Verhalten entscheidend mitbestimmt. Ein Fahrlehrer, der die unzureichende Leistung seines Fahrschülers z. B. mit dessen mangelnden Fähigkeiten begründet, wird diesen möglicherweise weniger fördern, weil er den Aufwand als zu hoch einschätzt. Würde der Fahrlehrer die schlechte Leistung mit situativen Bedingungen begründen, würde sich der Fahrschüler vielleicht mehr anstrengen. Ein Fahrschüler wiederum, der weniger Förderung erhält, muss gegebenenfalls mehr ausprobieren, um falsches von richtigem Verhalten zu unterscheiden.

Nachfolgend soll ein Einblick in psychologische Forschungsergebnisse zur sozialen Wahrnehmung und Kognition gegeben werden. Es handelt sich dabei um Erklärungsansätze zur Eindrucks- und Urteilsbildung in sozialen Kontexten.

4.1.1 Der erste Eindruck

Der Anblick eines anderen Menschen führt bereits dazu, dass Schlussfolgerungen über seine Persönlichkeit gezogen werden. Das „Kindchenschema" – große, runde Augen, kurze Nase, hohe Stirn und/oder kleines Kinn – führt dazu, dass ein Mensch als „niedlicher" und „netter" wahrgenommen wird, als wenn er reifer wirkende Merkmale aufweisen würde. Im Vergleich erscheint dieser Mensch als weniger dominant, eher etwas „naiv" und insgesamt „wärmer". Allein mit dem Wort „warm" wird häufig schon ein zentrales Persönlichkeitsmerkmal verbunden, d. h. es handelt sich dabei um einen Aspekt, der bei Betrachtern den Gesamteindruck dieser Person maßgeblich beeinflusst. In diesem Fall würde die Person eher als „sympathisch" eingestuft werden. „Kalt" dagegen führt eher dazu, dass die Person als unsympathisch eingeschätzt wird. Es gibt auch periphere Persönlichkeitsmerkmale, die den Gesamteindruck nur unwesentlich mitbestimmen. „Höflich" ist z. B. so ein Merkmal. Leider gibt es kein Wort, das in jedem Kontext zentral und damit immer mitbestimmend wäre. Andere gleichzeitig wahrgenommene Persönlichkeitsmerkmale bestimmen, welches Merkmal tatsächlich den Gesamteindruck entscheidend beeinflusst. Neben verbalen Informationen und dem Anblick leisten auch andere sensorische Informationen, nämlich Töne, Geruchsempfindungen und Berührungen, grundlegende Beiträge zur Eindrucksbildung. Eine hohe oder laute Stimme führt dazu, dass Menschen eher als extrovertiert eingeschätzt werden. Ein jugendlicher Gang vermittelt den Eindruck von einem „energiegeladenen" Menschen. Eine zufällige Berührung kann (fälschlich) als Annäherungsversuch interpretiert werden. In all diesen Fällen wird gespeichertes Wissen automatisch mit den wahrgenommenen Merkmalen abgestimmt und dann zu einem Eindruck zusammengefasst. Wichtig erscheint jedoch, dass nicht die Gesamtheit aller Merkmale gleichwertig in den Eindruck einfließt, sondern dass es zu Verzerrungen bei der Eindrucksbildung kommt.

4.1.1.1 Verzerrte Wahrnehmung

Eine bekannte Form der ungleichen Gewichtung von persönlichen Merkmalen zeigt sich beim Halo-Effekt. Hierbei überstrahlt ein Merkmal alle anderen Merkmale einer Person und beeinflusst den Gesamteindruck in eine bestimmte Richtung. Fällt eine Person z. B. durch Lebhaftigkeit auf, so wird häufig daraus geschlossen, dass es sich um einen aufgeschlossenen, vielseitig interessierten, kommunikativen Menschen handeln muss. Dass diese Person gleichzeitig eine Brille trägt, was vielleicht ein Hinweis auf hohe Leseaktivität sein könnte, fällt weniger auf und wirkt daher bei der Eindrucksbildung auch geringer.

Eine weitere Form der Wahrnehmungsverzerrung ergibt sich aus der Reihenfolge dargebotener Adjektive. Beschreibt ein angestellter Fahrlehrer seinem Chef einen Fahrschüler z. B. als „intelligent, fleißig, impulsiv, kritisch, störrisch und neidisch" (Jonas, Stroebe & Hewstone, 2014, S. 68), so wird der Chef diesen Schüler als wesentlich ausgeglichener und kooperationsbereiter einschätzen, als wenn der Angestellte einen Fahrschüler als „neidisch, störrisch, kritisch, impulsiv, fleißig und intelligent" skizziert. Obwohl identische Adjektive genutzt werden, führt die entgegengesetzte Reihenfolge in der Aufzählung dazu, dass der Eindruck eine bestimmte Färbung annimmt. Es handelt sich hierbei um den Primäreffekt, der dazu führt, dass anfänglich dargebotene Informationen einen stärkeren Einfluss auf die soziale Wahrnehmung haben als später dargebotene Informationen. Tritt der Chef dann in tatsächlichen Kontakt zu diesem Schüler, wird er u. U. weniger Fragen an ihn stellen, weniger auf ihn eingehen und ihn insgesamt negativer beurteilen, weil sein Eindruck bereits vorbestimmt war.

4.1.1.2 Mechanismen der Eindrucksbildung

Es wird vor übereilten Forderungen gewarnt, dass man sich nur bemühen müsse, um fair und gerecht einen ersten Eindruck vom Gegenüber zu bilden. Dem menschlichen Gehirn fehlen oftmals die Kapazitäten, in jeder Kontaktsituation zuerst immer alle Informationen gleichwertig zu berücksichtigen, um zu einem Urteil zu kommen. Zeitdruck und gerade der Wunsch, schnell und genau zu schlussfolgern, begünstigen den Primäreffekt. Manchmal gibt es auch ein schlichtweg größeres Bedürfnis nach einem abschließenden Urteil. Außerdem möchten Beobachter ihr Gegenüber sinnvoll einschätzen. Um sich besser vorstellen zu können, wie der erste Eindruck gebildet wird, gibt es verschiedene Erklärungsansätze. Im Konfigurationsmodell zur Eindrucksbildung wird davon ausgegangen, dass Kontaktpartner aus Einzelinformationen über den anderen tiefer gehende Bedeutungszusammenhänge konstruieren. Folgendes Beispiel soll das Modell verdeutlichen: Ein Partygast nimmt einen zweiten wahr, der etwas altmodische Kleidung und eine Brille trägt, dessen Frisur eher unordentlich ist und der ein wenig teilnahmslos neben einer lebhaften Gruppe anderer Personen steht. Aus den Einzelmerkmalen Kleidung, Frisur, Brille und der Passivität im Vergleich zur Gruppe könnte nun sehr schnell der Schluss gezogen werden, es handele sich um einen schüchternen oder langweiligen Menschen, der alles andere als ein Partygänger sei. Hier wird aus dem Äußeren eine Annahme über persönliche Eigenschaften gezogen, obwohl Kleidung und Frisur nichts mit persönlichen Eigenschaften zu tun haben. Es ist daher klug, zu berücksichtigen, dass es sich bei Eindrucksbildung um eine Konstruktion handelt, bei der es sich nicht unbedingt um eine Abbildung der Realität handeln muss. Es gibt auch noch andere Modellvorstellungen, die zur Erklärung der Eindrucksbildung entwickelt wurden (s. hierzu ausführlich Parkinson, 2014, S. 67 ff.). Unstrittig bleibt jedoch, dass die Urteilsbildung an Relevanz gewinnt, wenn der Kontakt eine höhere Bedeutsamkeit hat. Ein potenzieller Fahrschüler wird anders wahrgenommen und beurteilt als ein Jugendlicher, über den in den Medien berichtet wird.

4.1.2 Personen reagieren aufeinander

Bisher wurden Phänomene des ersten Aufeinandertreffens beschrieben. Es ging um die Wahrnehmung von Merkmalen bei anderen und deren Interpretation. In der Realsituation reagieren die Kontaktpartner jedoch häufig aufeinander. Die Personen treten also in Interaktion, d.h. sie tauschen Informationen aus und beziehen ihr Handeln aufeinander. Aufeinander beziehen bedeutet an dieser Stelle, dass das Verhalten z.B. von Person A daran ausgerichtet wird, wie die andere Person B entsprechend dem Eindruck durch Person A und deren eigener Konstruktion (!) erscheint. Dieses geschieht wechselseitig. Wenn Fahrlehrer Müller also den Eindruck hat, dass Schüler Meier freundlich und aufgeschlossen ist, dann wird Fahrlehrer Müller sich offener und zugewandter verhalten, als wenn der Fahrlehrer einen eher abweisenden Eindruck von seinem Schüler hat. Bei Schüler Meier wiederum steigt damit gleichzeitig die Wahrscheinlichkeit, dass dessen Reaktion auf seinen Fahrlehrer freundlicher ausfällt in Erwiderung und Erwartung auf das positiv wahrgenommene ursprüngliche Verhalten von Müller. Diese Form des interpersonellen Verhaltens kann in sich selbsterfüllenden Prophezeiungen gipfeln, die sehr negative Auswirkungen haben können, wie folgendes Beispiel zeigt.

4.1.2.1 Selbsterfüllende Prophezeiungen

Selbsterfüllende Prophezeiungen sind Bestätigungen ursprünglich falscher Erwartungen. Die anfänglich falschen Überzeugungen beeinflussen und verändern somit das Verhalten so umfangreich, dass zu einem deutlich späteren Zeitpunkt die falschen Annahmen objektiv als richtig eingeordnet werden können. Ein Fahrschüler hat z.B. die Annahme, er könne nicht einparken. Die Annahme ist falsch, denn solange das Einparken noch nicht gelernt wurde, kann und muss ein Fahrschüler es auch noch nicht können. Wenn der Fahrlehrer auf die mögliche Unsicherheit des Fahrschülers mit stärkerer Unterstützung und deutlicherer Hilfestellung reagiert, wird dessen Überzeugung wachsen, dass das Einparken ohne Beistand mit Schwierigkeiten verbunden ist. Ein solcher Schüler wird weniger ausprobieren, sich weniger trauen, weniger Eigenständigkeit versuchen. Irgendwann kann dieser Fahrschüler tatsächlich schlechter einparken als andere Fahrschüler, die diese Annahme nicht hatten und allein deswegen schon häufiger parkten und somit mehr Übung und damit verbundene Sicherheit erarbeiteten.

Zurück zu den selbsterfüllenden Prophezeiungen im interpersonellen Austausch: Fairerweise muss hier betont werden, dass nicht erfüllte Erwartungen auch zur Korrektur des Eindrucks führen. Führt ein freundliches Verhalten nicht zur freundlichen Erwiderung, nimmt das Ausmaß des freundlichen Verhaltens normalerweise ab. Weiß eine Person, dass ihr Gegenüber möglicherweise eine falsche Vorstellung von ihr hat, so können absichtlich Verhaltensweisen gezeigt werden, die dem Gegenüber deutlich machen, dass es falschen Vorstellungen gefolgt ist. Es ist schön zu wissen, dass kein Eindruck endlich und unumkehrbar ist.

4.1.3 Informationsverarbeitung

Die bisherigen Ausführungen beinhalten Darstellungen zur Informationsaufnahme in sozialen Kontexten. Die nachfolgenden Abschnitte befassen sich mit dem Umgang mit diesen Informationen, d. h. der Informationsverarbeitung. Es wird kurz auf die Zusammenführung von Informationen zu einem Ganzen eingegangen, um dann abschließend einige Verarbeitungsprozesse zu benennen, die grundlegend für die soziale Wahrnehmung sind. Hierbei wird darauf geachtet, nur die Sachverhalte zu berücksichtigen, die für das zugrundeliegende Konzept dieses Werkes relevant sind.[33]

4.1.3.1 Eigene Erklärungen für das Verhalten der anderen

Ein Fahrlehrer trifft seinen Schüler mehr oder weniger oft im Rahmen des theoretischen und praktischen Unterrichts und später dann im Prüfungskontext. Vielleicht kommen noch einige Begegnungen im Verwaltungsbereich der Fahrschule dazu. Er nimmt ihn bewusst oder nebenbei wahr und mit jedem Kontakt erhält der Fahrlehrer Informationen über diesen Schüler. Diese Fülle an Informationen würde zu einer Informationsüberlastung führen, wenn sie alle einzeln nebeneinander stehen blieben, analysiert und berücksichtigt würden. Die Denk- und Leistungsfähigkeit des menschlichen Gehirns – sprich: die kognitiven Kapazitäten – wären damit stark beansprucht. Um die Beanspruchungen zu senken, werden Informationen zu einem sinnvollen Ganzen zusammengeführt. Die Sinnhaftigkeit begründet sich dadurch, dass Menschen gerne Sicherheit im Umgang mit anderen haben. Je mehr Sicherheit im Miteinander besteht, umso größer kann die Kontrolle über die Situation werden. So wird verständlich, dass zur sozialen Wahrnehmung auch die Schlussfolgerungen gehören, die Beobach-

33 Wer Interesse hat, mehr über die psychologischen Forschungsarbeiten einschließlich der entsprechenden Versuchsanordnungen und Überlegungen zu den theoretischen Annahmen im Hintergrund zu erfahren, dem sei ausdrücklich die Lektüre der Kapitel 3 und 4 im Lehrbuch „Sozialpsychologie“ (Jonas, Stroebe & Hewstone, 2014) empfohlen.

ter über die angenommenen Verhaltensursachen bei anderen Personen ziehen. Zu betonen ist, dass dabei die Überlegungen des Beobachters im Vordergrund stehen. Es geht nicht darum, mit der anderen Person zu klären, warum sie ein beobachtetes Verhalten gezeigt hat.

Die Schlussfolgerungen, die der Beobachter zieht, um das Verhalten des anderen zu erklären, nennt man Attributionen. Diese Formen der eigenen Erklärung führen dazu, dass sich der Beobachter in bestimmter Art und Weise der anderen Person gegenüber verhält. Folgendes Beispiel soll das Prinzip verdeutlichen: Es ist Unterrichtsbeginn. Es finden Gespräche untereinander statt, oder die Schüler nutzen ihre Handys. Der neue Fahrlehrer betritt den Raum und begibt sich an seinen Platz, schweigt und zeigt auch keine anderen Verhaltensweisen. Nach einiger Zeit werden die Gespräche unterbrochen und die Aufmerksamkeit der Schüler richtet sich auf den Fahrlehrer. Sie fangen nun an, Erklärungen dafür zu suchen, warum der Fahrlehrer schweigt. Dabei können sie entweder persönliche Gründe in Betracht ziehen, z. B. dass dieser Lehrer eher streng und diszipliniert ist oder keine Lust hat, laut zu sprechen. Es werden immer Gründe sein, die zu dem beobachteten und offensichtlich beabsichtigten Verhalten passen. Gleichzeitig müssen die Erklärungen auch zu der Person passen, d. h. sie müssen für den Fahrlehrer charakteristisch sein. Einen ganz anderen Erklärungsansatz würden die Schüler finden, wenn sich ihre Vermutungen darauf beziehen würden, dass der Fahrlehrer mit dem Unterricht beginnen möchte und wartet, bis es im Klassenraum leise geworden ist. In diesem Fall würden sie über situative Ursachen nachdenken. Unabhängig davon, ob es sich um situative oder persönliche Ursachen handelt, würden alle diese Annahmen dazu führen, dass die Schüler ihre Gespräche abbrechen und der Unterricht beginnen kann. Zeigt der Fahrlehrer konsequent das oben beschriebene Verhalten, so werden sich die Schüler darauf einstellen und davon ausgehen, dass auch folgende Unterrichtseinheiten so beginnen werden.

Die Beobachtungen einer Person führen also dazu, dass Erwartungen gebildet werden über das zukünftige Verhalten der Person, die beobachtet wurde. In einem gewissen Rahmen wird das Verhalten dadurch vorhersagbar, was wiederum die Kontrolle in der Situation erhöht. An dieser Stelle ist zu betonen, dass es sich dabei um absichtliches Verhalten unter bestimmten Bedingungen handelt. Ginge es um beobachtete Gefühle und gewohnheitsmäßige Verhaltensweisen, würden weitere Faktoren in die Schlussfolgerungen über die Ursachen einbezogen.

4.1.3.2 Verzerrungen in der Informationsverarbeitung

Diverse Forschungsergebnisse deuten darauf hin, dass das Verhalten einer anderen Person eher auf seine angenommenen persönlichen Vorlieben, Stärken und Schwächen zurückgeführt wird als auf die situativen Bedingungen. Das passiert auch, wenn das Verhalten eigentlich durch die Situation begründet ist. Für das obige Beispiel wäre eher anzunehmen, der Fahrlehrer sei streng oder habe keine Lust, laut zu sprechen, als dass der Unterrichtsbeginn ursächlich für sein Schweigen herangezogen würde. Es findet quasi eine systematische Verzerrung bei der Informationsverarbeitung statt. Eine weitere häufig vorgenommene Verzerrung ist der „Falsche Konsensus“, der sich auf die Annahme bezieht, dass andere Menschen im Allgemeinen die eigenen persönlichen Einstellungen und Überzeugungen teilen. Damit ist gemeint, dass Beobachter von ihren eigenen persönlichen Eigenschaften auf die Persönlichkeitsmerkmale ihrer Gegenüber schließen – unabhängig davon, ob die anderen tatsächlich dieselben Eigenschaften haben. Ist eine Person beispielsweise hilfsbereit, geht sie eher davon aus, dass auch der andere hilfsbereit ist.

Die nächste Verzerrung in der Ursachenzuschreibung bezieht sich auf die Unterscheidung zwischen eigenem Verhalten und dem Verhalten einer fremden Person. Für sich selbst wird eher auf die situativen Umstände verwiesen, während dasselbe Verhalten bei anderen auf deren Charaktereigenschaften zurückgeführt wird.

Die bisher vorgestellten fehlerhaften Ursachenzuschreibungen werden nicht absichtlich falsch vorgenommen. Kognitive Ressourcenknappheit, mangelnde Zeit oder einfach die Salienz, d. h. die aufmerksamkeitsbündelnden Eigenschaften von Personen oder Sachen, verhindern häufig eine tiefer gehende Auseinandersetzung mit allen möglichen Ursachen, die ein bestimmtes Verhalten erklären könnten. Die meisten Attributionen sind tatsächlich alltagstauglich, d. h. sie sind nützlich und liefern wertvolle Hinweise, die das Miteinander erleichtern. Fehlerhafte Ursachenzuschreibungen, die ernsthafte negative Konsequenzen nach sich ziehen, beschränken sich eher auf spezifische Situationen.

4.1.3.3 Selbstwertdienliche Verzerrungen

Es gibt nur eine Form der fehlerhaften Ursachenzuschreibung, die tatsächlich gewollt, d. h. motiviert ist. Hierbei handelt es sich um die selbstwertdienliche Verzerrung. Deren Ziel ist die Erhaltung oder Steigerung des Selbstwertgefühls. Ein typisches Beispiel sind die Erklärungsansätze nach einer misslungenen praktischen Prüfung. Neutral wäre die Aussage, dass eigenes Fehlverhalten zum Nichtbestehen geführt habe. Selbstwertdienlich wäre die Aussage, dass der Prüfer unmögliche Anforderungen gestellt habe. In diesem Fall bliebe das positive Selbstbild erhalten: Der andere, also der Prüfer, trägt die Verantwortung. Solche Schlussfolgerungen bewirken ein besseres eigenes Gefühl. Und auch hier ist zu betonen, dass „motiviert“ keineswegs „bewusst“ bedeutet. Es hat keinen Sinn, einem erfolglosen Prüfling nach einer solchen Aussage vorzuhalten, er verzerre die Realität. Seine Bereitschaft zur Einsicht wäre in diesem Moment vermutlich zu gering. Um über Sachverhalte nachzudenken, braucht es Motivation und die passende Gelegenheit. Zusätzlich muss der Sachverhalt ausreichend plötzlich und wichtig sein, um sich damit aktiv auseinanderzusetzen. Nur dann setzt eine kontrollierte Verarbeitung des Gesamtzusammenhangs ein. Attributionen unterliegen jedoch häufig einem automatischen Verarbeitungsprozess. Beide Formen der Informationsverarbeitung gehören zur sozialen Kognition, die in den folgenden Abschnitten näher erläutert wird.

4.1.4 Soziale Kognition

Soziale Situationen bieten, wie zuvor bereits beschrieben, häufig eine Fülle an Einzelinformationen. Diese würden ungeordnet nebeneinanderstehen, wenn unser Gehirn keine Verarbeitungsprozesse vornähme, die diese Informationen strukturieren und ggf. dem Gedächtnis zur Verfügung stellen, um sie dann abzurufen und für nachfolgendes Verhalten zu nutzen. Alle mentalen Vorgänge, die ablaufen, während eine Person über eine oder mehrere andere Personen nachdenkt, gehören in den Bereich der sozialen Kognition.

Nun könnte der Eindruck entstehen, dass Nachdenken einen Vorgang beschreibt, der aktiv und sehr bewusst geschieht. In den Fällen, in denen ein Mensch tatsächlich absichtlich und unter Aufbringung willentlicher Kontrolle Informationen über einen anderen abwägt, sprechen Kognitionspsychologen von kontrollierten Prozessen, die aufwendig und bewusst sind. Im Gegensatz dazu stehen die automatischen Prozesse, die folglich unabsichtlich, ohne Aufwand und unbewusst sind. Das entscheidende Merkmal bezieht sich jedoch auf die Gleichzeitigkeit der Verarbeitung. Automatische Prozesse laufen ab, während andere kognitive Prozesse stattfinden, und sie stören diese nicht. Das kann ein Vorteil sein wie z. B. beim Autofahren. Wenn der Handlungsablauf „Autofahren" einmal automatisiert ist, dann ist es möglich, parallel komplexere kognitive Abläufe wie z. B. Diskussionen mit Mitfahrern, Überlegungen zu Prüfungs- und Mitarbeiterplanungen, Vorbereitungen zu theoretischem Unterricht oder Seminaren etc. durchzuführen, ohne dass deswegen sofort ein Unfall oder eine gefährliche Situation entstehen muss.

4.1.4.1 Kategorisierung und Schemabildung

Zurück zu den Begegnungen im Fahrschulalltag: Ein befreundeter Fahrlehrer erzählte mir einmal von seinen „Grinse-Mädchen" und dem Arbeitsaufwand, den er ihretwegen habe. Er erklärte mir, dass er eine größere Anzahl von Fahrschülerinnen habe, die über mehrere gemeinsame Merkmale verfügten. Sie nähmen alle am Begleiteten Fahren mit 17 teil, würden sehr von den Müttern unterstützt, hätten einen vollen Zeitplan, sodass wenig Zeit für Fahrstunden bliebe, würden ungern Entscheidungen treffen und häufig auf Fragen mit einem Grinsen reagieren. Wenn sich Schwierigkeiten in der Ausbildung abzeichneten, dann würden auch mal Tränen fließen. Daneben beschrieb er äußere Merkmale wie längere Haare und ein gestyltes Aussehen. Inzwischen wisse er schon, wenn er wieder ein neues langhaariges, weibliches Geschöpf in seinem Unterricht antreffe, dass er sich auf Diskussionen mit den Eltern einstellen könne. Der psychologische Prozess, der hier zum Ausdruck kommt, wird Kategorisierung genannt.

Mit Kategorisierung ist die Neigung gemeint, Gegenstände und Menschen im Hinblick auf ihre subjektiv wahrgenommenen gemeinsamen Merkmale in unterschiedliche Gruppen einzuteilen. Im Kontext der Verkehrsteilnahme gibt es z. B. Frauen, Männer, Lkw- oder Autofahrer im Unterschied zu Motorradfahrern, Fahranfänger, erfahrene Fahrer, Kinder und ältere Personen. Hierbei handelt es sich um allgemein gültige Kategorien, zu denen einem Fahrlehrer sofort mehrere charakteristische Eigenschaften der jeweiligen Gruppe einfallen. Die Kategorie der „Grinse-Mädchen" ist eine individuelle Kategorie, die der Kollege definiert hat. Jeder Mensch bildet sowohl allgemeine als auch individuelle Kategorien.

Kategorisierung hat den Vorteil, dass viele Informationen musterhaft zusammengefasst werden. Dadurch wird die (soziale) Welt geordnet und das Leben leichter und vorhersagbarer. Bei einem Kind wird eher damit gerechnet, dass es ohne Verkehrsbeobachtung auf die Straße rennt als bei erwachsenen Männern und Frauen. Diese Erwartung wird aus vorverarbeitetem Wissen gebildet, das Fahrlehrer im Kontext von Verkehrsinformationen über Kinder haben. Zu solchen Wissensstrukturen gehört z. B., dass Kinder aufgrund ihrer Körpergröße den Verkehr schlechter überblicken können, geringeres Interesse am Straßenverkehr haben oder häufig noch motorisch untrainiert sind. Psychologen bezeichnen die komplexen Wissensstrukturen, die neben den Eigenschaften der darin enthaltenen Personen auch die daraus abgeleiteten Erwartungen gegenüber diesen umfassen, als Schemata. Dem befreundeten Fahrlehrer fallen direkt mehrere Sachen ein, sobald er eine Schülerin sieht, welche die bereits beschriebenen Merkmale erfüllt. Er aktiviert damit sein Schema des „Grinse-Mädchens".

4.1.4.2 Mentale Repräsentationen – Schema und Stereotyp

Alternativ könnte bei einem Schema auch der Begriff des Stereotyps verwandt werden. Beide Begriffe beschreiben kognitive Strukturen, die das Wissen, die Überzeugungen und Erwartungen über eine soziale Gruppe von Menschen oder Einzelpersonen enthalten. Solche Strukturen werden auch mentale Repräsentationen genannt, weil jeder Mensch seine eigenen Vorstellungen darüber hat. In Abgrenzung zum Schema ist ein Stereotyp jedoch auf die kognitiven Anteile begrenzt, während ein Schema auch die Gefühle enthält, die gegenüber der Personengruppe oder dem einzelnen Individuum bestehen.

Durch das aktivierte Schema geht der oben erwähnte Fahrlehrer davon aus, dass er mit den Eltern Diskussionen führen wird. Er überprüft seine spontanen Annahmen nicht unmittelbar. Erst bei ausreichender Motivation und Gelegenheit werden Korrekturprozesse vorgenommen. Trotzdem sind Schemata wichtig und nützlich, da sie die Personenwahrnehmung deutlich erleichtern und beschleunigen. Wissen und Überzeugungen, die im Schema gespeichert sind, sind sehr schnell abrufbar und unterliegen der automatischen Verarbeitung.

4.1.4.3 Abkürzungen in der Informationsverarbeitung – Heuristiken

Oft fehlen die Kapazitäten, um jeder Person, der begegnet wird, jedes Mal die volle Aufmerksamkeit zu schenken und sie in all ihren individuellen Merkmalen und Eigenschaften, die auch noch situativ variieren können, wahrzunehmen. Um dennoch eine Beurteilung vorzunehmen, werden bei der Personenwahrnehmung häufig Heuristiken angewandt. Dabei handelt es sich um „kognitive Abkürzungen", d. h. die Urteilsbildung erfolgt eher entsprechend allgemeinen Faustregeln als individualisiert. Im Folgenden werden einige Urteilsprozesse vorgestellt, die angewandt werden, wenn nicht alle Informationen zur Verfügung stehen.

Die **Repräsentativitätsheuristik**

- richtet sich nach der qualitativen Übereinstimmung der persönlichen Merkmale mit den Merkmalen der Kategorie.
  Der zuvor erwähnte Kollege ordnet einen Teil seiner Fahrschülerinnen wie beschrieben in die Kategorie „Grinse-Mädchen" ein, wenn sie dementsprechende typische Merkmale vorweisen.

Die **Basisrateninformation**

- bezieht sich auf Vorstellungen von Häufigkeiten, mit der manche Kategorien in der allgemeinen Population vorkommen.

Ein Fahrlehrer, der weiß, dass nur vier Prozent der Bevölkerung unter tatsächlicher Prüfungsangst leiden, wird hellhörig, wenn drei von zehn Fahrschülern äußern, dass sie Prüfungsangst haben. Mit dieser Information im Hintergrund, der Basisrateninformation, wird er die drei Schüler eher anders beurteilen. Aus vielen Studien ist jedoch bekannt, dass die Basisrate häufig unberücksichtigt bleibt und eher die Repräsentativitätsheuristik zur Anwendung kommt.

Die **Verfügbarkeitsheuristik**

- nutzt die Abrufbarkeit bestimmter Ereignisse aus dem Gedächtnis.
  Wenn einem Fahrlehrer sehr schnell mehrere Beispiele von prüfungsängstlichen Schülern einfallen, dann erhöht die Leichtigkeit der Erinnerung die Urteilshäufigkeit oder Urteilswahrscheinlichkeit, dass es prüfungsängstliche Fahrschüler gibt.

Die **Anker- oder Anpassungsheuristik**

- Ein Urteil wird unzureichend an den eigenen Eindruck angepasst, sondern im Sinne eines Ankers gewichtet, d. h. einer zuvor gegebenen Bewertung. Daraus ergeben sich Urteile, die häufig zu nah „am Anker“ oder vorgegebenen Standard angepasst sind.
  Einem Fahrschulinhaber wird ein Fahrlehrer als neuer Kollege empfohlen. Beim persönlichen Kennenlernen ergeben sich Hinweise, die unter objektiven Bedingungen, d. h. ohne Empfehlungen, den Eindruck eher negativ beeinflusst hätten. Die Empfehlungen verschieben das Urteil jedoch in eine positivere Richtung.

4.1.5 Das Kontinuummodell der Eindrucksbildung (Fiske & Neuberg, 1990)

Die vorangegangenen Erläuterungen lassen soziale Wahrnehmung häufig als oberflächlich und verzerrt erscheinen. Die beschriebenen Konstruktionen aus vorbearbeiteten Wissenselementen könnten dazu führen, dass dem Gegenüber letztendlich nur unvollständig gerecht wird. Diese Schlussfolgerung trifft tatsächlich zu, soweit es die Verarbeitung von Informationen auf Basis der Kategorien betrifft (kategoriebasierte Verarbeitung). Daneben gibt es als alternative Informationsquelle natürlich die individuellen Persönlichkeitsmerkmale einer Person. Das sind die Merkmale, die nicht aus der Zugehörigkeit zu einer bestimmten Kategorie abgeleitet werden. Deren Verarbeitung erfolgt individualisiert.

Im Kontinuummodell wird davon ausgegangen, dass der Eindruck in einem Prozess gebildet wird, an dessen einem Ende kategoriebasierte Urteile stehen, während das andere Ende durch individualisierte Bewertungen geprägt ist. Kategoriebasierte Schlussfolgerungen haben dabei Vorrang. Das Ausmaß der individualisierten Verarbeitung hängt von der Motivation, Interpretation und zur Verfügung stehenden Aufmerksamkeit des Beobachters ab.

Wie könnte so ein Prozess im Fahrschulalltag aussehen? Ein jugendlicher Mensch in Begleitung eines Älteren betritt das Fahrschulbüro: Kategoriebasiert wird hier auf einen Elternteil geschlossen, der seinen Nachwuchs zur möglichen Anmeldung für eine Führerscheinausbildung begleitet. Der jugendliche Mensch zeigt wenig Interesse hinsichtlich der dargebotenen Informationen zur

Ausbildung. Der Wahrnehmende muss nun mehr über die beiden Personen herausfinden, um deren Absichten besser einordnen zu können. Er sucht nach bestätigenden Informationen, dass es sich um einen zahlungswilligen Elternteil eines potenziellen Fahrschülers handelt. Gehen die beiden Personen, nachdem ihre Fragen beantwortet wurden, wieder hinaus, hört die Verarbeitung an dieser Stelle auf. Die Verarbeitung wird fortgesetzt, wenn der Jugendliche von Freunden berichtet, die schon mit der Ausbildung begonnen haben. Der Fahrlehrer fragt den begleitenden Elternteil, warum er sich für die Fahrschule interessiert habe, und bekommt zur Antwort, dass so viel Gutes über die Fahrschule erzählt würde. Nun erfolgt eine Rekategorisierung, was die nächste Stufe im Prozessverlauf darstellt. Dadurch sollte die Verarbeitung bewusster werden. Der Elternteil kommt auf Empfehlung. Daraufhin erläutert der Fahrlehrer die Vorzüge seiner Fahrschule, beschreibt Eckdaten der Ausbildung etc. Die beiden Interessenten verabschieden sich mit dem Hinweis, dass sie sich melden werden. Hier hört die Verarbeitung beim Fahrlehrer auf, wenn ihn die Rekategorisierung als starker Interessent zufriedenstellt. Ergeben sich Anzeichen, dass die Anmeldung direkt erfolgen könnte, dann hört die kategoriebasierte Verarbeitung auf und die individualisierte Reaktion tritt in den Vordergrund. Die persönlichen Merkmale des neuen Fahrschülers und seines Elternteils werden deutlicher erkannt, interpretiert und fließen in den Anmeldevorgang mit ein.

An diesem Beispiel lässt sich erkennen, dass Informationsverarbeitung bei der Wahrnehmung systematisch erfolgt, wenn bestimmte Ziele damit verfolgt werden. Ein Ziel kann die Überzeugung sein, dass mit dem Gegenüber gemeinsam an einer Aufgabe, hier der Führerscheinausbildung, gearbeitet werden soll. Ein anderes wirksames Ziel, das bewusste Verarbeitung unterstützt, ist die Verantwortlichkeit des Wahrnehmenden, dass er u. U. seinen Eindruck gegenüber einem Dritten rechtfertigen muss. Es könnte also sein, dass der Fahrlehrer zu einem späteren Zeitpunkt seinen Eindruck von diesem Fahrschüler gegenüber dessen Elternteil erläutern muss.

Abschließend ist zu betonen, dass soziale Wahrnehmung ein komplexer Prozess ist. Wichtig erscheint, dass viele Verarbeitungsvorgänge dabei automatisch ablaufen und damit außerhalb unserer bewussten Kontrolle liegen. Die Kontrolle lässt sich schon allein dadurch erhöhen, dass die Genauigkeit der Wahrnehmung verstärkt, also die gedankliche Auseinandersetzung mit der wahrgenommenen Person erhöht wird. Ziel ist es, seinen Gegenüber so genau wie möglich wahrzunehmen, damit vorschnelle Eindrücke häufiger korrigiert oder vermieden werden können. Langfristig betrachtet, erleichtert das den Umgang miteinander.

Literatur

Bierhoff, W. (2000). Sozialpsychologie. Ein Lehrbuch. 5. Auflage. Stuttgart: Kohlhammer, 293–299.

Fiske, S. T. & Neuberg, S. L. (1990). A continuum of impression formation, from category-based to individuating processes: Influences of information and motivation on attention and interpretation. In M. P. Zanna (Hrsg.), Advances in experimental social psychology 23, 1–74.

Jonas, K., Stroebe, W. & Hewstone, M. (Hrsg.) (2014). Sozialpsychologie. 6. Auflage. Berlin, Heidelberg: Springer.

Parkinson, B. (2014). Soziale Wahrnehmung und Attribution. In Jonas, K., Stroebe, W. & Hewstone, M. (Hrsg.), Sozialpsychologie. 6. Auflage. Berlin, Heidelberg: Springer, 65–106.

Pendry, L. (2014). Soziale Kognition. In Jonas, K., Stroebe, W. & Hewstone, M. (Hrsg.), Sozialpsychologie. 6. Auflage. Berlin, Heidelberg: Springer, 107–140.

4.2 Konfliktmanagement – Umgang mit schwierigen Schülern (und Eltern)

Kai Schäder

Bereits bei der Anmeldung in der Fahrschule für eine Fahrerlaubnisklasse geht es (aus Sicht des Kunden) oft fast ausschließlich um zwei Fragen:

- Wie lange dauert die Führerscheinausbildung?
- Wie viel muss dafür investiert werden?

Hierbei sitzen Fahrlehrer oftmals zwischen zwei Stühlen. Zum einen ist das Arbeitsumfeld gekennzeichnet von einer **Fahrlehrer-Fahrschüler-Beziehung**. In dieser trägt der Lehrer die Verantwortung, aus dem Fahrschüler einen sicheren Kraftfahrer zu machen. Zum anderen gibt es die Ebene der **Fahrlehrer-Kunden-Beziehung**. Schließlich muss der Fahrlehrer auf dem Konkurrenzmarkt den Wünschen und Erwartungen der Kunden gerecht werden. Wirtschaftlicher Erfolg und damit die Existenzgrundlage hängen in der Bundesrepublik Deutschland nun einmal davon ab, wie gut sich der Wettbewerber mit anderen Fahrschulunternehmen positioniert.

Allerdings sind die verschiedenen Faktoren, die die Anzahl der benötigten Fahrstunden beeinflussen, sehr unterschiedlich. Eines steht jedoch fest: Tendenziell steigen die Zahlen der Fahrstunden, die ein Fahrerlaubnisbewerber benötigt, um die fahrpraktische Prüfung zu bestehen, eher an, als dass sie abnehmen (siehe den vorstehenden Abschnitt 3.1 „Wertewandel"). Besonders erfahrene Fahrlehrer, die auf einen langen zeitlichen Erfahrungshorizont zurückblicken können, kennen dieses Phänomen.

„Wie viele Fahrstunden werde ich brauchen?" Diese Frage wird von verschiedenen Seiten an Fahrlehrer herangetragen. In erster Linie von den Fahrschülern, bei jüngeren Fahrschülern aber auch von deren Eltern. Ebenfalls besteht ein Interesse an der Zahl der benötigten Fahrstunden vonseiten des Arbeitgebers oder etwaiger Institutionen (Agentur für Arbeit, sonstige Kostenträger), die die Kosten der Führerscheinausbildung für den Fahrschüler übernehmen. Diese Frage zu beantworten, ist äußerst schwierig – besonders, wenn sie zu Beginn der Führerscheinausbildung von den Kunden gestellt wird, was im Alltag häufig der Fall ist.

Aus dieser Thematik der begrenzten Einschätzbarkeit und Transparenz und auch aus der Überlagerung der sich teilweise widersprechenden Beziehungen Lehrer-Schüler vs. Anbieter-Kunde können Konflikte mit Kunden entstehen. Auf diese sollte der Fahrlehrer vorbereitet sein, wenn er erfolgreich am Markt ausbilden will. Hierzu sollte er sich noch einmal Folgendes vor Augen führen: Seine Kunden wollen eine Fahrerlaubnis erwerben. Hierzu planen sie den Einsatz der Faktoren Zeit und Geld. Daher wollen die meisten Kunden die fahrpraktische Prüfung schnell und kostengünstig erreichen. Als verantwortungsbewusster Fahrlehrer ist man an die Fahrschülerausbildungsordnung gebunden, in der klar definiert ist, welche Ausbildungsziele erreicht sein müssen, um die fahrpraktische Prüfung ablegen zu können. Wie viele praktische Fahrstunden der Fahrlehrer dazu mit dem Kunden absolvieren muss, um aus ihm einen sicheren, partnerschaftlichen und umweltbewussten Kraftfahrer zu machen, ist im Vorfeld also nicht absehbar.

Zur Verdeutlichung dienen die beiden folgenden Beispiele:

Beispiel 1:

- Ein Fahrschüler hat innerhalb der Grundausbildung Probleme mit der Fahrzeugbedienung, bedarf vermehrter Hilfestellung bei der Anwendung der theoretischen Grundlagen im Realverkehr und hat Schwierigkeiten, eigene Entscheidungen während des Fahrens zu treffen. Trotzdem fragt er nach jeder Fahrstunde, wann er mit den Besonderen Ausbildungsfahrten (BAF) beginnen kann. Ebenfalls wird der Fahrlehrer von den Eltern des Schülers aufgefordert, mit den BAF zu beginnen. Die Eltern sind der Meinung, dass die Führerscheinausbildung schon viel zu lange dauert und zu viel Geld kostet.

Beispiel 2:

- Ein Fahrschüler kommt aus dem außereuropäischen Ausland und ist Inhaber einer Fahrerlaubnis, welche in der Bundesrepublik nicht dauerhaft anerkannt wird (§ 31 FeV). Daher muss er seine Fahrerlaubnis durch Bestehen der theoretischen und praktischen Prüfung umschreiben lassen. In seinem Herkunftsland hat er langjährige Fahrpraxis und ist daher der Meinung, dass er ein oder zwei praktische Fahrstunden braucht, um dann die praktische Fahrprüfung zu absolvieren. Bereits nach der ersten Fahrstunde versucht der Fahrlehrer, ihm klar zu machen, dass es für das Bestehen der fahrpraktischen Prüfung in Deutschland sehr hohe Qualitätsstandards gibt, die der Fahrschüler nur durch Üben, also mit durchaus vielen Fahrstunden, erreichen kann. Der Fahrschüler ist anderer Meinung und will die Prüfung machen.

Diese beiden Beispiele zeigen klar das Dilemma, in dem man sich wiederfinden wird, sobald man praktisch als Fahrlehrer arbeitet. Die folgenden praktischen Maßnahmen dienen dazu, präventiv Konfliktlagen mit Kunden vorzubeugen:

- Grundlage der praktischen Ausbildung bildet ganz klar die Fahrschülerausbildungsordnung, deren wesentliche Inhalte der Fahrlehrer dem Kunden erläutern sollte.
- Besonders Personen aus einem Staat außerhalb des Abkommens über den Europäischen Wirtschaftsraum („Umschreiber“, § 31 Fahrerlaubnis-Verordnung – FeV) benötigen sorgfältige Informationen über die Anforderungen der fahrpraktischen Prüfung. Eine ausländische Führerscheinausbildung entspricht oftmals nicht den Qualitätsanforderungen einer deutschen Führerscheinprüfung.

- Die praktische Ausbildung sollte der Fahrlehrer dokumentieren und mit den Aufzeichnungen die verschiedenen Ausbildungsstufen abbilden. Diese sollte er nach den praktischen Fahrstunden im Rahmen der Nachbesprechung mit dem Fahrschüler besprechen.
- Der Fahrlehrer sollte dem Kunden die Vorteile einer qualitativ hochwertigen Führerscheinausbildung darlegen bzw. ihm aufzeigen, was für Nachteile eine schlechte Führerscheinausbildung mit sich bringen kann. Dabei ist stets der Sicherheitsfaktor zu betonen! Unterstützend kann er auf die im internationalen Vergleich sehr geringe Zahl an Verkehrstoten und -verletzten in Deutschland hinweisen.
- Bezüglich der Ausbildungskosten bietet sich ein Vergleich an: Was kostet eine Fahrstunde im Vergleich zu anderen Tätigkeiten im Besonderen oder die gesamte Führerscheinausbildung im allgemeinen Vergleich zu anderen Produkten oder Dienstleistungen.[34]
- Zusammen mit dem Kunden sollte der Fahrlehrer einen realistischen Zeitplan erarbeiten, in dem die Führerscheinausbildung stattfindet. Hierbei sind sowohl Pausen einzuplanen als auch Phasen, in denen der Kunde wenig oder keine Zeit für Fahrstunden hat (Klausurphasen, intensive Arbeitszeiträume, Krankheit, Urlaub usw.).
- Der Fahrlehrer sollte seinem Kunden die Gelegenheit zu persönlichen Gesprächen anbieten, falls Informationsbedarf zur praktischen Ausbildung besteht. Besonders dessen Eltern gehen oftmals von ihren eigenen Erfahrungen beim Führerscheinerwerb aus und können aus Unwissenheit häufig nicht nachvollziehen, warum ihr Kind dreißig bis vierzig (oder mehr) Fahrstunden (besonders in Ballungsräumen) benötigt. Dabei sind stets die schriftlichen Aufzeichnungen einzubeziehen!
- Für das Konfliktmanagement sollte sich der Fahrlehrer Hilfe holen, wenn die persönliche Aussprache zu keinem konstruktiven Ergebnis geführt hat. Erfahrenere Kollegen oder Vorgesetzte oder mittelfristig der Besuch von Fortbildungsangeboten zu Konfliktbearbeitung bzw. Mediation können hier hilfreiche Perspektiven eröffnen.

4.2.1 Das Phänomen Überbehütung als beispielhaftes Konfliktfeld

In den vorangegangenen Abschnitten wurde das Thema Eltern und ihre Rolle in der Ausbildung ihrer Kinder bereits angedeutet. Damit soll hier nun ein aktuelles gesellschaftliches Problemfeld vertiefend beschrieben werden, welches den Fahrlehrer in seinem Arbeitsalltag an der einen oder anderen Stelle tangieren wird. Die Rede ist von einem Phänomen, welches in den letzten Jahren immer mehr Raum im öffentlichen Diskurs einnimmt: das Phänomen der Überbehütung (auch: Helicopter Parents).

Hierbei handelt es sich um das Phänomen, dass Eltern ihre Kinder überfürsorglich behandeln und sich um sämtliche Belange ihrer Kinder kümmern (wie

34 Viele Kunden sind bereit, für ein Notebook 2000 € oder mehr zu bezahlen. Für den Führerscheinerwerb erscheint den Kunden eine solche Summe jedoch oftmals zu hoch.

z. B. den Erwerb der Fahrerlaubnis)[35]. Das heißt, Kinder werden über ein entwicklungsförderndes Maß hinaus behütet und damit oft in ihrer Selbstständigkeitsentwicklung gehemmt. Der Begriff Helicopter Parents lässt sich dadurch herleiten, dass der allgemeine Eindruck entsteht, dass Eltern permanent und überwachend über ihren Kindern schweben und schon in Fällen eingreifen, in denen sich Probleme oder Konflikte nur andeuten oder vermutet werden. Auffällige Hinweise hierfür sind z. B., wenn Fahrschüler von den Eltern zur Fahrstunde gebracht und abgeholt werden oder wenn Eltern für ihre Kinder während der Führerscheinausbildung die Kommunikation mit der Fahrschulleitung übernehmen und Termine vereinbaren oder absagen, Gespräche über die Leistung ihrer Kinder führen oder sich ebenfalls über die mangelnde Leistung ihrer Kinder beschweren. Dabei liegt der Fokus der Beschwerde jedoch oft nicht auf der mangelhaften Leistung des Kindes, sondern eindeutig auf der Kompetenz des Fahrlehrers.[36]

Wer mit jungen Erwachsenen (17–21 Jahre) arbeitet, muss immer daran denken, dass die Persönlichkeitsentwicklung dieser Gruppe noch nicht abgeschlossen ist. In diese Entwicklungsphase[37] fallen unter anderem die Ausbildung der eigenen Persönlichkeit (eigene Entscheidungen treffen, Alltagssituationen bewältigen, Selbstbewusstsein und Wertmaßstäbe für Normen und Werte entwickeln) und die Fähigkeit, stabile soziale Beziehungen zu anderen Menschen aufzubauen. Greifen Eltern in dieser Entwicklungsphase zu stark in die Angelegenheiten ihrer Kinder ein, hat das negative Folgen für die Entwicklung. Im Fahrschulalltag deuten konkret folgende Sachverhalte auf Überbehütung hin:

- Es fällt dem Fahrschüler schwer, eigene Entscheidungen zu treffen (z. B. in der letzten Ausbildungsstufe).
- Der Fahrlehrer hat den Eindruck einer fehlerhaften Kommunikation mit seinem Schüler und bekommt häufig „konforme“ Antworten auf Fragen, die die Lernziele betreffen („Ja-Sager“).
- Der Fahrschüler hat Probleme, Termine mit dem Fahrlehrer abzustimmen, weil er zuerst in Absprache mit den Eltern gehen muss.
- Der Fahrlehrer hat den Eindruck, dass der Fahrschüler zu keinem Thema eine eigene Meinung hat.

Insbesondere im Hinblick auf den ersten Punkt wird schnell klar, dass es nur mit erhöhtem Einsatz von Fahrstunden möglich wird, einen Fahrschüler auf die fahrpraktische Prüfung vorzubereiten. Dies zeigt auch das folgende praktische Beispiel:

- Dennis hat die ersten beiden Ausbildungsstufen durchlaufen und befindet sich in der Leistungsstufe. In vielen Verkehrssituationen kommt er nicht ohne Hilfestellung aus, da er Schwierigkeiten hat, eigene Entscheidungen zu treffen. Zu häufig fragt er nach, wie er sich zum Beispiel am Bahnübergang oder gegenüber öffentlichen Verkehrsmitteln verhalten soll. In den

35 Vgl. das Interview des Monats mit Prof. Dr. Klaus Hurrelmann (2014). „Generation Y im Fokus“. In Fahrschule. Ausgabe 12. München: Verlag Heinrich Vogel, 6–8.

36 Schäder, K. (2015). Fahrlehrerbrief Nr. 4: „Überbehütung: Der richtige Umgang mit Schülern und Eltern.“ München: Verlag Heinrich Vogel.

37 Die Entwicklungspsychologie spricht hier von später Adoleszenz.

Nachbesprechungen der Fahrstunden fällt auf, dass Dennis die theoretischen Grundlagen kennt und ebenfalls weiß, was er praktisch tun sollte. Doch die entscheidenden Impulse in schwierigen Verkehrssituationen kommen noch zu häufig von Dennis´ Fahrlehrer. Nach den Fahrstunden wird Dennis von seiner Mutter mit dem Auto abgeholt. Diese Gelegenheit nutzt Dennis´ Mutter jedes Mal, um zu fragen, wann ihr Sohn denn endlich mit den „Sonderfahrten" beginnen kann. Er habe doch schon so viele Fahrstunden, so die Meinung der Mutter.

Überbehütete jüngere Fahrschüler sind nur ein hier exemplarisch aufgeführtes Beispiel von sozialen und psychischen Problemlagen, mit denen man als Fahrlehrer in Berührung kommen kann. Es soll dazu ermutigen, in Konfliktfällen nach den tiefer liegenden Ursachen zu forschen, die oft schon als gesellschaftliche oder psychologische Phänomene erkannt und von wissenschaftlicher Seite bearbeitet worden sind. Das bedeutet, dass es zu vielen Problemlagen bereits Literatur, Hilfestellungen und Beratungsangebote gibt, und entlastet den Fahrlehrer von der alleinigen Verantwortung für Probleme und Konflikte, die in Fahrstunden auftreten, ihre Ursache aber außerhalb haben.[38]

38 Eine einfache und praktische literarische Hilfestellung findet sich u. a. in der Reihe Fahrlehrerbrief des Verlag Heinrich Vogel.

5 Lernen

Elke Urner

5.1 Allgemeines zu Lernen und Gedächtnis

Der Begriff des Lernens begegnet uns, seit wir denken können. Angefangen in der Kindheit („*Das wirst du schon noch lernen*") über die liebgewordenen Ermahnungen aller Lehrer („*Das musst du aber noch lernen*") bis hin zu altgedienten Weisheiten („*Lebenslanges Lernen*"). Wir lernen unser Leben lang.

Im Allgemeinen assoziieren wir mit dem Begriff Lernen sofort den Bereich Schule. Dort lernen wir Lesen, Schreiben, Rechnen und erwerben weiteres Wissen in Bereichen wie Politik, Geografie, Geschichte usw. Was aber ist mit dem Erlernen von Umgangsformen? Was mit dem Lernen, sich an verschiedene Gegebenheiten des Lebens und der Umwelt anzupassen und diese wiederum dem eigenen Interesse anzupassen? Lernen wir nicht auch, Angst zu haben, Vorlieben oder Abneigungen zu entwickeln, die Ausbildung von Gewohnheiten, die Befähigung zu planvollem Handeln und problemlösendem Denken? Lernen ist also vielmehr als nur das schulische Lernen. Es ist für jeden Menschen die Grundvoraussetzung, um in einer Gemeinschaft und Umwelt sinnvoll zu leben und zu agieren.

Was heißt aber nun „Lernen"? Gibt man diesen Begriff ins Internet ein, stößt man auf eine Flut von Informationen, Fachbegriffen und wissenschaftlichen Ergebnissen jeglicher Fachrichtungen, darunter auch Namen wie Pawlow und seine speichelnden Hunde oder Piaget und Watzlawek.

Aber wie funktioniert Lernen genau? Und wie helfen diese unterschiedlichen Ansätze und Erklärungen hinsichtlich der Ausbildung von Fahrschülern weiter? Werden sie in der Ausbildung gebraucht? Vielleicht nur zur Abschlussprüfung und dann nicht mehr? Was ist, wenn das Lernen nicht so vonstattengeht, wie es wünschenswert oder normal ist? Was ist bei Lernschwierigkeiten, Prüfungsängsten, Denkblockaden und Blackouts? Wie geht der Fahrlehrer mit einem Schüler um, der plötzlich ganz anders ist als ein normaler Schüler? Was ist passiert, wenn der Fahrschüler in der praktischen Fahrstunde nicht das Können zeigt, das der Fahrlehrer in mühevoller Vorbereitung im theoretischen Unterricht gelehrt hat?

Der Fahrlehrer ist ein wichtiger Bestandteil des Lehr- und Lernprozesses und somit auch ein entscheidendes Glied des Erfolgs Ihrer Schüler.

Um zu verstehen, wie wir lernen und wie entscheidend die richtige Lehrweise für die Schüler ist, folgt nun ein kleiner Exkurs in die aktuelle Neurowissenschaft. Die nachfolgenden Ausführungen und Erklärungen basieren hauptsächlich auf den wissenschaftlichen Untersuchungen und Ergebnissen von Spitzer, Professor für Psychiatrie an der Universität Ulm und Leiter des Universitätsklinikums für Neurowissenschaften und Lernen. Anhand von neuesten wissenschaftlichen Studien erforscht und belegt er die grundlegenden Prozesse des Lernens im Gehirn.[39]

39 Seine Erkenntnisse hat Spitzer in einer Vielzahl von Büchern und Vorträgen – auch für Nichtmediziner – in klaren Worten und mit illustren Beispielen veröffentlicht, sodass Lehrer und Pädagogen sich dieses neue Wissen, ohne selbst Medizin studiert haben zu müssen, aneignen und in ihre verantwortungsvolle Arbeit sinnvoll mit einbeziehen können.

Alle Theorien stimmen darin überein, dass unter Lernen ein absichtlicher und beiläufiger Erwerb neuer Fähigkeiten zu verstehen ist. Diese neuen Fähigkeiten beziehen sich auf den geistigen, körperlichen, charakterlichen und sozialen Bereich.

Nach Hilgard & Bower *„lernen wir offenbar einige Fertigkeiten blind und automatisch, während wir um das Verständnis mancher Situationen hart ringen müssen, um sie dann schließlich meistern zu können“.*[40]

Dieses Lernen und der Erwerb von Fähigkeiten, ob nun automatisch im Alltag oder durch intensives Üben, leistet allein unser Gehirn. Es ist einzig und alleine dazu befähigt, Informationen und Impulse aufzunehmen, zu verarbeiten, zu speichern und zu vernetzen. Obwohl es nur zwei Prozent unseres Körpergewichts ausmacht, leistet es die Arbeit, die aus jedem Menschen erst eine Persönlichkeit macht. Um diese wichtige Arbeit auch gut verrichten zu können, verbraucht unser Gehirn 20 % der Energie des gesamten Körpers. Aus diesem Grund ist es auch so wichtig, dem Körper gute Energie zuzuführen. Nicht umsonst wird in vielen Seminaren und Weiterbildungsblöcken so intensiv auf das Thema „Gesunde Ernährung“ eingegangen.

5.1.1 Lernprozesse im Gehirn

Ganz einfach ausgedrückt, tut und will unser Gehirn nichts anderes als Informationen aufnehmen, sprich lernen, ob wir wollen oder nicht. Wir können es nicht bewusst ausschalten. Diese Art der Aufnahme ist vergleichbar mit der des Ohrs. Wir hören ständig, selbst in der Nacht. Manches bewusster, anderes weniger bewusst – so funktioniert auch unser Gehirn.

Eine Vielzahl von Impulsen strömt ohne Unterbrechung auf uns ein. Wir nehmen diese Impulse mit all unseren Sinnesorganen auf und leiten sie über die Nervenbahnen zu den entsprechenden Teilen unseres Gehirns weiter. Unser Gehirn ist praktisch eine Landkarte unseres Körpers. Jeder Körperteil findet hier seinen Platz, in dem gefühlt und von dem es gesteuert wird.

Die Größe der verschiedenen Areale auf der Großhirnrinde wird von der Aufgabe und Sensibilität des jeweils zugeordneten Körperteils oder Organs bestimmt. So nimmt beispielsweise die Wade, die keine diffizile Aufgabe zu lösen hat, keinen großen Raum ein, während die Finger einen viel größeren Raum einnehmen, da wir mit ihnen eine viel differenziertere Arbeit leisten und durch sie mehr und differenzierter spüren.

Betrachtet man Bilder des Gehirns, erinnert seine wulstige Struktur an einen zusammengeknüllten Lappen. Dieses „Zusammenknüllen“ hat den Effekt, dass in einem kleinen Raum wie dem Kopf viel Masse, also viel Gehirn, Platz findet.

Unser Gehirn ist in insgesamt vier Lappen aufgeteilt: Vorne im Stirnbereich liegt der Frontallappen, in dem sich das motorische Zentrum befindet. In der Mitte des Kopfes liegt auf beiden oberen Seiten der Scheitellappen, in dem sich das sensible Zentrum befindet. Zu beiden Seiten, in Höhe der Schläfe, befindet sich der Schläfenlappen, in dem sich das Hörzentrum befindet, und im hinteren Kopfbereich liegt der Hinterhauptslappen, in dem unser Sehzentrum liegt.

40 Bower, G. H. & Hilgard, E. R. (1973). Theories of Learning. Englewood Cliffs, NJ: Prentice-Hall.

Je nach eingehender Wahrnehmung unserer verschiedenen Sinnesorgane werden auf der Großhirnrinde einzelne Impulse ausgelöst. Wie aber werden diese einzelnen, in unserem Gehirn verstreuten Impulse zu einem Ganzen zusammengefügt? Denn was nützt es, wenn wir etwas gelbes Ovales sehen und im hinteren Lappen, also im Sehzentrum, ein Impuls ausgelöst wird, wenn wir diesen nicht mit dem Geruchs- und Geschmackszentrum in einem anderen Bereich des Gehirns zu der Erkenntnis oder dem Wissen zusammensetzen können, dass es sich hierbei um eine Zitrone handelt?

5.1.2 Hippocampus

Einem Teil unseres Gehirns kommt dabei eine zentrale Bedeutung und Aufgabe zu. Es handelt sich um den Hippocampus (*Bild 1.3*). Nur er macht es möglich, dass neue Sachverhalte gelernt werden können. Er befindet sich auf beiden Seiten des Gehirns, tief im unteren Bereich des Schläfenlappens.

Alles, was der Mensch an Impulsen aus den verschiedenen sensorischen Gebieten aufnimmt, fließt im Hippocampus zusammen. Er registriert und vergleicht ständig, ob diese Information neu oder schon bekannt ist. Ist die Sache neu und interessant, beginnt der Hippocampus mit der Speicherung, indem er eine neue neuronale Repräsentation davon bildet und diese in den Cortex, die Großhirnrinde, zur dauerhaften Speicherung zurückschickt.

Durch diese Verbindung von der Hirnrinde zum Hippocampus, durch das Verarbeiten und Zurückschicken zur dauerhaften Speicherung, entwickelt sich eine Art „Spur" von Nervenfasern. Eine Spur, die sich immer wiederfinden lässt.

So werden aus jeder Erfahrung und jeder neuen Information neue und weitere Verbindungen geknüpft, die im Gehirn Spuren hinterlassen. Die Spuren, die benutzt werden, manifestieren sich zu regelrechten „Trampelpfaden". Es bildet sich Myelin, eine Biomembran, welche die Axone der meisten Nervenzellen spiralförmig ummantelt und die Nervenleitgeschwindigkeit verbessert. Dadurch kann der neue Impuls schneller weitergeleitet werden. Jedes Erinnern von Bekanntem aktiviert die alte Spur neu und es werden ihr neue hinzugefügt.

Dazu ein einfaches, aber einleuchtendes Beispiel, das Spitzer in seinen Vorträgen immer wieder anbringt:

Stellen wir uns vor, wir gehen an einem verschneiten Tag in den Park. Am gegenüberliegenden Ende sehen wir einen Glühweinstand. Wir stapfen durch den Schnee zum Glühweinstand und hinterlassen damit eine Spur. Am nächsten Tag gehen wir wieder spazieren und zum

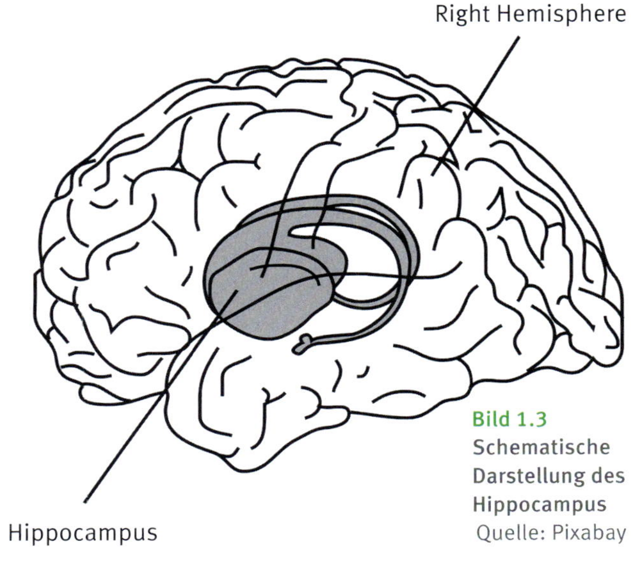

Bild 1.3 Schematische Darstellung des Hippocampus
Quelle: Pixabay

Glühweinstand. *Wie* gehen wir dorthin? Auf unserer schon getretenen Spur. Immer und immer wieder folgen wir unserer schon gelegten Spur. Selbst wenn dieser Glühweinstand eines Tages geschlossen hat und daneben ein anderer geöffnet wurde, werden wir unsere alte Spur gehen und dann erst einen Haken zum neuen Glühweinstand schlagen.

Aus diesem Haften an bekannten alten Spuren werden unsere Gewohnheiten. Einerseits verschaffen diese Sicherheit und die Basis, Neues zu erlernen, andererseits werden sie zu einem Problem, wenn wir sie verändern wollen oder müssen.

Gerade in der Bildung Erwachsener, die schon lange ihre alten Spuren gehen, wird die Veränderung dieser Gewohnheiten nicht nur schwerfallen, sondern auch lange dauern und intensiven Übens neuer Spuren bedürfen.

Wir lernen also durch Bekanntes und erweitern unser Wissen um Unbekanntes, was dann wieder als bekannt gespeichert werden kann. Auf diesem System des Lernens basiert das Ausbildungsgrundprinzip „Vom Bekannten zum Unbekannten".

Selbst wenn die Information leicht variiert oder in einem anderen Kontext ankommt, vergleicht der Hippocampus diese Information mit schon vorhandenen ähnlichen Gedächtnisspuren. Er reaktiviert die alte Spur, um sie dann mit einer neuen zu verknüpfen. Es findet wie zuvor beschrieben eine Erweiterung statt, die wiederum als neue Spur abgespeichert wird.

Dem Hippocampus ist es sogar möglich, lediglich Teile eines reaktivierten Inhalts selbstständig zu einem Ganzen zu vervollständigen. Manchmal sehen wir beispielsweise nur Umrisse und können sofort sagen, worum es sich handelt.

Durch diese Fähigkeit kann uns unser Gehirn auch schon mal einen unangenehmen Streich spielen. Bei einem Spaziergang in der Dunkelheit erkennt unser Gehirn plötzlich in Blättern, Ästen und Stämmen eine unbekannte Person, meist etwas Beängstigendes oder Gruseliges.

Zur Schaffung von Verbindungen und Zusammenhängen werden dem Hippocampus noch weitere wichtige Eigenschaften zugeschrieben, die auch in der Fahrschulausbildung Relevanz haben:

Im Hippocampus befinden sich Zellen, die für das Lernen und Speichern von Einzelheiten, hier speziell von Orten und räumlicher Orientierung, zuständig sind. Diese Zellen nennen sich Ortszellen, sie bilden das Ortsgedächtnis.

In wissenschaftlichen Untersuchungen wurde festgestellt, dass Londoner Taxifahrer, die eine vierjährige Ausbildung absolvieren müssen, um ihre Zulassungsprüfung zu erhalten, über einen größeren Hippocampus verfügen.

Um die Zulassung zu erhalten, müssen Londoner Taxifahrer etwa 25 000 Straßen, Tausende von Plätzen und interessante Orte kennen – und das ohne Navigationsgerät. Dass diese hohe Leistungsanforderung durch Lernen, Üben und erneutes Lernen bewältigt werden kann, zeigt, dass unser Gehirn kein statisches Organ ist.

Unser Gehirn wächst sogar bei Beanspruchung. Je mehr wir unser Gehirn benutzen, desto größer wird es und seine Leistungsfähigkeit steigt. Auf dieses Phänomen wird im Abschnitt 5.1.4 „Cortex" noch einmal näher eingegangen.

5.1.3 Die vier Phasen des Lernens

Lernen lässt sich in vier Phasen einteilen. Zur Erläuterung dieser vier Phasen dient die nachfolgende Eselsbrücke in Form des Wortes VASE mit Praxisbeispiel.

Die 1. Phase V = Vorbereiten

2. Phase A = Aneignen

3. Phase S = Speichern und

4. Phase E = Erinnern.

Jede Form des Lernens erfolgt durch diese stufenweise aufeinander aufbauenden Phasen.

V = Vorbereiten.

Zu Beginn der praktischen Fahrstunde wird der Fahrlehrer im Eingangsgespräch seinem Fahrschüler mitteilen, welche Ziele und Inhalte die heutige Fahrstunde haben wird, z. B. Erlernen der Fahraufgabe „Rechts vor Links".

Jetzt hat der Fahrschüler die Möglichkeit, in seinem Gedächtnis nach Spuren zu suchen. Wo habe ich das schon einmal gehört? Was kenne ich schon zu dieser Fahraufgabe? Was sagt mir „Rechts vor Links"?

Der Fahrschüler kann sich vorbereiten.

A = Aneignen.

In einer spezifischen Situation leitet der Fahrlehrer seinen Fahrschüler an. Dieser kann sich somit das richtige Verhalten aneignen. Aufbauend auf den bisherigen Spuren kann er weitere Verknüpfungen herstellen und zeigt neue Fähig- und Fertigkeiten. Er verbindet z. B. das aufmerksame Schauen in die Seitenstraße mit motorischen Handlungen wie ggf. seinen Oberkörper nach vorne zu beugen, seine Füße anschließend vom Gas über die Bremse und die Kupplung und dann wieder zurück zum Gas zu stellen, um weiterzufahren.

S = Speichern.

Durch Üben und Wiederholen festigen sich die neu erlernten Fähig- und Fertigkeiten. Neurowissenschaftler würden jetzt sagen, dass die neuen Spuren hier gefestigt werden und nun über die Nervenfasern zur dauerhaften Speicherung in den Cortex gelangen können. Dadurch entstehen wieder neue Spuren.

E = Erinnern.

In den nächsten Fahrstunden kann auf diese Spuren, Fähig- und Fertigkeiten sofort, schnell und sicher zurückgegriffen werden. Darüber hinaus bieten sie die Möglichkeit, neue Verknüpfungen durch neu zu erlernende Inhalte zu bilden und den Prozess mehrfach zu wiederholen.

Ein weiterer wichtiger Lern- und Verbindungseffekt zeigt sich im Bereich des Aneignens.

Der Fahrschüler verbindet die Impulse des Schauens, die mehrere Reaktionen im Hinterhauptlappen auslösen – denn hier befindet sich das Sehzentrum –, gleichzeitig mit Impulsen aus dem Frontallappen, der für die motorischen Fähigkeiten zuständig ist, in der Form, dass er seinen Kopf, den Oberkörper und die Füße mitbewegt.

So werden für eine Handlung mehrere unterschiedliche Impulse miteinander verknüpft und können fest zu einer Lerneinheit verbunden werden. Diese Lerneinheit wird besser gelernt, da nicht nur ein Drittel des Gehirns arbeitet (das Sehzentrum macht ein Drittel des Gehirns aus), sondern noch ein weiteres Drittel – das unserer Motorik.

Pauschal empfiehlt sich für den Unterricht, ob praktisch oder theoretisch, den Fahrschüler in allem aktiv einzubinden und ihn **multisensorisch wahrnehmen** zu lassen. Er sollte nicht vorwiegend mit Bildern und Filmen „berieselt" werden, denn erst die aktive Teilnahme des Schülers mit all seinen Sinnen schafft Verbindungen, Verständnis und sinnvolle Speicherung.

5.1.4 Cortex

Die Arbeitsprozesse im Hippocampus stellen das Zwischengedächtnis dar. Er ist die Schnittstelle zwischen dem Kurzzeitgedächtnis und dem Langzeitgedächtnis. Werden die im Kurzzeitgedächtnis bearbeiteten Informationen nicht wiederholt oder verstärkt, verblassen sie und können sogar ganz verschwinden.

Das Langzeitgedächtnis befindet sich im Cortex, auch Hirnrinde genannt. Sie lernt sehr langsam. Es kann Stunden, Tage aber auch Monate dauern. Eine dauerhafte Speicherung im Langzeitgedächtnis gelingt nur durch eine aktive Auseinandersetzung mit Inhalten durch Übung, Wiederholung und deren Erinnerung.

Fassen wir noch einmal zusammen: Im täglichen Leben strömen eine Vielzahl von Impulsen auf uns ein, die das Gehirn verarbeitet. Das Gehirn lernt und arbeitet den ganzen Tag.

Viele Lehrer und Pädagogen mögen das aufgrund ihrer Berufserfahrung verneinen und anbringen, sie hätten täglich ausreichend Gegenbeispiele vor sich sitzen. Dennoch lernt unser Gehirn jede Minute – allerdings nicht immer das, was Lehrer möchten.

Wie ein Mensch theoretisch lernt, wurde in den vorangehenden Ausführungen dargelegt. Dennoch kann der Fahrlehrer durch seine Art des Lehrens entscheidend dazu beitragen, was und wie gut seine Schüler lernen.

Aufgrund des bisher Erfahrenen drängt sich ein Vergleich unseres Gehirns mit einem Computer auf: Informationen und Wissen werden eingegeben, gespeichert und bei Bedarf abgerufen. Aber: Unser Gehirn ist sehr viel besser als ein Computer. Je mehr wir mit unserem Gehirn arbeiten, desto besser wird es. Unser Gehirn wächst mit seiner Beanspruchung. Sein Arbeitsspeicher ist nie voll, seine Verbindungen und Vernetzungen werden immer vielfältiger, schneller und sogar besser, je mehr wir unser Gehirn „vollpacken" und benutzen.

Diese erstaunliche Tatsache soll anhand der folgenden Fragen verdeutlicht werden: Wird ein Mensch, der schon mehrere Sprachen spricht, eine weitere, selbst wenn es die fünfte ist, schwerer oder gar nicht erlernen können, weil sein Arbeitsspeicher nun voll ist? Oder wird ein Fahrschüler, der bereits eine Vielzahl von Verkehrszeichen kennt, sich keine weiteren merken können, weil sein Verkehrszeichenspeicher voll ist? – Nein, im Gegenteil: Die neue Sprache und alle weiteren Verkehrszeichen werden leichter erlernt, weil der Lernende auf seine Vorkenntnisse zurückgreifen, Ähnlichkeiten erkennen und auf bisher Erlerntes aufbauen kann.

Anhand dieser einfachen Beispiele wird der größte und entscheidende Unterschied zwischen unserem Gehirn und einem Computer deutlich: So ist unser Gehirn mit einem Muskel unseres Körpers vergleichbar. Je mehr wir diesen trainieren und beanspruchen, desto leistungsfähiger wird er. Welcher Computer kann das?

Dies bedeutet im Umkehrschluss leider auch: Je weniger wir unser Gehirn benutzen und uns vorwiegend visuell oder auditiv „berieseln" lassen, desto mehr baut unser Gehirn ab. Zum Vergleich: Jemand, der seit drei Jahren nur auf dem Sofa lag, wird am nächsten Tag auch nicht mühelos eine Alpenwanderung bewältigen.

5.1.5 Neuronen

Es wäre aber nun falsch zu glauben, dass, je mehr das Gehirn genutzt wird, desto mehr würde es an Volumen zunehmen, wie es bei einem Muskel der Fall ist. Ebenso stimmt es nicht, dass jeder Mensch mit einem größeren Kopf auch intelligenter ist. Der Wachstumsanstieg unseres Gehirns erfolgt auf eine etwas andere Art:

Jeder Mensch besitzt von Geburt an ca. zehn Milliarden Nervenzellen, sprich Neuronen, die darauf spezialisiert sind, Informationen zu speichern und zu verarbeiten. Diese sind aber nicht wie einzelne Zellen zu verstehen, die einen gelernten Inhalt speichern und aneinandergereiht im Gehirn ihren Platz haben – eben nicht wie einzelne Dateien in einem Computer.

Diese Milliarden von Neuronen sind, wie zuvor bereits beschrieben, durch Nervenfasern, sogenannte Axiomen, miteinander verbunden. Jedes einzelne Neuron ist über diese Nervenfasern mit bis zu 10000 weiteren Neuronen verbunden. Ganz zu schweigen von den Tausenden von Nervenfasern, die von den Sinnesorganen zum Gehirn gelangen und auch wieder über Nervenfasern zu den einzelnen Sinnesorganen zurückführen. So gehen beispielsweise ca. eine Millionen Nervenfasern allein von jedem Auge zu unserem Gehirn.

Die Anzahl neuronaler Verbindung bewegt sich nach Spitzer[41] in einer Größenordnung von 10 hoch 15. In Worten ausgedrückt: Wir haben in unserem Gehirn eine Millionen Milliarden Verbindungen.

Um eine ungefähre Vorstellung von einem Neuron und seinen Verbindungen zu vermitteln, hat Spitzer in seinem Werk Digitale Demenz[42] ein Foto aus seinem Privatarchiv veröffentlicht, auf dem ein Neuron unter dem Lichtmikroskop bildhaft dargestellt wurde (*Bild 1.4*). Dieses Bild entspricht nicht ganz der Wirklichkeit, denn durch die Vielzahl von Neuronen und Verbindungen ist es unmöglich, ein einziges Neuron herauszufotografieren. Dem abgebildeten Neuron wurde

41 Spitzer, M. (2009). Lernen: Gehirnforschung und die Schule des Lebens. Heidelberg: Spektrum Akademischer Verlag.

42 Spitzer, M. (2014). Digitale Demenz. München: Droemer Knaur Verlag.

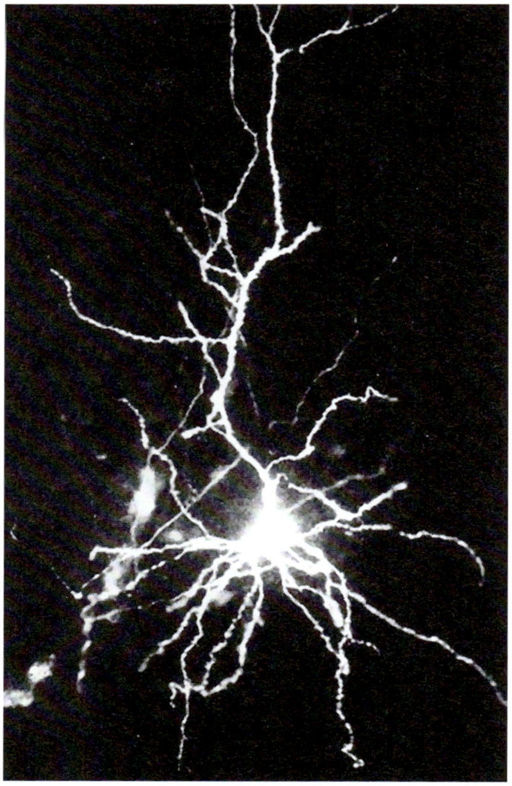

Bild 1.4 Neuron unter einem Lichtmikroskop
Quelle: Spitzer, 2014

eine leuchtende Flüssigkeit eingespritzt. Anschließend wurde es mit einer Lampe angestrahlt. So war es möglich, im Dschungel der Neuronen und Nervenfasern eines sichtbar zu machen, wobei die benachbarten Neuronen und die Tausenden von einlaufenden Fasern auf dieser Aufnahme nicht zu sehen sind.

Bild 1.5 zeigt eine Nervenzelle unter dem Elektronenmikroskop. Hier sind die andockenden Fasern zu erkennen, die die ankommenden elektrischen Impulse an den Enden auf chemischem Weg übertragen.

5.1.6 Synapsen

An diesen Schaltstellen, den sogenannten Synapsen, werden die elektronischen Impulse, also die Aktionspotenziale, durch chemische Stoffe, die Neurotransmitter, zu speziellen Rezeptoren weitergeleitet, die ihrerseits Kanäle für bestimmte geladene Teilchen, sogenannte Ionenkanäle, öffnen.

Das klingt hochkompliziert, der chemische Prozess ist für uns als Pädagogen jedoch nicht entscheidend, wichtig ist die Form bzw. die Art der Verbindung. Auf der schematischen Darstellung in *Bild 1.6* sind noch einmal deutlicher die Stellen erkennbar, an denen die Nervenfasern an dem jeweiligen Neuron andocken.

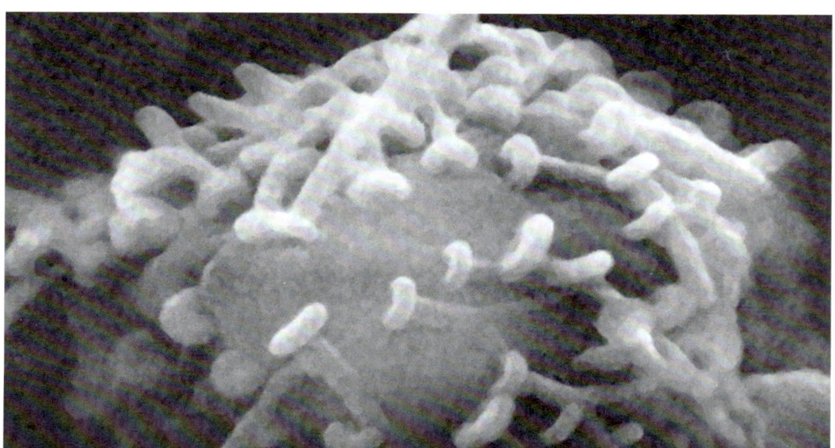

Bild 1.5 Nervenzelle unter einem Elektronenmikroskop Quelle: Spitzer, 2014

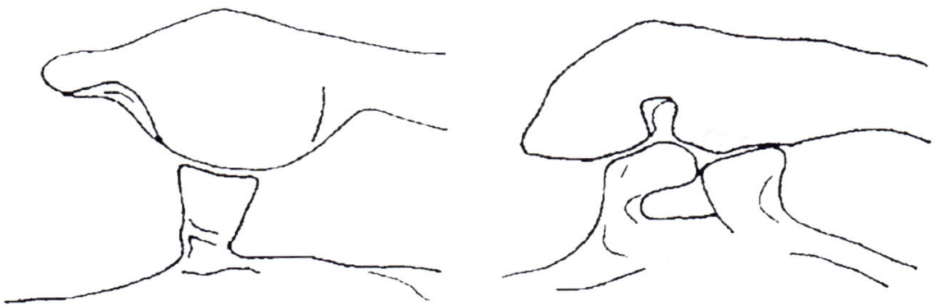

Bild 1.6 Nervenfasern docken an Neuron an Quelle: Spitzer, 2014

Aber warum gibt es Synapsen und dieses hochkomplizierte Umformen von elektronischen Impulsen überhaupt? Wäre eine direkte Verbindung von Neuron zu Neuron, wie ein geradliniges Kabel, nicht einfacher und schneller?

Genau hier zeigt sich die besondere Art des Wachstums des Gehirns. Es wurde bereits erwähnt, dass jeder Mensch mit der gleichen Anzahl von ca. zehn Milliarden Neuronen zur Welt kommt und unser Gehirn mit seinem Gebrauch wächst. Es nimmt jedoch nicht an äußerlich sichtbarem Volumen zu, wie dies bei einem Muskel der Fall ist; stattdessen vollzieht sich an den Synapsen eine markante Veränderung. Die Synapsen werden dicker, wenn sie beansprucht werden. Wird das Gehirn nicht beansprucht, werden sie nicht nur nicht dicker, sie können sogar verkümmern.

Über die im *Bild 1.6* auf der linken Seite dargestellte Synapse wurde nur wenig Aktionspotenzial übertragen, also ist sie eher klein. Dagegen wurden über die rechts dargestellte Synapse viele Impulse übertragen, und sie ist deutlich gewachsen.

Führt man sich die Menge von Informationen, die unser Gehirn verarbeiten muss, vor Augen, wird deutlich, wie wichtig die Größe und Anzahl der Synapsen sind. Um eine Größenordnung zu nennen: Die zu verarbeitende Informationsmenge, die ins Gehirn geleitet wird, beträgt knapp 100 Megabyte pro Sekunde. Hinzu kommen noch einmal 50 Megabyte pro Sekunde für alle wieder zum Körper gesendeten Impulse, die unser Verhalten und Handeln steuern.

Da macht es durchaus einen Unterschied, ob die Synapse, also die Übertragungsstelle, eher klein oder groß ist – und wie viele von diesen Verbindungen bestehen, die ein Lernen im Zusammenhang erst möglich machen.

Wie im Vorangegangenen schon mehrfach erwähnt, konnte die heutige Neurowissenschaft durch viele Studien belegen, dass die Synapsen durch Lernen nicht nur dicker werden, sondern dass auch immer mehr und neue Synapsen mit Aktionspotenzialen, also Verbindungen, hinzukommen.

Unsere Lern- und Leistungsfähigkeit besteht eben nicht darin, dass wir Spezialisten im Speichern von Einzelheiten sind, die vom Kurzzeit- in den Langzeitspeicher übertragen werden und dann nach Bedarf abgerufen werden. Wir müssen die Zusammenhänge, die dazu notwendigen Handlungen und Konsequenzen, das heißt die dahinterstehenden Dimensionen, erkennen. Zur Verdeutlichung dient das nachfolgende Beispiel aus der Fahrschulpraxis.

5.1.7 Lernen in der Fahrschulpraxis

Wir alle kennen Zahlen und verfügen über die Leistung, rechnen zu können. Das alleine genügt aber nicht.

Dazu ein Beispiel:

- Angenommen, die Fahrschüler errechnen bei einer Geschwindigkeit von 50 km/h einen Bremsweg von 250 m: Den meisten Schülern fällt dieser Fehler gar nicht auf, teilweise beherrschen sie nicht einmal das kleine Einmaleins. Sie nehmen felsenfest an, dass allein der Bremsweg 250 m beträgt. Dies hat der Taschenrechner ausgerechnet, also muss es stimmen und wird als Lösung angegeben. Vielleicht verwechseln die Fahrschüler auch schon mal m mit km und es fällt ihnen nicht auf.

Ausschlaggebend ist jedoch nicht der kleine Rechenfehler. Dieser lässt sich umgehend korrigieren und der Schüler nimmt die richtige Antwort gerne entgegen. Entscheidend ist hier die Fähigkeit, die hinter dieser Berechnung stehende Dimension und Konsequenz, nämlich die Realität, zu erkennen: Dass wir bei einer Geschwindigkeit von 50 km/h das Kind, das in 20 m Entfernung steht, zu 100 % überfahren!

Keiner denkt mehr mit. – So wird es neuerdings in der Werbung propagiert und alle stimmen lachend ein: *„Wir denken nicht, wir googeln!“* Erschreckend, wie viele Menschen nicken. Aber wer nicht mehr mitdenkt, erkennt und versteht im Dschungel der Zahlen und Wörter nicht den dahinterstehenden Sachverhalt. Er erkennt nicht, dass die in unserem Beispiel errechneten 25 m eine klare Gefahr für Umwelt und Mitmenschen sind.

Hier wird deutlich, dass die Einzelfähigkeit des Rechnens nicht ausreicht, sondern die Verbindung zu allen weiteren gespeicherten Fähigkeiten und Erfahrungen sinnvolles und verantwortungsbewusstes Handeln ausmacht.

Der Mensch ist bzw. muss fähig werden, Zusammenhänge zu erkennen und zu knüpfen und hinter Einzelheiten allgemeingültige Regeln, Handlungen und Konsequenzen zu erkennen. Dies erreicht er nur durch Schaffung vieler zusätzlicher Verbindungen innerhalb der unterschiedlichen Bereiche des Gehirns. Je mehr Verbindungen er innerhalb seines Gehirns knüpft, desto besser, schneller und mehr lernt er.

Erinnern wir uns noch einmal an die Frage, ob ein Schüler nach dem Erlernen einer Vielzahl von Verkehrszeichen noch weitere lernen kann. – Ja, denn er kann auf bisher Gelerntes zurückgreifen, kennt dieses schon, knüpft nun einfach eine weitere Verbindung dazu und hat wieder etwas Neues gelernt.

Zum Beispiel kennt der Fahrschüler bereits die Bedeutung des Gefahrzeichens Kinder. Das neue Gefahrzeichen mit dem Innensymbol Hirsch kann nun viel schneller erlernt werden, weil der Fahrschüler das Bekannte, in diesem Fall das Kennzeichen „Rotes Dreieck mit Spitze nach oben“, schon kennt und jetzt nur noch in der Lernleistung steht, die einzelnen Symbole und deren Bedeutung dazuzulernen.

Der Mensch schafft sich Regeln, Systeme und Kategorien im Gehirn, um Neues gleich richtig verstehen, einordnen und dazulernen zu können.

Ausbildungsgrundsätze des Lernens

Erinnern wir uns nun an die Spuren, die wir im Gedächtnis entwickeln. Anhand dieses einfachen und logischen Lernprinzips lassen sich die Ausbildungsgrundsätze des Lernens (siehe dazu ausführlich Abschnitt 2.2.3 „Prinzip der Strukturierung“) nun ganz leicht ableiten und verstehen:

1. Der Mensch lernt **vom Bekannten zum Unbekannten**. Die ersten Fahrübungen auf einem ruhigen Platz können jetzt auf die Fahrt im Stadtverkehr übertragen und erweitert werden.
2. Der Mensch lernt **vom Leichten zum Schweren**. Das einfache Abbiegen wurde gelernt und kann jetzt zum mehrspurigen Abbiegen erweitert werden.
3. Der Mensch lernt **vom Einfachen zum Komplexen**. Einfache Fahrmanöver wie das Wechseln einer Spur wurden sicher gelernt, jetzt können komplexere Manöver, wie das Auffahren auf eine Autobahn, geübt werden.

Intuitiv verfährt jeder Fahrlehrer bereits nach diesen Prinzipien. So fährt der Fahrlehrer in der ersten Fahrstunde seines Fahrschülers eben nicht durch die Pariser Innenstadt rund um den Arc de Triomphe.

Zeigt ein Fahrschüler Schwierigkeiten in der Bewältigung komplexer Fahraufgaben, kann der Fahrlehrer ihm durch ein einfaches Prinzip helfen: Er spaltet die komplexe Aufgabe, wie z. B. das Fahren auf der Autobahn, in einzelne Einheiten, sogenannte **Chunks**, auf. Chunks sind kleine Speichereinheiten. Nach einer allgemeingültigen Faustregel kann unser Kurzzeitgedächtnis, in dem ja alle neuen Impulse zuerst eintreffen, etwa 7 +/–2 Chunks verarbeiten. In diesem Fall bietet sich die folgende Aufteilung an: Orientierung, Auffahren, Einfädeln, Fahren im Fahrstreifen, Fahrstreifenwechsel, Rastplatz anfahren, Zurückfahren auf die Autobahn und schließlich Ausfahren von der Autobahn. So kann der Fahrschüler die einzelnen Phasen bzw. Einheiten besser begreifen, ausführen und zu einem gesamten Fahrmanöver abspeichern.

Prinzip der exemplarischen Vertiefung

Durch das zuvor genannte Beispiel der Kategorisierung von Verkehrszeichen lässt sich ein weiteres pädagogisches Grundprinzip des Lernens erklären: die exemplarische Vertiefung (siehe dazu ausführlich Kapitel 2, Abschnitt 2.2.2 „Welche Grundsätze sind bei der Aufbereitung der Inhalte zu beachten?“). Das bedeutet, dass dem Fahrschüler an einem Beispiel Regelmäßig- und Gesetzmäßigkeiten verdeutlicht werden und er aufgrund dieser gelernten Regeln neue Inhalte wiedererkennen und zuordnen kann.

Mittlerweile gibt es mehr als 500 verschiedene Verkehrszeichen und es kommen immer mehr dazu. Alle sofort erkennen und benennen zu können, ist fast unmöglich, es sei denn, man ist Fahrlehrer. Dennoch muss der Fahrschüler die Bedeutung und die Handlungskonsequenz dieser Schilder wissen. Wie soll dies praktisch umgesetzt werden?

Der Fahrlehrer teilt die Verkehrszeichen in Kategorien bzw. Gruppen ein:

Es gibt Gefahr-, Vorschrift- und Richtzeichen. Jede Kategorie hat seine eigenen Gesetzmäßigkeiten. Die Gefahrzeichen sind dreieckig, rot umrandet und ermahnen zur erhöhten Aufmerksamkeit. Die Vorschriftzeichen sind meistens rund mit rotem

Rand oder blauem Hintergrund und enthalten Gebote und Verbote. Die Richtzeichen sind in Form und Farbe sehr vielfältig, lassen sich aber aufgrund der Gesetzmäßigkeiten der Gefahr- und Vorschriftzeichen gut von diesen unterscheiden.

Hat ein Fahrschüler diese grundlegenden Gesetzmäßigkeiten einmal gelernt, ist es ihm möglich, jedes neue Verkehrszeichen einer Kategorie zuzuordnen, es in seiner Bedeutung zu erkennen und entsprechend den Vorgaben des Verkehrszeichens zu handeln.

In Bezug auf die erlernte Fähigkeit der Bremsbereitschaft bedeutet das: Dem Fahrschüler sind Rechts-vor-links-Situationen bereits bekannt; bei der Erweiterung zur Gefahrenlehre kann der Schüler nun auf das bisher Erlernte zurückgreifen und es in dieser neuen Situation modifiziert anwenden, festigen und erweitern.

Der Fahrschüler muss nicht immer alles neu erlernen. Zu den bisherigen Verknüpfungen (bisherige Kenntnis) kommen durch Erweiterung neue Verbindungen (z. B. neue Verkehrszeichen) dazu und der Schüler hat gleich neues Wissen erworben.

Prinzip der Didaktischen Reduktion

Die exemplarische Vertiefung wird häufig mit der didaktischen Reduktion verwechselt (siehe auch Kapitel 2, Abschnitt 2.2.2 „Welche Grundsätze sind bei der Aufbereitung der Inhalte zu beachten?“). Unter exemplarischer Vertiefung versteht man die Schaffung von Kategorien und Regeln. Die didaktische Reduktion hingegen ist eine Auswahl und Gewichtung von Inhalten.

Im Rahmen der Tätigkeit als Fahrlehrer hat dieser eine Fülle von Ausbildungsinhalten zu vermitteln. Der Theorieunterricht umfasst 90 Minuten. – Wie will oder kann er darin alle in einer Lektion vorkommenden Themen fach- und sachgerecht vermitteln? Da dies völlig unmöglich ist, sucht er sich die Inhalte heraus, die für die Fahrschüler wichtig sind – er gewichtet sie. Aber nach welchen Kriterien erfolgt diese Gewichtung?

Hier ein paar Hinweise: Wichtig sind die Inhalte, die in der Straßenverkehrs-Ordnung (StVO) vorgeschrieben sind, die in der Anlage der Fahrschüler-Ausbildungsordnung (FahrSchAusbO) sowie in der Straßenverkehrs-Zulassungs-Ordnung (StVZO) nachzulesen sind.

Welche Inhalte sind pädagogisch sinnvoll? Welche sind grundlegend und dem Fahrschüler noch unbekannt? Bei welchen Inhalten benötigt er Anleitung, da sie zu schwer zu verstehen oder zu lernen sind? Wo liegt die häufigste Fehlerrate bei Fahrmanövern oder in der Beantwortung relevanter Prüfungsfragen? Womit kann der Fahrlehrer das Interesse und die Motivation seines Fahrschülers wecken?

Weniger notwendig sind hingegen Themen, die jeder Mensch als Verkehrsteilnehmer kennt, z. B., dass innerorts das Tempolimit 50 km/h gilt. Diese können sich die Fahrschüler schnell selber aneignen oder bei Bedarf erfragen (z. B. auch Bußgelder, Führerscheinklassen usw.).

Aktives Lernen

Fassen wir das bisher Gesagte noch einmal kurz zusammen:

Neues aufgrund bisher gemachter Erfahrungen schneller zu erlernen, bei abweichenden Anforderungen das Gelernte zu modifizieren, auf die neue Anforderung richtig zu reagieren und aktiv an seiner Umwelt teilzunehmen sowie sie für sich auch zu gestalten, ist eine Besonderheit, die nur dem Menschen vorbehalten ist.

Aufgrund dieser einzigartigen Fähigkeit kann der Mensch seine Lern- und Leistungsfähigkeit erweitern und schafft gleichzeitig weitere Verknüpfungen in seinem Gehirn, die seine Fähig- und Fertigkeiten wiederum stetig steigern und verbessern. Ein ständiger Kreislauf, der sich selbst immer wieder verbessert. Dazu wird in unserem Gehirn ständig angebaut, umgebaut, abgebaut, weggeräumt und wieder ganz neu gebildet.

Dies geschieht jedoch nur dann, wenn wir uns **aktiv** mit der Welt auseinandersetzen. Damit ist nicht gemeint, dass man sich aktiv mehrere Kochbücher besorgen und durch das Lesen der Rezepte plötzlich kochen kann. Oder dass man durch das Ansehen vieler YouTube-Videos in der Lage ist, seinen Wagen oder die Heizung zu reparieren. Wer würde schon jemandem vertrauensvoll auf die Zuspitze folgen, der sich den Aufstieg dreimal im Internet angesehen hat?

Das Prinzip des Nürnberger Trichters, bei dem das Wissen, das gelehrt werden soll, wie eine Art Flüssigkeit nahtlos durch einen Trichter nach und nach einfach in den Kopf bzw. in das Gehirn eingegossen wird, funktioniert in der Realität nicht. Manches Wissen muss sich der Mensch erringen. Lernen ist kein passiver Vorgang, der zu erlernende Inhalt muss im wahrsten Sinne des Wortes begriffen werden.

Würde ein solcher Nürnberger Trichter existieren, dann würde es doch ausreichen, dem Fahrschüler während des Unterrichts oder zu anderen Zeiten eine Pedalerie unter den Schreibtisch zu stellen, damit er das sanfte Anfahren und degressive oder progressive Bremsen lernt. Wenn er dazu auch noch seine Arme nach rechts und links bewegen kann, kann er ebenso schon blinken und das Lenkrad bedienen. Dennoch würde sich niemand von einem so ausgebildeten Fahrschüler zum Flughafen fahren lassen. Also gibt es zum theoretischen Unterricht auch den praktischen. Und immer wieder wird man als Fahrlehrer feststellen, wie weit Wissen und Können in diesen Bereichen auseinanderklaffen können.

Unser Einzel- und theoretisches Wissen reicht also nicht aus. Wir müssen aktiv lernen. Langjährige Fahrlehrer werden bestätigen, dass die Anzahl der praktischen Fahrstunden in den letzten Jahren immer weiter ansteigt. In Anbetracht einer sich verändernden Generation, die sich dadurch auszeichnet, dass sie mehr vor dem Computer sitzt und sich mehr mit dem Smartphone beschäftigt, als aktiv am Leben und besonders am Straßenverkehr teilzunehmen, verwundert dies nicht.

In der Analyse der Vorbedingungen eines theoretischen und praktischen Unterrichts ist immer wieder zu finden: Fahrschüler haben Vorerfahrung durch ihre allgemeine Teilnahme am Straßenverkehr.

Wer sich aber einmal konkret umschaut, wird feststellen, dass die Verkehrsteilnehmer, ob an der Ampel, an der Bushaltestelle, im Bus, im Auto oder in der Straßenbahn, ja selbst als Fußgänger, zu einem großen Teil nur noch das wahrnehmen, was ihnen ihr Smartphone auf dem Bildschirm zeigt oder durch die Kopfhörer ins Ohr schallt.

Keine dieser Personen nimmt aktiv am Straßenverkehr teil. Sie schauen weder hin noch hören sie Signale. Mittlerweile werden sogar Warnsignale auf die Straßen aufgebracht, damit die mit dem Smartphone beschäftigten Fußgänger registrieren, dass sie gefährliches Terrain betreten, und die Fahrer davor geschützt werden, einen blinden und tauben Fußgänger zu überfahren.

Als Kleinkinder wurden die jetzigen Fahrschüler von ihren Eltern angeleitet und zur Aufmerksamkeit und sicheren Teilnahme am Straßenverkehr erzogen. Auch in der Kindergartenzeit erhalten die Kinder noch ihr erstes polizeiliches Verkehrstraining als Fußgänger und später in der Grundschule als Steigerung mit dem Fahrradtraining ihr großes Abzeichen. Darauf folgen unter Umständen 14 Jahre geschlossener Augen und Ohren.

Worauf will der Fahrlehrer also aufbauen? Selbst wenn er engagierte und motivierte Fahrschüler hat, die seinem theoretischen Unterricht folgen, seine Frage, ob noch Unklarheiten bestehen oder etwas nicht verstanden wurde, verneinen und zum Schluss auch ihre Lernzielkontrolle gut bestehen – sie werden nicht so viel behalten und lernen, wie wenn sie sich selbst aktiv mit dem Gelernten auseinandersetzen.

Verarbeitungstiefe

Wie gesagt, gelangen alle Neuigkeiten zuerst in unseren Kurzzeitspeicher. Während des Unterrichts und in der praktischen Fahrstunde sind die neu erlernten Inhalte noch präsent. Es wäre falsch zu sagen, dass die Schüler nicht gelernt haben. Warum ist dann die Diskrepanz so hoch, wenn dieses Wissen einige Zeit später wieder abgerufen werden soll? Wie kann der Fahrlehrer verhindern, dass das Erlernte aus dem Kurzzeitspeicher gelöscht wird? Und um den Bogen zu schließen: Wie wird erreicht, dass die Synapsen größer werden, das Gehirn wächst und die Leistung steigt?

Zum einen wurde bereits ausgeführt, dass Lernen und Wissen davon abhängen, in welchem Maße sich die Fahrschüler aktiv mit der Welt und dem Gelernten auseinandersetzen.

Ein weiterer ebenso wichtiger Faktor ist die Verarbeitungstiefe.

Immer wieder taucht als Lernziel in fleißig vorbereiteten Unterrichtsstunden der Satz auf: *Die Fahrschüler sollen das Abbiegen, den Grundsatz „Rechts vor Links“ o. Ä. kennenlernen.*

Dazu folgende Situation, die jeder bestimmt schon oft erlebt hat:

In einer Gesprächsrunde oder Feier stellen sich die Gäste persönlich vor oder werden Ihnen mit Namen vorgestellt. Sie haben also alle kennengelernt! Treffen Sie diese Person bei einer Kaffee- oder Zigarettenpause wieder, können Sie sich dennoch nicht mehr an ihren Namen erinnern. Das ist völlig normal. Denn es handelte sich nicht um ein Kennenlernen, sondern ein Hören.

Treten Sie nun näher mit dieser Person in Kontakt, kommen intensiver ins Gespräch, nehmen Dinge auf, erwidern etwas, nehmen Stellung, denken über Gesagtes und Gesehenes nach, schaffen Sie Verbindungen zu dieser Person, und der Name dieser Person wird Ihnen dann eher wieder einfallen.

Dieser Lerneffekt entsteht durch Verarbeitungstiefe.

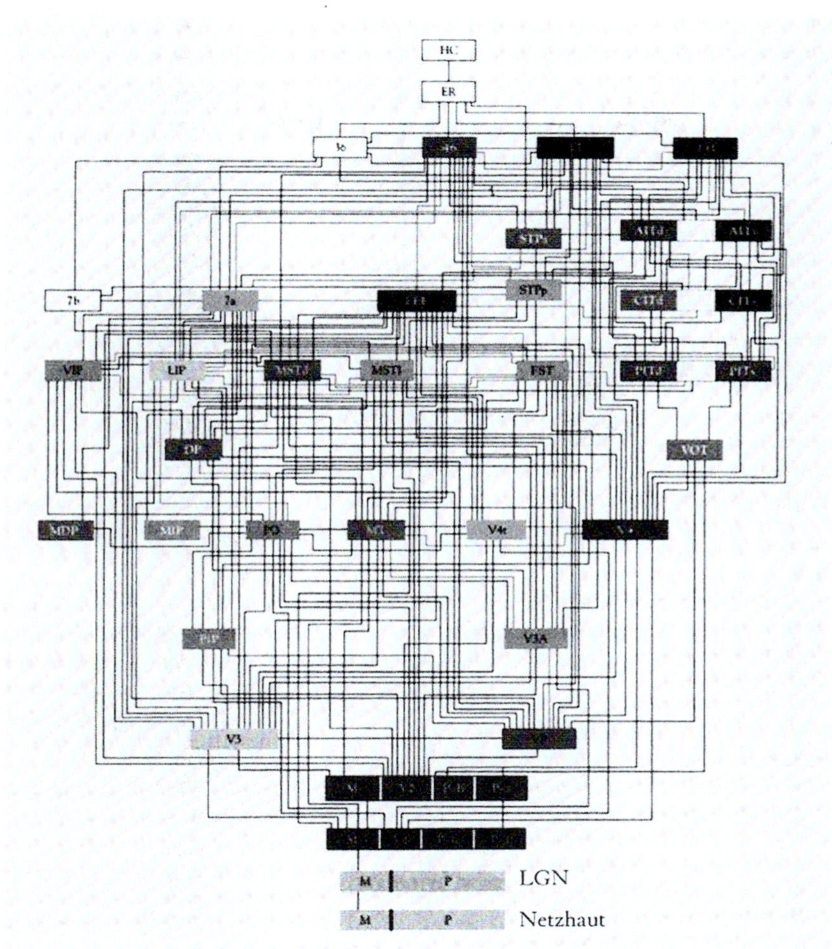

Bild 1.7
Ausschnitt aus dem visuellen System des Gehirns
Quelle: Spitzer, 2014

Ein weiteres Beispiel zeigt, dass dies nicht nur auf Personen zutrifft, sondern auch auf abstraktere Lerninhalte. Dieses Beispiel entstammt wieder einer wissenschaftlichen Untersuchung von Spitzer,[43] die diesen Lerneffekt durch Verarbeitungstiefe bestätigen und belegen konnte. Es ist so einfach, dass jeder den Effekt sofort selber erfahren kann.

Lesen Sie die folgenden Wörter und geben Sie an, ob das Wort mit kleinen oder großen Buchstaben geschrieben wurde:

werfen – HAMMER – leuchten – Auge – RIESELN – laufen – BLUT – STEIN – denken – AUTO – zecke – LIEBEN – wolke – TRINKEN – sehen – buch – FEUER – KNOCHEN – essen – GRAS – meer – rollen – Eisen – ATMEN

Das ist eine einfache Aufgabe, problemlos lösbar.

Nun der zweite Schritt: Lesen Sie diese Wörter noch einmal und entscheiden Sie jeweils, ob es sich um ein Verb oder ein Substantiv handelt. Das ist etwas

43 Spitzer, M. (2014).

schwieriger und Sie müssen schon mehr denken. Die Wörter werden Ihnen schon bewusster.

Im dritten Schritt sollten Sie beantworten, ob es sich bei dem jeweiligen Wort um ein belebtes oder ein unbelebtes Wort handelt. Diese Beantwortung erfordert eine weit größere Hirnleistung. Sie müssen intensiv darüber nachdenken.

Beantworten Sie sich selbst nun folgende Frage: Nach welchem Schritt könnten Sie Wörter dieser Liste, auch nach einiger Zeit noch, wiedergeben? Wodurch war es Ihnen möglich, sich besser an diese Wörter zu erinnern?

Sie verbinden das gelesene Wort mit vielen Erfahrungen und Erinnerungen in Ihrem Kopf. Sie drehen und wenden es quasi hin und her. Sie suchen nach Spuren in Ihrem Gehirn.

Genauso funktionieren Eselsbrücken. Die Eselsbrücke selbst, auch wenn sie noch so logisch ist, ist nicht der Casus knacksus, sondern dass wir den Inhalt hin- und herdrehen, mit vielen schon gelernten Inhalten verbinden, Spuren suchen, finden und neu knüpfen. Wir aktivieren bisherige synaptische Verbindungen immer wieder neu und füllen sie mit neuen Inhalten. Die Synapse wird größer.

So wächst unser Gehirn, indem die Synapsen größer werden, unsere alten und neu dazu gewonnenen Spuren immer schneller werden und in ihrer Anzahl zunehmen. Unser ganzes Gehirn ist aktiv miteinander verbunden. Eine Vorstellung davon, wie so etwas aussieht, vermittelt die schematische Zeichnung in *Bild 1.7*. Zu sehen ist ein Ausschnitt aus dem visuellen System unseres Gehirns. Es ist aus Dutzenden Zentren zusammengesetzt und vernetzt.

5.1.8 Zusammenfassung

Aus den zuvor gewonnenen Erkenntnissen lassen sich für den Fahrlehrer und dessen Lehrtätigkeit folgende Empfehlungen ableiten.

Der Fahrlehrer sollte

- seinen Unterricht in kleinen Einheiten aufbauen,
- den Unterricht lebendig gestalten und durch unterschiedliche Methoden und Medien alle Sinne seines Fahrschülers aktivieren,
- den Fahrschüler aktiv teilnehmen lassen,
- neue Inhalte mit eigenen Erfahrungen der Fahrschüler verknüpfen und Bezüge zwischen Theorie und Praxis schaffen,
- den aktuellen Lehrstoff in Beziehung zum vorherigen setzen,
- sich auf das Wichtigste konzentrieren, didaktisch richtig reduzieren und Gesetzmäßigkeiten und Regeln durch exemplarische Vertiefung ausbilden,
- immer den Sinn und die Bedeutung des zu Lernenden für den Schüler in den Vordergrund stellen und erklären, warum und wieso etwas gelernt werden soll. Der Fahrschüler ist kein Empfänger von Anweisungen, er muss diese verstehen und begreifen, um sie als sein eigenes Handeln speichern zu können und um sie anschließend gerne auszuführen,
- Erinnerungen wecken und immer wieder bisher Gelerntes abrufen,
- ganz besonders darauf achten, dass sein Fahrschüler aufmerksam ist, und zwar ihm gegenüber sowie seinem Unterricht. Der Fahrschüler kann dem

Fahrlehrer nicht gleichzeitig zuhören und WhatsApp-Nachrichten schreiben. Denn wir Menschen sind nicht multitaskingfähig – auch wenn wir es gerne wären. Müssen wir etwas Neues lernen, brauchen wir unsere gesamte Konzentration und Aufmerksamkeit.[44]

- Lerninhalte mit Geschichten und Emotionen verbinden und sie dadurch lebendig machen. Einzelheiten machen nur im Zusammenhang Sinn und werden somit interessant. Dann erst werden sie auch behalten und treiben zu Neuem an.

Literatur

Spitzer, M. (2009). Lernen: Gehirnforschung und die Schule des Lebens. Heidelberg: Spektrum Akademischer Verlag.

Spitzer, M. (2014). Digitale Demenz. München: Droemer Knaur Verlag.

Bower, G. H. & Hilgard, E. R. (1973). Theories of Learning. Englewood Cliffs, NJ: Prentice-Hall.

5.2 Störungen im Lernprozess

Wie der Mensch lernt, wurde im vorangegangenen Abschnitt umfassend besprochen.

Doch was ist, wenn Lernen nicht ungestört möglich ist? Welche Faktoren stören das regelrechte Lernen? Dies wird im Folgenden näher erörtert.

Lernstörungen sind nicht gleich Lernstörungen. Sie können ein alltägliches Phänomen sein und bleiben meist folgenlos. So hat es in der Regel keine dramatischen Konsequenzen, wenn jemand Schwierigkeiten hat, Tennis oder Klavier spielen zu lernen. Ein Misserfolg bleibt hier ohne Folgen und kann von jedem zugegeben werden, ohne dass er eine negative Reaktion darauf erhält oder beginnt, an sich selbst zu zweifeln. Man sucht sich eben eine andere Sportart oder ein anderes Instrument. Niemand käme hier auf den Gedanken, von einer Lernstörung zu sprechen.

Genauso verhält es sich, wenn man einen Lernstoff nicht auf Anhieb beherrscht; er kann nach Art, Umfang und Tagesverfassung unterschiedlich erfasst werden. Der Lernprozess kann mühevoll sein. Manchmal ist er mit Erfolg gekrönt, ein anderes Mal bleibt er vorübergehend erfolglos, z. B. kann der erwünschte Erfolg durch Ablenkung und Müdigkeit ausbleiben. Auch in diesem Fall kann nicht von einer Lernstörung gesprochen werden.

Zu einer persönlichen Tragödie werden Lernstörungen erst dann, wenn die Betroffenen in ein System eingespannt sind, das auf bestimmte Leistungen besteht, sodass sie eine gewisse Leistung erbringen müssen. Man denke hierbei an das Bestehen einer Klausur, einer Prüfung oder, in Bezug auf Fahrschüler, der Fahrprüfung.

---

44 Unsere gerühmte Multitaskingfähigkeit – gleichzeitig winken, auf einem Bein stehen und telefonieren zu können – liegt einzig darin begründet, dass das Winken und Auf-einem-Bein-Stehen Automatismen sind und keine Leistung. Die einzige Leistung, die wir in dieser Situation vollbringen, ist telefonieren. Möchte ich lernen, muss mein Gehirn eine Leistung erbringen und nicht Automatismen abrufen.

Unser Leben besteht aus Etappen des Lernens und der Prüfungen. Prüfungen begegnen uns als Lernenden schon sehr früh, ohne dass wir sie als solche empfinden. Sie beginnen schon im Kindergarten, wenn beispielsweise den Eltern ein Krippenspiel vorgespielt werden soll: Die erste Rolle und damit Prüfung, etwas vor Zuschauern zu präsentieren, ist da. Weiter geht es in der Schule, wenn etwas Auswendiggelerntes oder ein Referat vorgetragen werden sollen. Eine Lernstörung bloß an mangelndem Erfolg festzumachen, ist jedoch nicht richtig.

Ehrlicherweise gestehen so manche gescheiterten Prüflinge nach ersten Ausreden, wie ein Blackout, falsche Fragen oder Antipathie vonseiten der Prüfer, selbst ein, dass ihr Lernen und ihre Lerntechniken für das Bestehen der Prüfung nicht ausgereicht haben. So kann von einer Lernstörung erst dann gesprochen werden, wenn der Lernprozess selbst angegriffen bzw. gestört ist.

Lernen ist von vielen Variablen abhängig. Dazu zählen nicht nur Kognition und Motivation. Auch Gefühle, soziale Verflechtungen und Funktionen, sprich Werkzeuge, gehören dazu. Zum Beispiel benötigt ein Tänzer eine gute Koordination seiner beiden Beine. Verfügt er nicht darüber, ist sein Lernen beeinträchtigt.

Alle diese Variablen sind miteinander vernetzt und beeinflussen sich gegenseitig. Sie bieten die Basis für eine positive, d. h. begünstigende, oder eine negative, d. h. verhindernde, Lernstruktur und entscheiden letztendlich darüber, wie das Gelernte in Leistung umgesetzt werden kann.

In Bezug auf eine Störung der Funktionen bzw. Werkzeuge muss unterschieden werden, ob diese in irgendeiner Weise ausgefallen, beeinträchtigt oder verzögert sind. Diese Störungen können äußerlich sichtbar sein in Form einer Beeinträchtigung bis hin zum Ausfall eines unserer Sinnesorgane wie Augen oder Ohren oder von Körperteilen wie Arme und Beine.

Liegt eine Störung der Werkzeuge vor, spricht man von einer **defizitären Lernstörung**.

Auch Verarbeitungsprozesse in unserem Gehirn können beeinträchtigt sein, ohne dass wir diese beheben können. Hier spricht man von einer **strukturellen Lernstörung**.

5.2.1 Legasthenie

Ein bekanntes Beispiel für eine strukturelle Lernstörung ist Legasthenie, die sogenannte Lese-Rechtschreib-Schwäche (LRS).

Menschen mit einer Legasthenie haben Probleme, aus dem Klang eines Wortes die richtigen Buchstaben abzuleiten. In unserer heutigen digitalen Welt mit allen möglichen Rechtschreibprogrammen kommt dies nicht deutlich als Nachteil zum Tragen. Wer schreibt heute noch mit der Hand bzw. wo wird heute noch selbst geschrieben? Vielfach wird uns ein Multiple-Choice-Verfahren vorgelegt oder das Programm korrigiert die Rechtschreibfehler automatisch. Die wenigsten schreiben noch Briefe, das meiste erfolgt anhand von Abkürzungen über Apps, SMS oder E-Mails.

Eine weitere Schwierigkeit von Legasthenikern ist dagegen umso problematischer. Sie haben nicht nur Probleme damit, ein Wort in Buchstaben umzusetzen, sondern zeigen zudem deutliche Schwierigkeiten, aus einzelnen Buchstaben ein ganzes Wort zu bilden.

Zum Beispiel schaffen sie es zum Teil nicht, aus den Buchstaben A, U, T und O das Wort Auto zu lesen und damit zu verstehen. Oder sie verwechseln oft ähnlich aussehende Buchstaben wie d und b, u und n, b und g, m und n. So wird aus dem Wort Grad das Wort Grab – schon ist der Sinn dahin.

Weiterhin zeigen sich Konzentrations- und Wahrnehmungsstörungen, Startschwierigkeiten, Verwechselung ähnlich klingender und geschriebener Worte. Das Lesen ist zusätzlich zu diesen Schwierigkeiten insgesamt unsicher und verlangsamt und verursacht ein geringes Lesesinnverständnis.

Das kann schwerwiegende Folgen haben, denn lesen müssen wir überall. Lesen und Schreiben sind nach wie vor die Kulturtechniken, die den Zugang zu Bildung, Informationen und Kommunikation erst ermöglichen.

Wenn ein lese- und rechtschreibeschwacher Schüler nicht nur in der Schule, sondern auch in der Fahrschule einen Text vorgelegt bekommt und lesen soll, kann er je nach Schwere der Legasthenie manche Wörter nicht lesen und somit weder den Sinn der einzelnen Wörter noch des gesamten Satzes verstehen. Wie soll ein solcher Schüler den Inhalt eines Textes dann begreifen?

Viele Schüler werden ihre Lese-Rechtschreib-Schwäche nicht zugeben, da die Beherrschung orthografischer Regeln, des Lesens und Schreibens in unserer Bevölkerung eine Art Gradmesser für Intelligenz ist. Ist es da verwunderlich, wenn ein Fahrschüler Müdigkeit, das Fehlen der Brille oder Schüchternheit, vielleicht auch Unwillen vorschiebt, um nicht als dumm zu gelten? Die Bewertung der Lese-Rechtschreib-Schwäche gerät schnell auf ein moralisches Gleis, auf dem der Legastheniker als Verlierer dasteht.

In einem speziellen Training lernen Legastheniker, ganzheitlich zu lesen. Das heißt, sie lernen unter anderem, das Wort anhand seiner äußeren Gestalt zu erkennen und lernen es sozusagen anhand seiner Form und Bedeutung auswendig. Der Fahrlehrer sollte also bei seinem Unterricht darauf achten, dass er Texte immer selbst vorliest oder durch seine Fahrschüler vorlesen lässt. Damit erspart er legasthenischen Fahrschülern mühevolle Arbeit, die sie von der Konzentration auf den Unterricht erst einmal ablenkt.

Auch Mitschriften oder Ergebnissammlungen auf dem Flipchart, an der Tafel usw. sollten immer vorgelesen werden, damit Fahrschüler nicht darauf angewiesen sind, Unverstandenes selber erlesen zu müssen. Zudem sollte der Fahrlehrer auf eine klare und deutliche Schreibung seiner Ergebnissammlungen, Mitschriften oder Vorbereitungen achten.

5.2.2 Dyskalkulie

Eine weitere Verarbeitungsstörung stellt die Dyskalkulie, die sogenannte **Rechenschwäche**, dar. Auch diese Art der Verarbeitungsstörung hat nichts mit einer Intelligenzminderung zu tun.

In dem Fachbegriff Dyskalkulie steckt das Wort kalkulieren, was so viel bedeutet wie Preise oder Kosten berechnen oder abschätzen. Es handelt sich hierbei also um eine Schwierigkeit, welche die Zahlen, das Mengenverständnis und somit die Basis mathematischer Logik betrifft. Menschen mit einer Dyskalkulie fehlt das Verständnis, dass Zahlen auch Mengen entsprechen können. Speziell bei Zehnerübergängen treten Schwierigkeiten auf.

Zum Beispiel fehlt ihnen das Verständnis, dass eine Fußballmannschaft mit elf Spielern immer die gleiche Anzahl an Spielern umfasst und somit eine feststehende Größe darstellt. Oft müssen die Spieler von Menschen mit einer Dyskalkulie immer wieder gezählt werden. Zahlen werden zu Symbolen und stehen nicht mehr für eine Mengenangabe. Sind fünf schon viele oder drei?

Die Defizite betreffen alle vier Grundrechenarten, d. h. Addition, Subtraktion, Division und Multiplikation. Entsprechend unangenehm wird es einem Schüler mit Dyskalkulie sein, wenn er z. B. den Bremsweg berechnen soll. Was soll ihm auch der ggf. von einem anderen Schüler errechnete Bremsweg sagen? Sind 25 m viel? Alle anderen staunen – er weiß nicht wieso. Denn ihm ist die Bedeutung und Konsequenz dieses Ergebnisses nicht bewusst, dass nämlich 25 m tödlich für andere und für ihn selbst sein können. Wie kann er anhand der Zahlensymbole auf dem Tachometer Geschwindigkeiten einschätzen? Was heißt Schrittgeschwindigkeit?

Der Alltag und das Lernen des Fahrschülers werden durch die Rechenschwäche, d. h. durch das fehlende Verständnis für Zahlen, trotz intensiver Bemühungen beeinträchtigt, ja regelrecht gestört. Psychische Belastung und Angst vor jeder Form der Mathematik und des Rechnens, selbst einfacher Grundrechenaufgaben, sind hier besonders hoch.

Solchen Fahrschülern kann dadurch geholfen werden, indem sie nicht gezwungen werden, vor anderen etwas auszurechnen. Zahlen, Brems-, Reaktions- und Anhaltewege oder Schrittgeschwindigkeit sollten im Fahrschulunterricht daher möglichst erlebbar gemacht werden. Es sollte bildhaft gezeigt werden, beispielsweise durch eigenes Gehen, was Schrittgeschwindigkeit bedeutet, wie lang ein Bremsweg von der Einleitung des Bremsvorgangs bis zum Anhalten ist o. Ä.

5.2.3 Störungen der Aufmerksamkeit und Konzentration

Ein weiterer Bereich möglicher Lernstörungen betrifft die Aufmerksamkeit.

In diesem Zusammenhang tauchen immer wieder Begriffe wie Motivation, Multitasking, das Aufmerksamkeitsdefizit-Syndrom (ADS) und die Aufmerksamkeitsdefizit-Hyperaktivitätsstörung (ADHS) auf.

Hinsichtlich der Aufmerksamkeit unterscheidet die Wissenschaft zwischen Vigilanz und selektiver Aufmerksamkeit: Vigilanz ist ein Zustand andauernder Aufmerksamkeit bei eintöniger Reizfrequenz (z. B. routinierter Autofahrer auf der Autobahn). Selektive Aufmerksamkeit bezeichnet hingegen die fokussierte Aufmerksamkeit auf bestimmte Sachverhalte mit gleichzeitiger Ausblendung anderer, in diesem Moment unwichtigerer Sachverhalte (beispielsweise Lesen).

Dazu zwei Beispiele:

- Auf einer Party unterhält man sich mit schon lange nicht mehr gesehenen Freunden. Um einen herum wird gerufen, durcheinander gesprochen und laute Musik schallt aus großen Lautsprechern. Dennoch ist es möglich, das Gespräch mit den Freunden zu führen. Warum? Weil man gelernt hat, unwichtige Sachverhalte, wie Nebenrufe, -gespräche und Musik, auszuschalten und sich auf das wesentliche Gespräch zu konzentrieren. Das heißt, man verfügt über selektive Aufmerksamkeit, also die Fähigkeit, bestimmte Stimuli bevorzugt zu behandeln.

- Im Psychologie- oder Soziologieunterricht werden gerne zwei Bilder, ein Haus und ein Gesicht, überlagert dargestellt. Je nachdem, auf welches dieser Bilder man sich gerade konzentriert, sieht man entweder das Haus oder das Gesicht deutlich und das jeweils andere nur noch verschwommen im Hintergrund. In diesem Moment sind auch die entsprechenden Areale der Großhirnrinde, also des Cortex, aktiv. Zwei positive Effekte gehen damit einher: Man ist wach, das Gehirn nimmt Impulse auf, wird aktiv und leitet die Impulse weiter. Man verfügt also über eine Vigilanz und durch die Verarbeitung im Cortex und im Hippocampus ist die Lern- und Behaltensrate umso größer.

In diesem Zusammenhang wird in der Psychologie auch von **kognitiver Kontrolle** gesprochen. Kognitive Kontrolle meint die Fähigkeit, sich auf Denkprozesse oder Handlungen zu konzentrieren und dabei unwichtige Reize auszublenden.

Wie verträgt sich das mit der neuzeitlich so hochgelobten Multitaskingfähigkeit?

Wenn man schnell auf sein Handy schaut, die ankommenden Nachrichten liest und vielleicht noch schnell beantworten möchte, den PC zur Unterrichtsvorbereitung hochfahren lässt, ein Fahrschüler einen Anmeldebogen benötigt und man schnell noch einmal seine Kaffeetasse füllen möchte, würde man sich wohl als multitaskingfähig bezeichnen. Auf den ersten Blick stimmt das auch.

Man erledigt diese Tätigkeiten – aufnehmen, aussortieren, ausschalten – allerdings mit weniger als der halben Gehirnleistung. Man ist auf die Nachrichten konzentriert, alles andere wird ausgeblendet. Dann kommen der PC, der Monitor und die Tastatur in den Fokus, wobei Nachrichten, Fahrschüler und Kaffee ausgeblendet werden. Dann ist der Fahrschüler im Fokus: *„Was wolltest du noch einmal?“*. Und so weiter.

Man verfügt immer über 100 % Konzentrations- und Aufmerksamkeitsfähigkeit. Wenn man diese 100 % jedoch ständig hin- und herschiebt oder in unterschiedlichste Bereiche aufteilt, wird manches zwangsläufig auf der Strecke bleiben und man findet seine Brille auf der Toilette wieder. Je mehr Informationsverarbeitungskapazität einer bestimmten Aufgabe zugeordnet wird, desto mehr muss diese anderswo abgezogen werden. Die Gefahr, sich Oberflächlichkeit anzutrainieren, besteht durchaus.

Die Konzentrationsproblematik führt uns direkt zum **Aufmerksamkeitsdefizit-Syndrom (ADS)** und der **Aufmerksamkeitsdefizit-Hyperaktivitätsstörung (ADHS)**. Das ADS und das ADHS sind mittlerweile anerkannte neurobiologische Erkrankungen, bei denen es zu einer veränderten Informationsübertragung zwischen den Nervenzellen im Gehirn kommt.

Beiden liegt zugrunde, dass Betroffene nicht über die Fähigkeit verfügen, Impulse zu filtern, sich auf bestimmte Sachverhalte zu konzentrieren und andere unberücksichtigt zu lassen. Sie nehmen alle Reize in ihrer Ausprägung gleich auf. Diese übergroße Informationsflut hat zur Folge, dass Weiterleitung und Reaktion verzögert ablaufen, da zusätzliche Informationen verarbeitet werden müssen und der Arbeitsspeicher, also das Kurzzeitgedächtnis, somit überlastet wird.

Im Unterschied zum ADS treten beim ADHS neben der gestörten Aufmerksamkeit noch Hyperaktivität und Impulsivität als Symptome auf.

Zum einfachen Verständnis der Krankheitsbilder ein Beispiel aus der Praxis:

- Der Fahrlehrer sitzt mit seinen Fahrschülern im theoretischen Unterricht in der Fahrschule und erklärt den Unterschied zwischen Vorfahrt und Vorrang. Die meisten Fahrschüler hören ihm konzentriert zu und können ihm folgen. Da klingelt das Telefon, ein verspäteter Fahrschüler kommt herein, ein anderer öffnet seine Coladose. All diese Geräusche nehmen die Fahrschüler im Hintergrund und somit als unwichtig wahr. Sie unterdrücken diese Eindrücke und folgen weiter den Ausführungen des Fahrlehrers.

Jedes Mal, wenn solche eigentlich irrelevanten Zwischengeräusche ertönen, ist ein Fahrschüler mit ADS/ADHS sofort auf Abwegen. Er nimmt diese Störfaktoren stärker wahr und ist sofort abgelenkt. Es kostet ihn viel Anstrengung, um sich wieder auf den Stoff zu konzentrieren und dem Unterricht gedanklich zu folgen. Gerade im praktischen Unterricht prasseln die Reize auf diesen Fahrschüler regelrecht ein. Durch die gleichzeitige und gleichwertige Überaufnahme von Informationen muss er auf alles reagieren und sich enorm anstrengen, um sich auf einfachste Fahraufgaben zu konzentrieren und diese zu bewältigen.

Durch diese gestörte Aufnahme und Weiterleitung von Impulsen und Informationen zeigen Personen mit ADS/ADHS folgende Verhaltensweisen bzw. Symptome:

- Es fällt ihnen schwer, sich zu konzentrieren. Sie können nicht lange bei einer Sache bleiben und vermeiden Dinge, die lange andauern.
- Alle umgebenden Reize führen schnell zu einer Ablenkung. Selbst eigene Gedanken können stören und führen zu Ablenkung oder Tagträumerei.
- Ihre Kommunikation ist beeinträchtigt, da sie nicht lange zuhören können. Sie beenden oft den Satz des anderen, weil ihnen die Geduld fehlt, oder sie unterbrechen das Gespräch direkt.
- Liegt zusätzlich eine Hyperaktivität und Impulsivität vor, zeigt sich dies bei Kindern häufig in Verhaltensweisen, wie wir sie von sogenannten Zappelphilippen kennen. Sie bleiben oft nicht sitzen, können nicht warten, bis sie an der Reihe sind, plappern die Antwort einfach so heraus und stören oder unterbrechen andere.
- Bei Erwachsenen kehrt sich diese Unruhe und Impulsivität mehr ins Innere. Sie zeigen eine innere Nervosität, wippen häufig mit den Füßen und trommeln mit den Fingern auf Gegenständen, zeigen ebenfalls eine geringe Geduldsspanne, sind öfter gereizt und äußern manchmal unpassende Kommentare, die ihnen später leidtun.
- Die Impulsivität führt sogar dazu, dass diese Personen dazu neigen, spontan zu handeln, ohne vorher über die Konsequenzen nachgedacht zu haben. Teilweise zeigen sie kurze Wutausbrüche und sind risikofreudiger.
- In ihrer Fahrweise zeigt sich dies durch häufiges Überholen, auch an unübersichtlichen Stellen, Drängeln und Rasen.

Wichtig für den pädagogisch richtigen Umgang ist das Verständnis dafür, dass ADS/ADHS kein Erziehungsproblem, keine Bösartigkeit, Dummheit oder charakterliche Schwäche ist, sondern eine Erkrankung.

Natürlich zeigen sich alle Symptome und Beschreibungen der Legasthenie, Dyskalkulie und des Aufmerksamkeitsdefizit-Syndroms in unterschiedlicher Ausprägung. Zum großen Teil sind diese Lernstörungen schon zu Beginn der Schulzeit diagnostiziert und therapiert worden. Diese Aufgabe kommt einem Fahrlehrer nicht zu.

Er kann durch das nötige Hintergrundwissen und Fingerspitzengefühl jedoch einiges zur Erleichterung und Verbesserung des Lernens seiner Fahrschüler beitragen. Der Fahrlehrer sollte

- in seinem theoretischen und praktischen Unterricht auf möglichst viele vermeidbare Störungen verzichten;
- seine Schüler bitten, ihre Handys auszuschalten. Sie lernen mehr, wenn sie nicht ständig dadurch abgelenkt werden. Wenn die Schüler sich wichtige Fakten merken sollen, sollten sie per Hand auf einen bereitliegenden Zettel schreiben, anstatt abzufotografieren;
- Maria Montessoris Spruch *„Es ist nichts im Verstand, was nicht vorher in der Hand gewesen ist“* verinnerlichen;
- stundenlange Vorträge vermeiden, die einschläfern und nicht zur aktiven Mitarbeit anregen;
- auf eine Vielzahl von Medien verzichten, die eher den Charakter einer Gameshow besitzt. Mit der Verarbeitung der vielen schnellen Bilder können Fahrschüler oftmals überfordert sein. Medien sollen die Vermittlung unterstützen und nicht den Unterricht übernehmen. Stattdessen geht es darum, sinnvoll und geschickt die passende Methode und das passende Medium zu seinen Inhalten und Zielen zu wählen;
- beispielhaft und bildhaft sein und möglichst mithilfe von Kausalzusammenhängen erklären. Sinnvolle Zusammenhänge helfen den Fahrschülern, zu verstehen und nachzuvollziehen.

5.2.4 Lernen mit Emotionen und unter Stress

Beim Thema Lernstörungen sollten zwei weitere wichtige Bereiche nicht unbeachtet bleiben: Lernen mit Emotionen und Lernen unter Stress.

Emotionen

Dass Lernstoffe, die einen interessieren, für die man sich begeistert, einfacher zu erlernen sind, ist keine neue Erkenntnis. Emotionen helfen, schneller zu lernen, was zum Überleben und zum sicheren Leben häufig unabdingbar ist.

Dazu ein Beispiel: Wie oft muss man seine Hand auf eine Herdplatte legen, um sich beim nächsten Mal daran zu erinnern, dass es schmerzt? Einmal sollte dafür in der Regel ausreichen. Langes Nachdenken und Verarbeiten ist nicht nötig.

Diese Funktion übernimmt ein bestimmtes Areal in unserem Gehirn: Die **Amygdala**, aufgrund ihrer Form auch Mandelkern genannt, befindet sich zu beiden Seiten des Gehirns im Temporallappen in der Nähe des Hippocampus und ist Teil des limbischen Systems.

Der Mandelkern spielt eine wichtige Rolle bei der emotionalen Bewertung und Wiedererkennung von Situationen sowie bei der Analyse von Gefahren (siehe Abschnitt 1.3 „Emotionen"). Darüber hinaus werden die Emotionen mit dem Gelernten im Mandelkern gespeichert. Gerade in Situationen, die einer sofortigen Reaktion bedürfen, ist das Lernen durch Emotionen notwendig.

Das Lernen mit Emotionen hat jedoch noch einen weiteren Sinn: Wird eine Sache mit einer emotionalen Regung verknüpft, wird diese auch besser behalten. So legt man seine Hand nicht noch einmal auf die heiße Herdplatte. Und jeder, der schon einmal einen Unfall hatte, wird sich noch an Einzelheiten erinnern können. Die Kopplung einer erhöhten emotionalen Beteiligung mit einem Sachverhalt schafft eine verbesserte Gedächtnisleistung.

Dieser positive Effekt hat leider auch eine Kehrseite. Wird die mit Emotionen im Mandelkern abgespeicherte Leistung bzw. das Gelernte abgerufen, kommen automatisch die damit verbundenen Emotionen hoch. Wer also mit Angst gelernt hat, ruft sein Angstgefühl automatisch mit ab und ist in seinem Handeln blockiert. Lernen mit und durch Angst ist demnach absolut kontraproduktiv.

Viele kennen das: Sie haben Angst vor mathematischen Aufgaben, wie z. B. der Berechnung der Aufprallgeschwindigkeit. Haben sie diesen Bereich mit Angst gelernt und besetzt, ist es für sie schier unmöglich, an der Tafel oder in der Prüfung die dazugehörigen Fragen richtig zu beantworten. Denn zu der Überlegung über die Formel zur Aufprallgeschwindigkeit kommt ihr Angstgefühl hinzu und sie müssen ihre Aufmerksamkeit aufteilen, um gleichzeitig ihre Angst zu bewältigen und die Formel in ihrem Gehirn zu suchen. Je größer ihre Angst ist, desto mehr Aufmerksamkeit benötigen sie. Was bleibt dann noch für die Bewältigung der Aufgabe übrig?

Gutes und richtiges Lernen hat also mit Freude und positiven Emotionen zu tun.

Dies wird durch eine weitere Hirnstruktur, die sich im vorderen Bereich unseres Gehirns in der Nähe des Mandelkerns befindet, hervorragend unterstützt. Es handelt sich hierbei um den **Nucleus accumbens** (von lat. Nucleus = Kern und accumbere = sich legen, seinen Platz einnehmen). Er ist der wichtigste Teil unseres Belohnungssystems im Gehirn. Die Struktur des Nucleus accumbens ist für die Aktivierung unserer Motivation, der Belohnung oder der positiven Verhaltensverstärkung zuständig. Er macht es möglich, dass unser Wille in die Tat umgesetzt werden kann.

Aktiviert wird dieses Belohnungssystem durch positive Verhaltensverstärker wie Lob, Geld, bestandene Prüfung, Urkunden usw. Diese Belohnungsimpulse aktivieren und verstärken die Neuronen des Nucleus accumbens, wodurch automatisch Dopamin ausgeschüttet wird, was zu einer Befriedigung und einem Glücksgefühl führt. Die durch die Dopaminaktivität ausgeschütteten Glückshormone, auch Endorphine genannt, werden an den gesamten Cortex weitergeleitet. Als körpereigene Morphine wirken Endorphine schmerzstillend und stimmungsaufhellend und sorgen für das eigentliche Glücksgefühl.

Die Erkenntnis, dass sich der Körper bei positiver Verstärkung mit körpereigenen bzw. selbst produzierten Morphinen versorgt und unser Gehirn sich selbst stimuliert, kann nicht oft genug betont werden und sollte für Pädagogen als Leitbild dienen.

Eine kleine Besonderheit ist noch zu erwähnen: Das Glückszentrum wird nicht einfach durch irgendetwas Positives angeregt. Es wird erst dann aktiv, wenn etwas Positives passiert, das der Schüler nicht erwartet. Das heißt, je neugieriger der Schüler ist und je spannender und interessanter der Unterricht in einer positiven Atmosphäre gestaltet wird, desto besser ist sein Lernverhalten. Durch Neuigkeiten, positive Verstärkungen und Emotionen schüttet das Gehirn des Schülers Glückshormone aus und er kommt gerne wieder und lernt gerne mehr.

Stress

Das Wort Stress ist aus dem englischen Sprachgebrauch entnommen und bedeutet Druck, Belastung oder Spannung. Man unterscheidet zwischen Stressor und Stress. Stressor ist der Verursacher, also beispielsweise eine Situation, die den Stress auslöst. Stress dagegen ist der Zustand des Organismus, der vom Stressor ausgelöst wird.

Auf den ersten Blick scheint diese Unterscheidung wenig sinnvoll, ein einfaches Ursache-Wirkungs-Prinzip. Einen tieferen Sinn erhält diese Unterscheidung dahingehend, dass Stress in einem hohen Maße von der Bewertung des Organismus, also von unserem Zustand, abhängig ist. Das bedeutet: Es hängt von uns selber ab, ob und wann wir eine Situation oder Anforderung als Stress empfinden.

Jeder Tag bringt neue Anforderungen und somit auch Stress mit sich. Aber jeder empfindet Stress anders. Der eine ist gestresst, weil er nach seiner Arbeit noch einkaufen, Wäsche waschen und Unterricht vorbereiten muss. Für einen anderen ist dies ein alltägliches Ritual und völlig normal. Er empfindet keinen Stress trotz gleicher Stressoren. Wir empfinden dann Stress, wenn wir die akute Anforderung nicht mit unserem derzeitigen Leistungsvermögen und unseren Fähigkeiten bewältigen können.

Ein wichtiger Faktor zur Empfindung und Bewältigung von Stresssituationen ist die **Kontrollfähigkeit** in der jeweiligen Situation. Studien konnten belegen, dass Personen, die eine oder mehrere Anforderungen und Situationen unter Kontrolle hatten, weniger Stress aufwiesen.[45] Das heißt, selbst wenn viele Anforderungen auf uns einströmen, können wir wenig Stress empfinden, solange wir das Gefühl haben, diese Anforderungen in irgendeiner Form bewältigen zu können. Stress hat also deutlich etwas mit unseren Fähigkeiten, Fertigkeiten, unserem Belastungs- und Leistungsvermögen zu tun.

Stress löst in unserem Körper Hormone, namentlich Adrenalin und Noradrenalin aus. Beides sind wichtige Hormone, wenn es um die kurzfristige und schnelle Aktivierung unseres Körpers und Geistes geht.

Noradrenalin ist ein körpereigener Botenstoff, ein sogenannter Neurotransmitter, der bei Erkennung einer besonderen Anforderung im Gehirn bestimmte Reaktionen auslöst. Er regt das Herz-Kreislauf-System an, lässt den Blutdruck steigen und das Herz schneller schlagen. Dadurch fließt vermehrt Blut und damit Sauerstoff für eine besonders schnelle und gute Versorgung durch den Körper.

45 Vgl. Berg, C. (2006). Selbstgesteuertes Lernen im Team. Heidelberg: Springer Medizin Verlag.

In den Nebennieren wird der ebenfalls kurzfristig wirkende Botenstoff **Adrenalin** freigesetzt, der für schnelle Aktivierung, erhöhte Konzentration und vermehrte Energieversorgung in unseren Muskeln sorgt.

Früher waren diese Hormone lebensnotwendig, sie bereiteten den Körper bei Gefahr auf Flucht- und Kampfreaktionen vor. Dieser lebensrettenden Maßnahmen bedürfen wir heute nicht mehr, aber auch in unserer heutigen schnelllebigen und immer noch gefährlichen Welt benötigen wir die Funktionsfähigkeit, schnell zu reagieren, voll wach zu sein und alle Energiereserven sofort zur Verfügung zu haben, um richtig zu reagieren und zu handeln. So sind wir beispielsweise in der Gefahrensituation eines möglichen Auffahrunfalls plötzlich hellwach, können sofort Handlungsalternativen erkennen und reagieren blitzartig.

Es gibt auch positive Situationen, die ein hohes Maß an Konzentration und Energie erfordern und somit positiven Stress hervorrufen. Wer einmal Frauen bei der Vorbereitung ihrer Hochzeit beobachtet, wird staunen, mit welch einer Energie diese Dinge bewegen und organisieren. Oder man denke an Sportler, die plötzlich zu Höchstleistungen fähig sind. So kann Stress auch positiv sein und zu Erfolg führen.

Dieser positive Effekt aufgrund eines Adrenalinschubes ist nicht nur bei Profisportlern zu beobachten. Auch in Freizeitbereichen, wie dem Bungee-Jumping, Achterbahnfahren oder waghalsigen Motorradfahren, suchen Menschen bewusst nach einem Adrenalin-Kick. Endet die Stresssituation, bricht auch die Ausschüttung des Hormons Adrenalin ab. Wurde die kurzfristige Stresssituation erfolgreich gemeistert, schüttet das Gehirn Dopamin aus, ein körpereigenes Glückshormon. Die Leistung wurde erbracht, Erfolg konnte verzeichnet werden, man fühlt sich glücklich. Dieser Zustand kann regelrecht süchtig machen – adrenalinsüchtig.

Sollte das Gehirn jedoch nicht eindeutig entscheiden, ob die Stresssituation endgültig beendet ist, und der Köper weiterhin auf Anforderung und Leistungsbereitschaft eingestellt sein, schüttet das Gehirn ein weiteres Hormon, in diesem Falle den langfristig wirkenden Neurotransmitter **Cortisol**, aus.

Cortisol sorgt dafür, dass über einen längerfristigen Zeitraum Energie zur Verfügung gestellt werden kann. Da die Kraftreserven jedoch nicht unerschöpflich sind, muss dafür Energie an anderen Stellen eingespart werden. Auf Dauer können darunter andere und wichtige Funktionen leiden.

Stress ist eben nicht nur positiv, er hat ganz klar seine Kehrseite, die den Menschen auf Dauer in unterschiedlichen Bereichen krank werden lässt. Beispielsweise schädigt Cortisol den Hippocampus, der für die erste Aufnahme, Verarbeitung und Speicherung aller eingehenden Impulse verantwortlich ist. Durch Cortisol können seine Neuronen vorzeitig altern und frühzeitig und vermehrt absterben. Es fehlt also an Neuronen, welche die empfangenen Impulse aufnehmen, verarbeiten, verbinden und Lerninhalte speichern.

Weiterhin versetzt Cortisol in ständige Alarmbereitschaft und führt zu Schlafstörungen.

Schlafen bedeutet nicht nur Ruhe, Erholung und Pause; Schlaf wird auch dringend benötigt, damit das Gehirn ungestört die Informationen des Tages verarbeiten kann. So wird unter anderem das Gelernte während des Schlafens aus dem Kurzzeitspeicher in den Langzeitspeicher, d. h. in den Cortex, weitergeleitet. Dieses Verarbeiten lässt sich anhand von Erinnerungen an Träume erkennen – auch wenn Träume manchmal Realistisches mit Unsinnigem vermischen.

Chronischer Stress ist also nicht nur körperlich in Form von Erschöpfung und Übermüdung, sondern auch geistig schädigend. In vielen weiteren Abhandlungen zum Thema Stress wird diese Unterteilung in positiven und negativen Stress aufgegriffen.[46] Manche bezeichnen den positiven Stress als **Eu-Stress**, den negativen Stress als **Dys-Stress**. Aber unabhängig von der Bezeichnung ist es wichtig zu wissen, dass Stress von jedem anders empfunden wird. Jeder verfügt über andere Fähigkeiten und Kontrollstrategien, um mit den akuten Anforderungen umzugehen. So ist jede Einteilung und Einsortierung individuell zu sehen.

Der Fahrlehrer kann dem Fahrschüler helfen, stressige Situationen zu kontrollieren und positiv zu bewältigen, damit der Stress ein positiver Zustand werden und enden kann. Es ist wichtig, dass der Fahrlehrer

- gerade in der praktischen Ausbildung, in der Fahrschüler sich häufig allein verantwortlich und in den Anforderungssituationen ohne ausreichendes Vermögen alleingelassen fühlen, mit Ruhe, Geduld und Kompetenz erste Sicherheit vermittelt. Er ist da, kann nötigenfalls unterstützend eingreifen durch Lenkhilfen und durch seine zweite Pedalerie;
- die Ziele entsprechend dem bisherigen Vermögen und den Lernschritten des Fahrschülers setzt. Hat der Schüler nicht das Gefühl, überfordert zu sein, entwickelt sich auch kein negativer Stress;
- dem Schüler genau und umfassend erklärt, was zur Bewältigung des Fahrmanövers nötig ist und welche einzelnen Handlungsschritte notwendig sind;
- dem Schüler die Möglichkeit einräumt, sich mental schon einmal vorzubereiten und ihm bei Unsicherheiten Fragen zu stellen;
- am Übungsort selbst notwendigenfalls noch einmal einen Stopp zur Erklärung einlegt;
- sich beim Übergang zum nächsten Lernschritt sicher ist, dass der Fahrschüler das bisher Gelernte in ausreichendem Maße anwenden kann. Das gibt diesem weitere Sicherheit und Kontrolle über die neue Situation;
- neue Fahraufgaben in begleiteten kleinen Schritten anfängt, den Fahrschüler Fahrmanöver ausreichend üben und ihn dann den Erfolg erleben lässt, das Fahren ohne seine Hilfe selbst geschafft zu haben – ganz nach dem **Prinzip der abnehmenden Hilfe**.

5.3 Denkblockaden und Blackouts

Die Situation dürfte vielen bekannt sein: Man steht in einer mündlichen Prüfung und hört die Frage des Prüfers. Angst und Nervosität hatten schon vor der Prüfung einen hohen Pegel erreicht, aber jetzt wird es noch schlimmer. Das Herz pocht plötzlich noch schneller und lauter, die Hände sind schweißgebadet. Man zittert am ganzen Körper und die Atmung ist flach. Das einzige, was einem jetzt noch einfällt, ist

46 Vgl. Merkle, R. (2018). Endlich wieder Lebensfreude: Wie Sie Ihre Depressionen überwinden und zu neuer Ausgeglichenheit finden. München: mvg Verlag.

„nichts"! Die Frage selbst ist wie ein Echo im Gehirn. Panik steigt auf. Man kann nicht einmal im Ansatz etwas zu dieser Frage sagen. Im Kopf ist nur noch Leere und Dunkelheit. So steht oder sitzt man wie angewurzelt und weiß in dieser Situation nicht mehr, wie man weitermachen soll. Man ist regelrecht blockiert.

In einer solchen Situation spricht man von einem Blackout.

5.3.1 Definition

Der Begriff leitet sich aus der englischen Sprache ab und lässt sich mit „verdunkeln" oder „schwarz werden" übersetzen. Ursprünglich wurde er nur in Verbindung mit Licht gebraucht. Eine volle Beleuchtung wurde immer enger fokussiert, bis das Licht letztendlich erloschen war. Bei älteren Filmen z. B. wird das letzte Bild immer kleiner, bis nur noch eine schwarze Fläche zu sehen ist. Oder denken wir an Theater oder Oper: Das Licht wird immer kleiner, bis es nur noch ein kleiner Punkt auf der Bühne ist. Das Licht wird von weit auf eng gestellt.

In der Umgangssprache wird der Begriff des Blackouts häufig verwendet, allerdings in einem anderen Zusammenhang: Er steht meist in Verbindung mit Prüfungen, Erbringen von Leistungen, Stress und großer Angst.

Ein Blackout dient häufig einer Begründung und wird von vielen Schülern und anderen Prüflingen genutzt, um ihre fehlende Leistungsfähigkeit zu entschuldigen. Sie können sich nicht anders erklären, warum sie die gestellten Aufgaben nicht mehr lösen konnten, obwohl sie es zu Hause oder auf dem Weg zur Prüfung noch konnten. Auch kurze Zeit später können sie sich an das Gelernte wieder erinnern. Wie kommt das? – Es muss ein Blackout gewesen sein.

Der Psychiater und Hirnforscher Spitzer erklärt das Phänomen Blackout als Folge einer unangemessen heftigen Angstreaktion in einer Stresssituation. Das heißt, dass durch enormen Prüfungsdruck, großen Stress und heftige Angst einige Zentren unseres Gehirns für einen gewissen Zeitraum regelrecht lahmgelegt und damit auch die dort ansässigen Fähigkeiten nicht genutzt oder abgerufen werden können.

Man kann sich das so vorstellen, als würde unser Computer plötzlich abstürzen. Der Monitor ist schwarz, starr und unbeweglich – es geht nichts mehr, weder vor noch zurück. Die Datei selbst ist dabei nicht verloren gegangen, man hat im Moment nur keinen Zugriff darauf. Nach einiger Zeit reagiert der Computer wieder normal und die Datei kann problemlos abgerufen werden.

5.3.2 Physiologische und psychologische Hintergründe

Was passiert in dieser Situation in unserem Gehirn und wie kommt es zu dem Blackout?

Im Abschnitt 5 „Lernen" bzw. im Unterabschnitt 5.2 „Störungen im Lernprozess" wurden Funktionen und Möglichkeiten einer Fehlfunktion unseres Gehirns bereits erläutert. Alle auf uns einströmenden Impulse werden durch die Sinnesorgane als Einzelimpulse an die speziellen Areale in den Cortex, die Großhirnrinde, geleitet. Von dort werden sie direkt in den Hippocampus weitergeleitet, der diese Impulse mit allem bisher Erlernten vergleicht, verbindet und zur Reaktion, einer spezifischen Handlung oder zur Speicherung wieder in den Cortex zurückschickt.

Erhält der Hippocampus beispielsweise den Impuls „gelb“, verbindet er dies sofort mit Sonne oder Zitrone. Durch die Vielzahl der weiteren Impulse kann der Hippocampus entscheiden, ob es sich wirklich um eine Zitrone handelt oder um die Sonne, je nachdem, ob er die Impulse „oval“ und „sauer“ oder „rund“ und „warm“ dazu erhält und verbindet. Kommen zu dem Impuls „gelb“ z. B. noch „warm“, „rund“ und „weich“ hinzu, kann der Hippocampus eine neue Verbindung zu Tennisball knüpfen.

Dies ist eine sehr vereinfachte Darstellung des Lernens und der Aufgabe des Hippocampus, aber im Prinzip läuft sie so ab.

Durch die Vielzahl von Verknüpfungen und Anknüpfungen ist es uns nach einer Zeit möglich, Regeln hinter Einzelheiten zu erkennen und diese auf neue Impulse, Informationen und Aufgaben anzuwenden. Wir entwickeln die Fähigkeit zur Logik und können gelernte Regeln direkt auf verschiedene Aufgabenstellungen anwenden.

Am besten eignet sich hier als Beispiel die Mathematik. Wer die Regel des Dreisatzes kennt, kann diese auf die Berechnung von Bananen wie auch auf die Berechnung von gefahrenen Kilometern anwenden.

Die menschliche Fähigkeit dieser kreativen Problemlösung und der Performanz, d. h. die Anwendungsfähigkeit von Regeln auf unterschiedliche Situationen und Aufgaben, ist für die Teilhabe an unserer Gesellschaft in vielen Bereichen Grundvoraussetzung. Wir denken „weit“.

Es soll hier auch nur deutlich werden, wie weit ein Mensch denken kann und welche Leistung der Hippocampus in diesem Moment vollbringt. Denn er schafft alle diese Verbindungen.

Bei einem Blackout ist dieses „Weit-Denken“ nicht mehr möglich. Aus dem Weit-Denken wird ein Eng-Denken. Unser Fokus wird immer kleiner und uns fällt wenig oder gar nichts mehr ein.

Liegt der Blackout demnach an einer Fehlfunktion des Hippocampus?

Dazu eine kleine Selbstüberprüfung

Wie viele Dinge fallen Ihnen bei dem Wort Schild ein? Möglich wären: Stange, Blech, Straßenverkehr, Gefahrenzeichen, Richtzeichen, Dreieck, rot, blau, bei uns an der Ecke, aber auch pieksender Zettel im Hemdkragen, Ritter, Schutzschild, Anhalter an der Autobahn mit Daumen hoch, Demonstrationen usw.

Die Liste ließe sich noch um einiges mehr erweitern oder sie könnte ganz anders aussehen, abhängig davon, was Sie mit dem Wort Schild verbinden.

Dass der Blackout im Hippocampus stattfindet, kann bestätigt werden. Es handelt sich dabei jedoch nicht um eine Fehl-, sondern eher um eine Schutzfunktion.

Das Eintreten eines Blackouts setzt immer eine Verbindung zwischen Prüfungen, großer Angst und extremem Stress und Druck voraus. Wie in den vorangegangenen Abschnitten dargestellt, schüttet der Mensch bei Stress und Angst Hormone wie Noradrenalin, Adrenalin und Cortisol aus. Diese werden zur besonderen und schnellen Leistungsfähigkeit benötigt. Steigt der Level aber zu stark an, wie in diesen extremen Stresssituationen mit unangemessen hoher Angst, kommt es zu Schädigungen der Zellen und Neuronen im Hippocampus. Die Zellen sterben ab oder werden irreversibel geschädigt. Um dies zu verhindern, schaltet sich der Hippocampus komplett aus. Es kommt zu einem Blackout. Informationen werden weder weitergeleitet, verglichen oder verknüpft, noch können sie abgerufen werden. Alle assoziativen Kräfte und Fähigkeiten des Hippocampus brechen ab.

So ist dieses Phänomen eher eine Schutzfunktion als eine Fehlfunktion unseres Gehirns, speziell des Hippocampus. Sinkt der hohe Pegel der Stresshormone, nimmt der Hippocampus seine Aufgabe wieder auf und plötzlich ist das Weit-Denken wieder möglich und das Gelernte verfügbar.

Ein Blackout bezieht sich nur auf unsere assoziativen Fähigkeiten. Erstaunlicherweise können eingepaukte Fakten, also Einzelwissen wie Vokabeln, in der Situation des Blackouts abgerufen werden. Eine Anwendung des Gelernten ist dagegen nicht möglich.

5.3.3 Umgang mit Blockaden und Blackouts

Was kann bei solchen Blockaden und Blackouts getan werden? Wie kommt man wieder heraus?

Im Internet finden sich dazu einige Tipps, welche auch der Fahrlehrer seinem Schüler an die Hand geben kann:

- Spulen Sie sich selber bis zu einer Erinnerung zurück: Was habe bzw. wollte ich noch erzählen oder rechnen? Damit entziehen Sie der extremen Stresssituation und der Angst den hohen Ausschüttungslevel.
- Machen Sie sich klar, dass Sie dieser Situation nicht ausgeliefert sind. Sie können sie beeinflussen. Bleiben Sie nicht starr in dieser Situation stecken, denken Sie an etwas ganz anderes.
- Sprechen Sie offen über den Blackout, auch Prüfer sind Menschen und helfen Ihnen gerne mit anderen Gedanken aus dieser Denkblockade.
- Wie auch bei der Prüfungsangst helfen hier besondere Atemtechniken.
- Zudem gibt es einen Yoga-Trick: Drücken Sie unter Anspannung Ihre Zunge nach oben an den Gaumen, atmen Sie ruhig und langsam und bewegen Sie dabei die Zunge wieder ganz langsam nach unten.
- Um nicht nur einem Blackout vorzubeugen, sondern auch dem Entstehen einer unangemessenen Angst und extremem Stress, bereiten Sie sich umfassend vor.
- Am wichtigsten ist, dass Sie sich immer wieder Mut zusprechen: *„Ich schaffe das.“*

5.4 Prüfungsängste (Psychologischer Teil)

Prüfungen sind Herausforderungen an unsere Person, unser Können und unsere Leistung.

Die Psychologen Doris Wolf und Rolf Merkle erklären in „So überwinden Sie Prüfungsängste: Psychologische Strategien zur optimalen Vorbereitung und Bewältigung von Prüfungen“, dass Prüfungen mittlerweile zu unserem Leben gehören wie Essen und Trinken.[47]

Prüfungen begegnen uns schon im Kleinkindalter, wenn wir beispielsweise dem Nikolaus ein Gedicht vortragen sollen. Später in der Schule sind es die

47 Wolf, D. & Merkle, R. (1989). So überwinden Sie Prüfungsängste: Psychologische Strategien zur optimalen Vorbereitung und Bewältigung von Prüfungen. Mannheim: PAL.

Klausuren, die uns für alle weiteren Prüfungen, wie die Fahrprüfung, die Einstellungsprüfung und viele mehr, vorbereiten.

Manche Prüfungen gelingen gut, man fühlt sich siegessicher und freut sich auf den nahenden Erfolg. Manchen Menschen bricht jedoch allein bei dem Gedanken an Prüfungen Angstschweiß aus. Sie können nicht mehr schlafen und haben Magen-Darm-Störungen. Sie haben Angst vor einem Blackout und dass sie sich an das Gelernte nicht mehr erinnern können.

Jeder verbindet Prüfungen immer mit einem unterschiedlichen Grad von Angst. Prüfungen und Angst gehen stets einher mit Stress und Lernen. Dass Stress uns auch positiv beflügeln kann und Lernen wirklich funktioniert und hilft, konnte nicht nur in den vorangegangenen Abschnitten gezeigt werden, sondern wir kennen es auch aus eigenem Erleben.

Wie kommt es nun zu dieser Angst und wie zeigt sie sich? Noch wichtiger ist: Wie geht man am besten damit um und wie kann der Fahrlehrer seinem Fahrschüler bei Prüfungsängsten helfen?

5.4.1 Formen der Angst

Angst ist ein unangenehmes Gefühl der Bedrohung und führt automatisch zu einem Abwehrverhalten. Sie kann sich auf unterschiedliche Dinge beziehen, auf Situationen, Objekte, Umweltkatastrophen, Personen oder Tiere. Aber auch weniger offensichtliche Bedrohungen können Angst auslösen: So haben wir z. B. Angst davor, uns zu blamieren, bei einem Vortrag kein Wort herauszubekommen, eine Prüfung nicht zu bestehen und damit zu einem Versager vor Familie, Freunden oder Bekannten zu werden – und in letzter Konsequenz auch vor uns selbst.

Angst stellt in Bezug auf bedrohliche Situationen eine Art Alarmsignal für uns dar und ist somit völlig natürlich. Sie wird durch die Wahrnehmung gefährlicher Situationen ausgelöst und steuert schnell und sicher unser Verhalten. Beispielsweise lässt uns das Erkennen eines Blaulichts sofort wachsam werden.

So gesehen hat Angst durchaus gute und notwendige Aspekte. Vereinzelt kann dieses Alarmsignal jedoch zu sensibel eingestellt sein. Durch diese Sensibilität können Fehlalarme ausgelöst werden. So reagieren manche Personen auf bestimmte Situationen oder Objekte in übertriebener Weise. Zum Beispiel betreten manche Menschen einen Raum nicht mehr, in dem sie eine Spinne auch nur vermuten.

Wie bei Stress wird auch bei Angst Adrenalin ausgestoßen, wodurch man sofort in einen Kampf- oder Fluchtmodus versetzt wird. Einige Menschen empfinden sogar einen gewissen „Kick“ darin, die eigene Angst zu spüren und sie zu überwinden und bringen sich manchmal bewusst in solche Lagen. Das beginnt beispielsweise beim Lesen von Psychothrillern und zieht sich über Horrorfilme bis hin zu Extremsportarten wie Bungee-Jumping oder Extremklettern.

Sind Ängste jedoch unangemessen, übertrieben und lassen sich nicht mehr steuern, spricht man von einer Angststörung, einer **Phobie**.

5.4.2 Prüfungsangst als Phobie

Der Begriff Phobie geht auf den griechischen Gott Pheubos zurück, der ein Meister darin war, seine Feinde und Gegner zu erschrecken. So wurde sein

Name zum Sinnbild bzw. Symbol der Angst. In der Wissenschaft unterscheidet man folgende Angststörungen:

1. Phobien
2. Panikstörungen
3. Zwänge (z. B. Waschzwang, ausgelöst durch Angst vor Schmutz)
4. Posttraumatische Belastungsstörungen (Ängste nach einem traumatischen Erlebnis)
5. Generalisierte Angststörungen (ständige Angst, dass irgendetwas Schlimmes passieren könnte)
6. Akute Belastungsstörungen.

Die in diesem Kapitel angesprochene Prüfungsangst gehört zu den Phobien.

Die Psychologen Rolf und Merkle fanden heraus, dass ein Mittelmaß an Angst sogar notwendig ist, denn sie bereitet uns optimal auf die Aufnahme und Verarbeitung von Informationen vor.[48]

So ist den wenigsten eine anstehende Aufgabe oder Prüfung egal. Man möchte sie in der Regel bestehen und ein Erfolgserlebnis haben. Andererseits birgt eine Prüfung immer die Gefahr, zu scheitern und sich zu blamieren. Wäre uns die Prüfung egal, hätten wir keine Angst, würde unser Gehirn nicht ausreichend aktiviert und die Motivation, unseren Willen in die Tat umzusetzen, bliebe gering. So bliebe auch unsere Leistung unterdurchschnittlich. Ein mittleres Angstniveau steigert also unsere Leistung. Wir sind positiv angespannt, motiviert, aktivieren unsere Kräfte und Fähigkeiten des Lernens. Eine Leistung kann erbracht werden. – Das ist der Idealzustand.

Empfinden wir jedoch viel Angst, ist die Aktivierung der Angst selbst zu stark und lähmt uns. Eine zufriedenstellende Leistung kann nicht mehr erbracht werden – hier sei noch einmal an die hundertprozentige Aufmerksamkeit erinnert, die uns zur Verfügung steht.

Drängen zu viele Angstimpulse über unsere sensorischen Kanäle ins Gehirn, ist es hauptsächlich mit der Verarbeitung der Angstgefühle und der körperlichen Angstäußerungen beschäftigt. Es bleibt kaum noch Kapazität zur Leistungserbringung übrig.

Angst zeigt sich durch verschiedene Symptome: Man fühlt sich körperlich elend, ist seelisch unruhig, kann nicht mehr schlafen oder sich gut konzentrieren, es passt nichts mehr in den Kopf hinein, die Gedanken kreisen nur noch um die Prüfung, das Magen-Darm-System ist gestört und vieles mehr.

Angst kann zu einer Gewohnheit werden. Immer, wenn man vor einer gefürchteten Situation oder einem gefürchteten Objekt steht, bekommt man einen Schreck. Dies nennt man **Affekt**. Der Affekt ist ein intensives, aber auch schnell abflauendes Gefühl. Was bleibt, ist die in diesem Zusammenhang erlebte Angst. Sie wird immer wieder wachgerufen, selbst wenn man nur an die gefürchtete Situation oder das Objekt denkt.

Es kann passieren, dass man eine Angst vor der Angst entwickelt.

---

48 Vgl. Wolf, D. & Merkle, R. (1989).

War das Angstgefühl und die damit verbundene Handlungsunfähigkeit über einen längeren Zeitraum intensiv zu spüren, wird das Gefühl der empfundenen Angst mit dem Gefühl des Kontrollverlusts, der Unsicherheit und der Unfähigkeit gemeinsam abgespeichert. So entwickelt sich schon bei dem Gedanken an die Angst, verbunden mit den Gefühlen des Kotrollverlusts usw., Angst.

Weiterhin kann Angst mit **Panikattacken** verbunden sein.

Der Begriff Panik geht auf die griechische Antike, genauer auf den griechischen Fruchtbarkeitsgott Pan zurück. Er war hässlich, dafür aber ein ungemeiner Spaßvogel. War er schlechter Laune, jagte er Reisenden durch sein plötzliches Auftauchen Angst und Schrecken ein.

Diese umgangssprachlich bezeichneten Schrecksekunden sind Panikattacken. Sie sind definiert als ein abgrenzbarer Zeitraum intensiver Angst, die plötzlich einsetzt und so stark ist, dass man nicht mehr klar denken oder handeln kann.

So ergeht es vielleicht auch dem überängstlichen Fahrschüler:

- Der Fahrlehrer steht mit ihm am Tag der praktischen Fahrprüfung am Fahrschulwagen. Der Fahrschüler ist bereits nervös und hat Angst. Er läuft hin und her, hantiert mit dem Wagenschlüssel, ist kurzatmig und schaut sich ständig suchend um. Plötzlich, beim Entgegenkommen des TÜV-Prüfers, bekommt der Fahrschüler eine Panikattacke. Es scheint, als bliebe ihm der Atem stehen, er hat Herz-Rhythmus-Störungen, beklagt ein Erstickungsgefühl und Atemnot und die Angst ist so groß, dass er nur noch weglaufen möchte. Er hat die Kontrolle über die Situation und seine Gefühle verloren.

5.4.3 Erklärungsansätze für Prüfungsangst

Die Prüfungsangst wird auch Leistungs- oder Testangst genannt. Hier geht es also nicht um Ängste vor Objekten oder offensichtlichen und gefährlichen Bedrohungen von außen. Stattdessen besteht die Möglichkeit einer Bedrohung unseres Selbstwertes durch die Bewertung einer anderen Person oder durch uns selbst.

Aber nicht nur unser Selbstwert ist dabei bedroht. Unser gesamtes Selbstkonzept untersteht einer Bewertung und ist damit von einem kompletten Zusammenbruch der Vorstellung der eigenen Persönlichkeit bedroht.

Der Psychologe Barthel unterscheidet zwei Arten der Prüfungsangst: die normale und die neurotische Prüfungsangst.[49]

Die **normale Prüfungsangst** ist eine Angst vor einer spezifischen aktuellen Situation, wie z. B. einem Vortrag, einem Einstellungsgespräch oder einer Prüfung. Die Anzeichen von Lampenfieber, Kribbeln und Nervösität sind völlig normal und notwendig.

Die **neurotische Prüfungsangst** bezeichnet eine Angst, die keinen qualitativen Bezug zu der tatsächlichen Gefahrensituation hat. Die Angst ist unangemessen und grundlos, wenn man beispielsweise schon ein halbes Jahr vor der Prüfung Angst hat. Die typischen Angstsymptome treten hier in verstärkter Form auf.

49 Barthel, W. (2001). Prüfungen – kein Problem. Weinheim: Beltz.

Die Angstreaktion bzw. ihre Anzeichen sind hinderlich, da sie das Lernen und die Leistungsfähigkeit behindern.

Aber wie entsteht Prüfungsangst?

Prüfungen machen immer Angst, weil eigene Leistungen und Noten mit anderen verglichen werden und einen großen Einfluss auf die Schullaufbahn und das Berufsleben haben. Prüfungen führen zu Leistungsdruck, da man gut abschneiden will. Dieser Leistungsdruck führt zur Prüfungsangst. Die negativen Bewertungsmuster von Leistungen und Person in Bezug auf Prüfungen werden irgendwann in der Kinder- und Jugendzeit erlernt und mit negativen Gefühlen verknüpft, sodass die Angst bei der Erinnerung an eine Prüfung immer wieder mit erinnert wird.

Es gibt drei unterschiedliche Erklärungsansätze aus der psychologischen Lerntheorie, wie Prüfungsangst erlernt wird.

1. **Klassische Konditionierung**

Konditionieren bedeutet beeinflussen, angewöhnen. Das bekannteste Forschungsprojekt zu diesem Phänomen ist vielen unter dem Namen „Pawlow'scher Hund" bekannt: Den Hunden tropfte nach der Konditionierung der Speichel, sobald sie lediglich das Signal hörten, welches sie mit Nahrungsaufnahme verbanden.

Auch uns Menschen kann man konditionieren, also bestimmte Verhaltensweisen und Gefühle angewöhnen.

In der Schule werden Schüler immer wieder zur Lösung von Aufgaben an die Tafel gestellt. Manchen Schülern gelingt dies gut, die Lösung ist richtig und sie werden gelobt. Andere Schüler hingegen tun sich schwer, ihnen unterlaufen Fehler und sie werden vom Lehrer gerügt oder sogar als Versager bloßgestellt. Mit der Zeit steigt nicht nur die Abneigung gegen diese Art der Aufgaben, sondern auch die Angst vor dem Gang an die Tafel. Hier löst der unbedingte Reiz, also an die Tafel zu gehen, mehrfach die unbedingte Reaktion der Nervosität und Sorge aus.

Wird ein solcher Reiz, wie in dem Beispiel das Zur-Tafel-Gehen, mehrmals mit einem neutralen Reiz, der Nervosität, verbunden, festigt sich diese Reiz-Reaktions-Kette, sodass später allein der Gedanke an den Reiz eine nervöse Reaktion auslösen kann. Der Schüler wurde klassisch konditioniert.

Die hier gelernten Ängste werden durch das typische Vermeidungsverhalten aufrechterhalten. Angst und Druck können zwar kurzfristig gemindert, aber nicht überwunden werden. Manchmal kann es sogar in der Freizeit passieren, dass dem Schüler bei dem bloßen Gedanken, an die Tafel geschickt zu werden, der Angstschweiß ausbricht.

2. **Instrumentelle Konditionierung**

Die instrumentelle Konditionierung besagt, dass sich die Wahrscheinlichkeit, dass eine Verhaltensweise immer wieder auftritt, erhöht, wenn auf diese Verhaltensweise eine Verstärkung erfolgt. Dies ist logisch nachzuvollziehen: Wird man für ein bestimmtes Verhalten oder eine Leistung gelobt, bemüht man sich, in einer analogen Situation ähnlich zu agieren. Eine negative Verstärkung führt aber auch zur Verstärkung der Angst.

Dazu ein Beispiel:

- Schickt Ihnen am Tag Ihrer Prüfung ein Kollege eine Nachricht wie: *„Du Armer, ich denke ganz fest an dich. Es wird bestimmt nicht so schlimm"*, dann macht Sie das nur noch ängstlicher. Ihre Angst wäre vielleicht nicht so groß gewesen, wenn Sie diese Nachricht nicht erhalten hätten.

Es werden drei Arten von Verstärkern unterschieden:

- Positive Verstärker sind Belohnung, Ermunterung, Unterstützung durch Freunde, fassbaren Erfolg usw.
- Bei der negativen Verstärkung wird der negative Reiz durch ein bestimmtes Verhalten beseitigt oder vermieden. Man vermeidet Angst auslösende Prüfungssituationen, indem man sich erst gar nicht damit beschäftigt. Man verschiebt das Lernen oder bricht sogar die Ausbildung ab. Dadurch fühlt man sich zwar kurzfristig entlastet, festigt jedoch die Prüfungsangst.
- Drittens wirkt auch Bestrafung als Verstärker. Damit ein bestimmtes Verhalten nicht auftritt, wird mit der Verhaltensweise eine negative und unangenehme Konsequenz verbunden. Viele kennen das aus ihrer Jugendzeit: Kommt man nachts nicht zur vereinbarten Uhrzeit nach Hause, darf man am nächsten Wochenende nicht feiern gehen.
- Aber auch eine schlechte Note trotz intensiver Vorbereitung kann eine Bestrafung sein. Die Motivation, sich auf die nächste Prüfung vorzubereiten, lässt dadurch nach.

3. **Modelllernen**

Das Modelllernen kennen Fahrlehrer aus ihrer eigenen Fahrlehrerausbildung: Der Fahrlehrer wird zum Vorbild seiner Schüler, die sich dessen richtiges Verhalten im Straßenverkehr und bei Fahrmanövern aneignen sollen.

So funktioniert das auch mit der Angst. Beobachten wir bei wichtigen Vorbildern, wie Eltern, Freunden oder guten Bekannten, die Verhaltensweise Angst, wenn sie zu bestimmten Leistungen aufgefordert werden oder vor besonderen Situationen stehen, übernehmen und erlernen wir diese Reaktion.

Bisher konnte geklärt werden, was Angst ist und wie sie entsteht oder wie sie erlernt wird. Nachfolgend einige Symptome, wie sich Angst bzw. Prüfungsangst zeigt:

- Schlaflosigkeit
- Herzklopfen
- Nervosität
- Weiche Knie
- Durchfall
- Schneller Atem
- Schweißausbrüche
- Hustenanfälle
- Jagender Puls
- Trockener Mund
- Zittrige Stimme
- Starke Anspannung
- Übelkeit

- Innere Unruhe
- Mattigkeit
- Appetitlosigkeit
- Niedergeschlagenheit
- Unlustgefühl
- Reizbarkeit
- Unsicherheit
- Konzentrations- und Erinnerungsschwierigkeiten
- Gedankenblockaden
- Negative Selbsteinschätzung
- Grübeln
- Sich Sorgen machen.

Natürlich treten diese Symptome nicht alle gleichzeitig auf. Auch verspüren wir manchmal mehr und manchmal weniger Angst. Aber zumindest einige dieser Symptome hat jeder in gewissen Situationen, Prüfungen oder selbst bei bestimmten Gedanken mit Sicherheit schon erfahren.

5.4.4 Einfluss von Prüfungsangst auf die Leistung

Wie beeinflusst Prüfungsangst unsere Leistung? In der Wissenschaft gibt es dazu unterschiedliche Theorien. Eine dieser Theorien konzentriert sich auf die Aufmerksamkeit.

1. **Fokussieren der Aufmerksamkeit auf die Aufgabe**

Aufmerksamkeit wird benötigt, um eine Auswahl aus der großen Anzahl gleichzeitig eintreffender Reize zu treffen. Jede Sekunde prasselt eine Vielzahl von Reizen auf uns ein, die von unserer Aufmerksamkeit in wichtig und weniger wichtig gefiltert werden, sodass es uns möglich ist, eine Aufgabe trotz vieler Nebengeräusche konzentriert zu bearbeiten und zu lösen.

Nehmen wir das Beispiel der theoretischen Prüfung:

- Trotz Unruhe, Gesprächen und vieler unterschiedlicher Geräusche ist der Fahrschüler fähig, seine Aufmerksamkeit ganz auf die Beantwortung des Prüfbogens zu lenken. Idealerweise kann er sich zu 100 % auf den Prüfbogen konzentrieren und seine Aufmerksamkeit nur auf dessen Beantwortung lenken. Je mehr er sich aber der Vielzahl von anderen Reizen zuwendet, desto weniger Aufmerksamkeit bleibt ihm zur Erbringung der geforderten Leistung.

Dieses Phänomen ist in Ansätzen mit dem kammschen Kreis zu vergleichen:

Es stehen 100 % an Kräften zur Verfügung. Je nachdem, wohin wir unsere Kräfte lenken, nehmen wir diese mit.

Benötigen wir jedoch unsere Kräfte für eine zusätzliche Aufgabe, ziehen wir unserer ursprünglich vollen Kraft gewisse Anteile ab. So verlieren wir bei jeder weiteren Aufgabe und Reizverarbeitung von unserer ursprünglich hundertprozentigen Fähigkeit, Stärke und Leistung.

Angewendet auf die Prüfungsangst bedeutet das Folgendes:

Schenken wir der Vorbereitung die volle Aufmerksamkeit, bleibt für Angst weder Zeit noch Raum. Die Aufgaben der Vorbereitung können schneller und sicherer gelöst werden. Wir verfügen über eine gute Konzentration, können in unserem Gehirn Spuren des Gelernten wiederfinden, neue Verbindungen knüpfen und Neues bearbeiten. Das erfolgreiche Lernen motiviert uns, weitere Pläne in die Tat umzusetzen. Schon beim Lernen und der Vorbereitung auf die Prüfung ergibt sich mit dem Erfolg ein Glücksgefühl. Die Angst baut sich immer weiter ab oder entsteht erst gar nicht.

Wenden wir aber während der Lösung von Aufgaben oder während des Lernens unsere Aufmerksamkeit unserer Angst zu, teilt sich unsere kognitive Aktivität, Aufmerksamkeit, unser Denken und Erinnern. Wir wenden uns mehreren Dingen gleichzeitig zu. Plötzlich treten Dinge in den Mittelpunkt, die nichts mit der Lösung der Aufgabe zu tun haben. Wir richten unsere Aufmerksamkeit auf Herzklopfen, Schwitzen oder Grummeln im Bauch. Da ist sie – die Angst.

Bei diesen Impulsen dauert das Lösen von Aufgaben selbstverständlich länger und Flüchtigkeitsfehler tauchen auf, da vielleicht wichtige Informationen zur Lösung der Aufgaben übersehen werden.

Ebenso verhält es sich, wenn wir uns in der Prüfung befinden. Beschäftigt sich unsere Aufmerksamkeit mit unserer momentanen Angst und den Angstsymptomen oder auch mit Gedanken wie *„Ich schaffe es nicht“*, *„Was wollen die von mir?“, „Mir ist ganz schlecht“* usw., dann bleibt zu wenig Aufmerksamkeit für die eigentliche Aufgabe übrig. Im Wust der Gedanken können wir keinen klaren Gedanken mehr fassen.

Daran schließt sich die nächste Theorie an.

2. **Teilung der Aufmerksamkeit**

Die zweite Theorie beschäftigt sich damit, worauf sich die Aufmerksamkeit richtet, wenn sie nicht ganz der eigentlichen Aufgabe gewidmet ist.

Ängstliche Menschen richten ihre Aufmerksamkeit auf die eigene Person. Sie beschäftigen sich mit Gedanken wie *„Ich habe nicht genug gelernt“*, *„Ich bin so nervös“*, *„Das schaffe ich nie“* usw. Sie sind mit ihrer Aufmerksamkeit dahingehend beschäftigt, alle aus ihrem Inneren kommenden Impulse zu interpretieren.

Weniger ängstliche Menschen richten ihre Aufmerksamkeit eher auf ihre Umweltinformationen. Für sie sind Gedanken charakteristisch wie *„Die Aufgabe ist aber auch zu schwer“*, *„Der Prüfer kann mich nicht leiden“* usw.

Beiden ist gemeinsam, dass sie an sich selbst zweifeln. Ist der Selbstwert jedoch bedroht, sinken automatisch die Leistungen. Es wird sich mehr mit der Möglichkeit des Versagens und des Misserfolgs befasst als mit der Aufgabe.

Bei einem Versuch hat man einem Studenten eine spielerische Aufgabe ohne weitere Angaben vorgelegt. Er sollte sie einfach nur lösen. Er machte sich gleich daran und löste diese Aufgabe gut und problemlos. Im zweiten Durchlauf wurde ihm bei einer vergleichbaren Aufgabe jedoch der Hinweis gegeben, dass man anhand des Resultats seine Intelligenz messen möchte.Diesmal war es für den Studenten schwieriger, die Aufgabe zu lösen, und er zeigte ein schlechteres Ergebnis.

Sein Selbstwert stand unter Bewertung und somit waren seine Gedanken nicht mehr ausschließlich mit der Lösung der Aufgabe beschäftigt, weshalb der Student nicht die gleiche Leistung zeigen konnte wie in seinem ersten Durchgang.

Rechnet man im Vorhinein schon mit einem Misserfolg, führt das vielfach auch zu einem schlechteren Resultat. Wenn wir vor dem Prüfungsausschuss stehen und sich unsere Gedanken um Herzklopfen, Magengrummeln und fehlende Lernzeit drehen und darüber hinaus mit dem Prüfer beschäftigt sind, der uns, wie wir glauben, schon das letzte Mal hat durchfallen lassen, belasten uns diese Gedanken in der Prüfung.

Die Gedanken kreisen weiter und wir suchen zusätzlich sogar noch nach bestätigenden Impulsen. So können wir uns nicht auf die Fragen des jeweiligen Prüfbereichs einlassen, die Fragen in Ruhe hören, in Gedanken Gelerntes erinnern und damit zu einer zufriedenstellenden Beantwortung der Fragen kommen.

Wir konnten die Prüfung nicht ausreichend bestehen, da wir, salopp gesagt, zu sehr mit anderen Dingen beschäftigt waren.

Eine dritte Theorie beschäftigt sich mit dem Thema Stress und Prüfungsangst.

3. **Prüfungsangst und Stress**

Stress und Angst lösen die Hormone Noradrenalin und Adrenalin aus. In normalen Mengen ist dies wichtig und richtig, sie bringen unsere Gehirnzellen regelrecht auf Trab.

Werden jedoch durch Angst zu viele Hormone freigesetzt, blockieren sie die Schaltstellen im Gehirn und das Gelernte, das wir zu Hause noch abrufen konnten, fällt uns nicht mehr ein. Wir können keine Frage mehr beantworten, keine Zeichnung oder Skizze anfertigen, keine Fachbegriffe erklären, es kommt zu einem regelrechten Blackout und die Prüfung ist nicht bestanden. Lässt die Angst nach, können wir uns wieder an alles erinnern.

Einige Prüflinge, die unter Blackouts leiden, gehen aus der Prüfung heraus und bereits während der Wartezeit zur Verkündung der Note fallen ihnen zu allen Prüfungsfragen die richtigen Antworten wieder ein.

5.4.5 Wege aus der Prüfungsangst

Zusammenfassend lässt sich festhalten, dass wir alle Angst erlebt haben und Ängste haben. Dazu gehört auch die Prüfungsangst.

Wir haben sie auf unterschiedlichem Wege kennengelernt und Strategien entwickelt, ihr zu entfliehen. Wir wissen, wie sie unser Denken und unsere Leistung blockiert und wie sie sich äußert. Also müssten wir schlussfolgern, dass wir gar nicht erst an Angst denken dürfen. Das geht jedoch leider nicht. Denn Angst ist ein Gefühl und somit ein Gedanke in unserem Kopf, den wir Menschen nicht bewusst beeinflussen können.

Aber wie kommen wir aus diesem Teufelskreis der Angst wieder heraus?

Viele hören es vielleicht nicht gerne, aber das beste Mittel gegen Prüfungsangst ist Lernen! Wir müssen uns früh genug Zeit nehmen, den zu lernenden Stoff mit einkalkulierten Pausen und unvorhergesehenen Störungen, einschließlich notwendiger Aufschübe, zu bearbeiten. Ein Plan, der alle festen Termine wie Schule, Beruf, Sport, also den gesamten Lebensrhythmus enthält, ist hilfreich. Dort werden feste Lernzeiten eingetragen. Dabei müssen Puffer und Zeitreserven berücksichtigt werden, damit kein Frust aufkommt, wenn der Plan nicht wie erhofft aufgeht.

Positive Verstärker und Belohnungen für Zwischenerfolge sollten genutzt werden. – Sie motivieren für das weitere Lernen und helfen, den inneren Schweinehund zu überwinden. Eine weitere Möglichkeit besteht darin, fest verankerte negative Gedanken von Prüfung und Angst zu verändern. Wir müssen versuchen, unsere Gedanken an die Prüfung und die damit verbundenen Ängste in eine neue Richtung zu lenken, weg von den bisher damit verbundenen Gefühlen.

Der Wissenschaftler Albert Ellis entwickelte ein ABC der Gefühle.[50] Er beschrieb Mitte des letzten Jahrhunderts, dass ein Ereignis nicht unmittelbar ein Gefühl hervorruft, sondern dass es dabei einen äußerst wichtigen Zwischenschritt gibt: die Beurteilung.

Würde ein Ereignis direkt zu einem Gefühl führen, wäre das wie ein Reflex und man könnte wenig daran ändern. Wenn aber zwischen dem Ereignis und dem Gefühl eine Bedeutung bzw. Beurteilung stattfindet, gibt es einen wirksamen Ansatzpunkt: die bewusste oder unbewusste Umbeurteilung.

Diese Gesetzmäßigkeit beschrieb Elllis in seinem ABC-Modell: ABC steht für:

A Stellen Sie sich eine außergewöhnliche Situation, z. B. eine Prüfung, vor.
B Bewerten Sie diese Situation jetzt, machen Sie sich positive und negative Gedanken dazu und entwickeln Sie Vorstellungen oder Erwartungen.
C Die Gedanken lösen ein Gefühl aus, je nach Bewertung der Situation ist dieses eher positiv oder eher negativ.

Wenn bisherige Erfahrungen eher einem Erlernen und Manifestieren der Angst gleichkamen, werden negative Gefühle überwiegen. Fahrschüler werden mit diesen negativen Gefühlen der Mutlosigkeit, Freudlosigkeit, Unsicherheit und Angst in die nächste Prüfungsvorbereitung und in die Prüfung selbst gehen.

Kontrollieren Sie nun Ihre Gedanken oder dazu gemachten Aufzeichnungen unter Berücksichtigung der nachfolgenden Aspekte. Vielleicht führt es Sie zu einer besseren Bewertung und zu einem positiveren Gefühl:

- Entsprechen meine Gedanken der Realität oder steigere ich mich da in etwas hinein?
- Was wird mich wirklich erwarten?
- Welche Anforderungen könnten an mich gestellt werden und welche könnte ich schon erbringen?
- Helfen mir meine Gedanken dabei, mich so zu fühlen, wie ich es mir wünsche?
- Was könnte ich tun, damit meine Gefühle und Gedanken jetzt besser werden?

Sie entdecken möglicherweise, dass Sie schon einiges leisten können. Dies motiviert Sie, weiter zu lernen, und Sie überarbeiten Ihren Lernplan noch einmal. Mit dieser positiven Erfahrung überwinden Sie auch eher Ihren inneren Schweinehund.

Um zu einer weiteren Umbeurteilung und Festigung positiver Gedanken zu einer Prüfung und damit einer einhergehenden verringernden Prüfungsangst zu gelangen, können die nachfolgenden Fragen und Strategien helfen:

50 Ellis, A. (1993). Grundlagen und Methoden der Rational-Emotiven Verhaltenstherapie. München: Pfeiffer.

- Besteht ggf. die Möglichkeit, einmal bei einer Prüfung zu hospitieren?
- Können Sie in einer Gruppe besser lernen oder alleine?
- Schaffen Sie es, sich einer simulierten Prüfungssituation zu stellen?
- Setzen Sie sich intensiv mit der realistischen Prüfung auseinander und Ihre Gedanken werden sich verändern und somit Ihre Gefühle. Gefühle entstehen nur durch Gedanken. Wenn Sie sich gedanklich Bange machen, bekommen Sie Angstgefühle. Setzen Sie sich offensiv mit Ihren Gedanken der Angst auseinander: Woher kommen sie? Wie habe ich sie erlernt? Was genau macht mir Angst? Was kann ich konkret dagegen tun?
- Nehmen Sie der Angst den großen „Buhmann-Effekt“. Ein gewisses Maß an Angst brauchen wir, sonst würden wir nicht lernen.
- Sollten Sie dennoch intensivere Hilfe benötigen, gibt es mittlerweile viele Coaches, die ein spezielles Training bei Prüfungsängsten anbieten. Manchmal reichen auch schon gezielte Entspannungsübungen und Yogatechniken aus. Im Internet werden Sie mit Sicherheit einen Fachmann in Ihrer Nähe finden. Lassen Sie sich individuell beraten und finden Sie Ihren Weg aus der Angststörung zu einem Leben mit Prüfungen und einer gesunden Portion von Angst.

5.5 **Prüfungsängste** (Pädagogischer Teil)

Claudia Happe

5.5.1 Die positive Seite von Angst

Angst ist, genau wie alle anderen Emotionen, eine Reaktion des Körpers auf bestimmte Signale, die der Mensch bei sich oder in der Umwelt wahrnimmt. Zu dieser Reaktion gehören physiologische und gedankliche Veränderungen, die bestimmten Mustern folgen. Emotionen finden Ausdruck in Mimik oder Körpersprache und erhöhen die Bereitschaft, bestimmte Verhaltensweisen durchzuführen. Der Körper gerät in einen Zustand, der je nach Reaktionsmuster als eher positiv oder negativ erlebt wird.

Bei starker Furcht steigen z. B. Blutdruck und Herzfrequenz. Die Aufmerksamkeit und Gedanken richten sich auf den Auslöser der Angst. Durch die angespannte Muskulatur verändert sich die Körperhaltung und die Augen sind weiter geöffnet. Der Mensch spürt den Impuls, der Situation entkommen zu wollen oder diese zu vermeiden. Dieser Zustand wird als unangenehm erlebt.

Aus evolutionärer Sicht handelt es sich dabei um eine hervorragende Anpassungsleistung des Körpers, um langfristig das Überleben zu sichern. Es machte keinen Sinn, erst intensiv nachzudenken und die Vor- und Nachteile abzuwägen, wenn ein Säbelzahntiger vor der Höhle stand. Der wahrgenommene unangenehme Erregungszustand ließ den Menschen in vielen Fällen aus der Höhle fliehen. Der Erfolg, nämlich das Überleben, führte dazu, dass sich der Mensch beim nächsten Aufeinandertreffen mit dem Tiger an diese positive Konsequenz erinnerte und mit hoher Wahrscheinlichkeit wieder mit Flucht reagierte. Die Flucht hatte sich als überlebenswichtige Verhaltensweise bewährt. Dementsprechend wurde jedoch auch der unangenehme Erregungszustand als Hinweis gelernt, dass Fluchtverhalten eine angemessene Antwort in einer lebensbedrohlichen Situation ist.

Emotionen steuern also Verhalten. Sie beeinflussen in bestimmender Weise Lernprozesse. Nun gibt es heute keine Säbelzahntiger mehr, die als angstauslösende Reize in Frage kommen. Diese Funktion können Situationen oder Bedingungen übernehmen. Die Reaktionsmuster des Körpers sind jedoch die gleichen geblieben.

5.5.2 Die angsterzeugenden Bedingungen von Prüfungen

Prüfungen sind Situationen, die von vielen Menschen als unangenehm empfunden werden. Es handelt sich dabei um Leistungssituationen, in denen eine Person von anderen beobachtet und im Hinblick auf ihre Handlungen bewertet wird. Es gibt wenig bis keine Kontrolle in und über Prüfungen, was deren Vorhersehbarkeit betrifft. Die genauen Inhalte der Testsituation bleiben bis zuletzt unbekannt. Der Prüfling muss situativ reagieren und kann vielleicht nicht auf verfestigte Verhaltensweisen zurückgreifen.

Auch auf Führerscheinprüfungen treffen alle diese Merkmale zu. Der Fahrschüler hat sich vorbereitet, weiß jedoch nicht, welche Prüfungsfragen letztendlich vorkommen werden. Auch die tatsächliche Prüfungsstrecke mit den situativen Anforderungen lernt er erst in der konkreten Prüfungssituation kennen. Enge Parklücken, das Verhalten anderer Verkehrsteilnehmer oder die Streckenauswahl können zu Herausforderungen werden, für die sich der Prüfling Lösungen überlegen muss, die er vorher unter Umständen noch nicht angewandt hat. Für die Vorbereitung erscheint es daher logisch, genau darauf einzugehen. Standardsituationen, auch mit hohen Schwierigkeitsgraden, sollten intensiv trainiert werden. Dem Schüler sollten viele Möglichkeiten zum selbstständigen und eigenverantwortlichen Anwenden gegeben werden, um die Unvorhersehbarkeit der Prüfungssituation einzugrenzen. Der Schüler lernt auf diese Weise, auch mit neuen Situationen und Anforderungen umzugehen, sodass die Kontrollierbarkeit und damit die Vorhersehbarkeit der Prüfungssituation wieder wachsen. Er lernt quasi, selbstständig Problemlösungen zu finden, die er in der Prüfung anwenden kann.

Der Faktor, der sich im Vorfeld einer theoretischen oder praktischen Prüfung jedoch nicht trainieren lässt, ist die Beobachtung durch den Prüfer. Die Beobachtung durch eine relevante Person ist ein zentraler Aspekt der Prüfungsangst. Deswegen nützt es bei tatsächlicher Prüfungsangst auch nichts, fremde Dritte als Vorbereitung mit ins Auto zu setzen, weil sie am Ende einer Übungsfahrt keinen Führerschein aushändigen werden. Eine weitere Person während einer Fahrstunde mitzunehmen hilft einem Fahrschüler zwar, die Kontrollierbarkeit der Prüfungssituation zu erhöhen. Er weiß dann schon mal, wie es ist, wenn noch jemand im Fahrzeug sitzt. Wenn eine Person Prüfungsangst im Sinne einer Bewertungsangst hat, hilft das jedoch nicht.

5.5.3 Die Sorge vor negativen Bewertungen

Prüfungsangst ist eine Form der sozialen Angst. Soziale Angst bezieht sich auf Befürchtungen vor negativen Bewertungen durch andere Personen bei bestimmten Verhaltensweisen. Dabei kann es um alltägliche Dinge wie Kaffeetrinken oder Gespräche mit anderen gehen. Eine Person, die unter einer behandlungswürdigen, d. h. klinisch relevanten, sozialen Angst leidet, befürchtet z. B., dass sie den Kaffee verschütten bzw. ein Gespräch in einem Fiasko enden wird, weil sie keine interessanten Themen beisteuern kann. Das mag auch anderen Personen passieren, aber diese würden diesen Ereignissen keinen Wert zumessen. Sozial Ängstliche haben jedoch die Überzeugung, dass sie von anderen, die sie dabei beobachten könnten, ausgelacht oder abgewertet werden. Daher unternehmen sie große Anstrengungen, solche Vorkommnisse zu vermeiden. Um auf die erwähnten Beispiele zu kommen, würden sie u. U. in Gegenwart anderer keinen Kaffee trinken oder in Gesprächen nur „sichere" Themen anschneiden.

Bewertungen sind deshalb so wichtig, weil sie über den sozialen Erfolg und damit über den sozialen Status mitentscheiden. Ob eine Person zu einer Gruppe oder einem anderen Menschen gehört oder nicht, wird auch durch Bewertungen Dritter beeinflusst. Zurückweisungen oder Abwertungen führen möglicherweise zum Ausschluss aus einer Gruppe oder Partnerschaft. Dies kann von dem Betroffenen als bedrohlich gewertet werden, während die Zugehörigkeit zu einer Gruppe oder einem anderen Menschen eher selbstwertdienlich wirkt.

Im Fall der Führerscheinprüfung wird die Aushändigung des Führerscheins darüber entscheiden, ob eine Person zu den „Erwachsenen" gehört, die unabhängig und selbstständig sind. Bei negativem Ausgang der Prüfung wird der Durchgefallene definitiv (noch) nicht dazu gehören. Das erscheint umso schwerwiegender, da vermeintlich viele andere es „so leicht" geschafft haben, die Prüfungen zu bestehen. Die kommunizierte Leichtigkeit führt dazu, dass für viele Durchgefallene der Misserfolg auch mit einem hohen Anteil an Scham verbunden ist. Scham entsteht bei der individuellen Überzeugung, dass andere einen nicht mehr akzeptieren werden. Der Verlust von Akzeptanz wird begleitet von der Sorge vor Abwertung und Verachtung. So gehören zur Prüfungsangst eben auch immer wiederkehrende Gedanken, die weitere Misserfolge ausmalen – und negative Erwartungen bezüglich der Wiederholungsprüfung(en).

Zur Verdeutlichung sei hier noch einmal betont, dass der Kern der Prüfungsangst nicht der Misserfolg ist. Der Misserfolg ist der Aufhänger. Der zentrale Aspekt bezieht sich auf die Sorge vor einer vermuteten Abwertung, wenn die Prüfung negativ verläuft. Da die Erwartung, diese Prüfung zu bestehen, gerade im Kontext einer Führerscheinprüfung eher hoch ist, erscheint die Angst auch größer im Vergleich zu anderen Prüfungen. Diese (anderen) Prüfungen wirken auf den ersten Blick für Außenstehende wichtiger und vermutlich auch anspruchsvoller – z. B. Abitur- oder berufliche Abschlussprüfungen. Die Erwartungen scheinen mehr Druck zu machen, weil der soziale Vergleich mit anderen, d. h. Freunden, Geschwistern, Bekannten etc., scheinbar größer ist. Alle anderen schaffen es, nur der erfolglose Prüfling nicht. So stellen Fahrlehrer in der Praxis häufiger fest, dass Wiederholungsprüfungen den Druck spürbar erhöhen. Ein möglicher Wiederholungseffekt, der auf dem Bekanntheitsgrad einer Prüfung beruhen und diese dadurch erleichtern könnte, stellt sich bei Prüfungsangst eben nicht ein.

5.5.4 Merkmale von Prüfungsangst

In Prüfungssituationen ist die Abrufbarkeit erlernten Wissens deutlich verschlechtert. In theoretischen Prüfungen kann es zu einem Block kommen, d. h., der Kopf erscheint leer. Den Betroffenen fallen die richtigen Antworten nicht mehr ein, sie haben keinen Zugriff auf ihr Gelerntes. In der praktischen Prüfung kann das dazu führen, dass Verkehrszeichen nicht berücksichtigt oder risikoreiche und damit häufig falsche Entscheidungen getroffen werden. Der Prüfling könnte auch einen Fahrstil zeigen, der sich qualitativ deutlich von dem Stil aus den Übungsstunden unterscheidet.

Das Vorkommen von Prüfungsangst in Führerscheinprüfungen, die verbunden ist mit starken körperlichen Symptomen wie Schlaf- oder Appetitlosigkeit, Magenkrämpfen oder zittrigen Händen, Gedanken, die das Versagen widerspiegeln (*„Ich kann das nicht“, „Alle anderen schaffen es, nur ich nicht“*) und einem individuellen erhöhten Angsterleben, kann aktuell nicht beziffert werden. Es gibt wissenschaftliche Untersuchungen zur sozialen Angststörung, die belegen, dass ca. 3–4 % aller Menschen unter dieser psychischen Störung leiden (Hoyer & Härtling, 2017). Es ist anzunehmen, dass etwa gleich viele Betroffene auch unter Fahrschülern zu finden sind. Die Prüfungsangst als „spezifische soziale Angststörung“ wäre in diesem Anteil enthalten. Spezifisch ist sie, wenn sie nur in einzelnen Situationen, nämlich in der (Führerschein-) Prüfung, vorkommt.

Der größere Anteil der Schüler wird jedoch sicherlich nur einzelne Symptome wie Anspannung, anfängliches Zittern, Unsicherheit oder eine gewisse Befangenheit spüren. Die damit einhergehende Steigerung der Aufmerksamkeit ist die Voraussetzung, um bessere Ergebnisse zu erzielen, weil Wissen besser erinnert und Lösungen besser erstellt werden können. Die Anzeichen der Nervosität lassen für gewöhnlich im Laufe der Prüfung wieder nach, da der Prüfling an Sicherheit gewinnt. Daher ist diese Prüfungsanspannung unterhalb eines Niveaus, das einer therapeutischen Bearbeitung bedarf. Bei ausreichend guter und intensiver Vorbereitung mit vielen Lern- und Übungselementen und umfangreichen Wiederholungseinheiten ist zu vermuten, dass sich die meisten Prüflinge wieder fangen.

5.5.5 Wohin mit der Aufmerksamkeit?

Im Normalfall richtet ein Prüfling seine Aufmerksamkeit auf die Inhalte oder die Aufgaben, die es in der Prüfung zu bearbeiten gilt. Autofahren an sich erfordert schon höhere Aufmerksamkeit, weil viele verschiedene Faktoren wie z. B. Fahrzeugbeherrschung, Verkehrs- und Streckenbeobachtung sowie Gefahreneinschätzung zu berücksichtigen sind. Hierfür muss die Aufmerksamkeit meistens nach außen gerichtet werden. In der Prüfung kommen auch noch die besonderen Bedingungen der Testsituation hinzu. Umso nötiger ist es, dass die Aufmerksamkeit auf die Aufgaben gerichtet wird. Personen, die unter Prüfungsangst leiden, richten ihre Aufmerksamkeit jedoch eher nach innen: auf ihre Gedanken und körperlichen Symptome. Bei den Gedanken handelt es sich häufig um automatische Gedanken, die nur sehr kurz „aufblitzen“ und jedem Menschen im Allgemeinen selten bewusst sind. Die körperlichen Symptome werden dagegen deutlicher wahrgenommen. Je deutlicher diese jedoch registriert werden, umso mehr richtet sich die Aufmerksamkeit darauf aus, nämlich nach innen. Ein Teufelskreis entsteht. Dieser hat zur Folge, dass noch mehr Aufmerksamkeit von der Aufgabe abgezogen wird. Um sich wieder in die Spur zu bringen, motivieren sich Betroffene dann häufig selber. Sie sagen sich z. B.: *„Konzentrier dich!", „Streng dich an!", „Stell dich nicht so an!"*. Wenn es dann schlechter läuft, kommen Gedanken hinzu wie: *„Du schaffst das nicht!", „Das schaffst du nie!", „Es wird wieder schiefgehen!"*. Solche Gedanken reduzieren ebenfalls die Aufmerksamkeit auf die Aufgabe. Darüber hinaus wirken sie wie selbsterfüllende Prophezeiungen (siehe hierzu ausführlich Teil I, Kapitel 1, Abschnitt 4.1 „Soziale Wahrnehmung"), die den negativen Ausgang der Prüfung deutlich begünstigen.

5.5.6 Was Scham und Angst bewirken können

Eine Person, die tatsächlich Prüfungsangst hat, steckt in einem wirklichen Dilemma. Die einzig kurzfristig wirkungsvolle Methode, um Prüfungsangst auszuschließen, besteht in der Vermeidung der Prüfungssituation. Das lässt sich jedoch nicht realisieren, wenn das Ziel die Aushändigung des Führerscheins ist. Bei starker Bewertungsangst verzichtet der eine oder andere Schüler vermutlich auf den Abschluss seiner Ausbildung, vor allem wenn er negative theoretische oder praktische Prüfungen mit den dementsprechenden Folgen – zumindest einmal – erlebt hat. Seine Befürchtungen wären in diesen Fällen real geworden, was den Teufelskreis aus angenommenen negativen Bewertungen und eigenem „peinlichen" Verhalten in der Testsituation eher verstärken würde. Über die eigenen Ängste zu sprechen, fällt als Lösungsstrategie ebenfalls aus, da hiermit mögliche Abwertungen verbunden sein könnten. Es ist ein Phänomen der Bewertungsangst, dass Betroffene es vermeiden, über ihre Prüfungsängste zu sprechen. Sie äußern sich häufig noch nicht einmal gegenüber der Familie oder engen Freunden. Dementsprechend werden dem Fahrlehrer auch keine Angaben gemacht. Erst aus negativen Prüfungsausgängen, die sich mit der Qualität der Vorbereitung nicht erklären lassen, ließe sich vielleicht die Schlussfolgerung ziehen, dass Prüfungsangst ein Thema sein könnte. Den Betroffenen ist häufig auch gar nicht bewusst, dass sie Sorge vor negativen Bewertungen haben. Wäre es ihnen klar, gäbe es eine größere Chance, logisch an das Problem heranzugehen. Gefühle, hier Angst und Scham, lassen sich jedoch nicht mit Logik bearbeiten.

5.5.7 Die Möglichkeiten des Fahrlehrers

Der Fahrlehrer könnte dem Durchgefallenen seine Beobachtungen zur Verfügung stellen und behutsam das Gespräch suchen, um Anzeichen für Angst zu thematisieren. Deutet ein Schüler sorgenvolle Gedanken im Vorfeld an oder berichtet von einem vielleicht auch nur schwach ausgeprägten Angsterleben und/oder von einigen wenigen körperlichen Symptomen, dann verdient diese Offenheit, über die eigenen Sorgen zu sprechen, große Anerkennung. Eine erste Hilfestellung ist das deutliche Signal, dass das Nichtbestehen einer Prüfung wirklich keine Katastrophe ist. Es ist ein Misserfolg, der aber nichts mit dem Wert des Menschen zu tun hat. Der Durchgefallene bleibt der, der er ist – mit all seinen persönlichen Merkmalen, Stärken und Schwächen. Entsteht beim Fahrlehrer der Eindruck, dass die Befürchtungen des Fahrschülers umfangreicher und tiefgehender sind, so könnte die Empfehlung von Ratgebern und Büchern eine wertvolle Unterstützung sein, um mehr über Prüfungsangst zu erfahren. Vielen Betroffenen hilft Wissensvermittlung bereits weiter, da sie diese zur Standortbestimmung nutzen können. Sie bekommen die Gelegenheit, bei sich selber zu schauen, ob sie sich in den Erläuterungen wiederfinden und welche Anregungen zum Umgang mit der Angst für sie nutzbar sind. Natürlich gibt es auch Selbsthilfegruppen und Therapeuten, die häufig jedoch erst zuletzt aufgesucht werden. Ein Fahrlehrer hat andere Ansatzpunkte, die Prüfungssituation vorzubereiten.

Die im Folgenden beschriebenen Vorgehensweisen hat die Autorin als wirkungsvolle Methoden im Umgang mit prüfungsängstlichen Fahrschülern erprobt. Es handelt sich um Verfahren, die ihren Ursprung im Kontext der Stressreduktion haben, in der Behandlung sozialer Ängste Anwendung finden und auf die Fahrschulsituation angepasst wurden.

1. **Entspannung hilft**

Angst und Entspannung sind Gegenspieler. Sie schließen sich gegeneinander aus, d. h., wer Angst verspürt, kann nicht gleichzeitig entspannen und umgekehrt. Es ist also hilfreich, Entspannung anzuregen. Achtsamkeitsübungen unterstützen dieses Ziel. Die im Folgenden kurz dargestellte Atemübung ist eine von mehreren Übungen, die ausführlicher von Kaluza (2011) beschrieben werden. Hierbei konzentriert sich die Person auf den Fluss ihres Atems. Der Fahrlehrer könnte z. B. anleiten, dass sich der Schüler ganz entspannt hinsetzen und nach Möglichkeit die Augen schließen soll. Dann soll der Schüler ruhig ein- und ausatmen, während er seine Gedanken ziehen lässt: wie Regentropfen, die an einer Scheibe herunterlaufen. Der Atmende soll sich wahrnehmen, darauf achten, wie der Atem durch die Nase, den Hals, den Brustkorb bis in den Bauch strömt. Die Konzentration ist auf den Atem gerichtet, auf das Ein- und Ausatmen. Die Bauchdecke soll sich beim Atmen bewegen. Das alles geschieht jedoch ohne Anstrengung. Die Gedanken kommen und gehen, die Aufmerksamkeit bleibt beim Atmen. Nach der Phase der Anleitung übt der Schüler noch etwa zwei Minuten für sich alleine. Dann kündigt der Fahrlehrer an, dass der Schüler die Übung gleich beenden wird. Er soll noch einmal tief ein- und ausatmen, die Muskeln an- und entspannen und dann die Augen wieder aufmachen. Wichtig dabei ist, dass der Schüler zumindest ansatzweise Entspannung spürt, und auch der Fahrlehrer sollte diese Aufgabe als wohltuend empfinden. Unter diesen Voraussetzungen ließe sich die Atemübung zu Beginn der Fahrstunden einsetzen. Der Fahrschüler lernt darüber, dass er Einfluss auf seinen Zustand nehmen kann, und in der Prüfung könnte er die Atemübung als unmittelbare Vorbereitung noch außerhalb des Fahrzeugs anwenden. Diese Form der Atmung bis in den Bauch hinein, hat gleichzeitig den Vorteil, dass der Körper und das Gehirn mit mehr Sauerstoff versorgt werden.

Empfindet eine Person keine Entspannung, dann sind andere Techniken wie Meditation, autogenes Training, progressive Muskelentspannung oder imaginative Verfahren wie Traumreisen oder sichere Orte empfehlenswerter. Für alle Verfahren gilt, dass sie geübt werden müssen, damit der Körper sich daran gewöhnt und lernt zu entspannen. Selbstverständlich sollte der Vermittelnde über ausreichend Wissen und Erfahrung in der Weitergabe der Entspannungsmethode verfügen. Für alle anderen erscheint es besser, sich vorab zu informieren, ob Gesundheitshäuser, Volkshochschulen, Familienbildungsstätten oder andere Einrichtungen Kurse dazu anbieten. Entspannungsverfahren zu trainieren, damit sie in einer Prüfungssituation effektiv angewandt werden können, braucht seine Zeit.

2. **Aufmerksamkeit auf die Aufgabe richten**

Ein wirkungsvolles Mittel im Umgang mit Prüfungsangst sind Anweisungen, welche die Aufmerksamkeit auf bestimmte Inhalte lenken. Da Prüfungsängstliche ihre Aufmerksamkeit eher nach innen auf körperliche Symptome richten, gilt es, in den Fahrstunden konsequent immer wieder darauf hinzuweisen, dass die Aufmerksamkeit auf die Fahraufgabe gelenkt werden soll. Der Schüler soll z. B.

- bewusst innerhalb der nächsten drei Minuten auf ein bestimmtes Verkehrszeichen achten. Nach dieser Zeit fragt der Fahrlehrer ab, wie viele Zeichen es gewesen sind. Dadurch lernt der Fahrschüler, dass er seine Aufmerksamkeit steuern kann. Ist die Antwort falsch, war die Aufmerksamkeit noch auf andere Inhalte gerichtet. Zur Überprüfung wird die Strecke wiederholt und gemeinsam gezählt;
- möglichst exakt wiedergeben, wie viele Fahrzeuge sich in einer Kreuzungssituation befanden. Hilfreich ist es immer, wenn die Situation bildlich festgehalten wird, damit Fahrlehrer und Schüler die Angaben vergleichen können;
- die kommenden 200 Meter Fahrstrecke innerlich begleitend kommentieren, z. B.: *„Vorne fahren drei Autos, am rechten Straßenrand läuft ein Fußgänger, an der kommenden Ampel steht ein Radfahrer, im Gegenverkehr nähern sich mehrere Fahrzeuge, da steht eine Streckenvorfahrt, hinter der Ampel steht ein Geschwindigkeitszeichen, ...“*
- bei den Parkaufgaben ganz konzentriert auf die Abstände zu anderen Fahrzeugen achten. Das ist das Wichtigste. Deswegen betont der Fahrlehrer diese Anweisung immer wieder.

Es gibt eine Fülle von Möglichkeiten, die sich im Rahmen der Fahrstunden anbieten. Jeder Leser kann eigene Situationen finden, wohin die Aufmerksamkeit gelenkt werden soll. Es ist überflüssig, zu betonen, dass die Aufgaben nur mit prüfungstauglichen Fahrschülern Sinn machen, denn das Gelernte muss bereits teilweise automatisiert sein. Die Übungen sollten auch nur bis zu drei Minuten dauern und zwischen drei- bis fünfmal pro Fahrstunde eingesetzt werden. Sie sind für beide, Fahrschüler und Fahrlehrer, anstrengend.

3. **Gedanken bei der Aufgabe lassen**

Menschen denken fortwährend. Die Gedanken wandern in die Vergangenheit, in die Zukunft und natürlich auch in gegenwärtige Bedingungen und Ereignisse. In Prüfungssituationen wirkt es sich logischerweise vorteilhaft aus, wenn sich die Gedanken um die Fahraufgabe drehen. Unter Prüfungsangst sind sie inhaltlich jedoch häufiger vom Ausgang der Prüfung oder mit den möglichen negativen Konsequenzen geprägt. Wenn sich also Prüfungsangst abzeichnet, dann könnte es sich als unterstützend erweisen, die gedanklichen Inhalte beim betroffenen Schüler kennenzulernen. Zu Anfang ließe sich einfach eine Sammlung der Gedanken rund um die Prüfung erstellen. Der Fokus liegt dabei auf den Anteilen der Aussagen, die sich auf die Fahraufgabe beziehen, im Vergleich zu denen, die die Bedeutung der Prüfung zum Gegenstand haben und wie sich der Prüfling dabei sieht. Überwiegen Aussagen, welche die Bedeutung der Prüfung und die Konsequenzen für den Schüler thematisieren, dann könnten sich Hinweise zur Gedankenausrichtung als wirksam erweisen. Die Fahraufgabe verlangt, die Gegebenheiten des Straßenverkehrs abzuarbeiten – Meter für Meter. Das gelingt besser, wenn sich die Gedanken mit den aktuellen Bedingungen beschäftigen. Für eine Person ohne Prüfungsangst erscheint dieser Hinweis simpel, Prüfungsängstliche denken in Prüfungssituationen jedoch anders. In den Fahrstunden müsste daher immer wieder die Betonung auf das Abarbeiten gelegt werden, damit der Betroffene die gedankliche Ausrichtung hier üben kann.

Dabei sind Gedanken im Sinne von *„Konzentrier dich“*, *„Streng dich jetzt an“* oder *„Reiß dich jetzt noch einmal zusammen“* keine Gedanken, die sich mit der Fahraufgabe beschäftigen. Gedanken wie *„Welche Schilder stehen am Fahrbahnrand?“*, *„Was macht der Fahrradfahrer da vorne?“* oder *„Wie viel Abstand habe ich zu meinem Vordermann?“* beziehen sich dagegen auf die aktuelle Fahrsituation.

Wenn Fehler passieren, dann ist das keine Katastrophe. Sie passieren – und weiter geht es mit der Bearbeitung der fahrerischen Anforderungen. Macht sich der Fahrlehrer die Mühe, die Gedanken seines Schülers in der Folge von Fehlern zu hinterfragen, dann ließe sich häufiger feststellen, dass der Schüler sich eher mit der Vermeidung von weiteren Fehlern beschäftigt. Diese Gedanken haben bei Prüfungsangst keinen Nutzen, das Abarbeiten der Fahraufgabe hat oberste Priorität.

Auch wenn dann die Prüfung verhältnismäßig gut läuft, gilt weiterhin, dass der Fokus auf dem Abarbeiten der Fahraufgabe liegen muss. Andernfalls steigt die Gefahr, dass sich Gedanken einschleichen wie: *„Gleich hab' ich es geschafft“*, *„Ich bin fast am Ziel“* oder *„Heute könnte es klappen“*. Auch hier sind die Gedanken mit anderen Inhalten als der Fahraufgabe gefüllt und stellen daher Ablenkungen dar. Und Ablenkungen sind immer Risikofaktoren. Nach einer erfolgreichen Prüfung, wenn die Fahraufgabe bis zum Schluss abgearbeitet wurde, sind (wieder) alle Gedanken erlaubt und der Kandidat hat sich eine Belohnung redlich verdient.

4. **Die (negativen) Folgen selbsterfüllender Prophezeiungen**

Was selbsterfüllende Prophezeiungen sind, wurde bereits im Kapitel 1 Abschnitt 4.1 „Soziale Wahrnehmung“ erläutert. Falsche Annahmen kann eine Person auch über sich selber haben. In diesen Fällen würden die ursprünglich falschen Überzeugungen das Verhalten so verändern, dass sie sich letztendlich mit höherer Wahrscheinlichkeit erfüllen. Personen mit Prüfungsangst sind aufgrund der Tendenz, generell mehr Aufmerksamkeit bei sich und den Gedanken über sich selber zu haben, anfälliger, in den Teufelskreis aus Wahrnehmung der eigenen Angst mit anschließenden negativen Erwartungen zu kommen. Das könnte z. B. wie folgt aussehen: *„Meine Beine zittern so sehr, ich werde die Kupplung nicht gefühlvoll bedienen können. Wenn ich die Kupplung nicht bedienen kann, dann werde ich den Motor sicher abwürgen. Wenn ich den Motor abwürge, wird die Prüfung nichts.“* Es ist nachvollziehbar, dass unter diesen Bedingungen die Wahrscheinlichkeit steigt, dass die Prüfung negativ verläuft. Die zitternden Beine werden als Beweis gesehen, dass nachfolgende Handlungen misslingen. Dafür gibt es jedoch keinen realen Beleg. Zitternde Beine haben keinen regelhaften Zusammenhang mit nicht bestandenen Prüfungen, d. h., sie führen nicht zwangsläufig zum Durchfallen. Darauf könnte der Fahrlehrer bereits im Vorfeld einer Prüfung deutlich hinweisen. Der andere Aspekt der selbsterfüllenden Prophezeiungen bezieht sich auf die negativen Inhalte der Gedanken. Auch hier könnte bereits mehrere Tage vor der Prüfung gemeinsam geschaut werden, welche Gedankeninhalte der Schüler in Bezug auf seine Prüfung hat. Kommt die Überzeugung zum Ausdruck, dass die Prüfung eher erfolglos ausgehen könnte, dann wird es höchste Zeit, mit dem Schüler über alternative Ausgänge nachzudenken. Eine Methode, um den Erfolg in den Fokus zu rücken, ist die Ressourcenaktivierung. Seminarleiter für Aufbauseminare für Fahranfänger (ASF) kennen dieses Verfahren bereits. Es wird mit dem Fahrschüler überlegt, welche Erfolge er bereits in seinem Leben hatte. Das können Schulabschlüsse sein, sportliche Glanzleistungen, ehrenamtliches Engagement etc. Das Gewicht liegt auf dem Erfolg. Diese Erfolgsmomente soll er sich in Erinnerung rufen, wenn der Inhalt seiner Gedanken immer stärker von Versagen bestimmt erscheint. Interessanterweise äußern Betroffene manchmal sehr wohl, dass sie überzeugt sind, sie könnten alles und würden die Prüfung schaffen. Wenn sie dann jedoch einzelne Aspekte benennen sollen, wie sie sich denn selber in der Prüfung sehen, dann schimmert auch in diesen Selbstbeschreibungen eher ein Bild der Sorge vor dem Scheitern und der Blamage durch. Fällt dem Fahrlehrer das auf, kann er dem Schüler seine Beobachtungen zur Verfügung stellen und auch hier wieder versuchen, beim Schüler Gedanken an Erfolgsmomente anzuregen und zu verstärken.

5. **Professionell auf Hilfe von außen verweisen**

Ein Fahrlehrer verhält sich kompetent und verantwortungsvoll, wenn er bei seinem Fahrschüler erkennt und darauf hinweist, dass dessen Prüfungsangst ein Ausmaß annimmt, welches professioneller Bearbeitung bedarf. Diese kann von Psychologen, Pädagogen oder anderen Beratern geleistet werden, die Erfahrung im Umgang mit Bewertungsängsten haben. Die Prüforganisationen könnten ebenfalls Ansprechpartner sein, um einen Kontakt zu professioneller Hilfe herzustellen. Es gehört zu den Kernkompetenzen eines guten Fahrlehrers, zu erkennen, wann er berufsübergreifend, also interdisziplinär, aktiv werden muss, um seinen Fahrschüler bestmöglich auf die Prüfung vorzubereiten.

Literatur

Hoyer, J. & Härtling, S. (2017). Soziale Angst verstehen und verändern. Berlin, Heidelberg: Springer.

Kaluza, G. (2011). Stressbewältigung. Trainingsmanual zur psychologischen Gesundheitsförderung. 2. Auflage. Berlin, Heidelberg: Springer.

6 Kommunikation

Günter Kölzer

Zum Thema Kommunikation vorweg einige Beispiele:

- Ein Interessent kommt in die Fahrschule und fragt, was der Führerschein voraussichtlich kosten wird. Als der Fahrlehrer die Ausbildungsentgelte nennt, verzieht der (potenzielle) Kunde das Gesicht und bemerkt: *„Bei Ihrem Kollegen nebenan ist es aber günstiger!“*
- Ein Fahrschüler fragt, ob er nun bald zur theoretischen Prüfung antreten darf. Der Fahrlehrer reagiert nicht auf seine Frage, sondern deutet stumm auf die Fehlerpunkte des letzten Theoriebogens.
- Eine Fahrstunde ist zu Ende. In der Nachbesprechung ist der Fahrlehrer gezwungen, dem Schüler mitzuteilen, dass er doch heute (neben einigen guten Leistungen) einige Fehler gemacht hat. Obwohl der Fahrlehrer ruhig und sachlich die Fehler benennt, verlässt der Fahrschüler ohne weiteren Kommentar das Fahrschulauto.
- Ein Fahrschüler hat am Vormittag die praktische Prüfung bestanden. Als sein Fahrlehrer am Abend desselben Tages mit seinem Theorieunterricht beginnen will, kommt der glückliche Führerscheinneuling in die Fahrschule und bringt einen Kuchen als „Dankeschön“ mit.

Kommunizieren zu können, ist ein wesentlicher Aspekt unseres Lebens. In bestimmten Berufen ist kommunikative Kompetenz ganz besonders wichtig. Wer anderen etwas beibringen möchte, muss nicht nur über ein fundiertes Wissen der grundlegenden Tatsachen zwischenmenschlicher Kommunikation verfügen. Er oder sie muss auch – je nach Gesprächspartner und Situation – dieses Wissen flexibel und angemessen einsetzen können. Auch in der Fahrschule spielt Kommunikation eine zentrale Rolle. So müssen Fahrlehrer unter anderem

- Kunden beraten,
- schwierige Sachverhalte verständlich erklären, sodass die Schüler sie verstehen,
- präzise und möglichst unmissverständliche Anweisungen während einer Schulungsfahrt geben,
- sachlich, aufgeschlossen und freundlich Feedback geben,
- Konfliktgespräche mit Schüler und deren Eltern führen,
- mit Kollegen diskutieren,
- eventuelle Meinungsverschiedenheiten mit Fahrerlaubnisprüfer sachlich und professionell klären können.

In den bisher aufgeführten Beispielen stand auf den ersten Blick die rein sachlich-inhaltliche Seite der Kommunikation im Vordergrund. In jeder Aussage schwingt aber viel mehr mit. Hinzu kommt die – vereinfacht gesagt – zwischenmenschliche Seite der Kommunikation: Hier geht es unter anderem um

- die Beziehung der Gesprächspartner zueinander (Lehrer-Schüler/Dienstleister-Kunde),
- Sympathie und Antipathie,
- die Frage, wie sich die Gesprächspartner wechselseitig wahrnehmen,

- Emotionen, Erfahrungen und Einstellungen,
- eventuelle Vorurteile und Empfindlichkeiten.

Zweifellos ließe sich diese Liste noch um unzählige Beispiele verlängern. Die Kommunikation in der Fahrschule ist ein weites Feld, besonders, wenn man bedenkt, dass hier die unterschiedlichsten Menschen aus- und weitergebildet werden. Fahrschüler unterscheiden sich unter anderem im Hinblick auf ihr Alter, ihre Sprachkenntnisse, ihren sozialen, kulturellen und Bildungshintergrund sowie ihre Vorerfahrungen und Interessen. Manche Kunden in einer Fahrschule verfügen über eine gültige Fahrerlaubnis, möchten aber (nach längerer Pause) wider mit dem Fahren beginnen.

Auf diese bunte Mischung (man spricht auch von einer „heterogenen“, d.h. in sich stark unterschiedlichen Lerngruppe) wird im Kapitel 2, Abschnitt 1 „Bedingungsanalyse“ eingegangen. Es ist leicht zu erkennen, dass ein 17-jähriger Fahrschüler anders kommuniziert als ein 35-jähriger Schüler, der die Fahrerlaubnis der Klasse CE erwerben will.

Im Folgenden werden einige Grundlagen der zwischenmenschlichen Kommunikation vorgestellt:

6.1 Das Kreismodell zwischenmenschlicher Kommunikation

Die zwischenmenschliche Kommunikation lässt sich als ein System aus „Sender und Empfänger“ beschreiben: Eine Person (Sender einer Nachricht) sagt etwas zu einer anderen Person (Empfänger). Diese antwortet verbal oder nonverbal (oder eben auch einmal nicht). An dieser alltäglichen Situation lassen sich einige Grundtatsachen erkennen:

- Der Sender sendet eine Nachricht an den Empfänger. Dies kann mit Worten, Schrift oder über Mimik und Gestik erfolgen. In der Regel werden in der direkten Kommunikation, wenn man sich gegenübersteht, sowohl Worte als auch Mimik und Gestik – mit denen wir das gesprochene Wort unterstreichen wollen – gleichzeitig eingesetzt.
- Der Sender muss seine Nachricht so formulieren, dass das Gegenüber sie verstehen kann. Man sagt auch, sie muss richtig „codiert“ werden.
- Der Empfänger wiederum muss die Nachricht verstehen, sie „entschlüsseln“. Dies kann mal besser und mal schlechter gelingen. Sender und Empfänger müssen also, um sich zu verstehen, den gleichen „Code“ verwenden.
- Nun findet gewissermaßen ein Rollentausch statt: Der Empfänger antwortet dem Sender nun mit einer eigenen Aussage, über Mimik, Gestik oder auch durch Schweigen oder Fortgehen. Er wird damit zum Sender – der vormalige Sender wird zum Empfänger.
- Meist beobachten wir schon, während wir etwas sagen, die Reaktionen unseres Gegenübers. Diese Botschaften entschlüsseln wir noch während wir senden. Das bedeutet: Genaugenommen sind wir gleichzeitig Sender und Empfänger und beeinflussen uns stets mit unserem Verhalten stets wechselseitig.

Zur Veranschaulichung soll eine Situation aus der Fahrschule dienen:

- Ein Fahrlehrer erläutert einem Fahrschüler die Bedeutung eines Verkehrszeichens. Er ist in diesem Moment der Sender. Seine Botschaft, die Informationen zum Verkehrszeichen, übermittelt er in seiner ihm eigenen Art, in seiner Sprache, „mit den eigenen Worten", wie man sagt. Er codiert die Informationen also. Dabei muss er darauf achten, dass der Schüler diesen Code auch entschlüsseln kann; er muss seine Erklärungen also am Schüler ausrichten.

- Der Schüler hört zu und versucht, diese Informationen aufzunehmen und zu verstehen. Er ist der Empfänger und muss den Code des Fahrlehrers entschlüsseln können.
- Der Schüler antwortet dem Fahrlehrer nun vielleicht dadurch, dass er mitteilt, was er aus dessen Erklärungen verstanden oder noch nicht verstanden hat. Er wird nun zum Sender – der Fahrlehrer wird zum Empfänger.
- Vielleicht hat der Fahrlehrer, schon während er das Verkehrszeichen erläuterte, Reaktionen des Fahrschülers aufgenommen und bewertet (und vielleicht in „Echtzeit" darauf reagiert). Es kann sein, dass der Fahrlehrer beobachtete, wie ihn sein Zuhörer während seiner Erklärungen mit leerem oder verständnislosem Blick angeschaut hat. Vielleicht hat er daraufhin ein Detail sofort noch einmal vereinfacht erläutert, bevor der Schüler etwas sagen musste.
- Die Antwort des Schülers wiederum führt zu einer weiteren Äußerung des Lehrers und so weiter.

Wenn Menschen miteinander kommunizieren, bilden sie also ein System aus Sender und Empfänger, in dem sie sich laufend gegenseitig beeinflussen. Damit ist die Kommunikation sozusagen „kreisförmig".

Es ist leicht vorstellbar, an welchen Stellen in diesem Kommunikationsprozess Störungen und Missverständnisse auftreten können. Oft gelingt es nicht, die richtigen Worte oder Beispiele zu finden, die der Empfänger (also im Zweifelsfall der Schüler), verstehen kann. Ebenso kann es sein, dass der Empfänger sich etwas völlig anderes vorstellt als der Sender oder er Inhalte missversteht. Beim Senden und Empfangen spielen Kompetenzen, Wissen, Intelligenz und der persönliche, soziale und kulturelle Hintergrund, Biografie, Erfahrungen und Temperament, aber auch momentane Stimmungen und Emotionen eine große Rolle. Da sich alle in diesen Punkten voneinander unterscheiden, ist das „Codieren" und „Decodieren" der Nachrichten stark fehleranfällig. Weil dies so ist, müssen sich beide Gesprächspartner anstrengen, dass ihre Kommunikation gelingt, jedenfalls in der Erwachsenenbildung. Lehrer haben allerdings die besondere Verantwortung, sich besonders zu bemühen und dem Schüler hier – soweit als möglich und ratsam – entgegenzukommen.

Die Kreisförmigkeit der Kommunikation hat einige wichtige Konsequenzen. Beispielsweise lässt sich so gut erklären, warum sich Gespräche positiv oder negativ aufschaukeln können und eine ganz eigene Dynamik entwickeln können:

- Ein Schüler wird von seinem Fahrlehrer gefragt, warum er zu spät zur Fahrstunde erscheint. Der Schüler wiederum antwortet (untermalt von gereizter Mimik), dass er immerhin der Kunde sei. Der Fahrlehrer wiederum möchte sich dieses Verhalten nicht bieten lassen und reagiert seinerseits gereizt …
- Ein Verkehrsteilnehmer wechselt unachtsam auf den linken Fahrstreifen. Ein von hinten kommender Fahrer erschrickt und ärgert sich. Er möchte es dem „Übeltäter" heimzahlen und fährt zu dicht auf. Dieser wiederum bremst abrupt

ab, um den Hintermann „zu erziehen". An der nächsten Ampel kommt es zu einem hitzigen Wortwechsel zwischen den beiden Fahrern.

- Ein Fahrlehrer erkundigt sich nach dem Befinden eines Schülers. Dieser antwortet, dass er sehr traurig sei, weil er eine (wichtige) Klausur „verhauen" habe. Der Fahrlehrer versucht, ihn aufzubauen. Der Schüler rechnet dem Fahrlehrer dieses Verhalten hoch an und bedankt sich. Seinem Bruder empfiehlt er – als dieser den Führerschein erwerben will – „seinen" Fahrlehrer.
- Ein Pkw-Fahrer beobachtet, dass ein Lkw im dichteren Feierabendverkehr auf die Autobahn einfahren möchte. Er ermöglicht dem Lkw-Fahrer das Einfädeln. Dieser bedankt sich freundlich.

Die Beispiele sind bewusst auch dem Straßenverkehr entnommen. Denn auch hier kommunizieren wir ständig mit anderen. Allerdings sind unsere Verständigungsmöglichkeiten hier naturgemäß viel eingeschränkter als in einer Unterhaltung, bei der man sich direkt gegenübersteht. Das hat ziemlichen Einfluss auf die Kommunikation und den Straßenverkehr insgesamt. Darauf wird nachfolgend bei „Watzlawicks fünf Axiomen zur menschlichen Kommunikation" eingegangen.

Es ist wichtig, um die positive wie negative Wirkung solcher Aufschaukelungsprozesse zu wissen, denn sie sind Chance und Gefahr gleichermaßen. Es wäre viel gewonnen, wenn es gelänge, positive Aufschaukelungen produktiver zu nutzen und die Risiken einer negativen Aufschaukelung („ein Wort gibt das andere …") rechtzeitig zu erkennen. Es kann bei einem Konfliktgespräch zum Beispiel Sinn machen, sich zunächst darauf zu einigen, dass hier und jetzt keine Einigung über die strittige Frage erzielt werden kann und die Diskussion (vorerst) abgebrochen werden sollte. Sind erst einmal gegenseitige Kränkungen geschehen, wird es sehr schwierig, diesen „Kreislauf der Kränkungen" zu unterbrechen. Eine regelrechte „Abwärtsspirale" droht.

6.2 Watzlawicks fünf Axiome zur menschlichen Kommunikation

Der österreichisch-amerikanische Kommunikationsforscher und Psychotherapeut Paul Watzlawick (1921–2007) hat einige Grundsätze der menschlichen Kommunikation formuliert, deren Kenntnis und Beachtung seiner Meinung nach jede Kommunikation bestimmen. Seine fünf Axiome (unmittelbar einleuchtende Grundsätze) sind vielfach zitiert und weiterentwickelt worden, und gehören noch heute zu den wichtigsten und pragmatischsten Werkzeugen zur Analyse und Verbesserung von Kommunikation. Sie lauten:

1. ***„Man kann nicht nicht kommunizieren."***
2. ***„Jede Kommunikation hat einen Inhalts- und einen Beziehungsaspekt, wobei Letzterer den Ersteren bestimmt."***
3. ***„Die Natur einer Beziehung ist durch die Interpunktionen der Kommunikationsabläufe seitens der Partner bestimmt."***
4. ***„Menschliche Kommunikation ist digital und analog."***
5. ***„Zwischenmenschliche Kommunikationsabläufe sind entweder symmetrisch oder komplementär, je nachdem, ob die Beziehungen zwischen den Partnern auf Gleichheit oder Unterschiedlichkeit basieren."***

Im Folgenden werden diese fünf Axiome kurz definiert und anhand von Beispielen aus der Fahrschule erläutert.

1. *„Man kann nicht nicht kommunizieren.“*

Kommunikation findet immer statt. Dieser Satz ist auf den ersten Blick unverständlich. Wenn ich einen Freund, mit dem ich mich gestritten habe, einige Wochen lang nicht anrufe, dann kommuniziere ich doch nicht mit ihm – oder? Watzlawick würde dem entgegenhalten: Oh doch! Da man sich nicht nicht verhalten kann (auch Unterlassen ist ein Verhalten!), ist dieses „beredte Schweigen“ auch Kommunikation. Wenn ein Schüler seinem Fahrlehrer eine Frage stellt, z. B. *„Kann ich bald zur Prüfung angemeldet werden?“*, darauf aber keine Antwort erhält, so ist dieses Schweigen ebenfalls eine kommunikative Handlung. Das Problem ist allerdings: Wie ist dieses Schweigen zu verstehen? Wenn Menschen auf eine (vielleicht für sie in diesem Moment gerade wichtige Frage) keine Antwort erhalten, dann sind Missverständnissen, Fehlinterpretationen und Unterstellungen Tür und Tor geöffnet. Entsprechend wird sich der Fragesteller verhalten: Wer das Schweigen des Gegenübers als Böswilligkeit, Arroganz oder Zerstreutheit interpretiert, wird anders darauf reagieren als jemand, der unterstellt, der Gesprächspartner hat vielleicht einfach die Frage nicht gehört, weil er sehr konzentriert ist. Genauso kommuniziert ein Fahrschüler, der laufend zu spät zum Theorieunterricht erscheint. Liegt es an dessen Gleichgültigkeit? Ist er respektlos? Oder muss er nur immer lange arbeiten? Hat er einen anderen nachvollziehbaren Grund, den er nur nicht nennen möchte? Abhängig von seinen Vorerfahrungen und Einstellungen anderen gegenüber wird der Fahrlehrer dieses Verhalten nun deuten und darauf entsprechend antworten (verbal oder nonverbal). Hier kommt natürlich zum Tragen, dass Kommunikation – wie bereits beschrieben – ein Kreismodell von Sender und Empfänger ist.

Es wäre viel gewonnen, wenn wir alle lernen könnten, bei solch häufigen Uneindeutigkeiten weniger schnell zu beurteilen oder gar zu verurteilen, sondern zunächst einmal die Gründe für diese Verhaltensweisen herauszufinden. Ein geschätzter älterer Fahrlehrerkollege brachte es einmal auf den Punkt: *„Redenden Menschen kann leichter geholfen werden!“*

2. *„Jede Kommunikation hat einen Inhalts- und einen Beziehungsaspekt, wobei Letzterer den Ersteren bestimmt.“*

Jeder hat es schon einmal erlebt: Wir mochten einen bestimmten Lehrer und entdeckten dabei, dass es uns bei diesem viel leichter fiel, uns für die Inhalte, die er vermitteln wollte, zu begeistern. Bei einem anderen Lehrer (den wir nicht mochten) war es genau umgekehrt. Eine weitere Situation dürfte ebenfalls zum Erfahrungsschatz der meisten Menschen gerechnet werden: In einem Streitgespräch (vielleicht aus anfangs banalem Anlass) ging es bald nicht mehr um den eigentlichen Inhalt (man war vielleicht tatsächlich zu spät zur Fahrstunde erschienen), sondern darum, wie wir zueinander stehen (*„Ich mag zu spät sein, aber das gibt Ihnen nicht das Recht, so mit mir zu reden!“*). Wer glaubt, dass in Kommunikationsprozessen lediglich Fakten ausgetauscht werden, der irrt. In jeder Kommunikation wird sichtbar, wie die Gesprächspartner zueinander stehen. Ist die Beziehungsebene gut, so ist dies sicher häufig von Vorteil. Allerdings sollte eine Beziehung – beruflich oder privat – so gestaltet sein, dass sie auch kritische Punkte und abweichende Meinungen aushält. Ist die Beziehungsebene dagegen gestört, so kann es sein, dass diese Störung die Inhaltsebene so überlagert, dass an eine sinnvolle Zusammenarbeit erst einmal nicht zu denken ist. Jetzt einfach „stur" Informationen zu senden, wird kaum zum Erfolg führen, da es unwahrscheinlich ist, dass das Gegenüber diese annehmen oder auch nur aufnehmen kann.

Deswegen gilt der Grundsatz: *„Störungen haben Vorfahrt!"* Es ist wichtig, die Beziehungsebene so weit zu klären und zu „reparieren", dass ein inhaltlicher Austausch wieder möglich wird. Auch hier gilt: Es muss geredet werden! Ohne Vorwürfe, mit Botschaften, wie man selbst etwas verstanden hat und was das Wahrgenommene mit einem selbst macht („Ich-Botschaften"), und Fragen, was das Gegenüber stört. Intensives Zuhören und Wertschätzung können den Weg ebnen, die Beziehungsebene hinreichend zu „kitten", sodass es inhaltlich weitergehen kann. Sind die Gegensätze unüberwindbar, kann es z. B. in der Fahrausbildung besser sein, den Schüler an einen anderen Kollegen abzugeben. Solche extremen Fälle sind in der Praxis jedoch eher selten.

3. ***„Die Natur einer Beziehung ist durch die Interpunktionen der Kommunikationsabläufe seitens der Partner bestimmt."***

Kommunikation geschieht nicht im „luftleeren Raum". Jede Äußerung, jedes Verhalten eines anderen deuten wir vor dem Hintergrund dessen, was wir mit dieser Person bereits erlebt haben. Das bedeutet: Der Faktor Zeit spielt in kommunikativen Prozessen eine wichtige Rolle; es gibt ein Davor und ein Danach. Es ist möglich, dass eine Bemerkung, wie z. B. *„Sie sind gut vorangekommen seit der letzten Stunde"*, den Schüler noch lange beschäftigt. Für einen Schüler, der an sich selbst zweifelt, können auch solche kleinen Aufmunterungen zum Teil ein Wendepunkt in der Ausbildung sein. Vielleicht fühlt sich der Schüler seit dieser Äußerung zum ersten Mal stark genug, die Prüfung zu meistern. Würde man nun den Fahrlehrer fragen, ab wann er glaubte, dass auch dieser Schüler es schaffen kann, dann könnte es sein, dass er das schon viel früher, zum gleichen Zeitpunkt oder erst nach seinem aufbauenden Satz tat. Dennoch: Seit diesem wurde der Schüler besser und besser. Auch die Gespräche wurden lockerer und effektiver.

Andererseits können auch negative Entwicklungen eintreten: Man stelle sich vor, ein Interessent möchte sich zur Fahrausbildung anmelden. Er ist nervös und überspielt seine Hemmungen mit einem leicht arroganten Auftreten dem Fahrlehrer gegenüber (den er aber spontan eigentlich sympathisch findet!). Der Fahrlehrer hingegen denkt sich gleich zu Beginn: *„Na, mit dem werde ich wohl noch Spaß kriegen. Arroganter Schnösel!"* Würde der Fahrlehrer seinen künftigen Kunden diese Abneigung bei nächster Gelegenheit spüren lassen – z. B. mit einer spitzen Bemerkung – dann ist es sehr wahrscheinlich, dass der Schüler sein Verhalten ab diesem Zeitpunkt nun auch verändert. Würde man später beide getrennt befragen, ab welchem Zeitpunkt sich die Beziehung negativ verändert hat, würde der Fahrlehrer vermutlich sagen: *„Gleich zu Anfang!"* Und der Schüler: *„Ab der ersten unpassenden Bemerkung des Fahrlehrers."*

Wir deuten das, was wir mit anderen erleben, vor dem Hintergrund unserer Vorerfahrungen mit diesen Menschen (vgl. Abschnitt 4.1 „Soziale Wahrnehmung" in diesem Kapitel) und den Menschen, an die wir durch diese erinnert werden.

Wer seinen Fahrschüler als eigentlich freundlichen Menschen erlebt hat, dem wird es komisch vorkommen, wenn dieser sich auf einmal mürrisch und wortkarg zeigt. Der Fahrlehrer wird sich denken: *„Der ist doch sonst nicht so!“* Etwas anderes ist es, wenn man sein Gegenüber zuvor eher negativ erlebt hat. Dann werden einen weitere unangenehme Verhaltensweisen kaum überraschen (*„Typisch!“*) und Freundlichkeit eher verwundern (*„Ausnahmen bestätigen die Regel!“*).

Zur Veranschaulichung dieses Axioms dient *Bild 1.8*. Angenommen, ein Fahrschüler erscheint zu spät zur Fahrstunde, dann könnte sich daraus die folgende Diskussion ergeben:

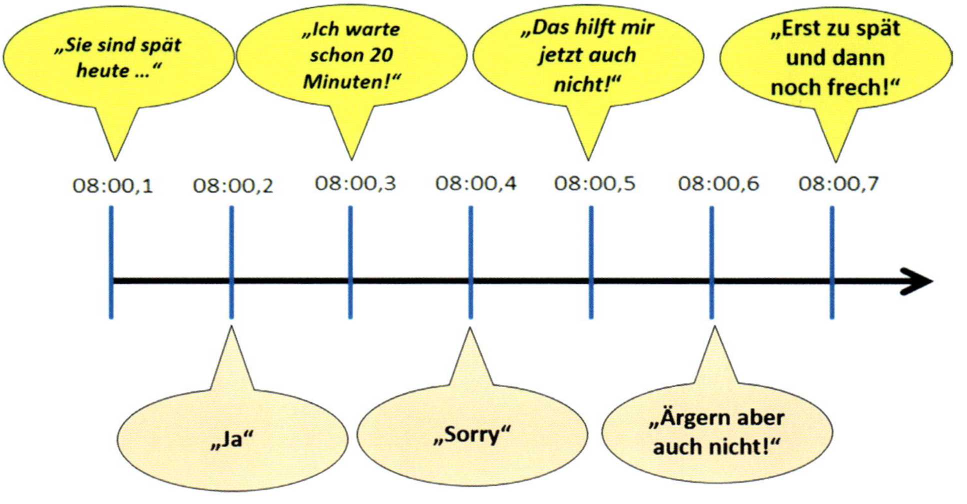

Bild 1.8 Typischer Aufschaukelungsprozess im Rahmen einer Diskussion zwischen Fahrlehrer und Fahrschüler Quelle: Kölzer

Im Verlauf dieses Kommunikationsprozesses sind verschiedene Aussagen zu verschiedenen Zeitpunkten gefallen. Welchen Zeitpunkt (Interpunktion) würde der Fahrschüler wohl als Beginn des späteren Streits ansehen? Vielleicht ist er der Meinung, dass es seit der Aussage des Fahrlehrers *„Das hilft mir jetzt auch nicht!“* langsam eskalierte. Der Fahrlehrer hingegen würde vielleicht behaupten, dass er sich erst richtig geärgert hat, als der Fahrschüler – etwas flapsig – sagte: *„Ärgern aber auch nicht!“* Es ist leicht verständlich, dass auch hier Aufschaukelungsprozesse eine Rolle spielen. Allein das gemeinsame und offene Reden über das, was man mit dem anderen erlebt hat, wie man eine bestimmte Bemerkung aufgefasst hat, wirkt oft schon Wunder. Andererseits bringt es nichts, lange auszuhandeln, „wer angefangen hat“ – darüber wird meist keine Einigung zu erzielen sein. Wichtiger ist der (gemeinsame) Blick nach vorn: Was können wir tun, um künftig positive „Wegmarken“ zu setzen und negative zu vermeiden?

4. ***„Menschliche Kommunikation ist digital und analog.“***

Uns Menschen steht eine Vielzahl von Zeichen zur Verfügung, um uns anderen gegenüber verständlich zu machen:

a) **Unsere Mimik, Gestik und unser Tonfall lassen andere wissen (oder vermuten), wie wir uns fühlen und was wir möchten. Diese Art der Kom-**

munikation wird „analoge Kommunikation" genannt. Es muss kein Code, keine Sprache erlernt werden, um zu verstehen, was der andere meint oder wie er sich fühlt. Manche Äußerungen sind universell und vermutlich überall auf der Welt verständlich: Fliegen wir z. B. nach China und sehen einen anderen Menschen aus vollem Herzen lachen, so können wir darauf schließen, dass er sehr fröhlich ist. Beobachten wir, dass dieses Lachen eher aufgesetzt wirkt, dann werden wir dieses Gefühl vermutlich anders deuten. Reagiert ein Fahrschüler auf die Frage, wie die Theorieprüfung gelaufen ist, mit gereizter Miene und einer wegwerfenden Handbewegung, hat er vermutlich keinen Erfolg gehabt. Während der Fahrlehrer einem ängstlichen Fahrschüler Mut zuspricht, bemerkt er, wie sich sein Gesicht aufhellt. Nachdem der Fahrlehrer mit seinen Fahrschülern über den Unterschied zwischen Vorfahrt und Vorrang gesprochen haben, herrscht betretenes Schweigen; einige Schüler schauen sich gegenseitig – scheinbar – verständnislos an.

Die Stärke der analogen Kommunikation liegt darin, dass wir mit ihrer Hilfe nicht selten Emotionen anderer deuten und uns selbst ausdrücken können. Sie definiert häufig auch Hinweise zur Beziehungsebene. Sie ist allerdings nicht sehr präzise. Bestimmte komplexe Inhalte und Zusammenhänge sind analog kaum zu vermitteln – hier muss etwas Konkreteres her.

b) **Dafür gibt es die sogenannte „digitale Kommunikation". Darunter versteht man eine Kommunikation, die sich bestimmter Zeichen bedient, die man zuerst erlernen muss. Jede menschliche Sprache ist einer solchen digitalen Kommunikation zuzurechnen.** Wer das englische Wort *wheel* nicht gelernt hat, der weiß nicht, dass es sich dabei um ein Rad handelt. **Nicht nur das gesprochene, auch das geschriebene Wort ist der digitalen Kommunikation zuzuordnen.** Lesen ist das Entschlüsseln eines geschriebenen Codes. Wer die arabische oder hebräische Schrift nicht lesen kann, muss darauf hoffen, dass ihm jemand diesen Code übersetzt, wenn er in Kairo oder Tel Aviv in den richtigen Bus steigen möchte. Welch hohe Hürde das Nichtbeherrschen eines solchen Codes für Menschen, die in Deutschland eine Fahrerlaubnis erwerben möchten, darstellt, und welche Gefühle der Ausgeschlossenheit sich daraus ergeben können, mag hier ansatzweise erkennbar werden.

Es gibt viele Menschen, deren Muttersprache Deutsch ist und die dennoch Schwierigkeiten haben, Texte auf dem Niveau der Prüfungsfragebogen zu lesen oder deren Inhalt zu erfassen.

Der Vorteil der digitalen Kommunikation liegt in ihrer Präzision und der quasi unbegrenzten Vielfalt ihrer Ausdrucksmöglichkeiten. Allerdings stellt sie, sofern es um Sprachkompetenz geht, für viele Menschen – anfangs oder auch dauerhaft – eine Hürde dar.

c) **Es kann sein, dass digitale und analoge Kommunikation deckungsgleich („kongruent") sind oder sich gegenseitig widersprechen:** Wer seinem Schüler mit freundlicher und zuversichtlicher Miene sagt: *„Du schaffst die Prüfung heute ganz bestimmt!"*, bei dem sind analoge (Mimik, Tonfall) und digitale Kommunikation (seine Worte) kongruent. Wer dagegen dasselbe sagt, dies aber distanziert und mit ironischem Unterton, schafft einen Widerspruch zwischen digitaler und analoger Kommunikation, der dem Schüler wohl kaum entgehen wird. **Denn: Die analoge setzt sich im Zweifel gegenüber der digitalen Kommunikation durch. Menschen haben üblicherweise ein feines Gespür dafür – vielen entgehen auch Nuancen nicht!**

5. ***„Zwischenmenschliche Kommunikationsabläufe sind entweder symmetrisch oder komplementär, je nachdem, ob die Beziehungen zwischen den Partnern auf Gleichheit oder Unterschiedlichkeit basieren."***

Wer darf wem was, wie und wann sagen? Zur Beziehungsebene der Kommunikation gehört auch, dass die Gesprächspartner nicht immer gleichrangig sind: Je nachdem, ob wir mit unseren Eltern, Lehrern oder Vorgesetzten reden, kommunizieren wir anders, als wenn es sich um einen Kollegen auf gleicher Hierarchiestufe, unsere Geschwister oder Freunde handelt. Auch in einer freien Gesellschaft sind bestimmte Hierarchien wohl unvermeidlich – nicht selten basieren sie auch auf dem besonderen Respekt, den wir einem anderen Menschen aufgrund seiner Lebensleistung, Erfahrung, seinem Fachwissen oder seinen Charaktereigenschaften entgegenbringen.

In der Fahrschule ergibt sich ein ambivalentes Bild: Einerseits ist der Fahrlehrer Dienstleister und der Schüler Kunde und Auftraggeber. Andererseits ist der Fahrlehrer Experte, Lehrer und verantwortlicher Führer des Ausbildungsfahrzeugs. Damit ist der Fahrlehrer dem Schüler gleichzeitig über- und untergeordnet. Viele Lehrer möchten ihren Schülern auch gerne „auf Augenhöhe" begegnen (man denke auch an Altersunterschiede und Erweiterungsklassen!). Diese – scheinbare – Uneindeutigkeit gilt es erst einmal auszuhalten. Der Schlüssel liegt hier in der Tatsache, dass es von der Situation abhängt, ob die Beziehung Fahrlehrer–Fahrschüler gerade symmetrisch oder komplementär ist: Es kann kein Zweifel darüber bestehen, dass der Fahrlehrer Fahrtanweisungen (z. B. rechtzeitiges Bremsen vor der Kurve) geben und ihre Umsetzung seitens des Fahrschülers verlangen muss. Demgegenüber kann der Fahrlehrer seinem Kunden Fahrschüler kaum vorschreiben, ob er sich neben der Klasse B auch gleich für die Klasse BE anmelden soll – im Gegenteil. Der Fahrschüler kann erschöpfende Auskunft über den Umfang und die zu erwartenden Kosten der Erweiterungsklasse verlangen. Es gilt, diesen Gegensatz auszuhalten und die jeweilige Rolle (hier: Experte, dort: Dienstleister) je nach Situation zu gestalten – und dem Schüler/Kunden zu verdeutlichen.

6.3 Die vier Seiten einer Nachricht – das Kommunikationsquadrat nach Friedemann Schulz von Thun

Aufbauend auf den Arbeiten Watzlawicks hat der deutsche Kommunikationsforscher und Psychologe Friedemann Schulz von Thun (geb. 1944) das sogenannte Kommunikationsquadrat entwickelt (auch „Vier-Seiten-Modell" oder „Vier-Ohren-Modell").

Schulz von Thun geht davon aus, dass jede Aussage vier Seiten beinhaltet:

- **Sachebene** – hier geht es um die wesentlichen Informationen und Fakten, die die Nachricht transportieren soll.

- **Beziehungsebene** – sie definiert, wie Sender und Empfänger der Nachricht zueinander stehen.
- **Appellebene** – sie sagt aus, zu welchem Verhalten der Sender den Empfänger der Nachricht bewegen möchte.
- **Selbstkundgabeebene (auch „Selbstoffenbarungsebene")** – in jeder Nachricht, die wir senden, verraten wir etwas über uns selbst.

Diese vier Ebenen einer Nachricht sollen nun anhand eines Beispiels aus der Fahrschule verdeutlicht werden:

- Ein Fahrschüler sagt zu seinem Fahrlehrer: *„Ich möchte bald die Theorieprüfung ablegen."*

Diese Aussage allein bietet noch nicht hinreichend viele Informationen. Deswegen sei gesagt, dass dieser Schüler dabei freundlich, aber im Auftreten durchaus selbstbewusst erscheint.

Auf der **Inhaltsebene** wird nun ausgesagt, dass der Schüler die Theorieprüfung bislang noch nicht bestanden hat und diese Prüfung nun baldmöglichst ablegen will. Auf der **Beziehungsebene** tritt er dem Fahrlehrer als mündiger Kunde entgegen; durchaus „auf Augenhöhe". Der **Appell** lautet dabei: *„Melden Sie mich zur Prüfung an!"* Schließlich sagt der Schüler einiges über sich selbst aus: Er hat offenbar keine Scheu, seine Wünsche dem Fahrlehrer gegenüber offen auszusprechen und dass er in seiner Ausbildung vorankommen möchte (**Selbstkundgabe**).

So einfach dieses Beispiel erscheint – auch hier muss der Empfänger (in diesem Fall der Fahrlehrer) die Nachricht *„Ich möchte bald die Theorieprüfung ablegen"* erst einmal entschlüsseln. Es ergeben sich hier zwei Hauptquellen für Interpretationsfehler:

1. **Viele Aspekte dieser Kommunikation sind mehrdeutig:** Möchte der Schüler wirklich schon zur Prüfung gehen oder ist seine Aussage eher als Aufforderung *„Sagen Sie mir, ob Sie mich schon für prüfungsreif halten!"* zu verstehen? Dann würde es ihm vielleicht weniger (wie oben vermutet) um schnelles Vorankommen, sondern eher um ein Feedback gehen. Vielleicht ist er noch unsicher, wie er sich selbst einschätzen soll. Es könnte aber auch sein, dass der Schüler sich schlecht betreut und unterstützt fühlt (Beziehungsebene) und er seiner Verärgerung darüber Ausdruck geben möchte. Mimik und Gestik ließen zunächst nicht darauf schließen, aber es gibt nicht wenige Menschen, die nach außen hin sehr kontrolliert und freundlich auftreten, innerlich aber starken Ärger verspüren. **Es muss also herausgefunden werden, welcher dieser Aspekte für den Sender am wichtigsten ist und was er damit genau meint!**
2. **Der Sender sendet nicht nur auf vier Ebenen – der Empfänger empfängt diese Nachricht ebenfalls auf diesen vier Ebenen.** Man sagt deswegen auch vereinfacht, dass Menschen mit „vier Mündern sprechen" und auf „vier Ohren hören". Dabei kann es sein, dass für den Sender die **Appellebene** im Vordergrund stand (*„Bitte melden Sie mich zur Prüfung an!"*), der Empfänger aber einen anderen Aspekt heraushört. So könnte der Empfänger unterstellen, dass der Fahrschüler ihm vorwirft *„Sie unterstützen mich nicht genug!"* (**Selbstkundgabeebene**). Vermutlich wird darauf der Angesprochene, wenn

er einen Vorwurf in der Aussage zu erkennen glaubt, entsprechend unwirsch reagieren. Vielleicht wollte der Sender aber auch etwas ganz anderes ausdrücken! Auch hier drohen Missverständnisse und Aufschaukelungsprozesse, wenn – ohne hinreichende Faktenkenntnis – vorschnell nur eine einzige Interpretationsmöglichkeit in Betracht gezogen wird.

Mehrdeutigkeit ist der Regelfall

Welche Konsequenzen ergeben sich nun aus den zuvor geschilderten Modellen zur Kommunikation? Dabei zeigt uns das Kreismodell, dass häufig Aufschaukelungen und Fehler beim Codieren und Decodieren der kommunizierten Inhalte auftreten können. Die fünf Axiome zur Kommunikation öffnen den Blick dafür, dass viele unterschiedliche Aspekte in – scheinbar – einfachen Aussagen liegen. Das Vier-Ohren-Modell zeigt, dass auch bei den vier Seiten/Ebenen einer Nachricht jeweils mehrere mögliche Deutungen denkbar sind. Was gesagt wird, wird oft nicht mit dem gleichen „Ohr" gehört. Das bedeutet: Vorschnelle Interpretationen führen oft zu Fehldeutungen, Missverständnissen und Konflikten. Es werden also mehr Informationen benötigt. Dies geht nur im offenen Gespräch miteinander.

Metakommunikation

Wenn Menschen sich darüber austauschen, wie sie miteinander kommunizieren, können viele Konflikte gelöst oder gleich vermieden werden. Dies nennt man Metakommunikation. Es geht hierbei um Kommunikation über Kommunikation. So könnte der Fahrlehrer auf den Satz des Fahrschülers *„Ich möchte bald die Theorieprüfung ablegen"* mit der Aussage reagieren: *„Sie möchten vorankommen, oder?"* Dies wiederum könnte den Fahrschüler dazu motivieren, genauer mitzuteilen, was er eigentlich möchte. So könnte der Schüler nun antworten: *„Ja, genau. In den Wochen danach habe ich gar keine Zeit, da fangen die Klausuren wieder an."* Diese Information würde dem Fahrlehrer zeigen, dass es dem Schüler gar nicht darum geht, die Fahrschule zu kritisieren. Natürlich kann die Antwort auch ganz anders ausfallen: *„Ich bräuchte mehr Unterstützung!"* Damit kann dann weitergearbeitet werden.

Es kann auch sein, dass ein Schüler in einer Fahrstunde sehr grimmig und reserviert erscheint. Der Fahrlehrer könnte nun aktiv werden und müsste nicht versuchen, diese uneindeutigen verbalen/nonverbalen Botschaften seines Gegenübers mühsam selbst zu entschlüsseln. Er könnte z. B. folgendermaßen vorgehen: *„Sie wirken heute etwas distanziert auf mich. Gibt es etwas, dass Sie stört?"* Im Anschluss daran könnte sich ein konstruktives Gespräch entwickeln.

Ich- und Du-Botschaften

Wenn Kommunikation gelingen soll, so ist es sinnvoll, bestimmte Verhaltensweisen zu vermeiden, die beim Gegenüber auf Abwehr stoßen könnten. Es ist oft nicht ratsam, Kritik in Form von Du-Botschaften nach dem Motto *„Sie haben mir nicht zugehört!"* zu kommunizieren. Wie bereits beschrieben, kann das Verhalten unseres Gegenübers, welches wir als „Nicht-Zuhören" auslegen könnten, völlig andere Hintergründe haben. Damit würde man dem Gegenüber vielfach nicht nur Unrecht tun, sondern ihn/sie auch in Opposition zu uns bringen. Damit wäre die Beziehungsebene sofort gestört. Inhalte (und um die geht es ja!) könnten dann kaum oder nur noch schwer aufgenommen und akzeptiert werden. Besser wäre es, dem Gegenüber eine „Tür offenzulassen", sodass er/sie sein Gesicht wahren kann. Wie wäre es mit: *„Ich habe den Eindruck, dass Sie gerade nicht ganz bei mir sind. Stimmt das?"* Damit wird das Gegenüber als Gesprächspartner ernst genommen, nicht festgelegt und vorverurteilt. Ein produktiveres, lösungsorientiertes Gespräch könnte sich nun anschließen.

Wer nun einwendet, dass dies übervorsichtig oder übertrieben wirke (*„Psychologendeutsch!"* meinte einmal zu Unrecht ein Lehrgangsteilnehmer), dem sei der Selbstversuch nahegelegt: Erinnern wir uns einmal an Situationen aus unserer eigenen (Schul-)Ausbildung. Bestimmt fällt jedem von uns eine Situation ein, in der wir uns durch eine Du-Botschaft angegriffen, vielleicht sogar verletzt gefühlt haben. In einem weiteren Schritt könnten wir uns fragen, wie sich dies auf die weitere Entwicklung der Kommunikation ausgewirkt hat. Oft genug mag es danach erst richtig „gekracht" haben …

Gleichwohl sind Du-Botschaften nicht immer vermeidbar. Natürlich muss Falsches als falsch benannt werden. Manchen Schülern muss auch deutlich gesagt werden: *„Nun, Sie müssen es lernen, ich kann es schon!"* Kommunikation muss adressatengerecht und professionell vonstattengehen, soweit es seitens der Lehrperson menschenmöglich ist. Auch Ich- und Du-Botschaften sind Bausteine für gelingende Kommunikationsprozesse.

Wie in den vorangehenden Ausführungen dargelegt, ist das Thema Kommunikation vielfältig und wichtig für unseren (beruflichen) Alltag. Professionelle Trainings und Workshops seriöser Anbieter (Fahrlehrerausbildungsstätten, Seminare der Verbände oder auch der örtlichen Volkshochschule usw.) können helfen, hier noch besser zu werden. Wer sich vertiefter mit dem Thema befassen möchte, dem sei das unterhaltsame und lehrreiche Standardwerk von Schulz von Thun „Miteinander reden" (4 Bände) empfohlen.[51]

---

51 Schulz von Thun, Friedemann: Miteinander reden. Band 1: Störungen und Klärungen; Band 2: Stile, Werte und Persönlichkeitsentwicklung; Band 3: Das innere Team und situationsgerechte Kommunikation; Band 4: Fragen und Antworten. Verschiedene Auflagen.

Kapitel 2
Die Planung von theoretischem Unterricht

Günter Kölzer

Die Planung von theoretischem Unterricht erscheint für den Anfänger auf den ersten Blick recht einfach: Man versucht zunächst, die wichtigen Inhalte eines Themas herauszuschreiben und dann den Schülern zu vermitteln. Lange ist Unterricht in der (Fahr-)Schule nach diesem „Trichtermodell" geplant und durchgeführt worden. Unterricht besteht aber – entgegen vielfach verbreiteter Ansicht – nicht einfach darin, allein Inhalte vom Lehrer zum Schüler zu transportieren. Unterricht, der so läuft, funktioniert nachgewiesenermaßen nicht besonders gut. Wer Schülern Wissen lediglich frontal „eintrichtert", darf nicht damit rechnen, dass von dem Gelernten mehr als 15 % im Gedächtnis bleiben. Dazu müssen verschiedene Methoden und Medien zum Einsatz kommen, welche die Schüler aktivieren und deren Interessen berücksichtigen. Auch Einstellungen, Werthaltungen sowie praktische Fähigkeiten und Fertigkeiten sind zu vermitteln.

Bei näherer Betrachtung ist es nicht so einfach zu entscheiden, welche Inhalte wichtig sind und an welchen objektiven Kriterien man diese festmachen kann. Unterricht kann nur gelingen, wenn die Schüler mit ihren Vorkenntnissen, Erfahrungen, Interessen, Motiven und Einstellungen einbezogen werden. In Kapitel 1, Abschnitt 2.1 wurden die Qualitätskriterien für guten Unterricht beschrieben. Nach und nach erkennt der angehende Lehrer, dass es eine verwirrende Vielzahl von Faktoren gibt, die bei der Planung, Durchführung und Auswertung/Beurteilung von Unterricht zu beachten sind. Es ist hilfreich, diese Faktoren zu systematisieren und zu ordnen, um den Überblick zu behalten. Die Planung von Unterricht umfasst eine Vielzahl von Vorbedingungen und Entscheidungen, welche die Erfüllung der genannten Kriterien ermöglichen soll. In der Didaktik hat sich die Arbeit mit den folgenden beiden Kategorien bewährt:

1. **Bedingungsanalyse**. Hierzu gehören alle Faktoren, unter denen der Unterricht stattfindet und die ihn erschweren oder erleichtern können. Es geht um die Voraussetzungen der Fahrschüler, des Fahrlehrers sowie um die rechtlichen und organisatorischen Rahmenbedingungen des Unterrichts.
2. **Didaktische Analyse**. Bei der Didaktischen Analyse werden Entscheidungen über Lernziele, Inhalte, Methoden/Sozialformen und Medien getroffen. Dabei spielt der Faktor „Zeit" (verstanden als die tatsächlich für das Lernen zur Verfügung stehende Zeit) eine wichtige Rolle. Diese Faktoren beeinflussen sich gegenseitig und müssen entsprechend gut aufeinander abgestimmt werden.

Wer seine Fahrschüler mit ihren Stärken und Schwächen im Blick hat, die rechtlichen und organisatorischen Bedingungen in der Fahrschule kennt und um seine eigenen Kompetenzen als Fahrlehrer weiß, kann die Ziele, Inhalte, Methoden und Medien sinnvoll auf seine Fahrschüler abstimmen. Wenn diese Abstimmung nicht synchron läuft, droht der Unterricht zu scheitern. Da es in der Fahrschule vor allem um Sicherheit, Verantwortung im Straßenverkehr und Umweltschutz geht, wäre das nicht hinnehmbar. Dieser Unterricht wäre außerdem weder für Schüler noch für Lehrer befriedigend. Positiv gewendet, führt eine gute Planung oft zu gutem Unterricht, der sogar Spaß machen kann, Erfolg aufseiten der Schüler und des Lehrers und trägt damit zur Berufszufriedenheit bei.

Eine gute Planung ist allein für sich genommen aber noch keine Garantie für gut funktionierenden Unterricht. Die beste Planung hilft nichts, wenn die Durchführung nicht gelingt. Bestimmte Faktoren, wie spontane Schüleräußerungen, emotionale Reaktionen von Schülern bei bestimmten Themen, Konflikte zwischen Schülern oder mit der Lehrperson u. v. m., sind nicht vorhersehbar. Deswegen ist Unterricht immer nur begrenzt planbar, und oft genug ist das Improvisationstalent des Lehrers gefragt. Es kann dann zwingend erforderlich sein, von der eigentlichen Planung abzuweichen, um den Unterricht überhaupt erst zu ermöglichen. Dies ist auch in der Lehrprobenprüfung ausdrücklich erlaubt und teilweise sogar unverzichtbar. Es kommt jedoch in extremer Ausprägung ziemlich selten vor. Unterrichtsplanung wird dadurch aber nicht sinnlos: Richtig verstanden, ist sie ein Navigationsgerät, ein Hilfsmittel und ein Sicherungsnetz. Kein Korsett, das alle Kreativität ersticken soll. Auch wenn die Planung am Anfang mühsam ist, lohnt sich die Mühe langfristig (und sie wird mit zunehmender Routine deutlich weniger)!

Im Folgenden werden die Bestandteile der Bedingungsanalyse und der Didaktischen Analyse dargestellt. Zunächst werden die Hintergründe erläutert und dann ein Planungsraster zur Vorbereitung von theoretischem Unterricht vorgestellt. Am Ende dieses Kapitels finden sich Beispiele für Unterrichtsplanungen, die mit diesem Raster erstellt wurden. Wenn der Unterricht schließlich durchgeführt wurde, ist es wichtig, zu überlegen, welche Entscheidungen richtig waren und an welcher Stelle die Planung für das nächste Mal optimiert werden muss.

1 Bedingungsanalyse

Wer Unterricht plant, muss zuvor die Bedingungen klären, unter denen dieser stattfinden soll. Damit sind vor allem diejenigen Faktoren gemeint, die relativ konstant sind und die erheblichen Einfluss auf den Lehr-/Lernprozess haben können. Im Theorieunterricht der Fahrschule ist es oft sogar noch schwieriger, die Voraussetzungen der Fahrschüler richtig einzuschätzen und angemessen darauf zu reagieren als in einem Klassenverband in der allgemeinbildenden Schule: In der Fahrschule ist die Gruppenzusammensetzung noch gemischter (heterogener), da hier Schüler unterschiedlichen Alters mit verschiedensten Vorerfahrungen, Einstellungen und sozialen wie auch kulturellen Hintergründen gemeinsam lernen sollen. Da es hier zumeist keine geschlossenen Kurse gibt, sind die Schüler zudem hinsichtlich ihres Ausbildungsstandes unterschiedlich weit fortgeschritten. Diese und viele weitere Aspekte gilt es bei der Planung und Durchführung des Unterrichts zu beachten. Es hilft, sich einen Fahrschulraum und diejenigen, die sich darin aufhalten, zu Beginn eines Theorieunterrichts bildlich vorzustellen, um einen Eindruck von der Vielzahl der Ausgangsbedingungen zu gewinnen.

Eine gründliche Analyse der Vorbedingungen umfasst mindestens folgende Bereiche:

1. **Lernvoraussetzungen der Fahrschüler**
2. **Lehrvoraussetzungen des Fahrlehrers**

3. **Rechtliche Vorgaben**
4. **Räumliche und organisatorische Rahmenbedingungen.**

Diese Faktoren können sich einzeln oder in ihrem Zusammenwirken entweder positiv oder negativ auf den Unterricht auswirken. Sie sollen im Folgenden systematisiert und erläutert werden, um sie handhabbar für die Planung des Unterrichts zu machen.

1.1 Lernvoraussetzungen der Fahrschüler

Definition: Bei Lernvoraussetzungen handelt es sich um geistige, körperliche und materielle Bedingungen, die erforderlich sind, damit Fahrschüler etwas lernen können und wollen.[1]

Zu den Lernvoraussetzungen gehören:

- Vorwissen, die Erfahrungen der Schüler
- Alter
- Geschlecht
- schulischer/beruflicher Hintergrund
- Interessen, Einstellungen und Erwartungen
- Lernmotive
- soziale und kulturelle Hintergründe der Schüler
- Sprachkompetenz
- Lernkompetenz, die bisherigen Erfahrungen mit Lernprozessen
- Methodenkompetenz
- Intelligenz und Begabung
- Arbeits- und Sozialverhalten.

Nur wer diese Lernvoraussetzungen der Schüler kennt, kann sinnvoll Unterricht planen und durchführen. Je genauer diese bekannt sind, desto besser können die Lernenden da abgeholt werden, wo sie stehen, und dort hingeführt werden, wo sie hinsollen. „Schülerorientierung" ist hier das Stichwort. Würde Unterricht ohne Berücksichtigung dieser Faktoren geplant, würde an den Schülern vorbei unterrichtet. Es bestünde auch die Gefahr, dass die Schüler die Anforderungen, die an sie gestellt würden (z.B. bei der Auswahl von Übungsaufgaben), gar nicht erfüllen könnten. Die Einhaltung zentraler Unterrichtsprinzipien und Ausbildungsgrundsätze wie „Adressatenorientierung/Schülerorientierung" oder dasjenige der „Angemessenheit/Passung" (vgl. Kapitel 1, Abschnitt 2.1 „Was ist guter Unterricht?"), wäre sonst nicht möglich. Ganz praktisch bedeutet dies aber, dass der Unterricht dann nicht funktioniert! Kein Lehrer verlässt den Unterrichtsraum gerne mit dem Gefühl, dass die heutige Stunde im Prinzip wenige Ergebnisse gebracht hat, kein Schüler (Kunde!) geht zufrieden nach Hause, wenn er im Fahrschulunterricht nichts gelernt hat.

Betrachtet werden muss aber nicht nur der Einzelne, sondern auch die gesamte Lerngruppe der gerade anwesenden Fahrschüler. Jede Lerngruppe hat ihre eigene Dynamik, die sich noch dazu ständig ändern kann. Insgesamt gilt, dass

1 Diese Definition orientiert sich an Meyer, H. (2015). Leitfaden zur Unterrichtsvorbereitung. 8. Auflage. Berlin: Cornelsen Schulverlage GmbH, S. 141.

Konsequenzen für den Fahrlehrer

Die Heterogenität der Lerngruppen in der Fahrschule ist in Abschnitt 1.1 dargestellt. Es wurde auch erläutert, wie man die unterschiedlichen Voraussetzungen der Schüler ermitteln kann. Für das Fahrlehrerverhalten ergeben sich daraus folgende Konsequenzen:

- Unterricht ohne Ausrichtung an den Schülern funktioniert nicht.
- Fahrlehrer benötigen – neben ihrer Fachkompetenz – eine hohe soziale, kommunikative Kompetenz sowie Methodenkompetenz.
- Lehrer sollten über ein (grundsätzlich) positives Menschenbild verfügen, gerne mit Menschen arbeiten und ihnen etwas vermitteln wollen.
- Methoden- und Medienvielfalt sind wichtig, um möglichst viele Sinne der unterschiedlichen Schüler anzusprechen.
- Binnendifferenzierung (Qualitätskriterium nach Anlage 2 zu § 3 Abs. 1 FahrlAusbVO) ist erforderlich, um auf die unterschiedlichen Stärken und Schwächen der Schüler angemessen reagieren zu können.

die Gruppe mehr ist als die Summe der Schüler, aus der sie besteht. Die Anzahl und die Verteilung der zuvor genannten Merkmale, die „Mischung" der Gruppe der anwesenden Schüler sind von entscheidender Bedeutung. Gelegentlich wird statt von „Lernvoraussetzungen" auch von der „Klassensituation" gesprochen. Doch ist dieser Begriff nicht nur unscharf, er wird auch der besonderen Lernsituation in der Fahrschule nicht gerecht.

Die Lernvoraussetzungen von Fahrschülern lassen sich auf verschiedenen Wegen so weit klären, dass Fahrschulunterricht gelingen kann. Es ist klar, dass dies nicht in gleicher Tiefe wie in der Schule geschehen kann. Dafür reicht schon die zur Verfügung stehende Zeit nicht aus. Einfacher ist es im praktischen Unterricht (vgl. Kapitel 3), da hier eine Eins-zu-eins-Betreuung stattfindet. Nicht nur Fahrlehrer, auch Dozenten in Workshops, Weiterbildungen und anderen Veranstaltungen in der Erwachsenenbildung können ihre Lerngruppen oft nur grob einschätzen. Welche Möglichkeiten zur Einschätzung gibt es?

- **Beobachten Sie Ihre Schüler genau und hören Sie ihnen aufmerksam zu.** Welche Themen sind den Schülern wichtig? Welche Sprache verwenden sie? Wie argumentieren sie? Wie gehen sie miteinander/mit sich selbst um? Was sagen Ihre Schüler und was nicht? Was lesen Sie „zwischen den Zeilen"?
- **Achten Sie dabei auch auf nonverbale Signale (Körpersprache).** Wer sieht freudig, gespannt, abgelenkt, nervös oder traurig aus? Sind die Lernenden erschöpft von der Arbeit oder einer Klausur?
- **Beziehen Sie ganz bewusst Ihr Wissen um die zwischenmenschliche Kommunikation mit ein!** In Kapitel 1 dieses Buches haben Sie die wesentlichen Kommunikationsmodelle kennengelernt und anhand einiger typischer Beispiele aus der Fahrschule eingeübt. Wenden Sie dieses Wissen nun in Ihrem Alltag in der Fahrschule an.
- **Beziehen Sie die Erfahrungen mit einzelnen Schülern, die sie schon besser kennen (z. B. aus Fahrstunden) mit ein.** Wer hat welches Hobby? Können Sie dazu ein Beispiel in den Unterricht einfließen lassen?
- **Arbeiten Sie mit Fragen, Diskussionen und anderen Methoden, die Ihre Schüler aktivieren.** Die Arbeitsergebnisse verraten Ihnen viel über das, was die Schüler mitbringen und was Sie künftig von ihnen erwarten können.
- **Unterhalten Sie sich mit Ihren Schülern auch vor, zwischen und nach dem Unterricht.** Manches Pausengespräch ist aufschlussreicher als einige Unterrichtssequenzen!

- **Beobachten Sie den Lernfortschritt Ihrer Schüler kontinuierlich.** Wer ist wie weit? Wer besucht den Unterricht regelmäßig, wer eher sporadisch? Wie sieht es mit den Fragebogen zur Vorbereitung auf die Theorieprüfung aus (über Online-Lernsysteme können Fahrlehrer bequem den Lernstand eines Schülers einsehen)? Das Feststellen der Prüfungsreife (auch wenn dies am PC erfolgt) ist Aufgabe des Fahrlehrers und nicht die der Bürokraft!
- **Wer regelmäßig in der gleichen Filiale einer Fahrschule theoretischen Unterricht erteilt, hat es leichter, die Lernvoraussetzungen der Fahrschüler (zumindest die der regelmäßig erscheinenden) einzuschätzen.** So ist es auch einfacher, eine engere professionelle Beziehung zu den Schülern im Theorieunterricht aufzubauen. Wenn Sie gelegentlich in verschiedenen Filialen unterrichten und regelmäßig alle Themen des Rahmenplans durchnehmen, werden Sie vermutlich feststellen, wie sehr sich die Lerngruppen bei den gleichen Themen unterscheiden. Dies ist eine interessante Erfahrung, die man jedoch nicht unbedingt in der Lehrprobe machen möchte!

1.2 Lehrvoraussetzungen des Fahrlehrers

Lehrer müssen Unterricht planen und auswerten, die Lerngruppe führen, den Lernstand der Schüler beurteilen und angemessen darauf reagieren können. Dies beinhaltet auch die Fähigkeit und Bereitschaft, Regeln aufzustellen und durchzusetzen. Gerade in der Fahrschule haben Fahrlehrer die Möglichkeit, Schüler individuell zu fördern. Dies geschieht insbesondere im Einzelunterricht in der Fahrstunde, aber auch im gemeinschaftlichen Theorieunterricht in der Gruppe. Organisations- und Improvisationstalent sind ebenfalls Voraussetzungen für eine erfolgreiche Tätigkeit als Fahrlehrer.

Die **pädagogische Handlungskompetenz** eines Fahrlehrers zeigt sich insbesondere in den folgenden vier Kompetenzbereichen:

1. **Fachkompetenz.** Fahrlehrer verfügen mindestens über das gesetzlich vorgeschriebene fachliche Professionswissen (vgl. FahrlAusbVO) und sind in der Lage, dieses Wissen für ihre tägliche Arbeit zu nutzen. Sie bilden sich regelmäßig fort und sind „auf dem Laufenden". Auch die Einstellungen und Werthaltungen, die ein Fahrlehrer mitbringt und die seine Arbeit prägen, spielen hier eine wichtige Rolle.
2. **Methodenkompetenz.** Fahrlehrer wissen um die ihnen zur Verfügung stehenden Methoden/Techniken und können sie je nach Schüler richtig auswählen und anwenden. Sie sind sich zugleich der Möglichkeiten und Grenzen der einzelnen Methoden bewusst. Hiermit (und mit den beiden folgenden Punkten) ist insbesondere das pädagogisch-psychologische und verkehrspädagogische Professionswissen, welches die Fahrlehrerausbildungsverordnung vorsieht, gemeint.
3. **Sozialkompetenz.** Fahrlehrer können auf Schüler eingehen, ihnen zuhören und sie unterstützen. Sie zeigen Wertschätzung und Empathie (d. h. sie können sich in ihr Gegenüber hineindenken und -fühlen), können sich aber auch abgrenzen. Dabei spielt die Kommunikation eine besondere Rolle.
4. **Selbstkompetenz.** Fahrlehrer wissen um ihre eigenen fachlichen und persönlichen Stärken und Schwächen. Sie reflektieren ihr eigenes Handeln und holen sich (wo erforderlich) Feedback von außen.

Konsequenzen für den Fahrlehrer

- Wer Unterricht plant, sollte sich vor Augen führen, wie er seine eigene Fachkompetenz in Bezug auf ein konkretes Unterrichtsthema beurteilt: Weiß ich genug über das Thema, sodass ich auch auf eventuelle Nachfragen der Schüler kompetent antworten kann? Wie kann ich Wissenslücken schließen (im Selbststudium oder durch eine spezielle Weiterbildung)? Wie halte ich mich fachlich auf dem Laufenden?
- Um Wissen zu vermitteln, muss man über ein reichhaltiges Methodenrepertoire verfügen. Dies ist schon aufgrund der Heterogenität der Lerngruppen in der Fahrschule erforderlich. Lehrer müssen Methoden richtig auswählen und anwenden können. Wer viele methodische Werkzeuge zur Verfügung hat, wird flexibler und kann Schülern besser beim Lernen helfen. Dazu müssen die Möglichkeiten und Grenzen jeder Methode bekannt sein. Die Erfahrung im Umgang mit verschiedenen Methoden schafft auch hier Routine. Im Grunde ist die Weiterentwicklung der eigenen Methodenkompetenz bei Lehrern aber niemals komplett beendet. Insofern könnte man auch von einem „lebenslangen Lernen" für Lehrer sprechen. Erstrebenswert ist hier eine kritisch-konstruktive Herangehensweise. Mehr zu diesem Thema finden Sie in diesem Kapitel im Abschnitt 2.3 „Sozialformen, Methoden und Techniken".
- Die Sozialkompetenz spielt eine Schlüsselrolle im Umgang mit anderen Menschen. Wenn wir mit anderen kommunizieren, überlagert die Beziehungsebene im Zweifelsfall sogar die Inhalte, über die gesprochen wird (vgl. Kapitel 1, Abschnitt 6 „Kommunikation"). Dies ist entscheidend, da sonst kein lernförderliches Klima im Unterricht geschaffen werden kann. Den sozialen Kompetenzen von Fahrlehrern wurde lange genug (zu) wenig Beachtung geschenkt. Aus Sicht der Fahrschüler verhält sich dies ganz anders: Freundlichkeit, Geduld und Einfühlungsvermögen sowie Motivationsfähigkeit werden von ihnen neben der fachlichen Kompetenz als wichtige Merkmale zur Beurteilung des Fahrlehrers angegeben.
- Basierend auf einem gesunden Selbstbewusstsein, sollten sich Fahrlehrer über die eigenen Stärken und Schwächen bewusst und zur Arbeit an sich selbst bereit sein. Professionalität besteht nicht zuletzt auch darin, eigene Grenzen zu erkennen und darauf angemessen zu reagieren. Dazu gehört auch, realistische Anforderungen an sich selbst (und andere) zu stellen. Wer im Team arbeitet und sich Feedback holt, hat die Chance, die Selbst- mit der Fremdeinschätzung abzugleichen – und daran zu wachsen.

Grundsätzlich sind diese Kompetenzen Fähigkeiten und Fertigkeiten, die durch Übung vertieft und durch Nichtpraktizieren wieder verkümmern können. Insofern empfiehlt es sich, diese Kompetenzen ständig auszubauen und anzuwenden. Wer später stärker in der Führung und Organisation einer Fahrschule eingebunden ist als in der Ausbildung von Fahrschülern, tut folglich gut daran, von Zeit zu Zeit auch selbst wieder einmal theoretischen und praktischen Unterricht in allen Klassen, die er unterrichten darf, zu erteilen.

Zusammengenommen ergeben diese zuvor genannten Kompetenzen die pädagogische Handlungskompetenz eines Fahrlehrers.

1.3 Rechtliche Vorgaben

Die Ausbildung von Fahrschülern ist rechtlich klar geregelt. Neben den pädagogisch-didaktischen Überlegungen müssen Fahrlehrer auch die rechtlichen Rahmenbedingungen der Ausbildung im Blick haben: Die Fahrschüler-Ausbildungsordnung (FahrschAusbO), die Durchführungsverordnung zum Fahrlehrergesetz (FahrlGDV) und das Straßenverkehrsgesetz (StVG), die Straßenverkehrs-Ordnung (StVO), die Fahrerlaubnis-Verordnung (FeV), die Prüfungsrichtlinie und viele weitere Gesetze und Verordnungen sind zu beachten. Hinzu kommen fachliche Vorgaben, die zu berücksichtigen sind, auch wenn sie nicht direkt rechtlich bindend sind: Curricula (z. B. der BVF), didaktische Modelle und weitere fachliche Standards sind einzubeziehen. Schließlich darf nichts sachlich Falsches oder Veraltetes vermittelt werden. Fahrlehrer müssen die für sie relevanten rechtlichen und fachlichen Vorgaben kennen, verstehen und akzeptieren, damit sie diese in die Praxis umsetzen können. Die Einhaltung der geforderten Standards wird nicht zuletzt auch bei der Fahrschulüberwachung überprüft. Die Unterrichtsinhalte werden in diesem Kapitel in Abschnitt 2 „Didaktische Analyse" thematisiert. Wichtig zu wissen ist, dass diese Inhalte rechtlich verbindlich sind. Die einzelnen Lektionen des Rahmenplans sind aufeinander und auf die praktische Ausbildung zu beziehen.

1.4 Räumliche und organisatorische Rahmenbedingungen

Ort und Zeit des Unterrichts haben einen wichtigen Einfluss auf seinen Verlauf. Der Unterrichtsraum und seine Lage in der Stadt/Gemeinde, im Stadtteil und seine Erreichbarkeit sind hier zu nennen. Dass die Räumlichkeiten ansprechend, sauber und möglichst geräusch- und geruchsarm sein sollten, versteht sich von selbst. Die Größe des Unterrichtsraums, die Visualisierungsmöglichkeiten und die Medienausstattung haben direkten Einfluss auf die Wahl der Unterrichtsmethoden. Aus diesem Grund gibt es hierfür auch genaue gesetzliche Vorgaben. In den Erziehungswissenschaften werden die Unterrichtsräume zu Recht seit einigen Jahren als pädagogisch wichtiger Anteil des Lernprozesses angesehen. Die Mindeststandards der Medienausstattung sind vorgeschrieben (vgl. Abschnitt 2.4 „Medien" in diesem Kapitel). Weitere Medien können und sollen aber zusätzlich zum Einsatz kommen, da sie die Handlungsmöglichkeiten erweitern. Die Sitzordnung spielt eine große Rolle. Sie kann die Kommunikationskultur in der Fahrschule definieren: Kinobestuhlung führt zu anderen Kommunikationsstrukturen und lässt grundsätzlich weniger Schüleraktivität (z. B. Gruppenarbeiten) zu als die klassische „U-Form" oder „Bistro-Bestuhlung". Visualisierungen (z. B. Flipcharts) sollten im Unterrichtsraum aufgehängt werden können, sodass sie länger sichtbar bleiben. Dazu müssen auch geeignete Visualisierungsflächen vorhanden sein.

Im Hinblick auf die organisatorischen Gegebenheiten ist zu fragen, an welchen Tagen der Woche der Unterricht stattfindet, ob der Fahrlehrer durch eine Verwaltungskraft weitestgehend von administrativen Aufgaben entlastet wird, in welchem Rahmen Prüfungsvortests stattfinden und wie die

Übungsaufgaben zur Bedingungsanalyse

1. Erläutern Sie den Begriff „Bedingungsanalyse" bei der Planung von Unterricht. In welche Bereiche lässt sich die Bedingungsanalyse grob unterteilen?
2. Warum ist es wichtig, diese Faktoren in die Planung von Unterricht einzubeziehen? Wie können sich Fehleinschätzungen auf den Unterricht auswirken?
3. Nennen Sie mindestens drei Lernvoraussetzungen von Fahrschülern und erläutern Sie deren mögliche Auswirkungen auf den Unterricht.
4. Welche Vorteile hat es, wenn Sie Fahrschüler mit Fragen und Diskussionen in den Unterricht einbinden? Welche wichtigen Informationen können Sie dadurch erhalten und wie nutzen Sie diese Informationen für Ihren Unterricht?
5. Welche Kompetenzen müssen Fahrlehrer mitbringen? Erläutern Sie drei Kompetenzen anhand von Beispielen aus der Fahrschule.
6. Inwiefern beeinflussen der Unterrichtsraum und die Zeit, in der der Unterricht stattfindet, das Lernen in der Fahrschule? Nennen Sie zwei mögliche Schwierigkeiten und welche Lösungen sich hierfür anbieten würden.

Beratung von Kunden und Interessenten geregelt wird. Auch Beschwerden müssen professionell bearbeitet werden – und zwar so, dass sie den Unterrichtsablauf nicht stören. Alles, was an Organisatorischem oder an Diskussionen um Pünktlichkeit und das Verhalten im Unterricht innerhalb von 90 Minuten Theorie geleistet werden muss, geht zulasten der „echten Lernzeit". Guter Unterricht sollte ein hohes Maß an echter Lernzeit enthalten.

2 Didaktische Analyse

Bei der Didaktischen Analyse geht es darum, begründete Entscheidungen über Lernziele, Inhalte, Methoden/Sozialformen und Medien zu treffen. Diese Planungsmomente müssen – da sie sich gegenseitig beeinflussen – gut aufeinander sowie auf die Ergebnisse der vorangegangenen Bedingungsanalyse abgestimmt werden. Sie werden zunächst nacheinander vorgestellt und anschließend in ihrem Zusammenwirken anhand von Beispielen aus dem Unterricht erläutert. Die Elemente der Didaktischen Analyse sind folgende:

- **Die Lehr-/Lernziele des Unterrichts.** *Wozu* sollen Inhalte gelehrt und gelernt werden? (Abschnitt 2.1)
- **Die Inhalte des Unterrichts.** *Welche* Inhalte sollen und welche werden dann tatsächlich im Unterricht behandelt? (Abschnitt 2.2)
- **Die Sozialformen, Unterrichtsmethoden und Techniken.** In *welcher Weise* arbeiten die Lernenden zusammen und welche Verfahren werden angewandt? (Abschnitt 2.3)
- **Die Unterrichtsmedien.** Mit *welchen Hilfsmitteln* sollen Ziele verfolgt und Inhalte vermittelt werden? (Abschnitt 2.4)
- **Der Faktor „Zeit".** Der zur Verfügung stehende zeitliche Rahmen und seine *tatsächliche* Nutzung für das Lernen. (Abschnitt 2.5)

2.1 Lehr-/Lernziele – warum Inhalte gelernt werden sollen

Wir beginnen die Darstellung der Planungsmomente des Unterrichts mit der Frage nach den Lehr-/Lernzielen. Es wäre auch möglich, mit jedem anderen Planungselement anzufangen, beispielsweise mit den Unterrichtsinhalten. Denn diese Faktoren beeinflussen sich gegenseitig. Wenn hier mit den Zielen des Fahrschulunterrichts begonnen wird, so geschieht dies, um zu verdeutlichen, dass es in erster Linie um die Erreichung von Zielen im Unterricht geht (und nicht um die bloße Vermittlung von Lernstoff). Lehrziele beschreiben das, was Fahrschüler nach der Meinung von Fahrlehrern während und nach der Fahrschulzeit wissen sollen, was sie akzeptiert haben und was sie praktisch umsetzen können sollen. Die Fahrschüler-Ausbildungsordnung verlangt, dass Fahrlehrer ihre Schüler zu „sicheren, umweltschonenden und verantwortungsvollen" Verkehrsteilnehmern ausbilden sollen. Dem nachgeordnet ist besonders wichtig aber auch das Ziel, dass der Schüler die Fahrerlaubnisprüfung bestehen soll (§ 1 Abs. 1 FahrschAusbO). Dazu gehören – neben vielem anderen – auch Kenntnisse im Bereich der Fahrzeugtechnik, des Versicherungsrechts und der Wirkung von Emotionen im Straßenverkehr. Aber wollen Fahrschüler das auch lernen? Was sind ihre Lernziele für ihre Fahrausbildung? Vielleicht möchten sie vor allem „Spaß haben" oder ohne besondere Mühe „durch die Prüfung kommen". Vielleicht interessieren sie sich nicht so sehr für Fahrzeugtechnik oder die rechtlichen Rahmenbedingungen. Die Lernziele der Fahrschüler müssen also nicht zwangsläufig mit den Lehrzielen der Fachleute übereinstimmen. Von einer solchen Übereinstimmung kann ein (Fahr-)Lehrer nicht ohne Weiteres ausgehen. Dafür, gemeinsam verschiedene Ziele zu verfolgen, müssen Lehrer bei ihren Schülern zuweilen werben, ja sie müssen ihr Thema „an den Mann/

die Frau bringen". Im Unterricht sollten Fahrschüler daran arbeiten, ihre Ziele möglichst miteinander in Einklang zu bringen. Etwas Weiteres wird dabei sichtbar: Beim Lernen spielen Emotionen, Einstellungen und die Bereitschaft zum Lernen bestimmter Inhalte eine große Rolle. Deswegen können sich Lernziele nicht allein auf den Bereich der Wissensvermittlung beschränken.

Wer sich über die Ziele seines pädagogischen Handelns nicht klar ist und wer nicht weiß, was seine Schüler durch ihn am Ende einer Unterrichtsstunde oder nach Abschluss der Fahrausbildung besser können sollen als vorher, wird nicht alle Möglichkeiten ausschöpfen. Wer eine unbekannte Strecke fährt, kommt mit einer guten Streckenplanung oder einem präzisen Navigationssystem besser ans Ziel. Ohne kommt er vielleicht gar nicht dort an oder aber dort, wo er gar nicht hinwollte – vom Zeitverlust ganz zu schweigen. Damit Erfolg kein Zufall bleibt, macht es Sinn, vor Beginn der Reise möglichst klare, erreichbare Ziele zu formulieren.

Damit dies gelingt, müssen Lernziele möglichst so formuliert werden, dass ihr Erreichen überprüft werden kann. Sie sollen

- eindeutig,
- auf die Lerninhalte bezogen,
- für die Schüler verständlich und erreichbar,
- rechtskonform und
- für Lehrer überprüfbar

sein.

Es muss dabei auch klar werden, wie hoch gesteckt die Ziele sein sollen, die je nach Bereich verfolgt werden (an manchen Stellen reichen Grundkenntnisse, an anderen Stellen muss der Schüler genaues Wissen erwerben). Die Orientierung an den Leitideen „Sicherheit", „Verantwortungsbewusstsein", „Umweltbewusstsein" und „Bestehen der Prüfung" darf dabei nicht aus dem Blick geraten. Lernziele müssen deswegen nach verschiedenen Kriterien eingeteilt werden, damit im Laufe der Ausbildung nichts Wichtiges vergessen wird.

2.1.1 Einteilung von Lernzielen nach Verhaltensbereichen (Lernzieldimensionen)

Es gab Zeiten, in denen Fahrschüler den § 1 der StVO auswendig lernen mussten. In der (damals noch mündlichen) Theoretischen Fahrerlaubnisprüfung wurde der § 1 regelmäßig abgefragt. Ein Lernziel dazu könnte lauten: *Der Fahrschüler kann den § 1 der StVO korrekt wiedergeben und erläutern.* Dagegen ist an sich nichts einzuwenden, doch reicht das aus? Die meisten Menschen wissen schließlich auch, dass Fastfood nicht unbedingt gesund ist und sie verstehen (rein verstandesmäßig) auch die Zusammenhänge. Damit wir unser Verhalten ändern, müssen aber nicht nur unser Verstand (der „Kopf"), sondern auch unsere Einstellungen, unsere Motive und unsere Emotionen (das „Herz") angesprochen werden. Oft müssen zusätzlich praktische Übungen ausgeführt werden (mit „Händen und Füßen"), damit sich die Bereitschaft entwickelt, das eigene Verhalten zu ändern.

Man kann Lernziele also nach unterschiedlichen Lernzieldimensionen/Verhaltensbereichen unterscheiden, je nachdem, ob es eher um den „Kopf", das

„Herz“ oder die „Hand“ gehen soll. Etwas wissenschaftlicher ausgedrückt, geht es um Folgendes:

1. **Kognitive Ziele.** Hier geht es um den Erwerb von Wissen und das Verstehen von Zusammenhängen. Wissen um elementare Inhalte und Zusammenhänge ist Voraussetzung für reflektiertes Handeln sowie Basis für die Entwicklung wünschenswerter Einstellungen.
   Beispiel: *Der Fahrschüler kennt die Überholverbote. Der Fahrschüler versteht den Zusammenhang zwischen Geschwindigkeit und Bremsweg.*
2. **Affektive Ziele.** Hier spielen die Einstellungen zum Lerninhalt, die Werthaltungen und die Bereitschaft, sich in einer bestimmten Weise zu verhalten, eine Rolle. Es geht außerdem um die emotionale Seite des Lernens.
   Beispiel: *Der Fahrschüler akzeptiert, dass er die Verkehrssicherheit seines Fahrzeugs regelmäßig überprüfen muss. Die Fahrschülerin ist bereit, die Beleuchtungseinrichtungen ihres Fahrzeugs zu überprüfen.*
3. **Psychomotorische Ziele.** Von psychomotorischen Lernzielen sprechen wir, wenn es um Bewegungsabläufe geht, die gelernt werden sollen. Dazu ist das Zusammenspiel von Gehirn („Psycho“) und Muskeln („Motorik“) erforderlich.
   Beispiel: *Die Fahrschülerin kann die Kupplung bis zum Schleifpunkt kommen lassen. Der Fahrschüler kann den Schulterblick ausführen.*

Hierzu noch einige Anmerkungen:

- Nur wenn das Wissen, das Wollen und das Können vorhanden sind, kann das richtige Verhalten später auch ohne Fahrlehrer im Straßenverkehr gezeigt werden.
- Das Vorwissen der Schüler (ob richtig oder falsch) und der Erwerb neuen Wissens sind hier sinnvoll zu verknüpfen. Einige Schüler sind es gewohnt, nüchtern und analytisch an Probleme heranzugehen, während andere sich schwertun, komplexe Zusammenhänge zu erfassen. Der Schwierigkeitsgrad muss also entsprechend gewählt werden, sodass der Schwächere nicht überfordert ist und der Stärkere sich nicht unterfordert fühlt.
- Die affektive Ebene wird stark beeinflusst von unseren Erfahrungen, Meinungen und (Vor-)Urteilen, die wir oft schon in die Fahrschule mitbringen. Schon die bloße Nennung bestimmter Inhalte oder Schlagworte („Radarfalle“) kann die Schüler emotionalisieren, während andere Themen weniger/keine derartigen Reaktionen hervorrufen.
- Motorisch geschickten Schülern fällt es leichter, diese Ziele zu erreichen. Andere benötigen hier viel mehr Zeit. Die Lernschritte bei ihnen müssen entsprechend angepasst und die Lernziele feiner ausdifferenziert werden, um Überforderungen zu vermeiden. Wer sich umgekehrt mit dem Erwerb von Wissen leichttut, muss deswegen noch keinesfalls psychomotorisch gleichermaßen begabt sein.

Damit stets klar ist, welche Lernzieldimension angesprochen werden soll, ist es erforderlich, möglichst genaue Formulierungen zu verwenden. Dies erleichtert Fahrlehrern auch eine kritische Betrachtung der eigenen Zielstellungen, denn so würde es auffallen, wenn die Lehrperson nur oder überwiegend einer bestimmten Lernzieldimension den Vorzug geben würde. Viele Lehrer

Hilfreiche Begriffe für die Formulierung von Lernzielen

Der Fahrschüler soll

1. **Kognitive Lernziele (Wissen, Zusammenhänge verstehen)**
   - *wissen*
   - *kennen,*
   - *kennenlernen,*
   - *erkennen,*
   - *eine Vorstellung davon bekommen,*
   - *begreifen,*
   - *beurteilen,*
   - *erfassen,*
   - *nachvollziehen können.*
2. **Affektive Lernziele (akzeptieren, Motive, Werthaltungen)**
   - *einsehen,*
   - *akzeptieren,*
   - *bereit sein zu ...*
3. **Psychomotorische Lernziele (mit „Händen und Füßen“ umsetzen)**
   - *können (z. B. schalten können),*
   - *umsetzen können,*
   - *anwenden können,*
   - *beherrschen können,*
   - *reagieren können,*
   - *z. B. degressiv bremsen können (noch genauere Beschreibung durch Adjektive).*

Hinweis

Formulierungen, die in mehrere Kategorien passen können, müssen entweder von vornherein vermieden oder in ihrer Bedeutung erklärt werden.

Beispiel: *„verstehen“* = dies kann kognitiv (im Sinne von: *einen Sachverhalt, einen Zusammenhang erfassen*) oder auch affektiv gemeint sein (im Sinne von: *etwas akzeptieren*).

(und nicht nur Berufsanfänger!) legen ihre Schwerpunkte sehr stark auf die kognitiven Lernziele und vernachlässigen dabei die affektiv-emotionale Seite des Lehr-/Lernprozesses. Richtig verstanden, sollen sich kognitive, affektive und psychomotorische Lernziele ergänzen.

Die nebenstehende Sammlung von Formulierungen soll eine Hilfestellung für die Festlegung (und Kontrolle) von Lernzielen bieten. Dabei ist zu beachten, dass es sich hierbei um Vorschläge handelt und eine solche Auflistung nie vollständig sein kann.

Wichtiger noch als eine didaktisch ‚perfekte‘ Ausformulierung von Lernzielen ist, dass der Fahrlehrer eine klare Vorstellung darüber hat, was er selbst unter diesem Ziel versteht. Lernziele müssen aber stets auch gegenüber anderen (Schülern, Eltern, Behörden und nicht zuletzt bei der Fahrlehrerprüfung und der pädagogisch qualifizierten Fahrschulüberwachung etc.) erläutert und fachlich/didaktisch begründet werden können.

Selbstverständlich müssen auch für den theoretischen Unterricht Lernziele formuliert werden. Häufig sind jedoch im Theorieunterricht eher kognitive und affektive Lernziele zu definieren. Die Ziele im Bereich der Bewegungsabläufe werden eher im praktischen Unterricht verfolgt. Aber auch hier gibt es Gegenbeispiele: Wenn die Schüler im Theorieunterricht zum Thema „Verhalten nach Verkehrsunfällen“ einmal ein Warndreieck aufbauen sollen, werden hier (neben kognitiven und affektiven) auch psychomotorische Lernziele verfolgt. Da Lernen am besten gelingt, wenn „Kopf“, „Herz“ und „Hand“ gleichermaßen aktiv sind, soll hier klar für die Einbeziehung aller Lernzielbereiche auch in der Theorie plädiert werden – wo immer möglich und sinnvoll!

Zur Verdeutlichung sei hier noch ein Anwendungsbeispiel aus dem praktischen Unterricht der Klasse B genannt. In der heutigen Fahrstunde soll es um das Verhalten bei unterschiedlichen Vorfahrtregelungen gehen. Dazu gehört auch das Thema STOP-Schild (Zeichen 206 – „Halt. Vorfahrt gewähren“). Der Fahrlehrer könnte sich dazu folgende Ziele setzen:

Der Fahrschüler soll

1. **Kognitiv**

- *das Verkehrszeichen STOP-Schild und seine Bedeutung kennen,*
- *verstehen, warum an bestimmten Stellen ein einfaches Verkehrszeichen „Vorfahrt gewähren“ (Zeichen 205) nicht ausreicht und stattdessen „Halt. Vorfahrt gewähren“ angeordnet wird,*
- *wissen, dass er bei einem STOP-Schild entweder an der Haltlinie oder an der Sichtlinie anzuhalten hat,*
- *eine Vorstellung davon bekommen, wie sich die Sichtlinie je nach Übersichtlichkeit verschieben kann,*
- *wissen, dass er sich dem Zeichen 206 nur mit mäßiger Geschwindigkeit nähern darf und anderen, Bevorrechtigten dadurch zeigen muss, dass er warten wird,*
- *wissen, dass beim Stopp alle Räder zum Stillstand kommen müssen,*
- *die richtige Beobachtung des Quer- und Gegenverkehrs vor der Weiterfahrt kennen,*
- *den Entscheidungsprozess („Fahren oder lieber noch Warten?“) kennenlernen.*

2. **Affektiv**

- *einsehen, dass „STOP-Zeichen“ erforderlich sind und seinem und dem Schutz anderer Verkehrsteilnehmer dienen,*
- *bereit sein, immer entweder an der Halt- oder an der Sichtlinie anzuhalten,*
- *akzeptieren, dass an Stellen, wo „STOP“ angeordnet wird, die Verkehrsbeobachtung besonders sorgfältig (und getrennt von der Fahrzeugbedienung) durchzuführen ist,*
- *bereit sein, sich hier besonders umsichtig zu verhalten, ohne jedoch andere zu behindern.*

3. **Psychomotorisch**

- *die Kreuzung/Einmündung und das Verkehrszeichen rechtzeitig erkennen,*
- *sich der Stopp-Stelle mit mäßiger Geschwindigkeit und mit degressivem Bremsen annähern können,*
- *das Fahrzeug durch degressives Bremsen und an der richtigen Stelle zum Halt bringen können,*
- *den Stillstand des Fahrzeugs sicher wahrnehmen können (kein „Rollstopp“!),*
- *im Stillstand den richtigen Gang zur Weiterfahrt einlegen können,*
- *die Beobachtung des Querverkehrs und des Gegenverkehrs durchführen können,*
- *das Fahrzeug sicher anfahren und die Kreuzung zügig überqueren können.*

Es wird deutlich, dass sich die verschiedenen Einzelaspekte, aus denen diese Handlungskette besteht, auf alle Lernzielbereiche erstrecken. So hat die Verkehrsbeobachtung beispielsweise kognitive (*... die richtige Beobachtung des Quer- und Gegenverkehrs vor der Weiterfahrt kennen*), affektive (*... akzeptieren, dass an Stellen, wo „STOP“ angeordnet wird, die Verkehrsbeobachtung besonders sorgfältig durchzuführen ist*) und psychomotorische Aspekte (*... die Beobachtung des Querverkehrs und des Gegenverkehrs durchführen können*).

Nur im Zusammenwirken der Lernzielbereiche wird ein Verhalten aufgebaut, das auch nach dem Ende der Führerscheinausbildung angewandt wird. Ohne die Akzeptanz geht hier nichts. Deswegen müssen Fahrlehrer nicht nur das Was und das Wie, sondern auch immer das Warum mit vermitteln.

2.1.2 Einteilung von Lernzielen nach ihrer Konkretheit (Hierarchie)

Neben der Einteilung von Lernzielen nach Verhaltensbereichen können und sollen sie zusätzlich nach ihrer Konkretheit geordnet werden. Das bedeutet, dass Ziele entweder sehr allgemein (z. B. *Ziel ist sicheres Verhalten im Straßenverkehr*) oder auch viel genauer (z. B. *Der Fahrschüler soll in der Lage sein, den Anhalteweg eines Pkw aus 50 km/h ohne die Zuhilfenahme des Lehrbuchs zu berechnen*) definiert werden können. Zwischen den beiden genannten Zielen sind natürlich viele weitere Abstufungen bezüglich ihrer Konkretheit möglich. Im Folgenden wird mit vier Ebenen von Lernzielen gearbeitet: der Ebene der Leitziele, aus denen sich (von oben nach unten) die Richt-, Grob- und Feinziele ableiten. Aus den Leitzielen werden Richtziele, aus ihnen wiederum die Grobziele und aus diesen die Feinziele gewonnen.

Ein **Leitziel** des Unterrichts (nicht nur) in der Fahrschule ist zum Beispiel das bereits zitierte sichere Verhalten im Straßenverkehr. Dieses Ziel gilt im Grunde für alle Verkehrsteilnehmer, motorisiert oder nicht. Wenn sich ein Fahrlehrer nun fragt, wie sein Beitrag dazu im Rahmen des Fahrschulunterrichts aussehen kann, dann muss dieses Ziel konkretisiert werden.

Hingegen sind zum Beispiel der Aufbau von sicherheitsbewussten Einstellungen und die Gefahrenkontrolle sowie die Wahl einer stets angemessenen Fahrgeschwindigkeit schon viel greifbarer/genauer. Diese Ziele bewegen sich auf der Ebene von **Richtzielen**, weil sich die gesamte Ausbildung in der Fahrschule daran orientiert. Ohne sie würde man sich allzu schnell in Details verlieren. Die Fahrschüler-Ausbildungsordnung (FahrschAusbO) nennt in § 1 die Ziele der Fahrschülerausbildung: Fahrschüler sollen zum „sicheren, verantwortungsvollen und umweltbewussten Fahrer“ ausgebildet werden. Darüber hinaus ist das Ziel der Ausbildung das Bestehen der Fahrerlaubnisprüfung. Wichtig ist die sprachliche Differenzierung, die der Gesetzgeber hier vorgenommen hat: Das Bestehen der Prüfung ist keineswegs das einzige Ziel der Ausbildung und es ist den zuvor genannten sogar nachgeordnet! Damit wird – zu Recht! – eine anspruchsvolle Ausbildung im Hinblick auf Sicherheit, Verantwortungsbewusstsein und Umweltschutz verlangt und einer Ausbildung als bloßer Prüfungsvorbereitung (*Training to the test*) eine klare Absage erteilt. Im Absatz 2 des § 1 der FahrschAusbO werden diese Überlegungen weiter verdeutlicht.

In einem nächsten Schritt überlegt der Fahrlehrer, welche Konsequenzen diese Leit- und Richtziele für ein konkretes Unterrichtsthema haben. Was bedeuten sie zum Beispiel im Hinblick auf das Thema „Bahnübergänge“? Welche Schwerpunkte müssen gesetzt werden, wenn das Thema zielgerichtet vermittelt werden soll? Dazu werden **Grobziele** formuliert. Diese können beispielsweise lauten:

Die Fahrschülerinnen und Fahrschüler

- *kennen die besonderen Gefahren an Bahnübergängen und wissen, wie diesen zu begegnen ist,*

- *kennen unterschiedliche Arten von Bahnübergängen und das dort jeweils erforderliche Verhalten und sind bereit, sich entsprechend zu verhalten,*
- *wissen um die Möglichkeiten, an Bahnübergängen die Umwelt zu schonen, und akzeptieren den Sinn dieses Verhaltens.*

Es wird deutlich, dass auch hier alle Lernzieldimensionen (kognitive, affektive und psychomotorische Ziele) angesprochen werden. Die hier formulierten Ziele lassen erkennen, wie die Leit- und Richtziele in unserem konkreten Thema umgesetzt werden sollen. Damit werden Schwerpunkte definiert und Orientierungshilfen (ein „roter Faden") für die Unterrichtseinheit gegeben.

Freilich schließt sich nun die Frage an, welche besonderen Gefahren an Bahnübergängen und welche unterschiedlichen Arten von Bahnübergängen im Unterricht konkret behandelt werden sollen. Indem aus diesen Grobzielen in einem weiteren Schritt nun **Feinziele** abgeleitet werden, wird diese Frage beantwortet. In Bezug auf das Grobziel „Besondere Gefahren an Bahnübergängen" *sollen die Fahrschüler nun unter anderem*

- *wissen, dass Bahnübergänge unterschiedlich übersichtlich sind,*
- *wissen, dass Schienenfahrzeuge extrem lange Bremswege haben,*
- *wissen, dass Unfälle mit ihnen fast immer gravierende Folgen haben,*
- *einsehen, dass sich Bahnübergängen deswegen nur mit äußerster Vorsicht und mäßiger Geschwindigkeit genähert werden darf,*
- *die rechtzeitige und gründliche Verkehrsbeobachtung kennen und akzeptieren.*

Diese Feinziele leiten sich widerspruchsfrei aus den Grob-, Richt- und Leitzielen ab.

Wir fassen zusammen, was eben über die Einteilung von Lernzielen in Richt-, Grob- und Feinziele gesagt wurde:

- **Leitziele** beziehen sich auf das gesamte Verkehrsverhalten. Dabei sind auch angehende Kraftfahrer angesprochen, aber nicht ausschließlich: Soziales Verhalten im Straßenverkehr geht uns alle an und muss für jeden gelten. Richtziele, Grob- und Feinziele müssen sich daran messen lassen.
- **Richtziele** geben die Richtung der Ausbildung insgesamt vor. Sie sind recht abstrakt formuliert, aber dennoch unverzichtbar, weil sie das Ziel der Ausbildung insgesamt im Blick haben. Die Richtziele der Ausbildung von Fahrschülern finden sich im § 1 Abs. 1 der Fahrschüler-Ausbildungsordnung (Ausbildung zu *„sicheren, umweltschonenden und verantwortungsvollen"* Verkehrsteilnehmern. Dem nachgeordnet ist das Bestehen der Theoretischen und Praktischen Fahrerlaubnisprüfung).
- **Grobziele** schaffen Orientierung in Bezug auf ein bestimmtes Unterrichtsthema und stehen zwischen den Richt- und den Feinzielen. Sie sagen aus, wo es in Bezug auf ein (Teil-)Thema des Unterrichts langgehen soll. Aus ihnen werden die Feinziele abgeleitet. Ein Beispiel aus dem praktischen Unterricht: *Der Schüler soll das Verhalten beim Fahrstreifenwechsel kennenlernen.*
- **Feinziele** sind ganz konkret und beschreiben, was der Schüler im Einzelnen können soll. Aus verschiedenen Feinzielen setzt sich das Grobziel zusammen. Beispiel: Das Verhalten beim Fahrstreifenwechsel (Grobziel) besteht aus verschiedenen Feinzielen, z. B.:

Der Fahrschüler soll

- *eine geeignete Gelegenheit für den Fahrstreifenwechsel finden können,*
- *vor dem Fahrstreifenwechsel über Spiegel und Seitenblick absichern und den Fahrtrichtungsanzeiger zum richtigen Zeitpunkt betätigen,*
- *die Wichtigkeit des Absicherns und des rechtzeitigen Blinkens akzeptieren,*
- *die Lenktechnik beim Fahrstreifenwechsel beherrschen,*
- *die erforderlichen Sicherheitsabstände einhalten,*
- *bereit sein, nötigenfalls auf den Fahrstreifenwechsel zu verzichten.*

Es wird deutlich, dass die Formulierung von Zielen dem Unterricht Struktur und Klarheit gibt. Was wäre gewonnen, wenn der Schüler zwar blinken und lenken kann, die Verkehrsbeobachtung aber nicht durchführt? Nur so kann dem Schüler am Ende der Stunde ein professionelles Feedback gegeben werden: *„Du führst den Fahrstreifenwechsel schon gut durch, indem du rechtzeitig beobachtest, blinkst und lenkst. Die Abstände passen auch. Allerdings müssen wir das Entscheiden (wechseln oder nicht?) noch üben."*

Fazit: Richt-, Grob und Feinziele müssen zusammenpassen. Man muss von einem Feinziel über das Grobziel wieder hinauf bis zum Richtziel kommen.

2.1.3 Die Einteilung von Lernzielen nach Schwierigkeitsgraden

Lernziele lassen sich auch nach dem Grad ihrer Schwierigkeit einteilen. Auch hier kann man von einer Stufenfolge ausgehen: Je „höher" die Stufe, desto schwieriger und anspruchsvoller ist auch das zu erreichende Lernziel. Die Ordnung der Lernziele von leicht (Stufe 1) nach schwer (Stufe 4) sieht für kognitive Lernziele so aus:

1. **Kenntnis.** Die Schüler können bestimmte Fakten wiedergeben. Ob sie etwas davon verstanden haben, ist jedoch noch nicht klar.
2. **Verständnis.** Die Schüler erkennen Zusammenhänge zwischen den gelernten Faktoren. Sie erarbeiten das Gelernte selbstständig.
3. **Anwendung/Transfer.** Das Gelernte wurde nicht nur verstanden, es kann auch auf neue (unbekannte) Sachverhalte übertragen werden. Die Schüler erkennen die Struktur hinter den Inhalten.
4. **Beurteilung.** Die Schüler können das Gelernte selbstständig und auch durchaus kritisch aus mehreren Perspektiven betrachten. Sie finden eigene, kreative Lösungen für ähnliche Probleme.

Um die nächsthöhere Stufe zu erreichen, muss man die vorherigen Stufen beherrschen. Lehrer dürfen sich nicht damit zufriedengeben, dass Schüler Inhalte nur kennen. Dies ist als erstes Lernziel noch in Ordnung. Sie sollen das Gelernte im weiteren Verlauf aber auch verstehen, anwenden und beurteilen können. Allerdings müssen sich Lehrer manchmal auch damit zufriedengeben, dass bestimmte Stufen auf dieser Leiter von einigen Schülern nicht erreicht werden.

2.1.4 Ergebnissicherung und Lernzielkontrollen

Ergebnissicherung

Im Unterricht wird vieles erarbeitet. Es wäre nicht hinzunehmen, wenn die Ergebnisse der Bemühungen aufseiten der Schüler und des Fahrlehrers wieder verloren gingen. Deswegen sollen wichtige Ergebnisse des Unterrichts (z. B. die sieben Faktoren, die die Wahl der Fahrgeschwindigkeit beeinflussen) dem Vergessen durch Wiederholen und Anwenden entzogen werden. Mit neu gelernten Inhalten muss nämlich gearbeitet werden, damit sie sicher „sitzen". Bekanntlich ist die Gefahr, etwas zu vergessen, in der ersten Zeit nach dem Lernen am größten.[2] Häufiges, verteiltes Üben (und nicht massiertes Üben kurz vor der Prüfung) und das Training von neuen Varianten der Übung helfen nachgewiesenermaßen sehr gut, um Ergebnisse im Wortsinn zu behalten. Es ist hilfreich, zu Beginn eines Theorieunterrichts an den vorherigen anzuknüpfen, etwa indem der Fahrlehrer eine kurze Zusammenfassung der Ergebnisse gibt oder die Schüler darum bittet. Zusammenfassungen sind auch während des Unterrichts wichtig. Besonders viel bleibt hängen, wenn die Kernergebnisse visualisiert werden und im Fahrschulraum – für die Schüler gut sichtbar – z. B. auf einem Flipchart präsent bleiben.

Lern(ziel)kontrollen

Ob die Schüler etwas im Unterricht gelernt haben, was sie von dem Gesagten verstanden haben und was sie von beidem anwenden können, muss überprüft werden. Die Fahrschülerausbildungs-Ordnung verlangt ausdrücklich,

- dass zur Ergebnissicherung Lernkontrollen einzusetzen sind (§ 4 Abs. 1),
- dass die Ausbildung erst abgeschlossen werden darf, wenn der Unterricht im vorgeschriebenen Umfang absolviert wurde und wenn die Ausbildungsziele nach § 1 erreicht worden sind (§ 4 Abs. 1). Eine Prüfung „auf eigene Verantwortung" ist rechtlich nicht möglich.

Somit sind Lernzielkontrollen Pflichtbestandteile jedes Unterrichts und damit auch jeder Lehrprobe!

Lernziele werden formuliert, um dem Unterricht eine Richtung zu geben und ihn überprüfbar zu machen. Wenn Lernziele das beschreiben, was der Schüler am Ende wissen, verstanden und eingesehen haben sowie beherrschen soll, dann macht es Sinn, dies auch zu überprüfen. Lernzielkontrollen sollen also messen, ob das, was geplant war, auch erreicht worden ist.

Dabei erfüllen Lernzielkontrollen (auch „Lernkontrollen") gleich mehrere Funktionen:

- Sie zeigen dem Schüler (und um den geht es schließlich!), was er kann und was noch fehlt. Sie geben ein wichtiges Feedback und Orientierung im Hinblick auf den Lernverlauf.
- Sie geben dem Lehrer Hinweise, inwiefern seine didaktischen Entscheidungen richtig waren und zeigen ihm deutlich, wie viel der Schüler dadurch gelernt hat.

Lehrer prüfen regelmäßig, ob die Schüler die Lernziele erreicht haben oder ob sie zumindest auf dem richtigen Weg sind. Nicht immer geschieht dies bewusst.

2 Die weit über 100 Jahre alten Ergebnisse von Ebbinghaus (1850–1909) zur „Vergessenskurve" sind immer noch beachtenswert, auch wenn wir heute wissen, dass der Grad des Vergessens von mehreren Faktoren abhängig ist und je nach Lerninhalt variiert. Vgl. Ebbinghaus, H. (1971). Über das Gedächtnis. Darmstadt: Wissenschaftliche Buchgesellschaft. Original 1885.

Wer in einem Lehrgespräch seinen Schülern Verständnisfragen stellt, der will natürlich wissen, ob die Ziele erreicht wurden und was noch fehlt. Unterricht, der nicht laufend überprüft, ob man im Verlauf des Lehrgesprächs noch auf dem richtigen Weg ist, kann nicht funktionieren. Wenn aber Lernzielkontrollen im Sinne der FahrschAusbO gemeint sind, dann verbirgt sich noch mehr dahinter: **Es geht hier um das systematische (und nicht nur beiläufige), bewusste und strukturierte Abprüfen, ob bestimmte Ziele erreicht wurden und in welchem Maße.**

Kriterien für gute Lernzielkontrollen

- Lernzielkontrollen müssen dem Schüler veranschaulichen, was er schon kann, und was noch nicht. Sie müssen transparent sein, ihre eigenen Bewertungsstandards und den Sinn der Ziele offenlegen, damit der Schüler die Ergebnisse akzeptieren kann.
- Lehrer müssen vor der Kontrolle festlegen, welche Ziele genau erreicht werden sollen und wie die Überprüfung möglichst objektiv durchgeführt werden kann. Beispiel: Wenn der Lehrer sich vornimmt, *die Schüler sollen die Verhaltensweisen beim Abbiegen verinnerlichen*, dann wäre dieses Ziel nur ungenau beschrieben und schlecht überprüfbar. Besser ist es zu formulieren: *Die Schüler kennen die Handlungen, die beim Abbiegen erforderlich sind, können sie ohne Ausnahme benennen und in die richtige Reihenfolge bringen.* Damit wäre beobachtbar, was genau verlangt ist. Außerdem wäre ein Vergleich der Leistungen möglich. Ein Schüler, der nur zwei Elemente benennen kann, ist schlechter als ein Schüler, der alle benennen kann.
- Validität (Gültigkeit): Misst der Test, was er messen soll? Sind zum Beispiel die Aufgaben so gestellt, dass sie tatsächlich das Verständnis prüfen oder wird nur Auswendiggelerntes wiederholt? Wenn Sie sich vornehmen, anhand von Bildern zu überprüfen, ob Schüler verstanden haben, woran sie „Rechts-vor-Links" erkennen, dann bietet es sich an, noch nicht zuvor besprochene Stellen abzuprüfen und die Schüler begründen zu lassen, warum hier diese oder jene Vorfahrtregel gilt (Merkmale sollen im Bild gefunden werden).
- Bei der Wiederholung des Tests sollten ähnliche Ergebnisse herauskommen. Zufallsfehler sollten möglichst ausgeschlossen sein.
- Objektivität: Wird dasselbe Verhalten unterschiedlicher Schüler gleich bewertet? Je genauer die Lernziele beobachtbar gemacht wurden und je genauer die Fahrlehrer einer Fahrschule nach den gleichen Kriterien prüfen, desto höher ist die Objektivität der Lernzielkontrollen, wenn ein anderer Fahrlehrer genau zu dem gleichen Testergebnis käme.

Lernzielkontrollen im theoretischen Unterricht

- Der Fahrlehrer bittet einen oder mehrere Schüler, die Ergebnisse einer Unterrichtssequenz oder des Unterrichtsabends in eigenen Worten zusammenzufassen.
- Der Fahrlehrer stellt Fragen unterschiedlicher Art (z. B. Wiederholungs- und Verständnisfragen).
- Ausfüllen eines Arbeitsblattes (z. B. Fragen, Zuordnungsaufgaben, Lückentexte).
- Quizformate, Lernspiele (z. B. Verkehrszeichen-Memory).

- Anwendung des Gelernten auf ein neues, noch unbekanntes Beispiel.
- Die Fahrschüler werden gebeten, eigene Lösungen für ein im Unterricht behandeltes Problem zu suchen und zu begründen (z. B. *„Welche Verkehrszeichen würden Sie im Bereich einer Schule aufstellen?“*).
- Durchführung einer bestimmten Aufgabe (z. B. Schüler sollen die Zeichen eines Polizeibeamten demonstrieren, der den Verkehr auf einer Kreuzung regelt, Verbinden/Trennen von Brems-/Vorratsleitung am Modell der Lkw-Bremsanlage).
- Lernkontrollen können auch in Form einer Partner- oder Kleingruppenarbeit durchgeführt werden (dies ist z. B. sinnvoll, wenn komplexere Lösungen gesucht werden sollen).

Es ist möglich, dass die Auswertung der Lernzielkontrolle und Besprechung der Ergebnisse gleich im Anschluss im Plenum erfolgt, etwa wenn nach Ausfüllen eines Arbeitsblattes durch die Fahrschüler die Lösungen gemeinsam in der Gruppe besprochen werden (wobei die Schüler ihre Fehler selbst korrigieren). Dies spart Zeit und Arbeitskraft, hat aber den Nachteil, dass der Fahrlehrer (bei schriftlichen Aufgaben) keinen Überblick über die Ergebnisse erhält. Fragt er Schüler ab, gewinnt er einen besseren Eindruck, auch wenn zumeist nicht jeder Schüler abgefragt werden kann (Zeitnot, sprachliche Barrieren, Hemmungen aufseiten der Schüler etc). Das Einsammeln von Arbeitsblättern und deren Korrektur durch den Fahrlehrer bietet da ein genaueres Feedback, bindet aber mehr Arbeitskraft und Zeit. Es ist in der Praxis auch nicht selten der Fall, dass Schüler im nächsten Unterricht nicht anwesend sind, und der Test seine Wirkung verfehlt (z. B. Pausen in der Ausbildung).

Hier wird deutlich, dass es *den* optimalen Weg zur Durchführung einer Lernzielkontrolle nicht gibt. Je nach Lernzielen und je nach Schülergruppe muss jeweils eine geeignete Form gefunden werden.

Sonderfall – Lernzielkontrollen für affektive Lernziele

Nicht selten hört man unter Fahrlehrern, dass Ziele im Bereich der Werthaltungen, Einstellungen und Verhaltensbereitschaften nicht zu überprüfen seien. Gerne werden Beispiele angeführt wie das Folgende: Ob jemand Sicherheitseinstellungen erworben habe, das könne man nicht wissen. Wenn er es behauptet, müsse er nicht die Wahrheit sagen. Vielleicht sage er auch nur, was der Fahrlehrer hören möchte. Auch das Verhalten während der Fahrstunde sei nicht sonderlich aufschlussreich: Viele Schüler hielten sich schließlich nur so lange an Geschwindigkeitsbegrenzungen, wie der Fahrlehrer neben ihnen sitze. Nach der Prüfung mache eh jeder, was er wolle …

Diese Meinungen der Praktiker sind ernst zu nehmen. Solche Aussagen mögen oft zutreffen; die Frage ist nur, ob sie sich generalisieren lassen. Richtig ist: Affektive Lernziele sind nicht so leicht zu überprüfen wie kognitive und psychomotorische. Vielfach wird man sich auch mit (hoffentlich gut begründeten) Vermutungen begnügen müssen. Aber: Über „Umwege“ ist hier einiges möglich!

Ein Beispiel: Als engagierter Motorradausbilder möchten Sie den Schülern die Wichtigkeit von Schutzkleidung vermitteln. Es wäre möglich, die Schüler in mehrere Gruppen aufzuteilen und diese zunächst zu bitten, auf Meta-

Übungsaufgaben zu Lernzielen

1. Warum ist es wichtig, Lernziele zu formulieren? Verdeutlichen Sie Ihre Ausführungen anhand von je einem Beispiel aus dem theoretischen Unterricht der Klasse B.
2. Formulieren Sie bitte je drei kognitive, affektive und psychomotorische Lernziele zu dem Verkehrszeichen „Beginn eines verkehrsberuhigten Bereichs“ (Z. 325.1).
3. Formulieren Sie zur Grundfahraufgabe „Abbremsen mit höchstmöglicher Verzögerung“ ein Grobziel und mindestens drei Feinziele.
4. Im theoretischen Unterricht zum Thema „Geschwindigkeit“ haben Sie die Faktoren, die für die Wahl der Fahrgeschwindigkeit ausschlaggebend sind, behandelt. Nennen Sie drei Beispiele für mögliche Lernzielkontrollen zu diesem Thema.
5. Begründen Sie, warum es wichtig ist, dass Schüler zu Beginn des Unterrichts über die Lernziele für die folgende Lektion informiert werden. Welche negativen Konsequenzen könnten sich ergeben, wenn dieser Schritt nicht erfolgen würde?

plankarten festzuhalten, was ihnen bei der Auswahl ihres Motorradequipments besonders wichtig ist. In einem zweiten Schritt sollen sie diese Punkte nach persönlicher Wichtigkeit ordnen. Hören Sie bei den Diskussionen in der Gruppenarbeitsphase genau hin! Wer legt mehr Wert auf „Design“ und „Lifestyle“, wer achtet mehr auf die Schutzwirkung? Sie könnten nun verschiedene (gebrauchte und neue) Bestandteile der Schutzbekleidung (unterschiedlicher Qualität und Preisstufen) vorzeigen. Dann teilen Sie jeder Gruppe ein bestimmtes Budget zum „Einkaufen“ zu: Wer wäre bereit wofür wie viel Geld auszugeben? Wie viele sicherheitsrelevante Argumente kommen von wem?

Des Weiteren empfiehlt sich ein pragmatischer Ansatz: Zwar ist nicht jedes Verhalten, das später – ohne die Fahrschule – gezeigt wird, immer einer Akzeptanz geschuldet (manches machen wir nur, um nicht bestraft zu werden). Wer aber durch seine Äußerungen und sein Verhalten erkennen lässt, dass er etwas akzeptiert hat, dem darf auch ruhig unterstellt werden, dass er es ernst meint. Wer am Samstagvormittag nach einer langen Arbeitswoche an der Tankstelle den Reifendruck kontrolliert, obwohl er eigentlich keine Lust darauf hat und mit den schlichten Worten *„Es muss halt sein. Wenn was schiefgeht, habe ich auch nichts davon!“* zu Werke geht, der hat sicher die richtige Einstellung zum Thema „Reifen“!

Keine Prüfungsfragebogen im Theorieunterricht!

Das Ausfüllen von Fragebogen nach Art der Prüfungsfragebogen ist im Rahmen des theoretischen Unterrichts nicht erlaubt, auch nicht in elektronischer Form (§ 4 Abs. 1 FahrschAusbO). Außerhalb des theoretischen Unterrichts bieten diese Fragebogen aber eine weitere, ja unverzichtbare Möglichkeit, erworbenes Wissen zu überprüfen. Zusätzlich zu den im Unterricht durch den Fahrlehrer durchgeführten Lernzielkontrollen haben die Prüfungsfragebogen zur Vorbereitung auf die Theoretische Fahrerlaubnisprüfung ihren berechtigten Zeitpunkt und Ort: Vor dem Unterricht oder danach, meistens jedoch zu Hause im Rahmen der eigenverantwortlichen Prüfungsvorbereitung des Schülers im Selbststudium.

Bezug zu den Qualitätskriterien des Unterrichts
(Anlage 2 zu § 3 Abs. 1 Fahrlehrerausbildungs-Verordnung)

Die in Kapitel 1, Abschnitt 2.1 „Was ist guter Unterricht?“ erläuterten Qualitätskriterien für die Fahrschulausbildung befassen sich auch mit der Thematik der

Lehr-/Lernziele des theoretischen Unterrichts. Hier geht es insbesondere um folgende Qualitätskriterien:

- Strukturierung der Unterrichtseinheit
- Qualität der Lehrvorträge
- Organisation von Erfahrungsberichten
- Organisation von Diskussionen
- Durchführung von Lernkontrollen.

Schüler müssen über die Ziele der kommenden Unterrichtseinheit gleich von Anbeginn informiert werden. Die Lernzielkontrollen können dann ein Feedback darüber geben, wie nah (oder wie weit entfernt) die Erreichung der Ziele liegt. Die im Unterricht eingesetzten Methoden sind nur dann effektiv, wenn sie zielgerichtet eingesetzt werden (können).

2.2 Inhalte – was Schüler lernen sollen

2.2.1 Was muss unterrichtet werden?

In der Fahrschule sind – genau wie in jedem anderen Unterricht – bestimmte Inhalte zu vermitteln. Zum einen ist zu klären, *was* ein Fahrschüler lernen muss. Für den Fahrlehrer stellt sich die Frage, wie er an diese Inhalte gelangt. Wo finde ich ganz konkret, was ich unterrichten muss/soll?

Quellen für Unterrichtsinhalte

In der Fahrschüler-Ausbildungsordnung (FahrschAusbO) ist festgehalten, welche Inhalte im theoretischen und praktischen Unterricht behandelt werden müssen. In den entsprechenden Anlagen zu § 4 der FahrschAusbO finden sich diese Inhalte. Für den theoretischen Unterricht sind wichtig:

- Anlage 1 Rahmenplan für den Grundstoff für alle Klassen
- Anlage 2.1 Rahmenplan für den klassenspezifischen Zusatzstoff in den Klassen A, A2, A1 und AM
- Anlage 2.2 Rahmenplan für den klassenspezifischen Zusatzstoff in der Klasse B
- Anlage 2.3 Rahmenplan für den klassenspezifischen Zusatzstoff in den Klassen C und C1
- Anlage 2.4 Rahmenplan für den klassenspezifischen Zusatzstoff in der Klasse CE
- Anlage 2.5 Rahmenplan für den klassenspezifischen Zusatzstoff in der Klasse D1 und D
- Anlage 2.6 Rahmenplan für den klassenspezifischen Zusatzstoff in der Klasse L
- Anlage 2.7 Rahmenplan für den klassenspezifischen Zusatzstoff in der Klasse T.

Diese Inhalte sind verpflichtend! Das bedeutet, dass der Fahrlehrer nicht einfach – aus welchen Gründen auch immer – beliebig Inhalte weglassen kann. Das, was Fahrschüler an Rüstzeug benötigen, um – nach Bestehen der Fahrerlaubnisprüfung – weiter zu lernen und im modernen Straßenverkehr bestehen zu können, ist jedoch noch viel umfangreicher. Es stellt sich die Frage, welche weiteren Inhalte behandelt werden müssen, weil sie aktuell von genereller Bedeutung sind oder auch das Verständnis eines Problems erleichtern.

Weitere Quellen für Unterrichtsinhalte

Der Blick in die Fahrschüler-Ausbildungsordnung allein genügt jedoch nicht. Für die Unterrichtsvorbereitung sind weitere Quellen erforderlich. Einige Beispiele hierfür könnten sein:

- Gesetzestexte der StVO, FZV, StVZO (und weitere Vorschriften)
- die Prüfungsrichtlinie für die Theoretische und Praktische Fahrerlaubnisprüfung
- ein Fahrschullehrbuch für die entsprechende Ausbildungsklasse
- die Unterrichtssoftware eines Lehrmittel-Verlages
- Beiträge in Fachzeitschriften (z. B. in der Fachzeitschrift FAHRSCHULE)
- die Internetauftritte verschiedener Behörden oder Organisationen wie TÜV, DEKRA usw.
- eigene Erlebnisse aus dem Straßenverkehr (der Schüler wie des Fahrlehrers)
- z. B. Testberichte von Reifen-/Fahrzeugherstellern
- eigene Erfahrungen, Erfahrungen von Schülern und Kollegen.

Viele weitere Quellen für Unterrichtsinhalte sind denkbar. Man muss nur mit offenen Augen durch den Alltag gehen. Auch Artikel in Tageszeitungen oder im Internet können – richtig aufbereitet – in den Unterricht einfließen. Auf diese Materialien wird in Abschnitt 2.4 „Medien“ in diesem Kapitel weiter eingegangen.

2.2.2 Welche Grundsätze sind bei der Aufbereitung der Inhalte zu beachten?

1. **Die Ausbildungsinhalte müssen auf die Ziele der Ausbildung bezogen sein** (§ 3 Abs. 1 FahrschAusbO).

Inhalte im Unterricht werden behandelt, um bestimmte Ziele zu erreichen. Es wäre beispielsweise für den einen oder anderen Fahrschüler interessant, zu erfahren, welche Möglichkeiten es gibt, das Fahrzeug zu „tunen“. Doch wären diese Inhalte (in denen es eher um Design geht) für die Ziele der Fahrschülerausbildung irrelevant. Deswegen wird bei dem Thema „Technische Veränderungen am Fahrzeug“ der Schwerpunkt auf die Sicherheit und den Umweltschutz gelegt und nicht darauf, was „toll aussieht“.

Die Ausbildungsinhalte müssen so ausgewählt und für den Unterricht aufbereitet werden, dass die Ziele der Fahrschüler-Ausbildungsordnung erreicht werden. Die **Richtziele** der Fahrschülerausbildung finden sich in § 1 Absatz 1 und 2 der FahrschAusbO und sind bei den Zielen schon einmal erwähnt worden (vgl. in diesem Kapitel Abschnitt 2.1 „Lehr-/Lernziele“).

Die FahrschAusbO sagt aber noch mehr über den Umgang des Fahrlehrers mit den Unterrichtsinhalten.

2. **Die Unterrichtsinhalte müssen sachlich richtig, verständlich und anschaulich unterrichtet werden** (§ 3 Abs. 1 FahrschAusbO).

- **Sachlich richtig** bedeutet, dass keine falschen Aussagen seitens des Fahrlehrers gemacht werden. Fehler der Schüler sind (freundlich und sachlich) zu korrigieren, sodass diese am Ende wissen, was richtig und was falsch ist.

Dazu müssen sie ein entsprechendes Feedback erhalten. Ein Beispiel: Der Fahrlehrer benennt das Z. 295 korrekt, indem er (je nach Anbringung auf der Fahrbahn) genau zwischen „Fahrbahnbegrenzung“ und „Fahrstreifenbegrenzung“ unterscheidet. Er bittet die Schüler, diese Begriffe im Unterricht korrekt zu verwenden. Fehler der Schüler korrigiert er freundlich, aber konsequent: *„Ah, du meinst die ‚Fahrbahnbegrenzung‘...“*

- **Verständlich** bedeutet, dass die Schüler (und zwar alle!) wissen, worum es geht und was gemeint ist. Dabei muss von den Erfahrungen und Interessen der Schüler ausgegangen werden (Schülerorientierung). Es mag sein, dass dem Fahrlehrer als Fachmann bestimmte Zusammenhänge sofort einsichtig sind und er sich wundert, wie anderen dies nicht auch sofort klar sein kann. Dennoch muss er den Schüler da abholen, wo er steht. Dabei können folgende Grundsätze helfen: **Einfachheit** (nicht zu kompliziert), **Kürze** (überlange Darstellungen kosten Kraft und sind der Motivation abträglich), **Struktur/Gliederung** (was gut gegliedert ist, versteht und behält man besser), **Stimulanz** (die Beispiele sollen motivierend, sie können humorvoll und sollen stimulierend sein). Vergleiche dazu das „Hamburger Verständlichkeitskonzept“ (findet sich im Internet).
- **Anschaulich.** Die Schüler müssen mit dem zu erlernenden Inhalt eine konkrete Vorstellung verbinden, z. B.: *Was bedeutet „rücksichtsvolles Verhalten“ genau?* Dazu sollten Beispiele aus dem Alltag dazu verwendet werden, bei den Schülern das richtige Bild im Kopf zu erzeugen. Dies kann geschehen, indem der Fahrlehrer den Schülern Bilder, Filme oder ein Tafelbild etc. präsentiert (Äußere Anschauung) oder er durch Erzählungen/Erklärungen ein inneres Bild bei den Schülern entstehen lässt (Innere Anschauung).

3. **Die exemplarische Vertiefung kann wichtiger sein als die inhaltliche Vollständigkeit** (§ 3 Abs. 1 FahrschAusbO).

Da es sehr viele Inhalte gibt, die (zumindest theoretisch) bei jedem Unterrichtsthema behandelt werden könnten, muss der Fahrlehrer Schwerpunkte setzen. Die Lehrpläne sind sehr umfangreich. Es ist nicht möglich und auch nicht vorgeschrieben, *alle* Inhalte im Unterricht zu behandeln. Diese Menge an Stoff muss **didaktisch reduziert** werden. Andererseits darf nichts Wichtiges fehlen.

Ein Beispiel: Es gibt Hunderte von Verkehrszeichen. In einem Unterricht von 90 Minuten können nicht alle Verkehrszeichen besprochen werden – und dies ist auch überhaupt nicht erforderlich. Wichtig ist, dass die Fahrschüler die Systematik der Verkehrszeichen kennen und wissen, wie sie sich verhalten müssen. Deswegen ist es besser, einige ausgewählte Verkehrszeichen zu besprechen und diese dann exemplarisch zu vertiefen. Dieses Prinzip der **exemplarischen Vertiefung** besagt, dass also nicht alle Inhalte behandelt werden, sondern nur sehr typische Inhalte, von denen sich andere Inhalte ableiten lassen. Damit wird vermieden, in einer Fülle von Stoff „zu ertrinken“.

Die Begriffe „didaktische Reduktion“ und „exemplarische Vertiefung“ sollen im Folgenden näher definiert werden:

a) **Didaktische Reduktion**

Definition: Unter „didaktischer Reduktion“ versteht man die Vereinfachung der Unterrichtsinhalte, damit Schüler sie besser verstehen können. Bei der

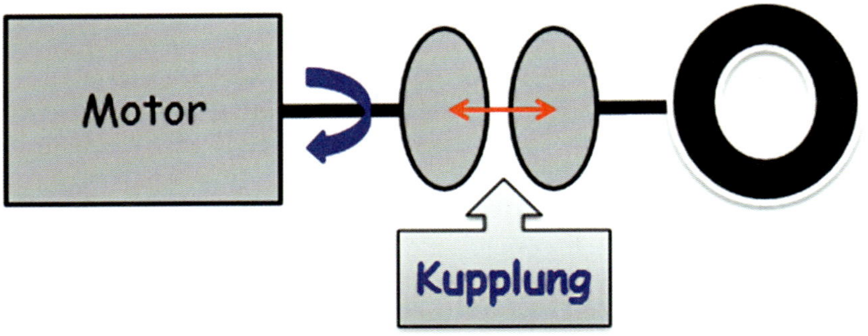

Bild 2.1 Stark reduzierte Skizze einer Kupplung Quelle: Kölzer

didaktischen Reduktion werden die Inhalte auf ihre wesentlichen Bestandteile reduziert.

Viele Inhalte sind sehr umfangreich und schwierig, sodass einige Schüler damit überfordert sind. Wie stark didaktisch reduziert werden muss, hängt also ab von

- den Fähigkeiten der Schüler und
- den Zielen des Unterrichts.

Beispiel: Eine detailgetreue Zeichnung einer Kupplung (mit allen Einzelteilen) wäre für viele Fahrschüler zu detailliert und schwierig. Wenn das Ziel (für Fahrschüler) lautet: *Die Fahrschüler sollen die Aufgabe der Kupplung kennen und wissen, wie sie zu bedienen ist*, bietet sich die oben auf das Wesentliche reduzierte Skizze an. Dies gilt insbesondere dann, wenn die Schüler über kein oder nur wenig technisches Vorwissen (und Interesse) verfügen.

Wenn Fahrschüler verstehen sollen, wie eine Kupplung grob funktioniert, um sie bedienen zu können, reicht eine Skizze völlig aus. Sie erleichtert sogar das Lernen.

Lautet (z. B. in der Berufsausbildung zum Mechaniker) das Ziel jedoch *Die Auszubildenden sollen die Bauteile und Funktionsweise der Kupplung kennen, um sie später instand setzen zu können,* dann wird eher mit einer technischen Detailzeichnung der Kupplung gearbeitet werden müssen.

Wenn Fahrschüler sehr viel technisches Vorwissen und Interesse mitbringen, kann es – vor allem in den Klassen C und D – jedoch auch sinnvoll sein, mit einer technischen Detailzeichnung zu arbeiten. Auszubildende, die sich in der Lehre schwertun, können (als Einstieg) mit der Skizze beginnen, um dann später die Detailzeichnung verstehen zu können.

Bei der didaktischen Reduktion verringert sich auch die Anzahl der Inhalte, die gelernt werden müssen. Bei einer Detailzeichnung müssen sozusagen „alle Schräubchen" besprochen werden, bei der abgebildeten didaktisch reduzierten Skizze nur wenige Teile. So trägt die didaktische Reduktion auch zur Verringerung der Stofffülle bei.

Immer dann, wenn der Umfang und der Schwierigkeit der Inhalte die Schüler überfordern würden, muss didaktisch reduziert werden. Dazu gehört auch, schwierige Texte mit einfachen Worten zu erklären.

Es wäre jedoch falsch, zu glauben, dass die Notwendigkeit zur Vereinfachung (womit nicht Verflachung gemeint ist) sich allein oder vorwiegend bei technischen Unterrichtsthemen ergibt. Vielmehr ist didaktische Reduktion überall dort nötig, wo Schüler Verständnisschwierigkeiten zeigen. Der sprachliche Duktus der Prüfungsfragebogen entspricht nicht der Alltagssprache der meisten Fahrschüler. Häufig sehen sich Fahrlehrer mit Fragen ihrer Schüler wie z. B. *„Was meint man denn, wenn man von ‚Fahrtrichtungsanzeiger' spricht?"* konfrontiert. Es ist völlig legitim und auch notwendig, dass der Fahrlehrer dann – didaktisch reduziert – von „Blinker" spricht.

b) **Exemplarische Vertiefung**

Definition: Unter „exemplarischer Vertiefung" versteht man die Beschränkung der Inhalte auf typische Beispiele, die das Wesentliche eines Themas ausmachen. Hier geht es um die „beispielhafte und ausführliche, intensive Erarbeitung von Lerninhalten." (Klammer, S. 121).

Dies geschieht einerseits aus Zeitgründen und andererseits wegen der begrenzten Aufnahmefähigkeit der Schüler. Werden Inhalte exemplarisch behandelt, können Schüler andere nicht behandelte Inhalte, die so ähnlich strukturiert sind, selbst erarbeiten.

Beispiel: Wie bereits erwähnt, können nicht alle Inhalte vermittelt werden. Vielmehr werden die Themen anhand von ausgewählten, besonders typischen Beispielen (Exempeln) erarbeitet. Am Thema „Verkehrszeichen" soll dieses Prinzip verdeutlicht werden:

- Es werden nicht alle Verkehrszeichen besprochen.
- Stattdessen werden die Gruppen von Verkehrszeichen, deren Aussehen und Regeln erarbeitet.
- Es werden einige Zeichen ausgewählt, die **besonders beispielhaft, typisch** („exemplarisch") für die jeweilige Gruppe sind.

4. **Die theoretische und praktische Ausbildung sollen miteinander verzahnt werden** (§ 2 Abs. 1 FahrschAusbO).

Die Fahrschüler-Ausbildungsordnung verlangt, dass der theoretische und der praktische Teil der Ausbildung in ihrer Konzeption aufeinander bezogen und im Verlauf der Ausbildung miteinander verknüpft werden sollen. Das bedeutet: In der Theorieausbildung wird Bezug auf die späteren Fahrstunden genommen – und umgekehrt. So könnte beispielsweise im theoretischen Unterricht das Befahren von Kurven besprochen werden. In der praktischen Ausbildung wird dann vor der Überlandfahrt bewusst an

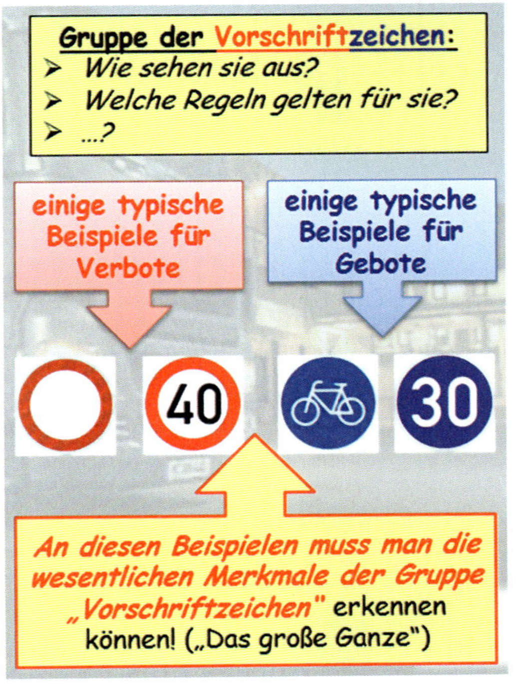

Bild 2.2 Exemplarisch vertiefen am Beispiel Vorschriftszeichen

dieses Wissen erinnert und angeknüpft. Es wäre ungünstig, wenn zuerst die komplette theoretische Ausbildung abgeschlossen und erst danach mit dem Fahren begonnen würde. Besser ist es, wenn sich die theoretische und praktische Ausbildung zumindest teilweise überschneiden. Dann kann im Theorieunterricht auch auf die Erfahrungen aus den Fahrstunden zurückgegriffen werden.

5. **Der theoretische Unterricht und die praktische Ausbildung müssen systematisch und für den Fahrschüler nachvollziehbar aufgebaut sein** (§ 3 Abs. 2 FahrschAusbO).

Die Ausbildung in der Fahrschule ist eine professionelle Ausbildung durch Fahrlehrer. Sie ist nicht vergleichbar mit der Laienausbildung von Fahrschülern in anderen europäischen Staaten. Fahrschüler müssen wissen, was sie heute lernen sollen, was die Ziele des Unterrichts sind und wie Lernfortschritt ist.

Unterrichtsinhalte müssen einen roten Faden erkennen lassen und gut gegliedert sein (eins nach dem anderen). Fahrlehrer werden Fahrschülern nicht unstrukturiert alles erzählen, was sie z. B. über die Autobahn wissen, sondern diesen Unterricht in einzelne Abschnitte gliedern: *Was muss ich vor der Autobahnfahrt beachten? Wie komme ich auf die Autobahn? Was muss ich beim Befahren der Autobahn beachten? Wie komme ich sicher wieder von der Autobahn runter?* Nur wenn die Inhalte gut gegliedert und strukturiert sind, können Fahrschüler sie verstehen, behalten und nachher in die Praxis umsetzen.

6. **Die Mitarbeit der Schüler ist insbesondere durch Fragen und Diskussionen anzuregen** (§ 3 Abs. 2 FahrschAusbO).

Die Fahrschüler sollen durch Fragen und Diskussionen einbezogen werden. Ihre Meinungen und Einstellungen ebenso wie ihre Vorerfahrungen sind wichtig und sollen in den Unterricht „hineingeholt" werden. Es geht nicht darum, eventuell problematische Einstellungen einfach zu übergehen. Vielmehr müssen diese diskutiert und beachtet werden. Das richtige Verhalten und die richtigen Einstellungen zum Straßenverkehr sollen nicht einfach „durchgesetzt" werden. Vielmehr müssen die Schüler von der Sinnhaftigkeit des richtigen Verhaltens überzeugt werden. Dies geht allerdings nur, wenn sie selbst daran beteiligt sind. Oft sind die Beiträge anderer Schüler sehr wertvoll, wenn es darum geht, eine positive Einstellung zum Straßenverkehr zu entwickeln.

7. **Die Ausbildung muss das selbstverantwortliche Weiterlernen nach dem Erwerb der Fahrerlaubnis fördern** (§ 3 Abs. 2 FahrschAusbO).

Nach bestandener Führerscheinprüfung geht das Fahrenlernen weiter. Nun ist der Fahranfänger dazu gezwungen, das in der Fahrschule Gelernte selbstständig und ohne Hilfe umzusetzen. Die Ausbildung in der Fahrschule muss deswegen Unterrichtsmethoden bevorzugen, die die Eigenaktivität des Fahrschülers fördern. Fahrschüler müssen nicht nur lernen, wie etwas geht, sondern auch wie sie später ohne Hilfe von außen zurechtkommen. Es geht also nicht darum, den Schüler lediglich auf die Prüfung vorzubereiten, sondern ihm das Wissen und die Fähigkeiten zu vermitteln, später (auch ohne Hilfe des Fahrlehrers) weiter zu lernen. Beispiel: Dem Fahrschüler wird in der Fahrschule vermittelt, wie er sich über die Funktionen des Ausbildungsfahrzeugs informieren kann. Dazu wird der Umgang mit der Bedienungsanleitung geübt *(„Hier ist die Bedienungsanleitung.*

Finde bitte heraus, welches Motoröl wir für das Fahrschulauto benötigen.“). Der Schüler lernt, dass die Bedienungsanleitung eine wichtige Informationsquelle ist und kann sich später auch über sein eigenes Fahrzeug informieren.

2.2.3 Inhalte auswählen, gewichten und gliedern

Inhalte müssen für die Schüler aufgearbeitet werden. Dazu ist es wichtig, sie

- **auszuwählen** (Was lasse ich weg?),
- zu **gewichten** (Was muss unbedingt unterrichtet werden? Was ist wichtig? Was ist nicht so wichtig? Wie viel Zeit und Aufwand investiere ich für was?) und
- zu **gliedern**/zu **ordnen** (Was muss zuerst kommen? Wie ist der Inhalt gegliedert?).

Die Frage, welche Inhalte auszuwählen und zu gewichten sind, ist eine schwierige Aufgabenstellung. Was wie wichtig ist und wo die Schwerpunkte zu setzen sind, ist nicht immer leicht zu entscheiden. Generell gilt: Wenn es um Sicherheit, Umweltschutz und verantwortungsvolles Verhalten sowie um das Bestehen der Prüfung geht, ist der Unterricht auf einem guten Weg. Die folgenden Fragen, die der Didaktiker Wolfgang Klafki schon vor vielen Jahren für die Allgemeine Didaktik formuliert hat[3], können eine große Hilfe bei der Auswahl und Gewichtung der Unterrichtsinhalte sein:

- **Gegenwartsbedeutung.** Welche Bedeutung hat der Inhalt bereits jetzt für die Fahrschüler? Beispiel: Wie wichtig ist für den Fahrschüler bereits heute, in der Gruppe der Gleichaltrigen (peer group) anerkannt zu werden? Wie wird er sich als Fahrer verhalten, wenn seine Freunde im Auto sitzen?
- **Zukunftsbedeutung.** Welche Bedeutung wird der Inhalt für die Fahrschüler in der Zukunft haben? Beispiel: Der Fahrlehrer setzt den Abstandsregeltempomaten in der Ausbildung ein. Die Bedeutung der Fahrerassistenzsysteme und des zunehmend automatisierten Fahrens wird künftig noch steigen.
- **Exemplarische Bedeutung.** Welche allgemeinen Lehren können wir aus diesem Inhalt ziehen? Für welche allgemeinen Lehren/Probleme ist der Inhalt beispielhaft (exemplarisch)? Beispiel: Im Unterricht wird ein Fallbeispiel eines Unfalls von Fahranfängern auf der Heimfahrt von der Disco untersucht. Dieser Unfalltyp ist exemplarisch für das Verhalten vieler junger Fahranfänger: z. B. Übermut und Imponiergehabe einerseits und noch nicht ausgereifte Fahrfähigkeiten anderseits (Verbindung von Jugendlichkeits- und Anfängerrisiko).
- **Inhaltsstruktur.** Wie ist der Inhalt strukturiert? Beispiel: Bei vielen Themen müssen zunächst Basisinformationen erarbeitet werden, bevor andere Inhalte gelernt werden können: Erst müssen die Begriffe „Fahrbahn“, „Fahrstreifen“ etc. erläutert werden, dann kann mit ihnen gearbeitet werden.
- Bestimmte Inhalte sind bereits „vorstrukturiert“: Wenn das Verhalten auf Autobahnen unterrichtet werden soll, bietet sich die (logische) Grobgliederung in „Vor der Autobahnfahrt“ (Strecke planen, Fahrzeug, Fahrer und Ladung vorbereiten) – „Auffahren auf die Autobahn“ – „Befahren der Autobahn“ – „Besondere Situationen“ – „Pausen“ – „Verlassen der Autobahn“ (Verlust der Fähigkeit, die eigene Geschwindigkeit angemessen einzuschätzen → häufigerer Tachoblick!).

3 Vgl. Klafki, W. (1958). Didaktische Analyse als Kern der Unterrichtsvorbereitung. In Roth, H./Blumenthal, A. (Hrsg.), Didaktische Analyse. Auswahl. Grundlegende Aufsätze aus der Zeitschrift Die Deutsche Schule. Hannover: Schroedel, S. 5–34.

2.2.4 Bezug zu den Qualitätskriterien des Unterrichts (Anlage 2 zu § 3 Abs. 1 Fahrlehrerausbildungs-Verordnung)

Die in Kapitel 1, Abschnitt 2.1 „Was ist guter Unterricht?“ vorgestellten Qualitätskriterien für den Unterricht in der Fahrschule befassen sich auch mit den Inhalten des theoretischen Unterrichts. Da sie dort bereits erläutert wurden, genügen hier Querverweise auf die folgenden Kriterien:

- Strukturierung der Unterrichtseinheit
- Motivierung der Fahrschüler
- Fachliche Vermittlung der Lehr-/Lerninhalte
- Tempo der Vermittlung der Lehr-/Lerninhalte.

Es wird deutlich, dass die allgemeinen didaktischen Grundsätze, die schon vor der Reform des Fahrlehrergesetzes zum 1.1.2018 in der Fahrschüler-Ausbildungsordnung niedergelegt waren, weiterhin Gültigkeit haben. Die neuen Qualitätskriterien fordern hinsichtlich der Fachinhalte, die es in der Fahrschule zu vermitteln gilt, eigentlich nichts Neues. Sie betonen aber deren Gültigkeit und bieten eine empirisch gut abgesicherte Grundlage zur Bewertung der inhaltlichen Qualität des Unterrichts.

2.3 Sozialformen, Methoden und Techniken – mit wem und wie gelernt wird

Fahrschüler unterscheiden sich stark voneinander. Glücklicherweise steht eine Vielzahl von Unterrichtsmethoden, also Wegen, auf denen Lernziele erreicht und Kompetenzen von Schülern gefördert werden können, zur Verfügung. Unterrichtsmethoden sollen darüber hinaus

- die Schüler aktivieren,
- die Akzeptanz der zu lernenden Inhalte fördern („Warum macht es Sinn, sich an ein Überholverbot zu halten?“),
- das Aufnehmen, Verarbeiten, Behalten und Erinnern des Lernstoffs unterstützen,
- die Zusammenarbeit der Lernenden untereinander fördern,
- den Lernenden die Möglichkeit bieten, ihre Meinungen und Erfahrungen zu äußern,
- möglichst Spaß machen.

Gleich zu Anfang sei gesagt, dass es *die* perfekte Unterrichtsmethode nicht gibt. Alle haben ihre grundsätzlichen Vor- und Nachteile. Zudem muss eine Methode, die in der Lerngruppe A erfolgreich angewandt wurde, in der Lerngruppe B nicht automatisch zum Erfolg führen. Lehrer müssen sie je nach Lerngruppe und mit Blick auf die Ziele, Inhalte, die zur Verfügung stehende Zeit und die Medien sinnvoll auswählen und souverän anwenden. Hier ist neben der Methodenkompetenz auch ein hohes Maß an Flexibilität gefordert. Ganz wichtig: Bei der Methodenwahl sollten die Bedürfnisse der Schüler im Vordergrund stehen. Erfahrene Kollegen sind häufig überrascht, dass sie bestimmte Methoden bereits anwenden, ohne ihre konkrete Bezeichnung zu kennen. Das ist an sich nicht schlimm, doch mögen die folgenden Anmerkungen ihnen das

Wiedererkennen von Bekanntem ermöglichen und sie dazu motivieren, Neues auszuprobieren. Berufsanfänger finden hier vieles, was man unter der Bezeichnung „Handwerkszeug“ zusammenfassen könnte. Im Folgenden sollen einige Begriffe näher betrachtet werden: „Sozialformen“, „Methoden/Handlungsmuster“ und „Techniken“.

2.3.1 Sozialformen

Unter Sozialformen versteht man die Art und Weise, in der Schüler und Lehrperson zusammenarbeiten. *„Sozialformen regeln die Art und Weise, in der Lehrer und Schüler im Unterricht miteinander kommunizieren und kooperieren.“*[4] Hiervon sind für die Fahrschule vier Formen relevant, denen später einzelne Methoden zugeordnet werden können:

1. **Frontalunterricht** (auch: Klassenunterricht oder Plenumsunterricht)

Hier steht die Lehrperson im Vordergrund. Die Lehrperson hat die meisten Redeanteile, die Schüler sind meist in der Zuhörerrolle. Sie müssen dem Vortrag folgen und werden gelegentlich aufgefordert, Fragen zu beantworten. Der Unterricht ist auf den Lehrer zugeschnitten. Daher ist der Frontalunterricht zeitlich gut planbar und zur Vermittlung von viel Stoff in möglichst wenig Zeit geeignet. Diese Sozialform erfreut sich unter Lehrern noch immer großer Beliebtheit. In Schülerkreisen ist er weniger beliebt, da er die Zuhörer nur wenig aktiviert und für Langeweile anfällig ist. Wer den Denk- und Sprachmustern der Lehrperson nicht folgen kann oder über einen längeren Zeitraum folgen will, der ist schnell abgehängt. Auf individuelle Lernbedürfnisse der Lernenden wird eher wenig eingegangen. Entsprechend gering ist die Behaltensleistung. Andererseits sind jedem Unterricht räumliche, finanzielle und zeitliche Grenzen gesetzt. Hinzu kommt die Menge des zu vermittelnden Lernstoffs. Insofern bleibt der Frontalunterricht auch heute noch unverzichtbar, und man muss – bei Abwägung aller Vor- und Nachteile – zugestehen, dass er auch seine pädagogische Daseinsberechtigung hat. Dazu muss er allerdings professionell durchgeführt werden. Deswegen ist das Kriterium „Qualität der Lehrvorträge“ auch ein wichtiges Merkmal für die Güte von Unterricht (vgl. Kapitel 1, Abschnitt 2.1 „Was ist guter Unterricht?“ und Teil IV). Typische Methoden im Rahmen des Frontalunterrichts sind Lehrvortrag und Lehrgespräch. Sie werden später unter „Unterrichtsmethoden“ erläutert. Besonders wenn es um die Vermittlung von unbekannten, schwierigen und für Anfänger nur schwer überschaubaren Themenbereichen geht und in erster Linie das Wissen sowie Verstehen gefördert werden sollen (kognitive Ziele), hat der Frontalunterricht seine Vorteile.

Beispiele:

- Der Fahrlehrer erklärt innerhalb des Grundstoff-Themas „Rechtliche Rahmenbedingungen“ die Unterschiede zwischen einer Haftpflicht- und einer Kaskoversicherung.

4 Meyer, H. (2015). Leitfaden zur Unterrichtsvorbereitung. 8. Auflage. Berlin: Cornelsen Schulverlage GmbH, S. 41.

- Der Fahrlehrer erzählt, wie er auf einer Urlaubsfahrt mit seinem Motorrad liegen geblieben ist und wie es ihm gelang, den Schaden provisorisch selbst zu beheben.
- Der Fahrlehrer im Lkw-Unterricht demonstriert anhand eines mitgebrachten Zurrgurtes und einiger Packstücke das „Diagonalzurren".

2. **(Klein-)Gruppenarbeit** (auch: Gruppenunterricht)

Bei der (Klein-)Gruppenarbeit wird die Lerngruppe für eine bestimmte Zeit in verschiedene Kleingruppen von ca. 3–5 Schülern aufgeteilt. In den Kleingruppen werden bestimmte Aufgaben, die i. d. R. die Lehrperson zuvor schriftlich gestellt hat, im Team gelöst. Es ist möglich, dass alle Gruppen dieselbe Aufgabenstellung erhalten oder dass jede Gruppe eine andere Aufgabe erhält. Als Hilfs- und Arbeitsmittel können Lehrbücher, Filmclips, Zeitungsausschnitte, Bilder und vieles mehr zur Verfügung gestellt werden. Viele Gruppenarbeiten funktionieren aber auch ohne Hilfsmittel. Während der Gruppenarbeitsphase geht der Fahrlehrer umher und besucht jede Gruppe, in die er hineinhört und eventuell Impulse, Tipps und Hilfestellungen gibt. Bekräftigungen und Lob, aber auch Fragen und Korrekturen sind hier wichtige Anstöße zum Gelingen der Arbeit. Sollte die Gruppe von selbst den richtigen Weg zur richtigen Lösung finden, empfiehlt sich größte Zurückhaltung (mit evtl. einigen anerkennenden Worten). Die Schüler sollen die Ergebnisse ihrer Arbeit im Anschluss an die Gruppenarbeitsphase der gesamten Lerngruppe (Plenum) vorstellen. Dazu müssen sie i. d. R. während der Gruppenarbeit visualisiert werden (z. B. auf einem Flipchart). Hat eine Gruppe ihre Ergebnisse vorgestellt, nehmen die übrigen Gruppen kurz dazu Stellung (Achtung: Positives wie Negatives soll offen und in konstruktiver Atmosphäre angesprochen werden!). Der Fahrlehrer nimmt dann ebenfalls kurz Stellung und korrigiert gegebenenfalls noch. Danach kommt die nächste Gruppe an die Reihe, bis alle Gruppen präsentiert haben. Im Anschluss daran bedankt sich die Lehrperson für die Mitarbeit, würdigt noch einmal die Ergebnisse und bittet um ein Fazit (das seinerseits visualisiert wird). Im Gegensatz zum Frontalunterricht sind die Schüler hier aktiv eingebunden. Mehr noch: Sie produzieren selbst die Unterrichtsergebnisse und arbeiten stärker selbstgesteuert und eigenverantwortlich. Sie haben die Möglichkeit, eigene Erfahrungen und Meinungen auszutauschen. Lernende mit unterschiedlichem Vorwissen und unterschiedlichen Kompetenzen (z. B. Sprachkompetenzen) können sich während Gruppenarbeiten mit anderen austauschen, indem sie sich von anderen Schülern Inhalte erklären oder übersetzen lassen. Der Fahrlehrer kann hier auch die Gelegenheit nutzen, kurz individuell zu unterstützen.[5] Dadurch, dass die Lernenden in vielfältiger Weise tätig werden, verarbeiten sie die Lerninhalte tiefer. Viele – besonders sonst eher stille Schüler – trauen sich in der Kleingruppe eher, sich persönlich einzubringen als im Plenum. Somit fließen auch ihre (oft qualitativ wertvollen) Beiträge in den Unterricht ein. Die Ergebnisse der Gruppenarbeit sind die Ergebnisse der Lernenden. Dadurch kann auch die Akzeptanz für den Lernstoff steigen. Allerdings hat auch jede Gruppenarbeit ihre Grenzen: Es gelingt nicht immer, alle Schüler gleichermaßen zur Mitarbeit zu bewegen. Die Gruppenarbeit bedarf genauer Planung und guter Vorbereitung (u. a. der

5 Vgl. hierzu auch das Qualitätskriterium „Binnendifferenzierung" (Kapitel 1, Abschnitt 2.1 und Teil IV).

Arbeitsaufträge und der evtl. hinzuzugebenden Hilfsmittel). Nicht jeder möchte gerne mit anderen zusammenarbeiten. Anderen Schülern fällt das selbstständige Arbeiten schwer, besonders wenn die Selbstdisziplin nicht besonders ausgeprägt ist. Auch sind manche Ergebnisse nicht so ergiebig wie erhofft. Zudem sind die meisten Gruppenarbeiten recht zeitintensiv. Praxistipp: Nicht zu viele Aufgaben stellen, nur das Nötigste und Wichtigste! Gruppenarbeiten eignen sich besonders gut für Themen, bei denen neben der Vertiefung und Einübung von Wissensinhalten (kognitive Ziele) auch die Einstellungen und Werthaltungen der Schüler (affektive Ziele) beeinflusst werden sollen.

Beispiele:

- Die Schüler werden aufgefordert, in Kleingruppen die Folgen von Alkohol auf die Fahrtüchtigkeit zu erarbeiten (alle Gruppen erhalten dieselbe Aufgabe).
- Eine Gruppe von Schülern wird gebeten, die Stärken und Schwächen von älteren Kraftfahrern zu sammeln, eine zweite Gruppe diejenigen von Fahranfängern und die dritte und vierte Gruppe bearbeitet die Stärken und Schwächen von Motorrad- und Lkw-Fahrern (die Gruppen erhalten verschiedene Aufgaben).
- Beim Thema „Geschwindigkeit, Abstand und umweltschonende Fahrweise" erhält eine Gruppe eine weiterführende Aufgabe: Die Gruppenmitglieder sollen herausfinden, wie sich der Abstand beim Fahren in der Stadt auf den Kraftstoffverbrauch auswirkt. Eine andere Kleingruppe soll dagegen die Faustformeln wiederholen und anhand einiger Geschwindigkeitsangaben berechnen. Eine dritte Gruppe erhält dieselbe Aufgabe wie die zweite, doch gibt der Fahrlehrer dieser Gruppe mehr Hilfestellung (er erklärt noch einmal die wesentlichen Zusammenhänge und bleibt bei einem Rechendurchgang in der Gruppe anwesend).

3. **Partnerarbeit** (auch: Tandemarbeit)

Bei der Partnerarbeit arbeiten jeweils zwei Schüler für einen begrenzten Zeitraum an einer bestimmten Aufgabe. Die Zusammenarbeit kann hier intensiver und ertragreicher sein als in einer Gruppe (in der sich mancher leichter zurückziehen kann). Sie ist vielfältig einsetzbar: Es ist beispielsweise möglich, eine kurze Sequenz in Form einer Partnerarbeit als Unterrichtseinstieg zu wählen (z.B. kurzer Infotext, Fallbeispiel oder Bild etc. – jeweils verbunden mit einer bestimmten Aufgabe). Besonders aber bei der Einübung und Vertiefung von zuvor Gelerntem bietet sich diese Sozialform an. So könnten Schüler im Tandem anhand einiger weiterer Beispiele die Faustformeln zur Berechnung von Reaktions-, Brems- und Anhalteweg trainieren. Stärkere können hier Schwächere gut unterstützen; auch die Lehrperson hat hier die Gelegenheit zur individuellen Förderung (Binnendifferenzierung). Umgekehrt müssen stärkere Schüler ihr Wissen überprüfen, wenn sie anderen helfen. Dabei kann sich auch herausstellen, dass manches doch noch nicht so gut verstanden wurde, wie man selbst vielleicht dachte. Die Auswertung der Ergebnisse geschieht dann wieder im Plenum; auch hier sollen unterschiedliche Lösungen verglichen werden. Je nach Größe der Gesamtgruppe kann es sein, dass die Auflösung erfolgt, indem nur einige Tandems ihre Lösungen präsentieren. Wie die Gruppenarbeit auch, fördert die Partnerarbeit das soziale, kooperative Lernen. Der Gefahr, dass zu viele Privatgespräche geführt werden und das Arbeiten darüber zu kurz kommt, sollte der Lehrer mit Umhergehen zwischen den Tandems begegnen.

4. **Einzelarbeit** (auch: Stillarbeit)

Ebenso wie bei der Partnerarbeit bietet sich auch die Einzelarbeit an, wenn es darum geht, Gelerntes zu üben und zu vertiefen. Lernzielkontrollen (z. B. anhand von Arbeitsblättern) werden häufig in Form von Einzelarbeiten durchgeführt. Die Lehrperson hat hier die Möglichkeit, individuell zu fördern und schwächere Schüler zu unterstützen. Um Über- und Unterforderung zu vermeiden, können Fortgeschrittene vertiefende Aufgaben erhalten, während Schwächere/noch Unerfahrenere eine Wiederholungs-/Übungsaufgabe erhalten. Schüler mit noch geringer Sprachkompetenz im Deutschen könnten hier z. B. aufgegeben bekommen, sich einen entsprechenden Abschnitt im Fahrschullehrbuch in ihrer Muttersprache durchzulesen und dem Fahrlehrer dazu Fragen zu stellen. Es bieten sich damit besonders gute Möglichkeiten der Binnendifferenzierung. Der individuelle Lernfortschritt wird bei dieser Sozialform besonders deutlich (Diagnoseinstrument). Wichtig ist, dass die Schüler ihre Ergebnisse überprüfen können. Eine Einzelarbeit führt zu einer hohen Eigenaktivität der Schüler und steigert damit auch die Behaltensleistung. Kritisch ist anzumerken, dass eine ausreichende Betreuung durch die Lehrperson – je nach Gruppengröße – manchmal nur schwer möglich ist. Außerdem findet keine Zusammenarbeit mit anderen (soziales Lernen) statt. Für manche Schüler, die lieber alleine arbeiten, kann dies aber auch angenehm sein.

Beispiele:

- Die Schüler sollen sich beim Grundstoff-Thema „Lebenslanges Lernen“ eine eigene Strategie überlegen, wie sie nach einer Feier sicher nach Hause kommen und was sie tun können, wenn spontan eine Strategie scheitert (z. B. Mitfahrgelegenheit entfällt).
- Im Motorradunterricht wird von den Schülern in Einzelarbeit die korrekte Fahrlinie in Kurven vertieft: Sie sollen in ein Arbeitsblatt, das verschiedene Kurven aus der Vogelperspektive zeigt (Rechts-, Links-, „Hundekurve“ und eine Kurvenkombination), die richtige Kurvenlinie (mit Einlenk- und Scheitelpunkt) einzeichnen. Die Bilder sind Aufnahmen von Kurven in der Nähe der Fahrschule (z. B. erstellt mit Google Earth).
- Die Fahrschüler sollen im Lkw-Unterricht als Lernzielkontrolle in Einzelarbeit und anhand eines bebilderten Arbeitsblattes die Schritte beim Verbinden und Trennen von Anhängern/Aufliegern in die richtige Reihenfolge bringen.
- Bus-Fahrschüler sollen in Einzelarbeit Ausdrucke aus dem Digitalen Kontrollgerät im Hinblick auf konkrete Fragen auswerten (z. B. Wie viele Kilometer wurden gefahren? Wann war die erste Lenkzeitunterbrechung? Wie lang war sie?).

Der Wechsel zwischen den Sozialformen macht einen guten Teil der Methodenvielfalt im Unterricht aus. Phasen, in denen die Lehrperson stärker im Vordergrund steht, und Phasen stärkerer Schüleraktivität sollten sich sinnvoll ergänzen und (wo möglich) abwechseln. Durch die Beherrschung verschiedener Methoden und Sozialformen entsteht Flexibilität: Viele Arbeitsaufträge eignen sich sowohl für Partner- als auch für Einzelarbeiten; sie können sowohl zur Vertiefung als auch zur Lernzielkontrolle eingesetzt werden. Damit können Lehrer auch auf (manchmal kaum planbare) Situationen schnell und angemessen reagieren: Als der Autor dieser Zeilen einmal eine Lehrprobe im theoretischen Unterricht abzunehmen hatte, berichtete die Prüfungskandidatin, dass heute nur ein Drittel der erwarteten Fahrschüler zum Theorieunterricht erschienen sei (der Grund lag in einem durch einen Verkehrsunfall herbeigeführten Verkehrschaos in der Stadt). Sie entschied sich spontan, statt der eigentlich geplanten Gruppenarbeit auf eine Partnerarbeit umzustellen. Die Aufgabenstellung konnte so bleiben, auch die Lernziele blieben dieselben. Überflüssig zu sagen, dass diese Flexibilität in der Planung, verbunden mit einer guten Umsetzung, zu einer positiven Bewertung der Prüfung beitrug ...

2.3.2 Methoden/Handlungsmuster

Neben den vier Sozialformen gibt es eine Vielzahl von Methoden im engeren Sinn (man spricht auch von „Aktionsformen" oder „Handlungsmustern"). Mehr als 250 davon finden sich in der Literatur. Hier erfolgt eine Konzentration auf einige Wesentliche. Wichtig ist, dass Sie als Praktiker die zur Verfügung stehenden Methoden

- einschließlich ihrer jeweiligen Stärken und Schwächen gut kennen,
- sinnvoll auswählen können und
- sicher anwenden können.

Die gängigsten Methoden werden im Folgenden erläutert und anhand von Beispielen aus der Fahrschulpraxis vertieft.

1. **Lehrvortrag**

Die Lehrperson trägt Inhalte vor und erläutert diese. Sie knüpft an Bekanntes an und erläutert, warum die Inhalte, die zu lernen sind, praktische Relevanz für die Fahrschüler haben. Dann erklärt sie das Wesentliche: Was ist das? Wozu ist es wichtig? Wie funktioniert es? Worauf ist zu achten? Was ist besonders, was ist zusätzlich wichtig? Gute, typische und praxisnahe Beispiele sind von entscheidender Bedeutung. Lehrvorträge zwingen die Zuhörer in eine eher passive Rolle. Umso wichtiger ist es, dass sie verständlich, anschaulich, lebendig und motivierend gestaltet werden. Sie sollten nicht zu lange dauern und sich mit anderen, aktivierenderen Methoden abwechseln. Lehrvorträge sind sehr zeitökonomisch und gut planbar. Sie bieten sich an, wenn Überblickswissen vermittelt und eine Sammlung der wichtigsten Zusammenhänge gegeben werden soll, wobei wenig Vorwissen aufseiten der Schüler zu erwarten ist. Zur Meinungsbildung und zur Beeinflussung von Einstellungen eignen sie sich weniger.

Beispiel:

- Der Fahrlehrer erklärt beim Thema „Fahrphysik" den Zusammenhang zwischen der Haftung der Reifen auf der Fahrbahn sowie den Umfangs- und Seitenkräften.

2. **Lehrgespräch**

Auch das Lehrgespräch ist der Sozialform „Frontalunterricht" zuzurechnen. Hier wird ein Unterrichtsinhalt durch eine Mischung aus Erklärungen und Fragen, die den Schülern gestellt werden, erarbeitet. Das Thema wird idealerweise fragend entwickelt. Die Redeanteile des Fahrlehrers sind immer noch hoch, jedoch geringer als beim klassischen Lehrvortrag. Viele Formen des Lehrgesprächs sind möglich: von kurzen Fragen, die eingeschoben werden, bis hin zu Fragen, die aufeinander aufbauen. Die Schüler werden hier mehr aktiviert, und die Lehrperson erhält einige Rückmeldungen, z. B.: *Wie groß ist die Beteiligung? Wer meldet sich, wer nicht? Können die Schüler etwas mit den Fragen anfangen? Wie verhält es sich mit dem Vorwissen der Lerngruppe? Was muss noch einmal erklärt werden?* Das Lehrgespräch ist zeitlich gut planbar und ökonomisch. Die Lehrperson behält die Fäden in der Hand und kann durch gezielte Fragen den Unterrichtsverlauf steuern. Die Schüler werden mehr aktiviert als beim reinen Vortrag und damit in den Unterricht einbezogen. Durch ihre Antworten erhält der Fahrlehrer wichtige Informationen. Die Aktivierung der Schüler ist dennoch nicht sonderlich hoch. Sie sind gezwungen, den Denkmustern und Lösungswegen des Lehrers zu folgen. Nicht alle beteiligen sich am Unterrichtsgespräch. Schüchterne Schüler trauen sich u. U. nicht, sich zu melden, wodurch ihre (vielleicht wertvollen Beiträge) verloren gehen. Schwächere Schüler können im Verlauf des Lehrgesprächs den Anschluss verlieren. Individuelle Förderung ist innerhalb dieser Methode nur sehr begrenzt möglich (auf einzelne Fragen und Schwierigkeiten kann und muss aber dennoch eingegangen werden).

Beispiel:

- Der Fahrlehrer beschreibt die Ausnahmen von der Vorfahrtregelung „Rechts vor Links“. Er fragt daran anknüpfend: *„An welcher Stelle in der Nähe der Fahrschule gilt ‚Rechts vor Links‘ nicht?“* – Ein Schüler meldet sich und antwortet: *„Na, gleich vorn an der Goethestraße.“* – Fahrlehrer: *„Richtig. Aber warum nicht?“* – Schüler: *„Dort ist ein Zeichen ‚Vorfahrtstraße‘.“* – Fahrlehrer: *„Genau, das Zeichen steht über der Regelung ‚Rechts vor Links‘. Und wie ist es, wenn ich hier aus der Hofeinfahrt auf die Straße fahren möchte?“* – Eine Schülerin: *„Keine Ahnung. Da kommen Sie doch dann von rechts!“* – Fahrlehrer: *„Was meinen die anderen?“* – Eine andere Schülerin: *„Da gilt kein ‚Rechts vor Links‘. Da fährt man doch erst in die Fahrbahn ein …“*

3. **Erklären**

Das Erklären ist eine der ältesten Methoden oder Kulturtechniken zur Vermittlung von Wissen. Jeder von uns hat in seinem Alltag einem anderen schon ungezählte Male etwas erklärt, sei es der Weg zum Bahnhof oder wie man ein Gerät bedient. Lehrer müssen gut erklären können. Beim Erklären geht es darum, Wissen, Zusammenhänge, Abläufe oder, kurz gesagt, Faktenwissen (Was ist das?) und Handlungswissen (Wie geht das?) zu vermitteln. Das Erklären passt also besonders gut zu kognitiven Lernzielen. Die Erklärungen sollen so gut gegliedert, verständlich und anschaulich sein, dass der jeweilige Schüler ihnen folgen kann und so lebendig und kurz/prägnant sein, dass er ihnen auch folgen will. Den Schülern soll vermittelt werden, warum das zu Lernende wichtig ist, was das Wesentliche ist und was man beachten muss. Die eigene nonverbale Kommunikation (Mimik, Gestik, Stimme etc.) und die des Schülers müssen beachtet werden. Weiterhin sollte unbedingt an das Vorwissen des Gegenübers angeknüpft, Wichtiges hervorgehoben und mit Sprech-/Denkpausen und Zusammenfassungen gearbeitet werden. Es bieten sich auch Verständnisfragen an (zwischendrin und zum Schluss).

4. **Erzählen**

Das Erzählen ist eine ebenso alte und wichtige Kulturtechnik wie das Erklären. Im Gegensatz zu diesem geht es beim Erzählen in erster Linie um Begebenheiten, Erlebnisse, Ereignisse und Erfahrungen. Erzählungen können gut eingesetzt werden, um Interesse für ein Thema zu wecken und dessen Relevanz im Alltag hervorzuheben. Dadurch, dass meist über Personen und ihr Verhalten gesprochen wird (und nicht über abstrakte, unpersönliche Zusammenhänge), erhalten die Zuhörer einen direkteren Zugang zu einer Fragestellung. Hier entstehen Emotionen, Spannung, Sympathie und Antipathie gegenüber den Personen, über die gesprochen wird. So kann eine Erzählung ein Einstieg in eine weiterführende Methode wie zum Beispiel eine Diskussion oder ein Lehrgespräch sein. Wenn es um Meinungen, Werthaltungen und die Bereitschaft zu einem bestimmten Verhalten geht (affektive Lernziele), können Erzählungen einen sinnvollen Beitrag leisten. Die Schwierigkeit besteht darin, nicht ins Banale, Alberne oder übertrieben Emotionale abzurutschen und dabei andere Lernziele aus den Augen zu verlieren. Es kann sich inhaltlich um tatsächliche oder fiktive Geschichten, um Erfahrungsberichte der Lehrperson, der Schüler oder Dritter handeln. Erfahrungsberichte der Fahrschüler sollen aktiv erfragt und in den Unterricht einbezogen werden (vgl. die in Kapitel 1, Abschnitt 2.1 beschriebenen Qualitätskriterien).

5. **Veranschaulichen**

Die Inhalte der Ausbildung müssen anschaulich vermittelt werden. Unter Anschaulichkeit versteht man, einen Inhalt so zu präsentieren, dass er entweder mit den Sinnen erfasst werden kann (z. B. ein Bild oder einen Film zeigen, eine Skizze präsentieren) oder sprachlich zu beschreiben, sodass ein inneres Bild davon entsteht. Natürlich sind bestimmte Filme, Bilder und Zeichnungen sowie sprachliche Beschreibungen für die eine Schülergruppe geeigneter als für eine andere. Dies herauszufinden – und bei Bedarf weitere/ergänzende Veranschaulichungsformen zu wählen –, ist eine wichtige Aufgabe von Lehrern, die viel Flexibilität und Menschenkenntnis erfordert.

6. **Modellverhalten**

Das persönliche Vorbild des Fahrlehrers spielt eine entscheidende Rolle. Lebt die Lehrperson die richtigen Verhaltensweisen und Einstellungen vor, die er im Unterricht vermittelt und auch von seinen Fahrschülern verlangt? Wenn ja, besteht die Chance, dass sie von den Lernenden übernommen werden. Es ist umgekehrt geradezu verheerend, wenn der Fahrlehrer im praktischen Unterricht einen Fahrschüler, der soeben ein wichtiges Vorstellungsgespräch „verhauen" hat und entsprechend niedergeschlagen ist, mit der Aufforderung „Nun stell dich nicht so an!" zur Durchführung der Fahrstunde drängt. Im Theorieunterricht war ja zu Recht gesagt worden, dass man sich nur ans Steuer setzen darf, wenn man fit ist und sich auf das Fahren konzentrieren kann. Dagegen kann ein Fahrlehrer, der sich beim eigenen Fahren rücksichtsvoll und sicherheitsbewusst zeigt (Schüler als Beifahrer), viel Positives bewirken.

7. **Aufgaben**

Damit gelernte Inhalte besser behalten, verstanden und angewandt werden können, ist es sinnvoll, den Schülern Aufgaben zu geben. Dies müssen nicht unbedingt „Hausaufgaben“ im klassischen Sinn sein. Auch im Unterricht stellen Lehrer Aufgaben: Im Theorieunterricht bittet der Fahrlehrer die Gruppe z. B., die Ausnahmen von der Regel „Rechts vor Links“ mithilfe des Lehrbuchs zu ermitteln. Die Ergebnisse werden im Anschluss daran gesammelt und visualisiert. Er bittet die Schüler zum Abschluss, auf dem Nachhauseweg einmal auf Stellen in ihrer Umgebung zu achten, wo ein abgesenkter Bordstein zu finden ist. Im praktischen Unterricht fordert der Fahrlehrer seinen Schüler auf, selbstständig seitlich einzuparken. Zur Vorbereitung der Autobahnfahrt bittet er seinen Schüler, noch einmal die Verkehrszeichen zum Thema „Autobahn und Kraftfahrstraße“ zu wiederholen. Aufgaben sind Techniken, die also bei der Vorbereitung des Unterrichts (z. B. Vorbereitung auf die Autobahnfahrt), während des Unterrichts und zur Nachbereitung/Ergebnissicherung des Unterrichts verwandt werden können. Schüler werden durch Aufgaben herausgefordert (und hoffentlich nicht überfordert). Aufgabenstellungen sind wichtige Bestandteile von Fragen, leiten Gruppen-, Partner-, Einzelarbeiten und Diskussionen ein, initiieren und halten Moderationen am Laufen usw. Häufig bietet es sich an, Aufgabenstellungen zu visualisieren, um die Schülerfrage „Was sollten wir denn jetzt noch mal machen?“ zu vermeiden.

8. **Üben, Wiederholen**

Aufgabenstellungen können, wie beschrieben, verschiedene Funktionen haben. Üben und Wiederholen sind Bestandteile von Theorie- und Praxisunterricht, die unverzichtbar sind. Hier geht es darum, Gelerntes anzuwenden, damit es sicher „sitzt“. Wer zum ersten Mal im Theorieunterricht mit den sogenannten Faustformeln – den Begriffen Fliehkraft und Seitenführungskraft oder dem Unterschied zwischen Haftpflicht und Kaskoversicherungen – konfrontiert wurde, muss diese Inhalte anhand von konkreten Beispielen wiederholen. Vielleicht lässt der Fahrlehrer die Fahrschüler anhand eines Arbeitsblattes, auf dem zwei kurze Fallgeschichten aufgeführt sind, erarbeiten, welche Versicherung hier denn wohl erforderlich ist („Wer zahlt welchen Schaden?“). Wer die Formeln zur Berechnung des Reaktions-, Brems- und Anhalteweges nur einmal gehört hat, wird sie sich kaum merken. In der praktischen Ausbildung müssen bestimmte Fähigkeiten und Fertigkeiten, die gelernt wurden, geübt werden, damit sie möglichst bald so sicher beherrscht werden, dass sie auch unter Stress (Prüfung!) zuverlässig ablaufen: Das Anfahren muss so automatisiert sein, dass es ohne bewusstes Nachdenken über Kupplung, Gas und Bremse umgesetzt werden kann. Dadurch gewinnt man Zeit- und Aufmerksamkeitsreserven für die Beobachtung des Verkehrsraumes. Die richtige Blicktechnik mit Spiegel und Schulterblick muss so sicher im Verhaltensprogramm der Schüler verankert sein, dass die Beobachtung nicht vergessen wird und dass auch tatsächlich etwas gesehen/wahrgenommen wird (was nicht dasselbe ist). Schwierige und komplexe Inhalte müssen in Teilhandlungen zerlegt und geübt werden, bevor sie als „Gesamtpaket“ trainiert werden können. So wird das Hoch- und Herunterschalten der einzelnen Gänge in Schritten geübt: Beschleunigen – Gas wegnehmen – Kupplung treten und 2. Gang einlegen – Kupplung hochnehmen und beschleunigen. Danach wird das Verzögern und Zurückschalten in den ersten Gang geübt, dann das Wiederhochschalten in den 2. Gang usw. Danach wird das Schalten in den 3. Gang geübt usw., bis alle Gangwechsel beherrscht werden. Im Curricularen Leitfaden für die praktische Ausbildung finden sich in allen Klassen wertvolle Hinweise für die Gestaltung solcher Sequenzen. Intensives und verteiltes Üben und Wiederholen führen dazu, dass das „Gesamtpaket Schalten“ immer besser beherrscht wird. In den nächsten Fahrstunden werden Übungen/Wiederholungen immer wieder (nach Trainingsbedarf) eingeflochten.

Praxistipp Verteiltes Üben mit Trainingsphasen, die kürzer sind, bringt mehr als massives Üben (kurz vor der Prüfung) mit langen Trainingseinheiten. Dies gilt auch für den Theorieunterricht, in dem die Möglichkeit genutzt werden sollte, Fahrschülern wertvolle Tipps zum Lernen und Üben zu geben.

Nach allem, was gesagt wurde, sollte deutlich geworden sein, wie wichtig Wiederholungen (die ja sonst im Leben oft langweilen können) in der Ausbildung sind. Man sollte sich nicht scheuen, bei Leistungseinbrüchen auch Übungen (z. B. Lenkübungen) zu wiederholen. Erfolg ist auch eine Folge von intensivem Üben. Nicht zuletzt steigen damit auch die Behaltensquote und der Grad der Automatisierung.

9. **Kartenabfrage**

Bei der Kartenabfrage werden Beiträge der Fahrschüler dadurch gewonnen, dass jeder Schüler eine oder mehrere Metaplankarten vor sich liegen hat und gebeten wird, seine Antwort (nur *eine* pro Karte) aufzuschreiben. Die Karten werden dann eingesammelt und vorne gut sichtbar aufgehängt. So lässt sich das Vorwissen oder Meinungsbild zu einer Frage schnell ermitteln und visualisieren. Auch Mehrfachnennungen sind hier (im Gegensatz zur Zurufsammlung) ausdrücklich erwünscht. Beispiel: Die Schüler sollen ihre Meinung äußern, welche Verkehrsteilnehmer besonders gefährdet sind. Taucht hier z. B. die Antwort „Fahrradfahrer“ auf, kann dies ein interessanter Einstieg in das Teilthema „Verhalten gegenüber Radfahrern“ sein. Mit den Antworten muss dann also weitergearbeitet werden. Die Lernenden werden aktiviert – und sehen ihre Antworten vorne visualisiert. Ihre Beiträge werden also besonders ernst genommen und einbezogen. Das kann motivierend wirken. Wichtig: Alle Karten werden zunächst unkommentiert aufgehängt und – solange sie nicht gegen ethische Grundsätze verstoßen (Diskriminierung usw.) – visualisiert. Die Kartenabfrage kann auch im Rahmen einer Moderation zum Einsatz kommen.

10. **Zurufsammlung**

Die Zurufsammlung oder Zurufabfrage dient der Sammlung der Schülerbeiträge. Dabei stellt die Lehrperson eine Frage in den Raum, die auch schriftlich visualisiert sein sollte. Die Antworten werden vom Fahrlehrer auf Metaplankarten (*ein* Aspekt pro Karte!) festgehalten. Im Gegensatz zur Kartenabfrage werden Mehrfachnennungen hier ausgeschlossen. Das macht Sinn, wenn es um die Sammlung bestimmter Begriffe geht. Beispiel: Die Schüler sollen unterschiedliche Arten von Verkehrsteilnehmern benennen. Hier ist es oft nicht sinnvoll, wenn z. B. mehrfach die Karte „Fahrradfahrer“ erscheint. Auch hier werden die Schüler aktiviert, und ihre Ergebnisse tragen (sichtbar) zum Unterrichtsverlauf bei. Die Zurufsammlung ist häufig Teil einer Moderation.

11. **Fallbeispiele/Situationsanalysen**

Viele Inhalte, die in der Fahrschule vermittelt werden müssen, wirken auf die Schüler zunächst sehr theoretisch, abstrakt, ja geradezu „blutleer“. Natürlich müssen Definitionen allgemein und abstrakt sein. Beispiele helfen beim Verständnis. Aber Berichte von echten Situationen, Unfällen und Menschen schaffen einen persönlichen Bezug und sorgen für größere Anschaulichkeit. So kann das Thema „Abbiegen" im theoretischen Unterricht gut anhand einer Zeitungsmeldung über einen Unfall beim Linksabbiegen eingeleitet werden. Typische Fehler und Risiken können analysiert werden. Was ist genau geschehen? (Achtung: Schüler interpretieren hier oft zu früh – zunächst geht es nur um die „Fakten"!) Was hat hier zum Unfallhergang beigetragen? Was könnte noch dazu beigetragen haben? Was hätte noch passieren können? Wie wäre es zu verhindern gewesen? Schließlich muss das Beispiel auf seine allgemeine Bedeutung hin untersucht werden: Was können wir hieran generell lernen? Bei der Auswahl der Beispiele ist auf möglichst typische und allgemeingültige Fälle zu achten. Vergleichen Sie dazu auch die Hinweise im Abschnitt 2.2.2 „Welche Grundsätze sind bei der Aufbereitung der Inhalte zu beachten?" zum Thema „exemplarische Vertiefung".

Auch vermeintlich „trockene" Themen, wie der Sinn von Haftpflicht- und Kaskoversicherungen, können anhand von (anonymen) realen Fällen spannend, anschaulich (und gelegentlich auch humorvoll) bearbeitet werden.

12. **Diskussionen**

Diskussionen bieten eine Menge Chancen, Einstellungen, Werthaltungen und Verhaltensbereitschaften von Schülern offenzulegen und positiv zu beeinflussen. Die Lehrperson tritt zurück und organisiert die Gesprächsleitung, ohne selbst mit ihrer Meinung in Erscheinung zu treten. Die Teilnehmer lernen, Argumente zu sammeln, zu begründen und zu argumentieren. Ihr Blick wird dafür geweitet, dass viele Fragestellungen bei näherer Betrachtung komplizierter sind als angenommen. Sie werden darüber hinaus nicht selten an die Grenzen ihres bisherigen Horizonts geführt. Deswegen verlangt die Fahrschüler-Ausbildungsordnung, dass Diskussionen zur Aktivierung der Schüler zum Einsatz kommen sollen. Die Organisation von Diskussionen ist zudem ein Qualitätskriterium für die Fahrschulausbildung (siehe Kapitel 1, Abschnitt 2.1 und Teil IV). Leider werden sie aber immer noch zu wenig genutzt.

Diskussionen benötigen gute Fragestellungen, die tragen. Fragen müssen hier dazu anregen, unterschiedliche Meinungen zu äußern. Diskutiert werden könnten beispielsweise verschiedene Möglichkeiten, nach dem Feiern sicher nach Hause zu kommen (Grundstoff: Lebenslanges Lernen). Auch provokante Statements können verwandt werden, z. B.: „Freie Fahrt für alle? Wozu Geschwindigkeitsbegrenzungen?" (Grundstoff: Geschwindigkeit, Abstand, umweltschonende Fahrweise), „Easy Rider? Schutzkleidung beim Motorradfahren und die persönliche Freiheit" (Klassenspezifischer Zusatzstoff Motorrad: Fahrer/Beifahrer/Fahrzeug), „Sicherheit gegen Wirtschaftlichkeit? Ladungssicherung" (Zusatzstoff Lkw: Ladungssicherung/Abfahrtkontrolle), „Der schwierige Fahrgast – Ausnahme- oder Regelfall?" (Zusatzstoff KOM: Verhalten im Fahrdienst).

Dilemma-Diskussionen zwingen zu einer Entscheidung, wobei die Alternativen stets unbefriedigend sind, zum Beispiel wenn Fahranfänger auf dem Weg zu einem Bewerbungsgespräch Unfallzeugen werden und gegebenenfalls auch Erste Hilfe leisten müssen (Grundstoff: Verhalten in besonderen Situationen).

Die unterschiedlichen Argumente sollen angemessen gewürdigt und kritisch hinterfragt werden. Hier wird deutlich, dass es oft nicht möglich ist, die perfekte, einfache Lösung zu finden. Dann muss eine Entscheidung zwischen verschiedenen Werten getroffen werden, und zwar auf moralischer Grundlage. Diese Diskussionen sind sehr spannend und fruchtbringend.

Wichtig bei allen Diskussionsformen ist, dass die Ergebnisse im Anschluss an die Diskussionsphase klar herausgestellt und visualisiert werden.

13. **Englische Debatte**

Eine besonders interessante Form der Diskussion ist die sogenannte Englische Debatte. Das Plenum wird in drei Teilgruppen aufgeteilt, von denen eine Argumente für eine These, die andere Argumente dagegen vertritt und eine dritte als Beobachtergruppe möglichst neutral bleiben soll. Die Gruppen beraten sich zunächst kurz, dann tragen jeweils einige Mitglieder der Pro- und der Contra-Gruppe ihre Meinungen im Plenum vor. Es folgt eine zweite Beratungsrunde (wenige Minuten) und eine zweite Debatte. Nun warten alle auf die Beobachtergruppe, die ihre eigene Sicht im Plenum vertritt. Danach findet eine Abschlussdiskussion statt. Der strukturierte Wechsel zwischen Pro- und Contra-Argumenten verlangt den Beteiligten einiges ab: Toleranz, Offenheit sowie die Fähigkeit und Bereitschaft, einmal neue (Denk-)Wege zu beschreiten. Der Clou dabei ist, dass die Argumente der beiden Gruppen später an der Beobachtergruppe gespiegelt werden. Die unter „12. Diskussionen“ beispielhaft aufgeführten Fragestellungen können selbstverständlich auch für eine Englische Debatte verwandt werden.

14. **Aquarium**

Das Plenum wird in mehrere Kleingruppen aufgeteilt. Alle Gruppen erhalten die gleiche Fragestellung, die sie in einer festgelegten Zeit bearbeiten. Die Sprecher jeder Gruppe teilen danach in einem Stuhlkreis in der Mitte des Raumes die Ergebnisse ihrer Gruppe mit, während die übrigen kommentarlos zuhören. In einer abschließenden Diskussion im Plenum werden die Ergebnisse der einzelnen Gruppen erörtert. Auch hier geht es in erster Linie um affektive Fragestellungen. Es ist aber – entgegen landläufigen Meinungen – auch möglich, Problemlösungen (in Teamsitzungen außerhalb von Unterrichtssituationen) im Rahmen dieser Methode zu erarbeiten.

15. **Moderation**

Bei der Moderation werden die Beiträge der Teilnehmer zu einer bestimmten Leitfrage gesammelt, visualisiert, geordnet und bewertet. Der Moderator ist Teil der Gruppe und muss sich während der Moderation neutral verhalten (keine Lehrerrolle!). Seine Aufgabe besteht darin, Fragen zu stellen, das Gespräch am Laufen zu halten, nachzufragen, zu visualisieren sowie zur Zusammenfassung und zum Fazit anzuregen. Als „Dienstleister“ für die Gruppe achtet er darauf, dass jeder seine Meinung äußern kann, und auf die Einhaltung des zeitlichen Rahmens. Durch behutsames Zusammenfassen und durch Impulse und Fragen führt er zum Fazit hin und achtet darauf, dass der Bezug zur Ausgangsfrage nicht verloren geht. Die Moderationsmethode ist eine Mischung aus verschiedenen Techniken, bei der die richtige Fragentechnik eine herausragende Rolle spielt. Souverän angewandt, bietet sie viel Potenzial. Hier können die Teilnehmer ihre Erfahrungen und Meinungen austauschen, reflektieren und korrigieren. Wichtig dabei ist, dass die Gruppe selbst zu ihren Erkenntnissen gelangen muss. Für Lehrer liegt darin eine doppelte Herausforderung: Einerseits müssen sie Ziele erreichen, und zwar in einem begrenzten Zeitrahmen. Andererseits dürfen sie die Gruppe nicht zu eng führen: Auch problematische Meinungen müssen gehört werden. An die Stelle der (frontalen) Instruktion treten auch hier das Hinterfragen und die Aufforderung an die Gruppe, sich dazu zu äußern.

Gerade in Aufbauseminaren hat sich über Jahrzehnte hinweg gezeigt, dass Fahrlehrer erfolgreiche Moderationen durchgeführt haben und bis heute durchführen. Moderationen sind immer dann möglich und sinnvoll, wenn affektive Lernziele verfolgt werden sollen – und nicht nur bei den Themen 1, 2 und 12 des Rahmenplans für den Grundstoff in allen Klassen. Wenn es um die Akzeptanz von Vorschriften und Regeln geht, bietet sich eine Moderation ebenfalls an: So könnte beim Thema „Rechtliche Rahmenbedingungen" über die Frage diskutiert werden, warum die Haftpflichtversicherung unverzichtbar ist. In den Nutzfahrzeugklassen nehmen die Sozialvorschriften – zu Recht – einen breiten Raum ein. Hier könnte eine Moderation die Akzeptanz der Regelungen erhöhen und zu der Einsicht führen, dass der Fahrer von ihnen ebenso profitiert wie alle anderen Verkehrsteilnehmer auch. Weil dabei Emotionen aufkommen (können) sowie Vorwissen aktiviert wird und weil auf diese Weise ein intensiver Austausch mit anderen stattfindet, werden die Lerninhalte hier zudem besonders gut behalten.

16. **Stationenlernen**

Nach einer Einführung ins Thema und einer Einweisung in den Ablauf gehen die Schüler nacheinander verschiedene zuvor durch die Lehrperson vorbereitete Stationen durch, an denen sie verschiedene Aufgaben zu erfüllen haben. Dabei kann ggf. ein Aufgabenblatt verwandt werden. Im Anschluss erfolgt eine Auswertung im Plenum, bei der die Ergebnisse gewürdigt werden.

Die Vorbereitung der einzelnen Stationen, die Auswahl sowie Bereitstellung des Materials, die Einführung ins Thema ebenso wie die Sammlung und Besprechung der Ergebnisse, sind hier die Kernaufgaben des Fahrlehrers. Die Schüler selbst arbeiten beim Stationenlernen stark selbstgesteuert. Entsprechend hoch ist die Aktivierung – und nicht selten auch die Behaltensquote. Die Ergebnisse sind qualitativ zumeist gut, und es findet ein intensiver Austausch mit anderen Lernenden statt. Alles steht und fällt mit guten Aufgabenstellungen und einer vorbereiteten Lernumgebung. Das Stationenlernen kann entweder mit vergleichsweise geringem Aufwand oder auch ausgeklügelt und für eine längere Unterrichtssequenz gestaltet werden.

Beispiele:

- Der Fahrlehrer bereitet vier Stationen zum Thema „Nächtliche Freizeitunfälle – sicher von der Party nach Hause!" vor (Thema 12 des Rahmenplans). An der ersten Station finden die Schüler mehrere Fallgeschichten von Unfällen auf dem Heimweg von der Party/vom Club (Zeitungsmeldungen). Sie sollen auf einem Flipchart notieren, welche Faktoren wohl dazu beigetragen haben können. Nach fünf Minuten geht es zur nächsten Station: Hier können die Schüler Interviews mit Unfallopfern und Hinterbliebenen zu den Folgen von

Unfällen für Arbeit und Privatleben anhören (oder lesen). Nach weiteren fünf Minuten folgt eine Station mit einem Flipchart, an dem überlegt werden soll, wie man in konkreten Situationen nach dem Feiern sicher nach Hause kommt (Fallgeschichten). Die Ergebnisse werden danach im Plenum besprochen und ein Fazit wird erarbeitet.

- An jeder Wand der Fahrschule wird ein Flipchart angebracht. Am ersten Flipchart (Station 1) sollen die Teilnehmer aufschreiben, welche unterschiedlichen Verkehrsteilnehmer es gibt, am nächsten Flipchart (Station 2), welche Verkehrsteilnehmer besonders gefährdet sind. Am dritten Flipchart (Station 3) sollen die Fahrschüler notieren, an welchen Stellen (z. B. Wohngebiete, Spielplätze, Schulen, Krankenhäuser) insbesondere mit schwächeren Verkehrsteilnehmern zu rechnen ist. Die letzte Station (4) fordert die Fahrschüler dazu auf zu überlegen, wie man sich konkret „sicherheitsbewusst“, „partnerschaftlich“ und „rücksichtsvoll“ verhalten kann (Lösungen könnten z. B. unter der Überschrift „rücksichtsvoll“ sein: „Unnötiges Hin- und Herfahren vermeiden“, „anderen Fehler verzeihen“, „nicht auf sein Recht bestehen“ u. v. m.). Im Anschluss daran werden die Stationen im Plenum gesichtet und besprochen.

17. **Lernspiele**

Lernspiele finden sich in der Fahrschule vor allem, wenn es um die Kontrolle kognitiver Lernziele geht. Im Verlauf des Theorieunterrichts wurden bereits einige Begriffe erläutert wie z. B. die Unterschiede zwischen „Halten“, „Parken“, „Warten“ oder „Liegenbleiben“. Bei der Bearbeitung vieler Unterrichtsthemen ist es wichtig, korrekte Bezeichnungen zu verwenden (eine „Fahrbahnbegrenzung“ ist bekanntlich etwas anderes als eine „Fahrstreifenbegrenzung“). Ansonsten werden die Schüler falsche Vorstellungen entwickeln und spätestens in der Theorieprüfung Schwierigkeiten haben. So können Lernspiele wie Kreuzworträtsel, Bingo oder Quizformate Anwendung finden. Kreuzworträtsel können im Internet mit entsprechenden Programmen oft kostenlos generiert werden, Vorlagen und Ideen für weitere Formate finden sich ebenfalls dort. Auch Verkehrszeichen-Memorys und Ähnliches finden sich bereits auf dem Markt. Natürlich sind der eigenen Kreativität keine Grenzen gesetzt. Wer nun argwöhnt, Lernspiele seien unvereinbar mit einer seriösen Fahrschulausbildung, dem sei gesagt, dass Lernspiele knallharte Lernzielkontrollen sind. Darüber hinaus wirken sie aber motivierend und steigern die Behaltensquote. (Vielleicht gibt es auch etwas zu gewinnen?) Überschätzt werden sollten sie jedoch auch nicht: Die meisten Lernspiele fragen lediglich Wissen ab. Bei der Gliederung der Ziele nach Schwierigkeitsgrad stellt die Wiedergabe von Wissen lediglich die erste, grundlegendste Stufe dar. Ein vertieftes Verständnis wird mit solchen Lernspielen meist nicht geprüft.

18. **Rollenspiele**

In der Fahrschule gibt es viele Themen, bei denen Rollenspiele eingesetzt werden können. Typische Entscheidungs- und Konfliktsituationen können durchgespielt und im Anschluss daran diskutiert werden. Es geht hier insbesondere um Lernziele im affektiven Bereich. Warum bietet sich dies an? Ziel ist, dass künftige Kraftfahrer lernen, „Nein!“ zu sagen, wenn man ihnen Alkohol anbietet und sie noch fahren müssen. Darüber hinaus sollen sie sich von Beifahrern nicht zu einer riskanten Fahrweise verleiten lassen und – wenn nötig – klare Grenzen setzen. Das sind bequeme Forderungen – solange man nicht selbst bedrängt wird. Argumentieren und sich behaupten – das sollte auch in der Fahrschule einmal trainiert werden. Einem Gruppenzwang widerstehen zu lernen, ist aber nicht nur für Anfänger schwer. Auch Routiniers wie Berufskraftfahrer kommen in ähnliche Situationen: Was ist, wenn der Chef anruft und verlangt, dass noch eine Tour mehr gefahren wird, d. h. wenn er damit bewusst zum Übertreten der Sozialvorschriften genötigt wird? Auch dies kann ein spannendes Thema für ein Rollenspiel sein. Hier würde dann ein Schüler den Fahrer und ein anderer den Chef spielen. Beide sollen sich entweder Argumente ausdenken oder vorgefertigte Rollen übernehmen. Dann sollen sie unter der Beobachtung der übrigen Schüler kurz (ca. zwei bis fünf Minuten lang) diskutieren. Dabei kann es schon mal hoch hergehen! Notfalls muss die Lehrperson frühzeitig eingreifen (evtl. Abbruch). Im Anschluss daran werden die beiden Rollenspieler um ein kurzes Statement gebeten, danach äußert sich das Plenum. In Konflikten neigen wir zum „Schwarz-Weiß-Denken“: Hier werden die „Streithähne“ an der Meinung ihrer Mitschüler gespiegelt. Oft kommen dabei auch neue, kreative Lösungen heraus. Rollenspiele lassen sich nicht in jeder Lerngruppe durchführen. Die Teilnahme muss stets freiwillig sein.

Fazit: Wer möchte, dass Schüler ein bestimmtes Verhalten zeigen, muss ihnen auch den Rücken stärken und ihnen die Argumente an die Hand geben, damit sie dies auch durchsetzen können.

19. **Tischset**

Die Fahrschüler werden in Gruppen zu je drei bis vier Schülern eingeteilt. Jede Gruppe erhält ein großes Blatt (z. B. ein einmal gefaltetes Flipchart-Blatt), das folgendermaßen unterteilt sein kann:

Für eine Dreiergruppe:

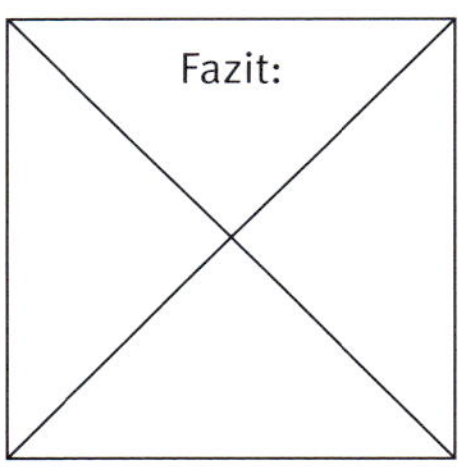

Oder für eine Vierergruppe:

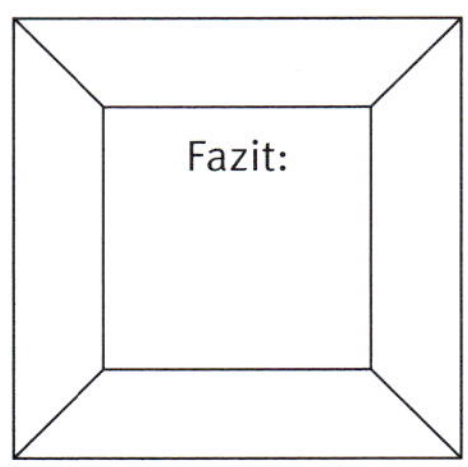

Jeder Schüler hat ein Feld vor sich. Der Fahrlehrer gibt nun eine Fragestellung bekannt, z. B.:

- *Woran kann ich Müdigkeit beim Fahren erkennen?*
  Oder:
- *Welche Folgen kann Alkohol am Steuer für mich und andere Verkehrsteilnehmer haben?*
  Oder:
- *Was kann ich als Fahrer tun, um Kinder im Straßenverkehr zu schützen?*

Die Schüler erarbeiten die Fragestellung zunächst in Einzelarbeit und schreiben ihre Lösungen/Ideen in das vor ihnen befindliche Feld. Nach einer Minute (je nach Thema/Aufgabenstellung können auch kürzere oder längere Intervalle gewählt werden) wird das Blatt um 90° gedreht, sodass jeder die Ergebnisse eines anderen Schülers lesen kann. Nun sollen dessen Ergebnisse durch eigene Ideen ergänzt werden. Nach wiederum einer Minute wird erneut um 90° gedreht. Dies wird wiederholt, bis man das Feld, mit dem man begonnen hatte, wieder vor sich liegen hat. Nun liest jeder die Ergänzungen der anderen Gruppenmitglieder. Die Gruppen sollen nun kurz (eine Minute) ihre Lösungen diskutieren, sich auf ein Fazit einigen und dieses im entsprechenden Feld auf dem Blatt eintragen. Die Tischsets der verschiedenen Gruppen werden nun an der Tafel aufgehängt und verglichen: Jede Gruppe stellt ihre erarbeiteten Ergebnisse den anderen Gruppen vor (im Plenum).

Die Methode „Tischset" ist eine Möglichkeit, die klassische Gruppenarbeit effektiver zu gestalten. Sie stellt eine Form des kooperativen Lernens dar und gibt Schülern die Möglichkeit, ihre Erfahrungen aktiv einzubringen. Hier werden Elemente der Einzel- und Gruppenarbeit mit dem Frontalunterricht kombiniert.

2.3.3 Techniken

1. **Vorzeigen** (auch: Demonstrieren, Vormachen) **und Nachahmen**

Diese Technik bietet sich an, wenn es darum geht, Handlungsabläufe (z. B. die Reihenfolge und korrekte Ausführung der Verkehrsbeobachtung), Fertigkeiten und Techniken knapp, präzise und anschaulich zu vermitteln. Die Lehrperson führt dabei das korrekte Verhalten vor und beschreibt, was sie gerade macht und worauf zu achten ist. Weitschweifige Erklärungen bieten sich hier nicht an! Dadurch wird die Aufmerksamkeit der Schüler gezielt auf das Wichtigste gelenkt. Dies kann geschehen, wenn der Schüler einen neuen Handlungsablauf erlernen oder wenn ein bereits geübter Handlungsablauf noch einmal korrigiert/vertieft werden soll (z. B. wenn die Schüler sich noch schwertun oder dass Fehler zur Gewohnheit werden könnten). Der Schüler muss bei der Demonstration konzentriert zusehen, den Handlungsablauf innerlich mitvollziehen und genau wissen, was er gerade sieht. Außerdem ist es wichtig, dass er genau weiß, wie das richtige Ergebnis (z. B. das Anfahren soll völlig ruckfrei sein) aussehen soll. Denn: *„Die genaue Vorstellung des anzustrebenden Ergebnisses steuert den Tätigkeitsvollzug in der Übung."*[6] Unmittelbar im Anschluss daran sollte er die Möglichkeit erhalten, es selbst nachzumachen. Diese sehr alte Technik ist aktueller denn je: Wo es Sprachbarrieren gibt, da bietet das Vormachen und Nachahmen eine Möglichkeit, Inhalte zu vermitteln, ohne dabei immer auf das Medium Sprache zurückgreifen zu müssen. Beim Beobachten und beim anschließenden Nachahmen durch den Schüler kann es nötig sein, eine komplexe Aufgabe – z. B. den Anhalteweg berechnen können – in Teilhandlungen zu zerlegen, z. B.: Erst den Reaktions-, dann den Bremsweg erklären und berechnen und anschließend zum Anhalteweg addieren. Oft müssen diese Aufgabenteile weiter zerlegt werden, damit die Schüler „mitkommen" (z. B. „Kürzen" in der Formel ansprechen). Danach sollte der gesamte Handlungsablauf aber wieder in einem Schritt vollzogen werden.

6 Aebli, H. (1977). Zwölf Grundformen des Lehrens. Eine Allgemeine Didaktik auf kognitionspsychologischer Grundlage. 10. Auflage. Stuttgart: Klett-Cotta, S. 88.

2. **Anweisungen geben**

Im praktischen Unterricht („*Jetzt gegenlenken!*“, „*Bitte einen halben Meter weiter rechts fahren!*“) oder im Theorieunterricht („*Bitte schauen Sie sich das folgende Bild an.*“). Solche und ähnliche Aufforderungen zu einem bestimmten Verhalten sind in jeder Führerscheinausbildung unverzichtbar. Sie müssen präzise, möglichst kurz und sollen freundlich gegeben werden. In der praktischen Ausbildung müssen bestimmte Vorabsprachen mit dem Schüler getroffen werden: Es muss klar sein, was der Fahrlehrer mit konkreten Aufforderungen meint: Missverständnisse kosten Zeit und können zudem gefährlich sein. Außerdem muss der Fahrlehrer erwarten können, dass seine Anweisungen auch befolgt werden, denn er trägt die Verantwortung. Erklärungen, warum eine Anweisung gegeben wurde, kann der Schüler einfordern, doch können diese Begründungen oft erst nachher (evtl. bei stehendem Fahrzeug) gegeben werden. Die Schüler müssen sich in der Situation auf die Erfahrung und Kompetenz der Lehrperson verlassen können.

3. **Fragen**

Fragen bieten eine Vielzahl an Möglichkeiten, Schüler zu aktivieren, ihren Wissensstand und ihre Meinung zu erkunden sowie ihren Lernprozess zu steuern. Viele unterschiedliche Arten von Fragen sind denkbar. Zunächst soll zwischen „offenen“ und „geschlossenen Fragen“ unterschieden werden. Bei offenen Fragestellungen sind grundsätzlich mehrere richtige Antworten möglich (z. B. „*Welche Fahrbahnmarkierungen kennen Sie?*“), bei geschlossenen Fragen nur eine einzige (z. B. „*Müssen sie blinken, wenn Sie einer Abknickenden Vorfahrtstraße folgen wollen?*“ oder: „*Welches der beiden abgebildeten Fahrzeuge darf zuerst in die Kreuzung einfahren?*“). Während sich geschlossene Fragen für das knappe Abfragen von Wissen eignen und dem Schüler wenig Raum für eigene Gedanken geben, bieten sich offene Fragen an, um die Breite von Lösungen für eine Problemstellung zu sammeln und Schüler zum Nach- und Weiterdenken zu animieren. Beide Fragearten haben im Verlauf des Unterrichts ihren Platz. Sie sollen sinnvoll miteinander kombiniert werden, um ein Gespräch in Gang zu bringen und zu halten. So können Fragen derart aufeinander aufgebaut werden, dass sich aus einer Antwort die nächste Fragestellung ergibt (siehe „2. Lehrgespräch“). Das Thema kann so tief durchdrungen und intensiv erarbeitet werden. Diese sehr alte Technik (schon Sokrates wandte sie kunstvoll an!) zwingt den Lernenden jedoch die Denk- und Lösungswege des Lehrers auf und kann im ungünstigsten Fall sogar manipulativ wirken. Hier ist der Lehrer fachlich und ethisch gefordert. Richtig eingesetzt und mit anderen Lehr-/Lernmethoden verbunden, bieten Fragen jedoch eine gute Möglichkeit, Schüler wichtige Erkenntnisse und Einsichten zu vermitteln.

Wichtig: Fragen sollten kurz und knapp und gut verständlich gestellt sein. Und: Immer nur eine Frage nach der anderen! Wenn der Fahrlehrer fragt, müssen die Schüler auch wissen, worauf er hinauswill. Dazu ein Praxistipp: Der Fahrlehrer fragt zur Einleitung in ein Thema: „*Welche unterschiedlichen Verkehrsteilnehmer fallen Ihnen spontan ein?*“ Er könnte aber auch formulieren: „*Wenn Sie hier an der Fahrschule losfahren und Sie möchten zum Hauptbahnhof – welche unterschiedlichen Verkehrsteilnehmer werden Ihnen vermutlich begegnen?*“

Im zweiten Beispiel lässt der Fahrlehrer kurz das Bild einer konkreten Fahrstrecke (in der Nachbarschaft der Schüler) entstehen und stellt dann seine Frage. Das erleichtert den Schülern das Verständnis und wird dazu führen, dass er mehr Antworten erhält als bei der ersten Frage.

4. **Impulse geben**

Impulse sind Techniken, mit denen Lernende entweder zum Handeln (Beispiel Anhänger-Ausbildung: *„Sie haben nun die Anhängekupplung geöffnet. Was müssen Sie als nächstes tun?“*) oder zum Nachdenken (Beispiel Theorieunterricht: *„Wir haben nun schon einige Ausnahmen von der Regel ‚Rechts vor Links‘ genannt. Was fällt Ihnen auf diesem Bild auf?“*) angeregt werden sollen. Sie dienen dazu, Schüler zu aktivieren, ohne ihnen zu viel vorzusagen. Gemäß dem „Prinzip der abnehmenden Hilfe“, nach dem Schüler schrittweise zu immer größerer Selbstständigkeit geführt werden sollen, werden hier nur so viele Hinweise gegeben, wie erforderlich sind, damit der Lernende selbst auf die Lösung kommt. Zu Beginn einer Lerneinheit, wenn ein neues Thema gelernt wird, werden Lehrer oft vieles erklären. Später arbeiten sie mit Impulsen, bis sie in einem nächsten Schritt die selbstständige Lösung verlangen.

5. **Loben, Bekräftigen, Ermutigen**

Diese Techniken kennen wir aus unserem Alltag. Die meisten Menschen freuen sich über ein positives Feedback. Lob sollte sich immer auf ein konkretes Verhalten beziehen. Wie so oft, ist auch hier die richtige Dosierung entscheidend: Weder zu viel noch zu wenig Lob ist sinnvoll. Bei der Bekräftigung erfolgt ein Feedback, das im Grunde aussagt: *„So ist es richtig. Weiter so!“* Ermutigung bedeutet, die Einstellung *„Ich kann es schaffen“* aufseiten der Lernenden zu fördern. Wenn wir handeln, treten erwünschte oder unerwünschte Folgen ein. Werde ich für eine richtige Verhaltensweise (z. B. korrektes Einordnen zum Fahrstreifenwechsel) gelobt, steigt die Wahrscheinlichkeit, dass ich dieses Verhalten auch in Zukunft zeigen werde. Dies gilt aber nur, solange ich von Personen gelobt werde, die ich akzeptiere, keine Lappalien (z. B. Finden des 1. Ganges in der 10. Fahrstunde) gelobt werden und mir die Vorteile des richtigen Verhaltens einsichtig sind. Ältere Meinungen nach dem Motto *„Wenn ich Sie nicht tadele, habe ich Sie genug gelobt!“* sollten der Vergangenheit angehören. Ebenso verbietet sich „Lobhudelei“.

6. **Kritisieren, Korrigieren, Tadeln**

Wir alle bedienen uns dieser Mittel, werden aber selbst nur ungern kritisiert, korrigiert oder gar getadelt. Wer lässt sich schon gerne in seine Fachkompetenz reinreden? Manche Schüler haben unangenehme Erfahrungen mit Lehrpersonen oder in der Familie gemacht, andere sind vielleicht schon lange aus der Schülerrolle herausgewachsen oder gar selbst Entscheidungsträger (man denke nur an Erweiterungsklassen). Auf der Beziehungsebene ist es nicht immer leicht, eine Person zu akzeptieren, die einem in diesem Moment „übergeordnet“ ist. Fahrschüler müssen von der Fachkompetenz ihres Fahrlehrers und dessen guten Willen überzeugt sein, bevor sie „sich etwas sagen lassen“. Deswegen ist hier viel Fingerspitzengefühl gefragt. Dennoch: Fehler müssen klar als solche benannt werden. Korrekturen sind manchmal unverzichtbar. Gelegentlich muss ein Lehrer auch einmal tadeln (dürfen), dem Gegenüber „ins Gewissen reden“.

Kritik sollte dabei immer sachbezogen, auf den Fehler und nicht(!) auf die Person gerichtet sein und um der Verbesserung willen geschehen. Vorsicht auch mit „Du-Botschaften“ (vgl. Kapitel 1, Abschnitt 6 „Kommunikation“). Ganz wichtig ist es, nicht beim Kritisieren, Korrigieren oder Tadeln stehen zu bleiben, sondern dem Schüler zu helfen, es in Zukunft besser zu machen. Wer kritisiert, muss auch Lernhilfen geben und mit dem Schüler gemeinsam nach Lösungen suchen!

7. **Entdecken/Ausprobieren lassen**

Neugierde und die Freude über eine selbst gewonnene Erkenntnis sind starke Motive für das Lernen. Wenn Schüler neugierig gemacht werden und sich Lösungen selbst erarbeiten müssen, sind sie aktiver, motivierter und behalten das Gelernte besser. Entdeckendes Lernen kann an vielerlei Stellen zum Einsatz kommen: In der Theorieausbildung könnten Schüler den Auftrag erhalten, die Unterlagen zu ermitteln, die für die Zulassung eines Gebrauchtwagens erforderlich sind (Grundstoff-Thema „Rechtliche Rahmenbedingungen“).

8. **Aufgaben selbst wählen lassen**

Schüler sollen – wo möglich und sinnvoll – mitentscheiden, welche Aufgaben und Übungen sie vertieft bearbeiten wollen. Natürlich darf nichts Wichtiges weggelassen werden. Über die Ausbildungsschwerpunkte kann nur ein Experte entscheiden. Mit zunehmendem Lernfortschritt sollen die Schüler aber aktiv einbezogen werden. Man kann aktiv fragen: *„Was möchten Sie noch einmal wiederholen?“* Es kann zum Beispiel sein, dass der Fahrlehrer aus fachlicher Sicht der Meinung ist, dass der Fahrschüler das seitliche Einparken gut beherrscht. Es muss aber nicht sein, dass der Fahrschüler auch dieser Meinung ist und sich – im Gegenteil – hier noch unsicher fühlt. Wenn der Schüler dann das Einparken noch intensiver üben möchte, sollte ihm dieser Raum unbedingt gegeben werden.

9. **Selbstbeurteilung**

Die Fahrschüler-Ausbildungsordnung fordert im § 1 Abs. 2, dass die Fahrschulausbildung *„eine realistische Selbsteinschätzung“* fördern soll. Dazu müssen Schüler zunächst einmal wissen, was sie konkret leisten können sollen (Lernziele!) und woran sie erkennen können, dass sie es richtig gemacht haben. Ein Beispiel: Der Fahrlehrer erklärt, dass er dem Fahrschüler heute das Rückwärtsfahren mit Anhänger nahebringen möchte. Er erläutert, welche Lenkbewegungen erforderlich sind, um den Anhänger beim Rückwärtsfahren nach rechts und links einknicken zu lassen (und wie man die Kombination wieder gerade bekommt). Er macht klar, worauf zu achten ist. Am Ende der Übungsstunde fragt er den Fahrschüler, wie er seine eigene Leistung beurteilt. Dabei bezieht er sich auf die eingangs genannten Ziele und Hinweise. Dann spiegelt er die Selbsteinschätzung des Schülers, indem er seine professionelle Einschätzung (evtl. mit Verbesserungsvorschlägen) gibt. Dadurch kann der Schüler immer besser nachvollziehen, wie realistisch seine Selbsteinschätzung war. Idealerweise nähern sich Selbst- und Fremdbeurteilung des Fahrschülers immer weiter an. Die Aussagen des Schülers sind für den Fahrlehrer ein wichtiges Diagnoseelement.

Die Liste von Methoden und Techniken ließe sich fortsetzen. Mit Recht könnten fachkundige Leser die Erläuterung weiterer verlangen. Das Thema „Methoden im (Fahrschul-)Unterricht“ bietet tatsächlich genug Stoff für ein eigenes Lehrbuch.

Im Rahmen einer Überblicksdarstellung zur Fahrschulpädagogik muss aber eine Begrenzung auf einige ausgewählte genügen.

2.3.4 Methodenvielfalt

Die Fahrschüler-Ausbildungsordnung verlangt, dass der Unterricht *„methodisch vielfältig"* ist (§ 4 Abs. 1 FahrschAusbO). Unter einer solchen Methodenvielfalt versteht man, dass aus der Vielzahl der Sozialformen, Handlungsmuster und Techniken im Verlauf eines Unterrichts stets mehrere zum Einsatz kommen. Ein ständiges Springen von Methode zu Methode kann die Schüler überfordern und von den zu vermittelnden Inhalten ablenken. Andererseits ist es i. d. R. nicht ausreichend, wenn in 90 Minuten Theorieunterricht lediglich ein Lehrvortrag und ein Lehrgespräch vorkommen. Es bietet sich vielmehr an, zwischen den Sozialformen zu wechseln, frontale Phasen und Phasen mit mehr Schüleraktivität einzubauen: So könnte der Einstieg in ein Unterrichtsthema mit einem kurzen Lehrgespräch gelingen, bei dem die Schüler ihre Vorerfahrungen zu einem Thema benennen und die Lehrperson über die Ziele und Inhalte der Lektion informiert. In einem Lehrgespräch werden dann Basisinformationen vermittelt (z. B. Begriffe, Problemstellungen in der Praxis). Im Anschluss an diese frontalen Phasen sollen die Schüler dann in einer Gruppenarbeit (evtl. anhand des Lehrbuchs) bestimmte Informationen zusammentragen, Meinungen sammeln oder richtige Verhaltensweisen erarbeiten. Die Ergebnisse werden dem Plenum vorgestellt. Danach wird das Thema im Lehrgespräch vertieft. Die Lehrperson erklärt schwierige Sachverhalte und gibt Zusatzinformationen und Merkhilfen. Dann wird – in einer Einzelarbeit – überprüft, ob die Lernziele erreicht wurden. Die Auswertung erfolgt dann wieder im Plenum. Abschließend werden offene Fragen geklärt, der Bezug zum Einstieg hergestellt und ein Ausblick auf das nächste Unterrichtsthema gegeben. Wohlgemerkt stellt dieser Verlauf nur eine Möglichkeit dar, methodische Vielfalt herzustellen.

Wie viele Methodenwechsel jeweils sinnvoll sind, entscheidet sich erst im Unterricht selbst: Rückfragen oder Verständnisschwierigkeiten aufseiten der Lernenden zwingen oft zu spontanen Anpassungen und Methodenwechseln.

2.4 Medien im Unterricht – womit gelernt wird

Wir sind heutzutage von Medien umgeben: Digitale und analoge Medien begleiten uns in Beruf und Alltag. Medien spielen aber auch im Unterricht in der Schule und in der Fahrschule eine große Rolle. Wenn im Folgenden von „Medien" gesprochen wird, so sind damit in erster Linie „Unterrichtsmedien" gemeint. Im Folgenden wird geklärt, was sich hinter diesem schillernden didaktischen Begriff verbirgt, welche Medien in der Fahrschule zum Einsatz kommen können, welche Chancen und Grenzen Medien bieten, wie man an Medien gelangt und welche Kompetenzen Fahrlehrer in Bezug auf Medien mitbringen müssen. Auch der Bezug zu didaktischen Prinzipien wird hergestellt.

2.4.1 Was versteht man unter Unterrichtsmedien?

Medien sind Hilfsmittel, die in Lehr- und Lernprozessen eingesetzt werden, um Lernziele zu erreichen. Sie transportieren und vermitteln Informationen, die für ein Thema relevant sind. Sie ermöglichen es uns, uns mit Menschen, Gegenständen und gedanklichen Inhalten zu befassen, ohne ihnen direkt zu begegnen.

Medien haben verschiedene Funktionen, sie

- helfen beim Aufnehmen,
- sprechen idealerweise mehrere Sinne gleichzeitig an,
- unterstützen das Speichern von Informationen,
- dienen der Veranschaulichung von Unterrichtsinhalten und tragen somit zu deren besseren Verständnis bei,
- dienen der Festigung von bereits gelerntem Stoff,
- können Ergebnisse zusammenfassen oder wichtige Ergänzungen liefern,
- sollen – wenn möglich – motivieren und aktivieren sowie
- das selbstständige Lernen fördern.

Medien werden sowohl bei der Vorbereitung auf den Unterricht (für Schüler und Lehrer), während des Unterrichts und in der Nachbereitung von Unterricht (beispielsweise bei der Prüfungsvorbereitung oder als Nachschlagewerk) eingesetzt. Medien dienen auch der Verzahnung von theoretischem und praktischem Unterricht.[7]

Medien können damit den Unterricht ergänzen und bereichern (Enrichment-Modell) oder diesen auch steuern und teilweise sogar übernehmen (Objektivierung von Unterricht). Manche Medien werden häufiger als Lehrmedien (sie helfen der Lehrperson bei der Vermittlung der Inhalte im Unterricht), andere eher als Lernmedien (sie dienen eher dem selbstgesteuerten Lernen des Schülers) eingesetzt.

2.4.2 Medien in der Fahrschule

Ebenso wie zu den Lernzielen, den Inhalten und den Methoden, finden sich im Fahrlehrerrecht auch Hinweise zu den Unterrichtsmedien. Die Fahrschüler-Ausbildungsordnung verlangt (§ 4 Abs. 1), dass die Medien im Fahrschulunterricht *„zielgerichtet ausgewählt und eingesetzt"* werden sollen. Damit ist gemeint, dass ein Medium (zum Beispiel ein Film oder ein Bild) nicht nur verwandt wird, weil es dem Fahrlehrer und (evtl. auch den Fahrschülern) gerade rein subjektiv gut gefällt: Dies wäre höchstens dann vertretbar, wenn die Motivation kurzfristig gesteigert werden soll. Medien sind also kein Selbstzweck, sondern dienen konkret dem pädagogischen Auftrag der Fahrschule. Damit ist nicht gesagt, dass Humor und Kreativität hier allzu enge Grenzen gesetzt werden müssen. Ganz im Gegenteil: Die Forderung beinhaltet lediglich, dass die Lernziele der Ausbildung (insbesondere die Verkehrssicherheit!) stets im Blick behalten werden. Dass Lernziele hier eine besondere Rolle spielen, lässt sich auch an den folgenden Ausführungen der FahrschAusbO (§ 4 Abs. 1) erkennen: *„Zur Ergebnissicherung sind Lernkontrollen einzusetzen; das Ausfüllen von Testbogen nach Art der Prüfungsbogen auch mithilfe elektronischer Medien darf nicht Gegenstand des theoretischen Mindestunterrichts sein."* Damit wird deutlich, dass Medien den Unterricht nicht ersetzen sollen. Dies sehen auch einschlägige Kommentare in Zeiten von internetbasiertem Lernen immer noch so: *„Die Durchführung theo-*

7 § 5 Abs. 1 FahrschAusbO: *„Der praktische Unterricht ist auf die theoretische Ausbildung zu beziehen und inhaltlich mit dieser zu verzahnen."*

retischen Unterrichts über das Internet ist jedoch nicht zulässig. Die Fahrschüler-Ausbildungsordnung setzt die Teilnahme am theoretischen Unterricht ***in der Fahrschule*** [Hervorhebung durch den Autor] *voraus. Dies ist sachgerecht und notwendig, da die Erfüllung der pädagogischen Aufgaben des Fahrlehrers einen persönlichen Kontakt zwischen ihm und den Fahrschülern erfordert.*"[8]

Aus pädagogischer Sicht ist anzumerken, dass Medien Unterricht auch nicht ersetzen können! Heilig hat zu Recht formuliert: *„Medien bestimmen nicht den Unterricht, sie dienen vielmehr der Umsetzung von Unterrichtszielen und werden zu diesem Zweck ausgewählt, bearbeitet und eingesetzt."*[9]

Die „Visualisierung der Lehr-Lerninhalte durch Medien" ist ein Qualitätskriterium zur Bewertung des Theorieunterrichts der Fahrlehrerausbildungs-Verordnung (Anlage 2 zu § 3 FahrlAusbVO) und spielt auch in der Fahrschulüberwachung (nach § 51 FahrlG) seit Januar 2018 eine wichtige Rolle. Hierzu finden sich weitere Informationen im Kapitel 1, Abschnitt 2.1 sowie im Teil IV dieses Werks.

Wer eine Fahrschule eröffnen möchte, muss zudem nach § 18 Abs. 1 Fahrlehrergesetz (FahrlG) nachweisen, dass er über einen entsprechenden Unterrichtsraum, *„die erforderlichen Lehrmittel und die zur Fahrausbildung in der betreffenden Fahrerlaubnisklasse bestimmten Lehrfahrzeuge"* verfügt. Welche Standards bei den Unterrichtsräumen gelten und welche Lehrmittel vorzuhalten sind, regelt die Durchführungsverordnung zum Fahrlehrergesetz in den §§ 3, 4 und 5 in Verbindung mit der Anlage 2 (ebd.) und der *„Richtlinie über die Ausstattung der Fahrschulen mit Lehrmitteln"*. Im Rahmen der Fahrschulüberwachung nach § 51 FahrlG hat die zuständige Behörde – neben der pädagogisch erweiterten Überwachung – auch mindestens alle zwei Jahre im Rahmen der „Formalüberwachung" zu überprüfen, ob die vorgeschriebenen Lehrfahrzeuge und Lehrmittel *„zur Verfügung stehen und den gesetzlichen Vorschriften entsprechen"*.[10] (§ 51 Abs. 3; Überprüfung der „Ausstattungsstandards" nach Abs. 2).

Nach diesen rechtlichen Aspekten lenken wir den Blick nun wieder auf die pädagogisch-didaktischen Aspekte von Medien. Im Folgenden werden einige Medien, die in der Fahrschule eingesetzt werden können, vorgestellt und auf ihre Möglichkeiten und Grenzen hin befragt. Die Mediendidaktik hat sich intensiv mit diesen Fragestellungen beschäftigt und nach Chancen zur Optimierung von Lernprozessen durch Medien gesucht. Man kann Medien im Unterricht nach den unterschiedlichsten Kriterien einteilen. Wichtiger als theoretische Anmerkungen und Kategorisierungen ist hier aber, Medien kennenzulernen, um sie später im Unterricht professionell einsetzen zu können. Deswegen wird an dieser Stelle bewusst auf eine größere Systematisierung verzichtet.

1. **Bilder/Abbildungen**

Bilder dienen der Veranschaulichung. Zu ihnen gehören Zeichnungen, Skizzen, Fotos, Karikaturen, Diagramme oder auch Screenshots und vieles mehr. Auch

8 Bouska, W., May, R., Koehl, F. (2015). Fahrlehrer Recht. Erläuterung des Fahrlehrergesetzes und aller einschlägigen Verordnungen. München: Verlag Heinrich Vogel, S. 206.

9 Heilig, B. (2008). Der Fahrlehrer als Verkehrspädagoge. 5. Auflage. München: Verlag Heinrich Vogel, S. 347.

10 § 51 Abs. 3 FahrlG; Überprüfung der „Ausstattungsstandards" nach Abs. 2.

Comics und Bildserien sind hier zu nennen. Art und Gestaltungsformen sind hier keine Grenzen gesetzt (man denke an die Kunst!). Oft gilt der alte Grundsatz: *„Ein Bild sagt mehr als tausend Worte."* Bilder können darüber hinaus eine gute Hilfe für Menschen mit Lese- oder Sprachschwierigkeiten sein. Damit dies gelingen kann, müssen Lehrer und Schüler jedoch in der Lage sein, dasjenige, was sie auf einem Bild sehen, richtig aufzunehmen und zu deuten. Ein Bild muss also regelrecht decodiert werden. Abbildungen/Bilder präsentieren uns einen Teil der Welt aus einer bestimmten Perspektive. Diese ist immer begrenzt. Jedes Bild ist eine Auswahl – es sagt manchmal mehr über denjenigen aus, der es erstellt/aufgenommen hat, als über das Motiv. Fahrschüler leben heute – wie wir alle – in einer Welt, die uns mit Bildern und anderen visuellen Eindrücken geradezu überflutet. Deswegen ist es wichtig, den angehenden Kraftfahrern das richtige „Sehen", das Wahrnehmen von für sie im Straßenverkehr wichtigen Informationen zu vermitteln. Wer weiß, worauf er achten muss, kann Situationen schneller deuten und auf sie reagieren.

Die Einsatzmöglichkeiten von Bildern im Unterricht sind vielfältig. Bestimmte Verkehrssituationen und Verkehrsführungen sind zu kompliziert, als dass man sie durch verbale Beschreibungen ausreichend erklären könnte: Fahrmanöver wie das Abbiegen oder das richtige Durchfahren einer Kurve müssen Schritt für Schritt erarbeitet werden, Unfälle können durch Skizzen dargestellt und analysiert werden. Hierzu können Bilder in den unterschiedlichsten Formen eingesetzt werden. Bilder können aber auch Emotionen wecken, z. B. wenn Bilder von Unfallstellen gezeigt werden (wobei hier äußerste Vorsicht angeraten ist!). Auch angenehme Emotionen können so entstehen, z. B. wenn in das Thema „Autobahnen und Kraftfahrstraßen" mit einem Bild von einem beliebten Urlaubsziel eingestiegen wird. Im praktischen Unterricht können Bilder aus dem Theorieunterricht zur Erläuterung des richtigen Verhaltens in einer bestimmten Situation (mehrstreifiges Fahren) herangezogen werden. Im Theorieunterricht können dagegen Bilder aus einer Fahrstunde im Ausbildungs- und Prüfungsort Verwendung finden. Diese Bilder aus ihrer direkten Umgebung erleichtern das Lernen und wirken motivierend, da sie näher an ihrer Lebenswelt sind. Später sollen die Schüler auch Situationen in fremden Gegenden bewältigen können.

Bilder eignen sich also sowohl bei kognitiven als auch bei affektiven Lernzielen. Wenn Bilder und Bildserien eingesetzt werden, um z. B. Schritt für Schritt das richtige Verhalten beim Verbinden und Trennen von Fahrzeugen zu vermitteln, dann fördern sie auch das Erreichen psychomotorischer Lernziele (ein Beispiel für solche Bildserien sind die Aufbauanleitungen für Möbel aus gewissen Einrichtungshäusern).

2. **Texte**

Texte transportieren Informationen in komprimierter Form. In der Fahrschule können Zeitungsberichte (z. B. über einen Verkehrsunfall, der sich in der Nähe der Fahrschule ereignet hat), Interviews (z. B. mit einem Experten für Elektroantriebe) oder auch Informationen von Behörden (z. B. des örtlichen Straßenverkehrsamtes über die erforderlichen Unterlagen bei der Fahrzeuganmeldung) oder Organisationen (z. B. Infotexte der Prüforganisationen über die Hauptuntersuchung) zum Einsatz kommen. Dabei ist zu beachten, dass diese Texte nicht zu lang sind, damit die Schüler im Hinblick auf das Sprachniveau nicht überfordert werden, und dass bei den Schülern überhaupt eine ausreichende Lesefähigkeit gegeben ist. Andernfalls bieten sich eher Bilder, Skizzen und Ähnliches als Alternativen an.

Texte sind präzise (vorausgesetzt, sie sind gut geschrieben) und können damit wichtige Informationen vermitteln, vertiefen oder auch zusammenfassen. Hier geht es zunächst um kognitive Lernziele. Aber auch affektive Lernziele können durch Texte gefördert werden: Zum Beispiel kann der Bericht eines Insassen eines auf der Heimfahrt von einer Party verunfallten Fahrzeugs, der im Unterricht besprochen wird, Emotionen bei den Schülern wecken. Berichte darüber, wie beispielsweise ein Führerscheinentzug Einfluss auf den Beruf und das Privatleben haben kann, können die Schüler zum Nachdenken anregen. Wichtig ist, dass sie sich in den vorgetragenen Beispielen wiederfinden können. Fallbeispiele (siehe Punkt „11. Fallbeispiele/Situationsanalysen" unter Abschnitt 2.3.2 Methoden/Handlungsmuster) können so intensiv bearbeitet werden.

In Einzelfällen kann auch die Lektüre von Passagen aus einem Gesetzestext in der Fahrschule sinnvoll sein. Häufig sind diese Texte für die meisten Schüler jedoch zu abstrakt und zu wenig umgangssprachlich, als dass dies Sinn machte. Wenn überhaupt, muss die Lehrperson hier stark auf Erklärungen und didaktische Reduktion setzen. Es gibt selbstverständlich auch Gruppen (vielleicht im Erweiterungslehrgang Motorrad), in denen sich Schüler befinden, die es gewohnt sind, mit solchen Texten umzugehen. Dann kann sogar eine Textarbeit dazu möglich und sinnvoll sein.

Wie in der Schule können kurze Textarbeiten auch in der Fahrschule eingesetzt werden. Dies geht aber aus den oben genannten Gründen keineswegs in jeder Gruppe.

3. **Lehrbücher**

Wenn hier von „Lehrbüchern" gesprochen wird, dann sind in erster Linie Lehrbücher der Fachverlage für die unterschiedlichen Fahrerlaubnisklassen gemeint. Für die Berufskraftfahreraus- und -weiterbildung sowie für die Abfahrtkontrollen/Handfertigkeiten in der Lkw-und Busausbildung liegen ebenfalls besondere Lehrbücher und Arbeitshefte vor. Der Einsatz von Lehrbüchern im theoretischen Unterricht bietet eine Menge Chancen: Sie können beispielsweise genutzt werden, um eine Gruppenarbeit, Partnerarbeit oder Einzelarbeit zu unterstützen. So könnten Schüler beispielsweise den Auftrag erhalten, unter Zuhilfenahme des Fahrschullehrbuchs herauszusuchen, wie die Ladung in einem Kraftfahrzeug zu sichern und gegebenenfalls zu kennzeichnen ist. Sie könnten im Motorradunterricht den Auftrag erhalten, die Begriffe „Pendeln", „Flattern" und „Kickback" zu recherchieren und ihre Ergebnisse auf einem Flipchart festzuhalten. Mittlerweile finden sich in vielen Fahrschullehrbüchern auch wieder Möglichkeiten zum Üben und Vertiefen bestimmter Unterrichtsinhalte. Oft geschieht dies in Form von Arbeitsblättern oder Rätseln/Quizformaten, die insbesondere der Lernzielkontrolle dienen. Dies ist eine positive Entwicklung! Das Einüben und Wiederholen bestimmter wichtiger Inhalte sollte wieder viel mehr Eingang in den Unterricht (nicht nur der Fahrschule) finden. Kritisch anzumerken ist, dass sich einige Fahrschüler durch Lehrbücher stark an die allgemeinbildende

Schule erinnert fühlen können. Praktisch ist es nicht immer durchsetzbar, dass jeder Schüler das Lehrbuch zu jedem Theorieunterricht mitbringt. Letzteres ist jedoch gut lösbar: Manche Verlage bieten das Lehrbuch schon in digitaler Form an. Eine weitere Möglichkeit besteht darin, eine überschaubare Anzahl von Fahrschullehrbüchern im Unterrichtsraum ständig bereitzuhalten. Diese können dann bei Bedarf im Unterricht eingesetzt werden. Der Kostenaufwand hierfür ist überschaubar. Schülern, die noch Schwierigkeiten beim Verstehen der deutschen Sprache haben, ist dringend anzuraten, ihr Lehrbuch (wenn es in ihrer Sprache verfügbar ist) zu jedem Unterrichtsabend mitzubringen.

Zuvor wurde thematisiert, dass Medien Schüler idealerweise auch aktivieren sollen. Wie bei der Textarbeit und bei den Bildern ist es weniger vom Medium abhängig, ob dies geschieht, sondern eher vom Einsatz im Unterricht selbst. Das Lehrbuch bietet aber auch die Möglichkeit, Inhalte zu vertiefen, Lernen vorzubereiten (vor der Autobahnfahrt soll der Schüler noch einmal das entsprechende Kapitel im Fahrschullehrbuch lesen), Inhalte nachzuarbeiten und bei der Vorbereitung auf die Prüfung zu helfen. Es reicht häufig nicht aus, nur die Prüfungsfragebogen auswendig zu lernen, da unser Gehirn lieber Zusammenhänge als isolierte Fakten speichert. Natürlich kann man sich nicht alles über einen längeren Zeitraum merken. Deswegen sollte das Fahrschullehrbuch auch als Nachschlagewerk nach bestandener Fahrerlaubnisprüfung dienen. Gerade auch in den Nutzfahrzeugklassen (man denke nur an die Themen Fahrphysik und Ladungssicherung) macht dies Sinn. Es muss allerdings auch darauf hingewiesen werden, dass sich Vorschriften ändern und dass es erforderlich ist, sich aktuelle Informationen zu beschaffen. Es wurde auch klar, dass das Fahrschullehrbuch nicht allein in der Theorieausbildung sinnvoll eingesetzt werden kann: Auch im praktischen Unterricht kann es sinnvolle Dienste leisten. Wie bereits angesprochen, kann es dabei um die Vorbereitung oder die Nachbereitung von Fahrstunden gehen. Aber auch in Fahrstunden kann das Lehrbuch eingesetzt werden: zum Beispiel, wenn während einer Fahrstunde zum Thema „Vorfahrt" eine Zwischenbesprechung stattfindet, bei der der Fahrlehrer seinem Fahrschüler noch einmal kurz anhand des Lehrbuchs erläutert, an welchen Merkmalen sich Rechts-vor-Links-Situationen erkennen lassen.

Sinnvoll eingesetzt und gut begründet, ist das Fahrschullehrbuch (sei es digital oder ganz klassisch als gebundenes Werk) keineswegs veraltet. Es bietet vielfältige Möglichkeiten, Lernprozesse in der Fahrschüleraus- und -weiterbildung qualitätsvoller und ökonomischer zu gestalten.

4. **Arbeitsblätter**

Ein altes, aber effektives Hilfsmittel, um Fahrschüler zu aktivieren, sind die Arbeitsblätter. Wie Lehrbücher auch, sind diese Medien aus den allgemeinbildenden Schulen bekannt. Sie dienen vor allem der Vertiefung und Anwendung, aber auch der Lernzielkontrolle. Arbeitsblätter sind in den letzten Jahren (Stichwort: Digitalisierung) ein wenig aus der Mode gekommen, was ihren Einsatz in der Fahrschule betrifft. Wie bereits im vorhergehenden Abschnitt zu den Lehrbüchern angesprochen, erleben sie aber – häufig als Anhang zu bestimmten Unterrichtsthemen – wieder eine gewisse Renaissance. Die Zeiten, in denen Fachverlage für jedes Unterrichtsthema ein Arbeitsblatt herausgaben, dürften jedoch mit Blick auf die schwierige Lage von Printmedien im Allgemeinen erst einmal der Vergangenheit angehören. Möglich wäre es, Arbeitsblätter zum Download bereitzustellen: eine Möglichkeit, die derzeit jedoch seitens der meisten Verlage nicht genutzt wird. Dies ist bedauerlich, jedoch ausgleichbar. Seit es durch die Verbreitung von Smartphones mit immer besseren Kameras ein Leichtes ist, Fotos in akzeptabler Qualität spontan und ohne großen technischen Aufwand selbst herzustellen und zu digitalisieren, ist es auch möglich, individuelle Arbeitsblätter günstig zu erstellen. Es spricht vieles dafür, eigene Bilder des Ausbildungsfahrzeugs, auf dem die Schüler später auch ihre Prüfung ablegen werden, einzusetzen, um das Thema „Betriebs- und Verkehrssicherheit" im Unterricht anschaulich zu vermitteln. Bilder von schwierigen Abbiegesituationen, Verkehrsführungen und unübersichtlichen Vorfahrtssituationen können leicht in selbst gestaltete Arbeitsblätter integriert werden. Dadurch ergibt sich eine weitere gute Möglichkeit, Theorie und Praxis miteinander zu verknüpfen. Der Wiedererkennungswert wird entsprechend hoch sein. Allerdings sind mit Arbeitsblättern immer Kosten verbunden, die nicht jeder zu tragen bereit ist.

Arbeitsblätter können verschiedene Aufgabenformate mit unterschiedlichem Schwierigkeitsgrad enthalten: Bei manchen Aufgabenstellungen geht es „nur" darum, bestimmte Begrifflichkeiten zu wiederholen (zum Beispiel Kreuzworträtsel). Bei anderen Aufgaben müssen bestimmte Handlungsschritte (zum Beispiel das Einfahren und das Verlassen der Autobahn) in die richtige Reihenfolge gebracht werden. Werden Bilder verwandt, so könnten Fahrschüler auch dazu aufgefordert werden, in einem Bild bestimmte Gefahren zu erkennen und aufzuschreiben, wie sie auf diese Gefahren reagieren würden. Auch Rechercheaufgaben sind denkbar: So könnte zum Beispiel die Zulassungsbescheinigung Teil I des Ausbildungsfahrzeugs auf ein Arbeitsblatt kopiert werden und den Schülern die Aufgabe gegeben werden, bestimmte Daten aus ihr abzulesen: die zulässige Gesamtmasse, die Leermasse und Angaben zur nächsten Hauptuntersuchung oder zu den zulässigen Reifengrößen. Dieses stark handlungsorientierte Vorgehen fördert nicht nur das Verständnis der Lerninhalte, sondern begünstigt zudem ihre Speicherung.

Auch der Einsatz von neuen Medien bietet sich an: Man stelle sich eine schwierige Kreuzung mit vielen Fahrstreifen vor, bei denen Schüler immer wieder Schwierigkeiten haben, sich korrekt einzuordnen. Dabei kann selbstverständlich eine Menge passieren, wobei das Nichtbestehen der Fahrerlaubnisprüfung noch das kleinste Übel wäre. Der Einsatz von Google Earth kann hier im Rahmen eines Arbeitsblattes Sinn machen: Der Vogel-Perspektive (Google Earth) könnte die Perspektive aus dem Ausbildungsfahrzeug gegenübergestellt werden. Dadurch ergäbe sich ein tieferes Verständnis für die Verkehrssituation. Sie könnte auch exemplarisch für ähnliche Situationen dienen, denn eine reine Vorbereitung auf den jeweiligen Prüfungsort ist keinesfalls ausreichend. Gerade auch in der Verbindung mit neuen, internetbasierten Medien ergeben sich viele Chancen, Unterricht qualitätsvoll und effektiv zu gestalten. Aber auch im praktischen Unterricht können Arbeitsblätter zur Vertiefung oder Vorbereitung auf bestimmte Fahraufgaben eingesetzt werden. Hier lässt sich selbstverständlich auch das gerade erwähnte Arbeitsblatt gut einsetzen.

5. **Tafel/Whiteboard**

Tafel und Whiteboard sind zunächst einmal klassische Lehrmedien. An der Tafel können Lehrer strukturiert Informationen festhalten und entwickeln. Dabei sollte darauf geachtet werden, dass nicht „zur Tafel“ gesprochen wird (ein häufiger Fehler angehender Lehrer!) und der Sichtkontakt zur Schülergruppe möglichst selten und nicht zu lange unterbrochen wird. Selbstverständlich können aber auch Schüler aufgefordert werden, an der Tafel zu arbeiten. Dies kann auch gemeinsam mit anderen Schülern geschehen: So können Ideen gesammelt und Mindmaps entwickelt werden. In vielen Fällen dient die Tafel der Veranschaulichung/Visualisierung von Inhalten, beispielsweise wenn der Fahrlehrer eine Vorfahrtssituation anzeichnet, die dann im Lehrgespräch gelöst werden soll. Aber auch hier ist keineswegs gesagt, dass die Tafel ausschließlich für frontale Unterrichtsformen geeignet ist: Als Vertiefung können verschiedene Vorfahrtssituationen angezeichnet werden und die Schüler den Auftrag erhalten, diese Situationen in Partnerarbeit zu lösen, bevor die Ergebnisse dann wieder im Plenum besprochen werden. Selbstverständlich können diese Aufgaben auch in Einzelarbeit gelöst werden.

Ein gutes Tafelbild muss auch in Zeiten zunehmender Digitalisierung von jeder Person verlangt werden können. Die Lesbarkeit und Übersichtlichkeit des Tafelbildes muss gegeben sein. Es ist dringend davon abzuraten, hier zu viele Informationen unterbringen zu wollen. Strukturelemente wie die sinnvolle Gliederung mit Überschriften, Unterpunkten, Prozessen, Abläufen (Flussdiagrammen), geometrischen Formen (Kreisen, Rechtecken etc.) und Ähnlichem müssen beherrscht werden. Diese Elemente erleichtern das Verstehen von Zusammenhängen und sind ein wichtiger Teil der didaktischen Reduktion. Anregungen für Gliederungen und Gestaltungselemente mit entsprechenden Vorlagen bietet jedes MS-Office-Paket eines jeden Computers (bei Word unter „Einfügen“ → „Formen“). Lassen Sie sich bei der Gestaltung dort ruhig einmal inspirieren. Auch im gut sortierten Buchhandel und im Internet gibt es viele Angebote zum Thema. Selbstverständlich können diese Elemente auch auf anderen Medien wie z. B. Flipcharts (siehe dort) eingesetzt und dort sogar noch ansprechender gestaltet werden.

Grundsätzlich gilt, dass Tafelbilder meist nur über eine kurze „Lebensdauer“ verfügen: Beim Übergang zum nächsten Thema wird die Skizze meistens weggewischt.

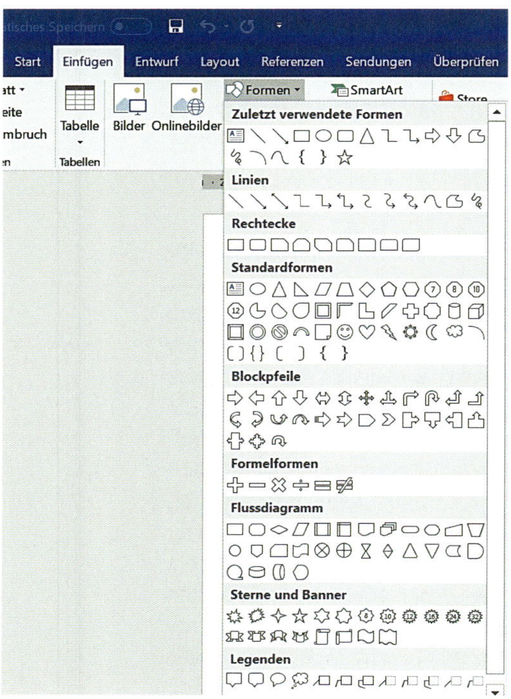

Bild 2.3
Beispiele für Formelemente, die auch für eigene Visualisierungen herangezogen werden können Quelle: Microsoft Word

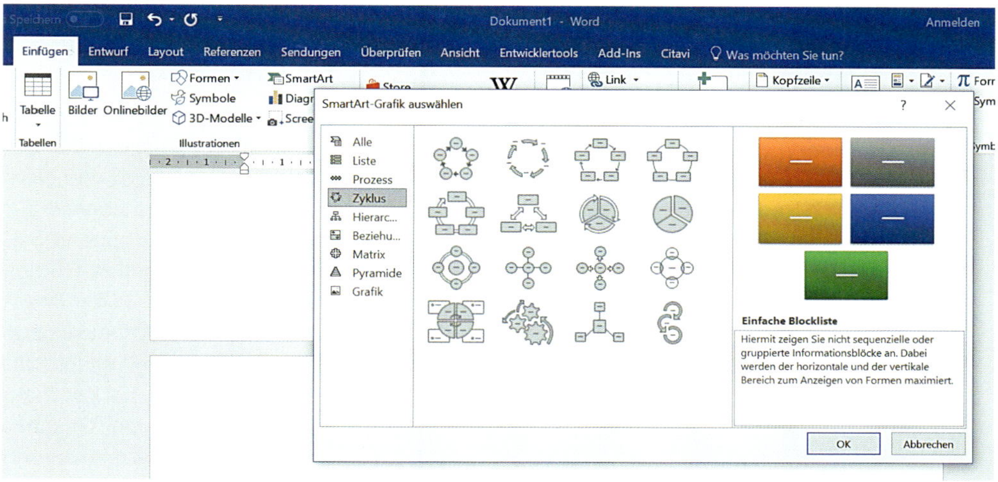

Bild 2.4 Auch von SmartArt-Grafiken kann man sich inspirieren lassen, wenn es darum geht, Visualisierungen lebendig zu gestalten Quelle: Microsoft Word

Werden die Inhalte nicht anders gesichert, beispielsweise durch Smartphone-Fotos, sind sie verloren. Interaktive Whiteboards bieten demgegenüber die Möglichkeit, diese Inhalte zu speichern. Auf sie wird später noch eingegangen.

Praktische Hinweise: Kreidetafeln waren schon immer ein billiges, doch auch recht staubiges Medium. Beamer, PCs und Ähnliches sollten sich, wenn möglich, nicht ständig in der unmittelbaren Nähe der Kreidetafel befinden, da der Kreidestaub diese Geräte beschädigen kann. Whiteboards bieten eine sauberere Alternative. Es lohnt sich, hier in verschiedenfarbige und hochwertige Stifte zu investieren. Sie sollten so gekennzeichnet sein und gelagert werden, dass eine Verwechslung mit nicht abwischbaren Stiften möglichst unwahrscheinlich ist. Für alle Fälle lohnt es sich, eine Reinigungslösung (nach Herstellerempfehlung) für das Whiteboard vorzuhalten.

6. **Flipchart** (und Metaplankarten)

Bei Flipcharts handelt es sich um meist bewegliche Tafeln, an denen große Papierblöcke befestigt werden. Diese großen Flipchart-Blätter sind vielfältig einsetzbar: Sowohl die Lehrpersonen als auch die Schüler können sie zur Visualisierung wichtiger Inhalte verwenden. Im Gegensatz zur klassischen Tafel oder dem Whiteboard können besonders wichtige Inhalte konserviert werden. Arbeitsergebnisse, wichtige Regeln und Verhaltensweisen, Abläufe und Tipps sollen länger im Gedächtnis bleiben. Werden sie auf einem Flipchart notiert, können sie im Unterrichtsraum (sofern ausreichende Visualisierungsflächen vorhanden sind) aufgehängt werden. Damit werden die Ergebnisse zudem physisch gesichert. Auch hier ist Lesbarkeit, guter Aufbau und Struktur von entscheidender Bedeutung. Werden zusätzlich Metaplankarten (von unterschiedlicher Größe) verwandt, so bieten sich noch mehr Möglichkeiten an: Was auf das Flipchart selbst geschrieben wird, ist damit fixiert. Oft bietet es sich aber an, Stichworte auf Metaplankarten zu notieren. Dies hat gleich mehrere Vorteile: Zunächst können Metaplankarten viel flexibler eingesetzt (z. B. bei einer Karten-

oder Zurufabfrage) und geordnet werden. Beim Notieren von Schülerbeiträgen bleibt der Blickkontakt zwischen Lehrern und Schülern erhalten, während dies beim Tafel- oder Flipchart-Anschrieb nicht der Fall ist.

Flipcharts sind gemäß der Ausstattungsrichtlinie für Fahrschulen nicht vorgeschrieben, aber als sinnvolle Ergänzung des Medienangebots anzusehen. Die Gestaltungsmöglichkeiten sind schier unbegrenzt: Sie können von Schülern ebenso wie von Fahrlehrern genutzt werden. Gerade Flipcharts können zur Aktivierung der Schüler eingesetzt werden. Insbesondere bei Gruppenarbeiten, wenn nachher die Ergebnisse der einzelnen Gruppen präsentiert werden sollen, sind sie oftmals unverzichtbar. Schon während die Schüler in der Gruppenarbeitsphase die Flipcharts erstellen, müssen sie nicht nur Informationen aufnehmen, sondern diese auch vielfach erst selbst erarbeiten oder recherchieren, umformulieren, auf das Wesentliche reduzieren und sich dabei mit ihren Mitschülern abstimmen und im Anschluss daran die Ergebnisse der Gesamtgruppe präsentieren. Hier findet Lernen auf verschiedenen Sinneskanälen und auf verschiedenen Wegen statt. Dadurch werden die vermittelten Inhalte besser verstanden, akzeptiert und behalten. Das Flipchart ist in Verbindung mit Metaplankarten das klassische Medium bei der Moderation (siehe Punkt 15 unter Abschnitt 2.3.2 „Methoden/Handlungsmuster").

Die Anschaffungskosten sind mittlerweile überschaubar, doch müssen Flipchart-Blöcke immer wieder neu angeschafft werden (hier lohnt ein Preisvergleich und ein Blick auf die Umweltbilanz). Auf gute Stifte (möglichst nachfüllbar) in unterschiedlichen Farben und Größen sollte geachtet werden. Wer sich vertiefter mit der Gestaltung von Flipcharts befassen möchte, findet im Internet und in der Ratgeberliteratur viele Anregungen. Es werden auch Workshops zur Arbeit mit Flipcharts angeboten. Vergleichen Sie hierzu auch die Tipps zum Tafelbild (siehe dort).

Wichtig ist, dass ausreichend Flächen im Fahrschulraum vorhanden sind, auf denen Flipcharts aufgehängt werden können. Kluge Möglichkeiten der Anbringung (z. B. Magnetschienen an der Wand) helfen Kosten zu sparen und erleichtern das Handling.

7. **Lehrmodelle**

Lehrmodelle waren früher ein wesentlicher Bestandteil jeder Fahrschule. Besonders in Zeiten, in denen technische Inhalte eine große Rolle spielten, fanden sich viele Modelle von Kupplungen, Motoren, Bremsanlagen und Ähnlichem. Auch so genannte „Verkehrstische", eine Mischung aus Tafeln und Modellen, die teilweise sogar Lichtzeichenanlagen beinhalteten, waren in Fahrschulen anzutreffen. Beleuchtungsmodelle ermöglichten ein tieferes Verständnis von der Helligkeit und dem Sinn unterschiedlicher Lichtsysteme am Fahrzeug. Sie boten auch die Möglichkeit, einmal im Unterricht eine Glühlampe zu wechseln. Mehr und mehr sind diese Modelle aus vielen Fahrschulen verschwunden. Es ist beispielsweise für Nutzfahrzeug-Fahrschulen nicht mehr vorgeschrieben, ein (teures) Modell einer Lkw-Druckluftbremse vorzuhalten. Hier wird seitens des Verordnungsgebers mittlerweile entsprechendes Lehrmaterial in anderer Form als ausreichend angesehen (Unterrichtssoftware).

Schüler können jedoch viel lernen, wenn sie Dinge im wahrsten Sinne des Wortes Be-greifen können. Wer einmal 8,1 bar an der Druckluftbremsanlage zischend und fühlend in mehrfachem Sinn erfahren hat, entwickelt ein vertieftes Verständnis dafür, dass Druckluft ein interessantes Übertragungsmedium für Bremskräfte ist.

Gleichwohl haben Modelle auch ihre Grenzen: Es sind und bleiben eben Modelle. Technisch unbedarften und wenig/er interessierten Fahrschülern mögen sie zunächst wenig vermitteln oder gar abschreckend auf sie wirken. Sie sind – da oftmals viele für das grundsätzliche Verständnis nicht erforderliche Bauteile und Details an ihnen vorhanden sind – wenig didaktisch reduziert. Sind Schüler mit Modellen überfordert, so ist ein zielgerichteter Einsatz dieser Medien nicht möglich – und in diesem Fall ist davon auch abzuraten. Insofern können Animationen, Bilder und Skizzen für viele Schüler, die ja schließlich nur die Bedienung und stichpunktartige Überprüfung auf Betriebs- und Verkehrssicherheit erlernen sollen, häufig sinnvollere Lernmedien sein. Hinzu kommt, dass Prozesse, die innerhalb der Bauteile ablaufen (Was genau geschieht im Mehrkreis-Schutzventil?), anhand von bewegten Bildern und Animationen besser vermittelbar sind.

Es gibt aber auch andere Beispiele für Modelle und Gegenstände, die durch ihren zielgerichteten Einsatz im Unterricht zu Medien werden können. Ein kleiner Holzkreisel aus dem Spielwarenhandel eignet sich hervorragend, um fahrphysikalische Zusammenhänge (Kreiselkräfte, Störung des Kreisels …) didaktisch reduziert darzustellen. Hier sind der Phantasie keine Grenzen gesetzt.

8. **Anschauungsmaterial**

Plakate, Lehrtafeln, Prospekte von Fahrzeugherstellern, Warndreiecke, Verbandkästen und sogar eine Packungsbeilage von einem Schmerzmedikament können (neben vielem anderen) als Anschauungsmaterial und damit als Medien in der Fahrschule dienen. Es kommt nur darauf an, innerhalb welchen Themas und für die Erreichung welcher Lernziele diese sehr unterschiedlichen Gegenstände eingesetzt werden sollen. Anschauungsmaterial muss nicht unbedingt für Unterrichtszwecke hergestellt worden sein, und Alltagsgegenstände können ebenso zum Medium werden. Wenn im Grundstoff-Unterricht über die Wirkung von Medikamenten auf die Fahrtüchtigkeit gesprochen wird, bietet es sich an, Packungsbeilagen verschiedener Medikamente in Gruppenarbeit zu betrachten und zu fragen, ob man nach der Einnahme noch fahrtüchtig wäre. Werbematerial von Fahrzeugherstellern kann herangezogen werden, um Schülern Begriffe wie „Zuladung", „ESP" oder „Common-Rail-Diesel" anhand lebensnaher Beispiele zu vermitteln. Gleichzeitig könnten die Werbetexte – vielleicht auch im Hinblick auf die Abgasproblematik – im Lehrgespräch einmal kritisch gesichtet werden. Prospekte von Fahrzeugvermietungen könnten dagegen beim Thema „Rechtliche Rahmenbedingungen" verwandt werden. Hier könnten die Schüler gebeten werden, die abgebildeten Fahrzeuge bestimmten Fahrerlaubnisklassen zuzuordnen: *Dürften Sie dieses Fahrzeug/diese Kombination mit der Klasse B fahren?* Verbandkästen können bei dem Thema „Verhalten in besonderen Situationen" zum Einsatz kommen. Der Fahrlehrer kann sie vorzeigen und erläutern, was bei der Positionierung des Warndreiecks zu beachten ist sowie den Aufbau demonstrieren. Zusätzlich oder stattdessen könnte er die Schüler auch bitten, dies einmal selbst zu versuchen. Eine andere Schülergruppe könnte gleichzeitig beauftragt werden, zwei Verbandkästen auf Vollständigkeit und

Vorschriftsmäßigkeit zu überprüfen. Danach können die Gruppen getauscht werden. Mit Anschauungsmaterial verschiedener Fachverlage wie Plakaten mit Verkehrszeichen lassen sich ebenfalls frontale wie handlungsorientierte Methoden/Sozialformen gestalten.

9. **Lernspiele/Rätsel**

Lernspiele wie Verkehrszeichen-Memorys, Kreuzworträtsel (z. B. zum Thema „Vorfahrt“) und Quizformate zu verschiedenen Unterrichtsthemen (u. a. nach Art der Sendung „Wer wird Millionär?“) sind in den letzten Jahren immer beliebter geworden. Längst sind viele Arten von Lernspielen über Lehrmittelverlage zu beziehen, teilweise sind sie schon in die Unterrichtssoftware integriert. Gerade wenn es darum geht, den Unterricht aufzulockern, zu aktivieren und zu motivieren, kommen Lernspiele und Rätsel zum Einsatz. Da Spaß grundsätzlich das gehirngerechte Lernen fördert, ist dagegen auch aus pädagogisch/psychologischer Sicht nichts einzuwenden. Diese Medien sind aber noch mehr: Auch wenn sie Spaß machen, sind Lernspiele und Rätsel auch ernst zu nehmende Lernzielkontrollen. Allerdings geht es hierbei meist lediglich um die Überprüfung von einfachen kognitiven Lernzielen wie dem Erinnern von Begriffen (siehe Abschnitt 2.1.3 „Einteilung von Lernzielen nach Schwierigkeitsgraden“). Gleichwohl sind auch weitere Spielformate denkbar, beispielsweise solche, die auf die Kooperation mit Mitschülern abzielen oder anspruchsvollere Problemlöseaufgaben.

10. **Overheadprojektoren** (und Folien)

In manchen Fahrschulen finden sich noch Overheadprojektoren und Folien. Was jahrzehntelang als eines der wichtigsten Medien galt, wird heute von manchem belächelt. Zu Unrecht! Denn Bilder, einmal über Verlage bezogene oder auch selbst gestaltete Folien können auch weiterhin im Unterricht eingesetzt werden, solange die Informationen darauf nicht veraltet sind. Schließlich kommt es auf die Inhalte an. Die meisten Schüler kennen Overheadprojektoren noch aus der Schule, manche haben (z. B. bei Referaten) bereits mit ihnen gearbeitet. Wer Folien beschriftet, die mit den Schülern während des Unterrichts ausgefüllt werden sollen, behält den Blickkontakt zur Gruppe. Auch hier ist – wie bei allen anderen Medien, bei denen Schüler und Lehrer selbst gestalten – gute Lesbarkeit besonders wichtig. Mit Folien können auch Wahrnehmungsübungen verbunden werden: Bestimmte Teile der Folie sind abgedeckt und werden erst nach und nach sichtbar gemacht.

11. **Filme und Videos**

Filme und Videos erfreuen sich als Unterrichtsmedien großer Beliebtheit: Sie dienen der Veranschaulichung, schaffen Emotionen, können sogar spannend oder erheiternd wirken. Lehrer können im Unterrichtsverlauf einmal „durchatmen“, und die Schüler hören auch mal eine andere Stimme als die der Lehrperson. Die zum Teil sehr ausführlichen und langen Lehrfilme vergangener Jahrzehnte sind mittlerweile weitestgehend durch kürzere Filme und Filmclips abgelöst worden. Auf der inhaltlichen Ebene muss zunächst gefragt werden, welche Inhalte eines Themas am besten durch bewegte Bilder vermittelt werden. Hier bieten sich Abläufe wie das Verhalten beim Überholen, aber auch sonst nicht beobachtbare Prozesse wie die einzelnen Takte des Viertaktmotors an. Filme können angehalten oder in Zeitlupe gezeigt werden, um bestimmte Aspekte zu besprechen oder zu betonen. Andere Filme wiederum erzählen (zumeist kurze) Geschichten wie zum Beispiel die von einigen Freunden, die am Wochenende feiern gehen, nach der Party aber in einen Unfall verwickelt werden. Filme sind sowohl im Hinblick auf kognitive als auch auf affektive Lernziele sinnvoll.

Viele Filme und Animationen sind speziell für den Einsatz im Fahrschulunterricht gedreht worden. Sie sind in die Unterrichtssoftware integriert oder werden separat auf Datenträgern zur Verfügung gestellt. Selbstverständlich können Fahrlehrer auch andere Filme im Unterricht einsetzen, solange dem (urheber-) rechtliche Bedenken nicht entgegenstehen. Selbst gedrehte Filme, die z. B. die korrekte Durchführung der Grundfahraufgaben zeigen, sind häufig besonders effektiv. Aber auch bei selbst erstelltem Film- und Bildmaterial sind Fragen der Persönlichkeitsrechte der beteiligten Personen zu beachten. Hier muss man sich kundig machen.

Die Medienkompetenz des Fahrlehrers mit Bezug auf Filme und Filmclips im Unterricht besteht darin, diese – vor ihrem Einsatz – zu prüfen: Was wird gezeigt? Werden die wichtigen Inhalte angesprochen und werden sie sachlich richtig vermittelt? Was muss ergänzt werden? An welcher Stelle im Unterricht und bei welcher Lerngruppe erscheint der Einsatz sinnvoll? Welche Lernziele können hiermit erreicht werden? Wie werden die Schüler auf diesen Film reagieren? Finden sie ihn albern, überholt oder allzu gekünstelt? Wie sieht es mit der Glaubwürdigkeit aus? Die Liste möglicher Fragen ließe sich verlängern. Sie zeigt aber schon jetzt, dass der zielgerichtete Einsatz eines solchen Mediums einige Vorüberlegungen verlangt. Es ist demgegenüber nicht sinnvoll, Schüler mit Filmen, die man selbst nicht kennt, zu konfrontieren, und dann (gemeinsam) zu schauen, was passiert. Besonders problematisch wird es, wenn den Schülern Fehler und Widersprüche auffallen, die man als Lehrer vorher selbst nicht bemerkt hat!

12. **PC-Programme/Unterrichtssoftware**

Viele Fachverlage bieten ausgefeilte Unterrichtssoftware für die Aus- und Weiterbildung von Kraftfahrern an. Diese Programme sind PC-basiert und werden via Beamer und/oder interaktivem Whiteboard auf entsprechende Visualisierungsflächen projiziert. Hard- und Software wurden in den letzten Jahren immer besser aufeinander abgestimmt und gleichzeitig kombiniert mit den entsprechenden Lehrbüchern und Lernbogen zur Vorbereitung auf die Theorieprüfung. Die Programme sind lehrplan- und rechtskonform, was bedeutet, dass sie auf die geforderten Inhalte der Fahrschüler-Ausbildungsordnung und der Berufskraftfahreraus- und -weiterbildung abgestimmt sind. Damit werden auch wesentliche Forderungen der Durchführungsverordnung zum Fahrlehrergesetz und der Ausstattungsrichtlinie erfüllt.

Inhaltlich finden sich zu jedem Thema des Rahmenplans in allen Klassen und Bkf-Modulen Abbildungen, Filme, Filmclips, Animationen, Übersichtsdarstellungen, Gliederungen, Auflistungen wichtiger Punkte und Textpassagen (auch aus den Gesetzestexten). Zusätzlich zu diesem Material, das den Schülern gezeigt wird, findet sich auch Material (Menü-Navigation, Steuerelemente, Erläuterungen, Gesetzeszitate, Raum für eigene Notizen und Tipps) auf einem nur für den Lehrer sichtbaren „Lehrerbildschirm“. Bei den Steuerungselementen finden sich verschiedene Werkzeuge („Tools“), mit denen Bilder und Filme bei der Präsentation bearbeitet werden können: Mit der Lupenfunktion lassen sich bestimmte Bildteile vergrößern, Unterstreichungen vornehmen; außerdem ist das Einkreisen von Elementen oder das Beschriften mit Funktionen wie „Stift“/„Marker“ möglich; bestimmte Bildteile lassen sich abdunkeln oder verdecken, sodass der „Scheinwerfer“ nur auf Details gerichtet werden kann, die der Fahrlehrer gerade hervorheben will. Im Grunde genommen waren diese Funktionen größtenteils auch bereits mit einem Overheadprojektor oder der Videokassette möglich. Alte Lehrvideos auf VHS-Kassetten konnten angehalten oder in Zeitlupe gezeigt werden. Dennoch bietet moderne Unterrichtssoftware viele interessante und weitergehende Gestaltungsmöglichkeiten. Es lohnt, sich damit vertieft zu beschäftigen. Fahrlehrerausbildungsstätten und Lehrmittelverlage bieten regelmäßig oder auf Anfrage Schulungen zum Umgang mit der jeweiligen PC-Software an.

Die gängigen Lehrmittelprogramme sind so gestaltet, dass sie durch Fahrlehrer erweitert und modifiziert werden können: So können eigene Fotos und Filme (auch solche, die mit Smartphones aufgenommen wurden) eingefügt und innerhalb der Themen eigene Sortierungen vorgenommen werden. Oft ist es möglich, sich ein eigenes „Ablaufprogramm“ zu erstellen, in dem man nur diejenigen Elemente hinterlegt, mit denen man arbeiten möchte.

Manche Programme sind – wenn die entsprechenden Funktionen freigeschaltet sind – auch mit den online-basierten Lern-Apps zur Prüfungsvorbereitung verknüpft. So erhalten Fahrlehrer Hinweise, welche Fragen besonders häufig falsch beantwortet werden, damit sie im Theorieunterricht vertieft auf schwierige Inhalte eingehen können. Allerdings darf dies nicht zum Anlass genommen werden, den Unterricht auf eine reine „Prüfungsdressur“ zu reduzieren. Es besteht auch die Gefahr, dass es zu einem „Klick-Unterricht“ kommt, bei dem nur ein um das andere Bild und ein Film nach dem anderen gezeigt wird. Es sollte – bei allen Vorteilen der Software – immer eine Medienvielfalt im Unterricht herrschen! Wichtig ist, dass Software und Hardware gut gepflegt und regelmäßig gewartet werden. Updates sind wichtig, damit das System arbeitsfähig und die Inhalte der Unterrichtsthemen (insbesondere rechtlich) auf dem neuesten Stand bleiben. Natürlich fallen hier Kosten an, die zusätzlich zum hohen Anschaffungspreis der Unterrichtssoftware zu Buche schlagen. Bei der Fahrschulüberwachung wird auch die Aktualität der Software (ebenso wie der vorgeschriebenen Gesetzestexte!) überprüft. Tipp: Die entsprechenden Verträge mit dem jeweiligen Lehrmittelverlag dabei immer griffbereit halten!

13. **PowerPoint-Präsentationen**

PowerPoint-Präsentationen sind im Berufsleben, an Schulen und Universitäten heutzutage weit verbreitet. Sie bieten vielfältige Gestaltungsmöglichkeiten für jedermann. Bilder, Filme und Animationen in allen gängigen Formaten sowie Grafiken, Formen, Tabellen, Gliederungselemente und vieles mehr können eingebunden werden. Diese lassen sich animieren und mit weiteren Mitteln „aufhübschen“ oder „dramatisieren“: Nicht alle wirken seriös, und wie so oft ist weniger oft mehr ... Das Layout kann ebenfalls selbst erstellt werden: Somit können Fahrschulen einheitliche Musterfolien verwenden, was einen professionellen Eindruck hinterlässt und heute Standard ist. Selbstverständlich können auch Layout-Vorlagen verwandt werden.

PowerPoint-Präsentationen bieten viel Gestaltungsspielraum. Unter „Einfügen" → „SmartArt" finden sich interessante Gestaltungselemente, die durch viele weitere Werkzeuge innerhalb des Programms unterstützt werden können. Durch das Einfügen von Links kann man noch dazu bequem navigieren. Somit lässt sich der Unterricht stark auf die eigenen Bedürfnisse hin ausrichten. Auch hier muss davor gewarnt werden, in ein stures Durchklicken aller Folien zu verfallen, das jedes andere Medium ausschließen und den Unterricht auf Frontalunterricht beschränken würde. Noch ein wichtiger Hinweis: Nicht zu viel Text auf den Folien unterbringen und auf die Schrift und deren Größe achten!

14. **Internetbasierte Medien**

Das Internet bietet eine Vielzahl an Möglichkeiten, Fahrschulunterricht sinnvoll zu ergänzen. Dabei müssen jedoch jederzeit die Urheberrechte beachtet werden. Es ist möglich, Bilder, Filme und Animationen in den Unterricht einzubinden, zuvor jedoch muss geklärt werden, ob diese verwandt werden dürfen. Bei Material, das pädagogisch besonders wertvoll erscheint, lohnt es sich, die Rechteinhaber zu kontaktieren und eine schriftliche Genehmigung einzuholen. Generell gilt: Die Quellenangabe darf nicht fehlen. Es spricht nichts dagegen, Schüler mit Recherchen zu beauftragen – z. B. nach den Unterlagen, die sie zur Zulassung von Kfz benötigen. Sie können dazu ruhig einmal ihre eigenen Smartphones verwenden. In einem sich anschließenden Lehrgespräch könnte die Verlässlichkeit der besuchten Seiten diskutiert werden. Konkret: *Wo kann ich mich verlässlich und aktuell informieren?* Allzu schnell wird der erste Treffer, den einschlägige Suchmaschinen liefern, ausgewählt. Schüler sollen lernen, dass offizielle Seiten (wie die des örtlichen Straßenverkehrsamtes) oder Seiten seriöser Player in der Szene der Verkehrssicherheit (Überwachungsorganisationen, Behörden etc.) mehr Verlässliches als dubiose Internetforen liefern. Diese Art der Medienkompetenz kann und soll auch in der Fahrschule gefördert werden.

2.4.3 Der Bezug zu anderen Planungsmomenten und didaktischen Prinzipien

Medien sind Teil der didaktischen Entscheidungen, die bei der Planung und Durchführung von Unterricht zu treffen sind. Sie sind aber – wie bereits erwähnt – keinesfalls wichtiger als die Inhalte, die sie transportieren, und als die Ziele, die es zu erreichen gilt. Sie dienen auch der Umsetzung didaktischer Prinzipien: Mit ihnen kann an Bekanntes angeknüpft werden, bevor Unbekanntes thematisiert wird. Ein Bahnübergang in der Nähe der Fahrschule dient z. B. als Einstieg, bevor ein Bild aus dem PC-Programm gezeigt wird. Darüber hinaus kann auch vom Einfachen zum Komplexen vorgegangen werden: Am Anfang steht eine Skizze, bevor ins Detail gegangen wird. Dabei ist jedoch stets die „Passung" (zu den Lernkompetenzen und Interessen der Schüler) zu beachten. Mit Medien können Lernende aktiviert werden, womit das Prinzip der Handlungsorientierung berücksichtigt wäre. Darüber hinaus können bestimmte Medien aus verschiedenen Gründen motivierend wirken, z. B. wenn einmal Aufgaben zur Internetrecherche verteilt werden oder ein Medium besonders ansprechend gestaltet ist. Mit Medien sind Verknüpfungen zwischen Theorie- und Praxisunterricht möglich und anzustreben: Zum Beispiel können im Theorieunterricht Bilder von Situationen gezeigt werden, die den Schülern auch beim Fahren begegnen werden und umgekehrt in der Praxis auf Beispiele aus der Theorie zurückgegriffen werden. Hier ist auch das Qualitätskriterium der Fahrlehrerausbildungs-Verordnung, „Motivierung der Schüler und Praxisbezug", miteinbezogen.

Fahrlehrer müssen demnach Medien

- kennen, kritisch betrachten und analysieren,
- die Chancen und Grenzen jedes Mediums kennen und abwägen,
- mit Blick auf die Lerngruppe, die Lernziele und weitere didaktische Grundsätze sinnvoll auswählen,
- souverän bedienen können,
- selbst gestalten können
- für Medienvielfalt sorgen.

Es spricht viel dafür, selbst gestaltete und auf den konkreten Lern- und Prüfungsort abgestimmte Medien – zusätzlich zu den von den Fachverlagen gelieferten – einzusetzen.

2.5 Der Faktor „Zeit"

2.5.1 Rechtliche Hintergründe

Unterricht geschieht immer innerhalb eines zeitlichen Rahmens. Die Theorieunterrichte sind in Doppelstunden à 90 Minuten gegliedert, jedoch ist es seit einigen Jahren zulässig, auch 45-Minuten-Unterrichte anzubieten (§ 4 Abs. 3 FahrschAusbO). Im Hinblick auf die Unterrichtsplanung ist zu sagen, dass der enge zeitliche Rahmen des Rahmenplans nur einen Mindeststandard für die theoretische Ausbildung darstellt. Nicht selten werden Schüler über die geforderten Mindestunterrichte hinaus zusätzlich am Theorieunterricht teilnehmen, sei es, weil sie vor der Prüfung noch einmal ein bestimmtes Thema wiederholen wollen, in dem sie sich noch nicht sicher fühlen. Oder weil der Fahrlehrer der Meinung ist, dass die Ziele des Unterrichts noch nicht erreicht sind. Der **zeitliche Umfang** des theoretischen Mindestunterrichts in allen Klassen richtet sich für den Grundstoff nach § 4 Abs. 3 FahrschAusbO und für den klassenspezifischen Zusatzstoff nach Anlage 2.8 (zu § 4 Abs. 4). Die Ausbildung für die Klassen B, C1, D und D1 umfasst auch den Stoff für die jeweiligen Anhängerklassen (§ 4 Abs. 5 FahrschAusbO). Aus lernpsychologischer Sicht ist es zu begrüßen, dass der Verordnungsgeber formuliert hat, dass der Unterricht *„zwei Doppelstunden täglich nicht überschreiten (soll)"* (§ 4 Abs. 6 FahrschAusbO).

2.5.2 Lernzeit und „echte Lernzeit"

Die Lernforschung hat in den letzten Jahren untersucht, was Unterricht gelingen lässt. Unter denjenigen Faktoren, die Unterricht nachweislich erfolgreich machen, ist ein möglichst hoher Anteil „echter Lernzeit" zu finden. In Kapitel 1, Abschnitt 2.1 „Was ist guter Unterricht?" wurden die einzelnen Faktoren bereits beschrieben. Die Unterrichtsorganisation und -durchführung muss demnach so gestaltet sein, dass innerhalb des Unterrichts möglichst wenig Zeit für administrative und disziplinarische Maßnahmen verloren geht. Dazu müssen Abläufe gut eingespielt und Rollen sowie Regeln von allen Beteiligten gekannt, akzeptiert und eingehalten werden. Der Anteil der Zeit, die für das Erreichen bestimmter Lernziele aufgewendet wird, soll also erhöht werden. Das setzt auch eine gute Planung des Unterrichtsverlaufs voraus. Darauf wird im Abschnitt 3 „Verlaufsplan für den theoretischen Unterricht" eingegangen.

Zeitmanagement ist auch in der Fahrschule ein wichtiges Thema, das starke Auswirkungen auf den Unterricht hat. Wer Unterricht plant und durchführt, muss überlegen, wie viel Zeit er innerhalb einer Lektion von 90 Minuten für ein (Teil-)Thema oder einen bestimmten Aspekt aufwenden möchte. Schwerpunkte setzen – wie im Abschnitt 2.3 „Sozialformen, Methoden und Techniken" beschrieben – ist eine wichtige unterrichtliche Entscheidung. Sie muss aus den Lernzielen begründet werden. Wenn einem ein Ziel besonders wichtig erscheint, wie z. B. das Kennenlernen typischer Gefahrsituationen beim Fahren außerorts, dann muss man dafür auch mehr Zeit einplanen als für Zusatzinformationen (z. B. das Verkehrszeichen „Touristischer Hinweis", Z. 386.1). Für bestimmte Inhalte, die sich auch nicht mit den Zielen (*„Warum heißt das ‚Andreaskreuz' so?"*) der FahrschAusbO begründen lassen, wird häufig überhaupt keine Zeit investiert werden.

Rein praktisch sind drei Szenarien denkbar: Die Zeit reicht aus, es bleibt Zeit übrig oder die Zeit ist zu knapp bemessen. Hinzu kommt, dass Lehrer lernen müssen, ein Zeitgefühl zu entwickeln (*„Wie lange werden meine Schüler für die geplante Gruppenarbeit wohl benötigen?"*) und auf die Einhaltung des Zeitrahmens zu achten. Hier spielen natürlich Erfahrungswerte eine große Rolle; aber auch der Ausbildungsfahrlehrer kann hier viel Unterstützung lie-

Übungsaufgaben zur Didaktischen Analyse

1. Welche möglichen Interessen, Einstellungen und Werthaltungen erwarten Sie innerhalb einer Schülergruppe, wenn Sie das Thema „Rechtliche Rahmenbedingungen" zu unterrichten haben? Wie reagieren Sie darauf bei der Planung und Durchführung des Unterrichts?
2. Formulieren Sie bitte drei Grob- und mindestens fünf Feinziele zu einem Inhalt aus dem Rahmenplanthema „Fahrmanöver". Gehen Sie dabei auch auf Lernzielbereiche und die Einteilung der Ziele nach Konkretheit ein.
3. Welche Schwerpunkte würden Sie innerhalb des Themas „Verhalten in besonderen Situationen" setzen? Begründen Sie Ihre Auswahl auch anhand der Ziele der FahrschAusbVO.
4. Viele Fahrschüler tun sich schwer mit der Fachsprache, wie sie in Gesetzestexten zu finden ist. Wie lässt sich der Text des § 1 der FahrschAusbO so didaktisch reduzieren, dass eine durchschnittlich leistungsfähige Schülergruppe ihn verstehen würde?
5. Benennen Sie bitte fünf Sozialformen/Methoden für den theoretischen Unterricht, die Ihre Schüler besonders aktivieren. Welche Vorteile hat ein solch handlungsorientiertes Vorgehen?
6. Welche Möglichkeiten haben Sie im theoretischen Unterricht, um Schüler zu fördern, deren Sprachkompetenz im Deutschen noch nicht hinreichend ausgeprägt ist?
7. Welche Medien würden Sie innerhalb des Unterrichtsthemas „Vorfahrt und Verkehrsregelungen" einsetzen? Begründen Sie Ihre Auswahl anhand der Kriterien zur Bedingungs- und der Didaktischen Analyse.
8. Inwiefern hängen Unterrichtsinhalte, Lernziele, Unterrichtsmethoden, Medien miteinander zusammen? Welchen Einfluss haben die Lernvoraussetzungen der Fahrschüler auf diese Planungsfaktoren? Nennen Sie hierzu Beispiele aus dem Theorieunterricht.
9. Worauf ist hinsichtlich des Zeitmanagements bei der Planung und der Durchführung des Theorieunterrichts zu achten? Welche Möglichkeiten haben Sie, die „echte Lernzeit" im Unterricht zu erhöhen?

fern. Je mehr Unterrichtserfahrung gesammelt wird, desto leichter fällt die Einhaltung des Zeitplans. Der Verlaufsplan für den Theorieunterricht kann hier eine echte Hilfestellung sein (siehe Abschnitt 3). Dabei kann der Ausbildungsfahrlehrer protokollieren, wie viel Zeit für jede Unterrichtsphase tatsächlich aufgewendet wurde. Dies kann mit der ursprünglichen Planung verglichen werden. Gemeinsam kann dann gesucht werden, wo die „Zeitfresser" sind, oder wo im Gegenteil – z. B. durch weitere Beispiele – noch ein wenig Zeit gefüllt werden könnte? Auch unterschiedliche Methoden/Sozialformen benötigen mehr oder weniger Zeit. Natürlich hängt auch viel davon ab, wie viel inhaltlich von den Schülern verlangt und welche Tiefe angestrebt wird. Hier wird der Fahrlehrer in seiner Zeit in der Ausbildungsfahrschule viele wichtige Erfahrungen sammeln. Diese sollte er unbedingt – z. B. in einem persönlichen Lerntagebuch – dokumentieren. Die eigene Entwicklung kann erstaunlich sein!

3 Verlaufsplan für den theoretischen Unterricht

Nachdem die Planungselemente der Bedingungsanalyse und der Didaktischen Analyse nun vorgestellt, eingeordnet und begründet wurden, soll nun die konkrete Anwendung im Rahmen der Unterrichtsplanung dargestellt werden. Eine solche Planung muss alle wichtigen Punkte berücksichtigen und so handhabbar machen, dass während des Unterrichts sozusagen „ein Blick aus dem Augenwinkel" genügt, um sich wieder zu orientieren. Einen solchen Verlaufsplan darf der Fahrlehrer selbstverständlich bei seinen Lehrproben auf dem Lehrertisch liegen haben, und er sollte einen solchen geplanten Unterrichtsverlauf auch seiner Prüfungskommission am Tag der Lehrproben (vor deren Beginn) überreichen. Das strukturierte Planen und das anschließende Handeln nach dem Plan will geübt und verfeinert werden – ganz so, wie im Referendariat für Lehrer an Schulen.

Ein Beispiel für einen solchen Unterrichtsverlaufsplan aus dem Grundstoff für alle Klassen wird im Folgenden dargestellt.

I Bedingungsanalyse

Lernvoraussetzungen der Fahrschüler

Ich erwarte ca. 15. bis 20 Fahrschüler, die mehrheitlich die Klasse B erwerben möchten. Drei Schüler haben die Klasse A2 und einer die Klasse A1 beantragt. Größere Sprach- oder Verständigungsschwierigkeiten erwarte ich insgesamt nicht, doch haben drei Schüler/innen noch Schwierigkeiten mit der deutschen Sprache. Ungefähr die Hälfte der Schüler/innen haben weniger als die Hälfte der vorgeschriebenen Theoriestunden absolviert. Vier Fahrschüler haben bereits Vorerfahrungen als Inhaber einer Mofa-Prüfbescheinigung bzw. der Klasse AM. Fast alle werden über Vorerfahrungen als Radfahrer verfügen. Auch eigene Erfahrungen als Fußgänger und als Beifahrer werden vorhanden sein. Diese Vorerfahrungen werden im Verlauf des Unterrichts aktiviert und bewusst erfragt.

Zu dem Thema „Rechts vor Links" erwarte ich hohes Interesse, das das Thema einerseits hoch prüfungsrelevant ist und andererseits im Straßenverkehr täglich vorkommt. Hier werden die Vorerfahrungen der Schülerinnen und Schüler wichtig. Andererseits werden nicht alle wichtigen Aspekte schon bekannt oder richtig verstanden sein. Da einige Schüler bereits Fahrstunden absolviert haben, können ihre Erfahrungen (z. B. zur Erkennbarkeit von Rechts-vor-Links-Situationen) eingebunden werden. Größere Akzeptanzprobleme erwarte ich bei diesem Thema nicht.

Lehrvoraussetzungen des Fahrlehrers

Das Thema gehört zu einem Kernbereich des fachlichen Professionswissens eines Fahrlehrers. Aktuelle Urteile und vertiefende Hintergrundinformationen nehme ich regelmäßig über Fachmedien (z. B. Updates in der Unterrichtssoftware, Ergänzungslieferungen in den Gesetzestexten, Verbandszeitschrift o. Ä.) zur Kenntnis. Damit ist sichergestellt, dass ich auch Ausnahmefälle sicher entscheiden und beantworten kann. Gerade bei einem so zentralen Thema müssen Fahrschüler auf das sichere Fachwissen eines ihres Fahrlehrers vertrauen können.

Rechtliche Vorgaben

Das Thema gehört zur 5. Lektion des Grundstoffs für alle Klassen („Vorfahrt und Verkehrsregelungen"). In der Prüfungsrichtlinie sind Fragen im Rahmen der Theo-

rieprüfung zu Vorfahrt und Vorrang unter Abschnitt 2.3.1 (Zusammenstellung und Bewertung der Fragen für die Fahrerlaubnisklassen A, A2, A1, B, AM, L und T) geregelt. Werden zwei Fragen mit der Wertigkeit von 5 Fehlerpunkten falsch beantwortet, ist die Theorieprüfung nicht bestanden. In der praktischen Prüfung ist die Prüfung nicht bestanden, wenn eine grobe Missachtung der Vorfahrt- oder Vorrangregelung, Nichtbeachten von „Rot" oder Zeichen von Polizeibeamten oder des Zeichens 206 („Halt. Vorfahrt gewähren") vorkommt (Abschnitt 1.5.1 der KfzPrüfRiLi). Fehlverhalten in Vorfahrtssituationen kann als Ordnungswidrigkeit oder – z. B. in Fällen des § 315c StGB – sogar als Straftat gewertet werden. Fehler bei der Vorfahrt können zu Eintragungen und Maßnahmen nach dem Fahreignungs-Bewertungssystem führen.

■ Räumliche und organisatorische Rahmenbedingungen

Der Theorieunterricht in der Filiale in Musterstadt findet immer dienstags und donnerstags in der Zeit von 18:30 bis 20:00 Uhr statt. Die Fahrschule ist montags bis freitags jeweils von 16:00 bis 20:30 Uhr geöffnet. Zu diesen Geschäftszeiten ist eine Verwaltungskraft anwesend, die die Beratung, Information und weitere administrative Tätigkeiten übernimmt. Die Schüler haben auch außerhalb des 90-minütigen Theorieunterrichts die Gelegenheit, für die Theorieprüfung zu lernen. Fragen inhaltlicher Art beantwortet der an diesem Abend unterrichtende Fahrlehrer vor und nach dem Unterricht.

Die Fahrschule ist gemäß den gesetzlichen Bestimmungen (Ausstattungsrichtlinie) ausgestattet. Darüber hinaus verfügt der Unterrichtsraum über einen Flipchart und entsprechendes Material (Metaplankarten etc.). Die Sitzordnung ist als „Hufeisenform" ausgeführt; die Tische lassen sich mühe- und geräuscharm verschieben. Visualisierungsflächen sind vorhanden.

II Didaktische Analyse

Aufgrund der hohen praktischen Relevanz des Themas ist es wichtig, eine gute Verzahnung zur praktischen Ausbildung zu erreichen. Da einige Schüler bereits Fahrstunden absolviert haben, werde ich ihre Erfahrungen einfließen lassen. Sie können ihren Mitschülern z. B. davon berichten, wie schwierig manche vorfahrtberechtigten Kreuzungen/Einmündungen manchmal zu erkennen sind. Das Thema ist aufgrund vielfältiger Vorerfahrungen der Schüler und aufgrund der Tatsache, dass Vorfahrts-/Vorrangsituationen praktisch überall vorkommen, gut zugänglich. Es wird nicht besonders schwierig sein, den Schülern die gegenwärtige und die zukünftige Bedeutung des Themas zu vermitteln. Die Vorfahrtregeln und deren Anwendung im Rahmen von Skizzen und Fragebogen sind für viele Schüler recht leicht erlernbar. Andererseits fällt es Schülern schwer, dieses Wissen im Fahrschulauto zu aktivieren und das theoretisch Gelernte auf eine reale Situation zu übertragen und anzuwenden. Aus diesem Grund ist die Verzahnung zwischen Theorie und Praxis besonders wichtig.

Ein Schwerpunkt ist einerseits das Vermitteln grundlegender Informationen und Regeln sowie typischer Gefahren und häufiger Fehler. Die wichtigsten Begriffe, wie „Vorfahrt" und „Vorrang", sollen – ebenso wie die Hierarchie der Vorfahrt-/Verkehrsregelungen – erarbeitet werden. In einem weiteren Schritt sollen das Erkennen, das richtige Verhalten sowie die Ausnahmen von der Vorfahrtregel „Rechts vor Links" kennengelernt werden.

Dazu werden sowohl frontale als auch handlungsorientierte Methoden/Sozialformen eingesetzt. Als Medien bieten sich neben dem Flipchart insbesondere auch Bilder von regionalen und den Schülern bereits bekannten Vorfahrtssituationen an.

III Unterrichtsverlaufsplan in tabellarischer Form

Grobziele: Die Fahrschüler sollen

... die Hierarchie der Vorfahrt kennen und verstehen (kognitiv),
... den Anwendungsbereich von Rechts-vor-Links-Regelungen kennen (kognitiv),
... sowie das Verhalten bei RvL kennen und akzeptieren (kognitiv, affektiv).

Zeit	Feinziele	Inhalte/Schritte	Methoden	Medien
2‘ 18:00–18:02	... den Sinn der Vorfahrtregeln kennen und akzeptieren (k, a).	**1 Einführung** Mit Tischen wird eine „Kreuzung“ dargestellt. Aus den „Straßen“ sollen vier FS gleichzeitig auf die Mitte zulaufen.	Rollenspiel	Tische
3‘ 18:02–18:05	... das Thema und die Grobziele erfahren (k).	**2 Was kommt heute?** Der FL erläutert die Inhalte und Grobziele des Unterrichtsthemas.	Lehrvortrag	Agenda-Flipchart
5‘ 18:05–18:10	... die Begriffe „Vorrang“ und „Vorfahrt“ kennen und unterscheiden können (k), ... den jeweiligen Geltungsbereich von „Vorrang“ und „Vorfahrt“ kennen und auf verschiedene Situationen anwenden können (k), ... die Unterschiede zwischen „Vorrang“ und „Vorfahrt“ benennen und begründen können (k).	**3 „Vorrang“ und „Vorfahrt“ regeln, wer zuerst fahren darf.** Die Begriffe werden im Lehrgespräch erarbeitet: a) Vorrang ■ Gilt zwischen Verkehrsteilnehmern. ■ Ist der Vorfahrt übergeordnet. ■ „Wohin will ich?“ ■ Entscheidet sich auf der Kreuzung. ■ Linksabbieger im Gegenverkehr. ■ Fußgänger, Radfahrer, ... b) Vorfahrt ■ Gilt zwischen Fahrzeugen. ■ Fahrlinien müssen sich annähernd gleichzeitig kreuzen, schneiden, gefährlich nähern. ■ Sonderfall des Vorrangs. ■ „Woher komme ich?“ ■ „Wer darf als erster in die Kreuzung einfahren?“	Lehrgespräch (fragend-entwickelnd)	Flipchart 1: **„Vorrang“ und „Vorfahrt“**
5‘ 18:10–18:15	... die Hierarchie der Vorfahrtregeln kennen und verstehen (k), ... verstehen, inwiefern „höhere“ Regeln „niedrigere“ aufheben können (k).	**4 Die „Vorfahrtspyramide“** Der FL präsentiert eine (leere) Pyramide mit vier Feldern und der Überschrift „Vorfahrt und Verkehrsregelungen“ und fragt: *„Durch welche Regeln kann man festlegen, wer zuerst fahren darf?“* Er notiert die einzelnen Antworten (Vorfahrtregeln) auf Metaplankarten und hängt sie ungeordnet neben die Pyramide. Dann wird die Hierarchie der Vorfahrtregeln erarbeitet und vertieft: ■ „Höhere» Regeln heben „niedrigere“ auf. ■ Erarbeitung anhand von zwei Bildern.	Ideen sammeln und strukturieren Lehrgespräch	Flipchart 2: **„Vorfahrt und Verkehrsregelungen“** Zwei Beispielbilder (Grüne LZA + VZ 206, Kreuzung mit VZ 306)

FS = Fahrschüler FL = Fahrlehrer RvL = Rechts vor Links k = kognitiv a = affektiv

Zeit	Feinziele	Inhalte/Schritte	Methoden	Medien
20' 18:15–18:35	... entdecken, welche Faktoren auf die Regelung RvL hinweisen können (k), ... wissen, dass an bestimmten Stellen mit RvL zu rechnen ist (k), ... einsehen, dass RvL oft nur schwer erkennbar ist (a), ... bereit sein, so aufmerksam und bremsbereit zu fahren, dass sie RvL rechtzeitig erkennen (a),	**5 „Rechts-vor-Links-Erkennen", Ausnahmen, Verhalten** Die FS erarbeiten anhand einer themenverschiedenen Gruppenarbeit das Erkennen von RvL, die Ausnahmen von dieser Regelung und das korrekte Verhalten: **Gruppe 1:** ***„Woran kann ich erkennen, dass ‚Rechts vor Links' gilt?"*** Auf **Flipchart 3a** hängen zwei große Bilder von zwei Einmündungen mit RvL-Regelung. Die Gruppe soll auf pfeilförmigen Metaplankarten vermerken, welche Elemente auf RvL hinweisen können: ■ Straßennamensschilder ■ Bordsteinführung ■ Lücken in der Bebauung/einer Reihe parkender Fahrzeuge ■ Gesamteindruck ■ ...	Kleingruppenarbeit (themenverschieden)	**Hilfsmittel:** **Lehrbuch Klasse B** Flipchart 3a: **„Woran kann ich erkennen, dass ‚Rechts vor Links' gilt?"**
	... die Ausnahmen von der Regel RvL erarbeiten (k) und ihren Sinn verstehen (k, a),	**Gruppe 2:** ***„Warum gilt hier KEIN ‚Rechts vor Links'?"*** Auf **Flipchart 3b** sollen aus 15 gegebenen Bildern diejenigen angebracht werden, wo RvL NICHT gilt. Die Begründung soll daneben geschrieben werden: ■ Feld-/Waldwege ■ Grundstücksausfahrten ■ Ausfahrten aus Fußgänger- oder verkehrsberuhigten Bereichen ■ an abgesenkten Bordsteinen ■ bei Einfahrt über Gehwege, Seiten- oder Parkstreifen.		Flipchart 3b: **„Warum gilt hier KEIN ‚Rechts vor Links'?"**
	... die einzelnen Handlungsschritte bei der Annäherung an RvL in der richtigen Reihenfolge erarbeiten (k), ... einsehen, dass bei RvL oft „viel zu tun" ist und deswegen vorsichtig und bremsbereit herangefahren werden muss (a).	**Gruppe 3:** ***„Rechts-vor-Links-Verhalten"*** Die Handlungsschritte beim Annähern an eine RvL-Einmündung werden auf **Flipchart 3c** auf Metaplankarten vermerkt und in der richtigen Reihenfolge aufgehängt: ■ erkennen ■ verzögern/zurückschalten ■ Fahrlinie wählen ■ mäßige Geschwindigkeit ■ Kupplungs- und Bremsbereitschaft ■ vorfahren bis Sichtlinie ■ beobachten/entscheiden ■ wenn frei, zügig überqueren. **Gruppenarbeitsphase: 10 Min.** **Präsentation/Besprechung: 10 Min.**		Flipchart 3c: **„Rechts-vor-Links-Verhalten"**

Zeit	Feinziele	Inhalte/Schritte	Methoden	Medien
5‘ 18:35–18:40	... die Reihenfolge, wer zuerst fahren darf, kennenlernen (k), ... wissen, wann man sich untereinander verständigen muss (k), ... bereit sein, falls nötig, auf die Vorfahrt/den Vorrang zu verzichten (a).	**6 „Wer fährt zuerst?“ (RvL-Kreuzung)** An der Tafel wird eine Kreuzung mit RvL-Regelung zunächst mit 2, dann 3 und schließlich 4 Fahrzeugen dargestellt. Es wird besprochen, in welcher Reihenfolge gefahren werden darf (und warum): ■ 1, 2, 3 Fahrzeuge geradeaus, ■ 4 Fahrzeuge geradeaus, ■ 1, 2 Fahrzeuge geradeaus, 1 Fahrzeug biegt links ab (Vorrang!)	Lehrgespräch, visualisieren	Tafel
5‘ 18:40–18:45	... ihr erworbenes Wissen anwenden und überprüfen (k).	**7 Lernzielkontrolle „Wer darf zuerst?“** Erneut wird eine Kreuzung durch Tische dargestellt (mehrere Schüler kommen jeweils aus einer „Straße“): ■ 1, 2, 3 Fahrzeuge geradeaus, ■ 1, 2 Fahrzeuge geradeaus, 1 Fahrzeug biegt links ab (Vorrang!) ■ zunehmend schnell (Spaß!) Hinweis: Abbiegende sollen durch Handzeichen anzeigen, wo sie hinwollen. Verabschiedung.	Rollenspiel	Tische

FS = Fahrschüler FL = Fahrlehrer RvL = Rechts vor Links k = kognitiv a = affektiv

Kapitel 3
Die Planung von praktischem Unterricht

Kai Schäder

1 Bedingungsanalyse/Vorbedingungen

Die allgemeinen Ziele der Ausbildung von Fahrschülern sind in der Fahrschüler-Ausbildungsordnung (FahrschAusbO) und deren Anlagen klar definiert. Im Besonderen wird im § 5 aufgeführt, dass den Schülern Kenntnisse, Fähigkeiten und Fertigkeiten beizubringen sind, welche die Schüler verantwortungsvoll und umweltbewusst in ihrem Kraftfahrerleben anwenden sollen. Doch bevor der Fahrlehrer mit einem Fahrschüler die praktischen Fahrstunden beginnt, muss er sich überlegen, in welcher Form er sein Wissen überhaupt an diesen weitergeben kann. Eine zentrale Frage hierbei lautet: *„Wie kann mein Fahrschüler die Lernziele, die die FahrschAusbO vorsieht, bestmöglich erreichen?"* Dazu sollte sich der Fahrlehrer überlegen, ob es im Vorfeld bereits Bedingungen gibt, die das Lernen seines Schülers positiv oder negativ beeinflussen können. Das muss nicht zwangsläufig vor jeder Fahrstunde aufs Neue erfolgen. Einige Bedingungen, wie z. B. die sprachliche Verständigung, lassen sich bereits während der ersten Begegnung von Fahrschüler und Fahrlehrer klären. Andere Bedingungen, z. B. die Lehrmethoden, auf welche der Fahrschüler am besten reagiert, werden während des gesamten Lernprozesses der Fahrschülerausbildung zu Tage treten. Wird nun das Lernumfeld des Fahrschülers auf positive und negative Bedingungen hin untersucht, sollte stets auf **drei Einflussgrößen** als Maßstab zurückgegriffen werden, die den Lernerfolg entscheidend beeinflussen. Zum einen ist dies natürlich das Lernpotenzial des Schülers selbst. Zum anderen ist es der lehrkompetente Fahrlehrer. Als dritte Einflussgröße ist das Angebot in Zeit und Raum zu sehen. Kurz: Welche Erfahrungsangebote können dem Fahrschüler in der begrenzten Zeit, die im Rahmen der Fahrstunden zur Verfügung steht, im Realverkehr gemacht werden? Im Folgenden werden diese drei Einflussgrößen genauer betrachtet.

1.1 Fahrschüler

Fahrschüler bringen ein breites Spektrum von unterschiedlichen Motivationslagen, Wissensständen und Lernfähigkeiten mit. Diese gilt es individuell gut einschätzen und konstruktiv ansprechen zu lernen. Vieles ergibt sich über die beständig zunehmende Lehrerfahrung im praktischen Unterricht. Die folgenden Abschnitte sollen hierfür als Reflexionsgrundlage dienen.

1.1.1 Motivation

Fahrschüler, mit denen man zusammenarbeitet, sind keine homogene Gruppe. Das stereotype Bild eines jungen, erwachsenen Musterfahrschülers gibt es kaum. Zu unterschiedlich sind heutzutage die Beweggründe von Fahrschülern, eine Fahrerlaubnis zu erwerben. Galt die Fahrerlaubnis früher als Statussymbol und stand für Werte wie Freiheit und Selbstständigkeit, so rücken heutzutage oftmals andere Werte in den Vordergrund der Kunden. Zu nennen ist an dieser Stelle die Nutzung von digitalen Medien. Der soziale Status einer Person kann heutzutage maßgeblich davon abhängen, wie vernetzt sie in der digitalen Welt ist, und nicht mehr davon, ob sie eine gültige Fahrerlaubnis besitzt!

Des Weiteren sind es nicht ausschließlich mehr junge Erwachsene, die einen Führerschein machen wollen. Besonders in großen Städten und Metropolregionen bewerben sich Fahrschüler aller Altersklassen, die aus den unterschiedlichsten Beweggründen in die Fahrschule kommen. Ein weiterer wichtiger Aspekt, der über die Motivation der Schüler Auskunft gibt, ist folgender: Die Bundesrepublik Deutschland ist ein Einwanderungsland. Der Anteil von Mitbürgern mit Migrationshintergrund steigt.[1] Und Menschen, die aus dem Ausland zu uns kommen, um hier zu leben und zu arbeiten, können durchaus andere Erwartungshaltungen mitbringen, wenn es um den Erwerb einer Fahrerlaubnis geht. Die drei nachfolgend exemplarisch beschriebenen Fahrschüler sind jeweils grundverschieden motiviert:[2]

Beispiel 1:

- Dennis ist 22 Jahre alt. Nach dem Abitur absolvierte er ein Freiwilliges Soziales Jahr im Ausland. Danach fing er ein Studium in seiner Heimatstadt an. Eine Fahrerlaubnis hat Dennis bisher nicht benötigt. Doch seine Eltern sind überzeugt, dass der Führerschein nach dem Studium wichtig für ihren Sohn ist. Also meldet sich Dennis in einer Fahrschule an, um dem Wunsch seiner Eltern zu entsprechen.

Beispiel 2:

- Jenny (39) ist verheiratet und hat zwei kleine Kinder. Ihr Ehemann, der tagsüber in der Firma ist, will ein zweites Auto anschaffen, damit Jenny die Kinder zum Kindergarten fahren kann. Früher hatte Jenny Angst vor dem Autofahren und hat sich nie mit dem Thema Führerschein auseinandergesetzt. Sie hatte stets andere Interessen. Widerwillig meldet sie sich in einer Fahrschule an.

Beispiel 3:

- Herr Wang ist 35 Jahre alt und kam aus der Volksrepublik China für ein internationales Masterstudium nach Deutschland. Kurz vor Ende seines Studiums sucht Herr Wang eine Anstellung in einer deutschen Firma und will hierfür ebenfalls eine Fahrerlaubnis erwerben, um seine Chancen in Bewerbungsgesprächen zu verbessern. Er ist zuversichtlich, dass er den Führerschein schnell bekommt, da er in seiner Heimat ja viele Jahre mit einer chinesischen Fahrerlaubnis unterwegs war. Also sucht sich Herr Wang eine Fahrschule mit einem englischsprachigen Fahrlehrer und meldet sich an.

---

1 Die Zahlen über die Zuwanderung nach Deutschland lassen sich auf der Internetseite des Statistischen Bundesamtes verfolgen.

2 Die Beispiele dienen der Betrachtung von unterschiedlichen Lernvoraussetzungen der Fahrschüler, die im Folgenden dargestellt werden. Die Beispiele können durch andere oder weitere Fälle ergänzt werden.

Diese Einzelbeispiele stehen für drei typische und oft wiederkehrende Gruppen von Kunden und ihre jeweiligen Motivationen hinsichtlich des Führerscheinerwerbs:

Zum einen ist da der junge Erwachsene, für den eine Fahrerlaubnis kein Statussymbol mehr bedeutet. Der Bildungswissenschaftler Klaus Hurrelmann zeigt in seinen Arbeiten zur Generationenforschung, dass junge Erwachse durchaus andere Werte zur Automobilität entwickeln, als dies noch bei den Vorläufergenerationen der Fall war.[3] Zum anderen trifft man auf Personen, die aufgrund ihrer gegenwärtigen Lebenslage dazu gedrängt werden, eine Fahrerlaubnis zu erwerben, ohne dies aus eigener Überzeugung heraus (intrinsisch) zu wollen. Und das letzte Beispiel zeigt den Fahrerlaubnisanwärter, der aus einem anderen soziokulturellen Umfeld stammt und die Fahrerlaubnis als rein zweckmäßiges Instrument anstrebt.

Diesen diversen Anforderungen gerecht zu werden, ist keine leichte Aufgabe für Fahrlehrer (für einen tieferen Einblick in das Thema Motivation siehe Kapitel 1, Abschnitt 2.3 „Motivation in der Fahrschule"). Schließlich sind nicht nur die Motive der Kunden und deren Anforderungen an die Kompetenz des Fahrlehrers grundverschieden, sondern ebenfalls die jeweiligen Lernvoraussetzungen, die Fahrschüler in die Führerscheinausbildung einbringen.

1.1.2 Lernvoraussetzungen

Mit den Lernvoraussetzungen, die ein Mensch mitbringt, sind zunächst seine körperlichen und geistigen Fertigkeiten und Fähigkeiten gemeint. Hinzu kommt die individuelle Bereitschaft, sich auf das Lernen einzulassen. Ein generelles Problem der Fahrschülerausbildung besteht darin, dass natürlich kein Fahrschüler auf seinen Lehrer zukommen wird, um ihm über seine Lernvoraussetzungen Auskunft zu geben. Diese muss der Fahrlehrer selber herausfinden. Doch helfen die folgenden Kategorien weiter, um sich ein Bild über die Lernvoraussetzungen der Schüler zu verschaffen. Der Einfachheit halber sind diese hier als Fragen formuliert:[4]

- **Frage 1:** Besitzt der Fahrschüler inhaltliche Vorkenntnisse und hat er praktische Erfahrungen im Straßenverkehr? Falls ja, sind diese bei der Planung der praktischen Fahrstunden unbedingt einzubeziehen.
- **Frage 2:** Bestehen soziokulturelle Unterschiede in Bezug auf das Lernen bei Fahrschülern, die aus einem anderen Land oder aus einem anderen sozialen Milieu stammen, bzw. gibt es sprachliche Hürden? Bei vielen Migranten, die bereits einige Zeit in der Bundesrepublik leben und Sprachkompetenzen erworben haben, ist im Arbeitsalltag oftmals festzustellen, dass sie die deutsche Sprache grundsätzlich verstehen können, aber nicht immer auch komplexere Erläuterungen verstehen. Besonders hier gilt es, für den jeweiligen Fahrschüler gut funktionierende Anleitungen zu erkennen und das Verständnis immer wieder mit Lernkontrollen zu überprüfen.

---

3 Interview des Monats mit Prof. Dr. Klaus Hurrelmann (2014). „Generation Y im Fokus". In Fahrschule. Ausgabe 12. München: Verlag Heinrich Vogel, 6–8.

4 Die Kategorisierung der Lernvoraussetzungen basiert zum Teil auf den von Meyer zusammengetragenen Dimensionen der Lernvoraussetzungen. Meyer, H. (2015). Leitfaden zur Unterrichtsvorbereitung. 8. Auflage. Berlin: Cornelsen Schulverlage GmbH, 141 f.

- **Frage 3:** Über welches Sozialverhalten verfügt der Fahrschüler? In Einzelfällen wird der Fahrlehrer auch mit problematischem Sozialverhalten konfrontiert sein, z. B. mit unfreundlichem, ungeduldigem, aggressivem oder unangebracht forderndem Verhalten, welches er lernen muss, professionell in die Schranken zu weisen.
- **Frage 4:** Oder sind bei einem Fahrschüler sogar Symptome von Krankheiten zu beobachten,[5] die die Führerscheinausbildung erschweren oder unmöglich machen? Der Fahrlehrer ist verpflichtet, offiziellen Stellen Meldung zu machen, sollte er Kenntnis von körperlichen oder psychischen Einschränkungen oder vom Medikamenten- oder Drogenkonsum eines Fahrschülers erhalten, aufgrund deren er ihn für nicht verkehrssicher einstuft.
- **Frage 5:** Ist der Fahrschüler in ausreichendem Maß kompetent? Sich als erfahrener Fahrlehrer, Fahrlehrer in Ausbildung oder Ausbildungsfahrlehrer mit dem (nicht unumstrittenen) Kompetenzbegriff auseinanderzusetzen, ist nicht einfach. Unterricht soll, so ist es seit 2001 bildungspolitisch gewollt, kompetenzorientiert erfolgen. Dementsprechend wird auch der Fahrlehrer in der Zukunft seinen Fahrschülern helfen, Kompetenzen zu entwickeln. Doch wie macht er das und wie prüft er diese durch Lernkontrollen? Eine Kompetenz beschreibt in erster Linie nichts anderes als eine Fähigkeit. Diese Fähigkeit setzt Lernprozesse und Erfahrungen voraus, durch die eine Person in die Lage versetzt wird, durch Wissen und praktisches Anwenden dieses Wissens eine bestimmte Aufgabe oder Situation zu meistern (Fachkompetenz). Eine Kompetenz setzt ebenfalls immer bestimmte Anschauungen und Werte der Person voraus, welche jedoch durch Reflexion (Selbstreflexion oder Reflexion durch den Fahrlehrer) veränderbar ist.

Beispiel zur Frage 5:

- Dennis hat mit den praktischen Fahrstunden begonnen und ist bereits fortgeschritten. In der heutigen Fahrstunde wird das Zeichen „Halt. Vorfahrt gewähren" (VZ 206) thematisiert. Dennis erkennt das Zeichen und aktiviert sein erworbenes Fachwissen aus dem theoretischen Unterricht. Ebenfalls ist ihm die Gefährlichkeit der Situation im Realverkehr bewusst und er akzeptiert, das Fahrzeug zum Stehen bringen zu müssen, auch wenn das Verkehrsaufkommen gering erscheint. Da Dennis in der Grundstufe der praktischen Ausbildung gelernt hat, wie er das Fahrzeug sicher und komfortabel anhalten kann, gelingt es ihm ohne Probleme, sicher und gewandt an der Haltlinie zu stoppen. Nachdem er sich vergewissert hat, dass er gefahrlos weiterfahren kann, setzt er den Wagen erneut in Bewegung und seine Fahrt fort. Dennis' Fahrlehrer ist zufrieden und gibt ihm eine positive Rückmeldung.

Auf den ersten Blick scheint die Situation einfach. Dennis hat durch erworbenes Wissen und Können eine Situation eigenverantwortlich und verantwortungsvoll gelöst. Aufgrund seiner Sinneswahrnehmungen und der Verarbeitung im Gehirn hat er das Zeichen erkannt. Auf der kognitiven Ebene (Wissen und Denken) hat er sein Wissen hierzu abrufen können und entsprechende Handlungen

5 In einem solchen Fall muss sich der Fahrlehrer natürlich die Frage stellen, ob der Führerscheinantrag vom Antragsteller korrekte Angaben enthält. Falls nicht, müssen fehlerhafte Angaben in Absprache mit dem zuständigen Straßenverkehrsamt ergänzt oder berichtigt werden.

eingeleitet. Auf der affektiven Ebene (Emotionen, Überzeugungen und Wertvorstellungen) seines Verhaltens war er überzeugt, dass es sinnvoll ist, das Fahrzeug zu stoppen, um sich und andere nicht zu gefährden. Durch seine (psychomotorischen) Fertigkeiten hat er den Wagen an der richtigen Stelle gestoppt. Doch Vorsicht! Was Dennis in diesem Fall an Leistung (Performanz) gezeigt hat, ist etwas, das sein Fahrlehrer nur oberflächlich sehen kann. Welche Kompetenz unter der Oberfläche von Dennis´ Person liegt, bleibt dem Fahrlehrer zunächst verborgen.[6] Vor allem, wenn es um Kompetenzen geht, ist es enorm wichtig, zwischen Performanz und Kompetenz zu unterscheiden. So gibt es Fahrschüler, die eine gute Performanz am Zeichen „Halt. Vorfahrt gewähren" abliefern, dies aber nur machen, da sie befürchten, sonst eine Rüge ihres Fahrlehrers zu bekommen oder später die fahrpraktische Prüfung nicht zu bestehen. Steht nicht die Akzeptanz einer Regelung bzw. das eigenständige Erkennen einer Gefahr im Mittelpunkt, kann es bei solchen Fahrschülern im späteren Verlauf zu Verstößen in diesen Situationen und damit zu Gefährdungen im Straßenverkehr kommen. Daher ist es für den Fahrlehrer unerlässlich, nicht nur die Performanz als solche, sondern ebenfalls die dahinterstehende Kompetenz durch Lernkontrollen zu hinterfragen.

1.1.3 Lernstand

Bei der Lernstandkontrolle während oder nach der Fahrstunde ist unbedingt zu berücksichtigen, dass es sich bei dem Kompetenzbegriff um einen künstlichen Begriff handelt! Er beschreibt immer eine Vielzahl weiterer Kompetenzen. In der Forschung hierzu gibt es kein einheitliches Modell. Daher erfolgt hier eine Aufteilung, wie sie für den praktischen Unterricht in der Fahrschule sinnvoll erscheint. Allgemein lässt sich der Kompetenzbegriff aufteilen in weitere „Unter-Kompetenzen". Zu nennen sind hier die Sach-, Handlungs-, Methoden-, Selbst- und Sozialkompetenz (der Kompetenzbegriff wurde bereits in Kapitel 2, Abschnitt 2.2 „Inhalte – was Schüler lernen sollen" aufgegriffen). Die Vielfalt der Begriffe mag auf den ersten Blick abschreckend wirken, aber nach einer kurzen allgemeinen Erläuterung werden diese am Beispiel nachvollziehbar dargestellt.

Sachkompetenz. Solches Wissen bringen Schüler oftmals aus dem theoretischen Unterricht oder durch Erfahrungen im Familien- oder Freundeskreis mit. Der Fahrschüler erhält vom Fahrlehrer darüber hinaus auch neues Wissen zu bestimmten Themenbereichen des praktischen Fahrens. Dieses (Fach-)Wissen soll er zu Beginn des praktischen Unterrichts kennen und abrufen können.

Handlungskompetenz. Das Wissen, welches der Fahrschüler erworben hat, soll er nun praktisch umsetzen. Das heißt, er soll das Fahrzeug im Realverkehr auf Basis seines Wissens fahren und dabei die verschiedenen praktischen Fähigkeiten und Fertigkeiten situationsangepasst zum Einsatz bringen (z.B. Anfahren, Beschleunigen, Gänge wechseln usw.).

Methodenkompetenz. Der Fahrschüler soll dabei im besten Fall methodisch vorgehen. Bestimmte Situationen im Fahrzeug erfordern sinnvolle Handlungsabläufe. Diese sollen nicht ständig unterschiedlich durchgeführt werden, son-

6 Meyer (2015), S. 147.

dern einer Methode folgen. Über solche methodischen Abläufe kann sich der Fahrschüler ebenfalls besser Wissensgebiete erschließen. Gleichzeitig muss der Fahrschüler aber auch eine gewisse reflektierte Flexibilität in der Anwendung dieses methodischen Vorgehens bewahren, die eine Abweichung von bestimmten routinierten Abläufen in Sonderfällen erlaubt.

Selbstkompetenz. Diese Teilkompetenz beschreibt den Fahrschüler selbst. Welche Wertvorstellungen, Motive und Einstellungen liegen seinem Handeln zugrunde? In welchem Maße ist er dazu in der Lage, sein eigenes Verhalten kritisch zu prüfen, zu hinterfragen und sich neuen Anforderungen anzupassen? Im Gegensatz zu den bereits vorgestellten Kompetenzen ist die Selbstkompetenz bei Fahrschülern oftmals schwer zu prüfen und kann daher durchaus „unsichtbar" bleiben.

Sozialkompetenz. Diese beschreibt die Fähigkeit des Schülers, sich in seine zukünftige Fahrerrolle einzufinden. Die Gruppe der Verkehrsteilnehmer ordnet sich gewissen rechtlichen (Straßenverkehrs-Ordnung – StVO) und moralischen (Fairness) „Spielregeln" unter. Auch im Verhältnis Schüler-Lehrer zeigt sich diese Sozialkompetenz. Der Schüler muss in der Lage sein, zu akzeptieren, dass er dem Fahrlehrer in der Führerscheinausbildung zunächst untergeordnet ist.

Was lässt sich hinsichtlich dieser Kompetenzen nun aus dem zuvor genannten Beispiel von Dennis' Fahrstunde schlussfolgern?

Dennis hat das Verkehrszeichen erkannt und wusste theoretisch, was er zu tun hat **(Sachkompetenz)**. Es gelang ihm, das Fahrzeug an der Haltlinie zum Stehen zu bringen **(Handlungskompetenz)**. Dabei folgte er der erlernten Methode: Gas wegnehmen, Kupplung und Bremse benutzen, an der Haltlinie stoppen, den Gang wechseln, sich einen Überblick über die Situation verschaffen und die Fahrt fortsetzen **(Methodenkompetenz)**. Dass dieses Verkehrszeichen im Straßenverkehr eine besonders wichtige Funktion ausfüllt, ist Dennis klar, und der Sicherheitsgedanke motiviert ihn, diese Herangehensweise auch in seinem späteren Kraftfahrerleben zu praktizieren **(Selbstkompetenz)**. Ebenfalls ist Dennis bewusst, dass Fehlverhalten an diesem Verkehrszeichen zu einem Verkehrsunfall führen oder rechtliche Folgen haben kann. Daher ist es für Dennis in Ordnung und er akzeptiert es gerne, sich der StVO unterzuordnen bzw. diese einzuhalten **(Sozialkompetenz)**. In diesem letzten Punkt, der Sozialkompetenz, spiegelt sich im Allgemeinen die Erreichung von Richtzielen wider, welche in der Hierarchie von Zielen an der obersten Stelle stehen (siehe Kapitel 2, Abschnitt 2.1 „Lehr-Lernziele – warum Inhalte gelernt werden sollen").

Aufgabe

- Lesen Sie sich bitte das praktische Beispiel von Dennis noch einmal durch. Wählen Sie unter den zuvor eingeführten Beispielschülern (Jenny oder Herr Wang) einen aus und konstruieren Sie ein weiteres Beispiel, in dem Sie die verschiedenen Kompetenzbegriffe wiederfinden können.

1.2 Fahrlehrer

Nach dem Blick auf die Fahrschüler folgt nun die Darstellung der Rolle des Fahrlehrers in der praktischen Ausbildung. Hierbei ist klar zu betonen, dass in dem Begriff „Fahrlehrer" das Wort Lehrer steckt. Fahrlehrer sind staatlich anerkannte Lehrpersonen mit einem klaren Ziel: dem Ausbildungsauftrag, wie ihn die FahrschAusbO in abstrakter Form vorgibt, gerecht zu werden. Zur Erfüllung dieses Ziels wird theoretisch und praktisch, in Gruppen und im Einzelunterricht mit den Fahrschülern gearbeitet. Dabei sind die Tätigkeiten des Berufs mit denen eines Lehrers an einer allgemeinbildenden Schule oftmals vergleichbar.[7] Es bestehen jedoch einige signifikante Unterschiede zu Lehrern an einer allgemeinbildenden Schule. Dies ist zum einen die vergleichsweise große Verschiedenheit (Heterogenität) der Fahrschüler. Fahrlehrer arbeiten in sehr unterschiedlichen Rhythmen und über eine sehr unterschiedliche Zeitdauer mit Menschen jeder Altersklasse und aus allen gesellschaftlichen Milieus (siehe Kapitel 1, Abschnitt 3.2, „Interkulturalität"). Neben einem hohen Maß an Sachkompetenz auf den Gebieten Verkehrspädagogik, Verhaltenslehre, Straßenverkehrsrecht und Kraftfahrzeugtechnik und der Kompetenz, diese Inhalte didaktisch aufzubereiten, fordert der Berufsalltag von Fahrlehrern ebenfalls ein hohes Maß an sozialer Kompetenz, also der Kunst, mit unterschiedlichsten Menschen zu interagieren. Damit ist festzuhalten, dass einen guten praktischen Unterricht nur erteilen kann, wer über die erforderliche **Lehrvoraussetzung** bzw. **Lehrkompetenz** verfügt. Das bedeutet, dass auch der Fahrlehrer ausreichend Fachkompetenz, Handlungskompetenz, Sozialkompetenz, kommunikative Kompetenz und Selbstkompetenz besitzen muss.

Diese Arbeitsbedingungen erzeugen besondere Belastungen. Auf der einen Seite handelt es sich um körperliche Belastungen. Gemäß den gesetzlichen Lenk- und Ruhezeiten, geregelt im § 6 des Fahrlehrergesetzes (FahrlG), verbringen Fahrlehrer bis zu 495 Minuten des Tages sitzend im Fahrzeug und geben praktischen Unterricht. Auf der anderen Seite ergibt sich eine starke geistige Belastung. In einem immer anspruchsvoller werdenden Realverkehr geben Fahrlehrer pädagogischen Unterricht und tragen die Verantwortung für ihre Schutzbefohlenen und sich selbst. Und bei allen täglichen Belastungen sollen sie für ihre Fahrschüler auch noch Vorbildfunktionen erfüllen. In ihrem Arbeitsalltag treffen Fahrlehrer immer wieder auf Fahrschüler, die bestimmte Lernziele nicht oder nur schwer erreichen. In einer solchen Situation muss der Fahrlehrer abwägen, ob er persönlich die Verantwortung dafür trägt oder ob es einfach Fahrschüler gibt, denen er nicht helfen kann, weil diese die Voraussetzungen für eine erfolgreiche Ausbildung nicht erfüllen und es außerhalb seines Verantwortungsrahmens liegt, diese Voraussetzungen zu schaffen.

Aufgabe 1

- Was verstehen Sie unter Lehrkompetenz?

Aufgabe 2

- Beschreiben Sie mit Ihren eigenen Worten, welche Tätigkeitsfelder Fahrlehrer ausfüllen und wo Sie gesundheitliche Gefahren vermuten.

7 Einen gelungenen Überblick über den Fahrlehrerberuf gibt Heilig in: „Fahrlehrer – Profis für das Fahrenlernen." In B. Heilig (Hrsg.) (2013). Der Fahrlehrer als Verkehrspädagoge. Ein Handbuch über die Grundlagen der Fahrschulpädagogik. München: Verlag Heinrich Vogel, 261–273.

1.3 Streckenwahl und Zeiteinteilung

Mit seinem Fahrschüler bewegt sich der Fahrlehrer im Kraftfahrzeug durch den Realverkehr. Diese Bewegung durch den Raum muss der Fahrlehrer vorstrukturieren, um die zur Verfügung stehende Zeit bestmöglich für die gesteckten Lernziele zu nutzen. Er muss sich also für jede Stunde einen Plan zurechtlegen, wie er die praktischen Fahrstunden gestaltet und welche Inhalte er mit didaktischen Mitteln aufbereitet. Dazu folgendes Beispiel:

- Dennis (22) befindet sich mittlerweile in der Aufbaustufe. Der Fahrlehrer plant für die heutige Fahrstunde unter anderem das Einparken quer in eine Parkbox (**Inhalt**). Das Ziel, welches er verfolgt, ist, dass Dennis die Kompetenz erwirbt, eigenverantwortlich eine Stelle zum Parken zu finden (**Richtziel**) und das Fahrzeug sicher und gewandt parken kann. Er muss mit Dennis in der vorgegebenen Zeit der Fahrstunde einen Ort mit geringem Verkehrsaufkommen finden, wo er ihm mit seiner dafür gewählten Methode (z. B. Erklären, Anleiten o. a.) das Parken beibringen kann.

Der Fahrlehrer sollte sich demnach zu Beginn seiner praktischen Ausbildungstätigkeit einen Überblick über den zu befahrenden Raum schaffen und sich (auf Papier oder im Kopf) einen Katalog mit Strecken und Orten anlegen, die zu den unterschiedlichen Ausbildungszielen passen. Wo gibt es z. B. ruhige Parkplätze, auf denen Anfänger stressfrei üben können? Wo herausfordernde Verkehrsbeschilderung für Fortgeschrittene? Welche Strecken eignen sich für Überlandfahrten und welche Autobahnabschnitte sind auch zur Berufsverkehrszeit verlässlich so frei, dass nicht durch Stauaufkommen die ganze weitere Tagesplanung durcheinandergebracht wird? Im besten Fall nutzt der Fahrlehrer diesen Strecken- und Ortekatalog wie einen Baukasten, aus dem er für die jeweils zur Verfügung stehende Zeit, für die anstehenden Lernziele, die jeweilige Fahrschülerkompetenz und entsprechend den äußeren Umständen, wie Witterung oder Dunkelheit, die praktischen Stunden passend modular zusammensetzen kann.

Die richtigen Inhalte und Ziele sowie die dafür passende Strecke in der vorgegebenen Zeit zu planen, ist für Berufseinsteiger nicht immer leicht, und auch für erfahrene Fahrlehrer bedarf es jeweils neuer, fahrschülerspezifischer Planungen. Die drei nachfolgenden Praxistipps können dabei helfen:

- Überlegen Sie sich genau, was Sie ausbilden wollen. Nehmen Sie sich nicht zu viel vor! In einer Fahrstunde reicht es oft vollkommen, eine der Grundfahraufgaben zu behandeln und nicht gleich alle.
- Stellen Sie Zeitpläne für die einzelnen Inhalte auf (wie viele Minuten brauche ich, um meinem Fahrschüler das Parken zu erklären?).
- Schaffen Sie sich zeitliche Puffer! Sie müssen davon ausgehen, dass Ihr Schüler mehr Zeit fürs Parken braucht, als Sie veranschlagt haben. Gestellte Aufgaben aus Zeitnot abzubrechen, würde für Ihren Fahrschüler einen Misserfolg darstellen. Vermeiden Sie dies durch zeitliche Reserven!

Um die Inhalte und Ziele für die praktische Ausbildung leichter zu finden, gibt es die Hilfestellung der Dokumentation, zu der der Fahrlehrer gesetzlich verpflichtet ist. Eine ganz konkrete Hilfe bietet der Curriculare Leitfaden der Bundesvereinigung der Fahrlehrerverbände e. V. (BVF). Ebenso stellt die BVF die Ausbildungsdiagrammkarte zur Verfügung, die im Folgenden genauer betrachtet wird.

2 Dokumentation des Lernprozesses

Im § 5 der FahrschAusbO ist niedergeschrieben, dass Fahrlehrer die praktische Ausbildung ihrer Fahrschüler dokumentieren müssen, um den jeweiligen Ausbildungsstand aufzuzeigen. Diese Dokumentationen müssen klar und transparent sein und die vermittelten Inhalte daraus hervorgehen. Unterlässt der Fahrlehrer es, Aufzeichnungen zu machen, begeht er eine Ordnungswidrigkeit (§ 8). Doch was heißt das im konkreten Fall?

Zunächst ist festzuhalten:

- Nachvollziehbare Aufzeichnungen über den Ausbildungsstand und die vermittelten Inhalte der Schüler schaffen rechtliche Sicherheit für den Fahrlehrer und seine Ausbildung.
- Im Dialog mit seinen Fahrschülern kann der Fahrlehrer für Transparenz sorgen. Fahrschüler wollen schließlich wissen, wo sie stehen. Die Verschriftlichung der Ausbildung ist hier ein Zeichen von Professionalität.[8]
- Ordentliche Aufzeichnungen garantieren dafür, dass Fahrschüler nicht zu viele, aber auch nicht zu wenige Fahrstunden absolvieren. Der Fahrlehrer sieht stets die Lernfortschritte und Defizite und kann zielgenau ausbilden.
- Nicht alle Fahrschüler nehmen kontinuierlich an der Ausbildung teil. Es wird Fahrschüler geben, die Unterbrechungen während der Führerscheinausbildung in Kauf nehmen müssen (Klausurphasen, Auslandssemester, Krankheit, Geldmangel usw.). Wenn Fahrschüler „wieder auftauchen“, hat der Fahrlehrer schriftliche Aufzeichnungen und kann dort weitermachen, wo er aufgehört hat.

Ein übersichtliches Hilfsmittel, um alle oben genannten Kriterien zu erfüllen, bietet die Ausbildungsdiagrammkarte der Bundesvereinigung der Fahrlehrerverbände e. V. Mit diesem Hilfsmittel auf Basis des Curricularen Leitfadens hat der Fahrlehrer die Möglichkeit, die Ausbildung seiner Schüler systematisch vorzunehmen. Mit der Diagrammkarte lässt sich die Stufenausbildung nachvollziehbar darstellen. Die Ausbildungsdiagrammkarte ist eine sinnvolle Möglichkeit, um die Ausbildung der Schüler zu dokumentieren. Sie ist jedoch in dieser Form nicht gesetzlich vorgeschrieben. Das heißt: Der Fahrlehrer kann damit arbeiten, muss es aber nicht. Falls er auf eigene schriftliche Alternativen zurückgreifen oder die Diagrammkarte als Basis für eine erweiterte Dokumentation nutzen will, um sie an seine jeweilige Fahrschülerschaft anzupassen, kann er dies tun.

Falls sich der Fahrlehrer entscheidet, mit der Ausbildungsdiagrammkarte zu arbeiten, sollte er an Folgendes denken: Auf der Diagrammkarte hat er die Möglichkeit, einzelne Begriffe abzuhaken. Eine genaue Differenzierung der verschiedenen Punkte ist jedoch nicht möglich. Ebenfalls ist die Diagrammkarte begrenzt in der Beurteilung von Richtzielen, die auf der affektiven Ebene liegen. Ob sich ein Fahrschüler verantwortungsbewusst, partnerschaftlich und

8 In der Praxis ist es den Kunden oftmals besonders wichtig, dass die Führerscheinausbildung kostengünstig ist und schnell durchgeführt wird. Dabei darf die Qualität der Ausbildung nicht auf der Strecke bleiben. Aufzeichnungen über den aktuellen Lernstand der Fahrschüler erleichtern die Argumentation für mehr praktische Unterrichtsstunden, sollte der Fahrlehrer einen solchen Bedarf feststellen.

S	N	O	W	☽=Licht, ...=Gebiet	S	N	O	W	<=re. vor links	
...				D1 Kreuzviertel @ < VBB	...				Borsigplatz ↺ <	**Sitz** -Haltung -Einstellung - zu nah -Kopfstütze Sicherheitsg. Heizscheibe
				$◈Vinckeplatz <	...				Nordmarkt <	Warnblinklicht³§ Hupe igo ago Wischer Wascher hinten Intervall ÜaFZ innen außen
...				Althoffblock^ @ <	...				Nordstadt west <	**Licht:³** Hupe³ Stand Abb Autol.Fern Nebel außen³ **Abstellen** –Verbraucher aus
...		<	<	Langestr. VBB						**Motor** -Start -Kupplung Zündschloss- -zu -auf Leuchten³ FZ abst.Gang L-Schloss
				Möllerbrücke					A40⌘A43 BO	--Krad –parkfertig **Blinker³** -Finger -falsch -Daumen- -Gefahren kurz Tanken
		<	<	Beurhaus ⊂w(Hohe)					A40 Kley	Reihenfolge: Hdb-Gang-zün-lenk **Aussteigen** -Blick -rechte Hand Tür auf
	))			Lindemann)) n					A40⌘A45Do-West	**Anfahren-** -Spiegel -Blick –Toter Winkel 1.Gang -Berg -Handbremse Stoptronic
				Heiligerweg)) s	))				A40 Dorstfeld	**Kupplung** Absatzhoch gegen Bremse früh -spät halb –zack -Pause-stufig AutoHold
	)		)	Mr. Wash n(( )w	...				Uni... @=s-n-o-w	**Schleifpunkt** -Schnecke -Kurve –Fuß auf K. **Schalten** 1-2-3-4-5-6-r -Hebelführung
	))			Palmweide @))n					A40Barop ↺ @w	-Handhaltung -Gewalt -locker -reißen - hacken -früh rühren unterLast Kurven
				Harkortstr.° ⊖<	)	(	∇	∇	B1-Stadion∇o @s	**Lenken³** - Haltung über-innen-greifen ungezielt wackeln **Spiel³** - sprinten gleiten
...				Hombruch^ # ° <	...			(	B1 Polizei@ ⊖	**Bremsen³** Ruck- Degressiv- Elefant- Gefahr- -Licht³ - Drehzahlmesser³
		↓↑		$◈Hagener s@n					B1⌘B54 80-60-igo	**Aufbaustufe** Ausrollen gefährlicher Blinker Tages**KM**zähler↑300↑
				Zille-Hagener	))	))	))	))	B1 Märkische	**Spiegel:** einstellen innen links rechts öfter ToterWinkel vorm>Bremsen>blinken
				ArdeyWestfalen °	)	)	))	))	B1 Semerteich (w	**Blick:** Seite links rechts Schulter links rechts sinnvoll Logik-Verkehr VZ... ⇆
				Wall-Hbf				)	B1 Lübke_↺ <	**Beobachtung** §§ Defensivblick -re.v.li Zielfahrt -VZ igo ago Autobahn.
	))	((	))	-Westentor))			$↓↑	$↓↑	B1 Friedhof $◈ #	Kontrollblick § 2-3-4 -LZA im Auge Abb 🚲 Fußgänger 🚗 Kognitiv gelassen
))		))	))	-Grafenhof)) w					B1B236⌒N☽⌒S☽	**Einordnen** Voreinordnen -Linien Pfeile§ Geister Einbahn § Spurhaltung re links
)))		((	)))	-Neutor/SVA s((-))||		))		))	B236zurB236)).(	**Fahrstreifen + wechseln** links rechts selbständig mit Gas Blicklenken -seite
))		))		-Ostentor)w < <					B54 Saarland ...	**Abbiegen** § voreinander links hineinsehen Einordnen Linie Gegenverkehr ⊂ § äugen rechts Bogen -Fußgänger -Radweg§ Straßenbahn§ -paarig§ links)) rechts((
	))	))		-Bornstr((n					B54 Landgrafen ...	**Leistungsstufe** Rechtsfahrgebot Doppel- Mehrfachblick
))				Prinz Fried. @					B54 Markgrafen ...	**Kind§ -Fußgänger**§ -Überweg -abbiegen **Straßenbahn** BUS- -schul --fährt an§
	)	)		Funkenburg goTÜV					B54 Stadtkrone	vorbei Abst. Vorsichtig -Fahrgäste **Wb-Licht** -Schritt=4-7 GegenVK =4-7 §
				Hohensyburg					B54 Parkpl. + ↺	**Bahnübergang §** blicken MotorAus§ mäßige§3 **Vorf.** abgesenkter Bordstein
				-Gutenberg<			))		B54 Rombergpark	**Vorfahrt**∇ §☠ von rechts< §☠? Bremsbereitschaft§ -wie§ mäßige§3 - **Kreis §**
				-Saarland @			))		B54 Phoenix)) ...	hineintasten§ -Kontrollblick #=stopp§ Linie-halt§-sicht§ entschlossen § VBB
				-Landgraf@Chem@.				#	B54 Hacheney$◈↓↑	Abknickende=$ $verlassen☠ zur$ bremse gas **-LZA** im Auge -grüner⊂Pfeil§ rot
				-Markgrafen- @					B54 ZOO	**GrünPfeil→Schild**§ rot -gelb§ -beiGrünGas§ **-Polizei** Beamter Fahrzeug freieBahn
		(	)	-Mühlenweg/Poli.					B54⌘A45+Parkpl.	**Geschwindigkeit**§ 4-7 20 30 Zone30 50 60 70 80 100 130 150 beiNässe
				Wellinghofen # @ °					45A1Westhofener	angepasst§ /vernünftig mäßige §3 §19.1 §20.1+1a Tempomat Stoptronic
				Eichlinghofen ...<					44⌘43 BOWIT	**Reifestufe: Fahrweise**☺ -vorausschauend selbstständig motorisch gelassen
				Oespel # @ < ^					44 Witten TÜV<↺	entschlossen zügig ruhig **Umwelt §** Energiesparen§ Alte Menschen § Kinder §
				Metro)) # <					45⌘44 DOWIT	**Dynamisches-** sehen -fahren -schätzen -ausweichen -handeln Affektiv Kognitiv
				Dorstfeld # <° ⊖		↑↑↑		40km	45⌘OW3_Marten	Engpass Vorbeifahren -Baustelle –Gegenverkehr § Verkehrslogik %
				Dorstfeld w# o# s#					OW3-Hafen-Amt	**Abstand §** -Seite: Radfahrer, Fahrzeuge 1m§ Überholen igo ago tempo
				Kurl $◈ $↓↑					45/42Huckarde@	**Gefahrenlehre** -Kenntnisse -Einstellung -Wahrnehmung -Hindernisse -Kinder... -
				Scharnh. $◈ $↓↑ #					45/A2-B236snwo	-enge Str... Speed-§3... §4–Abstand -LZA -gelb Situationen... -VZ△ fertig %
				Scharnhorst x↺					A1⌘A2Kamen	**Gefahrenbeobachtung** § wie § -LZA-imAuge von links Personen Baustelle
...				Brackel	))				A40Ruhrpark	**Gefühl** Motorik-fein Kupplung Bremse - ab/igo angepasst-...
	))	))		TüvWambel 70km					A40LütgenDo	Anlieger Berganfahrhilfe Tiefgarage FZ-Pflege **Bremsen 30km/h**
...				TÜV-Körne^ # ⊖					A40⌘A45	**Markierungen** Fahrbahn lesen weiße/gelbe – dicke Leitlinien
				VBB TÜV <	↑↑	↑↑			HördeFaßstr 30+↑↑	**Sonderfahrtenstufe Autobahn** -einfahren-lassen –Gas minus/plus Rufsäule Stau Unfall
↥		$↓↑		$◈Defdahl@↑∇↗					Hörde ^ #))² O°	E-streifen ¼ ½ ¾§ 3.Ga100km Gas Seitenstreifen Ablenkung, Kreuz ⌘
				Defdahl<o123 4 w12					Hörde ↺w ↺Bf	**Überholen** zügig -selbstständig schneiden Standstreifen 130km Blinker 333m§
				Kaiserstr. <o12345					Hörde Skellstr. ?	Abstand☠ Leitpfosten 50m, 2sec.§ -halber Tacho☠, ausfahren <50km§ 3-Gang

Hauptwort ist fett. ³=Funktionskontrolle, auch außen Kontr.-Leuchten Lenkspiel, Beurteilung Erkennen/Sehen/Blick selbstständig
Vorfahrt: < = reVorLinks, ∇=Vorf.achten, $◈=abkn. $↓↑=verlassen # =Stopp. |< abgesenkt, ⊂=LZA-linksPfeil
@=30 auch Zone, ... = Gebiet, °/O=VZ ^=Einbahnstr., ⌒= Regen, ☽=Licht, ↥= Mittelspur, § = Vorschrift kennen,
Punkt • = erklärt und trainiert, | = geht – = nicht OK ‖ oder X = OK, // = OK, %=BW = Bewertung 0 bis 100%, ↺ = Kreis,
☠Gefahr ↶ Umkehren, ⇦ = OK, ⇦ nicht OK, ⌒ = erkennen, §=Wissen

Landstraße -Kurven BKS §3 Spiegel=wenn vorn OK
Logik Verkehr Kopf 7. Sinn **Einsicht** Abschlussbesprechungen § %

👓= Sehen+erkennen+bemerken, Grünpfeil⊂ = Ampel ➔ = Schild, ☠ =Gefahr ⇕⊗⊠●⊠△⇆ EB↓↑ ⊂∇➤✚▷↓↑ ↑← ³=AbfKontrolle G:\#FSII\FSPkkTNI4\FSPI4\FSPhI80I.doc-pc45

FZ Dat Uhrzeit Treff	€	FL. BW	FZ Dat Uhrzeit Treff	€	FL. BW	Rü	We	Um	Pl	Pb	Bg	Bre	FZ Dat Uhrzeit Treff	€	FL. BW
Kl. B Start 201		1	Kl. B		1							30 km	Kl. B		
		2			2			↶							
		3			3										
		4			4										
		5			5							30 km			
		6			6										
		7			7	Rü	We	Um	Pl	Pb	Bg	Bre			
		8			8										
		9			9										
		10			10			↶							
		11			11										
		12			12										
		13			13										
Datum ↓ Treff	€	FL. BW	Datum ↓ Treff	bez.	FL. BW	Rü	We	Um	Pl	Pb	Bg	Bre	€ erhalten Datum		Hdz.

Dein Fahrlehrer macht in 10 Fahrstunden mindestens 30 Eintragungen.
Bitte unbedingt erklären lassen! ***Es ist Deine Ausbildung!***

Bild 3.1 Dokumentationsbeispiel für eine praktische Fahrstunde

Quelle: Fahrschule Szymanski

Das *Bild 3.1* zeigt den Fahrschulpass der Fahrschule Szymanski in Dortmund und Bochum. Seit den 1970er Jahren findet er erfolgreich Verwendung zur Dokumentation der praktischen Ausbildung.

Erläuterung für den Gebrauch: Der linke Teil des Fahrschulpasses zeigt die Straßennamen von markanten Kreuzungssituationen in der Stadt Dortmund. An diesen Stellen der Stadt können verschiedene Ausbildungsinhalte, wie z. B. „Mehrspuriges Abbiegen" oder das Fahren auf der Autobahn und Landstraße, exemplarisch thematisiert werden. Da dieser Teil der Dokumentation stark von den Gegebenheiten vor Ort und der Ortskunde des Fahrlehrers abhängt, soll an dieser Stelle der rechte Teil veranschaulicht werden.

Dort werden verschiedene Ausbildungsstufen dargestellt. Die fettgedruckten Wörter bilden hierbei Hauptbegriffe, die hinter sich weitere Unterpunkte stehen haben. Im oberen Teil, der der Grundstufe der Ausbildungsdiagrammkarte entspricht, finden sich Hauptbegriffe wie z. B. Sitz, Aussteigen, Anfahren und Schalten. Durch einfaches Unterpunkten der jeweiligen Begriffe kann markiert werden, welche Inhalte Thema der Stunde waren. Beispiel: Innerhalb der Grundstufe wird das „Schalten" geübt. Wir finden den Hauptbegriff Schalten und können einen Punkt unter das Wort setzten (Punkt für: „Geübt/Besprochen"). Dieser Vorgang kann weiter zerlegt werden in „Hebelführung", „Handhaltung", „Gewalt" usw. Diese Unterpunkte können ebenfalls markiert werden. Sollte es mehr Übungsbedarf beim Schalten geben, können die Übungen in der nächsten Stunde wiederholt werden. Damit wird ein zweiter Punkt („Wiederholt") unter das jeweilige Wort gesetzt usw.

Beherrscht der Schüler die Übungen, kann ein senkrechter Strich durch das Wort gezogen werden oder die Punkte bleiben für sich stehen („Ist in Ordnung"). Sollten Inhalte nach mehrmaligen Üben nicht erlernt werden, können die gesetzten Punkte zu einem waagerechten Strich zusammengezogen werden (klappt noch nicht). Diese Inhalte müssen dann gezielt geübt werden. Mit dieser einfachen Zeichenfolge können einzelne Inhalte übersichtlich und schnell dokumentiert werden, z. B. während der Nachbesprechung der praktischen Stunde. Auch ist eine einfache Chronologie abbildbar, da man anhand der gesetzten Punkte grob erkennen kann, wie viele Stunden ein Fahrschüler gebraucht hat, um z. B. die Beherrschung des Schalthebels zu erlernen (oder auch nicht). Eintragungen können auch mit dem Schüler zusammen vorgenommen und besprochen werden. Ebenfalls ist eine genaue Dokumentation von großem Wert für einen Fahrlehrer in Ausbildung, der noch nicht auf eine jahrelange praktische Erfahrung zurückblicken kann. Doch egal mit welcher Methode ein Fahrlehrer seiner Dokumentationspflicht nachkommt: Es ist wichtig, die verschiedenen Ausbildungsstufen nicht als statische Einheiten zu betrachten. In der Praxis können die Grenzen zwischen ihnen fließend sein!

umweltbewusst verhalten wird, weil er überzeugt ist, dass dieses Verhalten richtig ist, lässt sich mit den Begriffen auf der Diagrammkarte nicht darstellen. Ebenfalls gibt es keine Möglichkeit, um die Kommunikation zwischen Fahrlehrer und Fahrschüler oder persönliche Merkmale des Fahrschülers abzubilden. *„Komme ich mit meinem Fahrschüler gut klar, ist unser gemeinsamer Unterricht konstruktiv?" „Ist mein Fahrschüler ängstlich oder fällt es ihm schwer, eigene Entscheidungen zu treffen?"*

Das folgende Beispiel soll zeigen, welche unterschiedlichen Bereiche der Ausbildung in einer Fahrstunde zu dokumentieren sind:

- Jenny ist in ihrer Ausbildung schon weit fortgeschritten und hat die Stufe der Besonderen Ausbildungsfahrten erreicht, welche sie mit den Nachtfahrten abschließt. Das zu erfüllende Richtziel lautet hierbei, dass Jenny eigenverantwortlich das Fernlicht einsetzt, wenn sie auf Straßen außerorts unterwegs ist. In der Vorbesprechung zur Fahrstunde wurde dies als Inhalt und Ziel erläutert. Nach einer kurzen Anleitung vor der Fahrt ist Jenny in der Lage, das Fern-

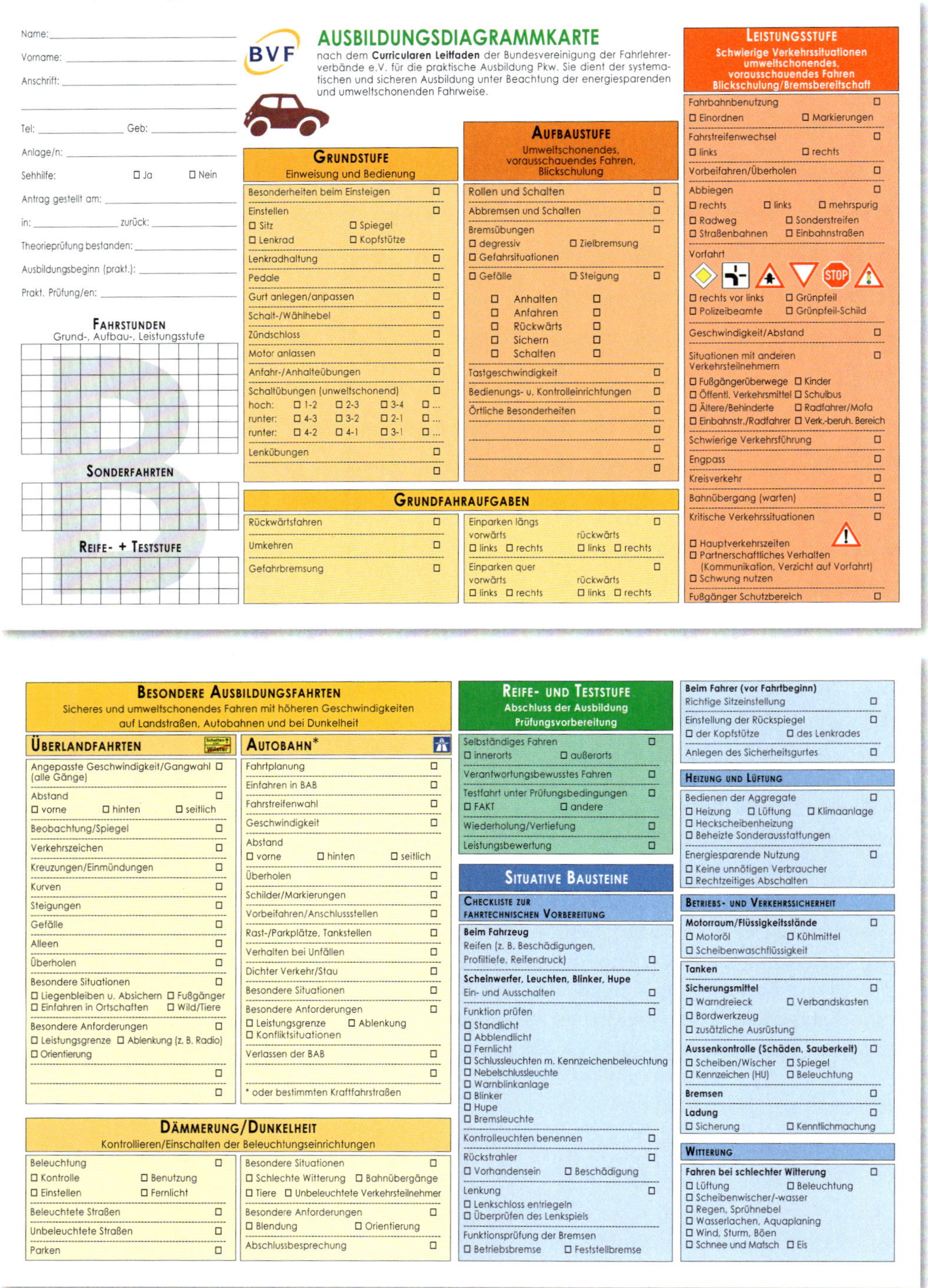

Name:
Vorname:
Anschrift:
Tel: Geb:
Anlage/n:
Sehhilfe: ☐ Ja ☐ Nein
Antrag gestellt am:
in: zurück:
Theorieprüfung bestanden:
Ausbildungsbeginn (prakt.):
Prakt. Prüfung/en:

BVF

AUSBILDUNGSDIAGRAMMKARTE

nach dem **Curricularen Leitfaden** der Bundesvereinigung der Fahrlehrerverbände e.V. für die praktische Ausbildung Pkw. Sie dient der systematischen und sicheren Ausbildung unter Beachtung der energiesparenden und umweltschonenden Fahrweise.

FAHRSTUNDEN
Grund-, Aufbau-, Leistungsstufe

SONDERFAHRTEN

REIFE- + TESTSTUFE

GRUNDSTUFE
Einweisung und Bedienung

Besonderheiten beim Einsteigen ☐
Einstellen ☐
☐ Sitz ☐ Spiegel
☐ Lenkrad ☐ Kopfstütze
Lenkradhaltung ☐
Pedale ☐
Gurt anlegen/anpassen ☐
Schalt-/Wählhebel ☐
Zündschloss ☐
Motor anlassen ☐
Anfahr-/Anhalteübungen ☐
Schaltübungen (umweltschonend) ☐
hoch: ☐ 1-2 ☐ 2-3 ☐ 3-4 ☐ ...
runter: ☐ 4-3 ☐ 3-2 ☐ 2-1 ☐ ...
runter: ☐ 4-2 ☐ 4-1 ☐ 3-1 ☐ ...
Lenkübungen ☐
☐

AUFBAUSTUFE
Umweltschonendes, vorausschauendes Fahren, Blickschulung

Rollen und Schalten ☐
Abbremsen und Schalten ☐
Bremsübungen ☐
☐ degressiv ☐ Zielbremsung
☐ Gefahrsituationen
☐ Gefälle ☐ Steigung ☐
☐ Anhalten ☐
☐ Anfahren ☐
☐ Rückwärts ☐
☐ Sichern ☐
☐ Schalten ☐
Tastgeschwindigkeit ☐
Bedienungs- u. Kontrolleinrichtungen ☐
Örtliche Besonderheiten ☐
☐
☐
☐

LEISTUNGSSTUFE
Schwierige Verkehrssituationen umweltschonendes, vorausschauendes Fahren Blickschulung/Bremsbereitschaft

Fahrbahnbenutzung ☐
☐ Einordnen ☐ Markierungen
Fahrstreifenwechsel ☐
☐ links ☐ rechts
Vorbeifahren/Überholen ☐
Abbiegen ☐
☐ rechts ☐ links ☐ mehrspurig
☐ Radweg ☐ Sonderstreifen
☐ Straßenbahnen ☐ Einbahnstraßen
Vorfahrt
☐ rechts vor links ☐ Grünpfeil
☐ Polizeibeamte ☐ Grünpfeil-Schild
Geschwindigkeit/Abstand ☐
Situationen mit anderen Verkehrsteilnehmern ☐
☐ Fußgängerüberwege ☐ Kinder
☐ Öffentl. Verkehrsmittel ☐ Schulbus
☐ Ältere/Behinderte ☐ Radfahrer/Mofa
☐ Einbahnstr./Radfahrer ☐ Verk.-beruh. Bereich
Schwierige Verkehrsführung ☐
Engpass ☐
Kreisverkehr ☐
Bahnübergang (warten) ☐
Kritische Verkehrssituationen ☐
☐ Hauptverkehrszeiten
☐ Partnerschaftliches Verhalten (Kommunikation, Verzicht auf Vorfahrt)
☐ Schwung nutzen
Fußgänger Schutzbereich ☐

GRUNDFAHRAUFGABEN

Rückwärtsfahren ☐
Umkehren ☐
Gefahrbremsung ☐
Einparken längs ☐
vorwärts rückwärts
☐ links ☐ rechts ☐ links ☐ rechts
Einparken quer ☐
vorwärts rückwärts
☐ links ☐ rechts ☐ links ☐ rechts

BESONDERE AUSBILDUNGSFAHRTEN
Sicheres und umweltschonendes Fahren mit höheren Geschwindigkeiten auf Landstraßen, Autobahnen und bei Dunkelheit

ÜBERLANDFAHRTEN

Angepasste Geschwindigkeit/Gangwahl (alle Gänge) ☐
Abstand ☐
☐ vorne ☐ hinten ☐ seitlich
Beobachtung/Spiegel ☐
Verkehrszeichen ☐
Kreuzungen/Einmündungen ☐
Kurven ☐
Steigungen ☐
Gefälle ☐
Alleen ☐
Überholen ☐
Besondere Situationen ☐
☐ Liegenbleiben u. Absichern ☐ Fußgänger
☐ Einfahren in Ortschaften ☐ Wild/Tiere
Besondere Anforderungen ☐
☐ Leistungsgrenze ☐ Ablenkung (z. B. Radio)
☐ Orientierung
☐
☐

AUTOBAHN*

Fahrtplanung ☐
Einfahren in BAB ☐
Fahrstreifenwahl ☐
Geschwindigkeit ☐
Abstand
☐ vorne ☐ hinten ☐ seitlich
Überholen ☐
Schilder/Markierungen ☐
Vorbeifahren/Anschlussstellen ☐
Rast-/Parkplätze, Tankstellen ☐
Verhalten bei Unfällen ☐
Dichter Verkehr/Stau ☐
Besondere Situationen ☐
Besondere Anforderungen ☐
☐ Leistungsgrenze ☐ Ablenkung
☐ Konfliktsituationen
Verlassen der BAB ☐
☐
* oder bestimmten Kraftfahrstraßen

DÄMMERUNG/DUNKELHEIT
Kontrollieren/Einschalten der Beleuchtungseinrichtungen

Beleuchtung ☐
☐ Kontrolle ☐ Benutzung
☐ Einstellen ☐ Fernlicht
Beleuchtete Straßen ☐
Unbeleuchtete Straßen ☐
Parken ☐
Besondere Situationen ☐
☐ Schlechte Witterung ☐ Bahnübergänge
☐ Tiere ☐ Unbeleuchtete Verkehrsteilnehmer
Besondere Anforderungen ☐
☐ Blendung ☐ Orientierung
Abschlussbesprechung ☐

REIFE- UND TESTSTUFE
Abschluss der Ausbildung Prüfungsvorbereitung

Selbständiges Fahren ☐
☐ innerorts ☐ außerorts
Verantwortungsbewusstes Fahren ☐
Testfahrt unter Prüfungsbedingungen ☐
☐ FAKT ☐ andere
Wiederholung/Vertiefung ☐
Leistungsbewertung ☐

SITUATIVE BAUSTEINE

CHECKLISTE ZUR FAHRTECHNISCHEN VORBEREITUNG

Beim Fahrzeug
Reifen (z. B. Beschädigungen, Profiltiefe, Reifendruck) ☐
Scheinwerfer, Leuchten, Blinker, Hupe
Ein- und Ausschalten ☐
Funktion prüfen ☐
☐ Standlicht
☐ Abblendlicht
☐ Fernlicht
☐ Schlussleuchten m. Kennzeichenbeleuchtung
☐ Nebelschlussleuchte
☐ Warnblinkanlage
☐ Blinker
☐ Hupe
☐ Bremsleuchte
Kontrolleuchten benennen ☐
Rückstrahler ☐
☐ Vorhandensein ☐ Beschädigung
Lenkung ☐
☐ Lenkschloss entriegeln
☐ Überprüfen des Lenkspiels
Funktionsprüfung der Bremsen
☐ Betriebsbremse ☐ Feststellbremse

Beim Fahrer (vor Fahrtbeginn)
Richtige Sitzeinstellung ☐
Einstellung der Rückspiegel ☐
☐ der Kopfstütze ☐ des Lenkrades
Anlegen des Sicherheitsgurtes ☐

HEIZUNG UND LÜFTUNG
Bedienen der Aggregate ☐
☐ Heizung ☐ Lüftung ☐ Klimaanlage
☐ Heckscheibenheizung
☐ Beheizte Sonderausstattungen
Energiesparende Nutzung ☐
☐ Keine unnötigen Verbraucher
☐ Rechtzeitiges Abschalten

BETRIEBS- UND VERKEHRSSICHERHEIT
Motorraum/Flüssigkeitsstände ☐
☐ Motoröl ☐ Kühlmittel
☐ Scheibenwaschflüssigkeit
Tanken
Sicherungsmittel ☐
☐ Warndreieck ☐ Verbandskasten
☐ Bordwerkzeug
☐ zusätzliche Ausrüstung
Aussenkontrolle (Schäden, Sauberkeit) ☐
☐ Scheiben/Wischer ☐ Spiegel
☐ Kennzeichen (HU) ☐ Beleuchtung
Bremsen ☐
Ladung ☐
☐ Sicherung ☐ Kenntlichmachung

WITTERUNG
Fahren bei schlechter Witterung ☐
☐ Lüftung ☐ Beleuchtung
☐ Scheibenwischer/-wasser
☐ Regen, Sprühnebel
☐ Wasserlachen, Aquaplaning
☐ Wind, Sturm, Böen
☐ Schnee und Matsch ☐ Eis

Bild 3.2 Ausbildungsdiagrammkarte für die Klasse B
Quelle: © Bundesvereinigung der Fahrlehrerverbände e.V.

licht einzuschalten (**Feinziel**; siehe Kapitel 2, Abschnitt 2.1.2). Wann sie es benutzen soll, ist ihr ebenfalls klar (kognitive Ebene). Dass sie das Fernlicht bei Gegenverkehr oder vorausfahrenden Fahrzeugen schnell ausschalten soll, um Blendungen der anderen Verkehrsteilnehmer zu vermeiden, versteht sie und hält es auch für sinnvoll (Sozialkompetenz).

Ob ein Fahrlehrer nun die Ausbildungsdiagrammkarte nutzt oder ein eigenes System der Dokumentation entwickelt – über den Sinn einer lückenlosen Dokumentierung der praktischen Ausbildung lässt sich nicht streiten.

3 Inhalte und Strukturen der praktischen Fahrstunden

Wie zu Beginn dieses Kapitels bereits angemerkt, bilden die FahrschAusbO und ihre Anlagen die Grundlage für die praktische Ausbildung. Diese Inhalte sind bindend. Doch bei genauer Betrachtung der Paragrafen dieser Verordnung ist Folgendes festzustellen: Die formulierten Inhalte werden mithilfe eines allgemeingültigen, juristischen Textes dargestellt und geben keine genauen Handlungsanweisungen für die praktische Arbeit mit einem Fahrschüler. Besonders deutlich wird dies, wenn der Text auffordert, erst mit den Besonderen Ausbildungsfahrten zu beginnen, nachdem die Grundausbildung des Fahrschülers abgeschlossen ist. Was ist damit also genau gemeint und wie lässt sich damit sinnvoll umgehen, um die praktischen Fahrstunden zu planen?

Zum einen **muss** der Fahrlehrer die Inhalte der FahrschAusbO vermitteln (und dies sind nicht wenige). Zum anderen hat er dabei einen gewissen Gestaltungsspielraum. Er **kann** nämlich unter den Inhalten, die zu behandeln sind, eine sinnvolle Auswahl treffen, diesen eine Gewichtung zukommen lassen und sie zeitlich passend anordnen.[9]

Demnach sind Inhalte, die den Fahrschüler dazu bringen, sich im Sinne des § 1 der StVO zu verhalten und damit das Ausbildungsziel zu erreichen, schwerer zu gewichten als solche Inhalte, die zum Beispiel technische Sachkompetenz betreffen. Der Fahrlehrer wird also mehr Gewichtung darauf verwenden, seinem Fahrschüler beizubringen, dass „lautes Beschleunigen“ schlecht für die Umwelt ist (z. B. für vorbeigehende Passanten, für das Fahrzeug und hinsichtlich des Kraftstoffverbrauchs), als darauf, ihm zu erklären, wie ein elektronisches Türschloss funktioniert.

Bei der Auswahl von Inhalten muss der Fahrlehrer seine eigenen Kompetenzen stets hinterfragen. Zwei zielführende Fragen, die er sich hierzu aneignen sollte, lauten:

- Inwieweit ist meine eigene Sachkompetenz zu einem ausgewählten Inhalt gefordert?
- Wie kann ich ausgewählte Inhalte didaktisch sinnvoll vermitteln?

9 Eine unverzichtbare Hilfestellung findet sich in den Curricula der Bundesvereinigung der Fahrlehrerverbände für die praktische Ausbildung.

Wenn er sich diese beiden Fragen stellt, muss er ebenfalls im Hinterkopf behalten, dass er die ausgewählten Inhalte zum Teil stark vereinfachen muss. Die Beispiele von Fahrschülern in Abschnitt 1.1 „Fahrschüler" haben gezeigt, dass Fahrlehrer mit Menschen aus verschiedenen Orten der Welt und unterschiedlichen Arten der Vorbildung und Motivationslagen arbeiten. Daher ist es nicht immer einfach, die eigene Sachkompetenz so „herunterzubrechen", dass der Fahrschüler versteht, was gemeint ist. Die hierzu anwendbare Lehrmethode ist die der Didaktischen Reduktion. Komplexe Inhalte werden dabei so weit vereinfacht, dass auch ein Laie sie verstehen und anwenden kann. Dabei dürfen Inhalte natürlich nichts von ihrer Kernbedeutung verlieren.

Die Didaktische Reduktion der Lerninhalte kann auf unterschiedliche Art und Weise erfolgen und sollte dem jeweiligen Fahrschüler angemessen sein. Eine Möglichkeit ist es, die zu vermittelnden Inhalte anhand von Beispielen und (z. B. zeichnerischer) Veranschaulichung zu besprechen. Eine zweite Möglichkeit besteht darin, den Schwierigkeitsgrad des zu Lernenden zu reduzieren, z. B. seitwärts Einparken zunächst ohne Begrenzung durch parkende Autos, Bäume o. Ä. Abschließend besteht noch die Alternative, den Umfang des zu Lernenden zu reduzieren. Dies ist nur bedingt möglich, da es unabdingbare Lerninhalte für das Bestehen der praktischen Fahrprüfung gibt, jedoch lassen sich ggf. die Lerninhalte über einen längeren Zeitraum strecken.

Damit der Fahrlehrer nun Inhalte an seine Fahrschüler weitergeben kann, muss er sich ebenfalls überlegen, nach welchen Prinzipien er diese rüberbringen kann. Bei unterschiedlichen Lerntypen und Lernvoraussetzungen seiner Schüler ist dies nicht immer einfach. Auch ist es nicht sinnvoll, ein einziges Prinzip des Wissenstransfers für einen bestimmten Schüler anzuwenden. Stattdessen sollte der Fahrlehrer immer versuchen, einen Mix aus Prinzipien zu benutzen. An dieser Stelle werden fünf Prinzipien vorgestellt, die angewendet werden können. Diese werden in allgemeine Kategorien zusammengefasst:[10]

- **Vom Konkreten zum Abstrakten.** Der Fahrlehrer übt in einer praktischen Fahrstunde ganz konkret die Regel „Rechts vor Links" und schließt zusammen mit seinem Fahrschüler (vielleicht in der Nachbesprechung der Fahrstunde) auf die abstrakte Vorfahrtregel (induktives Verfahren).
- **Vom Abstrakten zum Konkreten.** Es geht auch umgekehrt. In der Vorbesprechung der Fahrstunde erläutert der Fahrlehrer seinem Schüler, dass es heute um die Vorfahrtregel gehen wird. Diese lässt er dann am konkreten Fall beim Heranfahren an Kreuzungen und Einmündungen üben (deduktives Verfahren).
- **Vom Leichten zum Schweren.** Die Grundfahraufgabe „Umkehren auf einer nicht stark befahrenen Straße" kann als Vorübung dienen, bevor der Fahrlehrer mit seinem Schüler die Grundfahraufgabe „Parkbox" auf einem belebten Parkplatz übt.
- **Vom Bekannten zum Unbekannten.** Der Fahrlehrer bringt seinen Schüler in eine Situation, die er bereits kennt, um von dort an Neues anzuknüpfen. Schwierig ist bei diesem Prinzip natürlich, dass der Fahrlehrer zunächst

10 In der Forschung existieren viele Prinzipien, Methoden und Techniken nebeneinander. Es gibt kein festgelegtes Schema. Die fünf vorgestellten Prinzipien haben sich für den praktischen Fahrschulalltag bewährt.

eine ungefähre Vorstellung davon haben muss, was sein Fahrschüler an Vorwissen besitzt.

- **Abnehmende Hilfe.** In den ersten Fahrstunden leitet der Fahrlehrer seinen Schüler noch oft an, wenn es um die richtige Gangwahl geht. Aus den Anweisungen „auskuppeln – schalten – einkuppeln" ergeben sich mit der Zeit nur noch Impulse, die der Fahrlehrer seinem Schüler gibt. Der Fahrschüler entwickelt Automatismen und der Fahrlehrer nimmt seine Hilfe immer weiter zurück.

Die große Stärke dieser Prinzipien zur Wissensvermittlung liegt zweifelsohne in der Möglichkeit, theoretische und praktische Inhalte zu **„verzahnen"**, so wie es die FahrschAusbO verlangt.

3.1 Ziele der praktischen Ausbildung

Fahrlehrer sollten die verschiedenen Unterrichtsprinzipien und Methoden nutzen, um Inhalte an ihre Fahrschüler weiterzugeben. Damit verfolgen sie ein primäres und ein sekundäres Ziel: Zum einen sollen aus den Fahrschülern Kraftfahrer im Sinne des § 1 der StVO gemacht werden. Zum anderen sollen die Fahrschüler die fahrpraktische Prüfung – im besten Fall beim ersten Versuch – bestehen. Auch die FahrschAusbO definiert das Erreichen von Zielen, die der Fahrlehrer durch die richtige Aufbereitung von Inhalten zusammen mit seinen Fahrschülern erreichen soll.[11] Damit wird angestrebt, dass sich die Fahrschüler nach bestandener fahrpraktischer Prüfung im Sinne des § 1 StVO verhalten.

Um dies im praktischen Unterricht zu erreichen, muss definiert werden, was für Ziele damit genau gemeint sind. Unterscheidbar sind zum einen kognitive, affektive und psychomotorische Ziele. Zum anderen werden die Ziele der Ausbildung unterteilt in abstrakte Richtziele, Grobziele und zum Teil sehr konkrete Feinziele (siehe Kapitel 2, Abschnitt 2.1 „Lehr-Lernziele – warum Inhalte gelernt werden sollen").

Im Folgenden wird nun praxisnah gezeigt, wie eine Fahrstunde mit einem Fahrschüler aufgebaut sein sollte, um den Anforderungen der FahrschAusbO einerseits und einer didaktisch sinnvollen Unterrichtsplanung andererseits gerecht zu werden. Theoretische Modelle, wie praktischer Unterricht aufgebaut werden kann, gibt es viele. Da es aber in diesem Kapitel um die Praxis geht, wird sich das Folgende stark am Arbeitsalltag orientieren. Praktischer Unterricht findet nicht in einem rechtsfreien Raum statt. Viele der rechtlichen Bedingungen wurden zuvor bereits vorgestellt. Nachfolgend werden in aller Kürze aber noch einmal die rechtlichen Rahmenbedingungen zusammengefasst, welche für die praktischen Stunden wichtig sind:

- Die Inhalte der fahrpraktischen Ausbildung sind in der FahrschAusbO und der Anlange für den praktischen Teil geregelt.
- Für den systematischen Aufbau der fahrpraktischen Ausbildung ist laut FahrschAusbO ein gegliederter Ausbildungsplan zu erstellen.
- Die Ausbildung ist so zu dokumentieren, dass eine systematische Ausbildung zu erkennen ist (Ausbildungsdiagrammkarte oder ähnliche Hilfsmittel).

11 Vgl. hierzu § 3 (1) FahrschAusbO.

- Praktische Fahrstunden beginnen mit einem kurzen Resümee des Ausbildungsstands und einer Besprechung der für den jeweiligen Termin angedachten Ziele und diesbezüglichen Übungen.
- Praktische Fahrstunden enden mit einer Nachbesprechung und Erörterung des jeweiligen Ausbildungsstandes.

3.2 Inhalte und Gliederung einer Fahrschule

3.2.1 Vorbesprechung

Bei der Begrüßung des Fahrschülers zur praktischen Fahrstunde ist es zunächst notwendig, dass sich der Fahrlehrer über dessen Lernvoraussetzungen klar wird. Sollte es sich nicht um die erste Fahrstunde handeln, kann der Fahrlehrer hierfür auf seine Dokumentationen zurückgreifen (z. B. Diagrammkarte). Beginnt der Schüler mit der Ausbildung, liegt eine solche natürlich noch nicht vor. Die Lernvoraussetzungen geben die geistigen und körperlichen Merkmale des Fahrschülers wieder, durch die seine Lernfähigkeit und seine Bereitschaft zum Lernen gesichert werden.[12] Im Einzelnen bedeutet das, dass sich der Fahrlehrer folgende Fragen vergegenwärtigen muss:

- Kann der Fahrschüler ihn verstehen (Sprache) und welche soziokulturellen Voraussetzungen sind zu beachten (Begrüßung, Verabschiedung, kulturelle Eigenheiten)?
- Welche Vorkenntnisse und themenbezogenen Erfahrungen und Interessen bringt der Fahrschüler mit bzw. auf welchem Leistungsstand befindet er sich?
- Verfügt er über das nötige Arbeits- und Sozialverhalten,[13] damit die Fahrstunde ein Erfolg wird?
- Verfügt der Fahrschüler über die nötigen Lernkompetenzen?
- Ist der Fahrschüler motiviert?

Die hier gestellten Fragen erscheinen zunächst umfangreich, sind aber in einem persönlichen Austausch zwischen Fahrschüler und Fahrlehrer im Rahmen einer Vorbesprechung relativ schnell zu beantworten. Eine weitere sehr wichtige Frage betrifft die Persönlichkeit des Fahrschülers. Hier ergeben sich neue Fragen, die allerdings nicht einfach kurz in einer Vorbesprechung abgearbeitet werden können:

- Hat der Fahrschüler Angst vor dem Autofahren?
- Ist er emotional in der Lage, die an ihn gestellten Aufgaben mit der Hilfe des Fahrlehrers zu bewältigen?
- Ist er belastbar und wie reagiert er auf Stress?
- Welche Erwartungen stellt er an sich selbst und wie geht er mit Misserfolgen um?
- Wie reagiert er auf Lob und Kritik?

Solche Fragen, die die Persönlichkeit des Fahrschülers ausmachen, können erst im Laufe der Führerscheinausbildung (und nie abschließend) beantwortet werden.

---

12 Meyer (2015), S. 141.
13 Damit ist gemeint (nach Meyer), ob der Fahrschüler eigene Lernstrategien, Arbeitstechniken und genügend Konzentrationsvermögen besitzt.

Stehen die Lernvoraussetzungen für die praktische Fahrstunde fest, müssen die Inhalte und Ziele der Ausbildung festgelegt werden. Diese sollten klar formuliert und für den Fahrschüler verständlich artikuliert werden. (Dabei sollte vermieden werden, bereits zu Anfang der Fahrstunde eine Druckkulisse aufzubauen.) Was wird (je nach Leistungsstand) vonseiten der FahrschAusbO gefordert und was geben Ausbildungsdiagrammkarte oder andere dokumentarische Hilfsmittel, aus denen der Lernstand und die Stufenausbildung ersichtlich werden, vor? Des Weiteren muss die ungefähre Strecke der Fahrstunde ausgewählt werden bzw. an den Lernstand des Fahrschülers angepasst werden. Der Schwierigkeitsgrad der Strecke wird natürlich mitbestimmt durch den Ort, von dem es losgehen soll (Fahrschule, Arbeitsplatz oder Wohnort des Fahrschülers, sonstige Treffpunkte), und durch die jeweilige Tages- (starkes oder schwaches Verkehrsaufkommen) sowie Jahreszeit.

Aufgabe

- Überlegen Sie sich, welche wesentlichen Ziele die Vorbesprechung beinhalten soll.

3.2.2 Durchführung der Fahrstunde

Schon bei der Terminabsprache sollte der Fahrlehrer damit beginnen, gute Voraussetzungen für eine erfolgreiche Durchführung des praktischen Fahrunterrichts zu schaffen. Die Terminabsprache sollte rechtzeitig und verbindlich erfolgen. Im Idealfall werden Termine, Orte und Dauer der Fahrstunden so gestaltet, dass für keine der Parteien (Fahrlehrer/Fahrschüler/Dritte (Arbeitgeber, Lehrer, Eltern, Freund)) Zeitdruck entsteht. Es ist also nicht ratsam, den Fahrschüler nach einem vollen Schultag direkt aus dem Klassenzimmer abzuholen, ihn die Fahrstunde absolvieren zu lassen und ihn bei einem Anschlusstermin (Nachhilfe, Sportverein oder Sonstigem) zu entlassen.

Egal, unter welchen Bedingungen eine Fahrstunde durchgeführt werden soll oder muss – ein Punkt ist stets zu bedenken: Die Strecke sollte so geplant werden, dass der Rhythmus der Fahrstunde an die jeweilige Belastung des Fahrschülers angepasst werden kann. Das heißt, dass der Fahrschüler während der Fahrstunde Phasen von Belastung, aber auch von Entlastung spüren kann. Bekannte Inhalte sollten sich mit neuen abwechseln. Schwierige Orte im Realverkehr sollten Teil der Übungsstrecke sein, ebenso ruhige Gebiete mit weniger Reizen und Belastungen für den Fahrschüler. Ebenfalls sollte in die Streckenplanung aufgenommen werden, ob der Fahrschüler eine Pause machen möchte oder eine solche abhängig vom Schwierigkeitsgrad der Fahrstunde eingeplant werden sollte.

3.3 Methoden

Für die Durchführung von Fahrstunden wird eine breite Auswahl an Methoden benötigt. Um diese richtig einsetzen zu können, muss der Fahrlehrer diese nicht nur kennen und benennen, sondern ebenfalls richtig auswählen. Bei der Vielzahl der Methoden gibt es auch eine Vielzahl an Möglichkeiten, diese zu kategorisieren und zu ordnen. Außerdem besteht für die Arbeit von Lehrern grundsätzlich Methodenfreiheit. Nirgendwo in den Weiten der Fachliteratur gibt es „die“ Methoden, die vom Fahrlehrer „immer“ angewendet werden können. Es folgt eine einführende Beschreibung von sinnvollen Methoden, die sich bei der praktischen Ausbildung bewährt haben. **Der Fokus der aufgezeigten Methoden liegt stets auf der Interaktion zwischen Fahrlehrer und Fahrschüler. Dabei sind die Methoden am geeignetsten, mit denen der Fahrlehrer seine Fahrschüler am besten erreichen kann!**

- **Demonstrieren.** Der Fahrlehrer kann seinem Fahrschüler Fertigkeiten, wie zum Beispiel die richtige Nutzung der Kupplung, im Fahrzeug vormachen oder ihm zeigen, wie er das Lenkradschloss entriegeln kann.
- **Veranschaulichen.** Falls sein Fahrschüler komplexe Verkehrssituationen, wie z.B. das mehrspurige Abbiegen auf Kreuzungen mit viel Verkehrsaufkommen, nicht sofort erkennt oder damit Verständnisprobleme hat, kann der Fahrlehrer diese mit einer einfachen Skizze während einer kurzen Fahrtunterbrechung veranschaulichen.
- **Vorbild.** Für Fahrschüler kann der Fahrlehrer ebenfalls ein Modell sein. Durch dessen Anschauungen zum Straßenverkehr auf der affektiven Ebene prägt er seine Fahrschüler durchaus mit. Wie das Modell einer Feststellbremse im theoretischen Unterricht, ist der Fahrlehrer ein Modell besonders für Normen und Werte im Straßenverkehr.
- **Erklären.** Sachverhalte aller Art können erklärt werden. Dabei geht es in erster Linie um den Transfer von Wissen. Der Fahrlehrer kann seinem Schüler die gesetzlichen Vorgaben zum Überqueren eines Bahnübergangs erklären und es im Anschluss praktisch mit ihm üben.
- **Erzählen.** Ebenfalls kann der Transfer von Wissen an die Fahrschüler über kleine Geschichten erfolgen. So kann der Fahrlehrer von dem Zeitungsartikel erzählen, in dem von einem Kraftfahrer berichtet wurde, der einen Unfall mit einem Schienenfahrzeug hatte.
- **Anleiten.** Besonders in den ersten Fahrstunden, die der Fahrlehrer mit einem Schüler durchführt, bietet sich diese Methode an, um den Fahrschüler durch den Realverkehr fahren zu lassen. Während der Fahrlehrer anleitet, tut sein Fahrschüler erst einmal nur, was er von ihm will, ohne eigenständig Entscheidungen treffen zu müssen.
- **Entscheiden lassen.** Fahrschüler müssen lernen, sich eigenverantwortlich im Realverkehr zu bewegen. Daher ist diese Methode besonders wichtig zum Ende der Ausbildung oder bei Persönlichkeiten, die im Allgemeinen dazu neigen, sich nicht ohne Hilfestellung entscheiden zu können. Der Fahrlehrer überlässt es seinem Schüler, ob dieser die Fahrt am nächsten Autobahnkreuz nach Norden oder Süden fortsetzen will.
- **Impulse geben.** Wenn der Fahrlehrer bereits mehrfach die gleichen Inhalte mit seinem Schüler geübt hat, dieser sie aber noch nicht regelmäßig durchführt (wie z.B. den Schulterblick vor dem Abbiegen innerorts), hat der Fahrlehrer die Möglichkeit, seinen Fahrschüler daran zu erinnern, dass er doch etwas Bestimmtes machen soll. Sein Klopfen mit dem Finger gegen das Seitenfenster könnte z.B. die Ermahnung an den Schulterblick ersetzen.
- **Fragend entwickeln.** Auch bestimmte Sachverhalte fragend zu entwickeln, ist eine Methode, die sich für das Lernen von neuen Inhalten sowie für ein

Wiederholen von bekannten Inhalten eignet. Ganze Themenfelder können auf diese Art leicht erschlossen werden. Beispiel: *„Kannst du dir vorstellen, was passiert, wenn die Signalanlage vor dem Bahnübergang ausfällt?“*

- **Aufgaben geben.** Fortgeschrittenen Fahrschülern kann der Fahrlehrer auch eigenverantwortlich Aufgaben geben. Beispielsweise kann er seinem Fahrschüler die Streckenwahl zur nächsten Autobahnauffahrt überlassen. Er kann ein Streckenziel festlegen und den Fahrschüler bitten, sich den Weg über die Autobahn dorthin zur nächsten Stunde selbst zusammenzustellen.
- **Bekräftigen/Loben.** Wenn der Fahrlehrer seinen Schüler für gute Leistungen lobt, erkennt er damit dessen gezeigtes Verhalten an. Der Fahrschüler wird sich in ähnlichen Situationen an das Lob erinnern und versuchen, sich genauso „gut“ zu verhalten. Beispiel: Verhält sich der Fahrschüler an der gelb werdenden Ampel defensiv und bremst noch ab, sollte der Fahrlehrer ihn für seine richtige Entscheidung loben.
- **Kritisieren.** Entscheidet sich der Fahrschüler in der oben beschriebenen Ampel-Situation nicht defensiv, sondern beschleunigt er und „zieht noch rüber“, sollte der Fahrlehrer ihn dafür ruhig kritisieren. Doch wichtig: Kritik muss immer sachbezogen sein und darf nicht auf einer verletzenden oder abwertenden Ebene stattfinden. Dem Kritisierten muss stets klar sein, dass es bei der Kritik um die Sache und nicht um seine Person als Ganzes geht. Zu kritisieren ist also stets ein konkretes Verhalten – dies ist änderbar, nicht Charakterzüge oder Personen insgesamt.
- **Wiederholen.** Eine ganz wesentliche Methode ist es, Dinge, die man lernt, zu wiederholen. Dadurch lassen sich Automatismen und Routinen erzeugen. Durch Wiederholungen lernt der Fahrschüler, nicht mehr darüber nachzudenken, dass er erst das Gaspedal loslassen, dann auskuppeln und schließlich den Gang wechseln muss, sondern er tut dies irgendwann automatisch. Solche Abläufe müssen oft einfach stur wiederholt werden und erfordern damit auch Geduld seitens des Fahrlehrers.
- **Korrigieren.** Beim Korrigieren hilft der Fahrlehrer seinem Schüler, bestimmte Fehler zu vermeiden, die er vielleicht aus Ungeübtheit oder Unkonzentriertheit begeht. Während eines Parkmanövers eines noch ungeübten Fahrschülers greift er z.B. korrigierend ein, wenn es sonst zu Beschädigungen käme. Doch auch bei Schülern, die schon einen Führerschein besitzen, ihr Wissen jedoch auffrischen möchten oder müssen, haben sich oft über Jahre Fahrgewohnheiten etabliert, die einer Korrektur bedürfen, um sicherer, bequemer und effizienter zu fahren. Dabei soll der Fahrschüler lernen, Fehlverhalten zu vermeiden.
- **Pausen.** Auch das Einhalten von Pausen ist ein Element, welches der Fahrlehrer während der Ausbildung strukturierend einsetzen kann. Besonders Fahrschülern, die sich in ihrer Auffassungsgabe überschätzen und am liebsten täglich mehrere Fahrstunden absolvieren möchten, sollte er Pausen „verabreichen“, damit Körper und Geist das Erlernte verarbeiten können.
- **Entdecken lassen.** Durch diese Methode gibt der Fahrlehrer seinem Schüler Raum, um selber Wissen zu erwerben. Dies beschränkt sich natürlich nur auf Bereiche, in denen es zu keinen Gefahren kommen kann. Beim Auffahren auf die Autobahn wird er seinem Schüler natürlich nicht erlauben, selber aus-

zuprobieren, wie das geht. Doch auf einem Parkplatz kann er ihn durchaus bitten, einmal selbstständig das Fernlicht einzuschalten.

- **Kommentiertes Fahren (Rückmeldung/Feedback).** Diese Methode soll dem Fahrlehrer einen Einblick in das Denken seines Fahrschülers ermöglichen. Dieser kommentiert sein eigenes Fahrverhalten bzw. schildert seine Entscheidungsprozesse während der Fahrstunde. Damit kann der Fahrlehrer feststellen, wie sich der Schüler im Realverkehr in ausgewählten Situationen (z. B. sich dem Zeichen „Halt. Vorfahrt gewähren" nähern) verhält und warum. Entdeckt der Fahrlehrer dabei „falsche" Entscheidungen oder Einstellungen, hat er die Möglichkeit, diese zu korrigieren. Vom Fahrschüler geschilderte Emotionen sind dabei besonders zu berücksichtigen! Kommentiertes Fahren eignet sich besonders für fortgeschrittene Fahrschüler. Wenn die Methode gelingen soll, bedarf es natürlich einer exakten Vorbesprechung und Auswertung der Fahrstunde.

Aufgabe

- Stellen Sie sich einen Beispielfahrschüler vor, der alle Ausbildungsstufen durchläuft. Wählen Sie eine Methode aus, die jeweils besonders gut zur Grund-, Aufbau-, Leistungsstufe, der Stufe der besonderen Ausbildungsfahrten und der Reife- und Teststufe passen könnte. Begründen Sie Ihre Methodenwahl.

Wie zuvor gesagt, handelt es sich bei den geschilderten Methoden lediglich um eine Auswahl. Entscheidend bei der Auswahl einer Methode ist der Faktor Mensch. So lässt sich nicht sagen, dass für die verschiedenen Ausbildungsstufen diese oder jene Methode für alle Fahrschüler gleichermaßen die beste sein wird. Kategorisierungen scheitern stets an der Wirklichkeit. Zu individuell ist jeder Fahrschüler und zu verschieden sind die Lernvoraussetzungen jedes Einzelnen.

3.4 Nachbereitung der Fahrstunde

Nachdem der Fahrlehrer die Inhalte und Ziele einer Fahrstunde geplant und diese durchgeführt hat, muss die Zielerreichung überprüft und die praktische Ausbildungsstunde zu einem sinnvollen Abschluss gebracht werden. Das heißt, die praktische Fahrstunde findet nach Planung und Durchführung ihr Ende in der Nachbesprechung und Erörterung des Ausbildungsstands des Fahrschülers (§ 5). Der Gegenstand der Nachbesprechung ist natürlich die gezeigte Leistung (Performanz) des Fahrschülers. Die Bewertungskriterien bilden die schriftlichen Aufzeichnungen zur Dokumentation des Lernprozesses. Doch bevor der Fahrlehrer dem Schüler eine Rückmeldung über dessen gezeigte Leistung gibt, muss er sich selbst in den Bewertungsprozess einbringen. Hierzu muss er die folgenden Fragen verinnerlichen, die er sich selbst zu stellen hat:

- Habe ich Inhalte, Ziele und Methoden sinnvoll ausgewählt?
- Habe ich eine vom Schwierigkeitsgrad her angemessene Fahrstrecke ausgewählt?
- Fand die Fahrstunde in einem sinnvollen zeitlichen Rahmen statt?
- Konnte ich meinen Fahrschüler während der Fahrstunde in angemessener Weise unterstützen?
- War die Kommunikation zwischen mir und meinem Fahrschüler während der Fahrstunde klar und verständlich?

Im optimalen Fall beantwortet er diese Fragen eindeutig mit „Ja“. Ist dies nicht der Fall, sollte er sich in seiner persönlichen Nachbereitung der Fahrstunde überlegen, welche Ursachen es hierfür gab und welche Änderungen er für die nächste Stunde anstrebt.

In einem zweiten Schritt bewertet der Fahrlehrer die Performanz seines Fahrschülers. Ganz konkrete Ziele der Nachbesprechung sind demnach:

- die Kontrolle der Erreichung von Lernzielen
- die Förderung zu einer realistischen Selbsteinschätzung des Fahrschülers (Auswertungskompetenz)
- die schriftliche Fixierung des Lernerfolgs (Dokumentation)
- Fazit und Ausblick für die nächste Fahrstunde.

Hierbei ist es wichtig, zwischen der Selbst- und der Fremdbewertung zu unterscheiden. Der Fahrlehrer kann nach der Fahrstunde zum Beispiel seinen Fahrschüler bitten, zunächst einmal zu versuchen, sich selbst zu beurteilen. Damit fördert er dessen Kompetenz, sich selbst realistisch einzuschätzen (Auswertungskompetenz[14]). Der Fahrlehrer sollte es vermeiden, von oben herab die Fehler aufzuzählen, die sein Fahrschüler gemacht hat, und stets dessen Persönlichkeit berücksichtigen. Um seinen Fahrschüler nicht zu demotivieren, kann er auch versuchen, abwechselnd eine negative und eine positive Leistung zu erwähnen. Dabei sollte er immer einen positiven Ausblick in die Zukunft (also die nächste Fahrstunde) geben.

Bei der Bewertung der gezeigten Leistung des Fahrschülers geht es immer um den Vergleich. Der Fahrlehrer vergleicht zum Beispiel seine Dokumentation der letzten Fahrstunde mit der heutigen und sieht einen Fortschritt oder nicht. Oder er vergleicht die gezeigte Leistung mit den Inhalten und Zielen der Ausbildungsstufen, also was sein Fahrschüler hätte leisten können. Oder er vergleicht mit anderen Fahrschülern, die sich auf der gleichen Ausbildungsstufe befinden. Subjektiv wird er immer in einem Bewertungssystem versuchen, die passenden Kriterien zur Bewertung seines Fahrschülers zu finden. Es sind aber seine Aufzeichnungen, seine Dokumentation der Ausbildung, die ihn hier am meisten unterstützen und ihm Orientierung geben werden.

Aufgabe

- Überlegen Sie sich, mit welchen Nachfragen Sie einen Fahrschüler zur Selbstreflexion nach einer praktischen Fahrstunde anregen können. Überlegen Sie, wie Sie Kritik an unzureichend durchgeführten Fahrmanövern auf konstruktive Weise zum Ausdruck bringen können.

Literatur

Heilig, B. (2013). „Fahrlehrer – Profis für das Fahrenlernen.“ In B. Heilig (Hrsg.), Der Fahrlehrer als Verkehrspädagoge. Ein Handbuch über die Grundlagen der Fahrschulpädagogik. München: Verlag Heinrich Vogel, 261–273.

Meyer, H. (2015). Leitfaden zur Unterrichtsvorbereitung. 8. Auflage. Berlin: Cornelsen Schulverlage GmbH.

Zeitschrift „Fahrschule“ (2014). „Interview des Monats“ mit Prof. Dr. Klaus Hurrelmann. „Generation Y im Fokus“. Ausgabe 12. München: Verlag Heinrich Vogel, 6–8.

14 Meyer (2015), S. 218.

Teil II

Fahrschulpädagogik für spezielle Zielgruppen und im Aufbaugeschäft

Kapitel 1
Erweiterungsklassen

Ulrich Wibbeke

1 Nutzfahrzeugausbildung in der Fahrschule

Um ein möglichst großes Themen- und Dienstleistungsangebot in einer Fahrschule anbieten zu können, überlegen viele Inhaber einer Fahrschulerlaubnis, ob sie nicht ihr Portfolio um die Ausbildung im Nutzfahrzeugbereich erweitern sollten. Dieses Kapitel soll als eine Entscheidungshilfe dazu dienen, Chancen und Grenzen – also auch Risiken – aufzuführen, ob und wie ein Unternehmer diesen Schritt gehen mag.

Grundsätzlich gilt: Davon, die Ausbildung im Nutzfahrzeugbereich „so nebenher“ anzubieten, wie dies zu Zeiten der alten Führerscheinrichtlinie (Ausbildung Klasse 2) oftmals getan wurde, ist dringend abzuraten. Zu groß und zu komplex ist dieses Aufgabengebiet heute geworden. Denn mit dem Erwerb der Fahrerlaubnis allein ist es für den Kraftfahrer nicht getan.

Um gewerblich tätig zu werden – und dafür erwirbt der Großteil der Kundschaft eine Fahrerlaubnis im Nutzfahrzeugbereich – bedarf es einer zusätzlichen Qualifikation, i. d. R. der „Beschleunigten Grundqualifikation“. Zum Erhalt seiner Fahrerlaubnis benötigt der Kunde dann regelmäßige Fortbildungen („Module“) und schnell kommt beim späteren Arbeitgeber der Wunsch auf, seinen Fahrer bedarfsgerecht gemäß den Anforderungen und Bedürfnissen des Unternehmens qualifizieren zu lassen: Gefahrguttransportvorschriften (ADR), Ladungssicherung (LaSi), Kranschein etc.

Ein Fahrschulunternehmer wird in diesem Fachgebiet nur dann am Markt Erfolg haben, wenn er möglichst viele dieser Anforderungen erfüllen kann. Und genau dann kann er auch zum Bindeglied werden zwischen den fördernden Stellen, den möglichen Fahrern und den interessierten Unternehmen. Solche sind beispielsweise private Busbetriebe, Unternehmen des öffentlichen Nahverkehrs, Speditionen oder Entsorger. Der Fahrlehrer wird hier mehr denn je zum Dienstleister.

1.1 Lohnt sich die Nutzfahrzeugausbildung?

Bei der Entscheidung für oder gegen die Nutzfahrzeugausbildung stellen sich komplexe Fragen:

- Woher bekomme ich geeignetes Personal (Fahrlehrer, Dozenten etc.)?
- Wie sieht es aus mit der Zertifizierung und dem Fuhrpark? Werden am Anfang meist noch Fahrzeuge geliehen, so wird aus Gründen der Flexibilität und Rentabilität schnell der Wunsch aufkommen, eigene Fahrzeuge in den Fahrschulfuhrpark aufzunehmen.
- Welche Fahrzeuge sind erforderlich? Schnell wird deutlich, dass unterschiedliche Mobilitätsdienstleistungen des Marktes auch verschiedene

Besonderheiten der Lkw-Ausbildung

Die großen Abmessungen des Fahrzeugs oder der Kombination sowie die anspruchsvolle Technik moderner Lastkraftwagen sind für angehende Lkw-Fahrer eine Herausforderung. Das Fahren großer Nutzfahrzeuge übt eine gewisse Faszination auf viele Menschen aus. Das Transportgewerbe der Gegenwart ist jedoch ein hartes Geschäft, geprägt von Kosten- und Termindruck, einer großen Anzahl an Wettbewerbern und vielen Vorschriften, die zu beachten sind. Lange Strecken, eine körperlich und psychisch herausfordernde Tätigkeit, Staus, Streckensperrungen und anspruchsvolle Kundenwünsche lassen von „Trucker-Romantik“ wenig übrig.

Und dennoch: Viele Männer und Frauen entscheiden sich ganz bewusst für diesen anspruchsvollen und für unsere Konsumgesellschaft unverzichtbaren Beruf. Ähnlich sieht es mit jenen aus, die für ihre Tätigkeit bei der Feuerwehr, anderen Hilfsdiensten, der Polizei oder der Bundeswehr eine Fahrerlaubnis der C-Klassen erwerben möchten. Manchen angehenden Lkw-Fahrern geht es hingegen darum, überhaupt einen Beruf zu ergreifen. Für sie ist die Fahrausbildung eine – vielleicht letzte – Chance für den beruflichen Ein- oder Aufstieg.

Die Zielgruppen des Lkw-Fahrlehrers sind also vielfältig: Fahrerlaubnisbewerber, Teilnehmer in der BKF-Aus- und -Weiterbildung, aber auch Firmen, die Trainings zum energiesparenden Fahren und zur Unfallprävention in Anspruch nehmen möchten und je nach Fahrzeug und Branche Weitere. Wichtige Aspekte, wie Landungssicherung, Gefahrgutschulungen u. v. m., fordern, sich als Ausbilder ständig weiterzubilden und teilweise zu spezialisieren. Auch die zunehmende Automatisierung und die hohe Innovationsgeschwindigkeit zählen zu den Herausforderungen. Unterschiedliche Altersgruppen und Vorkenntnisse treffen hier aufeinander. Eine besondere Herausforderung sind die BKF-Weiterbildungen: Hier haben Fahrlehrer mit erfahrenen Praktikern zu tun, die – obgleich auch hier viele Wissenslücken zu füllen sein werden – oftmals Hunderttausende, ja Millionen Kilometer Verkehrserfahrung mitbringen. Die richtige Ansprache und eine hohe Fachkenntnis sind hier die Voraussetzung dafür, dass der Dozent Akzeptanz findet.

Dies gilt auch für den praktischen Unterricht: Ein Nutzfahrzeugausbilder muss nicht nur alle Grundfahraufgaben souverän vorführen können. Er muss auch in der Lage sein, das Fahrzeug bzw. die Kombination sicher aus schwierigen Situationen/Engstellen – zur Not rückwärts – herauszumanövrieren. Er soll gleichzeitig durch sein persönliches Beispiel Arbeitsschutz und Unfallprävention vorleben.

Typen von Kraftfahrzeugen und Anhängern erforderlich machen: Sattelzug, Gliederzug, Stardeichselanhänger, Drehschemelanhänger, Wechselbrücke etc.

- Wo werden diese Fahrzeuge stehen bzw. wo lassen sie sich sicher abstellen? Ein Gelände muss angemietet oder erworben werden.

Alle aufgeführten Investitionen addiert, erreichen sie schnell eine Dimension, die zu Entscheidungen zwingt:

- Kommt dieser neue Tätigkeitsbereich tatsächlich für mich infrage?
- Stehen Aufwand und Risiken im richtigen Verhältnis zu Chancen, Mehrgewinn, Imageaufwertung und Abgrenzung vom Wettbewerber?

Nicht zuletzt ist gute Qualität maßgeblich: Mit ihr steht und fällt ein jedes Haus. Kollegen, die nur hin und wieder Anfragen nach einer CE- oder DE-Fahrerlaubnis erhalten, tun gut daran, diese potenzielle Kundschaft an spezialisierte Kollegen zu verweisen. Oder sie nutzen andere Möglichkeiten, die das neue Fahrlehrergesetz mit verschiedenen Kooperationsmöglichkeiten offeriert, z. B. Teile der Ausbildung wie die Praxisausbildung an einen Kooperationspartner zu übergeben und die theoretische Ausbildung selber durchzuführen.

Name: ____________
Vorname: ____________
Schüler-Nr.: ____________
Ausbildung für die Klasse(n): ____________
Vorbesitz: ____________
Ausbildungsbeginn: ____________
Theoretische Prüfung bestanden am: ____________
Telefon-Nr.: ____________

Sehhilfe ☐ ja ☐ nein

Fahrstunden

Sonderfahrten

Anmerkungen: ____________

BVF

AUSBILDUNGSDIAGRAMMKARTE

nach dem **Curricularen Leitfaden** der Deutschen Fahrlehrer-Akademie e. V. (DFA) für die praktische Ausbildung Lkw. Sie dient der systematischen und sicheren Ausbildung, unter Beachtung der energiesparenden und umweltschonenden Fahrweise.

Vor jeder Fahrt

- Kontrollgang ums Fahrzeug ☐
- Sitz- und Spiegeleinstellung, Sicherheitsgurt ☐
- Bedienung EG-Kontrollgerät ☐
- Vorbesprechung der Fahrstunde (immer)

Überprüfung der Verkehrs- und Betriebssicherheit

- Bremsen ☐
- Räder, Reifen und Lenkung ☐
- Elektrische Ausstattung, Beleuchtungseinrichtungen, Kontrolleinrichtungen ☐
- Motor, Betriebsstoffe ☐
- Ausrüstung, Aufbau, Zusatzeinrichtungen ☐
- Überprüfungen am Anhänger ☐
- Lernkontrollen ☐
  Aufgabenkarte ☐1 ☐2 ☐3 ☐4 ☐5 ☐6 ☐7 ☐8 ☐9 ☐10

Nach jeder Fahrt

- Sichern des Fahrzeugs ☐
- Bedienung EG-Kontrollgerät ☐
- Nachbesprechung der Fahrstunde (immer)

Grundlagen

- Bedienungseinrichtungen ☐
- Kontrollinstrumente ☐
- Schaltübungen bei stehendem Fzg. ☐
- Verkehrsbeobachtungen vor dem Anfahren ☐
- Anfahren im richtigen Gang ☐
- Beschleunigen unter Beachtung des Drehzahlmessers und Schalten ☐
- Ruhiges Schalten ☐
- Gangsprünge beim Schalten ☐
- Funktionen Automatikgetriebe ☐
- Kickdown Funktion ☐
- Gleichmäßige Geschwindigkeit halten – unterer grüner Drehzahlbereich ☐
- Schwung nutzen (z. B. beim Heranfahren an Ampeln, Kreuzungen, Hindernisse und Staus) ☐
- Handlungsspielraum schaffen durch besonders großen Abstand nach vorn ☐
- Benutzung der Dauerbremsanlage ☐
- Abbremsen ohne Herunterschalten ☐
- Wahl des richtigen Gangs zur Weiterfahrt nach Abbremsen/Gangsprung ☐
- Anhalten aus verschiedenen Geschwindigkeiten ☐
- Seitenabstand nach links und rechts über die Spiegel kontrollieren ☐
- Anfahren unter Benutzung der Feststellbremse ☐

Wichtige Fahraufgaben

- Vorbeifahren an Hindernissen ☐
- Verhalten an Engstellen ☐
- Überholen (Radfahrer) ☐
- Fahrstreifenwechsel ☐
  ☐ nach links ☐ nach rechts
- Befahren von Kreuzungen und Einmündungen
  - Queren bei unterschiedlichen Vorfahrtregelungen ☐
  - Rechtsabbiegen ☐
    ☐ ohne Ausholen ☐ mit Ausholen
  - Linksabbiegen ☐
    ☐ einstreifig ☐ mehrstreifig
  - Beachtung von Fußgängern und Radfahrern beim Abbiegen ☐
  - Beachtung des Ausschwenkens im Heckbereich bei langem Überhang ☐
- Befahren von Kreisverkehren ☐
- Verhalten am Bahnübergang ☐
- Erkennen und Beachten von Verkehrszeichen mit besonderer Bedeutung für Lkw ☐
  ☐ Höhe ☐ Breite ☐ Gewicht ☐ Sonst.
- ____________ ☐
- ____________ ☐
- ____________ ☐
- ____________ ☐
- ____________ ☐
- ____________ ☐
- ____________ ☐

Schulung auf Autobahnen*

- Einfahren in die Autobahn ☐
- Benutzen der Geschwindigkeitsregelanlage ☐
- Einhalten des Mindestabstands ☐
- Befahren von Steigungen ☐
- Befahren von Gefällstrecken ☐
- Beobachten einfahrender Verkehrsteilnehmer ☐
- Überholtwerden ☐
- Entfernungsschätzungen ☐
- Überholen ☐
- Verhalten vor und in Baustellenbereichen ☐
- Benutzung eines Autobahnparkplatzes/Rasthofes ☐
- Ausfahren aus der Autobahn ☐
- Umkehren ☐
- ____________ ☐
- ____________ ☐
- ____________ ☐

* oder bestimmten Kraftfahrstraßen

Schulung bei Dämmerung oder Dunkelheit

- Bedienung/Überprüfung der Beleuchtungseinrichtungen ☐
- Benutzung von Abblendlicht und Fernlicht ☐
- Verhalten bei Blendung durch Gegenverkehr ☐
- Beobachtung der Spurhalteleuchten ☐
- Geschwindigkeit an Licht und Sichtverhältnisse anpassen ☐
- Erkennen von Fußgängern, Radfahrern, Hindernissen ☐
- Geschwindigkeiten anderer Verkehrsteilnehmer einschätzen ☐
- Befahren kurvenreicher Strecken ☐
- Fahrstreifenwechsel, Einordnen ☐
- Queren und Abbiegen ☐
- Einschätzen des Lichtraumprofils (insbesondere auf Alleen) ☐
- Problematik des Rückwärtsfahrens bei Dunkelheit ☐
- Verhalten an Bahnübergängen ☐

Grundfahraufgaben

Vorübungen
- Langsam rückwärts geradeaus ☐
- Auswirkungen von Lenkbewegungen beim Rückwärtsrollen ☐

Klasse C/C1
- Rückwärtsfahren und Versetzen nach rechts an eine Rampe zum Be- oder Entladen ☐
- Fahren nach rechts rückwärts (Kreuzung, Einmündung, Einfahrt) ☐
- Rückwärtsfahren in eine Parklücke – längs ☐
- Rückwärts quer/schräg einparken ☐

Klasse C1E, CE – Gliederzug
- Rückwärtsfahren um eine Ecke nach links ☐
- Umkehren durch Rückwärtsfahren nach links (CE) ☐
- Rückwärtsfahren geradeaus an eine Rampe zum Be- oder Entladen ☐

Klasse CE – Sattelzug/Gliederzug mit Starrdeichselanhänger
- Rückwärtsfahren um eine Ecke nach links ☐
- Rückwärtsfahren und Versetzen nach rechts an eine Rampe zum Be- oder Entladen ☐

Schulung auf Bundes- oder Landstrassen

- Befahren unterschiedlich breiter und ausgebauter Straßen ☐
- Benutzung des Seitenstreifens ☐
- Verhalten beim Entgegenkommen breiter Fahrzeuge ☐
- Befahren von engen und weiten Kurven ☐
- Schätzübungen zur Überquerungs-/Abbiegedauer ☐
- Queren von Vorfahrtstraßen ☐
- Abbiegen in Vorfahrtstraßen ☐
- Abbiegen aus Vorfahrtstraßen in besonders enge Straßen ☐
- Benutzen der Geschwindigkeitsregelanlage ☐
- Befahren von Steigungen ☐
- Befahren von Gefällstrecken ☐
- Überholtwerden ☐
- Überholen ☐
- Befahren von Alleen ☐
- Umkehren ☐
- Einfahren in Ortschaften ☐
- Verhalten an Bahnübergängen ☐
- ____________ ☐
- ____________ ☐
- ____________ ☐
- ____________ ☐
- ____________ ☐
- ____________ ☐

Verbinden und Trennen von Fahrzeugen

- Allgemeine Überprüfungen am Anhänger ☐
- Anhänger mit Kugelkopfkupplung ankuppeln (C1E) ☐
- Anhänger mit Kugelkopfkupplung abkuppeln (C1E) ☐
- Anhänger ankuppeln ☐
- Anhänger abkuppeln ☐
- Sattelanhänger aufsatteln ☐
- Sattelanhänger absatteln ☐
- Funktion der Bremse prüfen (Sichtkontrolle) ☐
- Elektrischen Anschluss des Anhängers prüfen ☐
- Abfahrtkontrolle ☐
- Ladung, Aufbau, Plane, Frachttüren, Ladeeinrichtung ☐

Bild 1.1 Ausbildungsdiagrammkarte für die Klasse C
Quelle: © Bundesvereinigung der Fahrlehrerverbände e.V.

Die größte pädagogische Herausforderung wird es sein, neue Konzepte in der Ausbildung zu entwickeln. Der Bedarf an Fahrern in der Branche ist immens und wird vom aktuellen Markt nicht ausreichend gedeckt. Hier ergeben sich durch den starken Anstieg einreisender Migranten und Flüchtlinge neue Möglichkeiten.

Der Fahrschulinhaber muss allerdings ganz neue Wege gehen, um diese Menschen zu qualifizieren: Sprachkurse, die auch den spezifischen Anforderungen des Berufsprofils gerecht werden, müssen konzipiert und durchgeführt werden. Kulturelle Unterschiede sind zu bedenken und die Integration in das zukünftige Unternehmen muss – auch mit dem potenziellen Arbeitgeber – besprochen und strukturiert geplant werden. Gegebenenfalls sind Änderungen in den betrieblichen Abläufen vorzunehmen. Möglicherweise muss sogar die Infrastruktur des Betriebes angepasst werden, um dauerhaft beide Parteien – Arbeitgeber und Arbeitnehmer – zufriedenzustellen (man denke hier an Sozialräume, Zeiten für religiöse Belange, unterschiedliche Ernährungskulturen etc.).

1.2 Vom Bildungsanbieter zum Dienstleistungsunternehmen

Der Fahrschulinhaber sollte in dem Fall ein Selbstverständnis auch als Berater und Mittler bezüglich der Bedürfnisse und Anforderungen beider Parteien entwickeln. Praktika müssen organisiert und begleitet werden. Notwendige ergänzende Qualifizierungen wie beispielsweise Aktivierungs- oder Strukturmaßnahmen, die der Fahrlehrer selbst nicht abdecken kann, müssen mit fördernden Stellen und dem zukünftigen Arbeitgeber besprochen werden.

Besonderheiten der Bus-Ausbildung

Moderne Kraftomnibusse verfügen über High-End-Technik und sind – wie alle modernen Kraftfahrzeuge – Computer auf Rädern. Ob im Reisebus- oder im Linienverkehr: Geblieben sind die Abmessungen, der Überhang, der das Fahren besonders macht, und das wertvollste Ladegut, das man sich denken kann: Menschen. Die Personenbeförderung stellt höchste Anforderungen an den Fahrer. Professionalität, kommunikative Kompetenz, ein hohes Maß an Stressresistenz und oft genug auch Improvisationstalent zeichnen den modernen Busfahrer aus. Ein besonders hohes Maß an Verantwortungsbewusstsein und Vorausschau sowie eine hohe Fahrkompetenz bzw. Fahrzeugbeherrschung werden erwartet. Hier liegen die Anforderungen ähnlich hoch wie bei einer Fahrlehrerprüfung. Das Umlernen von anderen Fahrzeugen (Pkw) auf den Bus lässt sich gut mit den folgenden Leitfragen gestalten: *„Was ist anders? Was ist zusätzlich zu beachten? Welche Gewohnheiten muss ich ändern?“**

Die Zielgruppe der Bus-Ausbildung ist vielfältig: Sie kann bereits mit 18 Jahren beginnen, wenn bestimmte Voraussetzungen gegeben sind, die sich aus § 10 Abs. 1 Fahrerlaubnis-Verordnung (FeV) ergeben. Meist werden die Schüler aber älter sein. Wie Lkw-Fahrer auch, müssen sie vorher eine Pkw-Fahrerlaubnis erworben haben. Die Frage der Fahrpraxis stellt sich aber auch hier. Eine Ausbildung in den Nutzfahrzeugklassen ist immer auch eine Berufsausbildung. Die Weiterbildung im Bus-Bereich ist entsprechend fordernd.

Hinsichtlich der Anforderungen an den Bus-Fahrlehrer gilt mindestens das, was auch über die Ausbildung des Lkw-Fahrlehrers gesagt wurde.

* Deutsche Fahrlehrer-Akademie (Hrsg.) (2016). Curricularer Leitfaden Praktische Ausbildung Bus. 3. Auflage. Korntal-Münchingen, S. 13 ff.

Name: ______

Vorname: ______

Schüler-Nr.: ______

Ausbildung für die Klasse(n): ______

Vorbesitz: ______

Ausbildungsbeginn: ______

Theoretische Prüfung bestanden am: ______

Telefon-Nr.: ______

Sehhilfe ☐ ja ☐ nein

Anmerkungen: ______

Fahrstunden

Sonderfahrten auf Bundes- oder Landstrassen

auf Autobahnen

bei Dämmerung oder Dunkelheit

AUSBILDUNGSDIAGRAMMKARTE

BVF

nach dem **Curricularen Leitfaden** der Deutschen Fahrlehrer-Akademie e. V. (DFA) für die praktische Ausbildung Omnibus. Sie dient der systematischen und sicheren Ausbildung, bei der besonderen Wert gelegt wird auf eine sichere, energiesparende und umweltschonende Fahrweise, die das Wohlbefinden von – evtl. auch stehenden – Fahrgästen z. B. durch behutsames Beschleunigen und gefühlvolles Bremsen berücksichtigt.

Vor jeder Fahrt

- Kontrollgang ums Fahrzeug ☐
- Kontrollgang durch das Fahrzeug ☐
- Sitz- und Spiegeleinstellung, Sicherheitsgurt ☐
- Bedienung EG-Kontrollgerät ☐
- Vorbesprechung der Fahrstunde (immer)

Überprüfung der Verkehrs- und Betriebssicherheit und Handfertigkeiten

unter Einbeziehung von Bedienungsanleitung und Kontrolldisplay

- Bremsanlage ☐
- Räder, Reifen, Radaufhängung und Federung ☐
- Lenkung ☐
- Elektrische Ausstattung, Beleuchtungseinrichtungen, Kontrolleinrichtungen ☐
- Motor, Betriebsstoffe ☐
- Scheiben, Scheibenwischer, Scheibenwaschanlage und Spiegel ☐
- Türen und Gepäckraumklappen ☐
- Ausrüstung, Aufbau, Zusatzeinrichtungen ☐
- Überprüfungen am Anhänger (DE/D1E) ☐
- Komfort- und Zusatzaustattung ☐
- Lernkontrollen ☐
  Aufgabenkarte ☐1 ☐2 ☐3 ☐4 ☐5 ☐6 ☐7 ☐8 ☐9 ☐10

Nach jeder Fahrt

- Sichern des Fahrzeugs ☐
- Bedienung EG-Kontrollgerät ☐
- Nachbesprechung der Fahrstunde (immer)

Grundlagen

- Bedienungseinrichtungen ☐
- Kontrollinstrumente ☐
- Schaltübungen bei stehendem Fzg. ☐
- Verkehrsbeobachtungen vor dem Anfahren ☐
- Anfahren im 1. Gang ☐
- Anfahren ohne zurückzurollen ☐
- Sanftes, ruckfreies Beschleunigen und Schalten unter Beachtung der Drehzahl ☐
- Ruhiges Schalten ☐
- Gangsprünge beim Schalten ☐
- Funktion Automatikgetriebe ☐
- Kickdown Funktion ☐
- Gleichmäßige Geschwindigkeit halten – Drehzahlbereich im unteren grünen Bereich, evtl. darunter ☐
- Fahren mit angepasster Geschwindigkeit, Beachtung von Geschwindigkeitsbeschränkungen ☐
- Schwung nutzen (z. B. beim Heranfahren an Ampeln, Kreuzungen, Hindernisse und Staus) ☐
- Handlungsspielraum schaffen durch besonders großen Abstand nach vorn ☐
- Sanftes Abbremsen ☐
- Benutzung der Dauerbremsanlage ☐
- Abbremsen ohne Zurückschalten ☐
- Wahl des richtigen Gangs zur Weiterfahrt nach Abbremsen/Gangsprung ☐
- Anhalten aus verschiedenen Geschwindigkeiten ☐
- Seitenabstand nach links und rechts über die Spiegel kontrollieren ☐
- Anfahren unter Benutzung der Feststellbremse ☐
- Gefahrbremsung aus Schrittgeschwindigkeit ☐

Wichtige Fahraufgaben

- Vorbeifahren an Hindernissen ☐
- Verhalten an Engstellen ☐
- Überholen (Radfahrer) ☐
- Fahrstreifenwechsel ☐
  ☐ nach links ☐ nach rechts
- Befahren von Kreuzungen und Einmündungen
  - Queren bei unterschiedlichen Vorfahrtregelungen ☐
  - Rechtsabbiegen ☐
    ☐ ohne Ausholen ☐ mit Ausholen
  - Linksabbiegen ☐
    ☐ einstreifig ☐ mehrstreifig
  - Beachtung von Fußgängern und Radfahrern beim Abbiegen ☐
  - Beachtung des Ausschwenkens im Heckbereich ☐
- Befahren von Kreisverkehren ☐
- Verhalten am Bahnübergang ☐
- Verhalten an Haltestellen ☐
- Erkennen und Beachten von Verkehrszeichen mit besonderer Bedeutung für Omnibusse ☐
  ☐ Höhe ☐ Breite ☐ Gewicht ☐ Sonst.
- Fahren bei schwierigen Witterungsbedingungen (situativ) ☐
- ______ ☐
- ______ ☐
- ______ ☐
- ______ ☐
- ______ ☐
- ______ ☐

Schulung auf Autobahnen*

- Einfahren in die Autobahn ☐
- Benutzen der Geschwindigkeitsregelanlage ☐
- Einhalten des Mindestabstands ☐
- Befahren von Steigungen ☐
- Befahren von Gefällstrecken ☐
- Beobachten einfahrender Verkehrsteilnehmer ☐
- Überholtwerden ☐
- Entfernungs- und Abstandsschätzungen ☐
- Überholen ☐
- Verhalten vor und in Baustellenbereichen ☐
- Benutzung eines Autobahnparkplatzes/Rasthofes ☐
- Ausfahren aus der Autobahn ☐
- Umkehren ☐
- ______ ☐

* oder bestimmten Kraftfahrstraßen, siehe Curricularer Leitfaden Praktische Ausbildung Omnibus Seite 79/80.

Schulung bei Dämmerung oder Dunkelheit

- Bedienung/Überprüfung der Beleuchtungseinrichtungen ☐
- Benutzung von Abblendlicht und Fernlicht ☐
- Verhalten bei Blendung durch Gegenverkehr ☐
- Einschätzung der Fahrzeugabmessungen ☐
- Geschwindigkeit an Licht- und Sichtverhältnisse anpassen ☐
- Erkennen von Fußgängern, Radfahrern, Hindernissen ☐
- Geschwindigkeiten anderer Verkehrsteilnehmer einschätzen ☐
- Befahren kurvenreicher Strecken ☐
- Fahrstreifenwechsel, Einordnen ☐
- Queren und Abbiegen ☐
- Einschätzen des Lichtraumprofils (insbesondere auf Alleen) ☐
- Verhalten an Bahnübergängen ☐
- Problematik des Rückwärtsfahrens bei Dunkelheit ☐

Grundfahraufgaben

Vorübungen

- Langsam rückwärts geradeaus ☐
- Auswirkungen von Lenkbewegungen beim Rückwärtsrollen ☐

Klasse D/D1

- Fahren nach rechts rückwärts (Kreuzung, Einmündung, Einfahrt) ☐
- Rückwärtsfahren in eine Parklücke (Längsaufstellung) ☐
- Rückwärts quer oder schräg einparken ☐
- Halten zum Ein- oder Aussteigen ☐

Zusatzübungen

- Rückwärtsfahren in einem Bogen nach links ☐
- Vorwärts einparken

Klasse DE/D1E

- Rückwärstfahren um die Ecke nach links ☐

Schulung auf Bundes- oder Landstrassen

- Befahren unterschiedlich breiter und ausgebauter Straßen ☐
- Verhalten beim Entgegenkommen breiter Fahrzeuge ☐
- Befahren von engen und weiten Kurven ☐
- Schätzübungen zur Überquerungs-/Abbiegedauer ☐
- Queren von Vorfahrtstraßen ☐
- Abbiegen in Vorfahrtstraßen ☐
- Abbiegen aus Vorfahrtstraßen in besonders enge Straßen ☐
- Benutzen der Geschwindigkeitsregelanlage ☐
- Befahren von Steigungen ☐
- Befahren von Gefällstrecken ☐
- Überholtwerden ☐
- Überholen ☐
- Befahren von Alleen ☐
- Umkehren ☐
- Einfahren in Ortschaften ☐
- Verhalten an Bahnübergängen ☐
- ______ ☐
- ______ ☐
- ______ ☐
- ______ ☐
- ______ ☐
- ______ ☐
- ______ ☐

Verbinden und Trennen von Fahrzeugen

- Überprüfungen am Anhänger einschl. Ladungssicherung ☐
- Anhänger ankuppeln ☐
- Anhänger abkuppeln ☐
- ______ ☐
- ______ ☐
- ______ ☐
- ______ ☐
- ______ ☐
- ______ ☐

Bild 1.2 Ausbildungsdiagrammkarte für die Klasse D
Quelle: © Bundesvereinigung der Fahrlehrerverbände e.V.

Arbeitgeber und Arbeitnehmer werden im Idealfall durch den Fahrlehrer quasi an die Hand genommen und zusammengeführt. Der Fahrschulinhaber kann sich darüber hinaus auch als Dienstleister für Busunternehmer oder Spediteure empfehlen und sie bei der Einhaltung ihrer jeweiligen Unternehmerpflichten unterstützen, beispielsweise im Rahmen von Fortbildungen oder der Konzeption und Durchführung maßgeschneiderter Inhouse-Schulungen nach den individuellen Wünschen und Vorstellungen der Auftraggeber.

Des Weiteren sind die Organisation und Betreuung zum Erhalt der jeweiligen Fahrfähigkeit der Fahrer sowie die Einhaltung aller notwendigen und gesetzlich vorgeschriebenen Erfordernisse zu berücksichtigen: ärztliche Untersuchungen, Gültigkeit von Fahrerkarten, Fahrerlaubnissen oder weiteren Erlaubnissen wie z. B. ADR-Scheinen, Fahrausweisen für Flurförderfahrzeuge, erforderliche Unterweisungen, Fortbildungen etc.

Solche Koordination und Organisation schafft Vertrauen und nachhaltige Kundenbindung, die es – in dieser Form zumindest – vorher noch nicht gegeben hat. Am Ende steht ein gravierender, zukunftsorientierter Wandel des Unternehmensbilds Fahrschule: vom klassischen Bildungsanbieter hin zum Dienstleistungsunternehmen.

Natürlich geht damit eine Menge Arbeit und Engagement einher. Wenn es einem modernen Fahrschulunternehmer jedoch gelingt, sich wie beschrieben weiterzubilden, am Markt zu positionieren und sich einen neuen, erweiterten Kundenstamm zu betreuender Unternehmen aufzubauen, wird er krisensicherer und unabhängiger von üblichen Schwankungen im klassischen Tagesgeschäft agieren können.

2 Zweiradausbildung in der Fahrschule

2.1 Allgemeines

Die Fahrerlaubnisklassen BE und A mit all ihren Unterklassen stellen im Regelfall das Grundgerüst einer Fahrschule dar. Sie sind Basis und Hauptumsatzquelle. Jedem Fahrlehreranwärter sei daher empfohlen, beizeiten den Erwerb der Fahrlehrerlaubnis auch für die Klasse A anzustreben.

Da Kunden oftmals ihren Weg in eine Fahrschule bereits mit 15 Jahren zum Erwerb der Mofa-Fahrberechtigung finden und das Fahrschulgeschäft grundsätzlich ein personenbezogenes ist, wird ein Kunde, der sich einmal gut betreut

Besonderheiten der Motorradausbildung

Das Motorrad ist mehr als nur ein Fortbewegungsmittel. In vielleicht noch viel stärkerem Maße als beim Pkw verbinden sich mit ihm Vorstellungen von Freiheit, Abenteuer und sicherlich auch Nervenkitzel. Das Motorradfahren ist überwiegend eine Freizeitaktivität, die nicht selten gemeinsam mit anderen Begeisterten betrieben wird. Diesen positiven Zuschreibungen stehen leider die Erkenntnisse aus der Unfallforschung gegenüber: Kraftradfahrer verunglücken insgesamt häufiger als Pkw-Fahrer: Von 1000 Krad-Fahrern verunglückten 2016 sieben, bei den Pkw-Lenkern waren es im Vergleichszeitraum fünf. Das Risiko, als Nutzer eines Kraftrades mit amtlichem Kennzeichen getötet zu werden, lag viermal höher als das eines Pkw-Fahrers. Andererseits hat das Risiko, auf einem Kraftrad getötet zu werden, in den vergangenen Jahren nicht zugenommen.* Das Kraftrad ist stark und schwach zugleich. Einerseits ist es oftmals gekennzeichnet durch hohes Beschleunigungsvermögen. Andererseits wird es aufgrund seiner schmalen Silhouette leicht übersehen. Ausweichmanöver kann ein Mehrspurfahrzeug – entgegen der landläufigen Meinung – besser bewältigen als das Motorrad. Bei einem Unfall ist ein Sturz so gut wie immer unvermeidbar; eine wirksame Knautschzone fehlt.

Motorradfahrer müssen deswegen psychisch und physisch stets topfit sein: Die sichere Fahrzeugbeherrschung auch in schwierigen Situationen, eine überdurchschnittliche Gefahrenkenntnis und -kontrolle sowie die Vorausschau und die Kontrolle der eigenen Emotionen (Abenteuerlust, Angst usw.) sind (über-)lebenswichtig. Der Motorradfahrer muss stets vorausdenken, mögliche Fehler anderer Verkehrsteilnehmer besonders früh antizipieren und zur Not einen Plan B (z. B. einen geeigneten Fluchtweg) aus dem Hut zaubern können.

Die Zielgruppe der Motorradschüler zeichnet sich insgesamt durch eine große Streuung hinsichtlich Alter, Vorerfahrungen, Kompetenzen, Fahrmotiven und Einstellungen zum Fahrzeug aus. Ein 16-jähriger Schüler der Klasse A1 oder AM verlangt eine andere Unterweisung und Unterstützung als der 50-jährige Wiedereinsteiger. Mehr oder weniger Lebens- und Verkehrserfahrung sowie ein ausgeprägtes Selbstverständnis als Kunde kennzeichnen diese Zielgruppe. Hier ist die richtige Ansprache besonders wichtig.

Der Fahrlehrer hat während der praktischen Ausbildung in den Motorradklassen in der Regel nur begrenzte Eingriffsmöglichkeiten: Fährt er – gleich ob mit dem Motorrad oder dem Pkw – vor oder hinter dem Fahrschüler, kann er nur verbal (über Funk) oder mit einfachen Zeichen und Gesten eingreifen. Stressresistenz, höchste Verantwortungsbereitschaft und Gefahrenantizipation kennzeichnen den Motorrad-Ausbilder. Er sollte sich stetig weiterbilden und selbst ein erfahrener Zweiradfahrer sein. Eine seiner pädagogisch anspruchsvollsten Aufgaben besteht darin, Motorradfahrer zu einem Verhalten zu motivieren, das Spaß, Abenteuer und Freiheit mit verantwortungsvollem und gefahrenbewusstem Verhalten sinnvoll verbindet.

* Statistisches Bundesamt (Hrsg.) (2017). Verkehrsunfälle. Kraftrad- und Fahrradunfälle im Straßenverkehr 2016, S. 7.

AUSBILDUNGSDIAGRAMMKARTE

BVF

nach dem Curricularen Leitfaden der Bundesvereinigung der Fahrlehrerverbände e. V. für die praktische Ausbildung Motorradfahrer. Sie dient der systematischen und sicheren Ausbildung unter Beachtung der energiesparenden und umweltschonenden Fahrweise.

Grundstufe

Beginn der praktischen Ausbildung ☐
- ☐ Motorradbekleidung
- ☐ Bedienelemente am Motorrad

Erster Umgang mit dem Motorrad ☐
- ☐ Auf- und Absteigen
- ☐ Kippen im Stand
- ☐ Herunternehmen, Aufstellen und Sichern des Motorrades
- ☐ Motorrad schieben
- ☐ Bremsen und Anhalten

Sitzposition ☐
- ☐ Körperhaltung
- ☐ Fußstellung
- ☐ Handhaltung
- ☐ Spiegeleinstellung

Übungen zum Anfahren und Anhalten ☐
- ☐ Abbremsen
- ☐ Rollen im instabilen Bereich
- ☐ Motor starten
- ☐ Anfahren und Anhalten
- ☐ Schalten

Aufbaustufe

Übungen im instabilen Bereich ☐
- ☐ Fahren mit Schrittgeschw. (GF)
- ☐ Stop and Go (GF)
- ☐ Slalom in Schrittgeschw. (GF)
- ☐ Achten fahren
- ☐ Anfahren mit Lenkeinschlag
- ☐ Wenden

Übungen im eigenstabilen Bereich ☐
- ☐ Slalom bei gleichem Pylonenabstand (GF)
- ☐ Slalom bei ungleichem Pylonenabstand (GF)
- ☐ Kreisfahrt (GF)

Schalten nach Beschleunigen oder Abbremsen ☐
- ☐ Hoch- und Runterschalten
- ☐ Herunterschalten und anhalten
- ☐ Stufenweises Runterschalten und weiterfahren

Bremsen ☐
- ☐ Vergleichsbremsungen
- ☐ Bremsen mit zunehmender Bremskraft
- ☐ Gefahrbremsung (GF)
- ☐ Bremsen in Schräglage

Ausweichen ☐
- ☐ ... ohne Abbremsen (GF)
- ☐ ... nach Abbremsen (GF)

Steigung und Gefälle ☐
- ☐ Anfahren in der Steigung
- ☐ Schalten in der Steigung
- ☐ Bremsen im Gefälle und an Steigungen

Leistungsstufe

An- und Einfahren, Fahren in Fahrstreifen, Anhalten ☐
- ☐ An- und Einfahren
- ☐ Richtige Gangwahl
- ☐ Grundsätzliches Verhalten beim Fahren
- ☐ Abstand
- ☐ Überholen
- ☐ Anhalten am Fahrbahnrand

Verkehrsbeobachtung ☐
- ☐ Beobachtung des Verkehrsraums

Fahrstreifenwechsel ☐
- ☐ ... nach links und rechts

Kreuzungen u. Einmündungen ☐
- ☐ Verhalten an Kreuzungen und Einmündungen mit Wartepflicht
- ☐ Verhalten an Kreuzungen und Einmündungen als Vorfahrtberechtigter

Abbiegen ☐
- ☐ ... aus der Bewegung als Vorfahrtberechtigter
- ☐ ... aus dem Stand
- ☐ ... aus der Bewegung als Wartepflichtiger

Vorfahrt ☐
- ☐ rechts vor links
- ☐ Polizeibeamte
- ☐ Grünpfeil
- ☐ Grünpfeil-Schild

Besondere Verkehrssituationen ☐
- ☐ Fahrbahnprobleme
- ☐ Gefährliche Situationen

Stufe der Sonderfahrten

Überlandfahrt ☐
- ☐ Vorbereitung der Fahrt
- ☐ Blickführung
- ☐ Geschwindigkeit
- ☐ Sicherheitsabstände
- ☐ Überholen
- ☐ Kurvenfahren
- ☐ Geschlossene Ortschaft
- ☐ Kreuzungen und Einmündungen
- ☐ Besondere Gefahren
- ☐ Umwelt schonen

Autobahnfahrt* ☐
- ☐ Planung und Vorbereitung der Fahrt
- ☐ Einfahren auf die Autobahn
- ☐ Überholen
- ☐ Verlassen der Autobahn

Dunkelheitsfahrt ☐
- ☐ Vorbereitung
- ☐ Fahren
- ☐ Besonderheiten

* oder bestimmten Kraftfahrstraßen

Reifestufe

Reife und Teststufe ☐
- ☐ selbstständiges Fahren
- ☐ Prüfungssimulation mit Einbeziehung der Grundfahraufgaben, Autobahn und Landstraße
- ☐ Berücksichtigung der umweltschonenden, verantwortungsbewussten und partnerschaftlichen Fahrweise
- ☐ gezielte Übungen und Korrekturen nach dem Ergebnis der Testfahrt
- ☐ fahrtechnische Vorbereitung
- ☐ Sicherheitskontrolle

Notizen

Name:

Vorname:

Telefon:

Sehhilfe: ☐ ja ☐ nein

Grundfahraufgaben

O = obligatorisch
A = alternativ

A innerhalb dieser 2 Aufgaben

A innerhalb dieser 3 Aufgaben

Bei stufenweisem Zugang zur Kl. A2 u. A nur die obligatorischen GA

		Klassen	
		A/A2/A1	AM
1. Slalom mit Schrittgeschwindigkeit (5 x 3,5 m Abstand)	☐ ☐ ☐ ☐ ☐	O	-
2. Abbremsen mit höchstmöglicher Verzögerung	☐ ☐ ☐ ☐ ☐	O	O
3. Ausweichen ohne Abbremsen	☐ ☐ ☐ ☐ ☐	O	A
4. Ausweichen nach Abbremsen	☐ ☐ ☐ ☐ ☐	O	A
5. Slalom (4 x 7 m Abstand)	☐ ☐ ☐ ☐ ☐	A	O
6. Langer Slalom (4 x 9 m/2 x 7 m Abstand)	☐ ☐ ☐ ☐ ☐	A	-
7. Fahren mit Schrittgeschwindigkeit geradeaus	☐ ☐ ☐ ☐ ☐	A	A
8. Stop and Go	☐ ☐ ☐ ☐ ☐	A	A
9. Kreisfahrt (9 m Durchmesser)	☐ ☐ ☐ ☐ ☐	A	A
Summe der zu fahrenden Grundfahraufgaben		6	4

Checkliste zur fahrtechnischen Vorbereitung

Nachstehende Sicherheitskontrollen sind in der Prüfung stichprobenartig ohne Werkzeug und Hilfsmittel durchzuführen. Die Auswahl trifft der aaSoP.

BEIM FAHRZEUG

Überprüfung des ordnungsgemäßen Zustandes von ☐
- ☐ Reifen (z. B. Beschädigungen, Profiltiefe, Reifendruck)
- ☐ Not-Aus-Schalter
- ☐ Kette, Belt-Drive, Kardan

Scheinwerfer, Leuchten, Blinker, Hupe ☐
- ☐ Ein- und Ausschalten

Funktionen prüfen von
- ☐ Standlicht
- ☐ Abblendlicht
- ☐ Fernlicht
- ☐ Schlussleuchte mit Kennzeichenbeleuchtung
- ☐ ggf. Nebelschlussleuchte
- ☐ Warnblinkanlage
- ☐ Blinker
- ☐ Hupe
- ☐ Bremsleuchte

Kontrollleuchten benennen ☐

Rückstrahler ☐
- ☐ Vorhandensein
- ☐ Beschädigung

Lenkung ☐
- ☐ Lenkschloss entriegeln

Funktionsprüfung der Bremsen ☐
- ☐ Handbremse
- ☐ Fußbremse

BEIM FAHRER

Richtige Positionierung ☐

Einstellung der Rückspiegel ☐

Tragen des Schutzhelms ☐

Tragen geeigneter Motorradbekleidung ☐
- ☐ passender Motorradhelm
- ☐ Motorradhandschuhe
- ☐ eng anliegende Motorradjacke
- ☐ Rückenprotektor (falls nicht in der Motorradjacke integriert)
- ☐ Motorradhose
- ☐ Motorradstiefel mit ausreichendem Knöchelschutz

ZUSÄTZLICHE KONTROLLEN AM FAHRZEUG

Flüssigkeitsstände kontrollieren ☐
- ☐ Kühlmittel
- ☐ Motoröl

(nicht prüfungsrelevant)
- ☐ Kupplung
- ☐ Kraftstoff
- ☐ Batterie

Spiegel ☐

Bowdenzüge ☐

Lager ☐
- ☐ Lenkkopflager
- ☐ Schwingenlager
- ☐ Radlager

Kennzeichen/Prüfplakette ☐

Bild 1.3 Ausbildungsdiagrammkarte für die Klasse A
Quelle: © Bundesvereinigung der Fahrlehrerverbände e.V.

gefühlt hat, auch seine weiteren Ausbildungen in „seiner“ Fahrschule, am besten sogar wieder bei seinem Fahrlehrer machen wollen.

Die Fragen bei einem ersten Informationsgespräch, bei der Anmeldung oder auch im Theorieunterricht betreffen häufig beide Ausbildungsbereiche, also einspurige sowie mehrspurige Kraftfahrzeuge. Das hat mit der typischen Zusammensetzung der unterschiedlichen Verkehrsmittel im Straßenverkehr ebenso wie mit der typischen Gruppe beim Theorieunterricht in einer Fahrschule zu tun: Der Grundstoff wird hier i. d. R. für alle Klassen gemeinsam durchgeführt.

Sowohl für den Kunden als auch für den Fahrlehrer selbst ist es dann unbefriedigend, wenn der unterrichtende Fahrlehrer fachliche Fragen nicht beantworten kann, da er wenig Kenntnisse und wenige bis keine Erfahrungswerte im Zweiradbereich vorweisen kann.

Und auch für Fahrschulinhaber ist es komfortabler und attraktiver, wenn die angestellten Fahrlehrer über möglichst viele Fahrerlaubnisklassen verfügen (vor allem BE und A). Optimierte bzw. erweiterte Auslastungs- und Einsatzmöglichkeiten machen den Arbeitsplatz eines angestellten Fahrlehrers dazu noch sicherer. Auch für sein persönliches Weiterkommen ist der Erwerb der Fahrlehrerlaubnisklasse A wichtig: So ist beispielsweise der Erwerb der Seminarerlaubnisse ASF/FES (vgl. dazu Teil II, Kapitel 3 „Auffällige Kraftfahrer“) nur bei Vorbesitz beider Fahrlehrerlaubnisklassen möglich.

Aufgrund des instabilen Fahrverhaltens im niedrigen Geschwindigkeitsbereich, aber auch aufgrund des Wissens über die fehlende Knautschzone hat es der Fahrlehrer mit diversen Sorgen und Ängsten des Bewerbers zu tun. Diese werden schon bei der Beratung deutlich: Hier können und sollten einem besorgten Elternteil die Bedenken zumindest zu einem Teil genommen werden.

Dieselben Sorgen und Ängste lassen sich oftmals auch beim Bewerber selbst feststellen: Der Wunsch zum Erwerb der Fahrerlaubnis erfolgt nicht immer aus eigenem Antrieb, sondern weil die Umstände dies erfordern (langer Arbeitsweg, fehlende Infrastruktur im ÖPNV u. a.). Vor allem bei Jugendlichen im ländlichen Bereich ist dies der Fall: Die Fahrerlaubnis der Klasse A1 ist oftmals das erste antriebsunterstützte Verkehrsmittel, um auch längere Distanzen unabhängig vom öffentlichen Nahverkehr bewältigen zu können.

Problematischer wird es, wenn ein Gutschein für eine Ausbildung oder über einen Teilbetrag gewünscht wird, um beispielsweise den Partner/die Partnerin zu überraschen, damit das geliebte Hobby zukünftig gemeinsam ausgeübt werden kann. Oftmals ist hier der Wunsch der Vater des Gedankens. Der Fahrlehrer sollte in einem solchen Fall plausibel vermitteln, dass es grundsätzlich schwierig ist, einen Bewerber auszubilden, bei dem keine intrinsische Motivation vorliegt. Begleitet von Ängsten ist eine verantwortbare Ausbildung dann nur schwer möglich.

2.2 Umgang mit Fahrschülern

Moderationstechniken zu erlernen, verbessert die Unterrichtskompetenz des Fahrlehrers signifikant. Dies lernt er bei den Einweisungsseminaren für Seminarerlaubnisinhaber, insbesondere im Grundlagenkurs. Er kann eine solche

Methode aber auch in einer Spezialfortbildung bei diversen Anbietern erlernen. Wer der Ansicht ist, dass Ausbildung gleich Ausbildung ist, der irrt. Die besondere pädagogische Herausforderung bei der Zweiradausbildung ist nämlich die „obere Hälfte des Motorrades“ – der Fahrer.

Für die Fahrschulausbildung gilt also, im Vorhinein ein Vertrauensverhältnis aufzubauen. Beginnend mit einer umfassenden Beratung bis hin zu einer sorgfältigen und mit viel Empathie für die individuellen Anforderungen des Bewerbers durchgeführten Ausbildung in Theorie und Praxis. Damit wird der Grundstein gelegt für Einstellungen – insbesondere im Gefahren- und Risikobewusstsein – und somit auch für das spätere Fahrverhalten. Es ist wichtig, sich Zeit für eine solide, umfassende Grundausbildung zu nehmen. Lieber eine Stunde mehr im Schonraum Grundlagen üben, als gerade gewonnenes Vertrauen durch Überforderung verlieren.

2.3 Dokumentation der Ausbildung

Dokumentieren Sie alles sorgfältig – die Ausbildungsdiagrammkarte (ADK) bietet da eine hervorragende Unterstützung. Sie hilft dabei, die Stufenausbildung auch gegenüber dem Kunden transparent durch Vor- und Nachbesprechungen zum Ausbildungsstand zu erläutern. Auch das festigt das Vertrauen in die Ausbildung.

Des Weiteren ist die Zweiradausbildung auch für den Fahrlehrer nicht frei von Risiken. Eine ordentliche Dokumentation hat schon so manchem Kollegen bei gerichtlichen Auseinandersetzungen zur Durchsetzung von Schadenersatzansprüchen seitens des Kunden geholfen, den Richter von der einwandfreien Durchführung der Ausbildung zu überzeugen und den Verdacht von Versäumnissen durch den Fahrlehrer auszuräumen.

Auch sollte der Fahrlehrer dazu in der Lage sein, einem Kunden, der von einem seiner Einschätzung und Erfahrung nach nicht sinnvollen Vorhaben abzubringen ist, die gewünschte Ausbildung in seiner Fahrschule zu verwehren.

Gemeint ist damit, dass nicht alles, was gesetzlich gefahren werden darf, de facto auch von jedermann gefahren werden sollte. Eine Person mit einer Körpergröße unter 150 cm und entsprechender Statur ist oftmals schlicht überfordert, eine offene, prüfungstaugliche Maschine der Klasse A mit entsprechenden Ausmaßen sicher zu handhaben. Andererseits ist es auch nicht sinnvoll, einen 210 cm großen Mann auf einen Chopper zu setzen. Möchte er dies nicht einsehen, lassen Sie ihn ein paar Abbiegevorgänge und Grundfahraufgaben wie z. B. einen kleinen Slalom einmal mit seinem Wunschmotorrad, in diesem Fall einen Chopper, fahren und danach erst mit dem aus Ihrer Sicht als Fachmann besser geeigneten Motorrad. Er wird den Unterschied selber „erfahren“ und merken, dass das von Ihnen ausgewählte Motorrad aufgrund seiner Körperstruktur für ihn deutlich einfacher zu handhaben ist.

Es kommt zuweilen vor, dass trotz intensiver Übung der Aufbau der Fahrkompetenz nur sehr langsam voranschreitet. Ursachen können nicht abbaubare Ängste oder schlichtweg fehlende Begabung sein, sodass ein Gespräch mit dem Kunden erforderlich ist. Danach sollte dieser unbedingt Ihren Empfehlungen bezüglich der weiteren Vorgangsweise folgen. Dies kann bedeuten, dass ein Bewerber zunächst einmal seine Ausbildung und Prüfung in einer kleineren Fahrerlaubnisklasse, z. B. Klasse A2 statt Klasse A, ablegt.

Wenn der Bewerber dann mit einer solchen etwas kleineren Maschine, die für ihn leichter, sicherer und besser zu handhaben ist, Fahrerfahrung gesammelt hat, kann er sich zu einem späteren Zeitpunkt unter ganz anderen Voraussetzungen und mit den erworbenen Zweirad-Kompetenzen der Aufstiegsprüfung stellen. Dass ein Fahrlehrer einem Kunden von der weiterführenden Ausbildung abrät, kommt äußerst selten vor. Es sollte jedoch die Maxime gelten: bloß keine Ausbildung um jeden Preis! Schwerwiegende, schlecht bis gar nicht zu kompensierende Defizite führen gerade im Zweiradbereich zu Unfällen und körperlicher Versehrung. Genau das aber gilt es unter allen Umständen zu verhindern.

2.4 Weiterlernen der Fahrerlaubnisinhaber

Dem in der Fahrschüler-Ausbildungsordnung festgeschriebenen Fördern des eigenständigen Weiterlernens des Bewerbers – auch über die eigentliche Ausbildung hinaus – kommt gerade im Zweiradbereich eine wichtige Bedeutung zu. Der Fahrlehrer sollte den Kunden dazu motivieren, nach einer gewissen Fahrerfahrung Fahrsicherheitstrainings zu absolvieren: Vom Grundlagentraining für Anfänger über Kurse für Wiedereinsteiger bis hin zum Schräglagentraining oder Intensivkurs für Fortgeschrittene bieten diverse Anbieter entsprechend vielseitige Programme – nicht selten sind motivierte und engagierte Fahrlehrer der Klasse A auch Moderatoren für Fahrsicherheitstrainings.

Er sollte bei seinen Fahrschülern Interesse wecken und schon während der Ausbildung entsprechende Kontakte herstellen, beispielsweise durch den gemeinsamen Besuch eines Fahrsicherheits-Trainingscenters an einem Tag der offenen Tür. Diese werden oftmals speziell für Fahrschulen und Fahrschüler angeboten. Viele Fahrschulen haben sich hierauf spezialisiert, treten als Dienstleister auf und betreiben dadurch aktive Kundenbindung.

So kann man gemeinsam geführte Ausfahrten anbieten, die an unterschiedliche Fahrfähigkeiten angepasst sind. Auch Ausfahrten und Übungen zu Beginn einer neuen Saison oder zu Schrauber-Kursen zur Wartung und Pflege der Maschinen wecken Interesse – nicht zuletzt als gemeinsamer geselliger Erfahrungsaustausch zum Ende der Saison.

An dieser Stelle sei noch erwähnt, dass Fahrschulen auch nach längerer Inaktivität eines Fahrerlaubnisinhabers – sei es durch persönliche Umstände, Unfälle oder im Falle von wenigen bis keinen Vorkenntnissen durch den Einschluss bzw. den Besitzstand einer Fahrerlaubnisklasse[1] – als erste Ansprechpartner für alle Fragen zur Beratung und zur Anpassung der Fahrkompetenzen zur Verfügung stehen sollten.

---

1 Hier ist insbesondere der Einschluss der Fahrerlaubnisklasse A1 gemeint, die den Bewerber, wenn er vor dem 1.4.1980 seine Fahrerlaubnis in der Klasse 3 abgelegt hat, dazu berechtigt, ohne jegliche Vorkenntnisse (!) Zweiräder bis zu 125 cm^3 zu führen.

Kapitel 2
Umschreibung ausländischer Fahrerlaubnisse

Ulrich Wibbeke

Die Begleitung von Inhabern einer ausländischen Fahrerlaubnis bei der Umschreibung in eine deutsche Fahrerlaubnis gehörte schon immer zum Portfolio von Fahrschulen. Aufgrund der starken Zuwanderungsströme in den letzten Jahren, insbesondere von Bewerbern aus dem arabischen Raum, schafft dieser Umstand mittlerweile in vielen Fahrschulen einen nicht unerheblichen Anteil an der täglichen Arbeit.

Viele Fahrschulen haben bei der Durchführung von Sprachkursen mitgewirkt, da die Infrastruktur einer Fahrschule und die Fähigkeiten der Fahrlehrerschaft dafür gute Rahmenbedingungen stellen. Mit der Einführung von Hocharabisch als Prüfungssprache erlebten die Fahrschulen – und in der Folge davon auch die Prüforganisationen – einen unerwartet starken Anstieg von Bewerbern und Prüfungen. Daher haben die Autoren dieses Buches beschlossen, dem Thema ein eigenes Kapitel zu widmen, um pädagogische Besonderheiten herauszustellen und Hilfestellungen anzubieten. Zum besseren Verständnis erfolgt zuerst eine kurze Erläuterung der gesetzlichen Vorschriften, um sich dann mit den daraus resultierenden Problemstellungen und deren möglichen Lösungen zu befassen.

Bei der Umschreibung ausländischer Fahrerlaubnisse ist zuerst zu klären, ob es sich um eine Fahrerlaubnis eines Staates außerhalb des Abkommens über den Europäischen Wirtschaftsraum (EWR) (§ 31 Fahrerlaubnis-Verordnung – FeV) oder um eine Fahrerlaubnis aus einem Mitgliedsstaat der EU oder einem anderen Vertragsstaat des Abkommens (§ 30 FeV) handelt.

Inhaber einer gültigen EU- oder EWR-Fahrerlaubnis, die ihren ordentlichen Wohnsitz in der Bundesrepublik Deutschland haben, dürfen im Umfang ihrer Berechtigung Kraftfahrzeuge im Inland führen. Die Einschränkungen über die Geltungsdauer (C1, C, C1E, CE etc.) sind zu beachten. Inhaber aus anderen Staaten dürfen nach der Anmeldung eines ordentlichen Wohnsitzes in der Bundesrepublik Deutschland noch sechs Monate lang Kraftfahrzeuge im Rahmen ihrer Berechtigung der ausländischen Fahrerlaubnis führen. Möchte der Inhaber einer solchen Fahrerlaubnis nun die Umschreibung seiner ausländischen in eine deutsche Fahrerlaubnis beantragen, so sucht er in der Regel die Beratung einer Fahrschule oder wendet sich direkt an das zuständige Straßenverkehrsamt.

Nun ist zu klären, ob der Bewerber seine Fahrerlaubnis in einem sogenannten „Listenstaat" nach Anlage 11 der FeV in einer Klasse erworben hat, die zum Führen von Kraftfahrzeugen im Inland berechtigt oder berechtigt hat. In dieser Liste finden sich Sonderbestimmungen für bestimmte ausländische Fahrerlaubnisse und neben den aufgeführten Staaten auch die entsprechenden Klassen.

Diverse Vorschriften finden bei diesen in Anlage 11 aufgeführten Staaten und Klassen bei der Umschreibung keine Anwendung, u. a. die Vorschriften über die Ausbildung und die Befähigungsprüfung.

Ist nun eine Klasse oder ein Staat nicht in Anlage 11 aufgeführt, finden zwar die Vorschriften über die Ausbildung keine Anwendung, allerdings die über die Befähigungsprüfung. Und genau hier liegt das Problem: Der Bewerber wird nun bei der Antragstellung ausdrücklich darauf hingewiesen, dass er zwar eine Befähigungsprüfung in Theorie und Praxis ablegen muss, er jedoch keiner Pflicht zur Ausbildung unterliegt. Ein solcher Bewerber kommt also nun in die Fahrschule, möchte sich anmelden und verweist zugleich darauf, dass er lediglich die Prüfungen abzulegen habe.

Dagegen lässt sich erst einmal nichts einwenden. Beweggründe für eine solche Einstellung gibt es genügend, z. B. Unterschätzung der Anforderungen der Befähigungsprüfungen, Überschätzung der eigenen Fahrfähigkeiten und insbesondere knappe finanzielle Mittel.

Daher gilt es nun, eine pädagogisch sensibilisierende Beratung durchzuführen und den Bewerber davon zu überzeugen, dass ein gewisses (Mindest-)Maß an Ausbildung seine Erfolgschancen und vor allem seine Sicherheit im Umgang mit dem deutschen Straßenverkehr deutlich erhöht. Jede Wiederholungsprüfung kostet Nerven, Zeit, bringt Enttäuschung, schafft Ängste vor der nächsten Prüfung und kostet vor allem Geld; Geld, das der Bewerber lieber in seine Ausbildung investieren sollte.

Die stark angestiegenen Durchfallquoten, insbesondere bei Fremdsprachenprüfungen, sind wiederholt Gesprächsthema in der Presse und anderen Medien. Auf der Suche nach den Hintergründen stößt man u. a. auf einen Zusammenhang zwischen starkem Zuwanderungsaufkommen, Einführung der Prüfungssprache Hocharabisch und nicht vorhandenen Vorschriften über die Ausbildung.

Ein anderes Rechtsverständnis, andere straßenverkehrsrechtliche Gegebenheiten, eine oft weniger intensive Ausbildung, oftmals wenig Fahrerfahrung – zum Teil auch mit Kraftfahrzeugen, die unseren stark technisierten Kraftfahrzeugen nicht unbedingt ähnlich sind – und auch eine andere Prägung über den Ablauf des Straßenverkehrssystems sind bei den meisten Umschreibern, egal welcher Herkunft, mehr oder weniger Hemmnis auf dem Weg, eine deutsche Fahrerlaubnis zu erlangen. Am Ende bleibt die Lücke bestehen, zwar auf Deutsch zu lernen, aber in der offiziell zugelassenen Fremdsprache – z. B. Hocharabisch – seine Fahrerlaubnisprüfung zu absolvieren.

Dies kann eine gute Beratungsgrundlage sein, um einem Bewerber zu zeigen, dass Sie der Fachmann sind und ihn auf seinem Weg zur deutschen Fahrerlaubnis vor unnützen Versuchen und damit einhergehenden Kosten bewahren möchten. Es ist sinnvoll, bei starken Sprachschwierigkeiten einen Dolmetscher zum Beratungsgespräch hinzuzuziehen.

Im Optimalfall kann der Fahrlehrer einen ehemaligen Kunden, der diesen Weg bereits mit ihm gegangen ist und beide Sprachen versteht und spricht, für solche Beratungen gewinnen. Dessen positive Erfahrungen auf seinem Weg zur deutschen Fahrerlaubnis und seine Erfahrungen mit dem Unternehmen können nicht nur Vertrauen schaffen, sondern auch dem Fahrlehrer dabei helfen, kulturelle Unterschiede zu verstehen.

Die Forderung unseres Berufsstandes, die Ausbildung von Umschreibern als Teil der Vorschrift einzuführen und damit die gesetzliche Grundlage zu schaffen, dass der Fahrlehrer auch in einem solchen Ausbildungsfall die Prüfungsreife konstatiert und bescheinigt, würde allen Beteiligten zugutekommen – den Bewerbern, dem Berufsstand, den prüfenden Stellen und nicht zuletzt der Verkehrssicherheit.

Kapitel 3
Auffällige Kraftfahrer

Ulrich Wibbeke

1 Worum geht es?

In diesem Kapitel beschäftigen wir uns sowohl mit Fahranfängern als auch mit erfahrenen Kraftfahrern. Es geht hier nicht um die gesetzlichen Grundlagen, die zu Aufbauseminaren führen können, auch nicht um deren inhaltliche Ausgestaltung. Diese sind Inhalte der Basisausbildung eines Fahrlehrers bzw. der entsprechenden Einweisungsseminare zur Erlangung der Seminarerlaubnis. Vielmehr soll auf die Chancen und besonderen Möglichkeiten der Seminare verwiesen werden, die sich bei der Durchführung sowohl für die Teilnehmer als auch den Fahrlehrer eröffnen.

Die Probleme der jeweiligen Zielgruppe im Rahmen von Aufbauseminaren für Fahranfänger (ASF) und Fahreignungsseminaren (FES) sind i. d. R. ähnliche, haben jedoch zumeist andere Ursachen. Das Ziel von Aufbauseminaren ist jedoch immer dasselbe – die verbesserte Befolgung von Verkehrsregeln und damit die Verkehrssicherheit. Im Folgenden werden die beiden Zielgruppen im Detail betrachtet.

1.1 Fahranfänger

Bei Fahranfängern sind es häufig Unerfahrenheit und falsche Selbsteinschätzung ihrer Fähigkeiten, die zu Unfällen oder zu Auffälligkeiten führen. Auch gruppendynamisches Verhalten und seine Auswirkungen können zu Überschreitungen der Verkehrsregelungen und in dessen Folge zur Zuweisung zu einem ASF führen.

Dabei sind Vorschriften und Regeln der Zielgruppe Fahranfänger aufgrund ihrer noch nahe zurückliegenden Ausbildung durchaus bewusst. Aber Vorschriften kennen und Vorschriften beachten sind oftmals zwei unterschiedliche Dinge: Grenzen ausloten gehört bei vielen Jugendlichen zur Entwicklung.

Wir haben es also nicht mit Wissensdefiziten, sondern mit grundsätzlichen Einstellungen zu tun.

1.2 Erfahrene Kraftfahrer

Bei erfahrenen Kraftfahrern hingegen haben sich oft Regelübertretungen durch häufiges und ungeahndetes Ausführen manifestiert. Sie haben dadurch sozusagen die Regelübertretung für sich selbst legalisiert. Ein Automatismus entsteht und die Folgen solcher Zuwiderhandlungen rücken für den Kraftfahrer in den Hintergrund, bis sie völlig verblassen. Selbstreflexion findet nicht mehr statt. Auch hier müssen Fahrlehrer an den Einstellungen arbeiten.

Mitunter kommt es bei dieser Zielgruppe auch zu Regelübertretungen, weil sich der Kraftfahrer einer Regelung oder der Änderung einer Vorschrift (die nach seiner Fahrschulausbildung erfolgte) nicht bewusst ist.

1.3 Lebenslanges Lernen

Aufgrund des demografischen Wandels und der steigenden Lebenserwartung werden Kraftfahrer in Zukunft immer länger ihre automobile Mobilität erhalten wollen. Damit verlängert sich auch die Zeit der Nutzung bzw. Inanspruchnahmen ihrer Fahrerlaubnis, zumal eine Pkw-Fahrerlaubnis hierzulande im Regelfall und im Gegensatz zu anderen EU-Staaten „auf Lebenszeit" erteilt wird, da derzeit weder Wiederauffrischungen noch Gesundheitschecks vorgeschrieben sind. Das sind nicht selten über 60 Jahre.

Hier gibt es auf der einen Seite ein großes Nutzungsbegehren seitens der Fahrerlaubnisinhaber, auf der anderen Seite potenziell ein neues, immens großes Betätigungsfeld für den Berufsstand des Fahrlehrers: Damit sich Regelübertretungen – zumeist aus Unkenntnis – nicht weiter häufen, Überhand nehmen oder hier und dort sogar zu Gefährdungen führen können, sollte der Berufsstand das sogenannte lebenslange Lernen aus eigenem Antrieb vorantreiben und als Standarddienstleistung in sein Portfolio aufnehmen.

An dieser Stelle sei an die Philosophie dieses Werkes erinnert, das ein modernes Fahrschulangebot abdecken will, in dem sich der Fahrlehrer als lebenslanger Mobilitätspartner und -lehrer versteht.

1.4 Vom Fahrlehrer zum Moderator – die Seminarerlaubnis

Hat ein Fahrlehrer mindestens drei Jahre in Vollzeit Berufserfahrung in der theoretischen und praktischen Ausbildung von Fahrschülern erlangt und besitzt mindestens die Fahrlehrerlaubnisklassen A und BE, so erfüllt er die Voraussetzungen, um eine Seminarerlaubnis zu erwerben. Die Lehrgänge hierzu bestehen aus einem jeweils viertägigen Grundkurs und einem programmspezifischen (Aufbau-)Kurs. Hier werden die Ziele der Seminare, allgemeine Grundsätze der Moderation und Visualisierung, diverse Unterrichtsmethoden und spezifisches Fachwissen über die unterschiedlichen Zielgruppen, die Grundkonzeption der Seminare sowie deren Bausteine vermittelt.

In den vergangenen Jahren hat sich die Fahrlehrerausbildung zwar stark von der technischen in die pädagogische Ausrichtung verschoben, aber die hohe Kunst der Moderation und der dadurch zu erzielenden Erfolge sind in der Basisausbildung eines Fahrlehrers aufgrund der immensen Stoffdichte nicht vollumfänglich abzuleisten. Hier verschaffen die Lehrgänge zur Seminarerlaubnis einen hohen Qualitätsgewinn für den Fahrlehrer, der auch bei der täglichen Arbeit eine enorme Bereicherung darstellt.

Praxistipp

- Erwerben Sie die Seminarerlaubnisse. Sie schaffen Ihnen neue Betätigungsfelder und verbessern auch Ihre Kompetenzen in Ihrer täglichen Arbeit an der Basis.
- Hingewiesen sei auch auf die Veränderungen, die der neu ausgerichtete Fokus der Fahrschulüberwachung (weg von der reinen Formalüberwachung hin zu einer stärker inhaltlichen, pädagogischen Überwachung) mit sich bringt. Fahrlehrer, die sich zwecks Verbesserung ihrer pädagogischen Kompetenzen zielgerecht fortbilden möchten, kann der Erwerb der Seminarerlaubnis nur empfohlen werden.

Besonders Fahrlehrern, die noch nach altem Recht (also eher technisch orientiert) ausgebildet worden sind, wird diese Fähigkeit zu einer Aufwertung ihrer

Unterrichtsmöglichkeiten verhelfen. (Das kann der Autor dieses Kapitels aus eigener Erfahrung bestätigen.)

1.5 Rollenwechsel

Das größte Problem für frisch gebackene Moderatoren ist meist der Rollenwechsel: weg vom Lehrenden (Rolle des Fahrlehrers) hin zum Analysten und Impulsgeber (Moderator). Insbesondere am Anfang ihrer Moderationstätigkeit müssen sie darauf achten, dass sie nicht (wieder) in die Rolle des Fahrlehrers rutschen. Das Selbsterkennen (Reflexion) von eigenem Fahrverhalten und eventuelles Fehlverhalten sind ebenso wie das eigene Entwickeln von Verhaltensalternativen die Schlüssel zum Erfolg und Garanten für eine dauerhafte Veränderung der Einstellungen und Sichtweisen hin zu einer ungefährlichen, unauffälligen Fahrerkarriere des Teilnehmers. Naturgemäß fällt diese Entwicklung schwer, da der Großteil der täglichen Arbeit eines Fahrlehrers in der Ausbildung von Fahrschülern und nicht in der Nachbereitung von Auffälligkeiten bzw. Defiziten liegt.

2 Probleme in der Praxis/ASF

Seit der Einführung von BF 17 ist die Anzahl der Teilnehmer an ASF deutlich zurückgegangen. Dies ist eine erfreuliche Entwicklung. In der Praxis stellt dieser Trend Fahrlehrer aber vor Probleme, die zwar schon immer vorhanden waren, die sich aber durch den Rückgang der Teilnehmer noch vergrößert haben: Der Gesetzgeber fordert auf der einen Seite die Einhaltung von Fristen von den Teilnehmern und auf der anderen Seite – seitens der ausführenden Fahrschulen – eine Mindest- sowie eine Höchstteilnehmerzahl.

Aufgrund der gesunkenen Nachfrage nach ASF fällt es den Fahrschulen oftmals schwer, ein Seminar zu starten, da die erforderliche Mindestteilnehmerzahl von sechs angemeldeten Personen ganz einfach nicht erreicht wird. Dies wiederum führt dazu, dass der Teilnehmer Probleme bei der Einhaltung seiner Frist mit der Behörde, dem Straßenverkehrsamt (SVA), bekommt – aus Behördensicht verständlich. Aus diesem Grunde melden sich viele Teilnehmer bei unterschiedlichen Fahrschulen gleichzeitig an und gehen schließlich zu dem Anbieter, der als Erster startet – aus Kundensicht ebenso verständlich.

2.1 Mögliche Lösungen

Wer nun denkt, die Lösung liege in einer Veränderung der gesetzlichen Vorgaben, der irrt. Dieses Kursmodell funktioniert nur mit einer gewissen Gruppendynamik. Daher ist die Vorgabe der Mindestteilnehmerzahl von sechs Personen grundsätzlich gerechtfertigt.

Wie kann eine Lösung dieser Problematik aussehen?

Viele Fahrschulen finden sich für das Angebot von ASF zu einem Verteilerkreis zusammen. Die Anfragen laufen i. d. R. zentral in einer Stelle ein. Dann müssen dem potenziellen Teilnehmer mindestens zwei Fahrschulen aus dem Verteilerkreis genannt werden, die zeitnah ein solches Seminar anbieten. Die Anmeldung erfolgt ausschließlich in der durchführenden Fahrschule. Das führt einerseits dazu, dass die Fahrschulen Seminare mit einer zufriedenstellenden Teilnehmerzahl durchführen können und somit auch wirtschaftlich arbeiten können.

Andererseits kommt es jedoch insbesondere bei größeren Verteilerkreisen dazu, dass der einzelne Fahrlehrer vielleicht einmal im Jahr ein solches Seminar durchführen kann. So lässt sich trotz hoher Motivation keine qualitätssteigernde Erfahrung aufbauen. Man muss sich förmlich immer wieder selbst in das Seminar einarbeiten.

Praxistipp

- Nutzen Sie auch nach dem Erwerb der Seminarerlaubnis intensiv das Seminarleiterhandbuch, insbesondere den Grundlagenteil! Hier finden Sie Antworten auf die Fragen, die sich insbesondere erst bei der Durchführung eines Seminars stellen. Nehmen Sie sich immer Zeit für eine ausreichende Vor- und Nachbereitung, insbesondere am Anfang Ihrer Karriere als Seminarleiter.
- Bei Verteilerkreisen sind insbesondere kartellrechtliche Bedenken zu beachten!
- Für NRW liegt dazu das Merkblatt „Zusammenarbeit von Fahrschulen bei Aufbauseminaren für Fahranfänger (ASF-Seminare)“ des Ministeriums für Wirtschaft, Energie, Industrie, Mittelstand und Handwerk des Landes Nordrhein-Westfalen, 40190 Düsseldorf – als Landeskartellbehörde – von 2016 vor.
- Wenn die Weitergabe der Interessentendaten an einen Verteilerkreis schon bei der Anfrage des Kunden in Ihrer Fahrschule mit dem Kunden kommuniziert wird, gibt es keinerlei Probleme und der einzelne Kunde kommt schnell und unkompliziert zu seinem Seminar. Das ist genau das, was er von Ihnen erwartet. Als Resultat haben Sie einen zufriedenen Kunden aktiv gebunden, der seine Zufriedenheit auch noch nach außen tragen kann.

Ein Hinweis sei an dieser Stelle noch angebracht: Ein Verteilerkreis bedeutet natürlich nicht, dass alle angeschlossenen Fahrschulen den gleichen Preis für das Seminar anbieten müssen. Jeder Unternehmer bildet seinen Preis frei, unabhängig und in eigener Verantwortung. Ansonsten entstünde auch der Eindruck einer Kartellbildung oder Preisabsprache, was unzulässig ist.

Die Akquisition, auch von Seminarteilnehmern, ist bei vielen Fahrschulen – insbesondere bei kleineren Betrieben – ein vernachlässigtes Feld. Das liegt meistens weniger an Unvermögen als vielmehr daran, dass der Tag und seine Möglichkeiten Grenzen haben. Zwischen Fahrstunden, Bürozeit, Theorieunterricht und Prüfungen verbleibt kaum noch Zeit für solche Überlegungen – geschweige denn entsprechende Aktivitäten.

Manchmal ist in dieser Hinsicht weniger mehr – soll heißen: Anstatt alles anzubieten, lohnt es sich zuweilen, über eine Spezialisierung und die Beschränkung auf einige Bereiche nachzudenken. So lassen sich Veranstaltungen häufiger durchführen und aus den dabei gewonnenen Erkenntnissen (Kundenzufriedenheit, Nachhaltigkeit etc.) können die Produkte und Dienstleistungen bei ihrer Umsetzung (Dozent, Umfeld, Lehr-/Lernmaterialien etc.) permanent verbessert werden. Dies führt langfristig zu einer Qualitätssteigerung und i. d. R. auch zu verstärkter Nachfrage.

3 Fahreignungsseminare

Seit aus dem ASP (Aufbauseminar Punkteauffällige) das FES (Fahreignungsseminar) wurde, haben sich viele Fahrschulen aus diesem Fachgebiet zurückgezogen. Da es keine Anordnung mehr zur Teilnahme an diesem Seminar gibt und die Präsenz ausschließlich auf freiwilliger Basis basiert, hat sich der Markt deutlich verkleinert.

Der Umstand, dass das Seminar nun zweigeteilt ist und nur noch der verkehrspädagogische Teil von einem entsprechend geschulten Seminarleiter (Fahrlehrer) durchgeführt werden kann, trägt auch nicht besonders zur wirtschaftlichen Attraktivität bei. Für Fahrlehrer, die im Besitz einer ASP-Erlaubnis waren, bestand in einem bestimmten zeitlichen Rahmen die Möglichkeit, durch einen dreitägigen Angleichungslehrgang die FES-Erlaubnis für die verkehrspädagogische Teilmaßnahme zu erwerben.

Wer die FES-Erlaubnis erwerben möchte, muss sich auf umfangreichere und damit auch kostenintensivere Einweisungskonditionen (Hospitationen) einstellen. Die erforderliche Investition in die Einweisung, entsprechendes Schulungsmaterial und auch die Folgekosten (Fortbildung) sollten im Vorfeld grundsätzlich und gründlich überlegt werden, wenn man diesen Seminarteil in seiner Fahrschule anbieten möchte. Dazu bedarf es einer ordentlichen Marktanalyse. Nun sollte diese Aufgabenstellung allerdings auch nicht allein aus rein monetärer Sicht betrachtet werden: Denn es ist eine grundsätzlich reizvolle Aufgabe und auch Berufung, sich diesem Teil der Verkehrssicherheitsarbeit zu widmen. Da jede Medaille zwei Seiten hat, bedeutet das im Umkehrschluss auch, dass weniger Bewerber auf weniger Anbieter stoßen.[1]

Praxistipp

- Wenn Sie dieses Seminar und seine Möglichkeiten in der Außenwirkung ansprechend darstellen (Werbung, Plakate, Flyer etc.), können Sie sich einen ergiebigen Markt erarbeiten.
- Helfen Sie Ihrem Bewerber. Bieten Sie ihm Kontakt zu einem Verkehrspsychologen an, der die verkehrspsychologische Teilmaßnahme durchführt. Organisieren Sie dessen Seminarverlauf. Tauschen Sie sich mit dem Verkehrspsychologen aus, damit das Seminar auch zu einem Erfolg für Ihren Kunden wird und nicht nur dem Erhalt seiner Teilnahmebescheinigung dient. Eine Zukunft ohne weitere Auffälligkeiten ist das vorrangige Ziel!
- Wenn Sie so engagiert bei der Sache sind, wird Ihr Kunde sich gut betreut fühlen. Und ein zufriedener Kunde ist immer auch ein Multiplikator. Unzufriedene Kunden dagegen melden sich selten – oder gar nicht mehr.

1 Eine ausführliche Darstellung der Fahreignungsseminare bietet das Werk „Das Fahreignungsseminar in der Praxis. Handbuch zur Aus- und Weiterbildung von Seminarleitern des Fahreignungsseminars“, das 2014 im Kirschbaum Verlag in Bonn erschienen ist.

Kapitel 4
Menschen mit Mobilitätseinschränkungen – Führerscheinausbildung für Menschen mit Behinderungen

Tomas Ciura

1 Der Begriff „Behinderung“ im Fahrerlaubnisrecht

Es gibt sehr unterschiedliche Definitionen des Begriffs „Behinderung“. Die Deutung des Begriffs bezieht sich im Folgenden vor allem auf die Fahreignung.

Das Sozialgesetzbuch (SGB) formuliert in § 2 Abs. 1: „Menschen mit Behinderungen sind Menschen, die körperliche, seelische, geistige oder Sinnesbeeinträchtigungen haben, die sie in Wechselwirkung mit einstellungs- und umweltbedingten Barrieren an der gleichberechtigten Teilhabe an der Gesellschaft mit hoher Wahrscheinlichkeit länger als sechs Monate hindern können. Eine Beeinträchtigung nach Satz 1 liegt vor, wenn der Körper- und Gesundheitszustand von dem für das Lebensalter typischen Zustand abweicht. Menschen sind von Behinderung bedroht, wenn eine Beeinträchtigung nach Satz 1 zu erwarten ist.“[1]

Das Fahrerlaubnisrecht kennt im Straßenverkehrsgesetz (StVG) und in der Fahrerlaubnis-Verordnung (FeV) den Begriff Behinderung nicht. Dort wird positiv formuliert, dass die „notwendigen körperlichen und geistigen Anforderungen“[2] erfüllt sein müssen. Es wird auf die Anlage 4 zur FeV verwiesen, wo von Erkrankungen oder Mängeln gesprochen wird.

Im Nachfolgenden geht es darum, dass die körperliche, psychische und seelische Situation Auswirkungen auf das sichere Führen und die Teilnahme am Straßenverkehr hat.

Der Grad der Behinderung (GdB) hat keinerlei Aussagekraft darüber, ob die Fahreignung nicht oder nicht vollumfänglich gegeben ist. Diese Klassifizierung hat nichts mit der Fahreignung zu tun.

Fahrerlaubnisrechtlich ist es unerheblich, ob die persönliche Leistungsfähigkeit zu einer Anerkennung als Behinderung geführt hat. Entscheidend ist, ob sie Auswirkungen auf die Fahreignung hat oder haben kann.

---

1 § 2 Abs. 1 SGB IX.
2 § 11 Abs. 1 FeV.

2 Zielgruppenbestimmung

In Deutschland leben geschätzt etwa 10,2 Mio. Menschen, die eine Behinderung haben. 7,8 Mio. Menschen waren 2017 laut Statistischem Bundesamt schwerbehindert.[3] Als schwerbehindert gilt man mit mindestens einem Grad der Behinderung (GdB) von 50. Insgesamt werden 13 % der deutschen Bevölkerung als behindert eingestuft.[4] Betrachtet man die Menschen, die einen Führerschein erwerben dürfen, entspricht das einem Anteil an der Gesamtbevölkerung von 9,4 %. So waren 2017 im Bereich der 15- bis 25-Jährigen 166 216 Personen betroffen.[5] Pro Bundesland wären das im Durchschnitt 10 400 potenzielle Fahrschülerinnen und Fahrschüler mit einer Behinderung. Nicht eingerechnet sind Menschen, die keinen offiziellen Status „Schwerbehinderung" aufweisen oder die Leistungsschwächen haben, die nicht als Behinderung ausgewiesen sind. Herausgerechnet sind allerdings nicht diejenigen, die auf Grund der konkreten und individuellen Leistungsfähigkeit nicht in der Lage sind, eine Fahrerlaubnis zu erwerben.

Aufmerksamkeitsdefizite, auch in Verbindung mit Hyperaktivität, gibt es bei ca. 2,5 Mio. Erwachsenen. 3 bis 10 % aller Kinder sollen zumindest Symptome des Aufmerksamkeitsdefizit-Syndroms (ADS) oder der Aufmerksamkeitsdefizit-Hyperaktivitätsstörung (ADHS) haben. Beim Übergang in das Erwachsenenalter bleiben die Symptome von ADS/ADHS bei ca. 60 % erhalten. Das ergibt grob geschätzt 400 000 Jugendliche mit Symptomen, die Auswirkungen auf die Lernfähigkeit auch in der Fahrschule haben. Fahrlehrer wissen aus der Praxis heraus, dass diese Symptome auch bei einigen ihrer Fahrschüler bestehen. Es gibt Auffälligkeiten im Sozialverhalten, in der Kommunikation, bei der Lernfähigkeit oder Prüfungssituationen. Es entwickelt sich Aggression und ab einem gewissen Zeitpunkt Resignation. Die Aggression entsteht bei den Betroffenen, weil sie mit ihrem Verhalten im Unterricht auffallen, Unruhe in die Gruppe bringen und negative Reaktionen der Mitlernenden erleben. Menschen, die ADHS haben, handeln häufig, ohne vorher darüber nachzudenken, ob die Handlung sinnvoll ist. Aggression entsteht auch durch Misserfolge beim Lernen. Die betroffenen Fahrschüler erhalten meist keine positive Rückmeldung im Unterricht, da die Fahrlehrer nicht gelernt haben, Ursachen für die Auffälligkeiten zu erkennen. Viele Fahrlehrer reagieren daher mit Ablehnung. Bei mangelndem Lernerfolg kommt es zu Resignation („Das Lernen bringt doch nichts"). Die Resignation führt u. U. dazu, dass die Fahrschulausbildung abgebrochen wird. Die Geschichte vom Zappel-Philipp (erschienen 1845 in dem bekannten Kinderbuch „Der Struwwelpeter") ist ein früher Hinweis auf die ADS-/ADHS-Problematik. Der Autor Heinrich Hoffmann war Psychiater und hat versucht, Verhaltensauffälligkeiten allgemein verständlich für Eltern und Kinder vorzustellen.

Eine Lese-Rechtschreib-Schwäche (LRS) oder eine Lese-Rechtschreib-Störung haben in Deutschland laut Förderinstitut für Deutsch und bei Dyskalkulie (FIDD)

3 www.destatis.de/DE/ZahlenFakten/GesellschaftStaat/Gesundheit/Behinderte/BehinderteMenschen.html

4 www.destatis.de/DE/ZahlenFakten/GesellschaftStaat/Gesundheit/Behinderte/Tabellen/Geschlecht Behinderung.html

5 www.destatis.de/DE/ZahlenFakten/GesellschaftStaat/Gesundheit/Behinderte/Tabellen/Schwer behinderteAlterGeschlechtQuote.html;jsessionid=AF3B5B2352B9C8778FF2EAFF59114ED0.cae1

ungefähr 23 % der Jugendlichen;[6] sie gelten als leseschwach. Bei 4 % aller Schüler wird von einer Lese-Rechtschreib-Störung ausgegangen.[7] Bei einer LRS gibt es Schwierigkeiten, den Sinn des Gelesenen zu erfassen. Es wird langsam, fehlerbehaftet und mühsam gelesen. Beim Schreiben werden Buchstaben verwechselt (z. B. das „d" mit dem „b"), Rechtschreibregeln nicht beherrscht und das Schreiben gemieden.

In Deutschland gibt es um die 4 Mio. Analphabeten, die nicht oder nur eingeschränkt lesen und schreiben können und auch das Gelesene inhaltlich nicht erfassen können. Wenn jemand weder schreiben noch lesen kann, so wird das als primärer Analphabetismus bezeichnet. Von sekundärem Analphabetismus wird gesprochen, wenn verlernt wurde, die Sprache in Schriftform zu fassen (z. B. nach langer Leseabstinenz). Kann Schrift nicht so aufgenommen werden, dass sie im Alltag wie selbstverständlich gebraucht werden kann, so wird das als funktionaler Analphabetismus bezeichnet. Es können einzelne Worte und Satzteile gelesen und geschrieben werden, das Erfassen der Inhalte ist dabei aber deutlich erschwert oder nicht gegeben.

Wir haben in Deutschland ca. 80 000 gehörlose Mitbürger. Laut Deutschem Schwerhörigenbund gibt es ca. 16 Mio. schwerhörige Menschen, von denen ungefähr 140 000 einen Grad der Behinderung von mehr als 70 haben und in Deutscher Gebärdensprache kommunizieren.[8] Die Gebärdensprache ist eine eigene Sprache mit eigener Grammatik, die es nicht in Schriftform gibt. Sie wird ausschließlich gebärdet. Viele gehörlose Fahrschüler können die Schriftsprache nicht verstehen, da sie mit der Deutschen Gebärdensprache aufgewachsen sind. Für sie ist die Schriftsprache eine Fremdsprache. Sie können zwar die einzelnen Worte lesen, verstehen aber sehr oft nicht den Sinnzusammenhang. Aus diesem Grund darf bei gehörlosen Fahrschülern bei der Theorieprüfung in Deutsche Gebärdensprache übersetzt werden.

Es gibt die unterschiedlichsten Formen von Lernschwächen und -behinderungen. Die Art der Fragen bei der theoretischen Fahrerlaubnisprüfung nimmt auf Lernbehinderungen keine Rücksicht. Es gibt schwer verständliche Satzformen. Es wird z. T. nicht umgangssprachlich formuliert. Die sogenannten doppelten Verneinungen werden oft nicht verstanden. Einige Menschen mit Lernbehinderungen haben ein schwieriges Verhältnis zu Zahlen und Formeln, können aber sehr wohl in der Praxis eine Vorstellung von Brems- und Anhaltewegen und von erforderlichen Abständen entwickeln.

Interessant wäre es, in den Fahrschulen einmal zu recherchieren, wie viele Fahrschüler am Theorieunterricht teilgenommen, aber nie eine theoretische Prüfung abgelegt haben. Bei genauerer Draufsicht würden wir eine Reihe junger Menschen finden, die Schwierigkeiten haben zu lernen.

Es ist also davon auszugehen, dass wir in den Fahrschulen immer wieder Fahrschüler haben, die eine besondere Unterrichtsgestaltung benötigen, um erfolgreich die Führerscheinausbildung absolvieren zu können.

---

6 Heim, H. (2013). Leidenssyndrom LRS, http://www.fidd-regensburg.de/vortraege.htm

7 Ebd.

8 www.destatis.de/DE/ZahlenFakten/GesellschaftStaat/Gesundheit/Behinderte/BehinderteMenschen.html

Alle diese Menschen hätten gerne einen Führerschein. D. h., es ist die Aufgabe der Fahrschulen, diesen Mitbürgern beim Erwerb der Fahrerlaubnis professionell behilflich zu sein – soweit das Wissen über die Regeln gelernt werden kann und das notwendige Sozialverhalten im Straßenverkehr sowie eine gewisse Interaktion mit anderen am Verkehr Teilnehmenden möglich ist.

Die theoretische Fahrerlaubnisprüfung darf durch ihre Form niemanden vom Zugang zur Fahrerlaubnis ausschließen. Das widerspräche der UN-Behindertenrechtskonvention und den Gleichstellungsgesetzen der Bundesländer.

3 Historische Entwicklung

Wenn man die gesellschaftliche Situation von Menschen mit Behinderungen und Mobilitätseinschränkungen historisch betrachtet, so stellt man fest, dass sie ursprünglich individuell und oft auf das familiäre Umfeld beschränkt „integriert" waren. Als der Staat sich gefordert sah, sich um die Belange behinderter Menschen zu kümmern, ging man dazu über, Menschen mit Behinderungen in geschlossenen Heimen zu isolieren. Der Rollstuhl wurde beispielsweise im englischen Bath nicht genutzt für Menschen, die nicht gehen können, sondern für solche, die nicht laufen wollen – er wurde in dem bekannten Badeort eingesetzt, um die Badenden ins Bad zu bringen. Erst später erkannte man, dass auch Menschen mit Behinderungen dieses Hilfsmittel gut gebrauchen können.

Auf die Phase der Isolation folgte eine der Integration. Unter Integration wird verstanden, dass die bisher aufgrund gewisser gesellschaftlicher Normvorstellungen ausgeschlossenen einzelnen Menschen und Gruppen in die Gesellschaft miteinbezogen werden. Räume, Wege, Verhältnisse werden nachträglich umgestaltet, um Menschen mit Behinderungen den Zugang zu ermöglichen.

Der Begriff Inklusion geht darüber hinaus. Inklusion bedeutet, dass in der Gesellschaft alle Menschen unabhängig von Geschlecht, Alter, Herkunft, Bildung, Glauben, körperlichen und geistigen Situationen und persönlichen Merkmalen eingeschlossen sind und ungehindert teilhaben. Unterschiede werden als normal wahrgenommen und sind eine Bereicherung. Dies bedeutet auch, dass Gebäude, Verkehrswege, Verkehrssysteme, Bildungsinstitutionen und auch Fahrschulen nicht erst nachträglich behindertengerecht gestaltet werden, sondern dass grundsätzlich das Leben, die Gebäude, die Wege und Verkehrssysteme die Teilhabe aller ermöglichen.

Der Idealfall wäre also die inklusive Fahrschule. In dieser Fahrschule können Menschen mit unterschiedlichen Sprachen, unterschiedlichem Bildungsstand und ob mit Behinderungen, Krankheit und anderen Mobilitätseinschränkungen oder ohne wie selbstverständlich ihre Fahrausbildung absolvieren. Diesen Status werden wir in den nächsten Jahren sicherlich noch nicht erreichen können. Den Weg dahin können wir jedoch beschreiten und wir haben uns schon auf den Weg gemacht.

Die ab 2018 reformierte Fahrlehrerausbildung legt für einen Teilbereich die Grundlagen. Die Verlängerung der Ausbildung auf ca. 1 000 Unterrichtsstunden und der deutlich erhöhte Anteil der Pädagogik auf gut 50 % ermöglichen es den angehenden Fahrlehrenden, das Rüstzeug für noch mehr fundierten theoretischen und praktischen Unterricht mit auf den Weg zu geben. Die Fähigkeit, Fahrschüler bzgl. ihrer Stärken und Schwächer besser einzuschätzen und die notwendigen Methoden und Medien zielgruppengenau einzusetzen, können verstärkt ausgebildet werden. So sollen in den nächsten Jahren alle Menschen mit Lese-, Rechtschreib- oder Lernschwäche, Dyskalkulie (Beeinträchtigung der Rechenfähigkeit), Aufmerksamkeitsstörungen, Konzentrationsschwierigkeiten oder Verhaltensauffälligkeiten in jeder Fahrschule eine gute verkehrspädagogische Ausbildung im Rahmen der Fahrausbildung erhalten.

Bis wir dieses Ziel erreicht haben, müssen wir den integrativen Ansatz wählen, der sich seit ca. 20 Jahren auch im Fahrschulwesen etabliert hat. Das bedeutet, es gibt spezialisierte Fahrschulen, die sich der besonderen Klientel mit Fachkunde widmen. Das setzt barrierefreie Räume und behindertengerecht ausgestattete Fahrschulfahrzeuge ebenso voraus wie in verkehrsmedizinischen, -psychologischen, -pädagogischen, rechtlichen und technischen Themen besonders geschulte und erfahrene Fahrlehrer. Auch an das Büropersonal sind besondere Anforderungen zu stellen.

4 Aktuelle Situation bei der Ausbildung von Menschen mit Behinderungen

Geschätzt gibt es 160 bis 170 spezialisierte Fahrschulen für Menschen mit Behinderungen in Deutschland. Davon sind ca. 150 Mitglied in einem Fahrlehrerverband der Bundesvereinigung der Fahrlehrerverbände (BvF). Unter www.autoanpassung.de gibt es eine aktuelle Liste der geprüften Fahrschulen im Handicap-Bereich.

Die Fahrschulen für Menschen mit Behinderungen sind nach Sachgebieten sortiert, die sie bedienen können:

- Querschnittlähmung, Ausfall beider Beine
- Arm und/oder Bein fehlen, halbseitige Lähmung
- Kleinwuchs
- Gehörlosigkeit
- Neurologische Einschränkungen, mit und ohne körperliche Beeinträchtigungen
- Hohe Querschnittlähmung, Arm- und Beinlähmung, Muskelerkrankungen
- Motorradführerschein.

Bisher nicht gelistet sind Fahrschulen, die sich auf Lese-, Sprach- und Lernschwächen oder auf Fahr- und Prüfungsängste spezialisiert haben.

Fahrschulen, die nur mobilitätseingeschränkte Menschen ausbilden, gibt es so gut wie gar nicht. Überwiegend sind es integrative Fahrschulen, die sowohl Menschen mit als auch ohne Behinderung ausbilden.

Diese Fahrschulen verfügen in großem Umfang über eine hohe Fachkompetenz und die erforderliche Fahrzeugtechnik. Jedes Jahr nehmen über 50 Fahrlehrende an speziellen Fortbildungsangeboten der BvF in Zusammenarbeit mit dem Verkehrs-Institut Bielefeld teil. Die Fortbildungen stehen ebenfalls den amtlich anerkannten Sachverständigen oder Prüfern (aaSoP) von TÜV und DEKRA offen und werden von den Prüforganisationen auch viel genutzt. Wenn wir die vierjährige Fortbildungspflicht zugrunde legen, kommen wir auf genau 100 % Fortbildung ausschließlich im Behindertenbereich. Das ist beispielhaft.

Berufsständisch gibt es Behindertenbeauftragte bei den Fahrlehrerverbänden der BvF, die den Mitgliedern und den Betroffenen kostenlos mit Rat und Hilfe zur Verfügung stehen.

5 Anforderungen an das Leistungsvermögen zum sicheren Führen von Kraftfahrzeugen

Bei der Klärung der Fahreignung ist entscheidend, welches Leistungsvermögen besteht. Der Gesetz- und Verordnungsgeber hat relativ neutral und unbestimmt festgelegt, dass notwendige körperliche und geistige Anforderungen erfüllt werden müssen.

Gibt es Einschränkungen, die die Fahreignung betreffen, ist zu prüfen, ob die Fahreignung nicht mehr oder nicht mehr vollumfänglich gegeben ist. Es muss geprüft werden, ob Leistungsminderungen durch verschiedene Maßnahmen ausgeglichen, d. h. kompensiert werden können. Folgende Ausgleichsmaßnahmen können möglich und erfolgreich sein:

- **Technische Kompensation.** Beispielsweise durch mechanische oder elektronische Fahrhilfen für Gas und Bremse per Hand, leichtgängige Lenkung, eine leicht zu betätigende Bremse, einarmiges Lenken mittels Drehknopf oder Lenkgabel, Betätigen der Bedienelemente ohne Loslassen des Lenkrades durch Fernbedienung oder Sprachsteuerung, Verwendung von Zusatzspiegeln, die die vollständige Verkehrsbeobachtung ermöglichen, Benutzung von Ein- und Ausstiegshilfen, Einbau eines Verladesystems für den Rollstuhl, Herrichtung des Rollstuhls als Fahrersitz, Führung des Fahrzeugs durch Vier-Wege-Joystick.
- **Medizinische Kompensation.** Z. B. durch medizinische Behandlung einschließlich möglicher operativer Eingriffe, die Verschreibung bestimmter Medikamente, durch das Tragen von Pro- oder Orthesen oder die Nutzung von Sehhilfen. So können beispielsweise Anfälle verhindert, Beweglichkeit verbessert und Blutdruckwerte stabilisiert werden oder chronische Schmerzen gemindert, Reaktion, Konzentration und Aufmerksamkeit gefördert werden. Es können auch therapeutische Maßnahmen im Rahmen einer klinischen Pädagogik oder der klinischen bzw. ambulanten Psychologie zur Reduzierung von kognitiven Defiziten oder Verhaltensstörungen zur Anwendung kommen.
- **Psychische Kompensation.** Mit einer defensiven Grundeinstellung, der Bereitschaft, Regeln einzuhalten, oder auch durch Routinen aus jahrelanger Fahrpraxis können Einschränkungen ausgeglichen werden.
- **Handlungsorientierte Kompensation.** Durch besondere und bewusst entwickelte Verhaltensweisen kann die Fähigkeit erwachsen, bestehende Leistungsdefizite auszugleichen. Kompensationsstrategien müssen ggf.

individuell entwickelt, vermittelt und geübt werden. Dazu bietet sich neben der Psychologie und der klinischen Pädagogik auch die Verkehrspädagogik an. Bei der Anpassung bzw. Adaption wird das Fahren auf die veränderte Leistungsfähigkeit angepasst. Es wird beispielsweise bei einer reduzierten konzentrativen Ausdauerleistung auf längere Fahrten verzichtet, es werden rechtzeitig Pausen und Fahrerwechsel eingelegt. Bei Fahrunsicherheiten im Dunkeln werden Fahrten bei schlechter Sicht nicht durchgeführt. Es kann auf Autobahnfahrten verzichtet werden, wenn hohe Geschwindigkeiten nicht mehr sicher bewältigt werden können.

- **Beschränkungen und Auflagen.** Die Fahrerlaubnis wird u. U. auf bestimmte Fahrzeuge oder Fahrzeugklassen beschränkt, die Fahrzeugbedienung erfolgt über eine besondere technische Ausstattung, es werden Fahrten bei Dämmerung und Dunkelheit ausgeschlossen und ggf. eine Umkreisbeschränkung um den Wohnort festgelegt.

Bei einer eingeschränkten Eignung gibt es einen Rechtsanspruch auf die Erteilung bzw. den Erhalt der Fahrerlaubnis.[9] Der Führerschein wird dann soweit notwendig beschränkt und/oder mit Auflagen versehen.

6 Pädagogisch-didaktische Anforderungen an die Fahrschulausbildung

Bei der Vielzahl der unterschiedlichen Behinderungen und Krankheiten können an dieser Stelle nur allgemeine und grundsätzliche Hinweise zu den pädagogischen, didaktischen und methodischen Arbeitsweisen bei der theoretischen und praktischen Ausbildung von Menschen mit Behinderungen erfolgen.

Bei der Ausbildung von Menschen, denen das Lernen schwerfällt, ist Geduld und Empathie eine der Grundvoraussetzungen für den Lehrenden. Fahrlehrer sind Begleitende auf dem Weg zum Führerschein, die Fahrschüler bestimmen die Lerngeschwindigkeit. Eine hohe Anzahl von Fahrstunden oder viele theoretische Unterrichtsstunden sind kein Grund, die Ausbildung erfolglos zu beenden – entscheidend ist allein, ob es Erfolgsaussichten gibt. Wie klein die Lernschritte und die Lehrerfolge sind, ist erst einmal zweitrangig.

Eine zweite Voraussetzung ist eine transparente Ausbildung. Die Ziele müssen bekannt sein, die Schritte zu den Zielen müssen aufgezeigt und der Lernprozess mit Erfolgen und ggf. Rückschritten muss verfolgt werden können. Dort wo es sinnvoll und möglich ist, sollte das soziale Umfeld (Eltern, Partner, Betreuer) einbezogen werden. Es kann hilfreich sein, von den Erfahrungen der Eltern, Partner, Lehrkräfte oder Betreuer zu profitieren, was natürlich eine Kommunikation diesbezüglich voraussetzt. Zur Transparenz gehört auch eine Finanzplanung, so dass es im Rahmen der u. U. längeren Ausbildungszeit nicht zu finanziellen Engpässen kommt. Kostenzusagen von Kostenträgern sind vor Ausbildungsbeginn einzuholen.

9 § 46 Abs. 2 FeV.

Es dürfen keine falschen Hoffnungen geweckt, aber auch keine zu großen Hürden kommuniziert werden. Wenn sich während der Ausbildung herausstellt, dass das Ziel „Sicheres und verantwortungsvolles Führen eines Kraftfahrzeugs" nicht erreicht oder die Hürde der nicht barrierefreien Theorieprüfung nicht überwunden werden kann, muss die Fahrausbildung beendet werden. Die Möglichkeit, dass der beschrittene Weg evtl. nicht erfolgreich ist, muss von Anfang an deutlich erwähnt werden.

Nicht der Tageskalender der Fahrschule bestimmt die Dauer des Unterrichtens, sondern die Aufnahmefähigkeit des lernenden Menschen. In der Kürze liegt die Würze. Ablenkungen und Störungen sind zu vermeiden.

Lob muss ein integraler Bestandteil der Arbeit sein. Auch kleinste Schritte zum Ziel sind Erfolge und als solche benennen. Lob schließt kritische Würdigungen und auch Rückschritte nicht aus.

Unterricht muss abwechslungsreich sein und auch Freude bereiten; es darf gelacht werden im Unterricht. Ein sinnvoller Methodenwechsel sorgt für die Aufrechterhaltung der Aufmerksamkeit und erhöht die Konzentrationsleistung. Verschiedene Wahrnehmungsbereiche müssen gezielt berücksichtigt werden. Die Lehrenden müssen sich deutlich und klar artikulieren. Beim Schreiben auf Flip-Charts, Moderationskarten oder Arbeitsblättern muss die Schrift groß, deutlich, farblich differenziert und wenn möglich in Druckschrift sein. Wichtige Begriffe sollten optisch hervorgehoben (z. B. unterstrichen, umrandet) werden. Dinge zum Anfassen können helfen, etwas zu verstehen. Zum Erklären von Lenkvorgängen oder von Rangieraufgaben bieten sich Modellautos an. Beleuchtungs-, Kupplungs- oder Bremsmodelle können helfen, Zusammenhänge besser zu erfassen.

Das sogenannte Stationenlernen kann eine hilfreiche Methode sein. Die Schüler bekommen an verschiedenen Stationen Aufgaben zum selbstständigen Erarbeiten gestellt. Alle Teilnehmer erarbeiten in Kleingruppen alle Themen. Dies stellt ein abwechslungsreiches und selbst erarbeitendes Lernen dar. Es wird in kleinen Gruppen gearbeitet, was die Teamfähigkeit stärkt. Man unterstützt sich gegenseitig und kommt gemeinsam zum Lernerfolg. Das fördert den Kontakt und stärkt das Zusammengehörigkeitsgefühl der Fahrschüler. Es können verschiedene Medien eingesetzt werden. Auch die Bewegung kommt beim Stationenlernen nicht zu kurz.

Begriffe müssen ggf. übersetzt und in eine bildgebende Sprache gefasst werden. Lange Sätze und Aussagen müssen kurz, knapp und präzise gefasst werden. Was für andere selbstverständlich ist, muss nicht zwangsläufig für den aktuellen Fahrschüler selbstverständlich sein. Es ist nicht für jeden sofort erfassbar, ob „Montage" ein Wochentag oder ein technischer Vorgang ist. Nicht selten wird beim eigenen Lesen zwar jedes Wort gelesen, der Inhalt jedoch nicht erfasst.

Wenn jemand nicht mit Zahlen umgehen kann, so müssen Geschwindigkeiten, Abstände, Brems- und Anhaltewege anders vorstell- und erlebbar gemacht werden, z. B. durch Abschreiten einer Strecke oder sinnvolle Vergleiche. Während der Fahrstunden wird dann geprüft, ob in der Praxis Abstände richtig eingeschätzt werden können.

Es können Verkehrsspiele eingesetzt werden. Fahrschulverlage haben ein inzwischen umfangreiches Portfolio von Spielen im Angebot, die vor allem gut zur Lernzielkontrolle, zum Wiederholen, Vertiefen und Verfestigen eingesetzt werden können. Außerdem bringen sie Spaß, der unabdingbar zum Lernen gehört.

Wiederholen, wiederholen, wiederholen gehört zu den Grundsätzen des Unterrichts.

Es können kleine, leistbare Hausaufgaben zur Wiederholung, zur Vertiefung, zur Abspeicherung im Gedächtnis aufgegeben werden.

In Absprache mit den Betroffenen sollten die anderen Fahrschüler über Lernschwierigkeiten informiert und die Situationen somit offen in die Lerngruppe getragen werden. Die Erfahrung zeigt, dass sich Ablehnung in Solidarität und Hilfsbereitschaft umwandelt und somit wieder ein gemeinsamer Lern- und Handlungsprozess entsteht. Wichtig dabei ist, dass der Betroffene ausdrücklich einverstanden ist, dass die anderen über seine Situation informiert werden.

In Situationen, in denen eine Ausbildung im Theorieunterricht mit anderen Fahrschülern nicht zum Erfolg führt, sollte Einzelunterricht oder Unterricht in einer Kleingruppe mit zwei oder drei Schülern, die ungefähr die gleiche pädagogische Vorgehensweise benötigen, durchgeführt werden.

Die Verzahnung von Theorie und Praxis hat bei der Ausbildung von Menschen mit Lernschwächen, Lernbehinderungen und Aufmerksamkeitsdefiziten u. U. eine größere Bedeutung als bei anderen.

Bei rein körperlichen Leistungsminderungen, z. B. bei fehlenden Gliedmaßen, Kleinwuchs, Fehlbildungen von Extremitäten, gibt es für die Durchführung des theoretischen Unterrichts keine besonderen Anforderungen. Das verwendete Fahrschulfahrzeug muss entsprechend den technischen Notwendigkeiten ausgestattet sein, z. B. mit Handbedienung für Gas und Bremse, Lenkraddrehknopf, linkem statt rechtem Gaspedal, Sitzanpassungen, hochgesetzter Pedale, zusätzlichen Spiegeln oder besonderen Fahrassistenzsystemen. Diese Ausstattungen müssen technisch abgenommen und in die Fahrzeugpapiere eingetragen sein.

Es kann sinnvoll sein, dass der Fahrlehrer den Schüler zur theoretischen Prüfung begleitet, um psychische Unterstützung zu geben und das Gefühl der Sicherheit zu vermitteln. Evtl. muss eine Einzelprüfung beantragt werden, wenn Ruhe für die Prüfung und ein erhöhter Zeitaufwand erforderlich sind. Eine Prüfung mit Kopfhörern mit dem Vorlesen der Fragen kann sinnvoll sein und muss vorher ausprobiert werden.

Bei der praktischen Prüfung von körperbehinderten Antragstellenden muss in der Regel vorher eine Fahrprobe mit einem aaSoP stattgefunden haben. Das sich daraus ergebene Gutachten ist an die Führerscheinstelle zu geben.

7 Das Führerscheinantragsverfahren

Es gibt kein besonderes Verfahren beim Antrag auf Erteilung einer Fahrerlaubnis bei fahreignungsrelevanten Erkrankungen und Behinderungen. Es wird ein ganz normaler Führerscheinantrag gestellt, so wie es für die einzelne Führerscheinstelle vorgesehen ist. Es gibt kein bundeseinheitliches Antragsformular.

Angaben über den Gesundheitszustand muss kein Antragsteller gegenüber der Fahrerlaubnisbehörde machen. Lediglich eine Sehtestbescheinigung muss für einen Führerschein im Rahmen der sogenannten Gruppe 1 gem. Anlage 4 zur FeV (Klassen A, A1, A2, B, BE, AM, L, T) dem Antrag beigefügt werden.[10] Die Fahrerlaubnisbehörde darf ohne Anlass keine weiteren Auskünfte über den Gesundheitszustand verlangen, auch nicht auf freiwilliger Basis. Antragstellende könnten die Sorge haben, dass sie Nachteile beim Erwerb der Fahrerlaubnis haben, wenn sie die Angaben verweigern und dann Informationen an die Führerscheinstelle geben, die der Gesetz- und Verordnungsgeber nicht vorgesehen hat. Lediglich für die sogenannte Gruppe 2 gem. Anlage 4 zur FeV (Klassen C, C1, CE, C1E, D, D1, DE, D1E, FzF) ist eine Gesundheitsprüfung, die über das Sehen hinausgeht, vorgesehen. In diesem Fall werden im Führerscheinantrag ebenfalls keine gesundheitlichen Auskünfte gegeben, sondern nur dem begutachtenden Arzt gegenüber. Dieser stellt eine Bescheinigung an die Behörde aus und empfiehlt entweder keine weiteren oder weitergehende Untersuchungen und nennt die resultierenden Befunde. Beim Antrag auf Erteilung einer Fahrerlaubnis wird die gesundheitliche Eignung unterstellt, die Antragstellenden müssen ihren Gesundheitsstatus gegenüber der Behörde nicht offenbaren. Erst wenn Tatsachen bekannt werden, die Eignungszweifel begründen, darf die Behörde verkehrsmedizinische Gutachten verlangen.

Die Fahrschule hingegen darf und sollte bei der Anmeldung konkret auf die Fahreignung bezogene Fragen nach dem Gesundheitszustand stellen und sich bestätigen lassen, dass keine fahreignungsrelevanten Krankheiten oder Behinderungen bestehen. Diese Angaben dürfen verweigert werden, die Fahrschule kann daraufhin den Abschluss eines Ausbildungsvertrages im Rahmen der Vertragsfreiheit ablehnen. Die Auskunftsverweigerung kommt in der Praxis so gut wie nicht vor.

Fahrlehrer dürfen Personen, bei denen die Fahreignung nicht gegeben ist, im Rahmen des Ausbildungsverhältnisses keine praktischen Fahrstunden erteilen. Man möge sich bei einer Fahrstunde in einer komplexen Verkehrssituation oder bei einer der besonderen Ausbildungsfahrten auf der Autobahn einen Krampfanfall des Fahrschülers vorstellen. Der Ausbilder rechnet damit nicht und kann evtl. auch keinen sichernden Eingriff in die Fahrzeugbedienung vornehmen, so dass es zu einem Verkehrsunfall kommt.

In der Praxis ist es jedoch in bestimmten Situationen geboten, dass beim Führerscheinantrag die Behörde durch den Fahrschüler über bestimmte Eignungszweifel (z. B. Amputation, Multiple Sklerose, Schwerhörigkeit) freiwillig informiert wird. Immer dann, wenn es körperliche oder andere erkennbare Einschränkungen gibt (fehlende oder fehlgebildete Gliedmaßen, Querschnittlähmung, Lähmungen, Schwerhörigkeit etc.) sollte eine Mitteilung von der ausbildenden Fahrschule empfohlen werden. Die Fahrschule selbst ist nicht verpflichtet, die Fahrerlaubnisbehörde über Eignungszweifel der Fahrschüler zu informieren. Die Information der Führerscheinstelle durch den Betroffenen ist deshalb wichtig,

10 § 21 FeV.

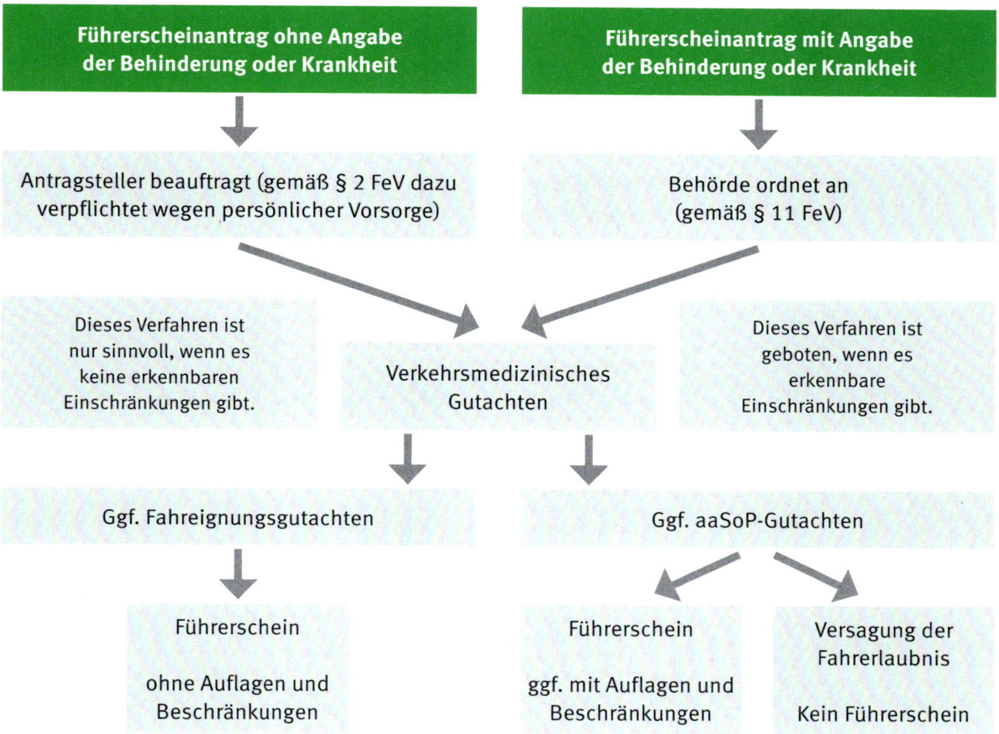

Bild 4.1 Abläufe im Führerscheinantragsverfahren

weil jeder Fahrerlaubnisprüfer verpflichtet ist, die Fahrerlaubnisbehörde davon in Kenntnis zu setzen, sobald bei ihm im Rahmen der Fahrerlaubnisprüfung Eignungszweifel bzgl. der körperlichen oder geistigen Eignung entstehen. Der Antragsteller ist über diesen Vorgang zu informieren.[11]

Wer bei der Prüfung der Fahreignung gutachterlich tätig werden darf, regelt die FeV in § 11:

„Die Behörde bestimmt in der Anordnung auch, ob das Gutachten von einem

1. für die Fragestellung (Absatz 6 Satz 1) zuständigen Facharzt mit verkehrsmedizinischer Qualifikation,
2. Arzt des Gesundheitsamtes oder einem anderen Arzt der öffentlichen Verwaltung,
3. Arzt mit der Gebietsbezeichnung „Arbeitsmedizin“ oder der Zusatzbezeichnung „Betriebsmedizin“,
4. Arzt mit der Gebietsbezeichnung „Facharzt für Rechtsmedizin“ oder
5. Arzt in einer Begutachtungsstelle für Fahreignung, der die Anforderungen nach Anlage 14 erfüllt,“

zu erstellen ist. Auftraggeber des Gutachtens ist immer der Betroffene, nicht die Behörde. Alle Gutachten sind dem Betroffenen auszuhändigen. Ohne Zustim-

11 § 18, Abs. 3 FeV.

mung dürfen die Begutachtenden kein Gutachten an die Fahrerlaubnisbehörde übermitteln.

Bild 4.1 macht die möglichen Abläufe im Führerscheinantragsverfahren deutlich. Die Fahrschule berät dabei über das sinnvolle und gebotene Vorgehen. Der Vorteil, den eine Mitteilung an die Führerscheinstelle über gesundheitliche Einschränkungen bietet, ist, dass die Fahreignung (ggf. mit Auflagen und Beschränkungen) amtlich attestiert ist.

Teil III

Fahrschulpädagogik für neue Betätigungsfelder – zusätzliche Angebote und besondere Zielgruppen

Kapitel 1
Schulung Fahrerassistenzsysteme – teilautomatisiertes Fahren für Fahrerlaubnisinhaber

Ulrich Wibbeke

1 Die Problematik

Kraftfahrzeuge werden mit immer mehr Fahrerassistenzsystemen (FAS) ausgestattet. Was bis vor wenigen Jahren aufpreispflichtig war und sich allenfalls optional und überwiegend in der gehobenen Mittel- bis Oberklasse finden ließ, ist heute selbst in modernen Kleinwagen zum Teil schon Serie oder Bestandteil von Basiskonfigurationen geworden. Auffällig ist, dass gerade in bestimmten Ausstattungslinien diverse FAS in Paketen zusammengefasst sind – d. h., der Kunde erhält FAS, um die er gar nicht selbst gebeten hat und von deren Möglichkeiten und Grenzen er teilweise keine oder nur geringe Ahnung hat.

Dieser Prozess schreitet schneller voran, als er von den meisten Autokäufern wahrgenommen wird. Auch ein Großteil der Fahrlehrerschaft unterschätzt diese Entwicklung, welche die automobile Zukunft vorbereitet, in seinen Auswirkungen und Möglichkeiten. Wenn die zahlreichen FAS in einem Kraftfahrzeug vernetzt werden, führt das auf den Weg zum automatisierten und letztendlich zum autonomen Fahren.

Der Prozess führt uns in Etappen zum Ziel. Auf das selbstständige Fahren – unterstützt durch gängige FAS – folgt das teilautomatisierte Fahren, worauf das hochautomatisierte Fahren als Vorstufe zum autonomen Fahren folgt. Die Fahrzeugindustrie ist in diesem Prozess mittlerweile weit vorangeschritten. Es muss nun an einer digitalen Infrastruktur gearbeitet werden, damit die Fahrzeuge auch direkt untereinander und mit Verkehrseinrichtungen kommunizieren können.

2 Verschiedene Aufgaben, unterschiedliche Zielgruppen

Hinsichtlich der sich neu ergebenden Chancen und Felder kann ein modernes Fahrschulunternehmen zwei Zielgruppen unterscheiden: die Fahranfänger in der Ausbildung und die Fahrerlaubnisbesitzer. Ziel und Aufgabenstellung der beiden Gruppen sind allerdings identisch: vernünftiger Einsatz von FAS, Erkennen und Verstehen der Möglichkeiten, der Arbeitsweisen, aber auch der Grenzen unterschiedlicher Systeme und letztendlich eine Optimierung der Verkehrssicherheit. Bei einem Tag der offenen Tür in der Fahrschule könnte man einen Workshop zu diesem Thema anbieten und wenn möglich sogar mit kleinen Praxisanteilen erweitern. Die Zusammenarbeit mit einem Fahrsicherheitszentrum wäre hier ebenfalls denkbar, um solche Demonstrationen auf einem abgeschlossenen Gelände durchführen und erproben zu können.

Auch über eine Beratung beim Autokauf sollte grundsätzlich nachgedacht werden. Grundvoraussetzung dafür ist allerdings, dass der Fahrlehrer selbst die unterschiedlichen Systeme kennt und deren Arbeitsweisen und Möglichkeiten versteht. Das ist nicht unbedingt einfach, wenn man bedenkt, dass unterschiedliche Systeme trotz gleicher oder ähnlicher Wirkung zumeist unterschiedliche Bezeichnungen bei den verschiedenen Kraftfahrzeugherstellern haben. Dass es Veränderungen bei Modellwechseln gibt, ist nachvollziehbar. Aber es kommt auch zu Veränderungen nach einem normalen oder zyklischen Werkstattaufenthalt, nachdem z. B. ein Softwareupdate vorgenommen wurde, ohne dass der Kunde darüber weder vorher noch danach entsprechend informiert wurde.

Wer einmal die eine oder andere Bedienungsanleitung eines Herstellers liest, erkennt sofort, dass hier dringend Schulungsbedarf besteht. Wenn dann auch noch auf die digitale Bedienungsanleitung verwiesen wird, ist für den normalen Verbraucher i. d. R. nichts mehr zu verstehen. Die freundliche Beratung des Verkäufers im Autohaus konzentriert sich auf das Verkaufen von Systemen, im besten Fall auch noch auf eine kurze Einweisung, auf mehr aber auch nicht. Wer aber hilft nun all diesen Fahrerlaubnisbesitzern? Und wer schult sie? Diese Lücke kann bzw. sollte ein moderner Fahrlehrer füllen.

3 Lebenslanges Lernen

Lebenslanges Lernen bekommt eine immer stärkere Bedeutung, insbesondere bei der Anpassung von Kompetenzen durch die anhaltend rasanten technischen Weiterentwicklungen. Eine wesentliche Problematik bei der Schulung von FAS bei Fahrerlaubnisbesitzern ließe sich eigentlich ganz einfach auflösen: Zunehmend äußern Kunden den Wunsch, konkret auf ihr Kraftfahrzeug hin geschult zu werden. Der Kunde ist in dem Fall also auch der Führer des Fahrzeugs im rechtlichen Sinne.

Allerdings stellen sich Fragen: Wie sieht es mit der Haftungsproblematik aus, wenn der Fahrlehrer eingreifen muss, weil es sonst durch Fehlbedienung oder Fehlern bei der Übernahme der Fahrzeugbedienung an den Grenzen des Systems zu Ausfällen des Fahrzeugführers käme, die ohne das Eingreifen des Fahrlehrers möglicherweise sogar zu einem Schaden führen könnten? Kann der Fahrlehrer solche Schäden überhaupt rein verbal verhindern?

Diese Fragen verdeutlichen, dass eine Beratung vor dem Kauf durch den Fahrlehrer, eine anschließende Erstschulung in einem Fahrschulwagen mit Doppelbedienung und erst final eine Begleitung und Einweisung im Kundenfahrzeug selbst erfolgen sollte. Fahrlehrer, die sich verstärkt um dieses Aufgabengebiet kümmern wollen, sollten diesen Umstand beim Kauf ihres Ausbildungsfahrzeugs berücksichtigen und dieses mit entsprechenden FAS ausrüsten. Denn die Zukunft hat in Form von Dutzenden FAS schon begonnen.

4 Fazit

In der Prüfungsrichtlinie für die Fahrerlaubnisbewerber hat der Gesetzgeber schon vor langer Zeit die Grundlage geschaffen, alle vorhandenen FAS in der Ausbildung und Prüfung einzusetzen. Aber wie sieht es mit der Umsetzung aus? Im Alltag der meisten Fahrschulen geschieht die Umsetzung dieser Richtlinie wohl eher schleppend. Und der Grundsatz „Was nicht geprüft wird, wird auch nicht intensiv ausgebildet“, stimmt für einen großen Teil der Fahrlehrerschaft noch immer. Der Berufsstand muss hier aktiver werden. Um sich ein umfangreicheres Betätigungsfeld zu schaffen, sollten Fahrlehrer die Ausbildung und den Einsatz von FAS in ihrer Fahrschule fördern.

Sicherlich brechen mit dem Fortschritt in Richtung automatisiertes/autonomes Fahren auch einige Aufgabengebiete weg. Der Berufsstand des Fahrlehrers wird dennoch nicht überflüssig – im Gegenteil. Aber er wird sich verändern, seine Kompetenzen anpassen und ausbauen müssen, um diese Veränderungen als neue Chance zu ergreifen.

Kapitel 2
Fahrtraining im Nutzfahrzeugbereich

Sven Tengeler

Ein interessantes Gebiet für Fahrlehrer der Klassen CE und DE sind Sicherheitstrainings im Schwerverkehr. Dieses Gebiet ist eine Erweiterung für den normalen Berufsalltag. Der Kundenkreis der Klassen CE und DE ist auch gleichzeitig ein Kunde für diese Sicherheitstrainings. Der Mehrwert durch die Trainings kann im Bereich der beschleunigten Grundqualifikation, Fahrausbildung, BKF-Weiterbildungen oder zur Ausbildung privater Fahrschüler genutzt werden.

1 Welche Standards gibt es?

Die Sicherheitstrainings werden nach unterschiedlichen Standards durchgeführt. Hier ist eine Ausbildung beim DVR oder ADAC als Trainer für Sicherheitsprogramme (SHP) eine sinnvolle Möglichkeit. Nach erfolgreicher Ausbildung erhält man die erforderlichen Nachweise, um diese Trainings durchführen zu dürfen.

Diese Ausbildung legt außerdem den Grundstein für andere Sichtweisen des Fahrschulunterrichts. Hier kann man effektiv aus dem selbst erworbenen Erfahrungsschatz schöpfen. Dieses erleichtert den Wissenstransfer von der Theorie in die Praxis erheblich. Die selbst gemachten Erfahrungen aus Sicherheitstrainings bieten dazu genügend Beispiele, um selbst komplexe, technische Themen in die Anwenderebene zu transferieren.

2 Wie werden Sie Trainer?

Die Grundlage für eine Ausbildung ist eine pädagogische Vorbildung. Die Erfüllung dafür ist durch den Fahrlehrerschein der Klasse BE bereits gegeben. Es muss nur noch ein sogenannter Umsetzer dafür gesucht und gefunden werden. Ein Umsetzer ist eine Institution oder ein Verein, der Sicherheitstrainings durchführt und bereit ist, einen Sicherheitstrainer auszubilden und anschließend einzusetzen. Ist ein solcher Umsetzer gefunden, kann es losgehen.

3 Wie läuft die Ausbildung ab?

Es ist vorgeschrieben, dass Traineranwärter selbst an sechs Sicherheitstrainings als Teilnehmer teilnehmen müssen, um dabei eigene Erfahrungen mit Nutzfahrzeugen zu sammeln. Darüber hinaus kann der jeweilige Trainer schon einmal als Vorbild für eigene zukünftige Tätigkeiten wahrgenommen werden.

Anschließend folgt eine Woche Grundausbildung auf einem Trainingsgelände mit anderen Traineranwärtern durch den Lizenzinhaber. In dieser Woche werden Grundlagen gelegt, die für Sicherheitstrainings und deren sicheren Ablauf gewährleistet sein müssen. Sie ist Voraussetzung für alle weiteren Trainerberechtigungen und schließt mit einer kurzen Theorie- und Praxisprüfung ab. In der Praxisprüfung wird selbstständig ein kurzes Element vom Traineranwärter durchgeführt.

Nun folgen weitere Trainings (mindestens sechs) in Hospitation mit einem ausgebildeten Sicherheitstrainer. Hier werden sukzessive immer mehr Elemente in eigener Moderation durchgeführt. Nach Abschluss dieser Einheit befindet man sich bereits auf der Zielgeraden. Es folgt die Abschlussprüfung, die unter Aufsicht eines Prüfreferenten des Lizenzinhabers durchgeführt wird. In dieser Prüfung wird ein regelkonformes Sicherheitstraining mit dem Erlernten gefordert. Die Dauer des Prüfungstages beträgt sechs Stunden.

4 Nach der Ausbildung ist vor der Ausbildung

Sie werden in der Ausbildung viele Eindrücke sammeln, die Sie selbst beeindrucken werden. Dadurch können Sie die eigenen Handlungsabläufe im Bereich von auftretenden Gefahren mit einem Lkw nicht nur gezielter steuern, sondern diese sogar erklären. Die eigene Intuition wird somit nachvollziehbar und nutzbar.

Beispiel:

- Sie kommen mit Ihrem Fahrschul-Gliederzug während einer Schulungsfahrt auf ein plötzliches Stauende zu und müssen ausweichen.
  Geht das? Ist ausweichen und gleichzeitig bremsen oder ausweichen ohne zu bremsen die sinnvollere Option? Wie stark kann man mit einem Gliederzug ausweichen, ohne dass er umzukippen droht?

Wenn Sie alle Fragen in Sekundenschnelle erfassen, analysieren und korrekt auf den Punkt anleiten können, brauchen Sie diese Ausbildung nicht. Für alle anderen ist sie eine Investition in die eigenen Fertigkeiten, die Zukunft und in eine hohe pädagogische Qualität.

Kapitel 3
Fahrschüler mit Fahrängsten

Claudia Happe

1 Allgemeines

Angst ist als Anpassungsleistung des menschlichen Organismus zu verstehen, die das Überleben sichert (siehe hierzu ausführlich Teil I, Kapitel 1, Abschnitt 5.4.1). Im Umkehrschluss bedeutet dies, dass ein Mensch, der sich fürchtet, die Überzeugung hat, dass er in Gefahr ist. Er fühlt sich bedroht. Unter diesen Umständen stellt sich die Frage: Wie kann es sein, dass ein Mensch z. B. vor bestimmten Situationen beim Autofahren Angst hat. Ist denn Autofahren lebensbedrohlich?

Natürlich birgt die Teilnahme am Straßenverkehr ein Risiko. Schaut man sich statistische Daten an, dann haben jüngere Kraftfahrer ein höheres Unfallrisiko als ältere, Männer ein höheres als Frauen. Im Jahr 2016 hat es den Höchststand an polizeilich erfassten Unfällen (2 585 327) in Deutschland gegeben, während gleichzeitig die niedrigste Anzahl an Verkehrstoten, nämlich 3 206 Personen, verzeichnet wurde (DESTATIS, 2017). Damit ist die Wahrscheinlichkeit, in einem Unfall zu sterben, insgesamt geringer geworden. Daraus ließe sich schließen, dass Autofahren im Laufe der Zeit sicherer wurde und daher an Bedrohlichkeit eher verloren hat. Die Ursachen dafür sollen an dieser Stelle nicht diskutiert werden. Dennoch empfinden manche Personen Angst in bestimmten Verkehrssituationen und kommen deswegen in die Fahrschule. Ebenso kann es sein, dass Fahrschüler in Ausbildung von ängstlichen Empfindungen berichten. In beiden Fällen stellt sich die Frage: Wie geht man als Fahrlehrer mit diesen Ängsten um?

2 Von der Angst zur Phobie

Angst kommt in einer Bandbreite vor, die von einer leichten Furcht einerseits bis zu einer Phobie andererseits reicht. Dazwischen gibt es unendlich viele individuelle Abstufungen, die z. B. einer „normalen“ oder auch einer „starken“ Angst entsprechen. Je stärker die Beeinträchtigungen im täglichen Leben sind, die eine Person aufgrund ihrer Empfindungen erlebt, umso eher ist eine behandlungswürdige Ausprägung der Angst gegeben. Wenn eine Person Furcht hat, ins Parkhaus zu fahren, dann wird diese Person Parkhäuser möglichst vermeiden und darüber hinaus keine weiteren Einschränkungen erleben. Sollte sich die Furcht ausweiten, sodass diese Person auch nicht mehr im Dunkeln fährt, irgendwann Autobahnen und Kraftfahrstraßen meidet oder sogar das Autofahren ganz bleiben lässt – Psychologen sprechen in diesen Fällen von Generalisierung –, dann hat die Angst einen Einfluss bekommen, der die Mobilität dieser Person erheblich einschränkt und dadurch z. B. negative Auswirkungen auf andere Lebensbereiche nehmen kann.

So kann es schwieriger werden, zur Arbeit zu kommen oder Freunde und Familie zu besuchen; Freizeitveranstaltungen müssen auf erreichbare Distanzen abgestimmt werden. Es geht viel mehr Zeit verloren, um mit öffentlichen Verkehrsmitteln die eigenen Wege zurückzulegen. Diesen Personen ist in den meisten Fällen bewusst, dass ihre Angst übertrieben oder unbegründet ist. Sie meiden die Angst auslösenden Situationen jedoch konsequent oder ertragen diese Gegebenheiten nur mit starkem Unbehagen.

3 Die spezifische Phobie

Wenn Psychologen von einer Phobie sprechen, dann meinen sie eine langandauernde, der Situation nicht entsprechende und starke Furcht. Eine spezifische Phobie besteht gegenüber bestimmten Objekten oder Situationen und führt dazu, dass diese langfristig gemieden werden. Dadurch kann es zu sehr bedeutsamen Einschränkungen im Leben kommen, die viel von der persönlichen Lebensqualität nehmen. Die bekanntesten Objekte sind Spinnen und andere Tiere, die bekanntesten Situationen sind große Höhen, enge Räume oder Menschenmengen. Grundsätzlich kann jedes Objekt oder jede Situation Angst auslösend wirken. Die Entwicklung einer Phobie hängt einerseits entscheidend von persönlichen Voraussetzungen ab, z. B.: Wie geht eine Person mit Stress um? Wohin lenkt sie ihre Aufmerksamkeit? Wie viel Belastung ist sie bereit, auf sich zu nehmen? Wie interpretiert sie bestimmte Vorkommnisse? Andererseits beeinflusst die persönliche Lerngeschichte in bestimmender Weise, ob eine phobische Reaktion gezeigt wird.

Unter einer Phobie leiden doppelt so viele Frauen wie Männer, dabei sind die spezifischen Phobien die häufigsten psychischen Erkrankungen bei Frauen (Becker, 2011).

In die Kategorie der situationalen Phobie gehört die Angst vor dem Autofahren. Charakteristisch für alle situationalen Phobien ist, dass die Kontrollierbarkeit der Angst auslösenden Situationen im Allgemeinen sehr hoch ist. Besteht eine Angst vor Höhe, lässt sich oft vorab klären, ob Höhe erlebt werden muss. Besteht eine Angst vor engen Räumen, z. B. im Aufzug, wird alternativ die Treppe gewählt. Wer Flugangst hat, wird auf das Fliegen verzichten. Die Angst vorm Autofahren entwickelt sich in den meisten Fällen langsam und beginnt vielleicht mit einer ganz speziellen Situation, wie z. B. dem Parken im Parkhaus. Eine Person, die Unsicherheit empfindet, wenn sie ins Parkhaus fahren soll, wird einfach darauf verzichten. Vermutlich wird sie sich wenig Gedanken machen, ob dieses Verhalten, langfristig betrachtet, die beste Lösung ist, um mit ihrem Unwohlsein beim Parken im Parkhaus umzugehen. Vor diesem Hintergrund ist es nachvollziehbar, dass Betroffene eher selten professionelle Hilfe aufsuchen, solange eine Angsterkrankung noch im Anfangsstadium ist.

4 Kennzeichen einer Panikattacke

Eine akute Angstreaktion, die das Ausmaß einer Panikattacke annimmt, ist u. a. gekennzeichnet durch Herzbeschwerden, Schweißausbrüche, Atembeschwerden, Beklemmungsgefühle, Unruhegefühle im Magen und einem

Gefühl von Unsicherheit oder Schwäche. Eine Panikattacke wird begleitet von der Annahme, völlig die Kontrolle zu verlieren. Betroffene schildern, dass sie Angst davor haben, verrückt zu werden oder sogar zu sterben. Die genannten Symptome müssen nicht alle auftreten, um eine dementsprechende Diagnose zu stellen. Entscheidend ist ein bestimmtes Muster (In-Albon & Margraf, 2011).

5 Ein Fall für den Psychotherapeuten

Die zuvor aufgeführten Merkmale der Panikattacke beschreiben eine sehr intensive Angstreaktion. Personen, die unter einer Phobie leiden, zeigen nicht in allen Fällen diese starken Reaktionen. Für die Betroffenen sind Empfindungen von Unwohlsein, einsetzende körperliche Beschwerden im Bauch- oder Herzbereich, die Überzeugung, dass der Blutdruck steigt und das Herz zu rasen beginnt, ausreichend, um die Situation zu vermeiden oder zu verlassen. Der Effekt ist, dass die erwarteten stärkeren körperlichen Reaktionen, wie z. B. ein Puls von 180 oder eine Ohnmacht, logischerweise ausbleiben. Psychotherapeuten setzen bei diesen Annahmen an, wenn Angstpatienten sich in Behandlung geben. Zuerst wird medizinisch abgeklärt, ob körperliche Beeinträchtigungen vorliegen. Nur wenn physiologisch alles in Ordnung ist, soll psychotherapeutisch gearbeitet werden.

Der interessierte Fahrlehrer mag sich in diesem Moment fragen, ob er demnächst über heilberufliche Qualifikationen verfügen muss, wenn er Fahrschülern mit Fahrängsten seine Dienste anbieten möchte. Und genau hier trennen sich die Aufgabenbereiche: Hat eine Angsterkrankung ein solches Ausmaß angenommen, dass der Betroffene überzeugt ist, seine Angst nicht aushalten zu können, dann gehört er ohne Zweifel in fachliche Behandlung. Seine Angst würde sich nur verstärken, wenn er keine korrigierenden Erfahrungen machen würde. Um korrigierende Erfahrungen zu machen, braucht es jedoch Expertenwissen, was in diesen Fällen andere haben.

6 Wann der Fahrlehrer Unterstützung geben kann

Wenn eine Person in einer Verkehrssituation Unwohlsein erlebt, kann es sein, dass diese Person solche Empfindungen für sich selbst mit „Gefahr“ verbindet. Hierbei handelt es sich nicht um einen intensiven Denkprozess, sondern um einen assoziativen Lernvorgang, d. h., innere oder äußere Gegebenheiten werden in Zusammenhang gebracht mit einer eigenen Vorstellung davon, was Angst ist. Folgendes Beispiel soll das Prinzip verdeutlichen: Eine Frau hat ihr Auto in einer Tiefgarage geparkt. Die Tiefgarage ist schlecht beleuchtet und sehr weitläufig. Auf dem Rückweg beschleicht sie ein ungutes Gefühl. Dieses Gefühl hält an, während sie im Auto sitzt und zum Ausgang fährt. Als sie durch die Schranke rollt, atmet sie tief aus und fühlt Erleichterung. Zu einem späteren Zeitpunkt entscheidet sie, diese Tiefgarage nicht mehr zu benutzen, weil sie zu dunkel ist. Nach einiger Zeit fühlt sie sich generell in Tiefgaragen unwohl und parkt nur noch in Parkhäusern oder auf der Straße. Nach einer Weile meidet sie auch Parkhäuser.

6.1 Zuerst die Theorie

Kommt ein Mensch in die Fahrschule, weil dieser Person selber auffällt, dass sie früher überall geparkt hat und heute manche Örtlichkeiten meidet, dann bietet sich ein mehrstufiges Vorgehen an. Zuerst sollte der Umfang der Angst geklärt werden. Bei starken Angstsymptomen ist der Hinweis angebracht, dass psychotherapeutische Unterstützung schon mit fünf bis acht Stunden erfolgreich die Angstsymptome lindern kann (Becker, 2011). Es wirkt auf jeden Fall entlastend, zu verdeutlichen, dass die beschriebenen Empfindungen völlig normal und gesund sind, weil Angst eine biologisch wertvolle Reaktion ist. Somit erkennt der Betroffene, dass seine Empfindungen und Annahmen allgemein bekannt sind und einen erklärbaren Grund haben. Im nächsten Schritt sollten Erläuterungen erfolgen, die sich auf das Erleben des Ratsuchenden beziehen. Dazu wird geklärt, zu welchem Verhalten die Furcht geführt hat. Hat die Verknüpfung der Angst mit der Parkhaussituation inzwischen zur Folge, dass manche Parksituationen gemieden werden? Hat das Unwohlsein im Dunkeln die Konsequenz, dass Fahrten nach Sonnenuntergang nicht mehr durchgeführt werden? Hat das ungute Gefühl im Bauch etwas damit zu tun, dass die Person nicht schneller als 100 km/h fährt? Im Verlauf der theoretischen Auseinandersetzung mit dem Anliegen des ängstlichen Fahrers sollte geklärt werden, wie viel sich dieser zutraut und wie lange er meint, seine Furcht aushalten zu können.

Die natürliche Reaktion des menschlichen Organismus bei Angst ist ein Anstieg der Erregung. Angstpatienten erwarten, dass die Angst unendlich steigt oder zumindest auf sehr hohem Niveau dauerhaft bestehen bleibt. Deswegen verlassen sie häufig die Situation, und die Erregung nimmt wieder ab. Die Erregung würde jedoch in jedem Fall nachlassen, weil der Körper dieses Aktivitätsniveau nur eine bestimmte Zeit halten kann (Schneider & Margraf, 2017).

Um also mit der Furcht besser umgehen zu können, müsste nach der Vermittlung der theoretischen Zusammenhänge die praktische Erprobung erfolgen. Das Ziel der praktischen Erprobung ist die Erkenntnis, dass in der realen Fahrsituation nichts von befürchteten Annahmen, die im Kopf bestehen, geschieht. Dieses Ziel wird nur erreicht, wenn der Schüler ein neues Verhalten zeigt und auf sein bisheriges Verhalten, nämlich die Vermeidung der Furcht auslösenden Situationen, verzichtet. An dieser Stelle sei betont, dass es sehr nachteilig wäre, wenn der unsichere Fahrer die praktische Durchführung mittendrin abbricht. Den Abbruch könnte er nämlich im Anschluss als Beleg dafür verwenden, dass er tatsächlich nicht in der Lage ist, einerseits die Fahrsituation und andererseits sein Unwohlsein zu meistern. In der Folge könnte seine Furcht eher zunehmen. Diesen Ablauf muss der Fahrlehrer im Vorfeld ausführlich darstellen und erläutern. Der zweifelnde Fahrer muss für sich entscheiden, ob er bereit ist, sich seiner Furcht zu stellen. Gleichzeitig muss der Fahrlehrer für sich entscheiden, ob er seinen Fahrschüler in dieser Situation begleiten will. Er muss die Furcht des Schülers aushalten und ihn unterstützen, ohne Druck oder Hast in der Situation zu bleiben und das gefürchtete Verhalten durchzuführen. Jede Form von Stress wirkt sich nachteilig auf die Furcht aus. Wenn sich ein Betroffener gegen eine praktische Durchführung entscheidet, dann hat diese Entscheidung absoluten Vorrang.

Bilder im Kopf

Furcht findet zu großen Anteilen im Kopf statt. Das „Kopfkino" führt häufig zu der Überzeugung, dass kleinere oder größere Katastrophen im Zusammenhang mit dem Unwohlsein erfolgen werden. Diese vermuteten Katastrophen will ein Betroffener vermeiden und verlässt deswegen frühzeitig die Situation oder verhindert diese gänzlich. Für das Beispiel der Parksituation bespricht der Fahrlehrer deswegen mit seinem Schüler, welche Annahmen dieser eigentlich hat. Diese mögen dem Fahrlehrer übertrieben vorkommen, aber es sind die Annahmen des Schülers und sollten als solche ernst genommen werden. Es könnte sich zum Beispiel um Schädigungen an anderen Autos handeln, um Kollisionen mit baulichen Elementen des Parkhauses oder um eigenes völliges Versagen an der Parkhausein- oder ausfahrt. Es ist wichtig, diese Annahmen zu kennen, um sie in der Realsituation zu hinterfragen und auf ihre Richtigkeit zu überprüfen.

6.2 Die praktische Durchführung

Für den Fall der Furcht in Parksituationen gilt es zu klären, welche Parksituationen gemieden werden. Hierbei sollten so viele Einzelheiten der gemiedenen Situation erfasst werden wie möglich. Es sollte daher besprochen werden, ob es sich um große oder kleine Parkhäuser handelt, übersichtliche oder unübersichtliche, kleine oder große Parklücken, wie dunkel es sein muss, um eine ähnliche Empfindung auszulösen, ob viel Betrieb oder wenig entscheidend ist. Darüber hinaus sollte beschrieben werden, ob es immer passiert oder nur an manchen Tagen, wenn diese bspw. besonders anstrengend waren. Vielleicht sind auch andere Details, wie z. B. die Tageszeit, ob man satt oder hungrig und/ oder durstig, allein und/oder mit anderen zusammen war, zusätzlich bestimmend für die Furcht.

Nach Herausarbeitung der bestimmenden Einzelaspekte sucht der Fahrlehrer mehrere Situationen aus, die diesen entsprechen. Die Situationen müssen sich in ihrem „Schwierigkeitsgrad" unterscheiden. Mit Schwierigkeitsgrad ist die Stärke der Furcht gemeint, die diese Situation bei dem Schüler auslösen könnte. Das setzt voraus, dass sich der Fahrlehrer in seinen Schüler hineinfühlen kann. Dann wird mit dem Schüler besprochen, von welchen der Situationen er glaubt, dass sie weniger Furcht bei ihm auslösen und welche Situationen er als deutlich stärker furchtbesetzt einordnet. Umgangssprachlich ausgedrückt, stellt der Schüler seine persönliche Hitliste aus diesen Situationen zusammen. Den Anfang bilden die weniger furchtbesetzten Verkehrssituationen, am Ende stehen die Fahrsituationen, die mehr Furcht auslösen. Dieses stufenweise Vorgehen wird für Verkehrssituationen empfohlen, da beim Autofahren real gefährliche Situationen entstehen können. Der Schüler könnte bei stärkerer Furcht Fehlreaktionen zeigen, d.h., sein Fuß könnte z. B. vom Pedal rutschen, er könnte in manchen Situationen unvermittelt reagieren, unangebracht langsamer oder schneller werden, hektische Lenkbewegungen machen, die Hände vom Lenkrad nehmen etc. Dann muss der Fahrlehrer reagieren und ggf. eingreifen. Die rechtlichen Hintergründe für den Fall, dass dabei ein Schaden entstehen sollte, werden an dieser Stelle nicht diskutiert. Es wird jedoch darauf hingewiesen, dass ein klärendes Gespräch mit der Versicherung im Vorfeld solcher Fahrstunden dringend empfohlen wird. Die real gefährlichen Situationen sind unabhängig von den Befürchtungen der Schüler. Der Fahrlehrer muss beide Problemfelder im Blick behalten.

Im nächsten Schritt geht es in die erste Situation, die an unterster Stelle der Hitliste steht. Die Situation soll direkt angefahren werden. Sich unmittelbar in die Situation zu begeben, sollte beim Schüler Unwohlsein auslösen. Und darum geht es: Das Ziel der Übung ist, dass der Schüler bei sich selber feststellt, dass sein Unwohlsein nach einiger Zeit von alleine nachlässt, wenn er in der Situation bleibt.

Das Erleben der nachlassenden Angst bewirkt, dass die Schüler lernen, dass das Unwohlsein keine negativen Konsequenzen hat, sondern nach einiger Zeit vorbeigeht bzw. viel besser aushaltbar ist. Somit erhält die Furcht eine andere Bewertung, sie verliert an Bedrohlichkeit und schadet dadurch nicht länger.

Der Fahrlehrer fährt also mit seinem Schüler die ausgewählte Situation an und hinterfragt die Stärke des Unwohlseins. Es muss so stark sein, dass der Schüler an die Schwelle des Aushaltbaren gelangt. Dann sorgt der Fahrlehrer dafür, dass die Situation anhält. Deswegen hat er vorher die Einzelheiten der Situation geklärt. Besteht die unterste Stufe der Rangliste im Parken in engen Parklücken, dann wird in so vielen engen Parklücken unmittelbar hintereinander geparkt, bis der Schüler angibt, dass sein Unwohlsein merklich (!) nachgelassen hat. Während des Parkens erfragt der Fahrlehrer mit offenen Fragen, wie stark die Furcht ist, um eine Rückmeldung zu erhalten. Als Orientierung kann der Schüler auf einer Skala von null bis zehn angeben, wie stark er seine Furcht einschätzt. Außerdem hinterfragt der Fahrlehrer die in der theoretischen Vorbereitung erarbeiteten Annahmen des Schülers bezüglich der erwarteten negativen Konsequenzen. Gemeinsam prüft der Fahrlehrer mit seinem Schüler, ob tatsächlich z. B. Schädigungen an anderen Autos erfolgt sind oder das Auto nicht in die Parklücke geparkt werden konnte. Wenn der Schüler angibt, dass seine Furcht deutlich nachgelassen hat, dann wird die nächstschwierigere Situation von der Hitliste angefahren. Handelt es sich dabei z. B. um enge Parklücken in Parkhäusern, dann wird die Prozedur unter genau den erarbeiteten Bedingungen so oft wiederholt, bis der unsichere Fahrer spürt und angibt, dass seine Furcht nachlässt. Auf diese Weise werden alle Stufen der Rangliste abgearbeitet. Es kommt auf den individuellen Fall an, wie viel Zeit dafür benötigt wird. In manchen Fällen vergehen für z. B. zwei Stufen der Rangfolge drei Stunden. Die Übungen sind oft anstrengend. Deswegen kann es hilfreich sein, mehrere Termine mit der Person zu vereinbaren. Auf diese Weise werden auch Überforderungen vermieden. Jeder Termin sollte so enden, dass der Schüler seine reduzierte Furcht deutlich wahrnimmt. Das gibt Sicherheit und erhöht beim Schüler die Überzeugung, dass er die Kontrolle über die jeweilige Situation gewonnen hat. Spürt der Schüler noch keine Reduktion, dann wird die entsprechende Situation noch länger aufgesucht und weiter geübt.

Führerscheininhaber sollten aufgefordert werden, zwischen den Übungsterminen selbstständig die bereits trainierten Schwierigkeitsgrade zu üben. Es kann sein, dass sich die Furcht erneut zeigt. Das ist nicht tragisch. Der betroffene Fahrer sollte dann in der Situation bleiben und weiter üben. Es geht immer darum, so lange zu üben, bis die Furcht abnimmt. Wird wegen zu starker Furcht die Situation verlassen, dann sollte dieselbe Situation möglichst zeitnah erneut aufgesucht und geübt werden, bis die Furcht wieder nachlässt. Ist das auch nach mehreren alleinigen Versuchen nicht möglich, dann sollte Kontakt mit dem Fahrlehrer aufgenommen und die Situation gemeinsam bearbeitet werden.

Für Fahrschüler, die noch nicht Inhaber einer Fahrerlaubnis sind, gilt ebenso, dass geübt wird, bis die Furcht nachlässt. In diesen Fällen begleitet der Fahrlehrer alle Übungseinheiten.

Die beschriebene Vorgehensweise könnte einen Eindruck von Leichtigkeit im Umgang mit ängstlichen Fahrern erzeugen. Das Wissen um die Reduktion der Furcht, wenn nur lange genug in der Situation verblieben wird, ist eine Seite der Medaille. Die andere Seite, um gelassen mit Furcht umzugehen, ist die Persönlichkeit eines jeden Menschen. Die subjektiven und damit höchst unterschiedlichen Annahmen, Motive und Grundüberzeugungen, die jeder über sich selbst hat, fließen in die Übungssituationen mit ein und können den Ablauf daher erheblich komplexer und schwieriger gestalten.

Literatur

Becker, E. S. (2011). Spezifische Phobien. In Wittchen, H.-U. & Hoyer, J. (Hrsg.), Klinische Psychologie & Psychotherapie. 2. Auflage. Berlin, Heidelberg: Springer, 971–983.

https://www.destatis.de/DE/ZahlenFakten/Wirtschaftsbereiche/Transport Verkehr/Verkehrsunfaelle/Verkehrsunfaelle.html [abgerufen am 23.11.2017].

In-Albon, T. & Margraf, J. (2011). Panik und Agoraphobie. In Wittchen, H.-U. & Hoyer, J. (Hrsg.), Klinische Psychologie & Psychotherapie. 2. Auflage. Berlin, Heidelberg: Springer, 915–935.

Schneider, S. & Margraf, J. (2017). Agoraphobie und Panikstörung (2. überarbeitete Auflage). In Hahlweg, K., Hautzinger, M., Margraf, J. & Rief, W. (Hrsg.), Fortschritte der Psychotherapie. Band 3. Göttingen: Hogrefe.

Kapitel 4 Mobilitätscoaching – Ältere Kraftfahrer

1 Führerscheininhaber mit Mobilitätseinschränkungen, Krankheiten und Behinderungen

Tomas Ciura

1.1 Vorbemerkungen

Die gesundheitliche Situation, der physische und psychische Status eines Menschen, verändern sich im Laufe des Lebens. Es gibt womöglich vorübergehende und dauerhafte Krankheiten und auch Behinderungen, die Einfluss auf die Fahreignung, d.h. auf das sichere Führen von Kraftfahrzeugen, haben können. Betroffene müssen sich mit der Frage auseinandersetzen, wie sich das auf das Fahren auswirkt. Die ärztlichen Informationen enthalten oft Hinweise, dass die Fahreignung vorübergehend eingeschränkt oder nicht gegeben ist oder u.U. nicht mehr besteht. Es kommt vor, dass die Fahreignung erst einmal überprüft werden muss, ob sichere Verkehrsteilnahme noch oder wieder möglich ist. In einer Fahrverhaltensbeobachtung die Fahreignung zu prüfen und zu attestieren, ist Aufgabenfeld der Verkehrspädagogik. Dabei kommt es auch vor, dass Veränderungen am Fahrzeug notwendig sind, dass ein linkes Gaspedal benutzt werden muss, dass die Bedienung von Gas und Bremse nur mit Hand und Arm oder gar mit Joy-Stick möglich ist, ähnlich wie beim Elektro-Rollstuhl.

Hier werden Fahrschulen benötigt, die die entsprechende Fahrzeugtechnik zur Verfügung haben und die Einschulung auf ein entsprechend technisch umgerüstetes Fahrzeug vornehmen. Nicht selten muss der Führerschein geändert und der Verkehrsbehörde ein Gutachten vorgelegt werden. Betroffene erschrecken und verunsichern derartige Situationen und sie benötigen fachkundige Hilfe. Es müssen Ängste genommen werden, die Sicherheit bei der Fahrzeugbedienung ist wiederherzustellen und Verwaltungswege müssen beschritten werden. Hier setzt die Arbeit der Verkehrspädagogik und der Fahrschulen an. Es geht nicht mehr um den Erwerb einer Fahrerlaubnis, sondern um die Prüfung, den Erhalt oder die Wiederherstellung der Fahreignung.

In diesem Kapitel wird auf dieses Arbeitsfeld eingegangen, wobei bereits in Teil II Kapitel 4 „Menschen mit Mobilitätseinschränkungen – Führerscheinausbildung für Menschen mit Behinderungen“ eine Reihe von Aspekten dargestellt wurden, die auch für Menschen und Situationen mit vorhandener Fahrerlaubnis gelten.

1.2 Zielgruppenbestimmung

Es gibt im Laufe des Lebens viele gesundheitliche Veränderungen, die Auswirkungen auf die Fahreignung haben können. So erleiden in Deutschland nach Angaben der Stiftung Deutsche Schlaganfall-Hilfe jährlich ca. 200 000 Menschen erstmalig und weitere ca. 60 000 einen erneuten Schlaganfall.[1] 1 500 Menschen bekommen pro Jahr eine Rückenmarksschädigung, die zu einer Querschnittlähmung führt, berichtete das Hamburger Abendblatt.[2] Über 8 Mio. Menschen werden wegen Diabetes ärztlich behandelt.[3] Unfälle führen z. T. zu schweren Verletzungen, Amputationen, Versteifungen von Gliedmaßen oder kognitiven Defiziten nach schweren Kopfverletzungen mit Substanzschädigung des Gehirns.

1.3 Aufgaben der Verkehrspädagogik

Grob unterteilen lassen sich die Krankheiten und Behinderungen danach, ob das Gehirn beteiligt ist oder nicht. Bei rein körperlichen Auswirkungen kommt es im Wesentlichen auf die richtige Fahrzeugausstattung an. Wenn die Schädigung des Gehirns ursächlich für körperliche Einschränkungen (Lähmungen, Spastik, Störung der Fein- und Grobmotorik) ist oder es ausschließlich kognitive Defizite und seelische Einflüsse gibt, müssen die Fahrlehrer über medizinisches und neuropsychologisches Fachwissen verfügen.

Aufgabenstellungen der Fahrschulen sind:

- Information, z. B. über die rechtliche Situation, das behördliche Verfahren, notwendige Gutachten, voraussichtliche Kosten
- Beratung, z. B. über Fahrzeugumbauten, Fahrzeugausstattungen, finanzielle Hilfen, sinnvolles Vorgehen
- Behördenkontakte übernehmen (falls gewünscht)
- Einschulung auf behindertengerecht ausgestattetes Fahrzeug mittels Fahrstunden
- Vorbereitung auf die Fahrprobe/Fahrverhaltensbeobachtung mit einem aaSoP mittels Fahrstunden
- Begleitung bei der Fahrprobe durch einen aaSoP
- Vorbereitung auf die Fahrverhaltensbeobachtung im Rahmen der Begutachtung in einer Begutachtungsstelle für Fahreignung
- Durchführung von Fahrverhaltensbeobachtungen zur Feststellung des Leistungsvermögens im Realverkehr
- Erstellen von Fahreignungsgutachten im Rahmen von § 2 FeV
- Durchführung von therapeutischen Fahrstunden zur Wiederherstellung der Fahreignung oder zur Angstbewältigung
- Feststellung des körperlichen Leistungsvermögens, z. B. durch Kraftmessung, Fahrten im Realverkehr.

---

1 http://www.schlaganfall-hilfe.de/der-schlaganfall

2 http://www.abendblatt.de/ratgeber/gesundheit/article107667505/1500-Querschnittsgelaehmte-pro-Jahr.html

3 http://www.diabetes-deutschland.de/aktuellesituation.html

Bei der Durchführung von Fahrverhaltensbeobachtungen gelten andere Maßstäbe als bei einer Fahrprüfung. Die Betroffenen sind langjährig gefahren und haben jeweils eine eigene Fahrpraxis entwickelt. Diese Fahrpraxis, diesen Fahrstil gilt es zu respektieren. Korrekturen sind nur dort vorzunehmen, wo die Verkehrssicherheit gefährdet ist oder deutliche Regelverstöße entstehen. Im Gegensatz zur Fahrprüfung gibt es keine festgelegten Gütekriterien. Jeder Begutachtende ist frei in der Festlegung von Zeitumfang, Ort, Aufgaben und Bewertungen. Das beutet eine hohe Verantwortung und große Kompetenz in der gewissenhaften Durchführung von Begutachtungen. Es ist anzuzweifeln, ob in einer 45- oder 60-minütigen Fahrt zuverlässig bewertet werden kann, ob die Fahreignung noch besteht, eingeschränkt besteht oder nicht mehr gegeben ist. Anders sieht die Situation aus, wenn in einer Begutachtungsstelle für Fahreignung eine Fahrverhaltensbeobachtung durchgeführt wird. Diese Begutachtung ist standardisiert, mit Zeit-, Strecken- und Aufgabenvorgaben und Protokollführung (siehe hierzu auch Kapitel 5 „Ältere Kraftfahrer"). Im Bereich der Verkehrspädagogik und auch für die aaSoPs gibt es als Angebot die **standardisierte Hamburger Fahrprobe**[4]. Diese bundesweit eingesetzte Fahrverhaltensbeobachtung hat keine standardisierten Strecken, sondern Vorgaben für die Aufgaben und den Zeitumfang. Durch die fehlende Streckenvorgabe kann die Hamburger Fahrprobe überall durchgeführt werden. Sie spiegelt das Leistungsvermögen des Begutachteten zuverlässig wieder, so dass mit großer Wahrscheinlichkeit das tatsächliche Verhalten im Realverkehr ermittelt werden kann. Für die Durchführung dieser Fahrprobe ist eine Einschulung erforderlich. Diese wird von der BvF und dem Verkehrs-Institut Bielefeld im Rahmen eines speziellen Grundlagenseminars „Kraftfahreignung" angeboten.

In der Praxis ist ein regelmäßiger Kontakt mit Ärzten und Psychologen, den Mitarbeitenden von TÜV und DEKRA und in den zuständigen Führerscheinstellen, mit Kostenträgern, Umbaufirmen, Fahrzeugherstellern und bei Bedarf mit Rechtsanwaltskanzleien notwendig.

Es ist unumgänglich, vertrauensvoll mit der Führerscheinabteilung zusammenzuarbeiten. Eine Mitteilungsverpflichtung über Fahreignungszweifel der Kunden besteht nicht. In einigen Fällen unterliegen die Fahrlehrer der medizinischen Schweigeplicht. Dann, wenn Auftraggeber für die Durchführungen der Fahreignungsprüfung oder für therapeutische Fahrstunden Ärzte, Psychologen oder Krankenhäuser bzw. Rehabilitationseinrichtungen sind, findet die Tätigkeit der Fahrschulen im Rahmen der medizinischen Heilbehandlung statt. Hier gilt die Schweigepflicht. In allen anderen Fällen haben Fahrlehrende ein Mitteilungsrecht an die Fahrerlaubnisbehörde. Ob dieses Recht genutzt werden sollte, ist kritisch zu diskutieren. Die Betroffenen, die sich vertrauensvoll an eine Fahrschule wenden, sollten sich darauf verlassen können, dass alle Informationen, die an die Fahrschule gelangen, vertraulich behandelt werden. Bei der Prüfung und Wiederherstellung der Fahreignung muss ein Vertrauensverhältnis zwischen Fahrlehrern und Kunden bestehen, da eine konstruktive Zusammenarbeit sonst schwer möglich ist.

---

4 Ciura, T. (2010). Standardisierte Hamburger Fahrprobe, www.yumpu.com/de/document/view/5194678/standardisierte-hamburger-fahrprobe-verkehrsinstitut-hanse-gmbh, vgl. auch wwwver kehrsinstitut-hanse.de

Bild 4.1 Mögliche Verfahrensabläufe zur Fahreignungsprüfung bei Krankheiten oder Behinderungen

Bei Krankheiten und Behinderungen

Beauftragung eines verkehrsmedizinischen Gutachtens

- Facharzt/Fachärztin mit verkehrsmedizinischer Qualifikation
- Arbeits- oder Betriebsmediziner/in
- Amtsärztin/Amtsarzt
- Rechtsmediziner/in
- Ärztin/Arzt in einer Begutachtungsstelle für Fahreignung

Ggf. Beauftragung eines Gutachtens eines

- aaSoP oder
- Fahrlehrers/Fahrlehrerin

zur Feststellung der sicheren Bedienung der behindertengerechten Ausstattung und zur Festlegung von Auflagen und Beschränkungen mittels Fahrprobe oder

zur Feststellung des sicheren Verhaltens im Straßenverkehr bei kognitiven Leistungsminderungen mittels Fahrverhaltensbeobachtung.

Gibt es eine Verpflichtung von Fahrerlaubnisinhabern, bei Krankheiten und Behinderungen die Fahreignung prüfen zu lassen?

Die FeV regelt in § 2, dass es keine Mitteilungspflicht an die Behörde gibt. Das bedeutet aber nicht, dass z. B. nach einem Schlaganfall einfach wieder mit dem Auto gefahren werden darf. Die Betreffenden müssen nach Absatz 1 Vorsorge ergreifen, dass andere nicht gefährdet werden. Was unter Vorsorge zu verstehen ist, ist in § 11 geregelt. Dort wird das behördliche Handeln beschrieben. Demnach kann immer von geeigneter Vorsorge ausgegangen werden, wenn die Betreffenden sich an dem behördlichen Handeln orientieren. Ein Mitteilungsrecht an die Fahrerlaubnisbehörde besteht allemal. Jeder kann sich freiwillig an die Behörde wenden, welche dann die entsprechenden Gutachten anordnet. Vorteil ist die amtliche Bestätigung der Fahreignung. Dieser Vorteil ist nicht zu unterschätzen. Ob eine Mitteilung an die Führerscheinstelle sinnvoll ist, sollte mit der Fahrschule besprochen werden. *Bild 4.1* zeigt die möglichen Verfahrensabläufe auf.

Vielerorts dürfen die Technischen Prüfstellen keine Gutachtenaufträge mehr durch die Fahrerlaubnisinhaber durchführen, sondern nur, wenn die Fahrerlaubnisbehörde diese angeordnet hat. Das nimmt den Betroffenen die Möglichkeit der geeigneten Vorsorge ohne Mitteilung an die Führerscheinstelle. Diese Praxis ist rechtlich als fragwürdig zu bezeichnen. Deshalb hat sich hier ein neues Betätigungsfeld für die Verkehrspädagogik aufgetan. Die Fahrschulen bieten diese Gutachten anstelle von TÜV und DEKRA an.

Die Gutachtenerstellung erfordert eine hohe fachliche Expertise, da der Begutachter für das erstellte Gutachten haftet.

Was ist ein Gutachten?

Ein Fahreignungsgutachten (FEG) ist eine Feststellung zu einer Sachfrage, z. B.: „Ist der Begutachtete in der Lage, trotz vermuteter oder bestehender körperlicher, geistiger oder charakterlicher Leistungsminderungen (konkret benennen) sicher ein Kraftfahrzeug zu bedienen und/oder sicher am Straßenverkehr teilzunehmen?"

Ein FEG muss verständlich sein, auch für Laien. Fachbegriffe müssen ggf. in deutsche Sprache „übersetzt" werden. Ein Gutachten muss nachvollziehbar, d. h. schlüssig sein. Getroffene Aussagen müssen sich aus der Befunderhebung durch den Gutachter ergeben.

Für die Form des Gutachtens gibt es keine Vorschriften. Folgende Angaben muss ein Gutachten mindestens enthalten:

- Name, Geburtsdatum, Anschrift des Untersuchten
- Name des Gutachters
- Anlass der Begutachtung
- Datum der Begutachtung
- Datum der Gutachtenerstellung
- Fragestellung/en
- Diagnose/n
- Bereits vorliegende Befunde
- Befunderhebung: Verwendete Verfahren, Inhalte, Beobachtungen und Feststellungen, Würdigung, Befundergebnis.

Das FEG durch einen Fahrlehrer sollte den Hinweis enthalten, dass es keine amtliche Abklärung der Fahreignung darstellt, sondern der Vorsorgeverpflichtung des § 2 Absatz 1 der FeV genüge tut.

Das in diesem Kapitel beschriebene Aufgabengebiet ist berufsständisch relativ neu und expandiert zurzeit und wohl auch zukünftig stark. Selbes gilt auch für das anschließende Kapitel 5 „Ältere Kraftfahrer". Für die Verkehrspädagogik ergibt sich daraus ein anspruchsvolles und gesellschaftlich notwendiges Arbeitsfeld. Die reformierte Fahrlehrausbildung ab 2018 schafft dafür gute fachliche Voraussetzungen für angehende Fahrlehrer. Für die bisher tätigen Fahrlehrenden kann es eine gute Weiterqualifizierung darstellen.

2 Ältere Kraftfahrer

Claudia Happe

2.1 Erkennen von medizinisch-psychologischen Eignungsmängeln und Weiterleitung an entsprechende Stellen

Mit Aushändigung der Fahrerlaubnis wird dem Fahrerlaubnisinhaber dokumentiert, dass er zum Führen von entsprechenden Kraftfahrzeugen und damit auch zur Teilnahme am Straßenverkehr befähigt ist. Eine standardisierte Eignungsüberprüfung findet nach erfolgreich durchgeführter Fahrerlaubnisprüfung nicht mehr statt. Der hohe Wert der Fahrerlaubnis scheint manchem Kraftfahrer erst bewusst zu werden, wenn behördliche Eignungszweifel auftauchen und eine medizinisch-psychologische Untersuchung angeordnet wird.

Gerade bei älteren Kraftfahrern könnten jedoch aus eigenverantwortlichem Antrieb Zweifel an der Eignung zur Teilnahme am Straßenverkehr auftreten. Auch hier besteht die Möglichkeit, verkehrspsychologische Diagnostik in Anspruch zu nehmen. Die amtlich anerkannten Begutachtungsstellen für Fahreignung bieten unterschiedliche Maßnahmen an mit dem Ziel, den interessierten Fahrzeugführer bezüglich seiner Fahreignung aufzuklären. Die dazugehörigen Leistungstests und das Beurteilungsgespräch könnten Betroffenen jedoch als zu kompliziert erscheinen. Möglicherweise wären damit auch Ängste verbunden, welche die eigene Mobilität und deren mögliche Einschränkung betreffen. Fahrlehrer könnten hier ein niederschwelliges Angebot machen, um eine Vertrauensbasis zu schaffen. Es geht darum, Informationen zum individuellen Leistungsstand in der Realsituation zu sammeln. Erst im Anschluss daran erscheint eine Diskussion über vorhandene oder noch zu erwerbende Kompensationsmöglichkeiten ratsam. Folglich geschieht die Auswahl und Durchführung der auf den individuellen Fall abgestimmten Interventionen zum Schluss eines Beratungsprozesses.

Um die Fahrerlaubnis am Ende einer praktischen Prüfung ausgehändigt zu bekommen, müssen ca. 60 Prüfungskriterien (Vollrath & Krems, 2011) erfüllt sein, die ausführlich in der Anlage 7 der Fahrerlaubnis-Verordnung (FeV) und der Prüfungsrichtlinie (Richtlinie für die Prüfung der Bewerber um eine Erlaubnis zum Führen von Kraftfahrzeugen) beschrieben sind. Im Umkehrschluss hieße das, dass die Nichterfüllung dieser Kriterien Anhaltspunkte bieten könnte, um Eignungszweifel erkennbar zu machen.

Damit würde es sich um eine Beurteilung auf dem Niveau einer Befähigungsprüfung handeln. Eignungsbedenken bei erfahrenen Kraftfahrern finden sich jedoch auch, wenn die Ebene der Fahraufgabe als Beurteilungsgrundlage hinzugezogen wird. Eine einleitende Darstellung findet sich bei Vollrath & Krems (2011, S. 26 ff.). Modelle zur Beschreibung der Fahraufgabe versuchen die unterschiedlichen Aufgaben, die ein Fahrer während des Fahrens zu lösen hat, anschaulich zu integrieren. Das komplexe Zusammenspiel aus Spurhaltung, Geschwindigkeits- und Abstandsregulierung einerseits sowie Verkehrs- und Straßenführung andererseits werden darin berücksichtigt. Währenddessen erkennt ein Fahrzeugführer Verkehrszeichen, schätzt das Verkehrsaufkommen ein und setzt diese Informationen in Handlung um. Die Modelle sollen dieses Gefüge aus Umwelt, Fahrer und Fahrzeug unter Berücksichtigung zeitlicher Gegebenheiten vorstellbar machen. In dem Modell von Hollnagel & Woods (2005) gibt es vier Aufgabenbereiche: Stabilisierung (Beschleunigen, Bremsen, Lenken etc.), Bahnführung (Geschwindigkeit, Abstand, Beachtung von Verkehrsvorschriften etc.), Überwachung (ein Soll-Ist-Vergleich zwischen Regeln und tatsächlicher Handlung) und Navigation (Streckenwahl, Routenplanung etc.). Vereinfacht ausgedrückt, bedeutet Autofahren also, diese vier Aufgabenbereiche fortwährend und gleichzeitig durchzuführen. Um den täglichen Straßenverkehr flüssig zu halten, erfordert das einen hohen Grad an Automatisierung, d. h., dem Fahrer steht für Entscheidungen ebenso wie für das Überdenken der Situation wenig Zeit zur Verfügung, die Handlung läuft schnell und zügig ab. Genau an dieser Stelle könnten sich bei einem älteren Fahrer jedoch auch Eignungsmängel abzeichnen. Fehler oder auffällige Verhaltensweisen in jedem einzelnen der vier Bereiche sind im Gegensatz zu einem Fahranfänger eher nicht auf Wissensdefizite oder geringe Erfahrung zurückzuführen. Eine Testfahrt, welche die bereits beschriebenen Elemente beinhaltet, könnte also Hinweise liefern, wenn ein oder mehrere Aufgabenbereiche unzureichend erfüllt werden würden.

Neben Eignungsmängeln bei der soeben beschriebenen Fahrzeugführung könnten bei älteren Fahrern jedoch auch Veränderungen im Rahmen der Kognitionen auf Risiken hindeuten. Zu den kognitiven Prozessen gehören vor allem die Aufnahme und Verarbeitung von Informationen und deren anschließende Ausführung. Informationsaufnahme bedeutet nur zu einem Teil das eigentliche Sehen von Schildern, Fahrbahnmarkierungen, anderen Verkehrsteilnehmern oder weiteren relevanten Hinweisreizen. Zur Wahrnehmung gehört neben solcher „Erkennung“ eben auch, diese Hinweise zu verstehen und im Anschluss für die weitere Fahrt in sichere und richtige Handlungen zu überführen. Letztendlich handelt es sich um all die Prozesse im Gehirn, die benötigt werden, um sicheres Fahren zu ermöglichen. Dafür ist ein Situationsbewusstsein erforderlich. Das Situationsbewusstsein setzt sich zusammen aus den wichtigen Merkmalen und Aspekten der aktuellen Verkehrssituation, des Fahrzeugs, der Umwelt und des Fahrers. Folglich nehmen hier auch persönliche oder situative Vorbedingungen des Fahrzeugführers Einfluss, z. B. Ziele, Erwartungen, Gedächtnisleistungen oder aktuelles Belastungsniveau. Vor diesem Hintergrund entscheidet der Fahrer gegebenenfalls zwischen mehreren möglichen Verhaltensweisen und führt diese dann aus. Eine ausführlichere Darstellung findet sich bei Vollrath & Krems (2011, S. 28 ff.).

Zu Fehlern im Situationsbewusstsein kommt es auf verschiedene Weise. Es werden nicht alle wichtigen Informationen aufgenommen, weil die Aufmerksamkeit auf ein anderes Ziel gerichtet ist. Ein Fahrer übersieht z. B. ein Geschwindigkeitsschild. Oder es wird die Information aufgenommen, aber falsch interpretiert: Die nasse Fahrbahn wird nicht als glatte Fahrbahn gedeutet. Die relevante Information wird wieder vergessen, weil sie nicht ausreichend verarbeitet wurde, z. B. wenn der Beginn einer Zone mit zulässiger Höchstgeschwindigkeit nicht mehr erinnerbar ist. Die Informationsdichte ist so hoch, dass nicht alle Informationen im Situationsbewusstsein aufgenommen werden. Zur Verdeutlichung könnte hier das Bild einer Fahrbahnverengung herangezogen werden. Vor der Verengung kommt es zu einem Informationsstau. Nicht alle Informationen können gleichzeitig durch die Engstelle gelangen, sodass einige außen vor bleiben oder zu einem späteren – und dadurch vielleicht auch irrelevanten – Zeitpunkt verarbeitet werden. So könnte z. B ein vermehrter Wechsel unterschiedlicher Geschwindigkeitsvorgaben nicht mehr in der richtigen Reihenfolge erinnert werden.

Erwartungen spielen ebenfalls eine wichtige Rolle. Ein älterer Fahrer nimmt das Einschalten eines Blinkers bei einem anderen Fahrzeug wahr und erwartet, dass dieses abbiegen wird. Die Reaktion erfolgt zeitverzögert, wenn die Erwartung nicht erfüllt wird. Beispielsweise könnte ein Hinterherfahrender bremsen, obwohl das blinkende Fahrzeug geradeaus weiterfährt, oder der Fahrer auf einer untergeordneten Straße losfahren, obwohl das blinkende Fahrzeug auf der übergeordneten Straße bleibt. Stress aufgrund einer unbekannten Situation kann zu einer Überbelastung des Arbeitsgedächtnisses führen, die Unsicherheiten beim Fahren auslösen kann. Beim doppelstreifigen Linksabbiegen auf einer unbekannten Strecke mit hohem Verkehrsaufkommen wechselt ein Fahrer beim Abbiegen den Fahrstreifen ohne ausreichende Beobachtung des übrigen Verkehrs. Hier könnte eine Fehlentscheidung zulasten der Verkehrsbeobachtung getroffen worden sein, um den Abbiegevorgang zu beenden.

Es erscheint hilfreich, zuerst mit einem älteren Fahrer eine Testfahrt zu machen. Im Anschluss kann über notwendige oder mögliche Maßnahmen diskutiert werden, wie z. B. mit beobachteten Auffälligkeiten oder vermeintlichen Schwächen umgegangen werden könnte. Die oben aufgeführten Beispiele zeigen, dass Fehlverhalten unterschiedliche Ursachen haben kann. Die Ursache, die letztendlich dafür ausschlaggebend ist, dass die sichere Bewältigung der Fahraufgabe unterbleibt, nimmt Einfluss auf die zur Auswahl stehenden Maßnahmen.

Übungsstunden helfen, die Fahrkompetenz älterer Kraftfahrer zu verbessern (Schäder, 2014). In solchen Übungsstunden können problematische Situationen aufgesucht und befahren werden. Danach erscheint es sinnvoll, das Einverständnis des älteren Fahrers einzuholen, wenn es um die Auswahl der zu besprechenden Situationen geht. Der Fahrlehrer kann seinen Eindruck wiedergeben und Vorschläge zu möglichen Handlungsalternativen machen. Diese Vorschläge könnten sich auf situative Bedingungen beziehen, z. B Sitzposition verändern, zusätzliche Spiegel installieren, Fahrerassistenzsysteme nutzen. Es könnte sich jedoch auch um ein Training der problematischen Verhaltensweisen beim Fahrer handeln, z. B. Blickschulung, Gefahrenlehre oder Erweiterung des Erfahrungswissens hinsichtlich Regeln und Fahrzeugbedienung. Schäder (2014) stellt deutliche und nachhaltige Erfolge nach 15 Stunden fest. Diese Stundenanzahl könnte eine Orientierungshilfe sein. Falls die Testfahrt auf einer eher anspruchslosen Fahrstrecke stattfindet, könnten Verbesserungen auch schon früher erzielt werden.

Bleiben Verbesserungen aus, so handelt es sich hier möglicherweise um einen Hinweis, testpsychologische Diagnostik in Anspruch zu nehmen. Damit könnten normative Abweichungen in der Aufmerksamkeitslenkung, Konzentrationsfähigkeit oder bei den Reaktionszeiten aufgedeckt werden, die also im Rahmen der kognitiven Prozesse lägen. Je nach Ausprägung dieser Abweichungen könnte im Anschluss an die psychologische Diagnostik im Auswertungsgespräch über Kompensationsmöglichkeiten diskutiert werden. Es bietet sich an, dass neben dem Verkehrspsychologen und dem Untersuchten auch der Fahrlehrer teilnimmt, um zielgerichtete Maßnahmen zu erörtern. Unter dem Aspekt einer Kosten-Nutzen-Analyse könnten an dieser Stelle unter Umständen auch weitergehende Überlegungen zu alternativen Mobilitätsformen angestellt werden.

2.2 Die Situation der Fahrverhaltensbeobachtung

Die Fahrverhaltensbeobachtung ist ein Bestandteil der verkehrspsychologischen Eignungsdiagnostik. Deren Ziel ist die Beurteilung des individuellen Verhaltens eines Kraftfahrers mit den Mitteln der Verkehrspsychologie. Neben den verkehrspsychologischen Anteilen fließen in die Gesamtbetrachtung Annahmen aus weiteren Grundlagenfächern der Psychologie ein (allgemeine und experimentelle Psychologie, differenzielle Psychologie, Entwicklungspsychologie, klinische Psychologie, Sozialpsychologie, psychologische Diagnostik und Methodenlehre). In Deutschland werden bei der Eignungsdiagnostik die persönlichen Entwicklungsmöglichkeiten und Veränderbarkeiten in die Beurteilung einbezogen. Deswegen ist die Fahrverhaltensbeobachtung auch ein Verfahren, um die kompensatorischen Möglichkeiten eines Fahrers einzuschätzen. Sie resultiert immer aus einer behördlichen Anordnung, welche den Entzug oder die Wiedererteilung der Fahrerlaubnis zum Gegenstand hat. Die Diagnostik soll zwischen dem Wunsch des Individuums – hier vermutlich nach der Aufrechterhaltung der Mobilität – und dem Allgemeininteresse, das in der Erhöhung der Sicherheit im Straßenverkehr bei gleichzeitiger Minimierung des allgemeinen Risikos besteht, abwägen. Die zentrale Frage ist, ob der (ältere) Fahrzeugführer zur aktiven Teilnahme am Straßenverkehr geeignet ist.

2.2.1 Begleiterscheinungen des Alterungsprozesses

Eignungsdiagnostisch ausschlaggebend sind fahrspezifische Leistungsfunktionen. Dazu gehören visuelle Wahrnehmung und Orientierung, Konzentration und Aufmerksamkeit, Reaktionsvermögen und reaktive Belastbarkeit sowie sensomotorische Koordination. Die reaktive Belastbarkeit bezieht sich auf den Umgang mit Stresssituationen, die sensomotorische Koordination betrifft alle Bewegungsabläufe, die ein Fahrer ausführt. Altersbedingte Abbauprozesse treten ab dem 50. Lebensjahr verstärkt auf. Dabei wird eine nachlassende Sehschärfe und Fähigkeit zur Hell-/ Dunkeladaption von vielen älteren Fahrern noch selber festgestellt. Die verminderten Umfänge der visuellen Reizaufnahme und -verarbeitung werden dagegen subjektiv eher nicht wahrgenommen. Diese dienen jedoch zur erfolgreichen Bewältigung anforderungsreicher und komplexer Fahraufgaben, z. B. des doppelstreifigen Linksabbiegens auf unbekannten Straßen in Phasen hohen Verkehrsaufkommens. Bei älteren Fahrern lässt sich vor diesem Hintergrund eine nicht ausreichend schnelle und sichere Wahrnehmung optischer Informationen feststellen. Es sind Unsicherheiten bei der Orientierung und Bewegung im Verkehrsraum zu beobachten. Zum Teil erfolgen ungenaue und überhastete Reaktionen. Ablenkungen und nachlassende Belastbarkeit unter Stress sind feststellbar. Es werden wiederholt Entscheidungen getroffen, die zulasten von Sorgfalt und Schnelligkeit gehen.

Darüber hinaus steigt mit zunehmendem Alter die Wahrscheinlichkeit, mehrere Krankheiten zu haben, die sich gegenseitig beeinflussen, ohne dass diese

Wechselwirkungen im Voraus klar definiert werden könnten. Gleiches gilt für den einhergehenden Medikamentengebrauch, der ebenfalls zunimmt und nicht vorhersehbaren gegenseitigen Einflüssen unterliegt.

Die aufgeführten altersbedingten Änderungen können dazu führen, dass sich die fahrspezifischen Leistungsfunktionen in einem Ausmaß verschlechtern, dass sie überprüft werden müssen. Dazu werden Leistungstests am Computer durchgeführt. Liegen deren Ergebnisse unterhalb bestimmter Mindestanforderungen, so kann über eine Testung in der Realsituation geklärt werden, ob der Betroffene die schlechten Resultate durch fahrerisches Können ausgleichen kann. Die Fahrverhaltensbeobachtung dient also dazu, vorhandene Kompensationsmöglichkeiten zu überprüfen. Der (ältere) Fahrzeugführer kann damit seine Eignung unter Beweis stellen. Im Gegensatz zu den Leistungstests weisen die Fahrverhaltensbeobachtungen eine hohe Akzeptanz bei den Untersuchten auf. Als kompensatorische Fähigkeit dienen hierbei die umfangreichere Erfahrung und Zuverlässigkeit, eine zumeist deutlichere Sicherheitseinstellung sowie eine größere Bereitschaft, ärztliche oder psychologische Unterstützung anzunehmen.

2.2.2 Ziele der Fahrverhaltensbeobachtung

Die Fahrverhaltensbeobachtung ist ausdrücklich keine Fahrprüfung. Bei einer Fahrprüfung wird vorrangig das regelkonforme Fahren überprüft. Die Fahrverhaltensbeobachtung verfolgt ein viel umfangreicheres Ziel. Dabei stehen die Anpassungsleistungen des Fahrers an die Bedingungen der Verkehrssicherheit im Fokus. Beobachtet wird, wie angemessen sich der Fahrer unter Berücksichtigung von Regeltreue auf die aktuelle Situation einstellt und diese bewältigt. Gleichzeitig fließt in die Bewertung sein Umfang der sozialen Angepasstheit ein, d.h., die sozialen Normen des alltäglichen Verkehrs dienen als Bewertungsgrundlage. Hierzu gehören z.B. die Wahl der Geschwindigkeit und Abstände, der Umgang mit Halte- und Leitlinien, der Umgang mit wechselnden Lichtzeichenanlagen oder die Rücksichtnahme gegenüber anderen Verkehrsteilnehmern.

2.2.3 Anforderungen der Fahrverhaltensbeobachtung

Die dritte Auflage der Beurteilungskriterien (Schubert et al., 2013) beschreibt ausführlich die Inhalte des Kriteriums der Verkehrspsychologischen Fahrverhaltensbeobachtung (FVB). Damit wurde die Durchführung und Auswertung entsprechend früherer Forderungen weitestgehend standardisiert.

Fahrstrecke, Fahrzeug und Dauer

Die zu beobachtenden Verhaltensweisen beziehen sich auf die zuvor festgestellten Leistungsmängel. Es wird eine festgelegte Fahrstrecke gefahren, wobei sich der begleitende Fahrlehrer verpflichtet, diese nicht zu üben oder vorher mitzuteilen. In der Regel wird dafür ein für eine Fahrprüfung zugelassenes Fahrzeug der Klasse BE mit Doppelbedienung verwandt. Abweichungen hierzu liegen im Ermessensspielraum der anordnenden Behörde und sollten vorab immer eindeutig geklärt werden. Die Begutachtungsstellen sollen eine alternative Strecke ausgearbeitet haben, die in Wiederholungsfällen genommen werden soll. Gibt es diese Strecke nicht, so sind kurzfristige Wiederholungen unmöglich. Die Beobachtungsfahrt soll zwischen 50 und 70 Minuten dauern, um die Stabilität des

Leistungsvermögens zu zeigen. Fahrerassistenzsysteme, die sich regelmäßig auf die Fahrzeugbedienung auswirken – z. B. Abstandsassistenten oder Spurhalteassistenten –, erschweren die Beobachtung des Fahrverhaltens und sind deswegen abzuschalten. Dies gilt nicht für Assistenzsysteme, die der Unfallvermeidung und Gefahrenbewältigung dienen, wie z. B. der Notbremsassistent.

Der Beitrag der Fahrschule

Dem Fahrer in der FVB wird mit ausreichend zeitlichem Vorlauf vonseiten der Begutachtungsstelle mitgeteilt, dass er sich in angemessenem Umfang mit dem Fahrschulfahrzeug vertraut machen soll. Der Umfang dieser Vorbereitung wird dann vor der eigentlichen Fahrt erfragt und schriftlich festgehalten. Einige Gutachter beklagen die unzureichende Vorbereitung der Fahrer. Da es keine vorgeschriebene Stundenanzahl zur Vorbereitung der FVB gibt, ist der Fahrlehrer in hohem Maß gefordert, die Fähigkeiten des Klienten individuell einzuschätzen. Dabei gilt es eben auch, die zuvor beschriebenen Anpassungsleistungen an soziale Normen zu berücksichtigen. Die Erhöhung der Verkehrssicherheit steht dabei im Vordergrund.

In Fällen, in denen gegen den Fahrer ein Fahrverbot verhängt wurde, er jedoch noch Inhaber seiner Fahrerlaubnis ist, darf die FVB nicht durchgeführt werden.

Die Fahrtanweisungen erfolgen in möglichst standardisierter Form durch den Gutachter. Vereinzelt kann davon abgewichen werden, z. B. wenn der Fahrlehrer bei Sprachproblemen fremdsprachliche Unterstützung leisten könnte. Dies wäre dann jedoch ausreichend im Bericht zur FVB zu dokumentieren und begründen. Vor diesem Hintergrund ist anzunehmen, dass dies eher die Ausnahme sein wird. Die Beurteilungskriterien (Schubert et al., 2013) ermöglichen auch, dass der Beobachter einen geschulten Assistenten mitbringt, der Unterstützung bei der Beobachtungsaufgabe leistet. Die abschließende Bewertung der Ergebnisse der FVB erfolgt ausschließlich durch den Gutachter. Hieraus ergibt sich, dass eine anderslautende Einschätzung des Fahrlehrers weder Berücksichtigung findet noch vorgesehen ist.

Beendigung der Fahrverhaltensbeobachtung

Schätzt ein älterer Fahrer eine Verkehrssituation so falsch ein, dass es zu erheblichen Verkehrsverstößen kommt, z. B. Übersehen einer roten Ampel bei guter Sicht, so wird die FVB vorzeitig abgebrochen. Ein Abbruch der Fahrt erfolgt auch, wenn der Fahrlehrer eingreift oder die Fahrerassistenzsysteme agieren, um einen Unfall oder eine Gefahrensituation abzuwenden oder zu vermeiden. Ähnlich wie bei einer praktischen Fahrprüfung führen selbst verschuldete Unfälle und Gefährdungen anderer Verkehrsteilnehmer ebenfalls zur vorzeitigen Beendigung der Beobachtungsfahrt. Erweckt der ältere Fahrer den Eindruck von Fahruntüchtigkeit, so wird die FVB ebenfalls beendet. Hierbei ist nicht klar definiert, was Anzeichen von Fahruntüchtigkeit sind. An dieser Stelle könnte dem Fahrlehrer im Vorfeld bereits die Aufgabe einer Vorauswahl zukommen. Stellt der Fahrlehrer in der Vorbereitung bereits fest, dass der ältere Fahrer z. B. unzureichende Aufmerksamkeit zeigt, deutlich verspätet oder falsch auf optische oder akustische Signale reagiert oder motorische Defizite mitbringt, welche die Spurtreue oder Bedienung des Fahrzeugs negativ beeinflussen, so wäre es hilfreich, eine fundierte Sachstandsaufklärung vorzunehmen und dem Probanden alternative Mobilitätsformen vorzuschlagen, um einer möglichen negativen FVB vorzubeugen.

Bedingte Eignung

Die FVB sieht unter ganz bestimmten Voraussetzungen auch die Möglichkeit der bedingten Eignung vor. Dabei handelt es sich um Auflagen oder Beschränkungen, über die der Gutachter entscheiden kann. Diese sollen die Eignungsvoraussetzungen des Probanden verbessern, um letztendlich die Verkehrssicherheit zu erhöhen. Im konkreten Fall könnte es sich dabei z. B. um den Ausschluss von Autobahnen handeln.

2.2.4 Schlussfolgerungen für die praktische Umsetzung in der Fahrschule

Ein erhöhter Übungsaufwand, d. h. eine höhere Anzahl von Vorbereitungsstunden, liefert nachhaltige Beiträge zur Erfüllung der in den vorherigen Abschnitten beschriebenen Voraussetzungen. Wissenschaftliche Studien (Fahrlehrerbrief, 06/2014) belegen, dass ältere Kraftfahrer trainiert werden und sie damit ihre Fahrfertigkeiten erhöhen können. Durch ein Fahrtraining erweitern ältere Verkehrsteilnehmer die eigenen Kompetenzen und behalten diese auch über eine längere Dauer bei.

Literatur

Bukasa, B. & Utzelmann, H. D. (2009). Psychologische Diagnostik der Fahreignung. In Krüger, H.-P. (Hrsg.), Anwendungsfelder der Verkehrspsychologie, Band 2. Göttingen u. a.: Hogrefe, 269–275.

Hollnagel, E. & Woods, D. D. (2005). Joint cognitive systems: Foundations of cognitive systems engineering. Boca Raton: CRC.

Schäder, K. (2014). Fahrkompetenz älterer Kraftfahrer – Forschungs- und Trainingsperspektiven. Fahrlehrerbrief 6, 8–9.

Schubert, W., Dittmann, V. & Brenner-Hartmann, J. (2013). Urteilsbildung in der Fahreignungsbegutachtung. Beurteilungskriterien. 3. Auflage. Bonn: Kirschbaum, 312–316.

Vollrath, M. & Krems, J. (2011). Verkehrspsychologie. Ein Lehrbuch für Psychologen, Ingenieure und Informatiker. Stuttgart: Kohlhammer.

Teil IV

Die Aufsichtsbehörde in der pädagogisch erweiterten Fahrschulüberwachung

Kapitel 1
Gesetzliche Grundlagen, Befugnisse und Konsequenzen nach neuem Fahrlehrerrecht

Martina Ochel-Brinkschröder

1 Ziel der Überwachung

Ziel der pädagogischen Arbeit in der Fahrschule ist die Ausbildung von Bewerbern zu sicheren, verantwortungsvollen und umweltbewussten Verkehrsteilnehmern.[1] Fahrlehrer leisten damit einen wesentlichen Beitrag zur Verbesserung der Verkehrssicherheit. Die pädagogische Überwachung soll dabei zwar auf Basis der Beurteilung der pädagogisch-didaktischen Qualität des Unterrichts zum einen schwarze Schafe identifizieren und sanktionieren, zum anderen aber auch sowohl Fahrlehrern als auch Fahrschulen die Möglichkeit zur stetigen Verbesserung geben.

2 Rechtliche Grundlagen

Um dieses Ziel zu erreichen, hat der Gesetzgeber Regelungen erlassen, die im Rahmen der Reform des Fahrlehrerrechts in den Jahren 2013 bis 2017 auf den Prüfstand gestellt und zum 1. Januar 2018 grundlegend überarbeitet wurden. Dabei wurden die bestehenden fahrlehrrechtlichen Regelungen konkretisiert und auch erweitert.

Die Grundlagen für die Überwachung finden sich seit dem 1. Januar 2018 in § 51 des Fahrlehrergesetzes (FahrlG)[2] und den §§ 15 und 16 der Durchführungsverordnung zum Fahrlehrergesetz (FahrlGDV)[3]. Ein entscheidender Punkt der Neuregelung ist die klare, bundesweit geltende Verpflichtung, neben der Formalüberwachung auch die fachliche und pädagogische Qualität der Fahrschulausbildung, der Seminare und der Lehrgänge zu überwachen. Anders als der § 33 Fahrlehrergesetz alte Fassung (FahrlG a. F.)[4] gibt der § 51 Abs. 2 FahrlG nun die Inhalte der Überwachung verpflichtend vor. Die Formulierung des § 33 FahrlG a. F. überließ die Entscheidung, ob Fahrschulen nur rein formal oder auch fachlich und pädagogisch qualitativ überwacht werden, den Ländern. Dies führte zu unterschiedlichen Überwachungssystemen in Deutschland und

1 § 1 der Fahrschüler-Ausbildungsordnung (FahrschAusbO) vom 19. Juni 2012 (BGBl. I S. 1318).
2 Gesetz über das Fahrlehrerwesen (Fahrlehrergesetz – FahrlG) vom 30. Juni 2017 (BGBl. I S. 2162).
3 Durchführungsverordnung zum Fahrlehrergesetz (FahrlGDV) vom 2. Januar 2018 (BGBl. I S. 2).
4 Fahrlehrergesetz vom 25. August 1969 (BGBl. I S. 1336).

damit auch zu unterschiedlich hohen Aufwendungen der Fahrschulen für die Überwachung. Dem wurde mit der Neuregelung zum 1. Januar 2018 grundsätzlich abgeholfen. Mit der Neuregelung wurden bundesweit einheitliche Anforderungen an das Überwachungspersonal und neue Maßnahmen zur Abhilfe von qualitativen Mängeln festgelegt.

Insbesondere durch die bundesweite Festlegung der Überwachungsinhalte und der Mindestanforderungen an das Überwachungspersonal besteht die Chance, dass sich die Überwachungssysteme der Länder angleichen. Da aber immer noch ein großer Gestaltungsspielraum besteht, wird eine bundesweite Gleichbehandlung von Fahrschulen insbesondere auch hinsichtlich des Aufwandes

Tabelle 1.1 Überblick über die Zuständigkeiten für die Fahrschulüberwachung

Land	Zuständige Landesbehörde
Baden-Württemberg	Untere Verwaltungsbehörde
Bayern	Regierung der Oberpfalz
Berlin	Landesamt für Bürger und Ordnungsangelegenheiten
Brandenburg	Landkreise und kreisfreie Städte
Bremen	Senator für Umwelt, Bau und Verkehr
Hamburg	Behörde für Inneres und Sport
Hessen	Regierungspräsidium
Mecklenburg-Vorpommern	Landkreise und kreisfreie Städte
Niedersachsen	Landkreise und kreisfreie Städte
Nordrhein-Westfalen	Kreisordnungsbehörden
Rheinland-Pfalz	Gemeindeverwaltung der verbandsfreien Gemeinde, die Verbandsgemeindeverwaltung, in kreisfreien und großen kreisangehörigen Städten die Stadtverwaltung
Saarland	Landkreise, Stadtverband Saarbrücken, Landeshauptstadt Saarbrücken, kreisfreie Städte
Sachsen	Landesamt für Straßenbau und Verkehr
Sachsen-Anhalt	Landkreise und kreisfreie Städte
Schleswig-Holstein	Kreise und kreisfreie Städte[5]
Thüringen	Landesverwaltungsamt

Stand Februar 2015 (mit Ausnahme Schleswig-Holstein)[6]

5 http://www.schleswig-holstein.de/DE/Landesregierung/LBVSH/Aufgaben/Strassenverkehrsrecht Strassenrecht/dossier_verkehrsrecht.html?cms_notFirst=true&cms_docId=1828282, Stand 9.10.2017.

6 Sturzbecher, D. & Bredow, B. (2015). Fahrschulüberwachung in Deutschland, Gutachten im Auftrag der Bundesanstalt für Straßenwesen (BASt), S. 13.

und der Kosten vermutlich nicht erreicht werden. Im Gegenzug haben aber die Länder die Möglichkeit, regionale Besonderheiten bei ihren Überwachungsregelungen zu berücksichtigen.

2.1 Wer ist für die Überwachung zuständig?

Aufgrund des deutschen föderalen Systems obliegt die Durchführung des Fahrlehrerrechts – wie auch die Durchführung des Straßenverkehrsrechts – den Ländern[7]. Bundesweite Vorgaben dürfen nur gemacht werden, wenn und soweit die Herstellung gleichwertiger Lebensverhältnisse im Bundesgebiet oder die Wahrung der Rechts- oder Wirtschaftseinheit im gesamtstaatlichen Interesse eine bundesgesetzliche Regelung erforderlich machen[8].

Bundesweit einheitlich vorgegeben sind

- die Überwachungsgegenstände (wer und was wird überwacht?),
- die Inhalte der Überwachung (formale Überwachung, fachliche und pädagogische Überwachung),
- die Überwachungszeiträume,
- grundlegende Anforderungen an das Personal und
- qualitätssichernde Maßnahmen.

Die Länder bestimmen in eigener Zuständigkeit unter anderem, welche Behörden die Überwachung durchführen, welches Personal konkret eingesetzt wird und wie die Überwachung durchgeführt wird.

Tabelle 1.1 gibt einen Überblick über die unterschiedlichen Zuständigkeiten innerhalb der Länder vor der Fahrlehrerrechtsreform, die sich jedoch im Wesentlichen nicht geändert haben.

2.2 Wer wird überwacht?

Überwacht werden

- Fahrlehrer,
- Fahrschulen und deren Zweigstellen,
- Fahrlehrerausbildungsstätten,
- Träger von Einweisungsseminaren für Ausbildungsfahrlehrer,
- Träger von Einweisungsseminaren für die Leitung von Ausbildungsfahrschulen,
- Träger von Einweisungslehrgängen für die Seminarerlaubnis zur Durchführung von Aufbauseminaren,
- Träger von Einweisungslehrgängen für die Seminarerlaubnis Verkehrspädagogik,
- Träger von Einführungsseminaren für Lehrgangsleitungen von Einweisungslehrgängen für die Seminarerlaubnis Verkehrspädagogik sowie
- Träger von Fortbildungslehrgängen für Fahrlehrer, Inhaber einer Seminarerlaubnis, Ausbildungsfahrlehrer und die Leitungen von Ausbildungsfahrschulen.[9]

---

7 Siehe Art. 83 Grundgesetz (GG).
8 Siehe Art. 72 Abs. 2 GG.
9 § 51 Abs. 1 Satz 1 FahrlG.

Mit dem § 51 FahrlG wurde zum 1. Januar 2018 eine einheitliche Rechtsgrundlage für die Überwachung aller Betroffenen geschaffen. Dies hat zur Folge, dass damit für alle „Überwachten" im Wesentlichen die gleichen Rahmenbedingungen gelten und künftig auch die Träger von Fortbildungslehrgängen den Vorgaben der Überwachung unterliegen. Dabei bringen die Erhöhung der Anzahl möglicher Zweigstellen auf bis zu zehn und die Schaffung von Kooperationsmöglichkeiten besondere Herausforderungen für die Überwachung mit sich. In diesen Fällen kann eine effektive Überwachung nur stattfinden, wenn die Verantwortlichkeiten in der Fahrschule klar geregelt sind und die benötigten Unterlagen vor Ort zu Verfügung stehen. Befinden sich Zweigstellen oder Kooperationsfahrschulen in unterschiedlichen Zuständigkeitsbereichen oder sogar in unterschiedlichen Ländern, bedarf es zudem einer guten Abstimmung zwischen den zuständigen Landesbehörden.

2.3 Wer überwacht?

Zuständig für die Überwachung sind die nach Landesrecht zuständigen Behörden. Sie können sich aber auch hierfür geeigneter Personen oder Stellen bedienen.[10]

2.3.1 Infrage kommender Personenkreis

Hinsichtlich des Überwachungspersonals hat der Verordnungsgeber in § 15 FahrlGDV drei mögliche Personengruppen vorgesehen, die die Länder für die Überwachung einsetzen können. Dabei muss zwischen der Formalüberwachung und der Überwachung der fachlichen und pädagogischen Qualität unterschieden werden. Während die Formalüberwachung durch Verwaltungsmitarbeiter durchgeführt werden kann, kommt für die Beurteilung der fachlichen und pädagogischen Qualität nur speziell qualifiziertes Personal in Frage.

Inhaber einer Fahrlehrerlaubnis

Als erste Möglichkeit werden in § 15 Abs. 1 FahrlGDV die Inhaber einer Fahrlehrerlaubnis genannt. Voraussetzung für diese Personengruppe ist, dass

- sie über eine mindestens vierjährige Berufserfahrung als Fahrlehrer verfügen,
- ihr eigener Unterricht in den letzten beiden eigenen Überprüfungen nicht oder nur geringfügig beanstandet wurde und
- sie keine verantwortliche Position in einem Verband der Fahrlehrer wahrnehmen.

Nach der Verordnungsbegründung können sowohl aktive als auch ehemalige Fahrlehrer, deren Fahrlehrerlaubnis z. B. aus gesundheitlichen Gründen ruht, als Überwacher eingesetzt werden.[11] Dabei obliegt es nun den Ländern, festzulegen, wie lange diese Überwachungen zurückliegen dürfen und über welche Fahrlehrerlaubnisklassen der Fahrlehrer verfügen musste oder muss. Seit längerem nicht mehr aktive Fahrlehrer erfüllen, solange keine „Mängel" dagegensprechen, die zweite Vorgabe.

Da der Vorstand auf Kreisebene bereits eine verantwortliche Position in einem Fahrlehrerverband inne hat, steht ein aktives Engagement hier einer Tätigkeit als

10 § 51 Abs. 1 Satz 2 FahrlG.
11 Siehe Begründung zu § 15 Abs. 1 FahrlGDV (Bundesrats-Drucksache 379/17).

Überwacher entgegen. Darüber hinaus sollten die Landesbehörden insbesondere beim Einsatz von aktiven Fahrlehrern den Konkurrentenschutz beachten und dementsprechend die Einsatzgebiete planen.

Andere geeignete Personen

Neben Fahrlehrern können aber auch andere Personen eingesetzt werden, die über die für die Überwachung erforderlichen grundlegenden fachlichen und pädagogischen Kenntnisse verfügen. Die Festlegung, welche Kenntnisse dies konkret sind und wie diese nachgewiesen werden müssen, bleibt dabei den Ländern überlassen. Diese Personen müssen allerdings über ein eintragungsfreies Führungszeugnis und die Fahrerlaubnis der Klasse B verfügen.[12]

Behördenmitarbeiter

Als dritte Personengruppe kommen für die Überwachung auch qualifizierte und geeignete Bedienstete der Überwachungsbehörden infrage, die im Besitz der Fahrerlaubnis der Klasse B sind. Auch hier macht der Verordnungsgeber über die Fahrerlaubnis der Klasse B hinaus keine weiteren Vorgaben und überlässt damit den Ländern die Festlegung der konkreten Anforderungen.[13]

2.3.2 Qualifikation für die Beurteilung der pädagogischen Qualität

Eine entscheidende bundesweite Vorgabe hat der Verordnungsgeber allerdings gemacht. Die mit der pädagogischen Überwachung – also mit der Beurteilung der Qualität des Unterrichts – betrauten Personen müssen eine mindestens neuntägige Basisausbildung und mindestens alle zwei Jahre einen eintägigen Fortbildungslehrgang absolvieren. In der Basisausbildung erhalten die überwachenden Personen die *„verkehrspädagogisch-didaktische, fahrlehrerrechtliche und methodische Expertise zur Überwachungsdurchführung“*[14]. Die Ausbildung soll den Inhalten der jeweiligen Überwachung Rechnung tragen. Die regelmäßige Fortbildung dient neben der Information über Weiterentwicklungen auch dem Erfahrungsaustausch des eingesetzten Personals.[15]

2.3.3 Besitzstand

Da einige Länder bereits seit mehreren Jahren eine pädagogische Überwachung durchführen und daher über qualifiziertes Personal und auch entsprechende Qualifizierungsmaßnahmen verfügen, wird mit § 19 Abs. 6 FahrlGDV sichergestellt, dass das bereits tätige Personal weiter eingesetzt werden kann und auch vergleichbare Qualifizierungsmaßnahmen weiter absolviert werden können. Die Beurteilung der Frage, ob eine Qualifizierungsmaßnahme vergleichbar ist, obliegt dabei dem jeweiligen Land.

2.4 Inhalte der Überwachung

Wie bereits ausgeführt, wird zwischen der Formalüberwachung und der fachlichen und pädagogischen Überwachung unterschieden.

---

12 § 15 Abs. 1 Nr. 2 FahrlGDV.
13 § 15 Abs. 1 Nr. 3 FahrlGDV.
14 Siehe Begründung zu § 15 Abs. 2 FahrlGDV (Bundesrats-Drucksache 379/17).
15 Siehe Begründung zu § 15 Abs. 3 FahrlGDV (Bundesrats-Drucksache 379/17).

2.4.1 Formalüberwachung

Inhalt der Formalüberwachung ist die Einhaltung fahrlehrerrechtlicher Vorschriften, insbesondere die Einhaltung der Ausstattungsstandards und der Aufzeichnungspflichten.[16]

Tabelle 1.2 Übersicht über die Anzeige- und Nachweispflichten für Fahrschulen und Fahrlehrer

	Pflicht	Zeitpunkt der Anzeige/des Nachweises
Fahrlehrer	Geistige und körperliche Eignung (Zeugnis/Gutachten nach Anlage 5 FeV[17] und Bescheinigung/Zeugnis nach Anlage 6 FeV oder Führerschein mit den gültigen Fahrerlaubnisklassen C1, C1E, C, CE, D1, D1E, D oder DE)	Alle 5 Jahre
	Zuverlässigkeit (Führungszeugnis)	Alle 5 Jahre
	Fortbildung (Teilnahmebestätigung)	Mindestens alle 4 Jahre, bei speziellen Befugnissen auch öfter
Fahrschulen	Verlegung, Stilllegung und Schließung der Fahrschule	Anlassbezogen
	Beginn und Ende eines Beschäftigungs- oder Ausbildungsverhältnisses	Anlassbezogen
	Fortführung der Fahrschule bei Tod des Inhabers der Fahrschulerlaubnis	Anlassbezogen
	Bestellung oder Entlassung der für die verantwortliche Leitung des Ausbildungsbetriebs bestellten Person	Anlassbezogen
	Bei juristischen Personen, nichtrechtsfähigen Vereinen oder Personengesellschaften als Fahrschulinhabern: die Bestellung oder das Ausscheiden von Personen, die nach Gesetz, Satzung oder Einzelprokura zur Vertretung berufen sind	Anlassbezogen
	Ausübung, Aufnahme und Beendigung anderer Tätigkeiten durch die für die verantwortliche Leitung des Ausbildungsbetriebs bestellte Person oder den Inhaber einer Fahrschule unter Angabe der Art und des Umfangs	Anlassbezogen
Gemeinschaftsfahrschulen	Aufnahme des Betriebs einer Gemeinschaftsfahrschule; der Anzeige ist eine beglaubigte Abschrift des Gesellschaftsvertrags und der einzelnen Fahrschulerlaubnisse beizufügen	Anlassbezogen
	Änderungen des Gesellschaftsvertrags und der Ansprechperson	Anlassbezogen
Kooperationen	Aufnahme einer Kooperation mit einer anderen Fahrschule (Abschrift der einzelnen Fahrschulerlaubnisse)	Anlassbezogen
	Änderungen der Kooperationspartner	Anlassbezogen
Ausbildungsfahrschule	Beginn und Ende des Betriebs als Ausbildungsfahrschule	Anlassbezogen

16 § 51 Abs. 2 Nr. 1 FahrlG.
17 Fahrerlaubnis-Verordnung (FeV) vom 13. Dezember 2010 (BGBl. I S. 1980).

Dabei sind für die Inhaber bzw. die verantwortliche Leitung von Fahrschulen im Wesentlichen die sie unmittelbar betreffenden Verpflichtungen, z. B. aus den §§ 30 (Anzeigepflichten) und 31 (Aufzeichnungspflichten) FahrlG und den §§ 3 bis 7 FahrlGDV (Unterrichtsräume, Lehrmittel, Lehrfahrzeuge, Ausbildungsnachweis und Preisaushang), zu beachten. Im Rahmen der Formalüberwachung haben die zuständigen Behörden aber auch die Verpflichtungen der einzelnen Fahrlehrer z. B. aus den §§ 11 (geistige und körperliche Eignung, Zuverlässigkeit) und 53 (Fortbildung) zu überprüfen.

Neue Herausforderungen werden dabei sicherlich die neu geschaffene Möglichkeit der Kooperation sowie die Erweiterung der Zweigstellen mit sich bringen, da hier sichergestellt werden muss, dass die Behörden jederzeit uneingeschränkten Zugang zu den von ihnen benötigten Unterlagen erhalten können.

Die Frage, ob alle erforderlichen Anzeigen gemäß § 30 FahrlG und alle Aufzeichnungen nach den §§ 31 FahrlG und 6 FahrlGDV ordnungsgemäß erfolgt sind und die Ausstattungsvorgaben der §§ 3 bis 5 FahrlGDV erfüllt sind, kann sicherlich nur durch eine Vor-Ort-Überprüfung festgestellt werden (vgl. Abschnitt 2.5.1). Anders ist dies bei den Nachweisen über die geistige und körperliche Eignung, die Zuverlässigkeit und die Fortbildung, da diese fristgebunden sind und über entsprechende Dokumente erbracht werden können (vgl. Abschnitt 2.5.2). Wichtig hierbei ist jedoch, dass ein Verstoß gegen die Anzeigepflichten des § 30 FahrlG unter anderem mit einem Bußgeld von bis zu 1 000 € geahndet werden kann[18].

Die *Tabelle 1.2* enthält eine Übersicht über die Anzeige- und Nachweispflichten für Fahrlehrer nach den §§ 11 und 53 FahrlG und für Fahrschulen nach § 30 FahrlG.

2.4.2 Fachliche und pädagogische Überwachung

Inhalt dieser Überwachung ist die Beurteilung der fachlichen und pädagogischen Qualität der Fahrschulausbildung[19]. Die Kriterien, anhand derer diese Beurteilung erfolgt, ergeben sich unter anderem aus

Anlage 2
(zu § 3 Absatz 1)

Qualitätskriterien für die Fahrschulausbildung

I. Qualitätskriterien für den Theoretischen Unterricht
   1. Strukturierung der Unterrichtseinheit,
   2. Motivierung der Fahrschüler und Praxisbezug,
   3. fachliche Vermittlung der Lehr-Lerninhalte,
   4. Binnendifferenzierung,
   5. angemessenes Reagieren auf Beiträge der Fahrschüler,
   6. Tempo der Vermittlung der Lehr-Lerninhalte,
   7. Festigung,
   8. Visualisierung der Lehr-Lerninhalte durch Medien,
   9. Qualität der Lehrvorträge,
   10. Organisation von Erfahrungsberichten,
   11. Organisation von Diskussionen und
   12. Durchführung von Lernkontrollen.

II. Qualitätskriterien für den Praktischen Unterricht
   1. Strukturierung der Übungsstunde,
   2. Orientierung am Ausbildungsstand des Fahrschülers,
   3. Qualität des Methodeneinsatzes,
   4. Qualität verbaler Anweisungen,
   5. fachliche Korrektheit der Lehr-Lerninhalte und Orientierung am Ausbildungsplan des Fahrlehrers,
   6. Schaffung einer guten Ausbildungsatmosphäre und
   7. angemessenes Reagieren auf Fahrfehler.

Bild 1.1 Qualitätskriterien für die Fahrschulausbildung nach Anlage 2 der Fahrlehrer-Ausbildungsverordnung

18 § 56 Abs. 1 Nr. 12 FahrlG.
19 § 51 Abs. 2 Nr. 2 FahrlG.

den vorstehenden Qualitätskriterien für die Fahrschulausbildung nach Anlage 2 der FahrlAusbVO[20].

Ziel der Normierung dieser wissenschaftlich begründeten Qualitätskriterien ist es, festzulegen, welche Inhalte einem Fahrlehreranwärter während der Fahrlehrerausbildung vermittelt werden müssen[21]. Diese geben damit bundesweit einheitlich einen Mindeststandard an Qualität vor, der dann auch Grundlage für die Beurteilung der fachlichen und pädagogischen Qualität ist. Es bleibt nun jedoch den Ländern überlassen, diese Qualitätskriterien zu operationalisieren und in ein Beobachtungssystem zu überführen.

Zu beurteilen sind der theoretische und der praktische Unterricht. Die weitere Ausgestaltung bleibt dabei auch hier den Ländern überlassen. Sie haben daher insbesondere festzulegen,

- in welchem Umfang die Unterrichtsbeobachtung erfolgt, d. h., ob volle Unterrichtseinheiten beobachtet werden oder nur z. B. Beginn oder Ende einer Unterrichtseinheit,
- ob die Beobachtung angekündigt wird oder nicht und
- inwiefern Unterlagen zur Unterrichtsvorbereitung bereitzuhalten sind.

Außerdem müssten sie festlegen, wie viele Fahrlehrer an einem Termin beobachtet werden. Denn – auch wenn es sich um Fahrschulüberwachung handelt – die Beurteilung der fachlichen und pädagogischen Qualität betrifft in erster Linie die ausbildenden Fahrlehrer (zu den pädagogischen Anforderungen und Qualitätskriterien für die Fahrschulüberwachung (siehe Kapitel 2).

2.5 Zeiträume

Ebenfalls bundeseinheitlich geregelt ist der Überwachungszeitraum.

2.5.1 Vor-Ort-Prüfung

In § 51 Abs. 3 FahrlG ist festgelegt, dass die nach Landesrecht zuständige Behörde mindestens alle zwei Jahre vor Ort prüfen soll, ob

- die Ausbildung, die Seminare und die Lehrgänge ordnungsgemäß durchgeführt werden,
- die Unterrichtsräume, Lehrmittel und Lehrfahrzeuge zur Verfügung stehen und den gesetzlichen Vorschriften entsprechen und
- die sonstigen rechtlichen Pflichten erfüllt werden.

Nach Absatz 5 kann diese Frist auf vier Jahre verlängert werden, wenn in zwei aufeinanderfolgenden Überwachungen keine oder nur geringe Mängel festgestellt werden. Da es sich bei der Regelung des Absatzes 3 um eine Soll-Vorschrift handelt, kann die Überwachungsbehörde auch jederzeit Vor-Ort-Prüfungen durchführen, etwa wenn es Beanstandungen z. B. durch Fahrschüler gegeben hat. Die zuständigen Landesbehörden haben auch darüber zu entscheiden, ob die Vor-Ort-Prüfung angekündigt oder unangekündigt erfolgt.

20 FahrlAusbVO vom 2. Januar 2018 (BGBl. I S. 2).
21 Siehe Begründung zu § 3 und Anlage 2 FahrlAusbVO (Bundesrats-Drucksache 379/17).

2.5.2 Kontinuierliche Formalüberwachung

Neben der alle zwei bzw. alle vier Jahre stattfindenden Vor-Ort-Prüfung umfasst die Formalüberwachung aber auch die kontinuierliche Überwachung der weiteren Pflichten nach dem Fahrlehrergesetz wie z. B. der Nachweispflichten nach § 11 FahrlG und der Fortbildungspflichten nach § 53 FahrlG. Allerdings obliegt es auch hier den nach Landesrecht zuständigen Behörden, weitere Vorgaben (z. B. Zeitpunkte der Vorlage) zu machen. Möglich – aber nicht im Sinne einer kontinuierlichen Überwachung – wäre es daher auch, im Rahmen der Vor-Ort-Überwachung zu prüfen, ob alle Fahrlehrer ihrer regelmäßigen Fortbildungspflicht nachgekommen sind.

2.6 Befugnisse des Überwachungspersonals

Das Überwachungspersonal ist nach § 51 Abs. 4 FahrlG mit umfangreichen Befugnissen ausgestattet. Sie dürfen

- während der üblichen Geschäftszeiten Grundstücke und Geschäftsräume betreten,
- dort Prüfungen und Besichtigungen vornehmen,
- diesen beiwohnen,
- Einsicht in die vorgeschriebenen Aufzeichnungen nehmen, Ablichtungen erstellen und diese falls erforderlich auch sicherstellen und
- alle erforderlichen Auskünfte verlangen.

2.7 QS-System als Alternative

Als Alternative zur Vor-Ort-Prüfung kommt nach § 51 Abs. 7 FahrlG auch der Anschluss an ein Qualitätssicherungssystem in Betracht. Voraussetzung ist jedoch, dass dieses von der zuständigen Landesbehörde genehmigt worden ist. Diese Möglichkeit ist nicht neu. Bislang wurde von ihr jedoch noch kein Gebrauch gemacht.

2.8 Gebühren

Die Gebührenordnung für Maßnahmen im Straßenverkehr (GebOSt) sieht für die Überprüfung der Fahrlehrer einer Fahrschule oder Zweigstelle unverändert einen großen Gebührenrahmen von 30,70 € bis 511,00 € vor.[22] Da die Länder zahlreiche Gestaltungsspielräume haben, wird es auch künftig weiterhin Gebührenunterschiede zwischen den Überwachungsbezirken geben.

2.9 Konsequenzen

Schließlich enthalten die fahrlehrrechtlichen Regelungen auch zahlreiche Bestimmungen zum Umgang mit Pflichtverletzungen.

2.9.1 Verstöße gegen formale Vorgaben

Verstöße gegen formale Vorschriften, also insbesondere gegen Anzeige-, Nachweis- und Meldepflichten, werden nach § 56 FahrlG als Ordnungswidrigkeit geahndet und können mit einer Geldbuße von bis zu 1 000 € geahndet werden.

22 Anlage 1 der Gebührenordnung für Maßnahmen im Straßenverkehr vom 25. Januar 2011 (BGBl. I S. 98).

Wird eine Zweigstelle ohne Erlaubnis betrieben, eine Fahrschule nach dem Tod des Inhabers nach Ablauf von sechs Monaten von einer nicht berechtigten Person geführt oder eine Ausbildungsfahrschule von einer nicht berechtigten Person geführt, kann die Geldbuße bis zu 5 000 € betragen.

2.9.2 Mängel der fachlichen und pädagogischen Qualität des Unterrichts

Der oft gebrauchte Begriff „Sanktionsmaßnahme“ ist für die in § 16 FahrlGDV neu aufgenommenen qualitätssichernden Anordnungen, die die zuständige Landesbehörde anordnen kann, wenn im Rahmen der Überwachung der fachlichen und pädagogischen Qualität des Unterrichts Mängel festgestellt werden, eindeutig das falsche Wort. Die Anordnungen haben das Ziel, die Unterrichtsqualität zu verbessern. So sollen sie Fahrlehrer dabei unterstützen, ihre verkehrspädagogisch-didaktischen Kompetenzen und ihre Ausbildungsqualität zu verbessern.[23] Die Behörde hat daher die Möglichkeit,

- eine Praxisberatung über eine verkehrspädagogisch-didaktisch angemessene Gestaltung der Fahrschulausbildung oder
- eine inhaltsspezifische Sonderfortbildung

anzuordnen. Dabei bleibt es immer eine Einzelfallentscheidung, welche konkrete Maßnahme unter fachlichen und auch finanziellen Gesichtspunkten dazu beitragen kann, die festgestellten Defizite zu beheben.

Ein Verstoß gegen eine solche Anordnung stellt eine Ordnungswidrigkeit dar.[24] Zur Erfolgskontrolle dieser Maßnahmen kann die Behörde Nachkontrollen durchführen.

2.9.3 Widerruf

Als eine weitere Konsequenz kann die zuständige Landesbehörde Fahrlehrern die Fahrlehrerlaubnis widerrufen, wenn sie geistig und körperlich oder fachlich und pädagogisch nicht mehr geeignet sind oder Tatsachen vorliegen, die die Betroffenen als unzuverlässig für den Fahrlehrerberuf erscheinen lassen.[25]

§ 34 Abs. 3 Nr. 3 FahrlG gibt der zuständigen Landesbehörde zudem die Möglichkeit, die Fahrschulerlaubnis zu widerrufen, wenn wiederholt gröblich die Pflichten nach dem Fahrlehrergesetz oder den auf ihm beruhenden Rechtsverordnungen verletzt wurden.

2.10 Überwachung aufgrund anderer Rechtsgrundlagen

Nur kurz und ohne Anspruch auf Vollständigkeit erwähnt seien hier auch noch die Überwachungen, die sich z. B. aus dem Gewerberecht und dem Arbeitsschutzrecht ergeben. Die Zuständigkeit hierfür bestimmt sich in der Regel ebenfalls nach Landesrecht. Auch hier können Behörden Vor-Ort-Prüfungen durchführen bzw. die Vorlage von Unterlagen verlangen. Diese Behörden müssen nicht gleichzeitig auch für die Fahrschulüberwachung zuständig sein.

---

23 Bundesrats-Drucksache 379/17 S. 89.
24 § 20 Abs. 1 Nr. 4 FahrlGDV.
25 § 14 Abs. 2 FahrlG.

Quellen

Gesetze und Verordnungen

Bundesrats-Drucksache 379/17 vom 11.5.2017. Verordnung zur Neufassung fahrlehrerrechtlicher Vorschriften und zur Änderung anderer straßenverkehrsrechtlicher Vorschriften.

Durchführungsverordnung zum Fahrlehrergesetz vom 2.1. 2018 (BGBl. I S. 2).

Fahrerlaubnis-Verordnung vom 13.12.2010 (BGBl. I S. 1980).

Fahrlehrergesetz vom 25.8.1969 (BGBl. I S. 1336).

Fahrlehrer-Ausbildungsverordnung vom 2.1.2018 (BGB. I S. 2).

Gesetz über das Fahrlehrerwesen vom 30.6.2017 (BGBl. I S. 2162).

Grundgesetz für die Bundesrepublik Deutschland in der im Bundesgesetzblatt Teil III, Gliederungsnummer 100-1, veröffentlichten bereinigten Fassung.

Sonstige

Sturzbecher, D. & Bredow, B. (2015). Fahrschulüberwachung in Deutschland, Gutachten im Auftrag der Bundesanstalt für Straßenwesen (BASt). http://www.bast.de/DE/Verkehrssicherheit/Publikationen/Download-Publikationen/Downloads/U1-Gutachten-Fahrschulueberwachung.pdf?__blob=publicationFile&v=3 [abgerufen am 18.1.2018].

http://www.schleswig-holstein.de/DE/Landesregierung/LBVSH/Aufgaben/StrassenverkehrsrechtStrassenrecht/dossier_verkehrsrecht.html?cms_notFirst=true&cms_docId=1828282 [abgerufen am 9.10.2017].

Kapitel 2
Pädagogische Anforderungen und Qualitätskriterien für die Fahrschulüberwachung

Günter Kölzer

Die Fahrschulüberwachung in Deutschland war in der Vergangenheit höchst unterschiedlich organisiert. Eine Überwachung, die sich auch auf die pädagogische Qualität des Unterrichts erstreckte, wurde vielerorts nicht, andernorts unter Anwendung höchst unterschiedlicher Bewertungsstandards praktiziert. Dies hatte vor allem zwei Gründe: Erstens fehlten einheitliche Bewertungsstandards, die über allgemeine, didaktische Kriterien hinausgingen, und zweitens galt die „Formalüberwachung" als weniger kompliziert und kostenintensiv.

Das Fahrlehrergesetz (FahrlG) regelt seit dem 1. Januar 2018, dass die nach Landesrecht zuständige Behörde eine pädagogisch erweiterte Überwachung sicherzustellen hat. Die Begutachtungen müssen vor Ort erfolgen und umfassen den theoretischen und den praktischen Unterricht. Ob bei jedem Überwachungsturnus – in der Regel alle zwei Jahre – beide Bereiche (Theorie und Praxis) überwacht werden sollen, ist nicht zuletzt auch eine Kostenfrage. Die Formalüberwachung – wenn auch in reduzierter Form – schlägt zusätzlich zu Buche.

Die Qualitätskriterien für die Fahrschülerausbildung, die im Folgenden überblickartig vorgestellt werden, sind nicht „am grünen Tisch" erdacht worden. Seit dem sogenannten PISA-Schock (2000/2001) ist viel darüber geforscht worden, was Unterricht erfolgreich macht und welche Faktoren eine eher untergeordnete Rolle spielen. Was hat sich seither geändert? Die Frage, was guter Unterricht ist, wird seitdem vor allem mit empirischen Verfahren und noch mehr als zuvor zu klären versucht. Wo früher vermutet und in der Praxis ausprobiert wurde, wird heutzutage immer mehr befragt, gemessen, verglichen und Statistik betrieben.

Was sehr theoretisch klingt, hat das Nachdenken über Unterrichtsgestaltung und Lernergebnisse in der Praxis stark beeinflusst. Man konzentriert sich seit den 2000er-Jahren nun intensiv auf die zu erlernenden Kompetenzen und auf die Ergebnisse der Lernprozesse (Kompetenzorientierung und evidenzbasierte Output-Steuerung). Dabei sind mehrere Faktoren für den Unterrichtserfolg in der Schule herausgekommen. Wer sich darüber vertiefter informieren möchte, dem sei das lesenswerte Buch „Was ist guter Unterricht?" von Hilbert Meyer nahegelegt.[1]

Aus der Schuldidaktik kommend, ist diese Leitfrage nun auch in der Fahrlehreraus- und -weiterbildung angekommen. Verschiedene Forscher haben sich ihr in den vergangenen Jahren angenommen.[2] Es wurde herausgefunden, dass

---

1 Meyer, H. (2014). Was ist guter Unterricht? 10. Aufl., Berlin: Cornelius Scriptor.

2 Vgl. Brünken, R., Leutner, D. & Sturzbecher, D. (2017). Reform der Fahrlehrerausbildung. Berichte der Bundesanstalt für Straßenwesen. Mensch und Sicherheit Heft M 275, Bergisch Gladbach: Carl Schünemann Verlag GmbH, insbes. S. 16 f.

es zwölf Faktoren für den theoretischen und sieben für den praktischen Unterricht gibt, die den Lernerfolg in der Fahrschule wesentlich beeinflussen. In den Bundesländern Brandenburg, Mecklenburg-Vorpommern, Sachsen-Anhalt und Thüringen stützt sich die Fahrschulüberwachung seit einigen Jahren auf diese Kriterien, die sich als Qualitätskriterien für den Fahrschulunterricht verstehen. Begleituntersuchungen und weitere Forschungen belegen die Wirksamkeit dieser Kriterien.

Dennoch lässt sich Unterricht und Lernerfolg nicht allein auf die – starre – Erfüllung von Standards zurückführen. Viele Aspekte, wie die soziale Interaktion, Einstellungen, Motive und auch Emotionen, spielen eine entscheidende Rolle. Es kann nicht genug davor gewarnt werden, Pädagogik und Didaktik auf Qualitätskriterien zu reduzieren. Richtig verstanden, angewendet und um weitere (und vielleicht noch nicht so gut erforschte) Faktoren erweitert, bieten sie aber eine gute Basis, um einen Mindeststandard für qualitätvollen Unterricht anzubieten.

Die pädagogische Überwachung und die Qualitätskriterien für den Fahrschulunterricht beziehen sich nicht nur auf Fahrlehreranwärter, die noch ihre Lehrproben zu bestehen haben und auf Fahrlehrer im Rahmen der pädagogisch erweiterten Überwachung. Auch Aufbauseminare sowie der Unterricht in der Aus- und Weiterbildung von Fahrlehrern müssen sich der pädagogisch erweiterten Überwachung unterziehen.

Diese Kriterien werden im Folgenden kurz vorgestellt. Eine ausführlichere Beschreibung und eine Reihe von Beispielen aus der Praxis finden sich im Teil I, Kapitel 1, Abschnitt 2.1 „Was ist guter Unterricht?“.

1 Qualitätskriterien für den Theorieunterricht

1. **Strukturierung der Unterrichtseinheit.** Ein „roter Faden“ ist eine wichtige Voraussetzung dafür, dass Unterrichtsinhalte aufgenommen, verstanden, gespeichert und wieder erinnert werden können. Die Inhalte, Schwerpunkte und Ziele des kommenden Unterrichts sollten zu Beginn genannt und begründet werden. Auch wenn gelegentlich „Umwege“ und „Schleifen“ erforderlich sein werden, muss die Struktur stets erkennbar bleiben. Idealerweise wird sie visualisiert (z. B. in Form einer Agenda, die den gesamten Unterricht über sichtbar bleibt). Wichtige Abschnitte werden hervorgehoben, Zusammenfassungen und Rückblicke sind einzubauen. Ein Rückbezug auf den Beginn des Unterrichts (z. B. die Leitfrage) und ein Ausblick auf die kommenden Lektionen runden die Struktur ab.
2. **Motivierung der Fahrschüler und Praxisbezug.** Unterrichtsinhalte werden vor allem dann aufgenommen, gespeichert und akzeptiert, wenn ihre Relevanz für das Fahren (in der Fahrstunde ebenso wie später, nach Bestehen der Fahrerlaubnisprüfung) vermittelt wird. Es gibt viele Techniken, die auch Motivationstrainer anbieten. Diese sind hier nicht in erster Linie gemeint. Es geht darum, die Wichtigkeit eines Themas herauszustellen, wenn möglich eine intrinsische Motivation zu erzeugen. Natürlich wirken Spaß beim Lernen und eine im besten Sinne anregende Lernatmosphäre und -lokalität hier

fördernd. Kaum zu überschätzen dürfte jedoch eine positive persönliche Beziehung zum Lehrer sein.

3. **Fachliche Vermittlung der Lehr-Lerninhalte.** Die Inhalte müssen sachlich richtig, verständlich und anschaulich vermittelt werden, dies fordert schon die Fahrschüler-Ausbildungsordnung (FahrschAusbO). Pädagogisch ist dies natürlich ebenfalls wichtig. Dazu muss der Fahrlehrer die zu vermittelnden Inhalte nicht nur sicher kennen, sondern auch verstanden haben. Die Hintergründe der Inhalte und ihre Querverbindungen untereinander müssen der Lehrperson vertraut sein. Auch eine fachlich-kritische Würdigung muss möglich sein. Eine Kernkompetenz des Lehrers besteht aber nicht zuletzt darin, diese Inhalte so auszuwählen, zu gewichten und zu vereinfachen (Stichwort Didaktische Reduktion), dass sie für die einzelnen Schüler lernbar werden.
4. **Binnendifferenzierung.** Anknüpfend daran ist festzuhalten, dass die unterschiedlichen Lernvoraussetzungen der Fahrschüler häufig noch unterschiedlicher (heterogener) sein werden als in den meisten Lerngruppen in allgemeinbildenden Schulen. Dies und welche Methoden/Sozialformen hierbei helfen können, wird im Teil I, Kapitel 2 „Die Planung von theoretischem Unterricht" beschrieben. Binnendifferenzierung meint, Schüler so gut wie möglich individuell zu fördern. Dabei darf der Fokus nicht allein auf den Schwächen des/der Einzelnen, sondern soll vielmehr auf seinen/ihren Stärken liegen. Damit sind Unterrichtssequenzen (z. B. in Gruppen-, Partner- oder Einzelarbeiten mithilfe der Lehrperson) und weitere, individuelle Fördermaßnahmen (auch außerhalb des regulären Unterrichts) gemeint.
5. **Angemessenes Reagieren auf Beiträge der Fahrschüler.** Die Beiträge der Fahrschüler müssen als wichtiger – ja zentraler – Bestandteil des Unterrichts verstanden werden und sind grundsätzlich erst einmal zu begrüßen. Auch Fehler und kontroverse Aussagen können den Lernprozess insgesamt voranbringen. Damit dies gelingen kann, muss zunächst eine wertschätzende und tolerante Unterrichtsatmosphäre herrschen. Da auch Einstellungen positiv im Sinne der Verkehrssicherheit und des sozialen Verhaltens im Straßenverkehr beeinflusst werden sollen, spielt der Umgang mit den Beiträgen der Schüler eine wichtige Rolle. Fehler sollen auch als solche erkennbar sein. Richtiges muss von Falschem unterscheidbar bleiben. Der freundlich-konstruktive Umgang damit und das geschickte Herausarbeiten der richtigen Antworten ist Teil der Unterrichtskunst.
6. **Tempo der Vermittlung der Lehr-Lerninhalte.** Nicht nur das Sprechtempo, sondern auch das gesamte Tempo, mit der ein Thema behandelt wird, kann Schüler über- oder auch unterfordern. Vorwissen, Sprachkompetenz, Begabung und vieles mehr spielen hier eine Rolle. Auch hier bietet sich der Rückbezug auf die Notwendigkeit zur Binnendifferenzierung an. Im praktischen Unterricht ist es freilich leichter, ein angemessenes Lehr-/Lerntempo zu entwickeln als im Gruppenunterricht in der Fahrschule. Hier muss stets ein Mittelweg gefunden werden. Konsequenterweise muss an dieser Stelle auf die Menge der zu vermittelnden Inhalte verwiesen werden. Grundsätzlich gilt: Die Qualität steigt in der Regel nicht, wenn die schiere Zahl der Lerninhalte erhöht wird. Besser ist eine wohlbegründete Konzentration auf das Wesentliche. Wichtige Inhalte sollten intensiver – nicht in Massen und unter Zeitdruck – gelernt werden!

7. **Festigung.** Ein häufig unterschätzter Punkt ist die Festigung der gerade erworbenen Kompetenzen. Wiederholungen und Übungen innerhalb und außerhalb des Unterrichts sind unverzichtbar. Besonders günstig ist es, wenn die Fahrschüler hier möglichst aktiv sind und kreativ üben (statt stupide auswendig zu lernen).
8. **Visualisierung der Lehr-Lerninhalte durch Medien.** Fahrschulen steht heutzutage ein reichhaltiges Medienangebot (z.B. durch die Fachverlage und darüber hinaus) zur Verfügung. Medien müssen ziel- und zielgruppengerichtet ausgewählt und professionell eingesetzt werden. Medien sind erforderlich, um das Lernen zu erleichtern und zu ergänzen, können aber Unterricht nicht ersetzen.
9. **Qualität der Lehrvorträge.** Die Lehrvorträge müssen sachlich richtig, strukturiert, verständlich und lebendig vermittelt werden. Unverzichtbare Inhalte müssen von weniger wichtigen und von ergänzenden Zusatzinformationen unterscheidbar sein. Eine produktive Arbeitsatmosphäre, in der auch Regeln und Rollen klar sind, ist dazu eine wesentliche Voraussetzung. Das gesamte Auftreten der Lehrperson, ihre verbale wie nonverbale Kommunikation, spielt eine zentrale Rolle.
10. **Organisation von Erfahrungsberichten.** Fahrschüler bringen bereits vielfältige Erfahrungen als Fußgänger, Radfahrer und auch als Beifahrer mit. Zudem verfügen einige bereits über eine Mofa-Prüfbescheinigung oder eine Fahrerlaubnis als Vorbesitz (z.B. Klasse AM, L, T), wenn sie sich zum Pkw-Führerschein anmelden. In diesem Rahmen haben sie bereits vieles erlebt. Über das so erworbene Vorwissen hinaus haben sich dabei auch bereits Einstellungen und Werthaltungen entwickelt. Dieses Potenzial ist eine wichtige Quelle für einen lebensnahen, schüleraktiven und motivierenden Unterricht.
11. **Organisation von Diskussionen.** Diskussionen sind als Unterrichtsmethode in besonderer Weise dazu geeignet, affektive Lernziele zu erreichen. Verschiedene Meinungen sollen im Unterricht zur Sprache kommen. Die Mitarbeit der Schüler soll – so verlangt es die FahrschAusbO zu Recht – durch Fragen und Diskussionen angeregt werden. Verschiedene Diskussionsformen sind dabei denkbar, die bekanntesten sind wohl „Dilemma-Diskussionen" oder „Pro-Contra-Diskussionen". Untersuchungen haben ergeben, dass in vielen Fahrschulen Diskussionen noch recht wenig genutzt werden. Zielbezogen eingesetzt und gut moderiert, bietet diese Methode jedoch viel Potenzial für die Beeinflussung (meist junger) Erwachsener hin zu einem sicherheits-, verantwortungs- und umweltbewussten Verkehrsverhalten.
12. **Durchführung von Lernkontrollen.** Schon bevor die Reform am 1. Januar 2018 in Kraft trat, waren Lernkontrollen in der FahrschAusbO vorgeschrieben. Aus pädagogischer Sicht sind sie wichtig, um eine Rückmeldung über den Erfolg des vorangegangenen Unterrichts zu erhalten. Dem Schüler dienen sie als wichtige Information über den eigenen Lernfortschritt. Dabei ist es wichtig, dass die Stärken und Schwächen erkennbar und Hinweise zur Verbesserung gegeben werden. Die Form der Lernkontrollen ist nicht festgelegt: Sie können in vielfältiger Weise – schriftlich wie mündlich – erfolgen. Konkrete Hinweise und Vorschläge zur Durchführung sind im Teil I, Kapitel 2, Abschnitt 2.1 „Lehr-/Lernziele" enthalten.

2 Qualitätskriterien für den praktischen Unterricht

1. **Strukturierung der Übungsstunde.** Wichtig für den Erfolg einer Fahrstunde ist eine gute und für den Schüler nachvollziehbare Gliederung der Ausbildungseinheit. In einer Vorbesprechung sollte die aktuelle Verfassung des Schülers erfragt, an die letzte Stunde angeknüpft und die Ziele und wesentlichen Inhalte zur kommenden Lerneinheit besprochen werden. Bei der Durchführung der Stunde sind didaktische Prinzipien (z. B. „Vom Leichten zum Schweren", „Vom Einfachen zum Komplexen" oder das „Prinzip der abnehmenden Hilfe") zu beachten. Der Rhythmus zwischen Bekanntem und Unbekanntem und Phasen höherer und niedrigerer Belastung muss richtig und auf den Schüler abgestimmt gewählt werden. Zwischenbesprechungen mit Erklärungen, Hilfestellungen und Feedbacks sind oft sinnvoll. Lernzielkontrollen sind auch in der praktischen Ausbildung unverzichtbar. Den Abschluss einer jeden Stunde bildet die Nachbesprechung, in der Bezug auf die Ziele genommen wird. Inwiefern sind sie heute erreicht worden? Was lief gut, was muss noch trainiert werden? Dabei lässt der Fahrlehrer seinen Schüler zunächst selbst berichten und korrigiert und ergänzt gegebenenfalls. Im Anschluss daran zeigt er Möglichkeiten zur Verbesserung auf. Die Ergebnisse werden auf einer Ausbildungsdiagrammkarte dokumentiert und in den Verlauf der gesamten Ausbildung eingeordnet. Ein Ausblick auf die nächste Stunde schließt die Unterrichtseinheit ab. Bei Vor-, Zwischen- und Nachbesprechungen steht das Fahrzeug. Diese Erklärungen zählen nach der Rechtsgrundlage ausdrücklich zur Fahrstunde.
2. **Orientierung am Ausbildungsstand des Fahrschülers.** Über- und Unterforderung sind Gift für den Lernerfolg. Die Ziele, die Inhalte, die Methoden und die Fahrstrecke einer jeden Fahrstunde müssen nicht nur transparent gemacht, sondern auch an den Lernstand und Faktoren wie Belastbarkeit, Konzentrations- und Umsetzungsvermögen sowie aktuelle Befindlichkeit der des Schülers angepasst werden. Dies kann durch die Beobachtung und Befragung des Schülers im Rahmen des Vorgesprächs erfolgen. Manche Übungen setzen voraus, dass vorher bestimmte andere Inhalte mehr oder weniger sicher beherrscht werden. Deswegen ist eine Stufenausbildung sinnvoll.
3. **Qualität des Methodeneinsatzes.** Die Methodenwahl im praktischen Unterricht muss besonders sorgfältig an den jeweiligen Schüler angepasst werden. Eine Vielzahl von Methoden und Techniken über das reine Anleiten hinaus sind denkbar: Impulse, Fragen, Demonstrieren, Kommentierendes Fahren, Selbsteinschätzung sowie Visualisierungen und Erklärungen (bei stehendem Fahrzeug) und viele mehr sind denkbar. Wichtig ist, dass „Lehren" hier in besonderer Weise eine Anleitung zur Selbstständigkeit darstellt. Hierzu muss die Ausbildung befähigen; nicht zuletzt, wenn man bedenkt, dass die Ausbildung in der Fahrschule auch den Transfer des Gelernten auf andere Fahrzeuge, Situationen und Örtlichkeiten ermöglichen muss. Lob und Bekräftigung müssen in einem gesunden Verhältnis zu Kritik und Tadel stehen. Deswegen ist eine richtige Methodenwahl und -vielfalt besonders wichtig. Die Förderung einer realistischen Selbsteinschätzung – ein zentrales Anliegen der Fahrausbildung insgesamt! – ist ebenfalls nur durch geschickte Methodenwahl zu erreichen.

4. **Qualität verbaler Anweisungen.** Sprache ist ein wesentliches Medium im Lehr-/Lernprozess. In der dynamischen Situation in der Fahrstunde müssen die Anweisungen rechtzeitig, deutlich und möglichst unmissverständlich erfolgen. Dann können sich Schüler rechtzeitig auf die kommende Situation einstellen. Missverständnisse könnten hier sogar gefährlich sein (man denke nur an die Kraftrad-Ausbildung!). Deswegen ist es wichtig, dass Fahrlehrer und Schüler im besten Sinne eine „gemeinsame Sprache“ sprechen. Die Formulierungen sollten benennen, was konkret zu tun ist – und nicht, was nicht zu tun ist (*„Bitte einen halben Meter weiter links fahren!“* statt *„Nicht so weit rechts fahren!“*). Manche Begrifflichkeiten müssen bei stehendem Fahrzeug besprochen werden. Für die Menge der verbalen Erläuterungen bei rollendem Fahrzeug gilt: So viel wie nötig, so wenig wie möglich. Auch das Sprechtempo spielt hier eine entscheidende Rolle.
5. **Fachliche Korrektheit der Lehr-Lerninhalte und Orientierung am Ausbildungsplan des Fahrlehrers.** Wie im Theorieunterricht ist eine fachlich korrekte und kompetente Vermittlung der Ausbildungsinhalte ein wesentlicher Faktor für das Gelingen des praktischen Unterrichts. Dass Fahrlehrer alle Regelungen und Situationen im Verlauf einer Ausbildungsfahrt rechtzeitig und korrekt erfassen müssen, ist eine Selbstverständlichkeit. Schwierige oder zweifelhafte Regelungen sind über die Zuhilfenahme von Kommentaren und im Gespräch mit Kollegen und Vertretern der Technischen Prüfstellen zu klären und möglichst einheitlich zu kommunizieren. Ein Ausbildungskonzept, das die Qualitätskriterien der Fahrschulausbildung, die weiteren didaktischen Standards und die Prüfungsanforderungen berücksichtigt, wird der Ausbildung zugrunde gelegt. Dies kann selbst entwickelt oder weiterentwickelt auf Basis der Curricularen Leitfäden für alle Klassen geschehen. Die theoretische und die praktische Ausbildung müssen sinnvoll aufeinander bezogen werden.
6. **Schaffung einer guten Ausbildungsatmosphäre.** Die Zufriedenheit der Kunden und eine konstruktive, angstfreie Ausbildungsatmosphäre sind Erfolgsfaktoren für Fahrschulen. Aus pädagogischer Sicht ist dies nur zu unterstreichen – der Abschnitt 5.5 „Prüfungsängste“ im Teil I, Kapitel 1 in diesem Werk liefert die psychologischen Hintergründe. Freundlichkeit, Aufgeschlossenheit und gegenseitiger Respekt erleichtern die Zusammenarbeit zwischen Schüler und Lehrer – gerade auch in der 1 : 1-Situation im Fahrschulauto. Dabei muss die Lehrperson einen schwierigen Balanceakt meistern: Auf der fachlichen Seite gibt sie Anweisungen, die unbedingt befolgt werden müssen. Hier wäre von asymmetrischer Kommunikation zu sprechen (Lehrer-Schüler-Verhältnis). Dennoch bleibt der Fahrschüler Kunde. Hier ist mindestens eine symmetrische Kommunikation angezeigt (Kunden-Dienstleister-Verhältnis). Ganz grundsätzlich sollten die Zeiten, in denen die Lehrperson mit Anschreien, Drohen und Herabsetzung der Schüler „herrschte“, längst vorbei sein.
7. **Angemessenes Reagieren auf Fahrfehler.** Fehler sind und bleiben Fehler und müssen auch als solche benannt werden. Sie gehören aber ganz selbstverständlich zum Lernprozess hinzu und bieten Potenzial zum Weiterlernen. In der Fahrschule und insbesondere in der praktischen Ausbildung soll eine konstruktive Fehlerkultur gefördert werden. Eine angemessene Reaktion auf Fahrfehler kann in verbaler (z. B. *„Bremsen! Noch mehr!“*) wie in physischer

Weise (z. B. korrigierender Griff des Fahrlehrers ans Lenkrad) erfolgen und muss rechtzeitig geschehen. Beim verbalen Eingriff muss der Schüler noch ausreichend Zeit zum Aufnehmen, Verarbeiten und zum motorischen Umsetzen der Anweisung haben. Dies kann auch einmal, falls erforderlich, etwas energischer geschehen, sollte aber dennoch der grundsätzlich freundlich-offenen Atmosphäre nicht zuwiderlaufen. Es ist besser, präventiv (bevor eine kritische Situation passiert) als reaktiv (*„Hier hättest du besser gebremst!"*) zu korrigieren. Auch sollte die Reaktion auf Fahrfehler in der Regel unmittelbar erfolgen und nicht erst – summiert – am Ende der Fahrstunde. Eine Ausnahme bilden hier allerdings Prüfungssimulationen. Bei diesen Fahrstunden in der Reife- und Teststufe soll ein Fahrfehler nur bei dringender Notwendigkeit in der Situation selbst benannt werden. Hier muss seitens des Schülers auch gelernt werden, sich von Fehlern oder vermeintlichen Fehlern nicht aus der Ruhe bringen zu lassen, die diesbezügliche Unsicherheit (*„War das eben nun eine Einbahnstraße oder nicht?"*) aushalten zu lernen und das Feedback am Ende abzuwarten. Grundsätzlich muss bei der Reaktion auf Fahrfehler die spätere Verbesserung der Leistung sowie die Problemlösung – und nicht der Tadel um des Tadelns willen – im Vordergrund stehen. Dazu ist eine professionelle verbale und nonverbale Kommunikation des Fahrlehrers wichtig. Die Lehrperson muss ihre eigenen Emotionen gut kennen und kontrollieren können.

Diese kurze Darstellung der Qualitätskriterien für „guten Unterricht" in der Fahrschule zeigt, dass wesentliche Erfolgsfaktoren für den Lernerfolg nicht unbedingt der völligen Neuausrichtung des eigenen Unterrichts bedürfen. Vermutlich werden die meisten Fahrlehrer diese Kriterien schon zum größten Teil – bewusst oder unbewusst – anwenden. Langjährige Erfahrung hat vielen von ihnen gezeigt, was Schüler weiterbringt und was eher nicht. Deswegen sollte man sich von dem einen oder anderen (neuen) Begriff nicht abschrecken lassen. Positiv ist zu erwähnen, dass nun vieles, was erfahrene Praktiker bereits „aus dem Bauch heraus" richtig gemacht haben, nun auch wissenschaftlich belegt als richtig gelten kann. An anderen Stellen wird man vielleicht etwas nachsteuern müssen. Berufsanfänger hingegen werden vom ersten Tag auf die Arbeit mit den Qualitätskriterien vorbereitet. Ausbildungsfahrlehrer und Fahrlehrer im Praktikum profitieren hier natürlich besonders stark voneinander.

Teil V

Einzelthemen

Kapitel 1
Grundanforderungen an den Datenschutz in der Fahrschule

Olaf Methner

1 Einführung

Seit dem 25.5.2018 gilt in der gesamten EU die Datenschutz-Grundverordnung (DSGVO), wodurch die Datenschutzvorschriften der Mitgliedsstaaten weitgehend vereinheitlicht werden. Daneben gibt es ergänzende Regelungen, in Deutschland vor allem in der Neufassung des Bundesdatenschutzgesetzes (BDSG).

Die DSGVO verfolgt gemäß Art. 1 Abs. 1 zwei Ziele: Zum einen enthält sie Vorschriften zum Schutz natürlicher Personen bei der Verarbeitung personenbezogener Daten. Zum anderen wird auch die freie Übermittlung solcher personenbezogener Daten europaweit geregelt. Dabei sollen zwei Interessen ausgeglichen werden: das Interesse der EU-Bürger an der Gewährleistung eines gleichmäßigen und hohen Datenschutzniveaus in Europa einerseits und das Interesse am freien Verkehr personenbezogener Daten in der EU andererseits. Da allerdings die Mitgliedsstaaten daneben noch eigene Regelungen treffen können (wie in Deutschland im BDSG), gibt es letztlich doch kein inhaltlich übereinstimmendes Datenschutzrecht in ganz Europa.

2 Anwendungsbereich

Nach Art. 2 Abs. 1 gilt die DSGVO für die automatisierte Verarbeitung personenbezogener Daten. Sie gilt nicht für reine Unternehmensdaten ohne Personenbezug (hier können aber Betriebs- und Geschäftsgeheimnisse zu schützen sein) und nicht für rein manuelle Datenerfassungen. Räumlich gilt sie gemäß Art. 3 für alle Verarbeitungen personenbezogener Daten, die durch Unternehmen oder deren Niederlassungen in der EU durchgeführt werden oder die Personen in der EU betreffen.

- Weitere Beispiele für personenbezogene Daten: Post- und E-Mail-Adresse, Telefonnummer, Geburtsdatum, Prüfungsleistungen, persönliche Rechnungen.
- Bei reinen Bild- und Tonaufnahmen ohne persönliche Nennung handelt es sich zunächst nicht um personenbezogene Daten. Gleichwohl sind auch hier **Persönlichkeits- und Urheberrechte** einzuhalten, sodass die abgebildete, gefilmte oder akustisch aufgenommene Person mit der Verwendung ausdrücklich einverstanden sein muss. Das Gleiche gilt für die Übernahme individueller Texte anderer Personen.

Personenbezogene Daten sind nach Art. 4 Nr. 1 DSGVO alle diejenigen Informationen, die sich auf eine bestimmte oder bestimmbare Person beziehen. Identifizierbar sind Personen durch eine Kennung, vor allem durch ihren Namen, aber auch durch individuelle und einmalige Ordnungsnummern, Kfz-Kennzeichen, IP-Adressen bei Internetanfragen usw.

Für die Identifizierbarkeit kommt es darauf an, ob anhand vorhandener Daten eine Person ohne sehr hohen personellen und wirtschaftlichen Aufwand individualisiert werden kann. Wenn eine solche Individualisierung nicht oder nur mit sehr hohem und unverhältnismäßigem Aufwand möglich ist, handelt es sich um anonyme Daten, für welche die DSGVO nicht gilt. Hingegen gilt die DSGVO auch für pseudonymisierte Daten nach Art. 4 Nr. 5 – also für Daten, die zwar keinen „Klarnamen" enthalten, die aber mit weiteren Informationen, wie z. B. mit einer Entschlüsselung einer konkreten Person, zugeordnet werden können.

Unter einer **Datenverarbeitung** wird gemäß Art. 4 Nr. 2 DSGVO jeder Vorgang verstanden, der mit Daten mit oder ohne Hilfe automatisierter Verfahren durchgeführt wird. Hierzu gehören z. B. die Übermittlung, Bereitstellung, Verbreitung, Verarbeitung oder Nutzung von Daten.

3 Grundsätze für die Verarbeitung personenbezogener Daten

In Art. 5 Abs. 1 DSGVO sind die Grundsätze für die Verarbeitung personenbezogener Daten formuliert, die immer alle erfüllt sein müssen. Derjenige, der für eine Datenverarbeitung verantwortlich ist, muss die Einhaltung dieser Grundsätze, insbesondere gegenüber den Aufsichtsbehörden, nachweisen können. Daher muss die Einhaltung dokumentiert werden, wobei die Form der Dokumentation nicht vorgeschrieben ist.

Zu den Grundsätzen gehört zunächst, dass die Datenverarbeitung **rechtmäßig** sein muss. Die Rechtfertigungsgründe ergeben sich aus Art. 6 (hierzu nachfolgend unter Abschnitt 4). Der **Zweck** der Datenverarbeitung muss ebenfalls eindeutig und rechtmäßig sein und bereits dann feststehen, wenn die Daten erhoben werden. Der Umfang der verarbeiteten Daten muss für den verfolgten Zweck **angemessen** und **verhältnismäßig** sein. Hierzu gehört auch der Grundsatz der **Datenvermeidung** und **Datenminimierung**, d. h., es dürfen nur solche Daten erhoben und aufbewahrt werden, die auch wirklich benötigt werden. Die Daten müssen **inhaltlich richtig** und **aktuell** sein. Zudem muss der Verantwortliche für eine **angemessene Sicherheit** der Daten sorgen.

4 Rechtmäßigkeit der Datenverarbeitung (Art. 6)

Die Verarbeitung personenbezogener Daten ist im Grundsatz unzulässig, solange es keinen Rechtfertigungsgrund gibt. Es handelt sich um ein so genanntes Verbot mit Erlaubnisvorbehalt. Ein Rechtfertigungsgrund kann sich aus der DSGVO oder aus anderen Rechtsvorschriften ergeben.

In Art. 6 Abs. 1 DSGVO sind sechs verschiedene Rechtfertigungsgründe für die Verarbeitung personenbezogener Daten aufgeführt.

4.1 Einwilligung

Gemäß Art. 6 Abs. 1 a) DSGVO ist die Datenverarbeitung zulässig, wenn der Betroffene für konkrete Zwecke seine Einwilligung gegeben hat.

Die Einwilligung wird in Art. 4 Nr. 11 DSGVO definiert. Hierfür sind folgende Voraussetzungen erforderlich:

- **Freiwilligkeit.** Der Betroffene muss eine echte Wahl haben, sich für oder gegen die Einwilligung zu entscheiden. Diese Freiwilligkeit liegt z. B. dann nicht vor, wenn die Erfüllung eines Vertrages hiervon abhängig gemacht wird, obwohl eine solche Kopplung nicht nötig ist. Auch wenn der Betroffene in einem Abhängigkeitsverhältnis zum Datenverarbeiter steht oder wenn er seine Einwilligung zu verschiedenen Verarbeitungsvorgängen nicht gesondert abgeben kann, gilt die Einwilligung nicht als freiwillig erteilt.
- **Bezug auf einen bestimmten Fall.** Die Einwilligung muss sich auf einen konkreten Fall beziehen. Sie darf also nicht generell, allgemein und pauschal erfolgen, sondern muss in einer konkreten Situation abgegeben werden.
- **Informiertheit des Betroffenen.** Die Einwilligung gilt nur dann als freiwillig, wenn der Betroffene sie in vollständiger Kenntnis der Sachlage abgibt. Dazu muss der Betroffene wissen, wer der Verantwortliche für die Datenverarbeitung ist und für welche Zwecke seine Daten verarbeitet werden sollen.
- **Unmissverständliche Erklärung.** Die Einwilligung muss mit einer eindeutigen bestätigenden Handlung erklärt werden, z. B. mit einer deutlich durch Fettdruck, kursive Schreibweise oder einer Umrahmung hervorgehobenen (mit + Dativ; alternativ Akkusativ: „durch eine deutlich ... hervorgehobene) Erklärung. Sie muss allerdings nicht zwingend die Schriftform erfüllen, sondern kann z. B. auch durch Ankreuzen oder Anklicken eines Kästchens auf einer Internetseite erfolgen. Allerdings reicht es für eine Einwilligung nicht aus, dass der Betroffene die Datenverarbeitung nur zur Kenntnis nimmt und duldet. Daher erscheint es z. B. problematisch, das Opt-Out-Prinzip zu verwenden, bei dem der Betroffene ein Kästchen ankreuzen oder anklicken muss, wenn er *nicht* mit einer Datenverarbeitung (z. B. Werbeansprache) einverstanden ist.

> - Bei der Verarbeitung personenbezogener Mitarbeiterdaten im Rahmen eines **Beschäftigungsverhältnisses** enthält § 26 Abs. 2 BDSG in Deutschland spezielle Anforderungen an die Einwilligung. Eine freiwillige Einwilligung kann nicht generell in einem Arbeitsverhältnis erklärt werden. Die Freiwilligkeit wird nur angenommen, wenn sich der Arbeitnehmer tatsächlich entscheiden kann und es um freiwillige Leistungen des Arbeitgebers geht wie z. B. private Internetnutzung im Unternehmen. Im Arbeitsverhältnis muss die datenschutzrechtliche Einwilligung grundsätzlich schriftlich, also mit einer Unterschrift des Arbeitnehmers, erklärt werden.

4.2 Datenverarbeitung zur Vertragserfüllung

Gemäß Art. 6 Abs. 1 b) DSGVO ist die Datenverarbeitung auch ohne eine Einwilligung des Betroffenen rechtmäßig, wenn sie für die Erfüllung eines Vertrages oder zur Durchführung vorvertraglicher Maßnahmen gegenüber dem Betroffenen erforderlich ist. Solche vorvertraglichen Maßnahmen sind Datenverarbeitungen, die aufgrund einer Anfrage des Betroffenen erfolgen.

4.3 Rechtliche Verpflichtung

Die Datenverarbeitung ist nach Art. 6 Abs. 1 c) DSGVO auch zulässig, wenn der Verantwortliche hiermit eine rechtliche Verpflichtung erfüllt. Hiervon umfasst sind beispielsweise Verpflichtungen zur Offenlegung oder Übermittlung von Daten gegenüber Behörden.

4.4 Interessenabwägung

Schließlich ist gemäß Art. 6 Abs. 1 f) DSGVO eine Datenverarbeitung insbesondere dann rechtmäßig, wenn sie zur Wahrung der rechtlichen Interessen des Verantwortlichen oder eines Dritten erforderlich ist und sofern nicht die Interessen oder Grundrechte und Grundfreiheiten des Betroffenen überwiegen. Die Interessen des Betroffenen überwiegen nach der DSGVO insbesondere dann, wenn es sich um ein Kind handelt. Im Übrigen sind im Rahmen der Interessen des Betroffenen insbesondere seine „vernünftigen Erwartungen" gegenüber dem Verantwortlichen zu berücksichtigen.

Ausdrücklich anerkannt ist das Interesse des Berechtigten an der Verarbeitung personenbezogener Daten zum Zweck der Direktwerbung. Darunter fallen alle werblichen Ansprachen etwa durch E-Mails, mit Werbeanzeigen und -bannern auf einer Webseite oder in einer App. Im Grundsatz ist hierfür zwar eine Einwilligung des Betroffenen erforderlich. Allerdings ist es auch denkbar, dass der Verantwortliche die Werbung durch eine Interessenabwägung rechtfertigen kann. Hierfür müssen jedoch ausführliche Informationen und Hinweise an den Betroffenen erfolgen, damit er auf jeden Fall weiß, was mit seinen Daten geschieht. Auch die Reduzierung des Umfangs der verarbeiteten Daten kann im Rahmen der Interessenabwägung zugunsten des Verantwortlichen angeführt werden.

5 Rechte der Betroffenen

Die betroffene Person hat nach der DSGVO vor allem diese Rechte in Bezug auf ihre personenbezogenen Daten:

- Recht auf Unterrichtung (Information)
- Recht auf Zugang zu personenbezogenen Daten (Auskunft)
- Recht auf Berichtigung (bei falschen Daten)
- Recht auf Löschung („Recht auf Vergessenwerden")
- Recht auf Einschränkung der Verarbeitung
- Recht auf Datenübertragbarkeit
- Widerspruchsrecht (Recht auf Widerspruch?)
- Recht, nicht einer Entscheidung unterworfen zu werden, die ausschließlich auf einer automatisierten Verarbeitung einschließlich „Profiling" beruht.

5.1 Allgemeine Pflichten des Verantwortlichen (Art. 12)

Gemäß Art. 12 DSGVO müssen die Verantwortlichen die Informationen nach Art. 13 und 14 sowie die Mitteilungen nach Art. 15 bis 22 DSGVO, welche die Verarbeitung personenbezogener Daten betreffen, in präziser, transparenter, verständlicher und leicht zugänglicher Form in einer klaren und einfachen Sprache übermitteln. Wenn die Informationen zur Datenverarbeitung elektronisch zur Verfügung gestellt werden, dann müssen diese Informationen leicht auffindbar sein (also nicht erst durch Anklicken versteckter Menüpunkte auf einer Webseite zu erreichen sein).

Wenn ein Betroffener einen Auskunftsantrag stellt, muss der Verantwortliche hierauf gemäß Art. 12 Abs. 3 DSGVO grundsätzlich innerhalb eines Monats nach Eingang des Antrags antworten. Es müssen also die internen Organisationsstrukturen geschaffen werden, um diese Frist einhalten zu können. Die Antwort muss in der gleichen Form wie die Anfrage erfolgen. Im Übrigen müssen die Informationen nach Art. 12 Abs. 5 DSGVO grundsätzlich unentgeltlich erteilt werden. Gemäß Art. 12 Abs. 6 DSGVO kann der Verantwortliche eine Identifizierung des Betroffenen verlangen, wenn begründete Zweifel an der Identität bestehen. Eine solche Identifizierung kann z. B. durch die Beifügung einer (teilgeschwärzten) Personalausweiskopie erfolgen.

5.2 Informationspflichten des Verantwortlichen (Art. 13 f.)

Der Verantwortliche ist zunächst verpflichtet, dem Betroffenen spätestens zum Zeitpunkt der Datenerhebung die in Art. 13 Abs. 1 DSGVO genannten Informationen zur Verfügung zu stellen. Hierzu gehören die Kontaktdaten des Verantwortlichen, die Zwecke der Datenverarbeitung, die Rechtsgrundlage (z. B. Einwilligung oder Vertrag), im Falle der Datenverarbeitung aufgrund einer Interessenabwägung (also ohne Einwilligung, Vertrag usw.) die vom Verantwortlichen angeführten Interessen sowie die Kontaktdaten des ggf. bestellten Datenschutzbeauftragten.

Zusätzlich sollten die in Art. 13 Abs. 2 DSGVO aufgeführten Informationen erteilt werden, nämlich vor allem die Dauer der Datenspeicherung sowie der Hinweis auf die Rechte des Betroffenen (Auskunft, Berichtigung, Löschung und Widerspruch). Wenn die personenbezogenen Daten für einen anderen Zweck weiterverarbeitet werden sollen, muss der Betroffene gemäß Art. 13 Abs. 3 DSGVO auch hierüber informiert werden.

Wenn die Daten nicht direkt beim Betroffenen, sondern bei einer außenstehenden Stelle erhoben werden, gibt es entsprechende Informationspflichten des Verantwortlichen nach Art. 14 DSGVO innerhalb eines Monats nach Erhalt der Daten.

5.3 Auskunftsrecht des Betroffenen (Art. 15)

Der Betroffene hat gemäß Art. 15 DSGVO einen Anspruch darauf, vom Verantwortlichen eine Bestätigung über die Verarbeitung seiner personenbezogenen Daten sowie die Inhalte dieser Datenverarbeitung und weitere Informationen in Bezug auf die Dauer und den Zweck der Verarbeitung, die Betroffenenrechte, die Herkunft und die Empfänger der Daten zu erhalten. Dem Betroffenen muss auf Verlangen auch kostenlos eine Kopie der personenbezogenen Daten zur Verfügung gestellt werden. Um die Identität des Auskunftsuchenden zu überprüfen, kann der Verantwortliche eine geeignete Identifizierung verlangen (z. B. die Vorlage zumindest einer teilgeschwärzten Ausweiskopie).

5.4 Recht auf Berichtigung (Art. 16)

Nach Art. 16 DSGVO hat der Betroffene ein Recht auf Berichtigung seiner personenbezogenen Daten. Diese Berichtigung muss unverzüglich erfolgen. Zudem hat der Betroffene auch einen Anspruch auf Vervollständigung unvollständiger personenbezogener Daten. Unabhängig von diesem Berichtigungsanspruch des Betroffenen muss der Verantwortliche aber generell gemäß Art. 5 Abs. 1 d) DSGVO dafür sorgen, dass verarbeitete personenbezogene Daten sachlich richtig und aktuell sind. Organisatorisch muss sichergestellt sein, dass erkennbar unrichtige Daten auch ohne eine Geltendmachung des Betroffenen unverzüglich korrigiert werden.

5.5 Recht auf Löschung („Recht auf Vergessenwerden", Art. 17)

Art. 17 Abs. 1 DSGVO räumt dem Betroffenen das Recht ein, vom Verantwortlichen die Löschung seiner personenbezogenen Daten zu verlangen, wenn die Daten für den Zweck ihrer Erhebung oder Verarbeitung nicht mehr benötigt werden, wenn die Datenverarbeitung nur aufgrund einer Einwilligung erfolgte und die Einwilligung widerrufen wird, wenn der Betroffene Widerspruch gegen die Verarbeitung einlegt oder wenn die Datenverarbeitung sonst rechtswidrig erfolgt ist.

- Unabhängig von Art. 17 DSGVO gilt auch ohne ausdrückliches Löschungsverlangen des Betroffenen der Grundsatz der **Datensparsamkeit**, wonach nicht mehr benötigte Daten irgendwann gelöscht werden müssen. Feste Fristen hierfür gibt es nicht. Orientieren kann man sich an der steuerrechtlichen Aufbewahrungsfrist, die nach § 147 der Abgabenordnung je nach Dokumentenart sechs bis zehn Jahre beträgt.

Gemäß Art. 17 Abs. 2 DSGVO muss der Verantwortliche andere darüber informieren, dass der Betroffene die Löschung aller Links zu personenbezogenen Daten verlangt. Voraussetzung für diese Mitteilungspflicht ist, dass der Verantwortliche die personenbezogenen Daten zuvor z. B. durch die Darstellung auf einer Internetseite öffentlich gemacht hat.

5.6 Recht auf Einschränkung der Verarbeitung (Art. 18)

Wenn der Betroffene die Richtigkeit der personenbezogenen Daten bestritten oder Widerspruch gegen eine Datenverarbeitung eingelegt hat, kann er nach Art. 18 Abs. 1 die Einschränkung der Verbreitung der Daten verlangen. Dann ist eine weitere Verarbeitung der Daten grundsätzlich nur noch mit einer gesonderten Einwilligung des Betroffenen oder zur Durchsetzung eigener Rechte des Verantwortlichen zulässig. Umgesetzt wird diese Einschränkung dadurch, dass der Verantwortliche die betreffenden Daten vorübergehend auf ein anderes Verarbeitungssystem überträgt, sie für Nutzer sperrt oder von einer Website entfernt.

5.7 Recht auf Datenübertragbarkeit (Art. 20)

Neu geregelt ist in der DSGVO in Art. 20 das Recht auf Datenübertragbarkeit oder auch Datenportabilität. Betroffene Personen erhalten hierdurch den Anspruch, eine Kopie der sie betreffenden personenbezogenen Daten in einem üblichen und maschinenlesbaren Dateiformat zu erhalten. Sie haben daneben das Recht auf freie Datenübertragung, also insbesondere bei Sozialen Netzwerken Daten von einem Anbieter zu einem anderen „mitzunehmen". Die Regelung gilt aber bei jeder automatisierten Verarbeitung personenbezogener Daten auf der Basis einer Einwilligung oder einer Vertragsbeziehung. Das Recht auf Löschung personenbezogener Daten nach Art. 17 DSGVO besteht daneben.

5.8 Widerspruchsrecht (Art. 21)

Bei einer Datenverarbeitung, die nach Art. 6 Abs. 1 e) oder f) DSGVO gerechtfertigt ist, die also insbesondere aufgrund einer Interessenabwägung erfolgt, hat der Betroffene gemäß Art. 21 DSGVO ein Widerspruchsrecht. Voraussetzung ist allerdings, dass der Betroffene hierfür Gründe anführen kann, der Widerspruch also nicht rein willkürlich erfolgt. Nach einem solchen Widerspruch darf der Verantwortliche die betroffenen personenbezogenen Daten nicht mehr verarbeiten – es sei denn, er kann überwiegende schutzwürdige Gründe für die Verarbeitung nachweisen.

Auf das Widerspruchsrecht muss der Betroffene spätestens zum Zeitpunkt der ersten Kommunikation ausdrücklich und klar hingewiesen werden.

5.9 Automatisierte Einzelfallentscheidung einschließlich Profiling (Art. 22)

Wenn Entscheidungen auf einer automatisierten Verarbeitung personenbezogener Daten beruhen (z. B. Personalentscheidungsverfahren online ohne menschliches Eingreifen), dann ist dies im Grundsatz nach Art. 22 Abs. 1 DSGVO unzulässig. Ausnahmsweise ist ein solches Verfahren nach Art. 22 Abs. 2 DSGVO nur dann zulässig, wenn die Entscheidung für den Abschluss oder die Erfüllung eines Vertrages zwischen Beteiligten erforderlich ist oder wenn der Betroffene ausdrücklich in diese Verwendung seiner personenbezogenen Daten im Rahmen der automatisierten Einzelfallentscheidung eingewilligt hat.

6 Auftragsdatenverarbeitung

Ein Auftragsdatenverarbeiter ist nach Art. 4 Nr. 8 DSGVO eine Person, ein Unternehmen oder eine sonstige Stelle, die personenbezogene Daten im Auftrag des Verantwortlichen bearbeitet. Dies betrifft z. B. die Auslagerung von Buchhaltungs- oder Abrechnungsaufgaben.

Nach Art. 28 Abs. 1 darf der Verantwortliche nur solche Auftragsverarbeiter auswählen, die durch technische und organisatorische Maßnahmen die Einhaltung der Datenschutzrechte entsprechend den Vorgaben der DSGVO und zum ordnungsgemäßen Schutz der Betroffenenrechte gewährleisten. Dies muss in Bezug auf Fachwissen, Zuverlässigkeit und Ressourcen der Auftragsverarbeiter hinreichend garantiert sein.

Die Auftragsverarbeitung muss gemäß Art. 28 Abs. 3 DSGVO auf der Grundlage eines schriftlichen Vertrags zwischen dem Verantwortlichen und dem Auftragnehmer erfolgen. Hierin müssen der Gegenstand, die Dauer, die Art und der Zweck der Verarbeitung sowie die Rechte und Pflichten des Verantwortlichen geregelt sein. Für die Auftragsverarbeitung muss immer eine dokumentierte Weisung des Verantwortlichen vorliegen. Außerdem muss der Vertrag regeln, dass der Auftragsverarbeiter nach Vollendung der beauftragten Leistung die Daten löscht oder dem Auftraggeber zurückgibt und dem Verantwortlichen alle erforderlichen Informationen zum Nachweis der Einhaltung seiner Pflichten zur Verfügung stellt.

7 Sicherheit der Verarbeitung

Zur Rechtmäßigkeit der Datenverarbeitung bedarf es nicht nur eines Erlaubnistatbestandes und der Einhaltung der Datenschutzgrundsätze, sondern der Verantwortliche muss auch dafür sorgen, dass die Sicherheit der Daten gewährleistet ist. Hierzu muss der Verantwortliche gemäß Art. 32 DSGVO die erforderlichen technischen und organisatorischen Maßnahmen zum Schutz personenbezogener Daten durchführen.

Die vorgesehenen Maßnahmen müssen zunächst überhaupt geeignet sein, die Sicherheit der Daten zu gewährleisten.

Außerdem muss im Rahmen einer Verhältnismäßigkeitsprüfung abgewogen werden, welche Maßnahmen notwendig sind. Dabei sind der Stand der Technik, die anfallenden Kosten der Maßnahmen, die Art, der Umfang und die Zwecke der Datenverarbeitung sowie die Eintrittswahrscheinlichkeit und Schwere des Risikos für die Rechte und Freiheiten Betroffener zu berücksichtigen. Der Verantwortliche darf hier sinnvolle Abwägungen treffen, ist also nicht strikt an bestimmte Faktoren und deren Wertung gebunden.

> ■ Ungeeignet zum Datenschutz ist z. B. die Aufbewahrung personenbezogener Aktenordner in einem nicht abschließbaren Schrank.

8 Datenschutzbeauftragter

Eine Pflicht zur Bestellung eines betrieblichen Datenschutzbeauftragten besteht nicht generell. Außer bei Behörden muss ein Datenschutzbeauftragter nach Art. 37 Abs. 1 DSGVO zunächst nur bestellt werden, wenn die Kerntätigkeit des Unternehmens in der Durchführung von Verarbeitungsvorgängen besteht, welche eine umfangreiche, regelmäßige und systematische Überwachung Betroffener erforderlich machen. Lediglich unterstützende Datenverarbeitungsvorgänge wie z. B. die Personalverwaltung oder das Rechnungswesen gehören also nicht hierzu.

> ■ Eine Kerntätigkeit von Datenverarbeitungsvorgängen mit umfangreicher, regelmäßiger und systematischer Überwachung könnte im Verkehrsbereich aber vorliegen, wenn online oder offline ein Tracking von Firmenfahrzeugen durchgeführt wird und der jeweilige Fahrer zumindest zugeordnet werden kann.

Gemäß Art. 37 Abs. 4 S. 1 besteht eine Öffnungsklausel für die nationalen Gesetzgeber, weitere Fallgruppen für die verpflichtende Benennung eines betrieblichen Datenschutzbeauftragten zu benennen.

Im Übrigen darf nach Art. 37 Abs. 4 S. 1 DSGVO eine Unternehmensgruppe auch einen gemeinsamen Datenschutzbeauftragten benennen. Voraussetzung ist lediglich, dass der Datenschutzbeauftragte von jeder Niederlassung aus leicht erreicht werden kann. Die schnelle Erreichbarkeit per Telefon und E-Mail dürfte dabei ausreichen.

- In Deutschland muss nach dem Bundesdatenschutzgesetz ein betrieblicher Datenschutzbeauftragter auch unabhängig von der Unternehmenstätigkeit benannt werden, wenn mindestens zehn Beschäftigte in einem Betrieb mit der Verarbeitung personenbezogener Daten befasst sind.

Art. 37 Abs. 5 DSGVO verlangt, dass der Datenschutzbeauftragte auf der Grundlage seiner beruflichen Qualifikation und insbesondere des Fachwissens zu benennen ist, das er auf dem Gebiet des Datenschutzrechts und der Datenschutzpraxis besitzt. Er kann als Beschäftigter des Unternehmens oder über einen externen Dienstleister bestellt werden. Die Kontaktdaten des betrieblichen Datenschutzbeauftragten müssen veröffentlicht und der zuständigen Aufsichtsbehörde mitgeteilt werden.

9 Aufsichtsbehörden und Sanktionen

Zentrale behördliche Anlaufstelle in Deutschland für die Einhaltung der gesetzlichen Datenschutzvorschriften ist nach § 17 Abs. 1 S. 1 BDSG n. F. die Bundesbeauftragte für den Datenschutz und die Informationsfreiheit (BfDI). Sie ist gemeinsame Vertreterin der deutschen Aufsichtsbehörden, die als Landesdatenschutzbeauftragte nach § 19 BDSG n. F. in den jeweiligen Bundesländern für die Datenschutzaufsicht zuständig sind.

Die Aufsichtsbehörden nehmen nach Art. 52 DSGVO ihre Aufgaben unabhängig wahr, wobei ihre Handlungen gegenüber den Betroffenen natürlich gerichtlich vor den Verwaltungsgerichten überprüft werden können. Ihre Aufgaben bestehen gemäß Art. 57 DSGVO darin, die Anwendung der DSGVO zu überwachen und ggf. durchzusetzen, die Öffentlichkeit im Hinblick auf mögliche Risiken im Zusammenhang mit der Verarbeitung personenbezogener Daten zu informieren und auch Aufklärungsarbeit gegenüber verantwortlichen Unternehmen zu leisten. Wenn sich Betroffene über Datenschutzverstöße beschweren, müssen die Aufsichtsbehörden diesen Beschwerden nachgehen und die Beschwerden untersuchen. Darüber hinaus sind die Aufsichtsbehörden (grundsätzlich) dazu verpflichtet, auch von sich aus eigene Untersuchungen über die Anwendung der DSGVO durchzuführen. Zudem haben die Aufsichtsbehörden auch Beratungspflichten gegenüber Unternehmen in Bezug auf Fragen des Datenschutzes.

Im Rahmen ihrer Untersuchungen können die Aufsichtsbehörden nach Art. 58 DSGVO Unternehmen anweisen, alle erforderlichen Informationen über die Einhaltung der Datenschutzvorschriften bereitzustellen. Zum Zweck von Datenschutzüberprüfungen dürfen die Behörden auch Vor-Ort-Kontrollen durchführen und dabei die Geschäftsräume betreten sowie sich Zugang zu den Datenverarbeitungsanlagen verschaffen.

Wenn die Behörden Datenschutzverstöße feststellen, können sie zunächst gemäß Art. 58 Abs. 2 DSGVO Warnungen zu möglichen Verstößen oder auch förmliche Verwarnungen wegen festgestellter Verstöße aussprechen. Ferner kann der Verantwortliche angewiesen werden, bestimmte Verarbeitungsvorgänge zu unterlassen oder zu ändern. Im äußersten Fall können Geldbußen verhängt werden, wobei Art. 83 DSGVO je nach Art, Schwere und Dauer von Datenschutzverstößen Bußgelder bis zu einer Höhe von 20 Mio. € bzw. 4 % des Jahresumsatzes eines Unternehmens vorsieht.

Schließlich sind neben den behördlichen Sanktionen auch Schadenersatzansprüche nach Art. 82 DSGVO vorgesehen, die von denjenigen geltend gemacht werden können, die aufgrund rechtswidriger Datenverarbeitungen einen Schaden erleiden. Voraussetzung hierfür ist, dass der Verantwortliche zumindest fahrlässig gegen seine datenschutzrechtlichen Verpflichtungen verstoßen hat.

Kapitel 2
Aufbau eines modernen Fahrschulangebotes

Ulrich Wibbeke

1 Lebenslanger Mobilitätspartner

Wie bereits in Teil II „Fahrschulpädagogik für spezielle Zielgruppen und im Aufbaugeschäft“ dieses Lehrbuchs thematisiert, wird sich der Berufsstand sowohl mit einem geänderten Mobilitätsverhalten der jüngeren Generation als auch mit der Thematik Gerontomobilität befassen müssen. Die Gerontologie ist das „Fachgebiet, auf dem die Alterungsvorgänge im Menschen hinsichtlich ihrer biologischen, medizinischen, psychologischen und sozialen Aspekte erforscht werden“[1].

Ältere Menschen sind heute ungleich fitter als in früheren Zeiten. Dies liegt u. a. an den verbesserten Lebensbedingungen, an den veränderten Lebensweisen sowie am medizinischen Fortschritt. Daraus resultiert eine deutlich gestiegene Lebenserwartung. Auch Einstellungen, Interessen, Ernährung und Freizeitverhalten der älteren Generation haben sich verändert. Damit einher geht der Wunsch nach möglichst langer automobiler Mobilität. Altersbedingte Defizite stehen hierbei immensen Erfahrungsschätzen gegenüber. Nun stellt sich die Frage, welche Defizite sich mit Erfahrung kompensieren lassen. Genau hier setzt das Betätigungsfeld des Fahrlehrers an.

1.1 Generation 60 plus

Dieses Zusammenspiel von Defiziten und Erfahrung in Zusammenarbeit mit älteren Kraftfahrern auszuwerten und Möglichkeiten für eine automobile Zukunft zu erarbeiten, ist eine lohnende Aufgabe. Ältere Kraftfahrer wissen ihre Fähigkeiten in der Regel gut einzuschätzen. Sie kompensieren aus einem Eigenverständnis heraus ihre aufkommenden Defizite, soweit ihnen dies eben möglich ist.

So führt beispielsweise verschlechtertes Sehvermögen dazu, dass Fahrten in der Dämmerung und Dunkelheit eingeschränkt oder am besten sogar unterlassen werden. Abnehmendes Reaktionsvermögen und aufkommende Unsicherheiten – insbesondere bei dichtem und schnellem Verkehr wie z. B. auf Autobahnen oder im Großstadtverkehr während der Rushhour – können durch überlegte Strecken- und Zeitplanung in ein beherrschbares Maß überführt werden.

Da diese Zielgruppe zukünftig stark anwachsen wird, entsteht ein höherer Bedarf an Beratungsdienstleistung. Hinzu kommt, dass diese älteren

---

1 Dudenredaktion (Hrsg.) (1990). Das Fremdwörterbuch. 5. Auflage. Mannheim/Wien/Zürich: Dudenverlag.

Kraftfahrer auf einen sehr schnellen Fortschritt in der technischen Entwicklung treffen, den es zwar auch schon in der Vergangenheit gab, der jedoch niemals zu einer sich so grundlegend verändernden Mobilität geführt hat. Heute befassen wir uns mit den einzelnen Phasen oder Stufen der Automatisierung bis hin zum autonomen Fahren. Hinzu kommen starke Veränderungen bei den Antriebsformen wie Hybride, Plug-in-Hybride oder Elektrofahrzeuge mit all ihren Besonderheiten – gerade auch bei der Anwendung und dem Betrieb solcher Fahrzeuge.

1.2 Bedarfsanalyse

Zu Beginn einer solchen betreuenden Arbeit mit älteren Kunden steht eine Bedarfsanalyse. Dazu gehören zunächst ein ausführliches Gespräch und eine anschließende Testfahrt. Dank der gewonnenen Eindrücke und Wünsche des Kunden entdecken Sie mit diesem gemeinsam, welche Hilfe er benötigt und welche Beratungsdienstleistungen für ihn angebracht wären. Das kann z. B. ein Fahrzeugwechsel sein: vom Pkw mit Schaltgetriebe hin zu einem Automatikfahrzeug oder vom stark motorisierten Fahrzeug hin zu einem sparsamen Hybrid oder sogar Elektrofahrzeug. Vielleicht ist das vorhandene Fahrzeug auch zu groß und ein kleineres Fahrzeug, das mit sinnvollen Fahrerassistenzsystemen ausgestattet ist, würde dem Kunden das Fahren vereinfachen und ihm ein besseres Sicherheitsgefühl vermitteln.

Welche Antriebsform ist für seinen Bedarf sinnvoll? Welche Assistenzsysteme machen für ihn Sinn? Wie könnte er die entsprechende Infrastruktur für ein Fahrzeug mit Elektroantrieb einrichten (Haushaltssteckdose oder Wall Box)?

Hier können Kunden gezielt beraten, vielleicht sogar beim Autokauf begleitet und anschließend in die Funktionsweisen der Systeme eingewiesen und geschult werden. Vielleicht reicht aber auch eine Auffrischung der Fahrfähigkeiten – insbesondere nach längerer Fahrpause. Dies ist beispielsweise oftmals bedingt durch den Verlust des Lebenspartners, der früher immer gefahren ist, oder durch eine längere Krankheit. Manchmal helfen schon einfache Tipps, wie man die eigenen Mobilitätswünsche mit den noch vorhandenen Kompetenzen aufeinander abstimmt. Das kann im extremsten Fall dazu führen, dass man den Kunden rät, auf das motorisierte bzw. antriebsunterstützte Selbstfahren zu verzichten, ihm dafür jedoch die – oftmals vielseitigen – Möglichkeiten des öffentlichen Personennahverkehrs in seinem Lebensumfeld vorstellt und ihm bei den ersten Schritten hilft: Verbindungen und Tarife suchen, Automaten bedienen, hilfreiche Apps erläutern und üben/anwenden, ein Seniorenticket beantragen etc.

Das Aufgabengebiet ist riesig und bisher nur wenig von Fahrlehrern aufgearbeitet worden. Dabei lassen sich hier Dienstleistungen konzeptionieren, die an den jeweiligen Bedürfnissen des Kunden ausgerichtet sind: Vom standardisierten Auffrischungskurs in Theorie und Praxis bis hin zur individuellen Beratung und Hilfe – in diesem Aufgabenfeld steckt viel Potenzial. Und wie auch in der Schulung von Menschen mit Handicap sind Dankbarkeit und Glück über die dazugewonnene oder verbesserte Mobilität eine große Erfüllung für manchen Fahrlehrer; von einem schönen Ausgleich zum Tagesgeschäft ganz zu schweigen.

1.3 Fahrerassistenzsysteme

Die ständige Weiterentwicklung der Fahrerassistenzsysteme führt uns zwangsläufig zur Automatisierung. Teil III, Kapitel 1 „Schulung Fahrerassistenzsysteme – teilautomatisiertes Fahren für Fahrerlaubnisinhaber" befasst sich mit der Beratung von Möglichkeiten und Grenzen unterschiedlicher Fahrerassistenzsysteme. Eine solche Beratung und die Schulung im Umgang mit diesen Systemen beschränkt sich allerdings nicht nur auf die Generation 60 plus: Vielmehr ist sie ein Grundsatzthema für alle Kraftfahrer und kann zu einem nicht unerheblichen Aufgabenfeld für Fahrlehrer werden. Beachten Sie dazu bitte auch die Ausführungen zum Thema „Lebenslanges Lernen" in Teil III, Kapitel 1 dieses Werkes.

1.4 Anhängerschulung für Fahrerlaubnisinhaber

Mit der Fahrerlaubnis der Klasse B ist es theoretisch möglich, bestimmte Zugkombinationen zu führen. Dies wird praktisch jedoch fast nie geübt, was die praktische Ausbildung der Klasse B ja auch nicht vorsieht. Möchte nun ein Fahrerlaubnisinhaber einen Anhänger führen, so kommt er i. d. R. schnell an seine Grenzen – insbesondere dort, wo es eng und von der Streckenführung kompliziert wird. Beispielsweise den Wohnanhänger auf einem Campingpatz zu einem zugewiesenen Stellplatz manövrieren oder die Fahrzeugkombination auf einem vollen Parkplatz rückwärts an die Verladestelle (Rampe) eines Baumarktes oder eines Abhollagers, Möbelhauses etc. steuern.

Hatte der Fahrer einstmals sogar die Fahrerlaubnisklasse 3 erworben, so darf er im Rahmen seines Besitzstandes Fahrzeugkombinationen führen, die so groß bzw. schwer sind, dass er hier ohne Einweisung und Übung garantiert an seine Grenzen stößt. Da der Fahrlehrer sowohl über die Kompetenz als auch über einen entsprechenden Fuhrpark verfügt, kann er als Ergänzung seiner Dienstleistungen Fahr- und Rangiertrainings für angehende Camper oder vergleichbar Interessierte anbieten.

Mit ein bisschen Organisation lässt sich sowohl ein geeigneter Platz als auch ein Konzept zur Umsetzung finden. In Verbindung mit ortsansässigen Wohnwagen- und Reisemobilhändlern findet sich auch schnell der Kontakt zur Zielgruppe. Für den Händler stellt das Vermitteln dieser Dienstleistung einen Mehrwert dar, und dem Kunden gibt es (mehr) Sicherheit, weil es ihm Ängste im Umgang mit entsprechenden Fahrzeugkombinationen nimmt.

Auch die Einweisung in technisches Zubehör wie z. B. den sogenannten Mover (Rangierhilfe), in entsprechende Fahrerassistenzsysteme wie z. B. den sogenannten Trailer Assist (Anhänger-Assistent), in die Eigenschaften eines großen Wohnmobils oder eines Gespanns bezüglich der Fahreigenschaften und notwendigen Sicherheitsvorkehrungen – insbesondere beim Rangieren, An- und Abkuppeln sowie beim Abstellen solcher Fahrzeuge oder solcher Fahrzeugkombinationen – sind allesamt geeignete und wichtige Schulungsthemen.

1.5 Ausbildung von Menschen mit Handicap

Die erste Frage, die sich uns stellt: Was genau ist denn ein Handicap? Handelt es sich dabei immer um eine körperliche Einschränkung? Ist eine Lernschwäche nicht auch ein Handicap? Menschen mit Handicap möchten selbstverständlich am mobilen Alltag teilnehmen und Fahrlehrer können sie dabei unterstützen.

Wer als Fahrlehrer in dieses interessante Thema einsteigen möchte, sollte sich zuerst einmal gründlich informieren. Das funktioniert sehr gut über die Fahrlehrerverbände, die i. d. R. über spezialisierte bzw. entsprechend sensibilisierte Referenten für die Ausbildung von Menschen mit Handicap verfügen, die sich fachlich regelmäßig fortbilden, z. B. durch Teilnahme am seit nunmehr 20 Jahren durchgeführten Handicap-Symposium (zweimal jährlich) am Verkehrs-Institut Bielefeld in Zusammenarbeit mit der Bundesvereinigung der Fahrlehrerverbände e. V. (BVF).

Gerade solche Veranstaltungen beleuchten das Aufgabengebiet von allen Seiten: Fach-Fahrschule, TP-Gutachten, Fahrerlaubnis-Behörde, Verkehrspsychologie, Verkehrsmedizin, Verkehrsministerium, Fahrzeugumrüstung etc. Des Weiteren besteht hier die Möglichkeit zum Fachaustausch mit Kollegen aus ganz Deutschland, die in diesem Aufgabengebiet bereits seit vielen Jahren aktiv und firm sind.

Auch ein Besuch bei einem Fahrzeugumrüster kann sich lohnen: Hier kann man sich über die Möglichkeiten und Grenzen informieren, Fahrzeuge individuell behindertengerecht umzubauen bzw. auszustatten. Die großen Automobilhersteller bieten mittlerweile entsprechende Angebote an Fahr- und Bedienhilfen ab Werk an – nicht selten auch mit Sondernachlässen beim Kauf.

Die Thematik ist komplex: Deshalb bedarf es einer sehr gründlichen, intensiven und nachhaltigen Beschäftigung mit diesem sensiblen Thema in all seinen Facetten. Wer in dieses Betätigungsfeld einsteigen möchte, sollte das mit ganzem Herzen tun und in der Fahrschule die entsprechende Zeit und die notwendigen Ressourcen auch wirklich dauerhaft aufbringen können.

Wer seinem Kunden als verlässlicher Partner zur Seite stehen möchte, dem wird sich ein dankbares und umfassendes Arbeitsgebiet erschließen. Als nur ergänzendes Angebot am Rande des Standard-Portfolios ist diese extrem sensible Aufgabenstellung, die echte Berufung abverlangt, aufgrund ihrer Komplexität allerdings nicht geeignet.

2 Weitere Betätigungsfelder mit Zusatzqualifikation

2.1 Trainer/Moderator für Fahrtrainings

Nun sind viele zusätzliche Aufgabengebiete eines modernen Fahrschulangebotes aufgezeigt worden, die alleine mit dem Besitz der Fahrlehr- bzw. Fahrschulerlaubnis ausgeübt werden können. Darüber hinaus sind viele weitere Betätigungen möglich und passen überdies gut zum Angebot vieler Fahrlehrer bzw. Fahrschulen. Sie benötigen allerdings eine Zusatzqualifikation wie z. B. eine Zertifizierung als Trainer oder Moderator nach den Richtlinien des Deutschen Verkehrssicherheitsrates (DVR). Mit dieser Zusatzqualifikation können in Kooperation mit dem ADAC oder der Deutschen Verkehrswacht (DVW) auf speziellen Fahrsicherheitsanlagen Fahrtrainings im Pkw, auf dem Zweirad oder mit Nutzfahrzeugen durchgeführt werden.

2.2 Ausbilder für Baumaschinen, Flurförderzeuge und mehr

Auch die Ausbildung zum Ausbilder für Flurförderzeuge (Stapler), Krane, Hubarbeitsbühnen, Baumaschinen und in der Ladungssicherung (anerkannt nach den Richtlinien der BG/DGUV) ist für den Fahrlehrer (insbesondere der Klassen CE/DE) interessant. Voraussetzungen hierfür und mögliche Anbieter für die persönliche Ausbildung finden sich im Internet. Nach erfolgreich absolviertem Lehrgang können Sie dann als zertifizierter Ausbilder tätig werden. Dieses Angebot passt hervorragend zum Portfolio einer Fahrschule, die aktiv im Nutzfahrzeugbereich ausbildet.

2.3 Schulung von Gefahrgutbeauftragten und Gefahrgutfahrern

Für Fahrlehrer im Nutzfahrzeugbereich kann zudem das Betätigungsfeld Gefahrgut interessant sein und das Spezialgebiet abrunden. Allerdings ist auch diese Thematik komplex und bedarf einer umfangreichen Vorbildung und Erfahrung seitens des Fahrlehrers, was wegen der besonderen Sensibilität auch gerechtfertigt ist. Sollte ein Fahrlehrer diese Erfahrung und entsprechende Vorbildung mitbringen, so kann er auch als Veranstalter solcher Schulungsmaßnahmen fungieren. Dazu bedarf es einer Anerkennung nach Gefahrgutbeauftragtenverordnung (GbV) und/oder gemäß Kapitel 8 des Europäischen Übereinkommens über die internationale Beförderung gefährlicher Güter auf der Straße (ADR). Entsprechende Informationen und Anträge finden sich auf der Website der örtlichen IHK.

Es gibt noch zahlreiche weitere Tipps und Angebote für den Betrieb einer nicht nur modernen, sondern wahrhaftig zukunftsorientierten Fahrschule. Die elementarsten wurden in diesem Kapitel vorgestellt. Seien Sie kreativ, bleiben Sie neugierig und verharren Sie nicht im reinen Tagesgeschäft. Dann werden Sie und Ihr Unternehmen schneller und besser auf die ständigen und rasanten Veränderungen am Markt reagieren und mit Gelassenheit die nächsten Jahre auf sich zukommen lassen können.

Kapitel 3
Qualitätsmanagement in Fahrschulen

Ulrich Wibbeke

Qualitätsmanagement hat das Ziel, die Effizienz einer Arbeit oder eines Arbeitsprozesses zu erhöhen. Dabei sind Vorgaben zu berücksichtigen, um die Qualität eines Produktes oder einer Dienstleistung zu erhalten und darüber hinaus zu verbessern.

Inhalte eines Qualitätsmanagementsystems (QMS) sind u. a. die Optimierung von Strukturen – insbesondere der Kommunikationsstrukturen –, Lösungsstrategien für Arbeitsabläufe und eventuell auftretende Probleme, die Messung, Erhaltung und Steigerung der Zufriedenheit von Kunden sowie Mitarbeitern, die Standardisierungen von typischen Handlungs- und Arbeitsprozessen, des Weiteren die Dokumentation und Förderung der beruflichen Weiterbildung der Mitarbeiter.

Dies allein ist eigentlich schon Grund genug, ein solches System in einer Fahrschule zu implementieren. Im Regelfall stellt sich die Frage für den Fahrschulinhaber aber erst dann, wenn er auch im geförderten Bereich arbeiten und seine Dienstleistungen anbieten möchte. Hier ist u. a. ein QMS zwingend erforderlich, um Bildungsgutscheine der Agentur für Arbeit oder der Jobcenter als Bildungsträger erhalten zu können. Dies wird insbesondere dann der Fall sein, wenn der Fahrschulinhaber im Bereich der Berufskraftfahrer-Aus- und -Weiterbildung arbeiten möchte.

Hintergrund: Zusätzlich zur Ausbildung in der entsprechenden Fahrerlaubnisklasse benötigt ein Fahrer – um gewerblich Güter transportieren oder Personen befördern zu können – eine Grundqualifikation sowie nachfolgend eine regelmäßige Weiterbildung. In der Regel durchläuft der Bewerber die sogenannte beschleunigte Grundqualifikation mit einem Umfang von 140 Stunden und einer IHK-Prüfung à 90 Minuten. Der zeitliche und finanzielle Aufwand ist i. d. R. so groß, dass der klassische Privatkunde diese Ausbildungen nicht aus eigenen Mitteln bestreiten kann.

1 Zulassung nach AZAV

Der Träger sowie seine Maßnahmen müssen also eine Zulassung nach AZAV (Akkreditierungs- und Zulassungsverordnung Arbeitsförderung) vorweisen, um Maßnahmen der Arbeitsförderung nach dem Sozialgesetzbuch (SGB) III durchführen oder durchführen lassen zu können. Das neue Fahrlehrergesetz wird dieser Möglichkeit mit der Schaffung der gesetzlichen Grundlage zur Bildung von Kooperationen gerecht.

Nun kann man sich entweder durch einschlägige Fachliteratur und den Besuch entsprechender Lehrgänge bei spezialisierten Anbietern selber das erforderliche Know-how aneignen oder sich dafür einen Dienstleister suchen, der auf dem

Weg zur Zertifizierung behilflich ist. Aufgrund des ohnehin schon voll ausgefüllten Arbeitstages eines Fahrschulinhabers ist Letzteres zu empfehlen. Es ist darauf zu achten, dass der ausgewählte Anbieter auch Erfahrungen im Fahrschulbereich aufzuweisen hat. Das vereinfacht die nachfolgenden Prozesse erheblich.

Der finanzielle Erstaufwand und auch die Folgekosten durch erforderliche Überwachungs- und Rezertifizierungsaudits sind nicht zu unterschätzen und müssen in Relation zur erwarteten Umsatzsteigerung durch die Zertifizierung stehen. Nehmen Sie sich daher Zeit für die Einführung eines solchen Systems und lassen Sie sich umfassend beraten. Legen Sie genau die Anzahl und die Ausgestaltung der Maßnahmen fest, die Sie anbieten möchten.

2 Die B-DKS setzen Grenzen

Die B-DKS (Bundes-Durchschnittskostensätze) sind amtlich festgelegt. Nur in diesem Rahmen können Maßnahmen kalkuliert werden. Sie werden schnell feststellen, dass dies Erfahrung bedarf und Aufwand bedeutet. Die Möglichkeiten, in diesem nach oben begrenzten finanziellen Rahmen kreative, aufwendige Maßnahmen zu entwickeln und durchzuführen, sind begrenzt. Wer also einen erheblichen Mehraufwand aufgrund eines kostenintensiven Material- bzw. Personaleinsatzes hat, der wird an dieser Hürde scheitern und den Weg über die Einzelprüfung der Maßnahme über Halle suchen müssen.[1] Sie unterliegen

Praxistipps

- Sprechen Sie im Vorfeld der Zertifizierung mit Inhabern anderer Fahrschulen, die bereits zertifiziert wurden, über deren Erfahrungen.
- Vergleichen Sie die Angebote verschiedener fachkundiger Stellen (z. B. Certqua, CertEuropa oder TQ Cert u. a.).
- Informieren Sie sich im Vorfeld über Bedarfe am hiesigen Arbeitsmarkt. (Führen Sie beispielsweise Gespräche mit Ihrer örtlichen BA. Dort gibt es i. d. R. einen Sachbearbeiter für den Einkauf möglicher Bildungsdienstleistungen für einen ganzen Bezirk.)
- Schauen Sie sich, sofern vorhanden, die Bildungszielplanung Ihrer örtlichen Arbeitsagentur an, um die Quantität möglicher Vergaben von Bildungsgutscheinen (BGS) in Ihrem Gebiet grundsätzlich einordnen und besser einschätzen zu können.
- Halten Sie Prozessbeschreibungen und eventuelle QMS-Handbücher möglichst schmal. Je diffiziler Sie die Prozesse beschreiben, desto enger wird das Korsett, in dem Sie sich bewegen können bzw. müssen.
- Beratungsdienstleistungen sind unter bestimmten Voraussetzungen förderungswürdig, siehe www.bfa.de.
- Sollte Ihnen Ihr Berater empfehlen, in einem Vorgang zusätzlich die Zertifizierung nach DIN ISO 9001:2015 oder einer anderen Norm (z. B. Norm 29990 – Branchennorm für Bildungsdienstleistungen) anzustreben, weil die Erstkosten für die Zertifizierung nicht wesentlich höher sind, überprüfen Sie den wirklichen Nutzen und die Folgekosten für Ihr Unternehmen. Die DIN ISO-Norm ist eine Industrienorm und deshalb nur bedingt zur Übertragung auf ein Bildungsunternehmen geeignet. Auch den Umfang der Dokumentationspflichten sollten Sie prüfen.

1 In Halle sitzt der Operative Service der Bundesagentur für Arbeit, der seit dem 1.7.2012 für sämtliche Geldleistungen (außer Arbeitslosengeld) und deren Auszahlung verantwortlich ist. Dieser nimmt eine zusätzliche Prüfung eine Maßnahme bei Überschreitung des B-DKS vor.

dann dem Zustimmungsvorbehalt der BA. Auch diese Prüfung nimmt Zeit in Anspruch, es bedarf also einer gewissen Vorlaufzeit.

3 Fazit

Die Zertifizierung nach AZAV ist völlig ausreichend. Weitere Qualitätsnormen sind nach Meinung des Verfassers nur Kosmetik mit wenig Nutzen, aber mehr Aufwand für den normalen Fahrschulbetrieb und überdies kostenintensiv.

Ein Qualitätsmanagementsystem sollte dem Betrieb immer dienlich sein und ihn nicht beeinträchtigen.

Ein QMS steigert nicht zwangsläufig die Qualität der Dienstleistung, sondern legt nur immer gleichbleibende Handlungsweisen von Arbeitsprozessen fest, die zu gleichbleibender Qualität führen sollen/können.

Wenn Sie als Fahrschulunternehmer das QMS nicht selber vorleben, dann können Sie dies auch nicht von Ihren Mitarbeitern erwarten. Denn sofern Sie und Ihre Mitarbeiter das QMS als Belastung empfinden und nicht als Chance, werden Sie keinen Nutzen von Ihrer Investition und vom System haben.

Kapitel 4
Elektronische Lernstands-Beurteilung (eLBe) – Einsatzmöglichkeiten und Chancen für Fahrlehrer

Bianca Bredow, Mathias Rüdel

1 Lernstandsbeurteilungen in der Fahrschulausbildung

Sowohl im Theorieunterricht als auch in der fahrpraktischen Ausbildung sind Lernstandsbeurteilungen erforderlich: Sie geben Fahrschülern und Fahrlehrern wertvolle Hinweise zum Kompetenzniveau des Fahrschülers und zu verbleibenden Kompetenzdefiziten. In diesem Zusammenhang können sie sich positiv auf die Motivation von Fahrschülern auswirken, indem sie bei einer guten Leistung als Belohnung und bei einer verbesserungswürdigen Leistung als Ansporn dienen (Jürgens & Lissmann, 2015). Darüber hinaus ermöglichen Lernstandsbeurteilungen Fahrlehrern eine zielgerichtete Steuerung der weiteren Ausbildung. Da überrascht es nicht, dass Lernstandsbeurteilungen einen der wichtigsten Einflussfaktoren auf den Prüfungserfolg von Fahrschülern darstellen (Sturzbecher et al., 2004).

Die besondere Bedeutung von Lernstandsbeurteilungen für eine erfolgreiche Fahrschulausbildung hat auch der Gesetzgeber erkannt: Lernstandsbeurteilungen wurden daher in der Fahrschüler-Ausbildungsordnung (FahrschAusbO) sowohl für den Theorieunterricht (§ 4 Abs. 1 FahrschAusbO) als auch für die fahrpraktische Ausbildung (§ 5 Abs. 1 FahrschAusbO) vorgeschrieben. Darüber hinaus stellt die Durchführung von Lernstandsbeurteilungen eines von zwölf Qualitätskriterien für die Fahrschulausbildung dar, die im Zuge der Reform des Fahrlehrerrechts in der Fahrlehrer-Ausbildungsordnung verankert werden. Dies unterstreicht die Bedeutung einer wirkungsvollen Ausbildung von Beurteilungskompetenzen und einer Bereitstellung von Instrumenten, die aktive Fahrlehrer bei der Lernstandsbeurteilung unterstützen.

1.1 Vorhandene Instrumente für Lernstandsbeurteilungen in der Fahrschulausbildung

Die Beurteilung von Lernständen stellt ein komplexes und schwieriges Unterfangen dar, das ohne professionelle Instrumente kaum erfolgreich umzusetzen ist (Schrader & Helmke, 2001). Daher soll nachfolgend dargelegt werden, welche Instrumente der Fahrlehrerschaft für die Durchführung von Lernstandsbeurteilungen bislang zur Verfügung stehen und inwiefern die Entwicklung neuartiger

Instrumente dazu beitragen kann, Fahrlehrer noch stärker bei ihren Lernstandsbeurteilungen zu unterstützen.

Hinsichtlich der vorhandenen Instrumente zur Lernstandsbeurteilung sind der Theorieunterricht und die fahrpraktische Ausbildung separat zu betrachten: Der Theorieunterricht ist mit Blick auf seine Lehr-Lerninhalte und ihre mögliche Sequenzierung durch die FahrschAusbO bereits stark vorstrukturiert; die Fahrschulverlage stellen detaillierte methodische Gestaltungsvorschläge und professionelle Instrumente zur Durchführung von Lernstandsbeurteilungen bereit. Der Fahrlehrer kann sich weitgehend auf die Auswahl effektiver Lehr-Lernmethoden und Lehr-Lernmedien sowie auf die Anpassung seiner Ausbildungs- und Diagnosestrategien an die Lernvoraussetzungen der Fahrschüler beschränken.

Bei der fahrpraktischen Ausbildung ist dagegen eine stärkere Kompetenz des Fahrlehrers zur Ausbildungsplanung sowie zur Lernstands- und Lernverlaufsdiagnostik gefordert. Die vielfältigen individuellen Lernvoraussetzungen und Lernsituationen der Fahrschüler im realen Straßenverkehr erfordern eine individualisierte und situationsspezifische Organisation und Unterstützung des Lernprozesses.

Bezogen auf die fahrpraktische Ausbildung liegen bislang vorrangig Instrumente vor, die zur Prüfungsreifefeststellung herangezogen werden können. Hierzu zählen beispielsweise der Fahrschüler-Abschluss-Kontroll-Test (FAKT) sowie dessen Weiterentwicklung, der PrüfungsReifeTest (PRT). Eines der wenigen Instrumente, die den kompletten Ausbildungsverlauf berücksichtigen, bildet der im Auftrag der BVF e. V. entwickelte und inzwischen von der Deutschen Fahrlehrer-Akademie e. V. (DFA, 2013) herausgegebene „Curriculare Leitfaden – Praktische Ausbildung Pkw“ mit seiner Ausbildungsdiagrammkarte. Die Ausbildungsdiagrammkarte ermöglicht insbesondere eine Dokumentation, wie oft bestimmte Lehr-Lerninhalte durchgeführt wurden. Aussagekräftige Beurteilungen der Fahrkompetenz von Fahrschülern sind dagegen nur begrenzt möglich. Darüber hinaus ist die Ausbildungsdiagrammkarte vor allem auf die professionelle Beurteilung durch den Fahrlehrer ausgerichtet. Wünschenswerte Möglichkeiten zur Selbsteinschätzung der Fahrschüler werden dagegen noch nicht geboten.

2 eLBe – ein innovatives Instrument zur elektronischen Lernstandsbeurteilung in der fahrpraktischen Ausbildung

Die Bundesvereinigung der Fahrlehrerverbände e. V. (BVF), das Institut für angewandte Familien-, Kindheits- und Jugendforschung e. V. (IFK) und die arge tp 21 entwickeln gemeinsam ein Instrument zur elektronischen Lernstandsbeurteilung in der fahrpraktischen Ausbildung – kurz „eLBe“. eLBe soll Fahrlehrer bei ihrer täglichen Arbeit unterstützen und weist dafür eine Doppelfunktion auf: Zum einen kann zuverlässig dokumentiert werden, wann welche Lehr-Lernaufgaben in der fahrpraktischen Ausbildung trainiert wurden.

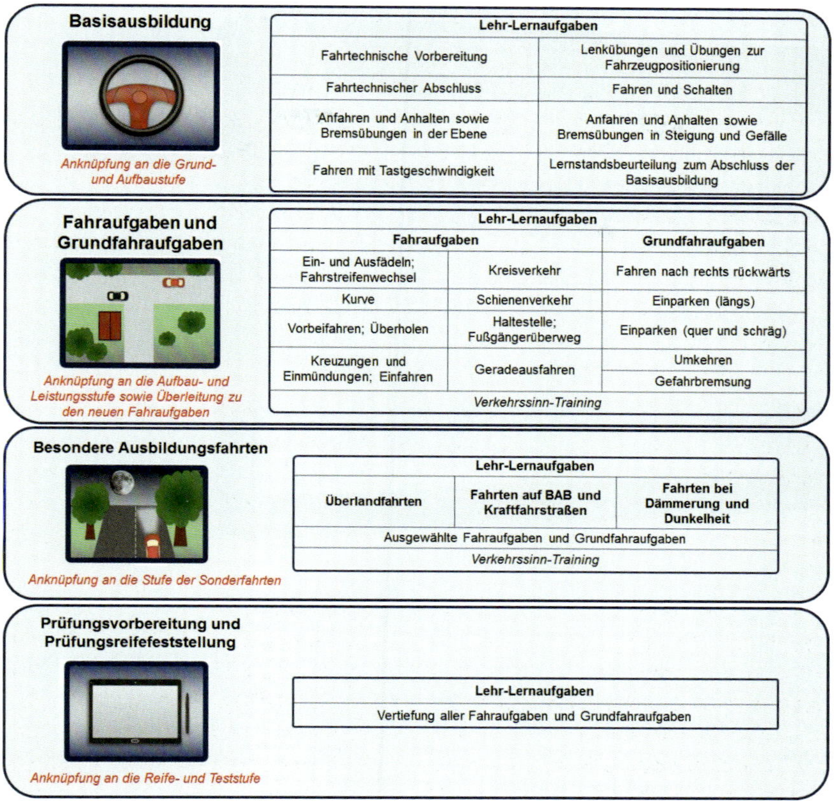

Bild 4.1 Lernbereiche und Lehr-Lernaufgaben für die fahrpraktische Ausbildung

Zum anderen dient es dazu, systematisch das Fahrkompetenzniveau von Fahrschülern hinsichtlich der Bewältigung von Lehr-Lernaufgaben zu beurteilen.

Im Zuge der Erarbeitung von eLBe wurde zunächst ein Grundgerüst für die fahrpraktische Ausbildung entwickelt. Dabei wurden vier Lernbereiche mit festgelegten Lehr-Lernaufgaben ausgearbeitet, in denen sich auch der Erwerbsverlauf von Fahrkompetenz widerspiegelt (s. *Bild 4.1*). Für die Erarbeitung des Grundgerüstes wurde zum einen auf etablierte Materialien zur didaktischen Gestaltung der fahrpraktischen Ausbildung zurückgegriffen. Hierzu zählen vor allem wissenschaftliche Ausarbeitungen zur Optimierung der Fahrschulausbildung (Bredow & Sturzbecher, 2016) und der Curriculare Leitfaden der BVF e.V. (DFA, 2013). Zum anderen baut eLBe auf der aktuellen Fassung des Fahraufgabenkatalogs zur optimierten Praktischen Fahrerlaubnisprüfung auf (Sturzbecher, Luniak & Mörl, 2016), sodass eine Verzahnung von Ausbildung und Prüfung im Sinne gemeinsamer Bildungsstandards gesichert ist. Schließlich greift eLBe auch die rechtlichen Vorgaben der FahrschAusbO auf (z.B. durch die Berücksichtigung der Sachgebiete der fahrpraktischen Ausbildung).

Der erste Lernbereich stellt eine „Basisausbildung" dar, in welcher der Fahrschüler vorrangig Kompetenzen zur grundlegenden Handhabung des Fahrzeugs erwirbt. Um sicherzustellen, dass der Fahrschüler diese Kompetenzen besitzt,

Bild 4.2
Beispiel für eine Beurteilungsebene zur Lehr-Lern-aufgabe „Kurve“

und zur schrittweisen Vorbereitung auf Prüfungssituationen ist am Ende der Basisausbildung eine abschließende Lernstandsbeurteilung vorgesehen. Im zweiten Lernbereich „Fahraufgaben und Grundfahraufgaben“ wird der Fahrschüler zur selbstständigen Bewältigung von Fahraufgaben (z. B. Befahren von Kurven) und Grundfahraufgaben (z. B. Umkehren) befähigt. Im dritten Lernbereich „Besondere Ausbildungsfahrten“ werden ausgewählte Fahraufgaben und Grundfahraufgaben vertieft, die bei Überlandfahrten, Fahrten auf Autobahnen und Kraftfahrstraßen sowie Fahrten bei Dämmerung und Dunkelheit besonders relevant sind. Im vierten Lernbereich „Prüfungsvorbereitung und Prüfungsreifefeststellung“ stehen schließlich die selbstständige Bewältigung aller Fahraufgaben und Grundfahraufgaben inner- und außerorts sowie die Ermittlung der Prüfungsreife im Fokus. In allen Lernbereichen wurde besonderer Wert darauf gelegt, Fahrlehrern individuelle Anpassungen zu ermöglichen, indem beispielsweise eigene Lehr-Lernaufgaben und regionale Örtlichkeiten hinzugefügt werden können.

Wie bereits dargelegt, dient eLBe einerseits der Dokumentation von Lehr-Lernaufgaben und andererseits der systematischen Beurteilung des Fahrkompetenzniveaus. Daher wurden zwei Diagnoseebenen entwickelt, zwischen denen der Fahrlehrer in seinen Fahrstunden immer wieder wählen kann:

1. In der Dokumentationsebene vermerkt er, dass ausgewählte Lehr-Lernaufgaben trainiert wurden; eine Leistungsbeurteilung ist hierbei nicht vorgesehen.
2. In der Beurteilungsebene beurteilt er das Fahrkompetenzniveau des Fahrschülers im Hinblick auf ausgewählte Lehr-Lernaufgaben, die der Fahrschüler selbstständig absolviert.

Nimmt ein Fahrlehrer eine Lernstandsbeurteilung vor, so ist der Beurteilungsprozess mehrschrittig aufgebaut: In einem ersten Schritt erfasst der Fahrlehrer die Leistungen des Fahrschülers beim Bewältigen der ausgewählten Lehr-Lernaufgabe(n) in fünf Kompetenzbereichen (s. *Bild 4.2*). Sowohl die Kompetenzbereiche als auch die erfassbaren Leistungen basieren auf dem Fahraufgabenkatalog zur optimierten Praktischen Fahrerlaubnisprüfung (Sturzbecher, Mörl & Kaltenbaek, 2014; Sturzbecher et al., 2016). Damit werden bei Lernstandsbeurteilungen in der Ausbildung die gleichen Maßstäbe gesetzt wie in der Prüfung. In einem zweiten Schritt wird dann die Leistung des Fahrschülers hinsichtlich der Kompetenzbereiche und der Lehr-Lernaufgabe(n) bewertet. Je nachdem, wie viel Zeit der Fahrlehrer dafür aufwenden möchte, kann er entscheiden, ob die Bewertung lediglich durch ihn oder zusätzlich auch durch den Fahrschüler vorgenommen werden soll. Im zuletzt genannten Fall können die Selbstbewertung des Fahrschülers und die professionelle Bewertung des Fahrlehrers miteinander verglichen werden. Damit wird eLBe zum einen der gesetzlichen Forderung zur Vermittlung einer realistischen Selbsteinschätzung gerecht (§ 1 Abs. 2 FahrschAusbO). Zum anderen kann eine kontinuierlich über den gesamten Ausbildungsprozess angelegte Fremd- und Selbstevaluation die Grundlage für die Entwicklung von Kompetenzen zur Reflexion des eigenen Fahrvermögens bilden, die den Fahranfängern auch nach der Ausbildung zur Verfügung stehen (Willmes-Lenz, Großmann & Bahr, 2010). In einem dritten Schritt wird schließlich im Rahmen einer Abschlussbeurteilung der weitere Übungsbedarf eingeschätzt. Zusätzlich wird den Fahrlehrern die Möglichkeit geboten, ein Verkehrssinn-Training durchzuführen, bei dem Schwierigkeiten und Gefahren im Zusammenhang mit durchgeführten Lehr-Lernaufgaben diskutiert werden.

3 Fazit und Ausblick

Das Durchführen von Lernstandsbeurteilungen stellt ein zentrales Tätigkeitsfeld von Fahrlehrern dar. Das Instrument „eLBe" soll Fahrlehrer künftig dabei unterstützen, Lernstandsbeurteilungen noch besser umsetzen zu können. Dazu bietet

Bild 4.3
eLBe – Qualitätssteigerung, Transparenz, Prüfungskompatibilität und Rechtssicherheit in der Fahrschule

eLBe zum einen die Chance, rechtssicher und unter Berücksichtigung individueller Anpassungswünsche zu dokumentieren, wann welche Lehr-Lernaufgaben in der fahrpraktischen Ausbildung trainiert wurden. Zum anderen erlaubt es, systematisch das Fahrkompetenzniveau von Fahrschülern im Hinblick auf die Bewältigung von Lehr-Lernaufgaben zu beurteilen. Im Ergebnis garantiert eLBe eine inhaltlich vollständige, systematisch auf den Förderbedarf ausgerichtete und transparente fahrpraktische Ausbildung. Dabei werden die Anforderungs- und Bewertungsstandards der Optimierten Praktischen Fahrerlaubnisprüfung berücksichtigt – die Ausbildungsleistungen und die Prüfungsleistungen werden also an gemeinsamen Bildungsstandards gemessen (s. *Bild 4.3*).

Literatur

Bredow, B. & Sturzbecher, D. (2016). Ansätze zur Optimierung der Fahrschulausbildung in Deutschland. Berichte der Bundesanstalt für Straßenwesen, Reihe Mensch und Sicherheit, Heft M 269. Bremen: Fachverlag NW.

Deutsche Fahrlehrer-Akademie e. V. (Hrsg.) (2013). Curricularer Leitfaden „Praktische Ausbildung Pkw". 10. Auflage. Korntal-Münchingen: Deutsche Fahrlehrer-Akademie e. V.

Jürgens, E. & Lissmann, U. (2015). Pädagogische Diagnostik. Grundlagen und Methoden der Leistungsbeurteilung in der Schule. Weinheim und Basel: Beltz Verlag.

Schrader, F. W. & Helmke, A. (2001). Alltägliche Leistungsbeurteilung durch Lehrer. In F. E. Weinert (Hrsg.), Leistungsmessungen in der Schule. Weinheim und Basel: Beltz Verlag, 45–58.

Sturzbecher, D., Großmann, H., Hermann, U., Schellhas, B., Viereck, K. & Völkel, P. (2004). Einflussfaktoren auf den Erfolg bei der theoretischen Fahrerlaubnisprüfung. In D. Sturzbecher (Hrsg.), Einflussfaktoren auf den Erfolg bei der theoretischen Fahrerlaubnisprüfung. Jugendliche und Risikoverhalten. Hannover: Degener Verlag GmbH.

Sturzbecher, D., Luniak, P. & Mörl, S. (2016). Revision zur optimierten Praktischen Fahrerlaubnisprüfung. Berichte der Bundesanstalt für Straßenwesen, Reihe Mensch und Sicherheit, Heft M 268. Bremen: Fachverlag NW.

Sturzbecher, D., Mörl, S. & Kaltenbaek, J. (2014). Optimierung der Praktischen Fahrerlaubnisprüfung. Berichte der Bundesanstalt für Straßenwesen, Mensch und Sicherheit, Heft M 243. Bremen: Fachverlag NW.

Willmes-Lenz, G., Großmann, H. & Bahr, M. (2010). Weiterentwicklung der Fahranfängervorbereitung in Deutschland. Zentrale Aufgabenstellungen und Maßnahmenperspektiven. Thesenpapier zur 2. Fachwerkstatt am 29. November 2010. Unveröffentlichtes Manuskript.

Autorenverzeichnis

Dipl.-Psych.
Bianca Bredow
Institut für Prävention
und Verkehrssicherheit
Geschäftsführerin

Tomas Ciura
Verkehrsinstitut Hanse GmbH,
Hamburg & Schleswig-Holstein
Geschäftsführer, Verkehrspädagoge,
Dozent für Verkehrsrecht,
Fahrlehrer

Dipl.-Psych.
Claudia Happe
Verkehrspsychologische Praxis
Praxisinhaberin und Fahrlehrerin

Günter Kölzer
Bundesanstalt für Straßenwesen
Referent, Bildungswissenschaftler
und Fahrlehrer

Dr.
Olaf Methner
Kanzlei Baum Reiter & Collegen
Rechtsanwalt/Partner,
Fachanwalt für Arbeitsrecht, IT-Recht
sowie Bank- und Kapitalmarktrecht

Martina Ochel-Brinkschröder
Bundesministerium für Verkehr und digitale
Infrastruktur, Referat StV 11 – Straßen-
verkehrsrecht, Fahrlehrerrecht,
Berufskraftfahrerqualifikationsrecht
Referentin

Dipl.-Ing.
Mathias Rüdel
TÜV | DEKRA arge tp 21, Geschäftsführer

Kai Schäder
Szymanski Fahrschulen
Kulturwissenschaftler und Fahrlehrer

Sven Tengeler
Fahrlehrer-Akademie/
Verkehrs-Institut GmbH Bielefeld
Dozent in der Fahrlehreraus-
und -weiterbildung

Dipl.-Päd.
Elke Urner
Rheinbahn AG, Lehrerin

Ulrich Wibbeke
Unternehmensgruppe Verkehrs-Institute
Bielefeld & Düsseldorf, Geschäftsführer,
Verantwortlicher Leiter Fahrlehrer-Akademie/
Verkehrs-Institut GmbH Bielefeld